植物と微気象 第3版

植物生理生態学への定量的なアプローチ

Hamlyn G. Jones 著
久米 篤・大政 謙次 監訳

Plants and Microclimate, third edition
A Quantitative Approach to Environmental Plant Physiology

森北出版株式会社

Plants and microclimate: a quantitative approach to environmental plant physiology, third edition
by Hamlyn G. Jones

Copyright © Hamlyn G. Jones 2014
Japanese translation rights arranged with Cambridge University Press through Japan UNI Agency, Inc., Tokyo

●本書のサポート情報を当社 Web サイトに掲載する場合があります．下記の URL にアクセスし，サポートの案内をご覧ください．

http://www.morikita.co.jp/support/

●本書の内容に関するご質問は，森北出版 出版部「(書名を明記)」係宛に書面にて，もしくは下記の e-mail アドレスまでお願いします．なお，電話でのご質問には応じかねますので，あらかじめご了承ください．

editor@morikita.co.jp

●本書により得られた情報の使用から生じるいかなる損害についても，当社および本書の著者は責任を負わないものとします．

■本書に記載している製品名，商標および登録商標は，各権利者に帰属します．

■本書を無断で複写複製（電子化を含む）することは，著作権法上での例外を除き，禁じられています．複写される場合は，そのつど事前に(社)出版者著作権管理機構（電話 03-3513-6969，FAX 03-3513-6979，e-mail：info@jcopy.or.jp）の許諾を得てください．また本書を代行業者等の第三者に依頼してスキャンやデジタル化することは，たとえ個人や家庭内での利用であっても一切認められておりません．

序文

　本書の第2版が約20年前に出版されてから，関連研究分野において大きな変化があったにもかかわらず，幅広く利用され続けてきたことについて，たいへん喜ぶと同時に，いくぶん驚いている．おそらく，この期間の植物科学における主要な変化は，環境への植物応答についての分子生物学・遺伝学に基づいた研究の爆発的な進展であろうが，リモートセンシングのような他の関連分野にも重要な進歩があった．本書では，分子生物学にかかわる詳細な側面についてはすでに多くの適当な書籍が出版されているのでまったく触れなかったが，植物全体の環境応答についての理解を最近の分子生物科学に関連づけることを試みた．そのような中で，植物と大気の生物物理学的な相互作用についての理解が深まるように，とくに新しい強力な分子生物学的手法と他の「オミックス[†]」技術を活用するための方法を示すことを目指した．しかし，以前の版と同様に，植物の環境応答にかかわる生化学的あるいは分子生物学的な機構については簡潔に説明するに留め，興味をもった読者は専門的な総説か書籍が参照できるように本文中で適宜紹介した．

　この第3版では，全体的な構成や目的については，成功したこれまでの版と同様に維持することにした．とくに重要な目的は，学部上級と大学院コースの教科書として，そしてこの分野の研究者の参考書として適した，環境植物生理学の信頼できる入門書を提供することである．以前と同様に，前半の章では一般原則について集中して扱い，後半の章ではより生理学的な内容や実用的な応用を扱う．大気環境に対する植物応答のより量的で物理学的な側面も全体的に強調されている．これは，今後，世界が直面する課題に対して適切に対応していくためには，環境に対して植物全体がどのように機能して応答するのかを理解することが必要不可欠であるにもかかわらず，標準的な植物生理学の教科書ではあまりきちんと扱われていないためである．このような課題には，気候変動や急激に増加し続ける膨大な世界人口によって生じる問題やその状況に応えていくことが含まれる．

　以前の版が出版されてから20年が経っているため，内容全体を完全に再考し，修正する必要があることがわかった．約半分の引用文献は新しくなったが，とくにデータに関するものについては以前の文献への引用を維持した．潜在的に関係する数千の新しい論文や教科書が出版されているが，それらは実質的な改良よりも，より詳細な

[†] 集団，総体という意味のomeに学問という意味のicsが合わさった用語．第12章参照．

部分が洗練されただけであることが多い．たとえば，私は依然として1%のO_2濃度による光呼吸抑制のデータを引用しているが，最近の論文では2%が使用されている．引用文献は，一般的な教科書と有用な文献を引用した総説，厳選した原著論文のようなカテゴリーに分類されるが，大多数の引用は多くの論文の中から有用な例として選択している．また，インターネットアドレスは急激に変化しているが，ふさわしい場所には，厳選したものを掲載した．

本文を改訂するにあたり，以前の版について有用で建設的なコメントをいただいた，そして本文の各部分について読んでコメントしていただいた，世界中の多くの方々に感謝する．Abdellah Barakate, David Deery, Olga Grant, Anthony Hall, Amanda Jones, Ian MacKay, Barry Osmond, John Raven, Philip Smith, Bill Thomas にはとくに感謝する．

謝　辞

M. L. Parker 博士には図6.2と図7.1の写真の複製，B. M. Joshi 博士には図6.2の電子顕微鏡写真の使用を許可していただいた．また以下の方々からは出版された図の使用を許可していただいた．ワシントン・カーネギー協会(図7.18, 9.19)，イギリス生態学会(図7.21)，王立協会(図7.24)，ケンブリッジ国立農業植物学研究所所長(図12.2(a))．Michael Rosenthal には図4.7(c)と図4.8の一部，Manfred Stoll には図10.14のアイディア，Bob Furbank 博士，David Deery 博士，Jose Jimenez-Berni 博士，Xavier Sirault 博士には図12.3の画像データ，Ch. Körner 教授には図11.9のデータ利用，M. Rosenthal には図4.8の一部，Ian MacKay には図12.2(b)の一部，オックスフォード大学出版局には図2.1, 2.13, 2.31, 7.1の使用を許可していただいた．

日本語版への序文

　本書は，大気環境と植物との相互作用に含まれる重要な物理学的・生化学的な過程について，厳密であると同時に，数学的な扱いに慣れていない生物学者に対して理解可能な形で示すことを目的としている．この方針は，1980年代初頭に本書の初版が出版されたときから，本書の発展の基礎となっている．この最新版では，この分野の35年間の進展を取り入れ，引用文献のほぼ半分が新しくなっている．

　日本語版の発行にあたり，とくに大政謙次博士と久米篤博士を中心とした優秀な日本語翻訳チーム（吉藤奈津子博士，杉浦大輔博士，種子田春彦博士，田中克典博士，鎌倉真依博士，宮澤真一博士，及川真平博士，小杉緑子博士，石田厚博士，長嶋寿江博士，加藤知道博士）に感謝する．このチームの注意深い翻訳作業によって，私が原著で意図したことが正しく反映されていることを確信している．そして，本書が植物と環境の相互作用を勉強しようとする学生や研究者にとって価値ある道具となることを希望する．

Hamlyn G. Jones
Dundee
April 2016

訳者序文

　本書は，初版出版以来，世界中の植物生理生態学・農業気象学分野の主要な教科書として利用されてきた Hamlyn G. Jones "Plants and microclimate: a quantitative approach to environmental plant physiology, third edition"（2014）の邦訳版である．原著初版の出版は 1983 年，第 2 版が 1992 年であるので，第 3 版が出版された 2014 年までに 20 年以上の間が空くことになったが，その間の学問的・技術的な進歩を着実にフォローし，装いも新たに出版された．

　本書は，植物生理学と生物環境物理学をもとに，植物学的な研究成果と数学・物理学を組み合わせることで，植物のモデル化を通じた定量的な科学を定義し，周辺環境の物理学的環境，すなわち熱，放射，気体，水，エネルギーなどの基本要素とその影響を一つずつ明快に説明している．これらの知識は，気候変動や大気汚染などの複雑な問題に対応する場合や，分子遺伝レベルでの植物形質変化が，個体全体にどのような影響を及ぼすかを評価する場合に必要不可欠なものである．また，大気環境と植物との間の重要な物理学的・化学的相互作用についての，厳密かつ単純な基礎を読者に提供することを意図しており，数式よりもその意味を強調することで，数学に不慣れな植物科学や環境科学分野の大学生にとっても理解しやすい内容となっている．第 3 版では，最近急速に進展した植物分子遺伝学にかかわる研究成果が植物全体，あるいは「オミックス（omics）」な反応とどのようにかかわるかが取り上げられ，植物環境生理学のリモートセンシングへの応用についても大幅に拡充されている．その一方で，これまでの膨大な研究努力にもかかわらず，なぜ多くの分子遺伝学的研究が現場の生産性改善に結びついてこなかったのかについても，かなり詳しく解説している．そのため，本書は分子遺伝学者からフィールド研究者まで，環境中の植物を研究するすべての研究者にとって意義のある内容といえるだろう．

　監訳者の久米は，学生時代に本書の第 2 版を読み，植物環境生理学の面白さや重要さを学んだという自覚があり，その後の研究の方向性に大きな影響を受けた．その後，第 2 版の翻訳を計画するも，出版年の関係などからうまく進めることができず 10 年以上が経過してしまった．また，大政は Jones 博士とは親しく，第 1 版の出版時より本書の邦訳版の出版を考えていたが実現することができなかった．そのような状況の中で，Jones & Vaughan "Remote sensing of vegetation"（日本語翻訳版「植生のリモートセンシング」（森北出版，2013））の翻訳後，著者の Jones 博士と大政が相談し，森北出版の理解もあって第 3 版の邦訳版の出版が実現することとなった．

本書は，監訳者およびそれぞれの関連分野で活躍する若手研究者から参加を募って，翻訳作業を進めた．用語・文体の統一のため，久米が全面的に下訳を書き直し，それを大政が確認し，不明な点については原著者に直接確認した．問い合わせ点は多岐にわたり，その結果明らかになった修正点については，原著にも反映されるだろう．このような過程を経たため，本書の文章および訳語の適否に関する責任はすべて監訳者にあることをお断りしておきたい．

　本書に関連した内容の書籍としては，本書の中でも多数引用されている Campbell & Norman "An introduction to environmental biophysics, 2nd edition"（日本語翻訳版「生物環境物理学の基礎 第2版」（森北出版，2003））がある．この本は物理学的表現が優れており，直感的に理解しやすいので本書と併せて読まれることをお勧めする．また，原著者の Jones の書籍で先に翻訳した，「植生のリモートセンシング」は，本書でも強調されている最近もっとも研究が進展した分野である植物のリモートセンシング全般を扱っており，近接リモートセンシングや精密農業，生物多様性測定の応用についても解説されている．

　最後に，森北出版の森北博巳社長には，出版事情のたいへん厳しい折，本書の出版に向けて積極的にご支援いただいた．また，翻訳書の編集担当の加藤義之氏は，今回も監訳者らの意見を取り入れるよう努力し，数多くの校正作業や訳文の向上に対応していただいた．記して感謝する．

2016 年 12 月

久米　篤・大政謙次

目次

第1章 植物と環境の相互作用を定量的に扱うための手法について ………… 1
1.1 モデル化　2
1.2 実験の利用　7

第2章 放射 ………… 10
2.1 はじめに　10
2.2 放射の法則　11
2.3 放射の測定　19
2.4 自然環境の放射　23
2.5 植物群落の放射　31
2.6 植物群落内の放射分布　35
2.7 群落反射率とリモートセンシング　44
2.8 直接法と群落内放射伝達法による群落構造の測定　50
2.9 おわりに　54
2.10 演習問題　54

第3章 熱，質量，運動量の輸送 ………… 56
3.1 濃度の尺度　56
3.2 分子の輸送過程　58
3.3 対流輸送と乱流輸送　66
3.4 群落内と群落上の輸送過程　73
3.5 演習問題　81

第4章 植物と水の関係 ………… 82
4.1 水の物理化学的性質　82
4.2 細胞の水　87

4.3 土壌や植物の水分状態の測定　92
4.4 水の流れ　100
4.5 篩管による長距離輸送　118
4.6 演習問題　121

第5章 エネルギー収支と蒸発 ………… 122
5.1 エネルギー収支　122
5.2 蒸発　127
5.3 蒸発速度の測定　137
5.4 植物群落からの蒸発　143
5.5 露　148
5.6 演習問題　150

第6章 気孔 ………… 151
6.1 気孔の分布　152
6.2 気孔の構造とメカニズム　154
6.3 研究方法　158
6.4 気孔の環境応答　167
6.5 気孔抵抗と他の抵抗との関係　182
6.6 気孔の機能と制御ループ　184
6.7 演習問題　187

第7章 光合成と呼吸 ………… 189
7.1 光合成　189
7.2 呼吸　199
7.3 二酸化炭素ガス交換の測定と解析　206
7.4 光合成モデル　212

目次　vii

7.5　クロロフィル蛍光　215
7.6　光合成の制御と光合成の「制約」　225
7.7　炭素同位体分別　233
7.8　環境応答　236
7.9　光合成効率と生産性　244
7.10　進化的・生態学的側面　254
7.11　演習問題　255

第8章　光と植物の発育　257

8.1　はじめに　257
8.2　シグナルの検出　258
8.3　フィトクロムによる発育制御　262
8.4　生理学的応答　266
8.5　植物の成長調節物質の役割　277
8.6　演習問題　278

第9章　温度　279

9.1　組織温度の制御についての物理学的基礎　279
9.2　温度の生理学的影響　288
9.3　植物の発育に対する温度の効果　294
9.4　温度限界　301
9.5　温度適応の生態学的側面　310
9.6　演習問題　317

第10章　乾燥と他の非生物的ストレス　318

10.1　植物の水欠乏と生理学的過程　318
10.2　乾燥耐性　323
10.3　水利用効率のさらなる解析　336

10.4　灌水と灌水計画　348
10.5　他の非生物的ストレス　355

第11章　他の環境要因：風，高度，気候変化，大気汚染　361

11.1　風　361
11.2　高度　370
11.3　気候変化と「温室効果」　378
11.4　大気汚染物質　391

第12章　生理学と作物収量の改善　398

12.1　品種改良　401
12.2　作物理想型のモデル化と決定　412
12.3　応用例　417

付録1　単位と変換係数　425
付録2　20℃の空気あるいは水の2成分の混合における相互拡散係数　426
付録3　空気と水の温度依存特性　427
付録4　空気湿度と関連する量の温度依存　428
付録5　20℃におけるさまざまな素材や組織の熱特性と密度　430
付録6　物理定数と他の物理量　431
付録7　太陽の幾何学的配置と放射の近似　432
付録8　葉の境界層コンダクタンスの測定　434
付録9　式(9.9)の導出　436
付録10　演習問題解答　437

参考文献　441
索引　472

記号

　本書では，できるかぎりさまざまな量についてもっとも一般的に受け入れられている記号を使用することを試みた．しかし，放射のように一般的な合意がなされていないような分野もあった．また，同じ記号に異なる量を割り当てることは極力避けたので，重複が不可避な場合でもほとんど混乱することはないだろう．ただし，たとえば，気体輸送についてモル単位か質量単位かのような，量を区別するために異なる字体を利用しているので注意してほしい．それぞれの主記号に付随する上付，下付添字は，複合記号を作るために結合されている．

a　　振動の振幅(a'，修正された振幅)
a, A　　定数
a_W　　活性
　　※下付添字：a_W 水
A　　アンペア［クーロン s^{-1}］
A　　面積［m^2］
A　　吸光度($= \ln(\mathbf{I}_o/\mathbf{I})$)
b, B　　定数
b_i　　調節パラメータ(感度解析)
c　　濃度［$kg\,m^{-3}$ または $mol\,m^{-3}$］
　　※下付添字：c_C 二酸化炭素，c_H 熱
　　（［$J\,m^{-3}$］$= \rho c_p T$），c_M 運動量
　　（［$kg\,m^{-2}\,s^{-1}$］$= \rho u$），c_O 酸素，c_W
　　水，c_X 汚染物質Xの濃度，c_a 外部大
　　気の，c_c カルボキシラーゼの，c_e 入
　　口空気の，c_i 葉内間隙の細胞壁表面の，
　　c_X 内部から生化学過程への有効濃度
　　（CO_2），c_ℓ 葉の，c_o 出口空気の，c_{Pr}
　　フィトクロム濃度，c_S 溶液濃度
　　※上付添字：c^m モル濃度，c' 二酸化炭
　　素($= c_C$)
c_D　　全抵抗係数
c_f　　形状抵抗係数
c_p　　空気の比熱(c_p^* 葉組織の比熱容量)
　　［$J\,kg^{-1}\,K^{-1}$］
c　　光速($2.998 \times 10^8\,m\,s^{-1}$)

C　　キャパシタンス［$m\,MPa^{-1}$］または
　　［$m^3\,MPa^{-1}$］
C_r　　相対キャパシタンス［MPa^{-1}］
$\mathbf{C}$　　顕熱交換［$W\,m^{-2}$］
　　※下付添字：$\mathbf{C}_{(d)}$ 乾燥，$\mathbf{C}_{(w)}$ 湿潤
C　　制御係数 または 感度係数
day　　日
d　　地面修正量［m］
d　　直径［m］(たとえば d_p 粒径)
d　　特性長［m］
D　　排水［mm］
D　　大気飽差［kPa］
　　※修飾語：D^* 積算平均日飽差，D_ℓ 葉
　　面飽差，D_{c_W} 大気絶対飽差，D_{x_W} モ
　　ル分率の飽差
D　　熱時間，成長度日，または温度積算
　　値［$℃\,day$］
　　※下付添字：D_{eff} 有効度日
D　　拡散係数［$m^2\,s^{-1}$］
　　※下付添字：D_A 空気，D_C CO_2，D_{CA}
　　空気中の CO_2 相互拡散係数，D_H 熱，
　　D_i i 番目の化学種，D_M 運動量，D_O
　　酸素，D_W 水，D_X 汚染物質X
　　※上付添字：$D°$ 基準値
$\mathcal{D}$　　誘電率［無次元］
e　　自然対数の底(2.71828)

e　水蒸気圧［Pa］（D も参照）
　※下付添字：e_a 大気中の，e_e 取込空気中の，e_o 排出空気中の，e_s 表面，e_S 飽和，$e_{S(T_\ell)}$ 葉温における飽和水蒸気圧（$= e_\ell$），e_{ice} 氷上の飽和水蒸気圧

e　均時差［分］
E　放射エネルギー（たとえば，1 光子の）
　※下付添字：E_λ 波長あたりの放射エネルギー
E_a　活性化エネルギー
E　蒸発（または蒸散）速度［$kg\,m^{-2}\,s^{-1}$, $mol\,m^{-2}\,s^{-1}$ または $mm\,h^{-1}$］
　※修飾語：E_ℓ 蒸散，E^m 蒸発または蒸散（モル単位），E_o 自由水面からの可能蒸発量，E_{eq} 平衡蒸発，E_{imp} 強制蒸発
ET　蒸発散
　※下付添字：ET_0 よく灌漑された背の低い草地からの規準蒸発散，ET_c 特定の作物や発育段階における ET 期待値，$ET_{c\text{-}adj}$ 実際の作物または植生の蒸発散
f　Pfr/Pr 比
f　分率・割合（たとえば，消費されていない O_2 の割合，根に対して葉に分配された炭素の割合，f_{PSII} 吸収した PAR のうち PSII に伝達される割合，f_{open} 開いている反応中心の割合）
f_{veg}　植被率
f　拡張係数
f　不凍結状態の水の割合［無次元］
F　蛍光強度（任意，または［$mol\,m^{-2}\,s^{-1}$］）
　※修飾語：F' 任意時点での蛍光強度（$= F_t$），F_m 暗順応した葉の最大蛍光，F'_m 飽和閃光によって得られる蛍光，F_o 開いた反応中心からの基準蛍光，F'_o 基準蛍光，F_v 蛍光強度の変化（$F_m - F_o$），F'_v（$F'_m - F'_o$）
F　力［N］
g　コンダクタンス［$m\,s^{-1}$］
　※下付添字：g_A 群落境界層コンダクタンス，g_L 群落生理学的コンダクタンス，g_C 二酸化炭素，g_H 熱，g_M 運動量，g_O 酸素，g_R 放射（$= 4\varepsilon\sigma T_a^3/\rho c_p$），$g_{HR}$ 顕熱と放射輸送が並列した，g_w 水，g_a 境界層，g_c クチクラ，g_g 気体状態の，g_ℓ 葉，g_i 葉内間隙，g_m 葉肉の拡散要素，g_0 基準値，g_s 気孔，g_w 細胞壁，g_x 内部生化学的コンダクタンス
　※上付添字：g^m モル単位のコンダクタンス（$= g$），g' 二酸化炭素（$= g_C$）
g　モル単位のコンダクタンス（$= g^m$）［$mol\,m^{-2}\,s^{-1}$］
　※修飾語：コンダクタンスについて（g）
g　重力加速度（$m\,s^{-2} = 9.8$ 海面位で）
G　ギブスの自由エネルギー［J］
G　土壌の熱貯蔵［$W\,m^{-2}$］
h　時
h　プランク定数（$6.626 \times 10^{-34}\,J\,s$）
h　相対湿度［無次元］
h　太陽の時角（観測者の子午線との角距離，［°］または［ラジアン］）
h　高さまたは厚さ［m］
$HSAI$　半表面積指数［無次元］
I　慣性モーメント［$kg\,m^{-2}$］
I　電流［A］
I　熱指数
　※下付添字：I_{CWSI} CWSI に類比した指数，I_g コンダクタンス指数
I　放射照度［$W\,m^{-2}$］
　※下付添字：I_S 短波放射，$I_{S(diffuse)}$ 拡散短波放射，$I_{S(dir)}$ 直達短波放射，I_L 長波放射，$I_{(PAR)}$ 光合成有効放射，I_c 光補償点，I_p 光量子の放射照度，I_e エネルギーの放射照度，I_A 大気圏上端の放射照度，I_{pA} 太陽定数，I_0 基準値
J　ジュール（$1\,kg\,m^2\,s^{-2}$）
J_{max}　最大電子伝達速度（ETR）
J　単位面積あたりのフラックス密度ま

x　記号

- たは質量輸送 [kg m^{-2} s^{-1}]
  ※下付添字：J_V 体積フラックス密度 [m s^{-1}]，他の修飾語は D を参照
- k　熱伝導率 [W m^{-1} K^{-1}]
- k　速度定数または他の定数
  ※下付添字：k_F, k_H, k_T, k_P はそれぞれ蛍光による脱励起，熱による散逸，PSI へのエネルギー輸送，反応中心がすべて開いた状態の PSII の光化学反応，k_d 発育速度 $(= 1/t)$
- k　ボルツマン定数
- k　減衰(消散)係数 [無次元]
- κ　フォン・カルマン定数 $(= 0.41$, [無次元])
- kg　キログラム
- K　絶対温度
- K_c　作物係数(よく灌漑された作物の蒸発についての)
  ※修飾語：K_{cb} 作物の基本係数，K_{stress} さまざまなストレスの係数，K_s 土壌係数
- K　通水コンダクタンス ([m MPa^{-1} s^{-1}] または [m^3 MPa^{-1} s^{-1}]) (L_p も参照)
  ※修飾語：K_r 根，K_{st} 茎，K_ℓ 葉
- K　輸送係数 [m^2 s^{-1}]
  ※下付添字：D を参照
- K_m　ミカエリス定数 [濃度または放射について無次元]
  ※修飾語：K_m^C 二酸化炭素の，K_m^I 光の
- ℓ　長さ，厚さ [m]
  ※上付添字：ℓ^* 葉組織の厚さ
- ℓ　光合成の制限 [s m^{-1}]
  ※修飾語：上付添字は抵抗 r，ℓ' 相対的な制限 [無次元]
- ln　自然対数
- log　常用対数
- L　通導度 [m^2 s^{-1} Pa^{-1}]
- L_p　通水コンダクタンス [m s^{-1} Pa^{-1}]
- L_V　体積あたりの通水コンダクタンス [s^{-1} Pa^{-1}]
- L　放射輝度または輝度 [W sr^{-1}]
  ※下付添字：L_{in}, L_{out} フラウンホーファー線の中と外の放射輝度
- L　葉面積指数
  ※修飾語：L' 被陰された土地面積あたりの葉面積指数 [無次元]
- m　メートル
- m　質量分率 [無次元]
  ※修飾語：濃度について (c)
- m　質量 [kg]
- m　大気路程 [無次元]
- M　分子量
  ※下付添字：D を参照
- **M**　放射発散度 [W m^{-2}]
- **M**　代謝熱貯蔵 [W m^{-2}]
- mol　モル(アボガドロ数個の粒子の量)
- n　日照時間；数字
- n　モル数
  ※下付添字：n_p 光量子，n_s 溶質，他の下付添字は D を参照
- $n(E)$　E を超えたエネルギーをもつモル分子数 [mol]
- N　ニュートン
- N　日長 [h]
- N　近赤外放射の反射率 $(= \rho_{NIR})$
- O　流出 [mm]
- p　分圧 [Pa]
  ※修飾語：D を参照．濃度については (c)
- P　降水 [mm]
- P　圧力 [Pa]
  ※修飾語：P^0 規準，P^* 平衡圧力
- P　振動周期 [s]
- P_e　出力 [W m^{-2}]
- **P**　光合成 ([mg m^{-2} s^{-1}] または [μmol m^{-2} s^{-1}])
  ※下付添字：P_c ルビスコの性質による律速，P_g 総光合成，P_j ルビスコの基質再生産による律速，P_n 純光合成，P_{max} 光・CO_2 飽和最大光合成，P_t トリオースリン酸利用による律速

※上付添字：P^m モル単位，P^{max} 光・CO_2 飽和最大光合成，P^o 基準値

q 蛍光消光

※下付添字：q_E エネルギー依存性消光，q_I 光阻害による消光，q_L 開いた状態にある PSII 反応中心の割合の lake モデル（PSII がアンテナをすべて共有しているとするモデル）を利用した推定値，q_N 非光化学消光，q_o F_o 消光，q_P 光化学消光，q_T ステート遷移による消光

qr 光量子要求度

Q_{10} 温度係数：10℃の温度差に対する反応速度の比率［無次元］

Q 放射フラックス（[$J\,s^{-1}$] または [W]）

※修飾語：放射フラックス密度について（**R**）

r 半径［m］

r 抵抗（[$s\,m^{-1}$] または [$m^2\,s\,mol^{-1}$]）

※修飾語：コンダクタンスについて(g)，また $r_*' = dx_W'/dP_n$（通常 CO_2 濃度で）

r モル抵抗（$= r^m$）[$m^2\,s\,mol^{-1}$]

※修飾語：コンダクタンスについて(g)

R 液相通水抵抗（[$MPa\,s\,m^{-1}$] または [$MPa\,s\,m^{-3}$]）

※下付添字：R_ℓ 葉，R_p 植物，R_s 土壌，R_{st} 茎

R 同位体比（たとえば，$^{18}O/^{16}O$）

※下付添字：R_0 基準値

R 電気抵抗（[Ω] = [$W\,A^{-2}$]）

R 赤色放射の反射率（$= \rho_R$）

R 呼吸速度（[$mg\,m^{-2}\,s^{-1}$] または [$\mu mol\,m^{-2}\,s^{-1}$]）

※下付添字：R_d 暗，R_ℓ 光，R_g 成長，R_m 維持，$R_{non\text{-}ps}$ 非光合成器官の

R 放射フラックス密度［$W\,m^{-2}$］

※下付添字：必要な場合，下付添字の e と p によって放射フラックス密度（R_e [$W\,m^{-2}$]）と光量子フラックス密度（R_p [$mol\,m^{-2}$]）を区別する，$R_{absorbed}$ 吸収，$R_{emitted}$ 射出，$R_{(d)}$ 乾燥，$R_{(w)}$ 湿潤，R_d 下向きの，R_u 上向きの，R_n 純放射，R_{ni} 等温純放射，R_R 放射熱損失 $= R_n - R_{ni}$

$\mathcal{R}$ 気体定数（8.3144 $J\,mol^{-1}\,K^{-1}$ または [$Pa\,m^3\,mol^{-1}\,K^{-1}$]）

s 飽和水蒸気圧の温度変化による傾き［$Pa\,K^{-1}$］

s 秒

sr ステラジアン

S ストレス［Pa］

$S_i(z)$ 物理量 i の高さに応じた放出源密度分布

$S(t)$ 時間 t における発育段階

S 貯蔵される熱フラックス［$W\,m^{-2}$］

t 時間（[s]，[h] または [day]）

※下付添字：t_o 南中時，t_d 通日，$t_{1/2}$ 半減時間

T 温度（[℃] または [K]）

※下付添字：T_a 空気，T_{dew} 露点，T_d 乾燥，T_e 平衡，T_ℓ 葉，T_w 湿潤，T_{wb} 湿球温度，T_{base} 非水ストレス基準線値，T_h 加熱した模擬葉，T_m 平均，T_o 最適，T_{max} 最高，T_s 表面，T_s 飽和，T_∞ 大気の見かけの放射温度，T_t 閾（臨界），T_u 非加熱の模擬葉，T_x D における観測温度

※上付添字：$T°$ 基準温度

$T(t)$ 時間の関数としての温度

$\mathcal{T}$ 生育期間［day］

T トルクまたは回転モーメント（[$N\,m$] または [J]）

$\mathcal{T}$ 不連続な群落における透過率［無次元］

※下付添字：$\mathcal{T}_f$ すべての葉が光不透過の場合の地面への透過率

u モル空気流量［$mol\,s^{-1}$]

u 風速［$m\,s^{-1}$]

※下付添字：u_z 高さ z における風速，u_* 摩擦速度

ν_s 沈降速度［$m\,s^{-1}$]

v　体積流量 [m³ s⁻¹]
V_d　沈着速度 [m s⁻¹]
V　反応速度
※下付添字：V_c カルボキシル化速度，V_o 酸素化速度，$V_{c,max}$ ルビスコの最大カルボキシル化速度
V　体積 [m³]
※修飾語：V_e 木部水，V_o 細胞が水を完全に吸収したときの体積，$\overline{V}_W$ 水の部分モル体積(18.048×10^{-6} m³ mol⁻¹, 20℃)
V　電位差(ボルト = W A⁻¹)
w　混合比 [無次元]
※下付添字：D を参照
w　風速の鉛直分布 [m s⁻¹]
W　ワット [J s⁻¹]
W　水分含量([kg m⁻²] または [kg m⁻³])
下付添字：W_ℓ 葉，W_{max} 最大
W　葉面積あたりのCO₂換算質量 [g m⁻²]
x　モル分率
※修飾語：D を参照，濃度については(c)
x　距離，変位，または修正量 [m]
Y　臨界降伏圧 [Pa]
Y　経済的収量([t ha⁻¹] または [kg m⁻²])
※下付添字：Y_d 乾物収量
yr　年
z　距離，高さまたは深さ，または大気の厚さ [m]
※下付添字：z_0 粗度長
Z　制動深さ [m]
α　接触角([°] または [ラジアン])
α　吸収率または吸収係数 [無次元]
※修飾語：下付添字は波長(たとえば，α_{660} または α_S)
α　表面の方位角(北から東方向へ測定)
α　木質組織の(片面)面積指数と全植物(半球)面積指数の比
α　プリーストリ・テイラー係数
β　太陽高度([°] または [ラジアン])(θ の補角)
β　ボーエン比(無次元 = C/λE)
γ　乾湿計定数(Pa K⁻¹ = $Pc_p/0.622\lambda$)
※上付添字：γ^* 修正乾湿計定数(= $\gamma g_H/g_W$)
γ_W　理想的な溶液との差を示す水の活量係数
Γ　全土壌熱フラックス比 [無次元]
※修飾語：Γ' 土壌表面におけるエネルギー分割比
Γ　CO₂補償点濃度([mg m⁻³] または [mmol m⁻³])
※修飾語：Γ_* オキシゲナーゼ速度とカルボキシラーゼ速度がつり合うCO₂濃度
δ　標準試料の同位体比からの偏差(たとえば，δ^{13}C)
※下付添字：δ_a 空気，δ_p 植物
δ　赤緯 [°]
δ　層流境界層の平均厚さ [m]
※下付添字：δ_{eq} 等価境界層厚 [m]
∂　偏微分
Δ　同位体分別 [無次元, ‰]
※下付添字：Δ_a AOX分別，Δ_c COX分別
Δ　差分
ΔT_f　凝固点降下 [K]
ε_i　代謝経路全体から個々の反応を単離したときの各反応の可塑性
ε　射出率
ε　効率 [無次元]
※修飾語：ε_p 光量子収率，ε_q 量子収率，$\varepsilon_{q(Pr)}$ フィトクロム変換の量子収率
ε_Y　ヤング率 [Pa]
ε_B　体積弾性率 [Pa]
ε　s/γ
ζ　スペクトルにおける赤色光(655〜665 nm)と近赤外光(725〜735 nm)の光量子密度の比率
η　粘性率([N s m⁻²] または [kg m⁻¹ s⁻¹])

θ	相対含水率 [無次元, %]	σ	表面張力 $(\mathrm{N\,m^{-1}} = 7.28 \times 10^{-3}$, 20℃の水の場合)
θ	法線から光線までの角度, 太陽の天頂角 ([°] または [ラジアン])	$\sigma_{1,2}$	変化前 (P_{n1}) と変化後 (P_{n2}) の二つの状態間の制限の変化における気孔のわずかな寄与
$\Delta\theta$	土壌含水率の変化	τ	時定数 [s]
λ	波長 [m]	τ	透過率または伝達率 [無次元]
	※下付添字：λ_m プランク分布のピーク波長		※下付添字：α を参照
λ	蒸発潜熱 [$\mathrm{J\,kg^{-1}}$]	τ_a	AOX 経路に流れる電子の割合
λ	緯度 ([°] または [ラジアン])	τ	せん断応力 [$\mathrm{Pa} = \mathrm{N\,m^{-2}}$]
λ_0	葉の集中指数		※下付添字：τ_f 抗力による
λ	定数, 気候感度係数	ϕ	蒸発比 [無次元]
μ_W	化学ポテンシャル [$\mathrm{J\,mol^{-1}}$]	ϕ_C	気孔からの同化と関係しない CO_2 損失
	※修飾語：μW 水の, $\mu°$ 基準値	ϕ_W	土壌またはクチクラを通した水蒸気損失
ν	周波数 [Hz]		
ν	気孔頻度 [$\mathrm{mm^{-2}}$]	ϕ	フィトクロムの光平衡 $\mathrm{Pfr/P_{total}} = f/(1+f)$
υ	波数 [$\mathrm{cm^{-1}}$]		
ν	動粘性率 [$\mathrm{m^2\,s^{-1}} = D_\mathrm{M}$]	ϕ	細胞壁の伸展性 [$\mathrm{s^{-1}\,Pa^{-1}}$]
π	円周率, 円周に対する直径の比率 (3.14159)	ϕ	位相遅れ [s]
		ϕ	光呼吸の化学量論的関係指数
Π	浸透圧 ($\mathrm{MPa} = -\psi_\pi$)	ϕF	蛍光の量子収率 [無次元]
ρ	密度 (しばしば乾燥大気の) [$\mathrm{kg\,m^{-3}}$]	χ	表面の天頂角 (= 傾き) ([ラジアン] または [°])
	※修飾語：ρ_a 乾燥空気 (ρ と略されることもある), ρ_{as} 水蒸気飽和空気, ρ_i i 番目の混合要素, ρ^* 葉または模擬葉の密度	ψ	水ポテンシャル [MPa]
			※下付添字：$\psi_p, \psi_\pi, \psi_m, \psi_g$ はそれぞれ圧, 浸透, マトリック, 重力の要素, ψ_ℓ 葉の水ポテンシャル, ψ_{st} 茎の水ポテンシャル, $\psi_{\ell 0}$ 初期値
ρ	反射率, 反射係数, またはアルベド [無次元]		
	※下付添字：ρ_NIR 近赤外 (= N), ρ_R 赤 (= R), $\rho_{(\theta)}$ 天頂角 θ に対する, 波長は α を参照	ω	角振動数 (= $2\pi \times$ 周期)
		ω	角速度 [$\mathrm{rad\,s^{-1}}$]
		Ω	立体角 [sr]
σ	ステファン - ボルツマン係数 ($5.6703 \times 10^{-8}\,\mathrm{W\,m^{-2}\,K^{-4}}$)	Ω	乖離率 [無次元]
σ	反射率 [無次元]		

主な略称と頭文字

ABA	abscisic acid（アブシジン酸）	
ADP	adenosine diphosphate（アデノシン2リン酸）	
AOX	alternative oxidase（代替オキシダーゼ）	
ATP	adenosine-5'-triphosphate（アデノシン3リン酸）	
BRDF	bidirectional reflectance distribution function（2方向性反射率分布関数）	
BRF	bidirectional reflectance factor（2方向性反射因子）	
BVOC	biogenic volatile organic compound（植物起源揮発性有機化合物）	
BWB	Ball-Woodrow-Berry model（ボール・ウッドロー・ベリーモデル）	
C_3	three-carbon photosynthetic pathway（C3炭素固定経路）	
C_4	four-carbon photosynthetic pathway（C4炭素固定経路）	
CAM	crassulacean acid metabolism（ベンケイソウ型有機酸代謝）	
CFCs	chlorofluorocarbons（クロロフルオロカーボン）	
CGR	crop growth rate [$kg\,m^{-2}\,day^{-1}$]（作物成長速度）	
COX	cytochrome oxidase（シトクロムオキシダーゼ）	
CWSI	crop water stress index（作物水ストレス指数）	
DELLA	（DELLAタンパク質はジベレリンの情報伝達を抑制する転写制御因子）	
DREB	deyhdration-responsive element binding proteins（脱水応答エレメント結合タンパク質）	
DVI	difference vegetation index（差分植生指数）	
ETR	electron transport rate through PSII（PSIIを流れる電子伝達速度）	
EUW	effective use of water（水の有効利用）	
FACE	free-air carbon dioxide enrichment experiment（開放系大気二酸化炭素付加装置）	
$FADH_2$	reduced flavin adenine dinucleotide（還元型フラビンアデニンジヌクレオチド）	
fAPAR	fraction of absorbed photosynthetically active radiation（光合成有効放射吸収率）	
FR	far red（近赤外）	
FSPM	functional-structural plant models（機能的-構造的植物モデル）	
FvCB	（光合成のFarquhar-von Caemmerer-Berryモデル）	
GCM	global circulation model（大気大循環モデル）	
GDD	growing degree days（成長度日，*D*参照）	
GNDVI	green normalised difference vegetation index（緑色正規化差植生指数）	
GWP	global warming potential（地球温暖化係数）	
HFC	hydrofluorocarbons	

	（ハイドロフルオロカーボン）		（還元型ニコチンアミドアデニンジヌクレオチドリン酸）
HI	harvest index（収穫指数）	NAR	net assimilation rate（純同化速度）
HIR	high irradiance response（高照度反応）	*NDVI*	normalised difference vegetation index（正規化差植生指数）
HU	'heat' units（熱単位，使用を避ける）	*NPQ*	non-photochemical quenching（非光化学消光，$(F_m/F_m')-1$）
IAA	indole acetic acid（インドール酢酸）	OAA	oxaloacetate（オキサロ酢酸）
IR	infrared（赤外光）	OTC	open-top chamber（オープントップチャンバー，頂部開放型野外栽培設備）
IRGA	infrared gas analyser（赤外線ガス分析装置）	P_{680}	reaction centre in PSII（PSIIの反応中心）
LAD	leaf angle distribution（葉面角度分布）	P_{700}	reaction centre in PSI（PSIの反応中心）
LAD	leaf area duration（葉積）		
LAR	leaf area ratio（葉面積比）	Pa	pascal（パスカル）（$[N\,m^{-2}]$ または $[kg\,m^{-1}\,s^{-2}]$）
LD_{50}	minimum survival temperatures（最低生存温度）	PAR	photosynthetically active radiation（光合成有効放射，400〜700 nm）
LD	long-day（長日）		
LFR	low fluence rate response（低照射量反応）	PBM	process-based models（プロセスに基づいたモデル）
LHC	light harvesting complex（集光性タンパク質複合体）	PCO	photorespiratory carbon cycle（光呼吸炭素酸素化回路，グリコール酸回路）
LOV	light-oxygen-voltage domains（光・酸素・電圧感受性ドメイン）	PCR	photosynthetic carbon reduction cycle（光合成炭素還元反応，PCR回路）
LSD	long-short day（長短日）		
LUE	light use efficiency（光利用効率）	PDB	Pee Dee belemnite（ベレムナイト化石層標準）
MAS	marker-assisted selection（マーカー利用選抜）	PEP	phosphoenolpyruvate（ホスホエノールピルビン酸）
MIPs	major intrinsic proteins（主要内在型タンパク質（アクアポリン））	Pfr	（近赤外吸収型フィトクロム）
MOST	Monin-Obukhov similarity theory（モニン-オブコフ相似理論）	PGA	phosphoglyceric acid（ホスホグリセリン酸）
N_2	nitrogen（窒素）	pH	（水素イオン活量の対数に負の符号をつけたもの，ペーハー）
NAC	a superfamily of transcription factors（NACスーパーファミリー転写因子）	phy	phytochrome（フィトクロム）
$NADP^+$	nicotinamide adenine dinucleotide phosphate（酸化型ニコチンアミドアデニンジヌクレオチドリン酸）	PHY	(PHY-A, PHY-B, など．フィトクロムタンパク質（遺伝子は斜体）)
NADPH	reduced nicotinamide adenine dinucleotide phosphate	phot1, phot2	phototropins（フォトトロピン）

PIF	phytochrome interacting factor（フィトクロム結合因子，たとえば PIF4 と PIF5）	*RVI*	ratio vegetation index（比植生指数）
PIPs	plasma membrane intrinsic proteins（細胞膜局在型アクアポリン）	*SAVI*	soil adjusted vegetation index（土壌調整植生指数）
ppb	volume parts per billion（体積百万分率）[10^9]	SD	short-day（短日）
ppt	volume parts per trillion（体積兆分率）[10^{12}]	SHAM	salicylhydroxamic acid（サリチルヒドロキサム酸）
Pr	（赤色光吸収型フィトクロム）	SLA	specific leaf area（単位乾燥重量あたりの葉面積）
PRI	photochemical reflectance index（光化学的反射率）	SLD	short-long day（短長日）
PSI	photosystem I（光化学系 I アンテナ複合体）	SNP	single nucleotide polymorphism（1塩基多型）
PSII	photosystem II（光化学系 II アンテナ複合体）	TCA	tricarboxylic acid（トリカルボン酸）
Q_A, Q_B	quinone acceptors（キノン受容体）	TE	transpiration efficiency（蒸散効率）
QTL	quantitative trait loci（量的形質座位）	TIPs	tonoplast intrinsic proteins（液胞膜局在型アクアポリン）
R	red light（赤色光）	TPU	triose phosphate utilisation（トリオースリン酸利用）
RF	radiative forcing（放射強制力）[$W\ m^{-2}$]	UAV	unmanned aerial vehicles（無人航空機）
RGR	relative growth rate（相対成長速度）[day^{-1}]	UV	ultraviolet（紫外線，UV-A：315～400 nm，UV-B：280～315 nm，UV-C：< 280 nm）
RNA	ribonucleic acid（リボ核酸）	VI	vegetation index（植生指数）
RNAi	RNA interference（RNA 干渉）	VLFR	very low fluence rate response（超低照射量反応）
ROS	reactive oxygen species（活性酸素）	vpm	volume parts per million（体積百万分率）
Rubisco	ribulose-1,5-bisphosphate carboxylaseoxygenase（リブロース-1,5-ビスリン酸カルボキシラーゼ/オキシゲナーゼ）	WUE	water use efficiency（水利用効率）
		WUE*	（植物生涯の WUE）
RuBP	ribulose-1,5-bisphosphate（リブロース-1,5-ビスリン酸）	ZTL	（ZEITLUPE ファミリータンパク質）

第1章 植物と環境の相互作用を定量的に扱うための手法について

　植物環境生理学は，他分野の科学と同様に，植物-環境システムのふるまいについての観察や実験，それらのデータ解析，そして新たな仮説の構築や既存の仮説の改善というサイクルの繰り返しによって進歩してきた．この過程は図1.1のように非常に単純化して示すことができる．どの段階の情報や仮説も量的か質的であり，必要なデータを得るためのなんらかの制御実験を重視している．

　最初の調査段階では，システムのふるまいについてより質的に記載する傾向がある．たとえば，多くの初期の生態学研究では，植生の記述や分類が重要視され，植物の分布を決定している根本的な過程を理解することにはあまり重きが置かれなかった．しかし，さらに理解を深めていくには，どのようなシステムについても，その根本的なメカニズムの知識に基づいた，より量的な方法が必要となる．

　この二つ目の段階が本書の目的とする内容である．そのため，生態学や農学の研究

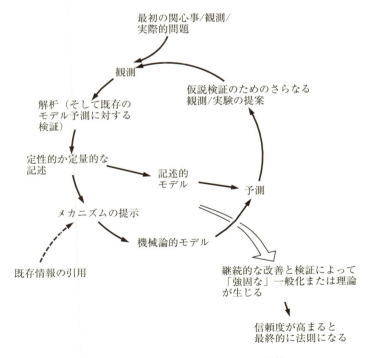

図1.1　科学的手法におけるモデルの役割

課題において量的な扱いができるよう，環境物理学と植物応答の生理学的な基礎を提供することを目的としている．特定の項目の専門的な情報については，本書で紹介する文献から得られるだろう．

　読者への便宜のために，巻末につぎのようなさまざまな付録を用意している．本書で使用する SI 単位系の概要(付録1)，空気や水と他の物質についての重要な物理特性の表(付録2，3，4，5)，広範囲の有用な物理定数(付録6)，太陽位置と葉面境界層コンダクタンスの計算方法の概要(付録7，8)，式(9.9)の導出(付録9)，そして各章の終わりにある練習問題の解答(付録10)である．

1.1　モデル化

　数理モデルは，仮説を明確に表現し，植物の成長と機能を量的に記述するための非常に強力な手段である．植物科学のすべての分野で数理モデルの利用は増えており，本書でも全体を通して利用するため，ここで簡単に紹介する．数理モデルは，時間経過に伴うシステムの発達や，外部からの攪乱要因，たとえば植物の場合，温度や水供給の変化に対するシステムの応答を予測するために，一連の方程式によって植物や光合成過程などの実際のシステムを単純化して記述する．数理モデルの予測能力は，物理モデル(模型，たとえば飛行機の模型)，概念モデル(言語によるシステムの記述)，描画モデル(絵や図解)などの他のタイプのモデルとは対照的である．

　すなわち，植物のような実際のシステムを表現するモデルは，より複雑な実際のシステムの何らかの特徴を再現するために利用できる．たとえば，群落の光透過過程は非常に複雑であるが(第2章)，個葉によって構成される実際の群落を均一な吸収体の層という単純なモデルに置き換えることで，有益な進歩がもたらされた．このモデルは，経験的に研究できる実際の対象物(たとえば，クロロフィル溶液)に当てはめられたり，それらの特徴を模擬し，数理的抽象化したりしたものである．つまり，数理モデルによって，ある仮説を簡潔に定式化できる(この例では，光の群落透過は，均一な吸収体を通過する場合と同様である)．このようなモデルは，たとえば放射の入射角を変えた影響などについて，容易に検証可能な予測をもたらす．これらの検証結果は，最初の仮説を改善し，確認し，否定するために利用できる(図1.1)．この例では，モデルの妥当性は，均一な吸収体モデルによる予測式が実際の群落の光透過をどれだけ正確に予測できるかによって決まる．

　実験ができない研究分野も存在し，たとえば気候変動に関する多くの研究では，仮説を検証するための鍵となる実験を企てることは物理的に不可能であったり，倫理的でなかったりする．気候変動を食い止めるために，大規模な地球工学的な実験を行おうとすることが妥当ではないことは明らかだろう．このような場合，唯一利用可能な

手段は，それぞれの要素の過程における最善の知識を利用してシステムをモデル化し，適切な対応手順を導くために，モデルからの予測を利用することである．

生物システムは非常に複雑なので，そのふるまいを完全に数式で表すことはほぼ不可能である．このため，システムの挙動と適切な構成要素についての仮定を単純化することは，いずれの研究でも必要となる．この変数の選択過程は，どのような数理モデルの開発においてももっとも難しい部分であろう．しかし，有用なモデルの開発において，その確認と検証も同様に重要な過程である．数理モデルの主な利点とその利用は以下のように要約できる．

1. 仮説を正確に記述する．
2. 本質的に検証可能である．
3. 多くの個別の観測結果を簡潔に「説明」あるいは記述できる．
4. 知識が不足し，さらなる実験や観測が必要な部分を明らかにする．
5. 試されていない状況の組み合わせにおけるシステムの挙動を予測できる．これはとくに，実験に非常に費用がかかる場合（大規模野外実験）や，本質的に実施できない状況（地球気候や天体システムなど）で重要である．
6. 管理手段として利用できる．たとえば，利益を最大化するための作物の日程計画と管理運営における意思決定支援システムなど．
7. 診断に利用できる．たとえば，作物の病気の識別など．

最後の二つの応用については，「エキスパートシステム」の出現とその「意思決定支援」への利用によって，ごく最近になって発達してきた．これらは，とりわけ作物の障害の診断に適用できるように，人間の専門家の知識を一揃えの規則に要約しようとする．この手法の特徴は，回答のいずれについても不確実性を考慮して重み付けを行い，それに応じて結論を導き出すことである．数理モデルは，気象学のようなより物理的な科学において広く利用されてきたが，生理学や生態学の研究では，少なくとも最近までは十分に利用されていなかった．

さまざまな作物のモデル化手法の差異とそれらの適切な利用と誤用，相対的な長所と短所についての有用な議論が，作物シミュレーションモデルのシンポジウムをもとにした一連の報告でなされている(Boote et al., 1996, Passioura, 1996, Sinclair & Seligman, 1996)．

1.1.1 モデルのタイプ

本書にはさまざまなタイプの数理モデルが登場する．あまりよく検証されていないモデル（たとえば，最適な気孔動態の研究に利用されるもの．第10章参照），部分的に検証されたモデル（理論），そして非常によく検証されたモデル（法則）がある．たと

えば，拡散のようによく知られた物理学的過程を扱うものでは，ある初期条件が与えられれば，その後の結果について，つねにある程度の確実性で予測できる．

ほとんどのモデルがつぎの二つのグループのどちらかに分類できる．作物の生理学や環境との相互作用についての理解を深めるためのものと，栽培者や農家へ管理指針を提供することを目的としたものである．前者は科学的あるいは機械論的†な手段を必要とし，後者は通常，程度の差はあっても主要な環境変数と植物応答との間の頑強で経験的な関係に基づいている．経験的なモデルでは，それに関与しているメカニズムを記述することはせず，最小限の情報が経験的に利用され開発される．一方，機械論的なモデルは，それまでの研究で得られた知識に基づいて開発される．通常，機械論的モデルでは，生物組織よりも詳細なレベルで現象を説明しようとする．モデル化の方法の選択は研究目的に依存する．どちらのタイプのモデルも予測のために使われるが，機械論的なモデルは，おそらくより一般化された応用へのより大きな適用範囲をもっており，対象に対する重要な理解をもたらす．第12章で説明する大規模動的作物シミュレーションモデルは，経験的に近似された多くの要素を含んでいるものの，モデル構築のほとんどが機械論的な理解に基づいている例である．最終的には，機械論的モデルは広範囲の条件下で，より正確なシステム動態を予測できるだろう．ただし，モデルを開発した条件の範囲外で利用する場合にはつねに注意する必要があり，経験的モデルの場合には避けるべきである．

経験的モデルの例としては，年ごとの気象条件の変化に対する収穫高についての比較的客観的な回帰分析の利用がある（第9章で，アイスランドにおける干し草生産の例を示す）．このタイプのモデルは，生理学に関する知識を利用することなく，汎用技術によってシステムを記述する．しかしこの手法は，気象変数の選択やその関係の構築方法において生理学的な知識を利用することでより有用になる．つまり，この手法は機械論的な手法と完全に異なっているわけではなく，実際，多くの経験的なモデルは，それらが改善される過程でより機械論的なモデルに発展する傾向がある．

モデルは，経験的であるか機械論的であるかと同時に，**決定論的**か**確率論的**，そして**動的**か**静的**である．決定論的モデルにおいては，入力された段階で出力が一意的に決まるが，確率論的モデルではモデルの一部にランダムな要素を含んでいる．ほとんどの生理生態学のモデルは，大幅な単純さと簡便さのために決定論的である．しかし，たとえばランダムな一連の気象連鎖や群落内での光の透過，病原体の広がりや胚珠の受精などをシミュレートするために，いくらかの確率論的モデルも利用されている（Jones, 1981c 参照）．

---

† （訳注）生物体を，構成する物質的要素の性質の組み合わせとして理解しようとする方法論的立場．

動的モデルは過程の時間依存の扱いを含んでおり，そのため，とくに植物成長や作物生産過程のように，長期間にわたる成長発達や環境変化を積算してシミュレートするのに適している．多くの大規模動的生態系・作物シミュレーションモデル（第12章参照）が開発されており，気候モデルで利用されるのもこのタイプのモデルである．しかし，複雑な計算機シミュレーションは，物理学者が使う厳密な意味では，ほとんど検証できない．これは，モデルの構築に多数の変数と仮定が使われているためである．それにもかかわらず，このようなモデルは，環境変数に対する作物や他のシステムの感受性についての有用な情報をもたらす．

静的モデルは，動的モデルとは対照的に，定常状態のシステムや最終結果の単純な記述のために使われる．たとえば，本書で取り上げる多くの輸送モデルは定常状態だけを考慮しているので，静的モデルとみなせる．同様に，収穫モデルでは，生育期間のいくつかの気象変数と収穫高との間の単純な回帰式によって最終的な収穫高が予測できる．

数理的モデルの他に，物理学的モデルが利用できるいくつかの例がある．たとえば，電気回路は拡散や他の輸送過程のモデルとして利用でき，複雑なシステムでは対応する抽象的な数学的表現よりも利用しやすいだろう．

量的ではなくても理解の増進に大いに貢献する他のモデルとして，概念的モデルとよべるものがある．これらの例として，干魃に対する植物の応答を「悲観的」と「楽観的」に分類する概念（第10章）や，より一般的に「植物戦略理論」とよばれるものの発展がある（Grime, 1979）．この手法は，植物の膨大な生態学的な進化的分化様式を理論的に説明するための重要な方法を提供し，限られた数の「主要戦略」を植物が利用できることを仮定している．この場合，ある生活場所において生存するために特殊化した分化は，他の環境における成功を妨げる傾向がある．「競争―ストレス耐性―攪乱依存」（competitor-stress tolerator-ruderal：CSR）モデルはとくに強力な応用例であり，ストレス応答をたいへんうまく説明し予測する（Grime, 1989）．主に概念的なモデルではあるが，植生における競争，ストレス，攪乱の間の平衡を容易に数量化できて図で表せるので，定量分析することもできる．

近年，とくに関心をもたれているのが計算機上の「仮想」植物の開発で，**機能的-構造的植物モデル**（functional-structural plant model：FSPM）として知られるようになっている（Vos et al., 2007 参照）．機能的-構造的植物モデルは，3次元空間構造がシステム挙動の説明において重要であるさまざまな問題を解析するために，構成あるいは構造モデルをプロセスに基づいたモデル（process-based model：PBM）と結びつける．プロセスに基づいた要素には，植物フェノロジーのモデル，器官間での炭水化物の分配，作物の光合成と成長のモデルが含まれる．たとえば，作物の光合成の効果

的なシミュレーションには，光合成と光遮断の単純なプロセスに基づいたモデルだけではなく，それぞれの葉への光照射を計算するために，空間における葉の幾何学的配置の情報も必要となる．植物構造のシミュレーションは，リンデンマイヤーのL-システムの開発によって大幅に促進された(Prusinkiewicz & Lindenmayer, 1990 参照)．この手法は，限られた要素とそれらの順次付加のための単純な規則群によって，植物の半現実的な視覚化のための反復方法を提供する．FSPM は，種間と種内競争のような現象の研究に役立ち，局所的(葉など)と大局的(群落など)なスケールの間で作用する相互作用とフィードバックが調べられる．また，FSPM は，植物育種家にとって，光合成とその結果である収穫と成長を最適化する植物の理想型(第12章参照)を調べるための手段となる．

　単純な数理モデルでは，多数の調整された定数や**パラメータ**によって大きさを調整された一連の駆動変数による，多少なりとも複雑な関数によって単一の応答が定義される．しかし，より複雑なモデルでは，駆動変数と応答の間の相違は複雑なフィードバックによって曖昧になり，システム応答の全体が研究対象となるだろう．

1.1.2　モデルへの近似とパラメータの推定

　どのような観測結果も，仮説の展開やシステム動態の将来予測に利用するためには，単純な枠組みに還元する必要がある．すなわち，簡潔な数理的要約を得るには，何らかの曲線近似や**較正手続き**が必要である．要約した方程式は将来値の予測に利用できると同時に，理論的モデルの是非についての情報を提供する．

　たとえば，異なる放射照度下における一連の光合成速度の観測結果が得られた場合，分析の最初に行うことは，グラフの横座標を放射照度として，縦座標を従属変数になる可能性が高い光合成速度として，観測結果をプロットすることである．そして，描かれた点が放射照度と光合成速度についての一般的な関係の特別な例であるとみなして，観測値に1本の曲線を当てはめる．しかし，温度などの他の要因も変化しているため，すべての測定点がその曲線上に乗ることはない．誤差についての情報を含んだ最良近似方程式は，観測値の有用な要約をもたらす．重回帰によって，複数のx-変数に対して同時に近似できる．

　どのような観測結果に対しても，それらを近似する無数の数式があり，それらの多くは，真剣に考慮するには過度に複雑であるが，中には観測結果をうまく近似する単純なものもあるだろう．しかし，オッカムの剃刀(仮定は必要以上に多くするべきでないという原則)を心に留めておく必要がある．すなわち，二つの等しく適切なモデルあるいは仮説の内から一つを選択しなければならないときには，より単純なほうをとるべきである．

曲線近似については統計学の教科書で説明されている(Box et al., 2005, Sokal & Rohlf, 2012など). また, 必要な解析を行うための計算機パッケージには, GenStat (VSN International, Hemel Hempstead, UK), Minitab (Minitab Ltd., Coventry, UK), SPSS (IBM, Armonk, New York) がある.

モデル化技術についての詳細とそれらの植物生理学への応用については, いくつかの書籍や総説がある(Rose & Charles-Edwards, 1981, Teh, 2006, Thornley & France, 2007, Vos et al., 2007). FSPMの生成を容易にするための専門的なモデルシステムが利用可能であり, GroIMP (Kniemayer et al., 2007) と GreenLab モデル (Kang & de Reffye, 2007), そしてそれらから派生したモデルシステムがある.

1.1.3 モデルの検証

収穫モデルや他のモデルを利用する前に, その**妥当性を検証**あるいは**実証**する必要があることが論じられることは多い. しかし, 一般にこれらのモデルは単一の検証可能な仮説というよりは複数の仮説の集まりであるため, そのようなことは厳密には不可能である. したがって, 物理学の法則で行われるような妥当性の厳密な検証はできないので, 限られた数の不正確な実験データについてのモデルへの適合度のみを解析して数量化する.

モデル予測には, 二つの一般的な誤差要素がある. 一つはモデルの較正過程で必要なパラメータの見積もりにおいて生じ, もう一つは(モデルを単純化しすぎた, あるいは過程について誤った理解をしていたなど, いずれの場合にもかかわらず)モデルそのものの不出来によって生じる誤差と関係している. 後者の誤差は結果に偏りをもたらすことが多いのに対して, 前者の誤差は主に予測値のバラツキに影響を与える (Passioura, 1996).

1.2 実験の利用

研究における観測と実験の段階は, モデル化の段階と同様に重要である. 過去の生態学研究でみられたような, 対象となる単一の環境要因の自然変化に依存した純粋な観測的研究は, その結果を解釈するには制約が多く難しい. これは, 自然システムが内在する複雑性と, 温度と日射の間で生じるような, 要素間の相関性に起因する. このため, 通常, さまざまな環境要因を独立して操作できる制御実験が必要となる.

自然環境への干渉が大きな実験や小さな実験(表1.1), そしてある特定の環境変数をさまざまな精度で調節した実験がある. 一般に, 環境をよく制御することと, 自然環境への干渉を最小化することとの間にはトレードオフの関係がある. 表の上段左に近づくほど, 個々の環境要因に対する植物応答の情報はより精度(precision)が高くな

表1.1 根圏と地上環境の実験的改変程度の違い（Evans, 1972 を修正）．×は現実的ではない組み合わせを示す．

		完全に人工 ←　　　地上部の環境　　　→ 完全に自然				
		制御環境	屋内温室	ガラス温室区画	シェルター，無色の遮蔽	野外
完全に人工 ↑ 根圏の環境 ↓ 完全に自然	培養液	○	○	○	○	×
	不活性な基質＋培養液	○	○	○	○	×
	ポット土壌	○	○	○	○	○
	施肥や灌漑された野外環境	×	×	○	○	○
	交換移植実験	×	×	○	○	○
	自然	×	×	○	○	観測のみ

るが，正確度（accuracy）は必ずしも高まらない．野外実験では環境調節できる範囲は狭いが，温室や制御された環境制御室の中の環境よりも自然条件に近いため，野外で得られたどのような結果も，一般に自然条件下での植物応答と関係している可能性がより高くなる．そのため，近年，できるかぎり自然に近い環境条件下で実験を行うことへの関心が高まっている．もっともよい例は，開放系大気二酸化炭素付加装置（FACE）を用いた，大気 CO_2 濃度上昇の潜在影響についての研究である（Long et al., 2004）．しかし，残念ながら自然環境下で温度を変更することは難しい．土壌の加温は比較的容易であるが，他の環境変数の自然変動を維持して重要な大気環境だけを変更することは経済的にいっそう難しい（Aronson & McNulty, 2009）．

　物理環境のさまざまな程度の変更に加えて，競争や病原体などの生物的環境も，結果にある程度影響する．本書で取り上げるほとんどの研究は**個生態学**（autecology）として分類され，隔離された単一種の挙動について考慮することを想定している．このような研究から，多くの貴重な生態学的情報が得られるが，それらは生態学的現象を「説明」するために必要な一部にすぎない．少なくとも多くの農業生態系では，もっとも重要な生物学的競争は種内におけるものであり，他方，害虫や病気のような他の生物要因は効果的に制御されているだろう．

　どのような実験システムにするかは，実際にはその目的によって変わる．どのような現象でも，より詳細な機械論的な説明やモデルが必要とされるのであれば，制御実験の必要性はより高くなる．しかし，その結果，正常な植物成長への干渉を最小化することが重要になり，Evans, 1972 が唱えた「植物への忍び寄り（plant stalking）」技

術が重要になる．通常，しっかり制御された条件から野外における実験まで，広範囲のタイプの実験を実施することが必要である．野外実験は，制御された環境下で得られたモデルを確認するために必要である．過剰な環境制御実験に頼ることの危険性についての例がいくつか登場するが，蒸散抑制剤の研究（10.3.7項）はこの問題の非常によい例を提供する．現在では，野外で成長した実験材料が，制御された環境下で成長したものと大きく異なるふるまいを示すことについての幅広い証拠があるが，その差異の理由が完全にわかっているのはほんの数例である．たとえば，野外と制御環境下で成長した植物の，水ポテンシャルに対する気孔反応の大きな違いの事例である（第6章参照）．

　制御された環境と野外環境に対する植物の異なる「結合」によって生じる問題と，それによって気孔による蒸散制御の研究にもたらされた結果については第5章で論じる．植物の形態も，異なる放射強度とスペクトル分布の結果として，これらの環境間で著しく異なる（第8章参照）．たとえば，私自身の未発表の観察で未解決問題であるが，いくつかの特定の遺伝子型のコムギの葉が，野外で乾季に著しく巻き込むという例がある．この現象を制御した環境で再現することはいままで成功しておらず，これは野外と制御環境下では葉の形態に相違があるためのようである．

　環境特性の中には，より制御が容易なものがある．たとえば，植物の栄養や水条件についての野外研究は100年以上にわたって行われてきたが，野外で温度を制御する有益な試みは，せいぜい最近20年程度である．しかし，現在でも温度についての研究は植物群落を囲んで，他の広範囲の環境要因を変化させてしまう．カーネギー研究所の研究庭園で行われたような相互移植実験（Björkman et al., 1973）や，Woodward & Pigot, 1975による同様の実験は，環境を制御せずに大気環境の影響を研究するための強力な技術を提供する．すべての研究サイトで土壌の成長基質をそろえることは，大気環境影響を研究するこのタイプの実験の可能性を最大化する．

　しかし，制御された環境を利用するかどうかにかかわらず，すべての自然環境の特徴を似せようとすることには，さまざまな意見がある．温度と放射の詳細な日変動をシミュレートするために多くの精巧なシステムが組み立てられてきたが（たとえば，Rorison, 1981），それらの利点はいまだに明確に示されていない．環境の複雑度を増加させることは，制御環境の主な利点を帳消しにする傾向がある．

第 2 章　放射

2.1　はじめに

放射は植物の生存にとって主につぎの四つの点で重要である．

1. **熱的作用**　　放射は植物と大気環境の間におけるエネルギー交換の主要な形態である．日射は植物の主要な入力エネルギーで，そのエネルギーの大部分は熱に変化したり，他の放射交換や蒸散などの過程を駆動したりするだけでなく，組織温度の決定にかかわり，さまざまな代謝速度やそれらのバランスにも影響する(とくに第 5 章と第 9 章を参照)．

2. **光合成**　　植物に吸収された日射の一部は，吸エネルギー性(endergonic)の生化学反応を駆動する「高エネルギー」化合物の生成に使われる．これらの高エネルギー化合物は，脱水(たとえば，無機リン酸と ADP から ATP を生成する反応)や還元(たとえば，$NADP^+$ から NADPH を生成する反応)によって得られるものを含む．こうした光合成による日射エネルギーの利用は植物特有で，生物圏への自由エネルギーの主な供給源となる(第 7 章参照)．

3. **光形態形成**　　短波放射の量や方向，タイミング，スペクトル分布もまた，成長や発達の調節において重要な役割を果たす(第 8 章参照)．

4. **突然変異誘発**　　紫外線や X 線，γ 線など，波長が非常に短く高エネルギーな放射は，生細胞にダメージを与える．とくに遺伝物質の構造に影響を与え，突然変異を生じさせる．

本章では，環境生理学の理解に必要な放射物理の基本原理を紹介し，植物群落内の放射環境をさまざまな面から説明する．後半では，葉面積指数や葉面角度分布などの植物群落の重要な生物物理学的特性の推定のために，植物や植物群落のリモートセンシング観測の逆解析の詳細について解説する．

放射環境は非常に複雑であるため，内容の大半は，生態学者や作物学者が利用できるような有用な簡略化やモデルの導出に関係している．より詳細な放射物理や放射環境の考察については，Jones et al., 2003, Campbell & Norman, 1998, Coulson, 1975, Gates, 1980, Liang, 2004, Monteith & Unsworth, 2008, Jones & Vaughan, 2010, Rees, 2001 などの教科書を参照するとよい．

2.2 放射の法則
2.2.1 放射の性質

放射は,波(たとえば,放射は波長をもつ)と粒子(エネルギーは光量子あるいは光子とよばれる離散的な単位で運ばれる)の両方の性質をもつ.植物環境生理学にとって主な対象となる放射の波長は 300 nm から 100 μm の間で,紫外線(UV)の一部や,光合成有効放射(PAR,おおむね可視光と同じ),赤外線(IR)を含む(図2.1).UV は慣習的に UV-C(< 280 nm),UV-B(280〜315 nm),UV-A(315〜400 nm)に分けられ,一方,IR は近赤外(NIR, 700 nm〜1 μm),中間赤外(MIR, 1〜4 μm),熱赤外(TIR, 4〜15 μm),遠赤外(15〜100 μm)に区分される.光子のエネルギー E はその波長 λ あるいは周波数 ν とつぎのような関係にある.

$$E = \frac{hc}{\lambda} = h\nu \tag{2.1}$$

ここで,h はプランク定数(約 6.63×10^{-34} J s),c は光速(約 3×10^8 m s^{-1}),ν は c/λ と等しい.周波数に代わる尺度として波数 v も使われる($= \lambda^{-1}$,通常 cm^{-1} を単位として表される).

式(2.1)は,波長の短い放射は波長の長い放射よりも高エネルギーであることを示している.赤色光(たとえば,$\lambda = 650$ nm)の光子エネルギーを計算すると,$E = 3.06$

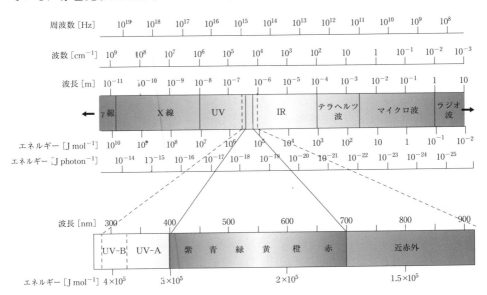

図 2.1 電磁スペクトル.エネルギーの単位は [J mol^{-1}].アボガドロ数(6.022×10^{23})で割ると [J photon^{-1}] に変換でき,赤色光の光子は 2.84×10^{-19} J のエネルギーをもつ(Jones & Vaughan, 2010 より).

$\times 10^{-19}$ J$(6.63 \times 10^{-34} \times 3 \times 10^{8}/(6.5 \times 10^{-7}))$ となり，青色光$(\lambda = 450\,\mathrm{nm})$の光子エネルギーは $E = 4.42 \times 10^{-19}$ J で，波長の長い赤色光より44%大きい．光子のエネルギーは，1 mol(すなわちアボガドロ数，$= 6.022 \times 10^{23}$)あたりで表すほうが便利であることが多い．よって，650 nm の放射であれば，1 mol あたりのエネルギーは 1.84×10^{5} J mol^{-1} $(3.06 \times 10^{-19} \times 6.022 \times 10^{23})$ となる．1 mol あたりのエネルギーの波長による違いを図2.1に示す．1 mol の光子をアインシュタイン(Einstein) という単位で表すことがあるが，これは曖昧な用語で国際単位系(SI)ではないので使用すべきではない．

植物生理学やリモートセンシングの分野でよく用いられる放射の単位を表2.1にまとめる．Bell & Rose, 1981 はさらに詳細に論じている．ある表面において射出，透過，入射した単位時間あたりの放射エネルギー量(単位は[J])は，放射フラックスまたは放射束(radiant flux)$\mathbf{Q}_e$(単位は仕事率，すなわち[J s^{-1}]または[W])とよばれる．単位表面積あたりの**純放射フラックス**(net radiant flux)は**放射フラックス密度**(radiant flux density)$\mathbf{R}_e$ [W m^{-2}] である．そのうち，表面に入射するフラックス成分を**放射照度**または**放射度**(irradiance) $\mathbf{I}_e$ [W m^{-2}] とよび，表面から射出する成分を**放射発散度**(radiant exitance または emittance)$\mathbf{M}$ [W m^{-2}] とよぶ．下付添字 e はエネルギーフラックスを光子フラックスと区別する必要があるときに用いられ，光子(光量子)の場合は下付添字 p で表される(表2.1参照)．たとえば，光量子フラックス密度 $\mathbf{R}_p$ は [mol m^{-2} s^{-1}] の単位をもつ．

植物生理学の文献にみられる放射の強度とフルエンス率という二つの用語についても述べておく必要がある．放射の**強度**はフラックス密度の同義語としてかなり曖昧に用いられるが，より正確には光源からの単位面積，単位立体角あたりのフラックスである**放射輝度**(radiance)L と定義され(したがって，単位は単位面積 [m^{-2}]，単位立体角(ステラジアン)[sr] あたりの [W]，または [W sr^{-1} m^{-2}])，その使用はこの意味に限定されるべきである．放射発散度は，半球(π ラジアン)に向かって射出される全放射なので，放射輝度にπを掛けると放射発散度になる．**フルエンス率**(fluence rate)もフラックス密度の同義語として用いられることがある．ただし，フルエンス率はあらゆる方向から球体に入射するフラックスの単位断面積あたりの量で，測定には球体の検出器を用いる必要がある．測定目的によっては，たとえば葉緑体への入射光を測定する場合には，フルエンス率が最適な単位であるが，測定に必要な球形のセンサはほとんどない．

2.2.2 黒体放射

放射の射出・吸収過程では，物質のポテンシャルエネルギーが変化する．放射波長

表2.1 放射測定の用語.このほかにも特定の波長の放射のみを対象とするさまざまな用語がある(たとえば,PAR,短波放射など).これらに対応して光束(ルーメン)を基準とする測光用語もあるが,それらは人間の眼の感度によって重み付けされたもので,植物の研究では通常使用しない.

用語と記号	単位	定義
放射エネルギー (radiant energy) E	$[J] = [N\,m]$	電磁放射として全方向に射出されるエネルギーの総量
光量子数 (number of photons) n_p	$[mol]$	光量子のモル数で表され,1 mol はアボガドロ数(6.022×10^{23})個の光量子である
放射フラックスまたは放射束 (radiant flux) $\mathbf{Q_e}$	$[J\,s^{-1}] = [W]$	単位時間あたりに表面から射出または吸収される放射エネルギー
光量子フラックス (photon flux) $\mathbf{Q_p}$	$[mol\,s^{-1}]$	単位時間あたりに表面から射出または吸収される光量子数
放射フラックス密度 (radiant flux density) $\mathbf{R_e}$	$[W\,m^{-2}]$	平面における単位面積あたりの正味の放射フラックス
光量子フラックス密度 (photon flux density) $\mathbf{R_p}$	$[mol\,m^{-2}\,s^{-1}]$	平面における単位面積あたりの正味の光量子フラックス
放射照度,または放射度[a] (irradiance) $\mathbf{I}$	$[W\,m^{-2}]$	平面に入射する単位面積あたりの放射フラックス
分光放射照度 (spectral irradiance) $\mathbf{I_\lambda}$	$[W\,m^{-2}\,\mu m^{-1}]$	単位波長あたりの放射照度(m あたりで表される場合もある)
光量子照度[b] (photon irradiance) $\mathbf{I_p}$	$[mol\,m^{-2}\,s^{-1}]$	平面に入射する単位面積あたりの光量子フラックス
放射発散度 (radiant exitance) $\mathbf{M}$	$[W\,m^{-2}]$	単位面積あたり単位時間あたりの全方向に射出された総エネルギー量(半球方向に射出する等方性の放射の場合 $\mathbf{M} = \pi L$)
放射輝度 (radiance) L	$[W\,sr^{-1}\,m^{-2}]$	単位立体角あたり単位表面積あたりの放射フラックス
放射強度 (radiant intensity)	$[W\,sr^{-1}]$	放射源からの単位立体角(Ω)あたりの放射フラックス
フルエンス (fluence)	$[mol\,m^{-2}]$	単位面積あたりの光量子数(球面への入射)

a, b エネルギーフルエンス率(a)や光子フルエンス率(b)とよばれることもあるが,より正確にはフルエンス率とは球体に入射するフラックスの単位断面積あたりの量を示す(したがって,球形の検出器が必要となる).これらの用語についての詳細な論考は Bell & Rose, 1981 参照.

はエネルギー変化量の大きさに依存するので(式(2.1)),エネルギー状態間での可能な遷移に依存する.原子の場合,遷移は軌道電子がとりうる限られた数のエネルギー状態の間で起こるので,特定の電子遷移に対応した特定の波長の輝線をもつ,その原子特有のスペクトルが生じる.分子の場合は,異なる振動数や回転準位の間で遷移で

きるため,スペクトルはずっと複雑で,膨大な数の遷移が可能であることから,広波長帯域で吸収・射出する.そのため,化学的に複雑な物体は,あらゆる波長帯に対応した無限のエネルギー遷移が可能であり,事実上,連続的な吸収・放出スペクトルをもつだろう.すべての波長の放射を完全に吸収・射出する理想的な物質を**黒体**(black body)とよぶ.

放射の射出と吸収に伴うエネルギー遷移は(向きは逆であるが)等しいので,吸収スペクトルは射出スペクトルに対応し,ある特定波長の吸収体はその波長の射出体でもある.物質の**吸収率**(absorptivity または absorptance)α は,ある特定波長あるいは波長帯において入射した放射が,その物質に吸収される割合と定義される.通常,適切な波長あるいは波長帯が下付添字で表示される.同様に,ある特定波長の**射出率**(emissivity)ε は,その波長においてその物体がその温度で射出可能な最大放射に対する射出された放射の割合と定義される.射出可能な最大放射を**黒体放射**(black-body radiation)とよぶ.

理想黒体からの射出エネルギー分布(すべての波長で $\varepsilon = 1$)は,次式で表される**プランクの分布則**で与えられる.

$$E_\lambda(d\lambda) = \frac{2hc^2}{\lambda^5 (e^{hc/(\lambda kT)} - 1)} d\lambda \tag{2.2}$$

ここで,$E_\lambda(d\lambda)$ は分光放射発散度(波長幅 $d\lambda$ において全方向に射出される単位表面積あたりのエネルギー),k はボルツマン定数($= 1.307 \times 10^{-23}$ J K^{-1})である.この式で与えられる 6000 K(およそ太陽と同じ温度)と 300 K(およそ地球と同じ温度)の黒体分光分布を図2.2に示す.

エネルギー射出のプランク分布のピーク波長 λ_m [μm] は温度の関数で,次式で表される**ウィーンの法則**(Wien's law)によって与えられる.

$$\lambda_m = \frac{2897.769}{T} \tag{2.3}$$

図2.2に示すように,6000 K の黒体の λ_m は 483 nm で可視域のスペクトルに含まれ,一方,典型的な地球の温度である 300 K の放熱体の λ_m は 9.65 μm で IR 域に含まれる.日射スペクトルと通常の地球温度の物体が射出する熱放射の重複は無視できる程度である(図2.2).そのため,便宜上,主に太陽を起源とする 0.3 μm から約 3 μm(4 μm とする場合もある)を短波放射,通常の地球温度の物体が射出する 3 μm から 100 μm を長波放射(地球放射あるいは熱放射ともよばれる)として区別する.**Q** や **R**,**I** の短波と長波の放射フラックスは,それぞれ下付添字 S と L を付けて区別する.

放射は物体によって射出・吸収されるだけでなく,反射され,透過する.**反射率**(reflectivity または reflectance)ρ は,ある波長において,入射した放射に対して反射

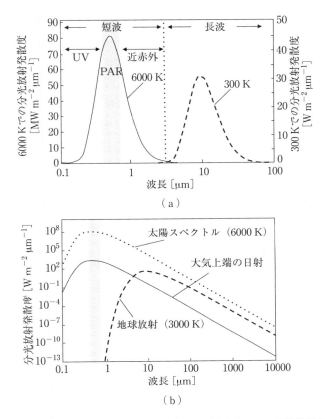

図2.2 太陽(6000 K, 短波放射を射出)および地球(300 K, 長波放射を射出)とほぼ同じ温度の黒体が射出する放射のスペクトル分布.（a）線形目盛で表示.短波長域に含まれるUV, PAR, 近赤外および長波長域を示す.（b）対数目盛で表示.太陽表面と大気上端での放射発散度を比較.

した割合と定義される.同様に，**透過率**(transmissivity または transmittance)τ は，ある波長において，入射した放射に対して物体が透過した割合と定義される.どの波長においても $\alpha + \rho + \tau = 1$ となる.ただし，植物体表面から射出される放射のごく一部(通常 < 2～5%)は反射ではなく，吸収された放射の素早い(およそ 10^{-9} s)再射出である**蛍光**(fluorescence)であるため，状況は複雑である.蛍光は，熱として失われるエネルギーの差分だけ，励起波長よりもつねに長波長側(低エネルギー)で生じる.以降で述べるように，クロロフィル蛍光は光合成機能の測定に広く用いられているが(第7章)，一方で，葉の他の色素から生じる蛍光を環境ストレスに対する応答の測定に使うこともできる(第12章).

日射のような広波長帯域の放射の吸収，反射，透過の記述には，**吸収係数** α_S, **反射**

係数 ρ_S, 透過係数 τ_S という用語が用いられる．これらはそれぞれ，該当する波長帯（日射であれば 0.3〜3 μm）における，日射分光分布で加重平均した吸収率（あるいは反射率，透過率）を表す．自然表面における日射の反射係数は，アルベド (albedo) とよばれることがある．

物体が射出する放射と反射する放射は区別する必要がある．たとえば，雪はすべての可視波長をよく反射するので白く見えるが，3〜100 μm（長波長域）においてはほぼ黒体としてふるまい，よく吸収し射出する．実際，ほとんどの自然物（植物，土壌，水）は，長波長域において射出率が 1 に近い．しかし，色は可視域の中で反射される波長によって決まり，葉が緑に見えるのは主に緑色光を反射するからである．

ステファン-ボルツマンの法則　物質から単位時間あたり単位面積あたりに射出される放射エネルギーの総量 R_e は温度に強く依存し，次式で与えられる．

$$R_e = \varepsilon \sigma T^4 \qquad (2.4)$$

ここで，σ はステファン-ボルツマン定数（$= 5.67 \times 10^{-8}$ W m^{-2} K^{-4}），T は絶対温度である．この式は，図 2.2 の曲線の下の全面積を与える．黒体の場合は $\varepsilon = 1$ であるが，$\varepsilon \neq 1$ の場合は指数部の値が 4 から少しずれるだろう．すべての波長域で 1 より小さな一定の ε をもつ物体を**灰色体** (grey body) とよぶ．

2.2.3　放射の減衰

均質な媒体を通過する平行な単色放射の減衰は，ベールの法則 (Beer's law) に従う．

$$R_\lambda = R_{\lambda o} e^{-kX} \qquad (2.5)$$

ここで，$R_{\lambda o}$ は表面における分光フラックス密度，X は媒体中を透過した距離，k は減衰係数である．このような式は，大気中や水中における放射の減衰を記述するのに用いられ，個葉内や群落内の光分布を近似できる．単色放射に対してのみ正確に当てはまるが，k がおおむね一定であれば，どの波長帯においても妥当な精度で利用できる．

溶液による放射の吸収に関して，化学の文献では類似した用語がかなり違った意味で用いられるので注意する必要がある．とくに式 (2.5) の対数をとるのが一般的で，

$$\ln\left(\frac{R_\lambda}{R_{\lambda o}}\right) = -kX \qquad (2.6)$$

となり，便宜上，負号を除くために逆数をとって

$$\ln\left(\frac{R_{\lambda o}}{R_\lambda}\right) = A = kX \qquad (2.7)$$

となる．ここで，A は**吸光度** (absorbance) または**光学密度** (optical density) とよばれる．この式の減衰係数は，モル濃度とモル吸光係数の積である．

2.2.4 ランバートの余弦則(Lambert's cosine law)

表面における放射照度は光線に対する表面の向きに依存し,次式に従う.

$$I = I_0 \cos\theta = I_0 \sin\beta \tag{2.8}$$

ここで,I は表面でのフラックス密度,I_0 は光線に垂直な面のフラックス密度,θ は光線と表面の法線の角度(**天頂角**(zenith angle)),β は θ の余角で光線の仰角(elevation)である(図2.3).光線と表面の角度が小さくなると,光の当たる範囲が広がるため,(単位面積あたりで表される)放射照度は小さくなる.黒体から射出される放射の空間分布においても同様の関係が成り立つ.

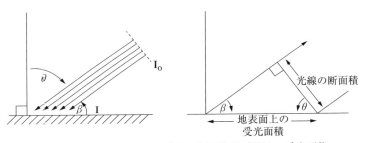

$I = I_0 \cos\theta = I_0 \sin\beta = I_0$ 光線の断面積/地表面上の受光面積

図2.3 ランバートの余弦則

2.2.5 スペクトル分布と放射の単位

放射は,検出部の分光応答の違いによってさまざまに表現され,目的に応じて特有の値で表される.たとえば,エネルギー収支の研究で総エネルギー交換量が重要であれば(第5章および第9章),全波長に対して等しい感度をもった検出器によって総エネルギー量を計測し,全波長について積算して Q_e,R_e,I_e を求めるのがもっとも適切である.光合成(第7章)や形態形成(第8章)のように限られた波長帯のみが影響する場合には,適切な波長帯のみを計測することが普通である.光合成については,通常 400〜700 nm の波長帯が光合成有効放射(PAR)として定義されている.

しかし,光合成を含むほとんどのプロセスの応答性は,対象となる波長帯全体では異なる.図2.4に,光合成や形態形成において重要ないくつかの植物色素の吸収スペクトルを,光合成の作用スペクトル,すなわち波長によって異なる相対的な効率を示すスペクトルと,人間の眼の感度スペクトルとともに示す.理想的な検出器は,対象プロセスと同じ分光感度をもつものである.そのような検出器が使われている例として,測光単位(たとえば,カンデラ,ルーメン,ルクス)を用いる照度測定があり,これは人間の眼の分光感度に基づく(図2.4).このような検出器を用いることで,スペ

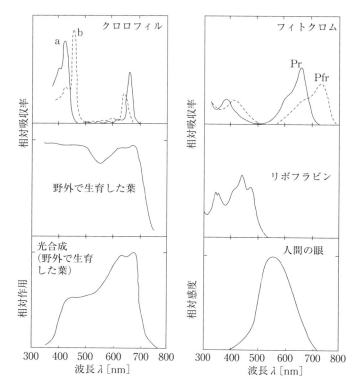

図 2.4 さまざまな植物色素(クロロフィル a と b, 遠赤色光吸収型(Pfr 型)フィトクロムと赤色光吸収型(Pr 型)フィトクロム，リボフラビン．Smith, 1981 より)と野外で生育した葉の吸収スペクトル(McCree, 1972a のデータより)．葉の光合成の作用スペクトル(吸収エネルギーに対する)と，比較のために人間の眼の感度スペクトルも併せて示す．

クトル分布が大きく異なる光源(たとえば，日射と蛍光灯)においても，光束密度(単位はルクス)が同じであれば人間にとって同等の明るさに見える．それに対して，それと同じ状態の同じ光源であっても，放射フラックス密度では大きく異なる．眼の分光感度は植物のどの反応過程における分光感度とも異なるので，植物の研究では測光単位の使用は避けるべきである．

光合成のような多くの生化学プロセスでは，放射の効果は吸収されたエネルギー量よりも吸収された光量子の総数に依存する．このような場合，放射を光量子フラックス密度 $[\mathrm{mol\ m^{-2}\ s^{-1}}]$ で表すほうが適切である．光合成の研究では，一般に PAR の光量子フラックス密度が用いられる．

表 2.2 は，さまざまな放射の測定値が光源とその分光分布にどの程度依存しているかを相対値で示している．光量子照度はどの光源に対しても 5% 以下の誤差であり，

表2.2 さまざまな光源で与えられる $100\ \mathrm{W\ m^{-2}}$ の PAR(400～700 nm)の放射照度 $I_{e(PAR)}$ に対する放射測定値の違いの比較対照表．それぞれの光源に対する各放射測定値(短波放射の総エネルギー，PAR の光量子照度，光束)の絶対値を示すとともに，太陽＋空の値に対する百分率も示す．2 列目には，各光源に対する，光合成の平均分光感度で重み付けした相対光合成効率を示す．I_{es} 以外はMcCree, 1972b のデータによる．I_{es} は同様の光源を用いて Kipp 日射計で Schott RG715 フィルタを使用した場合と使用しない場合で測定した．

光 源	PARの放射照度 $I_{e(PAR)}$	相対光合成効率	I_{eS}		$I_{p(PAR)}$		光 束	
	$[\mathrm{W\ m^{-2}}]$	[%]	$[\mathrm{W\ m^{-2}}]$	[%]	$[\mathrm{\mu mol\ m^{-2}\ s^{-1}}]$	[%]	[klux]	[%]
太陽＋空	100	100	200	100	457	100	25.2	100
青空	100	93	152	76	425	93	20.4	81
アーク放電灯	100	114	210	105	498	109	36.0	143
昼光色蛍光灯	100	101	146	73	466	102	38.8	154
電球色蛍光灯	100	97	n.a.	n.a.	457	100	36.5	145
水銀灯	100	102	208	(104)	471	(103)	27.7	(110)
石英ヨウ素ランプ	100	115	550	(275)	503	(110)	25.2	(100)

n.a.＝データなし

異なる光源の光合成効率を示すのにもっとも適した単位である．一方，PAR の放射照度 $I_{e(PAR)}$ では 15％の誤差があり，光束では誤差 53％，全短波放射の総放射照度 I_{es} ではさらに悪い(とくに，NIR の出力が非常に大きい石英ヨウ素ランプやタングステンランプの場合)．

2.3 放射の測定

　放射測定の機器の詳細については他の文献で解説されている(Marchall & Woodward, 1986, Pearcy et al., 1991, Vignola et al., 2012)．本節では，放射測定の方法選択において検討すべき重要な事項を取り上げる．もっとも一般的な方法として，(ⅰ)光量子検出器(たとえば，シリコンセル，硫化カドミウム光導電素子，セレン光電池など)や(ⅱ)熱検出器，すなわち入射放射の吸収に違いのある受光面の温度差を測るもの(通常，少なくとも受光面の一つはつや消しの黒で，全波長をよく吸収する)の使用がある．一般に，光電性素子のほうが熱検出器よりも応答速度が短いが，熱検出器のほうが幅広い波長に応答するので熱収支の研究や赤外域の測定に向いている．

　個葉の反射率，透過率，吸収率などの放射特性を測る一般的な方法として，**積分球**(integrating sphere)(図2.5)の使用がある．積分球は中空の球体で，内壁は反射率の高い白い拡散反射面で覆われており，小さな入口と出口があって，中に入射した放射

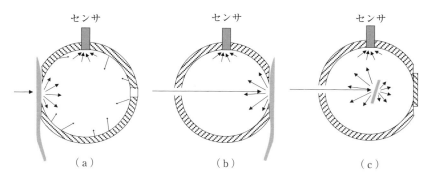

図 2.5 積分球を用いた葉の光学特性の測定．積分球の内側は反射率の高い材質（たとえば，スペクトラロンや硫酸バリウム）で覆われているので，散乱した光は最終的にすべて検出部に入る．（a）葉の方向性－半球性の透過率 τ の推定．内壁による一次および二次反射の一部を示す．（b）方向性－半球性の反射率 ρ の推定．（c）葉の方向性の吸収率 α の推定．（Jones & Vaughan, 2010 より）

が最終的にすべて散乱し，検出部に達するようになっている．個葉の吸収率を測定するには，サンプルを積分球の中に置き，検出部に到達する放射に与える影響を測ればよい．同様に，個葉の反射率や透過率を測定するには，葉を入口または出口に置き，葉を通した光を積分球内に照射するか（透過率），積分球の内側から葉に光を照射すればよい（反射率）．

2.3.1 分光感度

分光応答は生理学的プロセスによって異なっているので，適切な分光感度をもつ測定機器を使用する必要がある．このことは，たとえば植生の中を通過した光のように，生理学的プロセスで放射のスペクトル分布が変化する場合にとくに重要である（後述参照）．不適切な検出器を用いた場合に生じうる誤差の大きさは，表 2.2 のデータでよく示されている．

光電素子とフィルタを組み合わせると，PAR の放射照度や光量子照度を測るのに必要な応答特性に近づけられる（McPherson, 1969）．これらはそれぞれ，光合成エネルギーセンサと光合成光量子センサとよばれる．現在，多くの企業が目的に応じた分光感度の市販タイプのセンサを製造している（www.kippzonen.com, www.skyeinstruments.com, www.licor.com, www.delta-t.co.uk などを参照）．しかし，短波放射，近赤外放射，長波放射の総エネルギーを測るには，適切なフィルタを用いた熱検出器のほうが一般に望ましい．放射フラックス密度を測る測器を放射計（radiometer）とよび，水準面の上向き方向と下向き方向のエネルギーフラックスの差を測る純放射計や，表面に入射する全短波放射を測る全天日射計（solarimeter, pyranometer）などがある．

正しい分光感度をもつことは，とくに図2.4に示したフィトクロムの吸収に依存する応答や，UVに対する応答など，ごく限られた波長幅の作用スペクトルをもつ植物応答の研究のために重要である（第8章参照）．すなわち，広帯域のUVセンサ（たとえば，www.apogeeinstruments.com，www.delta-t.co.uk，www.skyeinstruments.com）で得られた結果は，重大な誤りをもたらす可能性がある（Jones et al., 2003）．図2.6に，さまざまな生理学的過程や広帯域UV-Bセンサにおける，UVのおよその作用スペクトルを示す．放射がある特定の生理反応を引き起こす効率は，作用×放射照度を波長で積分することで得られる（すなわち，効果 $= \int (作用_\lambda \times \mathbf{I}_\lambda) \, d\lambda$）．Jones et al., 2003は，図2.6に示した作用・感度スペクトルと大気上端または海面での典型的な日射の分光放射照度から，広く用いられている作用スペクトルの一つ（植物作用スペクトル，PAS, Caldwell et al., 1995）について計算を行った．そして，真の反応は大気上端の日射スペクトルからSKU430（UV-Bセンサ）を用いて推定するより1.37倍大きいが，海面上の日射スペクトルにおけるSKU430の値から推定した場合には0.41倍でしかないという計算結果を示した．DNA損傷の場合は，それぞれ3.45倍と0.05倍であった．これらの結果は，正確な研究には，コサイン補正された分光放射計を用いて，すべての波長の放射照度についての情報を得る必要があることを示している．

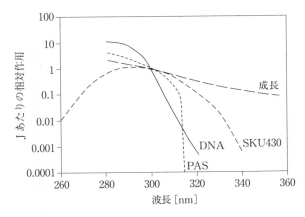

図 2.6 UV-B放射に対するさまざまな生理的応答の作用スペクトルの推定値（300 nmのとき1となるよう正規化）（Caldwell et al., 1995より再描画）．PASはCaldwellの一般植物作用スペクトル，DNAは紅斑（日焼け）におけるDNA障害のSetlowの作用スペクトル，成長は実生成長におけるSteinmullerの応答．対応する波長域のSkye SKU430広帯域UV-Bセンサの分光感度とともに示す（Jones et al., 2003より）．

2.3.2 方向性感度

放射照度は，通常，水平面の単位面積に入射する放射フラックスを意味するので，

慣習的に放射は水平面上で計測される．しかし，場合によってはセンサの傾きを変える必要がある．たとえば，葉の光合成の研究では，水平面上よりもむしろ葉面上での放射照度がより重要だろう．

ほとんどの目的において，検出器のコサイン特性がよいことは重要である．つまり，天頂角 θ から入射した光線について表面上で計測される放射照度は，鉛直方向から入射した場合と比較して，ランバートの余弦則（式(2.8)）が示すように $\cos\theta$ 倍とならなければならない．多くのセンサは，入射の天頂角の増加に伴って，より大幅に感度が低下する．この誤差は，とくに太陽高度が低いときに重要になる．

2.3.3 平均化

群落内の放射環境の計測は，光合成モデルに入力するためや，群落構造の推定のために必要とされることが多い．植物群落内の放射環境は，時間的にも空間的にも非常に変化しやすい．この不均質性は大きなサンプリング誤差を生む要因となるので，誤差を最小化するためのさまざまな方法が提案されてきた．その一つは大きな放射センサを用いる方法で，Szeicz et al., 1964 が示したように長い棒状の日射計によって広範囲の平均を測るというものである．別の方法は多配列センサを使用する方法である（たとえば，Accupar 80, Decagon Devices Inc., Lincoln, Nebraska あるいは SunScan SS1, Delta-T Devices, Burwell, Cambridge）．これらの直線配列型の測器は，群落内に差し込める直線型のプローブ上に多数の小型センサが配置されており，平均放射照度あるいは放射照度の高い光斑の割合が読み取れる．あるいは，TRAC のような測器を用いて植生の間を移動しながら多点で測定することもできる(Chen, 1996, Norman & Jarvis, 1974)．しかし，平均放射照度によって群落内への全体的な光の透過についての指標を得ることはできるが，目的によっては，いっそう詳細な空間分布や時間分布の情報が必要となることは覚えておく必要がある．たとえば，光合成は光強度に対して線形的には応答せず，光斑の光の利用効率は低いことが多いので，平均放射照度では CO_2 吸収をうまく予測できないだろう．光斑に含まれる高い放射照度の光は，葉緑体に光阻害を起こすことすらある（第7章参照）．こうしたことから，多くの目的，とくに光合成の研究においては，群落内のどの深さにおいても，水平面に対する平均放射照度の値は重要ではない．もっと重要なのは，放射照度の各階級に対する葉面積分布である．たとえば，光合成を予測したければ，これを1日の間で積算する必要がある．

光合成の測定と併せて放射照度を測定する場合には，光センサの時定数を光合成システムに合わせる（秒〜分）のが適切だろう．しかし，放射照度を成長やフェノロジーと関連付ける場合には，日積算で十分である場合が多い．

2.3.4 推　定

放射観測が開始されたのは，ほとんどの気象観測所でごく最近のことなので，日射量や純放射量を日照時間 n などの他の観測データから推定する必要があった．日照時間から総日射量や純放射量への換算は，場所や雲のタイプ，時期に依存する．

数週間かそれより長い期間の平均 I_S の妥当な近似値は，つぎの Ångström 式から得られる．

$$I_S = I_A \left[a + b \frac{n}{N} \right] \tag{2.9}$$

ここで，n/N は日照時間の割合，I_A は時期と緯度に応じた地球圏外での水平面上への放射照度（N と I_A の計算については付録7参照），a と b は定数で，たとえば場所や大気汚染物質，時期に依存する．この定数について発表された値は大きく異なっている (Martinez-Lozano et al., 1984, Shuttleworth, 1993)．たとえば，イングランドでは a は約 0.24，b は冬の 0.50 と夏の 0.55 の間で変動し，さらに国内各地で少し違いがある (Hough & Jones, 1997)．純放射量（後述参照）も日照時間から推定できる (Linacre, 1989 および付録7参照)．

異なる光源の放射についての放射測定単位間の変換は，表2.2によって行える．たとえばこの表によれば，太陽＋空を光源とする場合は $I_{PAR} \simeq 0.5\, I_S$ である．さらに他の近似については付録7に示す．

2.4　自然環境の放射
2.4.1　短波放射

地球－太陽間の平均距離における大気上端での太陽光線に垂直な面における放射フラックス密度を太陽定数 I_{pA} とよび，およそ $1370\,\mathrm{W\,m^{-2}}$ である．実際の大気上端でのフラックス密度は，7月と太陽が地球にもっとも近づいている1月では約 $\pm 3.5\%$ 変動する．地表に実際に到達する放射は，大気分子による吸収・散乱，雲や微粒子による散乱・反射の結果，量や分光特性，角度分布が大きく変化している．葉などの地上の物体による反射や透過も放射環境に影響を与える．日射を単純化して考えるには，比較的変化を受けていない平行な放射成分からなる直達放射 $I_{S(dir)}$ と，空のあらゆる構成成分によって反射・散乱された放射成分からなる散乱放射 $I_{S(diff)}$ に分けて扱うことが有用である．水平面に入射する直達放射と散乱放射の合計は**全天日射量**（global radiation）とよばれることが多い．

散乱　　直達放射の一部は，大気中の分子や微粒子によって散乱される．**レイリー散乱**（Rayleigh scattering）は光の波長よりも小さな分子によって起こり，λ の4乗にほぼ反比例して散乱するので，短波長の放射（UVと青色光）をもっともよく散乱する．

地上から空を見上げるときは主に散乱日射を見ているため，この現象が空を青く見せる原因となる．つぎに重要な散乱は**ミー散乱**(Mie scattering)である．ミー散乱は，ほこりや水滴などの大きな微粒子によるもので，主に前方へ向けて散乱し，波長にはあまり依存しない．微粒子の直径が放射の波長の数倍よりも大きい場合には**非選択的散乱**(non-selective scattering)が起こり，雲中に漂う水滴による白色光の散乱がそれにあたる．

｜大気中での吸収　大気中での放射の吸収は，大気中を放射が通過する距離と放射を吸収する物質の量，とくに水蒸気量の関数である．いくつかの重要な吸収物質と大気全体の吸収スペクトルを図 2.7 に示す．図は，大気には可視光(PAR)の波長域に「窓」があり，その波長帯の放射に対して比較的透明であることを示している．生物学的に重要な吸収波長帯は，UV(主にオゾン)と IR(とくに水蒸気と CO_2．第 11 章参照)にあり，前者は突然変異誘発性のある UV 放射の地表への到達量を減らしている．

｜大気の透過　大気の透過率は大気路程(optical air mass) m の関数である．大気路程は，天頂に太陽が位置すると仮定した場合に，海面高度まで単位断面積の太陽光線が通過した大気の量に対する，実際に太陽光線が通過した大気の量の比率である．そのため，m の値は標高が高いほど(大気圧 P に比例して)小さくなり，太陽高度 β が高くなるほど，あるいは天頂角 θ が小さくなるほど小さくなり，次式によって近似される．

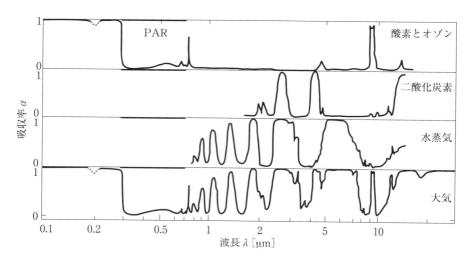

図 2.7　大気とその主要成分による吸収スペクトル(Fleagle & Businger, 1980 より)．大気とその成分による透過と吸収の詳細は HITRAN の Web サイト(www.cfa.harvard.edu/HITRAN)を参照．

$$m \simeq \frac{P/P_0}{\sin\beta} = \frac{P/P_0}{\cos\theta} = \frac{P}{P_0}\operatorname{cosec}\beta \tag{2.10}$$

ここで，P_0 は海面における大気圧である（図 2.8 参照）．大気中に微粒子や雲がない場合の大気の透過率 τ を，$m=1$ のときの入射する日射の比率と定義すれば，ベール－ランバートの法則から水平面における直達日射 $I_{S(dir)}$ はつぎのようになる．

$$I_{S(dir)} = I_{pA}\,\tau^m \sin\beta \tag{2.11}$$

ここで，τ^m は大気中の吸収体による減衰を表し，$\sin\beta$ は天頂角の余角で表されるコサイン補正（式 2.8）を表す．「晴天」時の τ は一般に約 0.55～0.70 であるが，非常に澄んだ乾燥した空，とくに標高が高い場合にはより高い値になる．

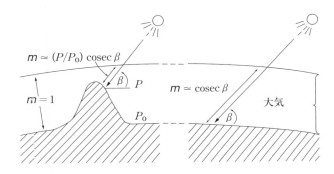

図 2.8 大気路程 m の太陽高度 β と大気圧 P との関係における計算

|散乱日射　式(2.10)や式(2.11)は，直達日射をモデル化するのに役に立つが，晴天時であっても日射の全放射照度のおよそ 10～30% は散乱放射である．たとえば，イングランドでは雲が広がるため，明るい（直達）日射が射している時間は太陽が水平線より上にある時間の約 34% しかなく，平均して短波放射の 50～100% は散乱放射で，その割合は季節や時間帯によって変化する（図 2.9）．より乾燥した気候下では，散乱日射の割合はずっと低い．たとえば，アメリカ・アリゾナ州ユマでは，日照時間は最長可能時間の 91% にも達し，それに対応して散乱放射の割合は低くなる．散乱日射の割合は，地表面での全天日射量の可能最大量（大気上端の放射照度の計算値 I_A で示される）に対する比率から，多くの目的にとって十分な精度で推定できる．この関係を図 2.10 に示す．

晴天日には，ほとんどの散乱日射は（前方散乱の結果）太陽周辺から来る．曇天時は，天頂付近は際立って明るいものの，第一の近似として空全体がどの方向においても等しく明るいと仮定できる（完全曇天とよぶ）．実際には，曇天時の天頂の放射輝度は，一般に地平線上の空の放射輝度の約 2.1～2.4 倍である（Monteith & Unsworth, 2008）．直達日射の地表面におけるエネルギーの約 45% は光合成有効放射の波長に含まれ

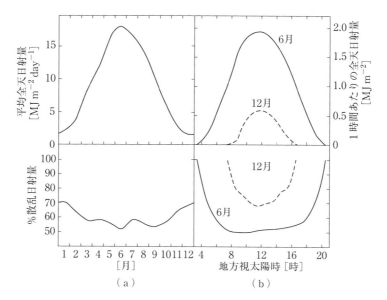

図2.9 イングランドのキュー(北緯51.5°)における水平面上の短波放射の平均放射照度(1959〜1975)[MJ m^{-2}]と,散乱日射の割合.(a)全天日射の平均日放射照度の季節変化.(b)6月と12月の1時間あたりの量(Anon, 1980 のデータより).

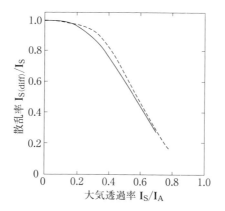

図2.10 全天日射に対する散乱日射の割合 $I_{S(diff)}/I_S$ と大気透過の割合 I_S/I_A の関係. I_A は大気上端における水平面に対する放射(付録7参照).さまざまな環境下での1時間あたり(----)および1日あたり(——)のデータ(Spitters et al., 1986 でまとめられたデータから要約).

るが,直達放射と散乱放射の合計では PAR の平均割合は約50%である.その理由は,散乱日射では可視波長が付加される傾向があるためで,とくに空の低い位置に太陽があるときに顕著である.これは,太陽高度が低いときの直達日射に含まれる可視光成

分のレイリー散乱による減少を補っている.

異なる場所における放射　大気上端の水平面が受ける放射量 I_A は緯度,時刻,時期の単純な関数で表され,既存の関数で計算できる(付録7参照).その量は,冬の極地のほぼ0から,真夏の北緯40°(6月)あるいは南緯15°(12月)の $40\,\mathrm{MJ\,m^{-2}\,day^{-1}}$ を超える値まで幅がある.類似した幾何学的な考察を行うことで,異なる方位と角度の斜面が受ける放射量も計算できる(図2.11).

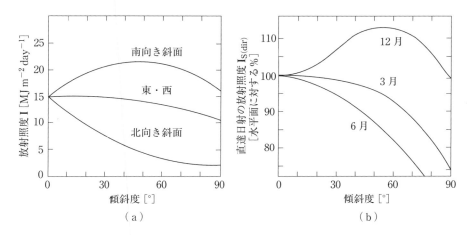

図2.11　北緯53°15′で $\tau = 0.7$ の条件における直達日射の可能受光量に対する傾斜と方位の影響(Pope & Lloyd, 1975 より).(a)直達日射の日積算可能放射照度の年平均値(実際の入射量は雲の影響を受けるためずっと小さい).(b)東向き・西向き斜面における可能放射照度の水平面の値に対する比率.

イングランド南東部のある観測地における,水平面上における実際の太陽の全放射照度の年間と日内変化を図2.9に示す.これらの値は,12月の平均値 $1.8\,\mathrm{MJ\,m^{-2}\,day^{-1}}$ (地球圏外の放射量の約25%)から,6月の平均値 $18\,\mathrm{MJ\,m^{-2}\,day^{-1}}$ (地球圏外の放射量の約40%)まで幅がある.対照的に,アメリカ・カリフォルニア州チャイナレイクの6月の平均日放射量は $34.2\,\mathrm{MJ\,m^{-2}\,day^{-1}}$ もあり,アメリカの西部と南部のほとんどの地域では平均値が $25\,\mathrm{MJ\,m^{-2}\,day^{-1}}$ を超える(Anon, 1964).

地表の多くの場所では,植物の生育期における(正午の)最大短波放射照度は一般に800〜1000 $\mathrm{W\,m^{-2}}$ である.少なくとも晴天日については,さまざまな目的のために放射照度の日変化を正弦曲線によって近似できる.

$$I_{St} = I_{S(max)} \sin \frac{\pi t}{N} \tag{2.12}$$

ここで,I_{St} は日の出から t 時間後の放射照度,N は日長で単位は時間である(付録7参照).式(2.12)を積分すれば,放射照度の日積算値を $(2N/\pi)I_{S(max)}$ と推定できる.

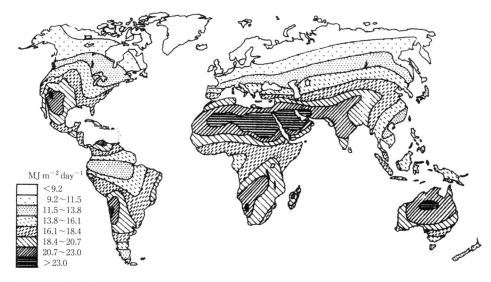

図 2.12 地表面での短波放射の年平均日積算放射照度の気候値(Anon, 1964, Landsberg, 1961 のデータより).

たとえば,イングランド南部の 6 月の雲のない快晴日の典型的な最大放射照度 900 $W\,m^{-2}$ と日長 $16\,h\,(5.8 \times 10^4\,s)$ を用いれば,この式から 1 日の日射量は $33\,MJ\,m^{-2}$ と推定でき,それに対して実測された最大値はおよそ $30\,MJ\,m^{-2}$ である.

図 2.12 に地表における年平均日積算日射量の分布を示す.図は,もっとも大きな年間合計値が中緯度地帯で生じていることを示している.

2.4.2 長波放射と純放射

植物の放射収支にとっては,太陽と空からの短波放射に加えて,長波(熱)放射も重要である.たとえば,空は長波放射の重要な射出源で,大気下層の気体(とくに水蒸気と CO_2)から射出される.しかし,これらの大気ガスは長波の完全な射出体ではないので(すなわち大気の射出率は < 1,図 2.7 を比較),大気の見かけの放射温度 $T_空$ は,実際の温度よりも低い.経験的に,空は気温† 約 20 K 低い温度の黒体に近似できることが示されており,よって晴天時の長波放射の下向きフラックス R_{Ld} はつぎのように近似できる.

$$R_{Ld} \simeq \sigma(T_a - 20)^4 \tag{2.13}$$

ここで,T_a は気温 [K] である.下向き長波放射量と地表面から上向きに射出される長波放射量($R_{Lu} \simeq \sigma T_a^4$)の差は,純長波放射量 R_{Ln} である.晴天時には,この純長

---

† (訳注)ここでは直射日光を避けた気温(screen temperature).

波放射量($R_{Ld} - R_{Lu}$)は1日および年間を通してほぼ一定で，正味100 W m^{-2}の損失であるが，図2.13に示すように，曇天時を考慮すると平均値はそれよりずっと少なくなる．

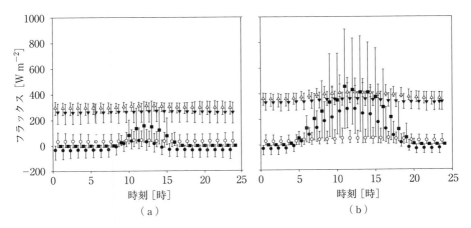

図2.13 （a）1987年1月と（b）1987年6月のオランダのカバウの草地における短波放射（I_s：■），純放射（R_n：●），下向き長波放射（R_{Ld}：▼），上向き長波放射（R_{Lu}：△），純長波放射（R_{Ln}：○†）の日内変化（Beljaars & Bosveld, 1997より）．平均値と月ごとの値の範囲を示す（Jones & Vaughan, 2010より）．

雲は空よりも効率的な射出体で，平均放射温度は平均気温よりも平均2 K 低いだけなので，雲があると長波放射の下向きフラックスが増加する．これは，曇天時の正味の長波放射フラックスが上向きでわずか9 W m^{-2} であることと対応している（図2.13）．より正確な長波放射フラックスの推定方法については，Sellers, 1965 や Gates, 1980 に概説されている．

全放射（短波放射と長波放射）の平面上の単位面積あたりの正味フラックスを，純放射量（net radiation）R_n とよぶ．ある物体に吸収された純放射量は，入射する全放射フラックスから放出される全放射を差し引いたものとして表現できる（図2.14参照）．入射する放射には，すべての直達放射，散乱放射，それらが周囲で反射されたものの入射，空や周囲から射出される長波放射の入射が含まれる．放射の損失は，熱放射の射出だけでなく，入射するあらゆる放射のうち，物体によって反射・透過されたものを含む．

そのため，放射を透過しない水平面として扱える芝生（あるいは作物）の場合，つぎのように表せる．

---

† （訳注）この図では R_{Ln} の正負を逆転して描画している．

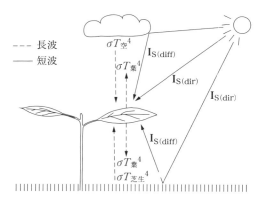

図 2.14 個葉と環境との間での長波放射と短波放射の交換の概念図

$$R_n = I_S + \varepsilon I_{Ld} - I_S \rho_{S(芝生)} - \varepsilon \sigma T_{芝生}^4$$
$$\simeq I_S(\alpha_{S(芝生)}) + I_{Ld} - \sigma T_{芝生}^4 \qquad (2.14)$$

ここで, α_S と ρ_S はそれぞれ(芝生の)吸収係数と反射係数である. すべてのフラックスは水平面に対する量で, ε は通常 1 と仮定される.

芝生の上に水平に存在する個葉のように, 表裏両面のある物体(葉)の場合はつぎのようになる.

$$R_n \simeq (I_S + I_S \rho_{S(芝生)})\alpha_{S(葉)} + I_{Ld} + \sigma T_{芝生}^4 - 2\sigma T_葉^4 \qquad (2.15)$$

芝生が反射する短波放射と芝が射出する長波放射の項が追加されていること, そして葉からの長波の損失に係数 2 が付加されていること, また, 放射フラックスはすべて単位投影面積あたりで表されていることに注意する. 芝や植生が広がっている範囲については, 投影面積は地表面積に対応するが, 個葉の場合はその片側面積が相当する. この扱いは, 本書で熱や物質, 放射の輸送を扱う場合に適用される.

片面(芝生)あるいは両面をもつ表面(個葉)に対して式(2.14)と式(2.15)を適用した場合の例を表 2.3 に示す. ここでは, 異なる気象条件下について計算された芝生と個葉の純放射収支を示している. 予想されるとおり, 芝生と個葉のどちらにおいても, 日中の R_n は晴天時よりも曇天時のほうが小さい. 夜には短波放射の入出力がなく, R_n は負の値をとる. しかし, 曇天時の夜の純放射量は 0 に近い. 個葉の純放射量は芝生よりもつねに小さい. 異なるフラックスの正確な値は, 現場の温度に依存することに注意してほしい. これらの温度自体も, 対流や蒸発も含めあらゆる成分を考慮した熱収支に依存している(第 5 章参照).

水平ではない葉の場合, 太陽光線に対する葉の角度や, 地面や空からの散乱日射の分布の違いを考慮しなければならないので, 計算はもっと複雑である. 純放射量は, 下向きと上向きの放射フラックスの差を検出する純放射計を用いて計測する. 芝生の

2.5 植物群落の放射　31

表 2.3 異なる条件下での芝生およびその上に水平に位置する個葉の純放射収支の比較. フラックスはすべて単位投影面積あたり［W m^{-2}］で表され，$\alpha_{芝生}=0.77$，$\alpha_{葉}=0.5$，$\rho_{芝生}=0.23$ で芝と個葉の射出率は 1.0 と仮定.

仮定条件	日中晴天時	日中曇天時	夜間晴天時
水平面における短波放射の放射照度 I_S [W m^{-2}]	900	250	0
T_a [K]	293	291	283
$T_空$ [K]	273	289	263
$T_{芝生}$ [K]	297	288	279
$T_葉$ [K]	297	288	277
芝生（式(2.14)）			
$R_{S(absorbed)} = I_S(\alpha_{S(芝生)})$	693	193	0
$R_{L(absorbed)} = \sigma(T_空)^4$	309	389	266
$R_{L(emitted)} = \sigma(T_{芝生})^4$	433	383	337
R_n	569	199	-71
葉（式(2.15)）			
$R_{S(absorbed)} = I_S(\alpha_{S(葉)})(1+\rho_{S(芝生)})$	554	154	0
$R_{L(absorbed)} = \sigma(T_空)^4 + \sigma(T_{芝生})^4$	742	772	604
$R_{L(emitted)} = 2\sigma(T_葉)^4$	866	766	656
R_n	430	160	-52

ような地表面の場合は，地表上で測定される R_n は地表に吸収される純放射量と等しい．しかし，植物群落内のある葉層に吸収される純放射量の場合は，上下の層の R_n の差を測定する必要がある．いっそう複雑な物体に吸収される純放射量を測るには，表面に対して垂直な方向の純放射フラックスをすべての向きについて積分できるよう，物体の周りに純放射計を配置する．

2.5 植物群落の放射
2.5.1 植物の放射特性

植物の葉の典型的な吸収，反射，透過スペクトルを図 2.15 に示す．この一般的な性質はほとんどの種で当てはまるが，細かい部分については葉厚，葉齢，含水率，表面形態，角度によって異なる．スペクトルの主な特徴は，緑を除く PAR の大部分で吸収率が高く（そのため葉は緑色），NIR で吸収率が低いことである．葉は遠赤外をよく吸収するので，長波放射に関してはほぼ黒体とみなすことができ，ほとんどの種で ε は 0.94〜0.99 である (Idso et al., 1969, Jones & Vaughan, 2010)．PROSPECT

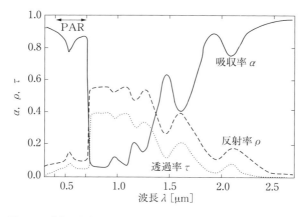

図 2.15 「典型的」な葉の吸収,透過,反射スペクトル(さまざまなデータの平均値,Jones & Vaughan, 2010 参照).

(Jacquemoud & Baret, 1990)は,植物の葉の放射伝達特性を計算するための有用なモデルで,葉の反射率のスペクトルデータがあれば,このモデルから葉の生化学情報を逆算できる(Jacquemoud et al., 1996).

表 2.4 に,個葉や植生,その他の自然表面の典型的な吸収・反射係数を示す.これらの結果は,温帯作物種の葉の日射に対する反射係数は通常 0.30 付近で,種間の変動は比較的小さいことを示している.白い柔毛で覆われた葉や光沢のある葉,含水率の低い葉は反射率が高くなる.図 2.16 に,裏側が濃い柔毛に覆われた葉の,葉毛の複雑な構造の例を示す.反射率は葉の含水率に強く依存し,赤外域,とくに水による吸収波長帯である 1200, 1450, 1930 nm 付近で,反射率・吸収率が大きく変化する(図 2.17).たとえば,ハマアカザ属 *Atriplex hymenelytra* の葉の 550 nm での反射率(ほぼ ρ_S と比例する)は,葉の含水率と柔毛の関数として,冬の 0.35 から夏の 0.6 まで変化する(Mooney et al., 1977).葉毛があることでその葉面の反射率が上がるだけでなく,裏側に葉毛があることで表側表面からの反射も増加するという証拠が示されており(Eller, 1977),この効果はとくに赤外域で大きい.PAR 域の反射率は,全短波放射域の反射率と比較してかなり低い傾向がある.

表 2.4 に示したように,多くの葉の日射の吸収係数は約 0.5 であるが,非常に変動しやすく,針葉樹の葉では 0.88 に達する.PAR 域の吸収率はかなり高く,平均で約 0.85 である.吸収率は葉の含水率と柔毛に強く依存するが,これは主に反射がこれらの影響を受けるためである.柔毛が α_{PAR} に与える影響を,落葉低木であるキク科 *Encelia* 属の近縁種について図 2.18 に示す.柔毛密度が非常に高い砂漠の種である *E. farinosa* の PAR 域の反射率は,海岸に生育する無毛葉の種である *E. californica*

表2.4 個葉，植生，その他の地表面における反射係数 ρ_S と吸収係数 α_S. とくに記載のないものはすべて短波放射に対する代表的な値を示す (Gates, 1980, Linacre, 1969, Monteith & Unsworth, 2008, Stanhill, 1981). 特定の地表面に関するさらなる情報はさまざまな Web サイトから得られる. たとえば，ASTER spectral library (http://speclib.jplnasa.gov)，LOPEX93 (http://ies.jrc.ec.europa.eu/index.php?page=data-portals)，オークリッジの ORNL DAAC (http://daac.ornl.gov/noldings.html) のデータベースや，USGS Digital Spectral Library 06 (http://speclab.cr.usgs.gov/spectral.lib06).

	ρ_S [%]	α_S [%]
個葉		
作物種	29〜33	40〜60
落葉広葉樹（太陽高度が低いとき）	26〜32	34〜44
落葉広葉樹（太陽高度が高いとき）	20〜26	48〜56
Artemisia sp.（ヨモギの仲間）（白い柔毛あり，太陽高度が高いとき）	39	55
Verbascum sp.（モウズイカの仲間）（白い柔毛あり，太陽高度が高いとき）	36	52
針葉樹	12	88
全短波放射に対する代表的な平均値（ρ_S, α_S）	〜30	〜50
PAR に対する代表的な平均値（ρ_{PAR}, α_{PAR}）	〜9	〜85
植生		
草地	24	
畑地	15〜26	
森林	12〜18	
全短波放射に対する代表的な平均値 ρ_S	〜20	
PAR に対する代表的な平均値 ρ_{PAR}	〜5	
その他の地表面		
雪面	75〜95	
湿潤土壌	9 ± 4	
乾燥土壌	19 ± 6	
水面	5〜>20	

よりも 50% 大きい．葉厚も吸収率を決める要因で，厚い葉（たとえば，多肉植物種）は透過率がとても低い．

　植物群落の反射率は，その構成要素である個葉の反射率よりもかなり低い傾向がある．これは，隣接した葉と葉や葉と幹枝との間で多重反射し，より多くの放射が捕捉されるからである (Campbell & Norman, 1998, Jones & Vaughan, 2010 参照)．この

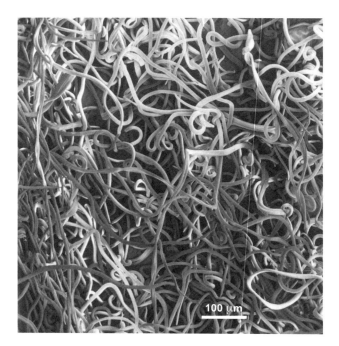

図 2.16 ナツメの仲間 *Ziziyphus mauritiana* の葉裏の葉毛の走査型電子顕微鏡写真

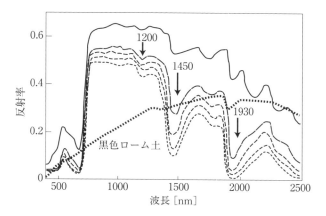

図 2.17 含水率の異なるタイサンボク *Mgnolia grandiflora* の葉の反射スペクトル.相対含水量は 5%(実線),25%,50%,75%,100%(短破線).含水率が高いほど,水の吸収ピークである 1200,1450,1930 nm における反射率の低下が大きくなる(Carter, 1991 のデータより).破線は黒色ローム土の反射率を示す(ASTER spectral Library, Baldridge et al., 2009 より).

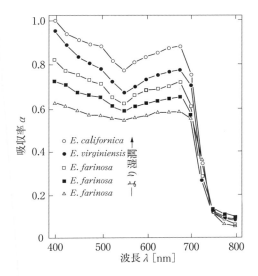

図 2.18 キク科小低木 *Encelia californica*, *E. virginiensis*, *E. farinosa* の 4 月に測定された吸収スペクトル．環境の乾燥度順に示す(Ehleringer, 1980 より)．

効果は森林のように背の高い植物群落でとくに顕著で，森林の ρ_S は 0.10 程度と低いが，背が低く密な植物群落の ρ_S は個葉の ρ_S に近い（典型的な値の例を表 2.4 に示す）．他の表面と同様に，植物群落の反射係数は太陽高度に依存し，太陽高度が 60° から 10° に低下すると約 2 倍増加する(Ross, 1975)．

表 2.4 は，PAR 域と NIR 域では反射と吸収の様子がまったく違うことを示している．PAR は入射短波放射の約 50% しかないが，吸収される短波放射の約 80〜85% は PAR の領域にある．そのため，可視光域の分光特性が個葉の放射収支を支配している．次節で異なる波長の植物群落内での伝達について説明し，第 9 章で植物の葉のエネルギー収支や熱的な側面において葉の分光特性がもつ意味について説明する．

2.6　植物群落内の放射分布

　植物群落内の放射分布パターンを正確に記述することは難しい．なぜなら，詳細な群落構造や入力放射の角度分布，個葉の分光特性を考慮する必要があるからである．ただし，光合成や生産性のモデル化を含めて，多くの目的にとって十分な精度を与える，有用な単純化のための方法がある(Campbell & Norman, 1998, Goudriaan, 1986, Krul, 1993, Ross, 1975, Wang & Jarvis, 1990)．以下に，もっとも有用な近似式のいくつかを説明する．

2.6.1 水平葉型

よく知られた植物群落の単純化における仮定は，植物群落は水平に一様であり，放射は各層内で一定で，高さ方向にのみ変化するというものである．一般に，各層の平均放射照度は層が深くなるほど指数関数的に減少し，これは群落を均質な吸収体と仮定したベールの法則(式(2.5))による推定と類似している．

ここから導かれる一つの単純な仮定は，群落はランダムに配置された水平葉から構成され，各水平層は群落の**葉面積指数** L (すなわち，単位地表面積あたりの片側葉面積で LAI と表示される)[†] を層数で割って得られる葉面積を等しく含み，各層内の葉は互いに重なり合わないというものである．小さな葉面積指数 dL を含む群落のある一つの層について考えると，この層が遮断する放射量は $I_0 dL$ に等しい．ここで，I_0 は群落上の放射照度である．もし葉が不透明であるなら，群落のこの層を通過する際に生じる放射照度の変化 dI は $-I_0 dL$ に等しい．したがって，下層に向かって全葉面積指数 L にわたって積分すると，その葉面積指数の下の水平面における平均放射照度はつぎのように与えられる．

$$I = I_0 e^{-L} \tag{2.16}$$

この式はベールの法則と似ているが，この場合の各層の放射照度は，実際は減衰していない光(光斑)が当たっている範囲と完全に陰になった範囲の平均である．水平な葉からなる仮想の群落を例に，図2.19(a)にこのような放射減衰のパターンを示す．

式(2.16)から，葉が不透明である場合，$I/I_0 (= e^{-L})$ は葉面積指数 L の下の水平面で日向になっている割合である．逆に，群落内の日向になっている葉面積指数 $L_{日向}$ はつぎのように与えられる．

$$L_{日向} = 1 - \frac{I}{I_0} = 1 - e^{-L} \tag{2.17}$$

この関数は葉面積指数が大きいときに1に近づき，水平葉からなる群落の場合はすべての葉が日向になりうる最大の葉面積指数は1であることを示している．

2.6.2 その他の葉面角度分布

水平葉の群落を対象とした単純なモデルは，他の葉面角度分布の場合にも拡張できる．一般的なやり方は，葉の影を水平面上に投影し，この面積を式(2.16)の指数に用

[†] 薄くて平坦な葉の場合，この葉面積指数の定義は単位地表面積あたりの葉の投影面積に等しく，この場合の投影面積とは，葉の面積が最大となる向きに対して垂直な光線によって，光線に対して垂直な平面に投影される面積と定義される面積である．このやり方は，針葉樹にみられるような円柱形や半円柱形などの他の形の葉を扱う場合にも適用できるが，Campbell & Norman, 1998 は，**半表面積指数**(hemi-surface area index) HSA，すなわち単位地表面積あたりの葉の全表面積の半分を用いるほうがよいと論じている．平坦な葉においてはどちらの定義も同等である．

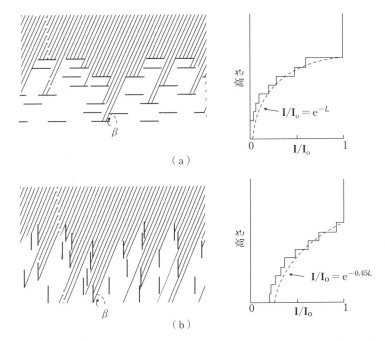

図 2.19 太陽高度 β が 66° の場合の群落内への光の浸透．（a）水平葉型の群落の場合（式(2.18)で $k=1$ の場合），（b）直立葉型の群落の場合（式(2.18)で $k=\cot 66°=0.45$ の場合）．この図では水平葉型の群落では急激に減衰するが，$\beta<45°$ の場合はそうではない．

いることである．実際の葉面積に対する影の面積の比率を k とすると，式(2.16)はつぎのようになる．

$$\mathbf{I}=\mathbf{I}_0 e^{-kL} \tag{2.18}$$

ここで，k は減衰（吸光）係数である．太陽に向いた直立葉の状況について図 2.19（b）に示す．この場合，実面積に対する影面積の比率は $\cot\beta$（β は太陽高度）である．水平葉の場合とは対照的に，群落内の放射分布は β に依存する．太陽高度が高いときには k は 1 より小さく，水平葉の群落に比べてより多くの光が群落内に浸透する．しかし，太陽高度が低いときにはその逆となる．

前節と同様に，水平葉でない場合についても $L_{日向}$ の値を推定できる．この場合，$L_{日向}$ の最大値は $1/k$ に等しく，よって

$$L_{日向}=\frac{1-e^{-kL}}{k} \tag{2.19}$$

となるが，日向葉の単位葉面積あたりの実際の放射照度は $k\mathbf{I}_0$ で与えられ，その値は太陽高度が高く葉が垂直であるときにより小さくなる．これは，葉温調節（第9章）と

群落光合成(第7章)の両方にとって重要な意味をもつ．

多くの実際の群落の葉は広範囲の葉面角度分布をもち，主に水平葉から構成される群落(**水平葉型**(planophile))や，垂直に伸びた葉が優勢な群落(**直立葉型**(erectophile))もあるが，それ以外にもさまざまな分布がある．たとえば，**斜立葉型**(plagiophile または plagiotropic)群落の葉の角度はある傾斜角周辺に集中する．図 2.20 に，さまざまな群落について，葉の傾き(葉と水平面の角度)の代表的な分布関数を示す．実際の葉面角度分布関数は，単純な幾何学的処理で近似できることが多く，群落内への光浸透のモデル化に利用できる．

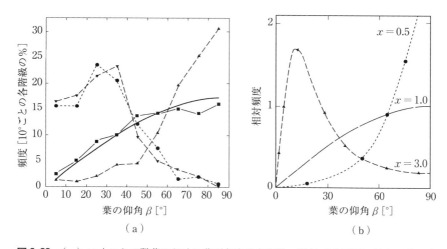

図 2.20 (a) いくつかの群落における葉面角度分布関数の例(β は水平面に対する葉の仰角)．オレンジの1種(—■—)，ホソムギ(5月6日--▲--，8月21日--▼--)，開花しているシロツメクサ(---●---)．(de Wit, 1965, Cohen & Fuchs, 1987 のデータより)．(b) 楕円型分布における理論的な葉面角度分布関数．$x = 0.5$(········)，$x = 1.0$(球形，----)，$x = 3.0$(——)の場合．

とくに重要な直立葉型の分布は，球形型分布である．この場合，葉はあらゆる向きに等しい確率で分布するので，葉を球の表面に並べ替えることが可能であると仮定される．この仮定では，葉はあらゆる方位角(つまり，東西南北などの方位)について等しい確率で分布するが，直立した葉(球の赤道部分全体に配される)は水平葉(球の頂上と下端のみに配される)よりも多い．そのため減衰係数は，球の表面積に対する球の水平面上への投影面積の比率，すなわち $\pi r^2/(4\pi r^2 \sin\beta)(= 0.25 \operatorname{cosec}\beta)$ であるが，葉の両面が放射を遮断するため，適切な k の値はその2倍の $0.5 \operatorname{cosec}\beta$ である．

回転楕円体型分布は，(球形型分布のように)広範囲の連続した葉面角度に適用でき，必要に応じて垂直または水平の葉が多い群落にも適用できるより一般的な関数である．

分布の形は単一のパラメータ x(楕円体の水平軸の垂直軸に対する比率)によって表される．球形型分布は楕円体型分布の特殊な場合で $x=1$ である．いくつかのモデルにおける葉面角度分布を図 2.20(b)に示す．残念ながら，楕円体型関数は観測された葉面角度分布をつねによく近似するわけではないので，他のいくつかの分布が用いられている．葉の平均角度を推定する円錐型分布(Monteith & Unsworth, 2008)や，パラメータが二つのベータ分布(Goel & Strebel, 1984)がその例で，どちらも葉の角度が 45°付近に分布する斜立葉型の群落をかなりよく近似する．

　光環境のモデル化においては，一般に葉面角度分布よりも減衰係数のほうがより有用である．さまざまな群落モデルにおける光線の仰角に対する減衰係数の違いを図 2.21 に，その関数を表 2.5 に示す．群落内の放射モデル化についてのさらに詳しい情

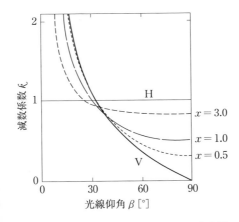

図 2.21 直達放射の減衰係数 k の光線仰角 β に対する依存性．楕円型の葉面角度分布関数で $x=0.5$ (········)，$x=1.0$ (球形，———)，$x=3.0$ (-----) の場合について，水平葉型 H と直立葉型 V の分布の場合とともに示す．

表 2.5 群落の放射環境のモデル化によく用いられるさまざまな葉面角度分布関数について，減衰係数 k の光線仰角 β に対する依存性を葉面角度分布関数とともに示す．

葉面角度分布	減衰係数 k
水平葉型	$k=1$
直立葉型	$k=(2\cot\beta)/\pi$
球形型	$k=1/(2\sin\beta)$
楕円体型[a]	$k=(x^2+\cot^2\beta)^{1/2}/(Ax)$
横日性	$k=1/\sin\beta$

a x は楕円の水平軸の垂直軸に対する比率で，$A \simeq (x+1.774(x+1.182)^{-0.733})/x$．

報はMonteith & Unsworth, 2008とCampbell & Norman, 1998, より高度な考察については Ross, 1981 と Liang, 2004 を参照するとよい.

2.6.3 実際の群落への適用

実際には，多くの現実の群落はこれらの単純な幾何学的モデルで近似することはできないし，さらに，遮断された放射の一部は葉を透過したり群落内を下方へ散乱したりする．そのため，多くの目的においては，幾何学的に導かれた減衰係数 k の値の代わりに経験的に決定した値を用いるほうが都合がよい．式 (2.18) に k の経験値を用いる方法は Monsi & Saeki, 1953 の古典的な研究で最初に提案された．k の観測値は，種や群落などの違いによっておよそ 0.3〜1.5 の値をとる．1.0 よりも小さい値は水平葉ではない場合や葉が集中分布する場合に得られ，1.0 よりも大きい値は水平葉の場合や葉が空間内に規則的に配置している場合に得られる．

植物群落内の放射をモデル化する際に考慮すべき複雑な問題には，以下のようなものがある．

1. **スペクトル分布** 葉は IR では相対的に透明なので，短波放射に含まれる NIR の割合は群落の下のほうで相対的に高くなる．図 2.22 は，コムギ群落内では NIR よりも PAR の減衰の程度が相対的に大きいことを示している．この事例の場合，PAR に対する k は NIR に対する k の 2 倍以上である．全短波放射の減衰様式は PAR と NIR の間にあり，純放射の減衰分布は短波放射成分によっ

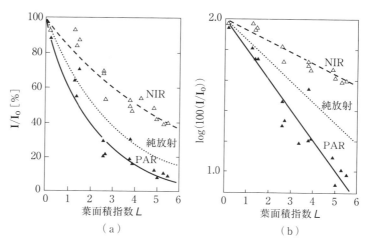

図 2.22 6月初めのコムギ群落における近赤外放射 NIR(- -△- -), PAR(—▲—), 純放射(………)の透過率の日平均値 (Szeicz, 1974 のデータより)．(a) 群落上端における各波長帯の放射照度に対する，群落内の放射照度の百分率表示，(b) 対数軸表示．

てほぼ決まっているので，純放射の減衰分布の観測結果にとても近い．

2. **向日性**　多くの植物種の放射浸透モデルはさらに複雑であるが，中でもマメ科の葉は向日性運動を示し，日中，太陽を追跡して動く(Ehleringer & Forseth, 1980)．個葉の例を図 2.23 に示すが，こうした運動は葉が受ける放射に大きな影響を与える．この図は，晴天日の直達日射の放射照度の日変化を，水平葉，南北に向いた直立葉，太陽光線に対してつねに垂直になろうとする横日性(diaheliotropic)の葉について比較している．この場合，横日性の葉は，水平葉よりも，1 日にわたって 50% 近く多くの放射を受ける．逆に，太陽光線に対して平行に向く反向日性(paraheliotropic)の運動は，図 2.23(b)に示す水ストレスを受けたササゲ（カウピー）の小葉の例のように，日射の遮断を最小にする．反向日性の動きは，UV 暴露による損傷の回避(Grant, 1999)や，ストレス環境下での光阻害を避けるのに役立つ(Pastenes et al., 2004)．

3. **散乱放射**　散乱放射は入射する短波放射の重要な成分となることが多いが，その群落内への浸透は直達放射と同じではない．実際，散乱放射によって照らされる葉面積指数は，直達放射が照射する葉面積指数 $L_{日向}$ よりも大きい．これは，ある角度からは空に対して影になっている葉であっても，別の角度では空に露出しているからである．水平葉の場合，光が当たる葉面積は $L_{日向}$ の $\pi/2$ 倍である．また，群落内の放射の角度は，群落下方にいくほど天頂付近の角度に

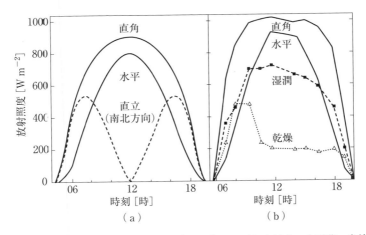

図 2.23 （a）北緯 50° で 6 月初旬の晴天日($\tau = 0.7$)における，水平葉，光線に対して垂直な横日性の葉（直角），南北方向に面した直立葉が受ける，直達放射の放射照度の日変化．（b）アメリカ・カリフォルニア州デービスにおける，ササゲ群落の上部表面の小葉が受ける放射照度の実測値．水ストレスを受けている場合(⋯△⋯)と十分湿潤な場合(--■--)（Shackel & Hall, 1979 より）．

集中する傾向がある．葉面積指数が増加するほど，放射照度の小さい散乱放射のみの光に照らされる葉面積の割合が高くなる．図 2.24 に，成熟したモロコシ (sorghum) の群落を対象に，受光放射照度別の葉の割合を示す．図はかなり典型的で，群落の葉面積の大部分は弱い散乱放射のみを受けているが，群落が受ける総エネルギーの大部分は比較的放射照度の大きな光によるものであることがわかる．

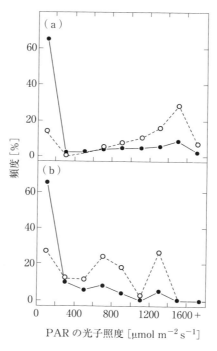

図 2.24　イタリア・ローマにおける晴天日のモロコシ群落について，異なる光量子照度の PAR を受ける葉面積の頻度分布 (———) を 200 μmol m^{-2} s^{-1} 間隔で示し，その光量子照度階級で受けた総エネルギーの頻度分布 (----) も併せて示す．(a) 太陽高度が 25° の場合，(b) 太陽高度が 60° の場合．葉面積指数は約 6．測定はコサイン補正された光量子センサを用いた群落調査法によって行い，葉の向軸面と背軸面のうち光量子照度の値の大きいほうで示した (H. G. Jones, D. O. Hall & J. E. Corlett, 未公表データ)．

4. 不連続な群落　果樹園や間隔の広い作物列のような不連続な群落における光の遮断あるいは透過率 $\mathcal{T}$ の計算を行うには，入力放射を二つの成分に分ける方法が有効である (Jackson & Palmer, 1979 参照)．これらは，植物が完全に不透明な固体だとしても地表面まで届く成分 $\mathcal{T}_f$ と，通常の減衰の法則 (式 (2.18))

に従う成分 $1 - \mathcal{T}_f$ である．したがって，全体の透過率はつぎのように表せる．
$$\mathcal{T} = \mathcal{T}_f + (1 - \mathcal{T}_f) e^{-\hat{k}L'} \tag{2.20}$$
ここで，L' はその植物群落と同じ形状の不透明な物体の陰になっている単位地表面積あたりの葉面積指数，すなわち，L' は $1 - \mathcal{T}_f$ で割った「果樹園」葉面積指数である．

5. **半影効果**　群落内への光の透過や光斑の影響を考えるには，太陽の円盤としての見かけの大きさ（天頂付近でおよそ $0.5°$）も考慮する必要がある．図 2.25 に示すように，葉から投影された影の縁は鮮明ではなく半影 (penumbra) とよばれる領域があり，その部分は太陽円盤の一部からしか直達光が届かないので，日射が完全に当たっている部分よりも放射照度が小さい．この効果により，一般に，群落の小さな穴から生じる光斑の放射照度の最大値は小さくなる（この効果を示した図として Bainbridge et al., 1968 の p. 68 対面の写真を参照）．高さ 10 m の林冠に開いた穴が直径約 87 mm より小さければ，地表に投影される光斑全体が半影になることは，単純な三角法から明らかである（$10 \times \tan 0.5 = 0.0873$ m）．半影効果は，小さな葉からなる厚い群落でとくに重要である．

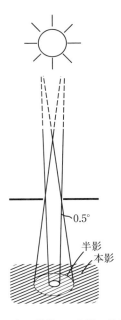

図 2.25　半影効果の図解．群落に，太陽の見かけの直径よりも少し大きなギャップがある場合の本影と半影の領域を示す．

2.7 群落反射率とリモートセンシング

　群落の構造や機能の光学的領域のリモートセンシングは，衛星あるいは空中撮影画像，さらに近距離からの画像（たとえば，移動プラットフォーム，高所作業車，無人機（UAV）など）にかかわらず，分光反射の測定に大きく依存している．こうした情報は，群落の成長や機能（たとえば，光合成や蒸散）のモニタリングや，生物的・非生物的ストレスの診断に用いられることが増えてきた．本節では，こうした情報をリモートセンシングで得られた反射率から導き出す方法について述べる．

2.7.1 分光指数

　葉の反射率が，**赤色波長端**(red-edge)の 700 nm 付近で急激に大きくなることはすでに示した（図 2.15，2.17）．この変動は土壌とは大きく異なり，土壌の反射率は波長とともに徐々に増加する（図 2.17）．こうした分光特性の違いが**分光指数**(spectral indices)を開発するための基礎となっている（詳しくは Jones & Vaughan, 2010 参照）．分光指数とは二つ以上の波長帯を組み合わせて数学的に導かれる新しい変数で，組み合わせる波長帯は，どの波長帯単独の場合よりも，分光指数が対象のもつ生物物理学的パラメータ（たとえば，葉面積指数や群落のクロロフィル濃度，水分量）とより密接に関係するように選ばれる．もっとも広く用いられている指標は**植生指数**(vegetation indices) VI で，元々は広帯域衛星画像による植生被覆の研究のために開発され，赤色域(R)と近赤外域(NIR)の反射率の測定に基づいている．

単純な植生指数　　VI を計算するもっとも簡単な方法は，R と NIR の反射率の差を求めることである．この差は植生が優占する場所では大きく，裸地では小さくなる．これは**差分植生指数**(difference vegetation index) $DVI(= \rho_{\text{NIR}} - \rho_{\text{R}} = \text{N} - \text{R}$．N と R はそれぞれ ρ_{NIR} と ρ_{R} の簡略表記）である．ここで，反射の放射輝度そのものではなく反射率を用いることが重要で，反射率であれば照度の違いの少なくとも一部は補正される．環境条件の違いに対する正規化をさらに行うために，N と R の差の代わりに両者の比をとると，**比植生指数**(ratio vegetation index) $RVI(= \text{N/R})$ を計算できる．あるいは，もっともよく用いられるのは**正規化差植生指数**(normalised difference vegetation index) $NDVI$ として知られているもので，つぎのように定義される．

$$NDVI = \frac{\rho_{\text{NIR}} - \rho_{\text{R}}}{\rho_{\text{NIR}} + \rho_{\text{R}}} \tag{2.21}$$

　これらの VI をさらに 0 から 1 の値をとるように正規化し，尺度化した植生指数（VI^*）を用いると便利なことが多い．

$$VI^* = \frac{VI - VI_{\min}}{VI_{\max} - VI_{\min}} = \frac{VI - VI_{\text{裸地}}}{VI_{\text{植生}} - VI_{\text{裸地}}} \tag{2.22}$$

ここで，下付添字 max と min はそれぞれ密な植生と裸地の値を示す．この基本概念から数多くの改良した指数が提案されている．**緑色正規化差植生指数**(green normalized difference VI) $GNDVI$ はその一つで，これは $NDVI$ と似ているが，赤色域の反射率の代わりに緑色域の反射率を用いている．また，**土壌調整植生指数**(soil-adjusted VI) $SAVI$ は $(1+L)(N-R)/(N+R+L)$ と計算され，L は定数で通常 0.5 とされる．特定の条件下で対象とするパラメータとの関係が元の $NDVI$ よりもより線形となるような指標が，数多く提案されている(Jones & Vaughan, 2010 の BOX7.1 参照)．

植生指数と生理学的に重要な量との関係　さまざまな VI，とくに $NDVI$ は，バイオマスや葉のクロロフィル量，葉の窒素量，光合成，葉面積指数，植被率 f_{veg}，光合成有効放射吸収率 $fAPAR$ などの量を反映するものとして，生理学者や農学者，生態学者に広く用いられている．残念ながら，これらの関係は線形ではないし，種や環境の違いによって一定ではない．VI を解釈するには，VI の変動には主に三つのメカニズムが影響していることを考慮しなければならない．もっとも重要なのは土壌と葉との直接的な比較で，とくにリモートセンシングのスケールでは VI は主にそのピクセル内の葉あるいは植生の比率によって決まる．この効果に，生化学的な組成，たとえば，クロロフィル量やその他の葉の生化学的な要素による葉の分光特性への影響や，群落構造や観測角の影響が重なる．

基本的な仮定は　視野範囲のどの部分においても，分光反射率は植生の値と背景となる土壌の値の線形和ということで，たとえば赤色域の反射率についてはつぎのように表せる．

$$\rho_R = f_{veg}\rho_{R\text{-}veg} + (1-f_{veg})\rho_{R\text{-}soil} \tag{2.23}$$

ここで，$\rho_{R\text{-}veg}$ と $\rho_{R\text{-}soil}$ はそれぞれ端成分(end member)としての純粋な植生および純粋な土壌の赤色域の反射率である．さまざまな土壌と植物の組み合わせから実際にとりうる端成分の値を代入してさまざまな VI を求めると，図 2.26 に示すように，VI と f_{veg} の関係は大きく異なることが簡単に示すことができる．より正確には，ここで用いたような単純な混合モデルを，群落内における相互被陰やその他の放射の相互作用の影響について補正する必要がある．VI は f_{veg} の推定によく使われているが，図 2.26 が示すように，DVI を除くほとんどの指標は f_{veg} との厳密な線形関係はない．VI(すなわち f_{veg})を推定したときの観測角が真上以外からの場合，上から見たであろう真の植被率 $f_{veg\text{-}nadir}$ は，葉面角度分布に球形分布を仮定した単純な幾何学によって $f_{veg}/\cos\theta$ で近似できることが多い．代表的な PAR の群落吸収率は 0.85 なので，$fAPAR$ の値は約 $0.85 f_{veg}$ と近似できる．

VI は植被率ともっとも直接的に関係するが，葉面積指数の推定にもよく用いられ

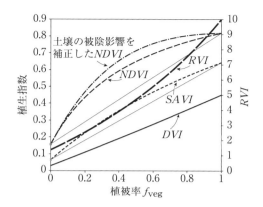

図 2.26 植被率 f_{veg} に対するさまざまな植生指数の計算値($NDVI = (N-R)/(N+R)$, $DVI = N - R$, $SAVI = (1+L)(N-R)/(N+R+L)$, $RVI = N/R$. N と R はそれぞれ近赤外域と赤外域の反射率, L は定数で 0.5 と仮定). 各放射成分の反射率には Carlson & Ripley, 1997 より典型的な値を仮定し(植生:$\rho_R = 0.05$, $\rho_{\text{NIR}} = 0.5$, 土壌:$\rho_R = 0.08$, $\rho_{\text{NIR}} = 0.11$), 被陰の影響は無視した. DVI は f_{veg} と線形な関係があるが, $SAVI$ とは非線形な関係であり, $NDVI$ と RVI ではさらに非線形性が強くなる. 土壌の被陰影響について補正した $NDVI$ との関係も示す. (Jones & Vaughan, 2010 の計算に基づく)

る. 植被率あるいは光の遮断と L との関係は, ベールの法則(式(2.18))を用いて

$$f_{\text{veg}} \cong (1 - e^{-kL}) \tag{2.24}$$

と近似でき, つぎのように表される.

$$L \cong -\frac{\ln(1 - f_{\text{veg}})}{k} \tag{2.25}$$

この関数は植生が密になると急激に飽和するが, これは L が 3 から 4 よりも大きくなると L の推定値の精度が非常に低下することを意味している.

▎狭帯域の指数, 複数波長, 微分分光分析　　高分解能分光データを利用してより専門的な指数(通常, 正規化差指数で表現される. Blackburn, 1998)を開発しようということへの関心が高まっている. 植物生理学者にとってとくに関心があるのは, **光化学的分光反射指数**(photochemical reflectance index)PRI で $(\rho_{570} - \rho_{531})/(\rho_{570} + \rho_{531})$ と計算される. これは, 葉内のキサントフィル色素の酸化状態を示し(第 6 章参照), 531 nm での微小な変化を対照領域である 570 nm の値によって正規化したものである (Gamon et al., 1992). 高分解能分光データを活用する方法には, その他にも微分分光解析を用いて赤色波長端における微小な変化を検出するものや, 複数の波長を組み合わせるものがある. 他の潜在的に有用な分光指数には, **水指数**(water indices)があり, これは NIR 波長域の水の吸収波長帯に着目して植生の水分量を推定するものである (図 2.17).

このような，より専門的な指数に用いるための波長帯を適切に選択するさまざまな方法は，Jones & Vaughan, 2010 にまとめられている．おそらく，波長選択のためのもっとも合理的な方法は，特定の色素の吸収スペクトルに関する知識に基づいて行うことだろう．原則として，吸収の小さい波長は高い色素濃度を識別するのに適し，吸収の高い分光領域は低い色素濃度の場合により適している．これに代わる方法として，**部分最小二乗法**(partial least squares regression) (Serbin et al., 2012) や，相関図(correlogram)を構築して最適な波長の組み合わせを見分ける(たとえば，Darvishzadeh et al., 2008)ような統計的手法を用いて経験的に波長を選択することもできる．これらの経験的手法は，較正のための幅広い色素濃度や光合成などの機能特性を網羅したデータセットの有効性に依存し，さらに，その関係は通常，異なる種や環境に対してそのままでは適用できない．

2.7.2　多方向リモートセンシングと放射伝達モデルの発展

植物群落の放射特性は，光の照射角度と群落の観測角度の両方に大きく依存し，観測された反射率にはかなり異方性がある．芝を見るときに観察される**ホットスポット現象**はよく知られている．これは，太陽が観測者の真後ろにあるときのほうが，太陽と相対しているときよりも芝が明るく見える現象で，この効果は太陽が観測者の背後にあるときには影がまったく見えないことから生じる．

滑らかな水体の場合は，構造化された植生からの反射とは対照的で，直射的な鏡面反射によって，太陽と相対しているときにもっとも明るく見える．表面の方向性反射特性を完全に記述するには**2方向性反射分布関数**(bidirectional reflectance distribution function) BRDF を用い，これは反射率をすべての可能な照射角と観測角の関数として定義する．自然環境では，BRDF は通常太陽面に対して対称で，太陽の角度で最高値(ホットスポット)を示す(図 2.27)．BRDF の測定に用いられるどのセンサも観測角は限られているので，**2方向性反射係数**(bidirectional reflectance factor) BRF を用いるほうがより便利で，これは各角度において反射される放射輝度の，**完全拡散面(ランバート面)**によって反射される放射輝度に対する比で定義される．多方向放射モデルのより高度な処理については他の文献で説明されており(Hapke, 1993, Liang, 2004)，用語の詳細は Nicodemus et al., 1977 に記述されている．

リモートセンシングによる群落構造や生化学的・機能的特性に関する情報の抽出は，群落の反射率を多方向から観測することで大幅に改善される．そのためには，一般に，観測された BRF パターンを効果的にシミュレーションできる群落放射伝達モデルで逆解析する必要がある．仮定された構造パラメータから放射特性を推定する場合にはモデルを「順方向」に利用するが，生物物理学的パラメータを推定する場合にはモデ

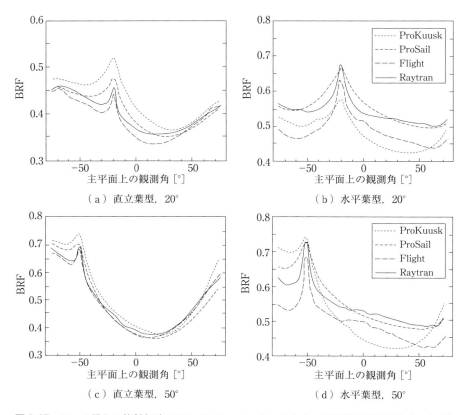

図 2.27 四つの異なる放射伝達モデルでシミュレーションした，天頂角がが 20°((a), (b)) と 50°((c), (d)) のときの，直立葉型((a), (c)) および水平葉型((b), (d)) の群落の主平面上における近赤外域の BRF の角度依存性 (Pinty et al., 2001 のデータより)．

ルを「逆方向」に用いることになる (図 2.28)．本質的に，逆解析における問題は，BRF の観測値にもっともよく合うモデルパラメータの組み合わせ (L, 葉面角度分布 LAD など) を見つけることである．多くのモデルでは逆解析を解析的に解くことができないので，通常は統計的近似に頼る必要があり，直接的に数値最適化を行うか，探索表 (look-up table：LUT) を用いる．後者の方法では，とりうる値の範囲全体を含むようにパラメータを変化させながらモデルを何度も順方向に計算し，多次元の結果表を生成する．そしてこの表から，データにもっともよく合致するパラメータを検索する．残念ながら，逆解析には一つのデータに対して同じようによく合致するパラメータの組み合わせが複数存在するという「非適切 (ill-posed)」問題がある．そのため通常は，適切な最適条件の選択を助けるための初期推定値を設定する．

放射伝達モデル　放射の伝達や反射率の角度分布の予測には，さまざまなタイプ

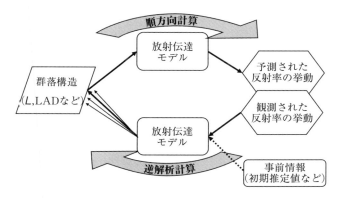

図 2.28 リモートセンシングで群落構造の情報を抽出する際の，順方向モデルと逆解析モデルの計算の概念図．順方向計算では放射伝達モデルを反射率の挙動の予測に用いるのに対し，逆解析では，反射率の観測値を用いて群落構造パラメータを推定する．逆解析で出力が余分に得られるのは，異なる組み合わせの構造パラメータが等しい確率で生じうることを示している．植生やその葉面角度分布の情報，L 値などの初期推定といった事前情報を用いることができる．

の放射伝達モデルが用いられてきた．単純な懸濁粒子 (turbid medium) モデルはその一つで，群落を無限に小さな散乱体が均質に分布した厚板として表せると仮定しており，一様な農作物群落にとくに適している．このモデルでは，先に紹介したベールの法則を用いている．このタイプのモデルは多くの改良がなされており，葉の大きさの有限性や放射フラックスの角度分布，ホットスポット効果のシミュレーションの必要性が考慮されている（たとえば，最新版の SAIL (scattering by arbitrarily inclined leaves) モデル (Verhoef & Bach, 2007)）．森林のような非一様な群落により適した別の方法は，決まった形と光学特性をもつ幾何学的な物体が整列したものとして群落を表せると仮定するものである．これらの幾何光学 (geometrical-optical) モデルでは，あらゆる天頂角 θ における全体的な反射率 $\rho_{(\theta)}$ は次式で求められる．

$$\rho_{(\theta)} = \rho_g f_g + \rho_c f_c + \rho_{c\text{-sh}} f_{c\text{-sh}} + \rho_{g\text{-sh}} f_{g\text{-sh}} \tag{2.26}$$

ここで，f は視野範囲における日向の地表面 (g)，日向の群落 (c)，日陰の地表面 (g-sh)，日陰の群落 (c-sh) の比率である．これらの比率は Chen & Leblanc, 1997 の 4 スケール (four-scale) モデルのように，単純な幾何学的考察から得られる．

植物の葉や群落の 2 方向性反射のシミュレーションに関心があるなら，PROSPECT モデルや SAIL モデル，あるいはそれを統合したモデル (PROSAIL モデル) が http://teledetection.ipgp.jussieu.fr/prosail から利用可能である．その他，有用なモデルが www.npsg.uwaterloo.ca/models.php から利用可能である．

もう一つの方法が光線追跡法 (ray-tracing) を利用するもので，これは，群落に向け

て光子を大量に発射し，その行方を解析することで適切な BRF を生成するという発想である．計算速度を速める数多くの方法が利用できる．利用できる光線追跡法のプログラムは多いが，フリーソフトであるポヴレイ(POV-ray)もその一つで，反射特性を解析するための3次元群落を描くプログラムモジュールとともに提供されている(www.povray.org)．さらに速いモデル逆解析は，半経験的なカーネル駆動(kernel-driven)モデルを用いれば可能で(Nilson & Kuusk, 1989, Roujean et al., 1992, Walthall et al., 1985)，これらは散乱の主要な3タイプ(等方散乱，均質な群落からの体積散乱，影を作る物体からの散乱を表す幾何学的な項)を表す半経験的な三つの「カーネル」によって BRF を表す．

|BRF の測定　　ここまでの説明からわかるように，群落構造パラメータをもっとも正確に推定する方法は，反射率を多方向から測定することだろう．必要な多方向データは多方向測定が可能な衛星センサから得られる(たとえば，改良型走査放射計(advanced along-track scanning radiometer：AATSR)や衛星 PROBA に搭載された小型高分解能ハイパースペクトルセンサ(Compact High Resolution Spectrometer：CHRIS))．圃場内での農作物の野外調査には，異なる角度で反射率を計測できるさまざまなゴニオメータ(goniometer)が利用できる(たとえば，PARABOLA3—Abdou et al., 2000，あるいは単純な回転式の屋外用固定台—Casa & Jones, 2005)．適切な方法や適用の制限についての詳細は Jones & Vaughan, 2010 で説明されている．

2.8　直接法と群落内放射伝達法による群落構造の測定

葉面積指数や葉面角度分布などの重要な群落パラメータをリモートセンシングで推定するには，野外測定に基づいた較正と検証が必要である．これらには，直接サンプリングや群落内での放射測定を伴う．通常，後者の方法はリモートセンシングと類似した放射伝達理論に基づいているので，リモートセンシングによる推定と完全に独立したものではない．

2.8.1　直接測定

葉面積指数 L やその群落内分布は，既知の地表面積上の群落について全刈り取りか，層別刈り取りを行うことで推定される．サンプリングされた葉の面積は，直接測定するか(方眼紙の上に葉の輪郭を写し取ってマス目の数を数えるなど)，コントラストの強い背景で葉の写真を撮影して画像解析を行うか(Adobe Photoshop の自動選択ツールや類似のソフトウェアなど)，あるいは市販の葉面積計(アメリカ・ネブラスカ州 Lincoln の Licor 社製 Licor 3000 C，イギリス・ケンブリッジ Burwell の Delta-T 社製 WinDIAS など)で見積もることができる．樹木の場合に全刈り取りを行うことは，

まったく不可能ではないものの草本群落と比較していっそう困難なので，適切なサンプリング法を用いてスケールアップすることが普通である．たとえば，Čermák et al., 2007 は，オリーブの木について個々の枝の葉数を数えて樹木全体にスケールアップするという方法を示している．葉面角度分布の直接測定はさらに難しい．傾斜計を用いて少数の葉の角度や方向を記録することはできるが，やはり非常に手間のかかる作業である．こうした計測を容易にするためのさまざまな測器が開発されており（たとえば，Lang, 1973, Sinoquet et al., 1998），最新のものでは音響伝播や磁場を用いることで必要なセンサ先端の位置を決定し，数値化を容易にしている．立体画像（Wang et al., 2009）やレーザー技術を用いて詳細な 3 次元の群落構造を求める手法（たとえば，Omasa et al., 2007, Azzari et al., 2013）も，より広く利用できるようになってきた．葉面積や葉面角度分布の直接測定は難しいので，こうした群落の重要な生物物理学的特性の情報を求めるには，放射伝達モデルの逆解析に基づく間接的手法を用いるのがもっとも一般的で，その概要を次項で述べる．

2.8.2 群落内放射伝達法

放射伝達による群落構造の推定は，つぎのいずれかに基づく．
   （ⅰ）群落深さに伴う平均放射照度の減衰に基づく方法．
   （ⅱ）「ギャップ比率法（gap fraction approach）」すなわち，群落の下で光斑に照らされている面積の割合を測るもので，直達光の伝達の情報のみを必要とし散乱放射を考慮する必要がない方法．

これらの方法はそれぞれ式(2.18)あるいは式(2.19)から L を（そして潜在的に k も）推定する．群落構造や適当な k の角依存性（表 2.5）についての事前情報がないかぎり，L と葉面角度分布の両方について解くために，異なる多くの光線仰角に対する透過データが必要である．逆解析するためのアルゴリズムはいくつもあるが，いずれも予想される群落の幾何学的構造について何らかの仮定をおいている．図 2.29 は，ギャップ比率の光線仰角と葉面積指数に対する変化を示している．全放射照度の減衰はさまざまな角度からの散乱日射成分を含むので複雑であり，ギャップ比率法のほうが精度は高い（あるいは少なくとも使い方が単純である）傾向がある．このことは k を計算する際に考慮する必要がある．

図 2.21 と図 2.29 から，k の値（ゆえに $\mathcal{T}$ の値）は，光線の仰角が約 33° のときには群落構造にほとんど依存せず，よって，この角度で測定したときに L のもっとも確かな推定値が得られる傾向がある（第 7 章）．

ギャップ比率の推定に必要な情報を得る方法はたくさんある．（ⅰ）多配列センサ（前述）を用いてさまざまな太陽高度で測定し，適切な閾値を設けて散乱放射を除外す

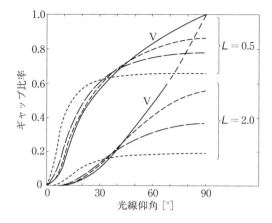

図2.29 さまざまな葉面角度分布における入射光線の傾きに対するギャップ比率の変化. 葉面積指数 L が 0.5 と 2.0 で，葉面角度分布が楕円体型で $x = 3.0$(------)，$x = 1.0$(球形型，———)，$x = 1.0$(----)の場合と，直立葉型(V，———)の場合.

る方法(図2.30)，(ⅱ)曇天時に地表で全天写真を撮影し，空が見える比率を異なる仰角で推定する方法，(ⅲ)これを自動化した方法(図2.31)，などはその例である.

Licor LAI-2000 群落解析計(Licor 社，ネブラスカ州 Lincoln)の光学系は，全天からの光を集め，入射角度によって異なる仰角分画に分離する．フィルタをつけたシリコン光センサによって，490 nm より短い波長の放射に対してのみ感度をもたせることで，葉群による放射の散乱の影響を最小化している(図2.31).

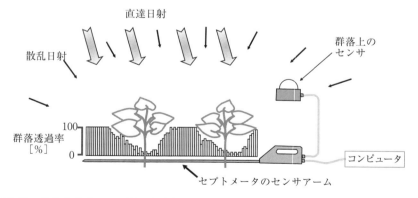

図2.30 簡易多配列センサ透過率計(SunScan SS1)を用いた葉面積指数と葉面角度分布の推定の概念図．群落上のセンサは入力する放射照度と直達日射の比率の推定に用いる．測器は群落を透過して下のセンサの高さまで届く放射の平均比率を推定するように設置することができ，あるいは直達成分を得るために光斑の比率を計測するように設置することもできる．

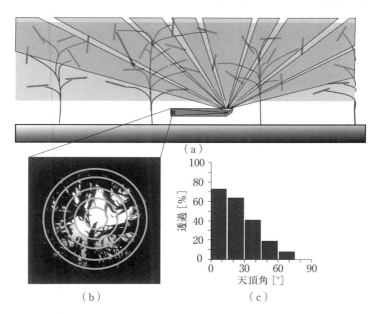

図 2.31 群落内での群落透過率の測定の概念図.（a）群落下の多方向群落解析計（LAI-2000）における観測角の画分.（b）対応する角度画分を示す全天写真.（c）各画分における放射の透過率（あるいはギャップ比率）を示すヒストグラム.

　これらの手法における不確実性には，葉による放射の遮断と光を透過しない幹枝などの組織による遮断との判別が困難であること（真の葉面積の過大評価につながる）や，着葉の集中に起因する問題（葉面積の過小評価につながる）がある．Kucharick et al., 1998a, b は，多バンド植生解析計（multi-band vegetation analyser：MVA）の利用を提案しており，これは赤色域と近赤外域の高解像度群落画像を撮影することで緑色組織と木質組織を分離し，群落下から撮影した樹冠画像における木質組織の量を補正する．また，着葉の集中による誤差によって，真の葉面積指数をおよそ 50% も過小評価することがある．葉の集中指数（clumping index）λ_0 を定義することで，上記のいずれかの方法で得られた葉面積指数 L_{eff} から次式を使って真の葉面積指数 L に変換できる．

$$L = \frac{L_{\mathrm{eff}}}{\lambda_0} \tag{2.27}$$

この式で，通常 λ_0 は葉が集中した群落では < 1.0 で，非常に規則的な群落では > 1.0 となる．Leblanc et al., 2005 は，葉の集中度をギャップの大きさの頻度分布から推定する方法を提案した．集中度補正と，木質組織の面積指数と全植物面積指数の比 α による補正を組み合わせることで，観測値から真の葉面積指数をつぎのように推定でき

る(Chen, 1996).

$$L = \frac{L_{\text{eff}}(1-\alpha)}{\lambda_0} \qquad (2.28)$$

これらの方法とその利用における制限についての有益な考察が Norman & Campbell, 1989 と Jones & Vaughan, 2010 でなされている．詳細な式や利用方法，対象群落を適切にサンプリングするために不可欠な注意点は，それぞれの測器の製造業者による説明書に記載されているだろう．群落パラメータを群落下の放射測定から求める方法についての有益な解説は数多くある(Bréda, 2003, Garrigues et al., 2008, Hyer & Goetz, 2004, Jonckheere et al., 2004, Lang et al., 2010, Leblanc et al., 2005).

2.9 おわりに

さらに詳しい植物群落の放射環境については，植物環境生理学の教科書(Campbell & Norman, 1998(生物環境物理学の基礎，2003，森北出版), Monteith & Unsworth, 2008)および植生についてのリモートセンシングの教科書(Guyot & Phulpin, 1997, Jones & Vaughan, 2010(植生のリモートセンシング，2013，森北出版), Liang, 2004, Rees, 2001)を参照のこと．マイクロ波測定(レーダ)によっても群落構造と特性について有益な情報，とくに土壌や群落の水分量の情報が得られる(Rees, 2001, Woodhouse, 2006). 衛星によるマイクロ波測定の主な長所は，マイクロ波センサは全天候に対応可能で，雲の影響を受けにくいという点である．

2.10 演習問題

2.1 つぎの表のように，葉と入射日射の分光特性が与えられている．

波長間隔 [μm]	葉の平均吸収率	全入射エネルギー [W m^{-2}]
0.3〜0.7	0.85	450
0.7〜1.5	0.20	380
1.5〜3.0	0.65	70

(i) つぎの値を計算せよ．(a) 葉が吸収する短波放射のエネルギー．(b) 短波放射の吸収係数．(c) 葉温(気温 20°，潜熱・顕熱の交換なし，3 μm より長波長で $\varepsilon = 1.0$ とする)．(ii) なぜ葉温は通常この温度に達しないのか．

2.2 (i) 裸地($\rho_S = 0.3$)の上にある水平な個葉($\alpha = 0.5$)が吸収する純放射量を計算せよ．ただし，全短波放射照度を 500 W m^{-2}，空の放射温度(有効温度)を $-5°C$，地温を 24°C，葉温を 20°C とする．(ii) さらに必要な仮定は何か．

2.3 (i) 緑色光($\lambda = 500\,\text{nm}$)と赤外放射($\lambda = 2000\,\text{nm}$)の光子あたりの平均エネルギーを求めよ．(ii) これらの波長に対応する波数を求めよ．(iii) 波長 [nm] あたりのエネ

ギー量が等しい光源において，二つの波長で波長 [nm] あたりの光量子フラックス密度の比を計算せよ．

2.4 葉がランダムに分布する水平葉型の群落について，(i)(a) $L = 1$，(b) $L = 5$ の場合の日向の地表面の比率を求めよ．(ii) それぞれの場合の日向の葉面積指数の値を求めよ．(iii) 同様の条件で，葉の向きと傾きがランダムであるとした場合，太陽高度が 40°のときの日向となる葉面積指数の値を求めよ．

2.5 均質な群落の葉面積指数をつぎの場合について推定せよ．葉面角度分布が (i) 球形型の場合，(ii) 水平葉型の場合．ただし，太陽高度は 60°，直達放射が透過した割合は 0.25 とする．

第3章 熱,質量,運動量の輸送

第2章では,植物とその環境との間の放射エネルギー交換について説明した.植物と大気環境との相互作用には質量輸送,熱輸送,運動量輸送も含まれる.植物の葉と大気との間の,CO_2 や水蒸気の交換などの質量輸送過程と熱輸送にかかわるメカニズムは非常に密接に関連しているので,ここでは一緒に扱う.これらは,分子レベルで媒体の質量移動を含まないもの(すなわち物質の拡散や熱の伝導)と,構成要素が流体の質量移動によって輸送される一般に対流とよばれるものとに大きく分けられる.風によって植物にかかる力は,運動量輸送の表れである.

熱や質量輸送過程の説明は Campbell & Norman, 1998 や Monteith & Unsworth, 2008 で明確になされており,より高度な扱いについては多くの文献がある (Cussler, 2007, Garratt, 1992, Kaimal & Finnigan, 1994, Monteith, 1975, 1976).本章では,これらの輸送過程の背後にある物理的な原理やそれらの間の類似性について概説し,それに基づいて大気と個葉や群落全体との間の輸送過程を解析する.ここで説明する原理はどのような流体の輸送にも適用できるが,本章で取り上げる例は空気中の輸送に限定する.

3.1 濃度の尺度

熱と質量輸送のメカニズムの詳細を説明する前に,濃度の意味について定義する必要がある.一般に,質量あるいは熱や運動量のような物理量 (entity) の自然な輸送は,「濃度」の高い領域から低い領域に向かって生じる.しかし,混合物中の物理量「i」の量や濃度を特定するための方法はさまざまで,以下の説明からわかるように,それぞれの方法はある特定の目的に適している.

3.1.1 濃度

物理量「i」の組成について広く用いられる尺度は (質量) 濃度 c_i または密度 ρ_i である.

$$c_i = \rho_i = 混合物の単位体積あたりのiの質量 \tag{3.1}$$

あるいは,モル濃度 c_i^m も用いられる.

$$c_i^m = iの混合物の単位体積あたりのモル数 = \frac{c_i}{M_i} \tag{3.2}$$

ここで,M_i はモル質量である.濃度はガス組成の基本的な尺度としてよく用いられ

るが，閉鎖系では濃度は温度や圧力によって変化し，これらの要素はつぎの理想気体の状態方程式に従って体積を変化させる．

$$PV = n\mathcal{R}T \tag{3.3}$$

ここで，n は存在するモル数，T は絶対温度，P は圧力，V は体積で，$\mathcal{R}$ は一般気体定数である．液体は気体のようには圧縮されないので，溶液中では濃度は圧力や温度の影響は受けにくい．

3.1.2 モル分率

より保存的な組成の尺度はモル分率 x_i で，混合物中のすべてのモル数 $\sum n$ に対する i のモル数 n_i の割合である．

$$x_i = \frac{n_i}{\sum n} \tag{3.4}$$

このとき，温度や圧力，体積の変化は，すべての構成要素に等しく影響するため，モル分率には影響しない．関連した気体に適した尺度としては，分圧 p_i があり，これは分圧の各要素が全体積を占めた場合に及ぼす圧力である．複数の要素からなる混合気体において，全圧は分圧の和と等しいという**ドルトンの法則**(Dalton's law)を理想気体の状態方程式と組み合わせると，次式のようにモル分率と同様に表せる．

$$x_i = \frac{p_i}{P} \tag{3.5}$$

これらの関係式を用いると，つぎのように気体濃度が分圧と関係することが容易に示される．

$$c_i = \frac{質量_i}{V} = \frac{n_i M_i}{V} = \frac{p_i M_i}{\mathcal{R}T} \tag{3.6}$$

3.1.3 質量分率

質量分率 m_i も有用な表現である．

$$m_i = i の混合物の単位全質量あたりの質量 = \frac{c_i}{\rho} \tag{3.7}$$

ここで，ρ は混合物の密度である．質量分率も温度と圧力に依存しない．質量分率はモル分率とつぎのように関係する．

$$m_i = \frac{x_i M_i}{M} \tag{3.8}$$

ここで，M は混合物の平均分子量である．

3.1.4 体積分率

気体において,体積分率(混合物の単位総体積あたりの i の体積)はモル分率と同じである.

3.1.5 混合比

次式で表される混合比 w_i は,気象学において気体の組成を表すためによく使用される用語である.

$$w_i = \frac{\text{i の質量}}{\text{全質量} - \text{i の質量}} \tag{3.9}$$

3.2 分子の輸送過程

3.2.1 拡散:フィックの第 1 法則

流体中の個々の分子の速い熱運動は,分子の位置のランダムな再配置,そして不均質な流体中では質量や熱の輸送をもたらす.この過程は拡散とよばれる.たとえば,静止流体中では,質量輸送はある分子種の高濃度領域から1箇所の低濃度領域への純移動の結果として起こる(水蒸気や温度など,数値の大きさによって完全に記述される量は,流体力学では一般的にスカラーとよばれる).1次元の系において,スカラー物理量 i が平面を通過するときの単位面積あたりのフラックス密度または質量輸送速度 $\mathbf{J}_i$ は,拡散係数 D_i とよばれる定数によって,i の平面全体の濃度勾配 $\partial c_i/\partial x$ と直接的に関連付けられる.これは数学的に次式のように表現できる.

$$\mathbf{J}_i = -D_i \frac{\partial c_i}{\partial x} \tag{3.10}$$

これは**拡散のフィックの第 1 法則**(Fick's first law)の 1 次元の形式である.マイナス記号は,濃度が低下する方向へフラックスが進むことを示すための数学的慣習である.対応する式は 1 次元以上の輸送を表現できるが,以降では 1 次元の場合についてのみ扱う.

濃度勾配を式(3.10)のように拡散の駆動力として用いることは一般的で,以降の多くの場合でもそのように使われるが,他の要因が変化するときには,精密な研究には不十分な場合もある.たとえば,理想的な反応からかけ離れた溶液中においては,濃度を活量と置き換える必要がある(Atkins & de Paula, 2009).同様に,放出源と吸収源の間に温度勾配が存在する気体では,濃度の使用は重大な誤差をもたらす(Cowan, 1977).これは,拡散速度はその物質の濃度と同様に,温度の関数である個々の分子の移動にも依存するからである.モル分率,分圧,質量分率のいずれを使用する場合にも,この影響を考慮に入れている.c_i(式(3.7), (3.6), (3.5))を適切に置換するこ

3.2 分子の輸送過程　59

とで，式(3.10)を非等温性気体により適した，次式の形に書き換えられる．

$$J_i = -D_i \rho \frac{\partial m_i}{\partial x} \tag{3.11}$$

$$J_i = -D_i \frac{M_i}{RT} \frac{\partial p_i}{\partial x} \tag{3.12}$$

$$J_i = -D_i \frac{PM_i}{RT} \frac{\partial x_i}{\partial x} \tag{3.13}$$

これらの式は，たとえば $\rho m_i = c_i$ であるので，式(3.10)と同じようにみえる．しかし，$\rho \Delta m_i$ は必ずしも Δc_i（Δ は有限差分を表す）とは等しくないので，非等温系においては大幅に改善されている．ただし，これらの式でもまだいくつかの単純化を含んでいる．

3.2.2　熱伝導

伝導による熱輸送は拡散と類似している．伝導は高温度または高運動エネルギー領域から低温度領域への温度勾配に沿った，媒体の質量輸送を伴わない熱の輸送である．固体においては，このエネルギー輸送は，分子衝突の結果として生じる分子間の運動エネルギーの伝達で，分子自身は置き換わらない．一方，液体においては，高エネルギーの分子自身が拡散する．

伝導性熱輸送は**フーリエの法則**によって記述され，単位面積あたりの顕熱輸送速度 C [$W\,m^{-2} = J\,m^{-2}\,s^{-1}$] はつぎのように表される．

$$C = -k \frac{\partial T}{\partial x} \tag{3.14}$$

ここで，k は**熱伝導率** [$W\,m^{-1}\,K^{-1}$] である．熱伝導の駆動力は温度勾配であるが，質量輸送で用いられたのと同じ単位の比例定数を得るために，簡単な数学的操作を行うと都合がよい(Monteith & Unsworth, 2008)．T を「熱濃度」$c_H = \rho c_p T$（ρ は液体の密度，c_p はその液体の比熱容量 [$J\,kg^{-1}$]）に置き換えると，式(3.10)に類似した以下の式が得られる．

$$C = -D_H \rho c_p \frac{\partial T}{\partial x} \tag{3.15}$$

ここで，D_H は**熱拡散係数**で**熱拡散率**ともよばれる．付録2，5に，さまざまな固体や液体の D_H と k の値を示す．

3.2.3　運動量輸送

ある表面の接線方向に力が加えられると，下層の物質に対して，表層に滑りやせん断が生じる．硬い固体では，そのような**せん断応力**，すなわち単位面積あたりの力 τ [$kg\,m^{-1}\,s^{-2}$] が変形することなく伝わる．しかし，流体においてはどの層も隣接す

る流体の層にせん断応力をあまり伝えず,隣接する層は互いに滑る.そのため,流体がある表面を流れるとき,速度勾配が生じる.流体の粘性は,隣接する層間の分子の相互作用によって生じる内部の摩擦力の指標で,粘性のある流体ほどせん断応力がより効果的に伝わる.この過程では,流体中の平面におけるせん断応力が速度勾配 $\partial u/\partial x$ に比例し,**ニュートンの粘性法則**によって表される.

$$\tau = \eta \frac{\partial u}{\partial x} \tag{3.16}$$

ここで,η は**粘性率** $[\mathrm{kg\,m^{-1}\,s^{-1}}]$ とよばれる.

式(3.16)はすでに紹介した熱や質量輸送の式の形式と似ている.この場合,せん断応力は運動量フラックス密度の次元をもち,運動量は質量×速度(すなわち,$\mathrm{ML\,T^{-1}\cdot L^{-2}\cdot T^{-1}} = \mathrm{ML^{-1}\,T^{-2}}$)で表される.熱輸送については,速度勾配は運動量「濃度」(c_M = 質量×速度/体積 = ρu)で置き換えられ,拡散係数の次元 $\mathrm{L^2\,T^{-1}}$ の比例定数が得られる.この運動量の拡散係数 D_M は**動粘性率** ν ともよばれる.

表面上を流れる流体によって表面の接線方向に作用する力は,表面摩擦とよばれる.移動する流体は,流れの流線を横切った物体への運動量の輸送に加え,物体の前面に作用する圧力が背面よりも大きくなるという**形状抗力** τ_f の結果としても力を作用させる.これは,風によって樹木やその他の植物が屈曲する原因となる主要な力である.形状抗力の大きさ,すなわち任意の物体に対する流れ A に垂直な単位断面積あたりの力は,つぎのように与えられる.

$$\tau_\mathrm{f} = 0.5\,c_\mathrm{f}(\rho u^2) \tag{3.17}$$

ここで,c_f はすべての空気の動きが完全に停止した場合に作用する最大の潜在的な力 $(0.5\,\rho u^2)$ を,実際の抗力と関連付ける形状抗力係数である.航空機のような流線形の物体は,流線形化されていない物体(たとえば,建物)よりも,抗力係数が非常に小さい.気流が乱流状態にあるとき,c_f の値は劇的に減少する.乱流についての説明とその重要性については 3.3 節で,抗力とその重要性については 11.1.4 項で説明する.

3.2.4 拡散係数

適切な「濃度」勾配を選択することで,広範囲の輸送過程における比例定数 D を共通の単位で表現できる.たとえば,質量輸送についての式(3.10)〜(3.13)と,熱輸送に関する式(3.15)の次元解析から,D の単位はすべて $\mathrm{L^2\,T^{-1}}$ であり,運動量輸送についても同様であることがわかる.

2成分混合物(たとえば,CO_2 と空気)の D 値は相互拡散係数とよばれ,D_CA(CO_2 の空気への拡散係数)は D_AC(空気の CO_2 への拡散係数)と同じであるため,空気と CO_2 の割合を変化させる効果はほとんどない.空気中と水中におけるさまざまな気体,

熱，運動量の拡散係数の値を付録2に示す．ある物質がそれ自身の中で拡散するとき，D は自己拡散係数とよばれ，これは相互拡散係数とは大きく異なることがある．たとえば，20℃，大気圧下で D_{CA} が $14.7\ \mathrm{mm^2\ s^{-1}}$ なのに対して，CO_2 の自己拡散係数 D_C は $5.8\ \mathrm{mm^2\ s^{-1}}$ である．植物生理学では，空気，CO_2，H_2O の3成分系に関係することが多いが，そこでは CO_2 と H_2O のフラックスは干渉する可能性がある．この効果を厳密に扱うと，式(3.10)を修正できる(Jarman, 1974)．

異なる気体における D の相対値は，気体の拡散係数はその気体が純物質であるときには密度の平方根に反比例するという**グラハムの法則**(Graham's law)によってほぼ予測できる(すなわち，密度は M_i(モル質量)に比例するので $D_i \propto (M_i)^{-1/2}$)．温度と圧力の D への影響は次式で表される．

$$D = D^o \left(\frac{T}{T^o}\right)^n \frac{P^o}{P} \tag{3.18}$$

ここで，上付添字 o は 20℃ (293.15 K)，101.3 kPa (1013 mbar) における基準値を表す．指数 n の値は気体に依存するが，1.75 とすれば，通常環境の温度範囲では D を1%以下の誤差で予測できる．また，クヌッセン拡散(Knudsen diffusion)のように，分子が衝突するまでに移動する平均距離(20℃の空気中の CO_2 の平均自由行路は約 54 nm)が，系の大きさと同程度であるような限られた物理系の場合，D は変化する．この効果が関係する状況の例は，ほぼ閉じた気孔を介した気体拡散である．温度勾配が存在すると，植物システムの拡散輸送はさらに複雑になる．たとえば，日射による葉の加温によって起こる熱噴散(thermal effusion)とよばれる過程は，スイレンにおける根への空気流を駆動することが示唆されている(Dacey, 1980, 10.5.1 項参照)．拡散の高度な扱い方については，より専門的な教科書を参照してほしい(たとえば，Crank, 1979, Cussler, 2007)．

3.2.5 輸送方程式の積分形

水蒸気，CO_2，電荷，熱や運動量を含む広範囲にわたる異なる物理量の輸送を記述する式は密接に類似していることから，それらの式は**一般輸送方程式**の特定の例として，次式のように参照されることがある．

$$\text{フラックス密度（またはフラックス）} = \text{比例定数} \times \text{駆動力} \tag{3.19}$$

多くの実際的な状況では，系のある1点における濃度勾配を決定するよりも，2点の濃度を測定したほうがよい．そのため，一般に輸送方程式は積分形で用いられる．考慮している流路全体のフラックスが一定であり(すなわち，その領域内で輸送される物質の吸収も発生も起こらない)，D が位置によって変化しないという単純な場合(分子拡散では一般的に正しい)，距離 ℓ だけ離れた平面 x_1 と x_2 の間で式(3.10)を積分

すると，次式が得られる．

$$\mathbf{J}_i = \frac{D_i(c_{i1} - c_{i2})}{\ell} \quad (3.20)$$

ここで，c_{i1} と c_{i2} はそれぞれ x_1 と x_2 における濃度である（図 3.1 参照）．式(3.20)において，駆動力は流路にわたる濃度差である．任意のフラックス密度を適切な濃度差と関連付ける比例定数は D_i/ℓ となる．植物生理学において，この定数は慣習的に**コンダクタンス**とよばれる（そして，拡散輸送と熱輸送について記号 g が与えられる）．後で扱うように，多くの目的で，次式のようにコンダクタンスをその逆数である**抵抗** r に置き換えると都合がよい．

$$r_i = \frac{1}{g_i} = \frac{\ell}{D_i} \quad (3.21)$$

一般輸送方程式に適合する別の輸送過程は，**オームの法則**(Ohm's law)によって記述される電荷の輸送である．オームの法則では，定電流 I が導体を流れるとき，両端の電位差 V は電流に比例し，比例定数は抵抗 R とよばれ，$V = IR$ となる．オームの法則とその他の輸送過程の密接な類比は，植物における輸送過程の解析に非常に有用であることが明らかになった．これは，電気回路理論は十分に発達しており，植物システムで生じる複雑なネットワークの解析に直接的に適用できるからである．単純な例として，葉の両面から蒸発によって水を失う場合に類比した電気システムは，同じ電位差をもつ並列した二つの抵抗である．複雑な電気ネットワークを簡略化するための規則を図 3.2 にまとめる．

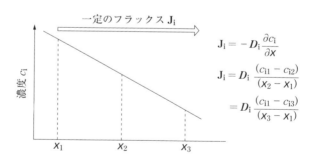

図 3.1 濃度勾配に従った拡散過程．D_i が一定のとき，フラックスは距離によらず一定で，濃度は距離に比例して低下することを示す．

輸送に関する研究においては，抵抗よりもコンダクタンスを用いたほうが望ましいことが多い．これは，ある駆動力によって流路にわたるフラックスはコンダクタンスに比例するが，抵抗には反比例するからである．このような抵抗との反比例関係は，一つの主要な抵抗からなる単純な系においては紛らわしい（たとえば，第 6 章参照）．

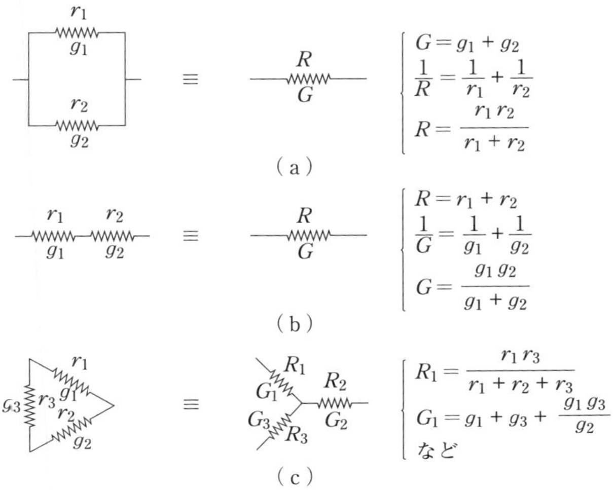

図 3.2 抵抗器の複雑なネットワークを簡略化するための規則.（a）並列抵抗，（b）直列抵抗，（c）Δ-Y 変換.

しかし，図 3.2 からも明らかなように，系が直列した抵抗から構成されている場合や，とくに各要素のもつ相対的な制限に関心がある場合には，抵抗を用いたほうがよい（第 7 章参照）．その一方で，並列した抵抗の系では，コンダクタンスを用いることがもっとも容易である．以下の章では，必要に応じてどちらの形も用いるので，両方の形式の式とそれらの変換に慣れておいてほしい．

異なる輸送過程の間の類比を，表 3.1 にまとめる．表から明らかなように，コンダクタンスの単位は駆動力として何が選択されるかに依存するので，どの要因がどの用語に含まれるかはある程度任意である．いずれの場合でも，コンダクタンスの単位を $[\text{m s}^{-1}]$（または $[\text{mm s}^{-1}]$）にするために，単位を操作できる．ここで，電気の場合，電流はフラックス密度というよりはフラックスなので，類比が完全ではないことに注意が必要である．

拡散係数は，系の幾何構造の特性というよりも，媒体や拡散する物質の基本的な特性である．これは，コンダクタンスや抵抗のように，基本的に幾何構造（たとえば，輸送が生じる距離）や輸送のしくみ（たとえば，分子拡散やより速い乱流輸送）によって変化する系全体の特性とは対照的である．

3.2.6 抵抗とコンダクタンスの単位

長年にわたり，植物生理学者の間では，質量や熱輸送の抵抗の単位は $[\text{s m}^{-1}]$（または $[\text{s cm}^{-1}]$），コンダクタンスの単位は $[\text{m s}^{-1}]$（または $[\text{cm s}^{-1}]$）で表すことが

表 3.1 さまざまな分子輸送過程の類比.

一般輸送方程式	フラックス密度	=見かけの駆動力	×コンダクタンス
	$\mathbf{J}_i$ [kg m^{-2} s^{-1}]	$= \Delta c_i$ [kg m^{-3}]	$\times D_i/\ell \, (= g_i)$ [m s^{-1}]
フィックの法則 (質量輸送)	$\mathbf{J}_i^m$ [mol m^{-2} s^{-1}]	$= \Delta x_i$ (無次元)	$\times P D_i/(\ell \mathcal{R} T) \, (= g_i^m)$ [mol m^{-2} s^{-1}]
	$\mathbf{J}_i^m$ [mol m^{-2} s^{-1}]	$= (P/(\mathcal{R}T)) \Delta x_i$ [mol m^{-3}]	$\times D_i/\ell \, (= g_i)$ [m s^{-1}]
フーリエの法則 (熱伝導)	$\mathbf{C}$ [J m^{-2} s^{-1}]	$= \Delta T$ [K]	$\times \kappa/\ell$ [W m^{-2} K^{-1}]
	$\mathbf{C}$ [J m^{-2} s^{-1}]	$= \rho c_p \Delta T \, (= \Delta c_H)$ [J m^{-3}]	$\times D_H/\ell \, (= g_H)$ [m s^{-1}]
ニュートンの粘性法則 (運動量輸送)	τ [kg m^{-1} s^{-2}]	$= \Delta u$ [m s^{-1}]	$\times \eta/\ell$ [kg m^{-2} s^{-1}]
	τ [kg m^{-1} s^{-2}]	$= \rho \Delta u \, (= \Delta c_M)$ [kg m^{-2} s^{-1}]	$\times D_M/\ell \, (= g_M)$ [m s^{-1}]
ポアズイユの法則[a] (パイプ中の流れ)	$\mathbf{J}_V$ [m^3 m^{-2} s^{-1}]	$= \Delta P$ [kg m^{-1} s^{-2}]	$\times r^2/(8\ell\eta) \, (= L_p)$ [m^2 s kg^{-1}]
オームの法則 (電荷)	I(flux) [A]	V [W A^{-1}]	$\times 1/R$ [A^2 W^{-1}]

[a] ポアズイユの法則の詳細は第 4 章参照.

一般的であった.これらの単位は,フラックスが質量フラックス密度(たとえば,[kg m^{-2} s^{-1}])で表されるなら,駆動力は濃度(密度)差([kg m^{-1}])となる(式(3.20)参照).熱輸送が式(3.15)によって扱われる場合にも同じ単位となり,運動量輸送も同様である(表3.1参照).

しかし,とくに生化学分野においては,フラックスをモル濃度フラックス密度 $\mathbf{J}^m$ [mol m^{-2} s^{-1}] で表すことが一般的になってきている.これは,生化学反応では物質の量よりも分子の数を問題とするからである.より正確には,モル濃度(molar)という用語は厳密に「モル数で割った」という意味に限定されるべきなので,$\mathbf{J}^m$ はモルフラックス密度とすべきであるが,ここではモル濃度を使用する.同様に,拡散の駆動力は濃度ではなく,分圧 p_i やモル分率 x_i の勾配なので,濃度(たとえば,水蒸気や CO_2)は通常,分圧(または関連した体積分率)として測定される.そのため,モル濃度フラックスの輸送方程式の積分形は,つぎの同等な形式のどちらでも記述できる.

$$\mathbf{J}_i^m = \frac{D_i P}{\ell \mathcal{R} T}(x_{i1} - x_{i2}) = \frac{D_i}{\ell \mathcal{R} T}(p_{i1} - p_{i2}) \tag{3.22}$$

一般的な用法によってモル濃度コンダクタンス g^m を $DP/(\ell RT)$ と定義すると，次元は mol L^{-2} T^{-1} となるので，適切な単位は [mol m^{-2} s^{-1}] となり，対応するモル濃度抵抗 r^m の単位は [m^2 s mol^{-1}] となる．これらのモル濃度単位は，本書で今後，とくに気孔を介したガス交換を扱う際によく用いるので，上付添字 m は式を簡略に示すために省略することがある．また，字体によって単位の種類を区別する(すなわち，$g^m = \mathbf{g}$, $r^m = \mathbf{r}$).

このようなコンダクタンスの代替的な定義にはいくつかの利点がある．$g = D/\ell$ というより一般的な定義において，コンダクタンスは温度の2乗にほぼ比例し，圧力 P に反比例する(式(3.18)参照)．しかし $\mathbf{g} = PD/(\ell RT)$ のとき，$\mathbf{g}$ は気体の性質に依存せず，P の影響は受けずに絶対温度にほぼ比例する．もし，ガス交換に対する高度の影響(すなわち，全体の圧力)を考慮しているのであれば，一般的な公式はかなり不適切である．分圧を用いるさらなる利点は，濃度を用いた場合に生じる温度変化や圧力変化の補正が不要になることである．非等温な系の場合，濃度勾配よりも分圧を用いることはとくに重要である(Cowan, 1977)．式(3.20)と式(3.22)から，二つの形式間の単位変換はつぎのようになる．

$$\mathbf{g} = g \frac{P}{RT} \tag{3.23a}$$

$$\mathbf{r} = r \frac{RT}{P} \tag{3.23b}$$

25℃の海面における抵抗とコンダクタンスの変換についての概算は，つぎのようになる．

$$r\,[\text{m}^2\,\text{s}\,\text{mol}^{-1}] = 2.5\,r\,[\text{s}\,\text{cm}^{-1}] = 0.025\,r\,[\text{s}\,\text{m}^{-1}] \tag{3.24a}$$

$$g\,[\text{mol}\,\text{m}^{-2}\,\text{s}^{-1}] = 0.04\,g\,[\text{mm}\,\text{s}^{-1}] \tag{3.24b}$$

その他の温度における変換は付録3に示す．

質量輸送における抵抗やコンダクタンスの表現でモル濃度単位を用いることには利点があるが，とくにモル濃度フラックスとはあまり類比していない熱や運動量輸送の解析をする場合には，[s m^{-1}] や [mm s^{-1}] を単位として用いる．また，これらの単位は植生レベルの研究において，とくに蒸散を扱う際に依然としてもっとも一般的に使用されている単位であり，今後も用いられるだろう．もちろん，任意の温度や圧力条件において，これら2組の単位は式(3.23)，(3.24)を用いることでつねに相互変換可能であることをよく認識しておく必要がある．

3.2.7 拡散のフィックの第2法則

拡散が起こっている多くの状況では，拡散している物質の濃度が位置によって変化

していくので，フラックスは距離によって変化する．通常，物質は生成も消失もしないという保存則を用いると，J_i が x 方向の距離に応じて増加する1次元系においては，c_i の減少に伴って，それに対応する分だけ物質が得られなければならないことがつぎのように簡単に示される．

$$\frac{\partial J_i}{\partial x} = -\frac{\partial c_i}{\partial t} \tag{3.25}$$

この式は連続方程式として知られる．J_i にフィックの第1法則の式(3.10)を代入すると，次式で表される**フィックの第2法則**が得られる．

$$\frac{\partial c_i}{\partial t} = -\frac{\partial(-D_i(\partial c_i/\partial x))}{\partial x} = D_i\frac{\partial^2 c_i}{\partial x^2} \tag{3.26}$$

この式は，拡散が起こるときの濃度の時間と距離との関係を説明する．この方程式の適切な解は，どのような特定の問題においても，初期条件と系の幾何条件の詳細に依存する．広範囲の系や境界条件におけるこの方程式の解法は Crank, 1979 によって提示されている (Cussler, 2007 も参照)．ここでは，植物システムにおける拡散輸送のスケールを例証するために用いられる1例についてのみ論じる．これは，有限量の物質が時間 0 において原点となる平面上から放出され，拡散によって 1 次元的に広がるような状況である．結果として生じる濃度と距離関係を示す曲線の形は，ガウス分布か正規分布である．この曲線について，濃度が原点の 37% (= 1/e) まで減少する点の原点からの距離 x は次式で与えられる．

$$x = \sqrt{4Dt} \tag{3.27}$$

x は，最初に原点にあった物質の 16% が，時間 t までに少なくとも x まで拡散するとも説明できる．拡散によって輸送される距離は，時間の平方根に比例して増加する．空気の D の典型的な値として $20\,\text{mm s}^{-1}$ を代入すると，$t = 1\,\text{s}$ において $x = 9\,\text{mm}$ となる (すなわち，$\sqrt{4 \times 20 \times 10^{-6} \times 1} \simeq 9 \times 10^{-3}\,\text{m}$)．これは，気体の拡散が効果的な輸送機構であるような距離を示している．

3.3 対流輸送と乱流輸送

拡散による質量や熱の輸送は個々の分子の熱運動の結果であり，植物の葉内の細胞間隙中の空気のような流体における主要な輸送メカニズムである．葉のように大気にさらされている表面において，その表面を移動する空気の動きは，熱や質量の輸送を大幅に促進する．それには二つの過程が関係している．

第一に，空気の動きは濃度変化していない空気を表面近くに継続的に補充するため，濃度の急勾配(拡散の駆動力)が維持され，その結果，静止空気中よりも速い輸送が維持されることである．これは，孤立した表面においてのみ重要である(孤立した葉や

植物体など．第5章参照）．広範囲に均一な表面があるところでは，表面近くを流れる空気は，すでに同一表面上の風上を通過しているため，（濃度）変化した状態で平衡する．この場合，濃度勾配は，気流が乱流でなければ，静止空気中と同様に生じる．乱流や気流中のランダムな渦の存在は，空気の動きが輸送過程の速度を上げる第二の過程となる．この場合，物質は移動する気流中の質量輸送によって直接輸送される．

　大気下層の空気は完全に静止することはない．通常は，正味の水平運動や風だけではなく，小さな空気塊の多くのランダムな動きがある．空気の動きの実際のパターンは，その場の対流様式に依存する．これは，空気密度の変化によって起こる空気の動きである**自由対流**のように，熱せられた表面に隣接した空気が膨張して上昇したり，冷たい表面の下で冷たい空気が沈んだりすることで生じる．あるいは，**強制対流**のように，空気の動きが風を起こしている外圧の勾配によって決定される．簡単な電気ストーブや，温水や蒸気を加熱源とする「放熱器」を用いた室内暖房は，自由対流に大きく依存しているが，ファンのついた放熱器は強制対流によって熱を室内へ輸送する．

　強制対流は，風とそれが吹く表面との間に作用する摩擦力によって，渦や乱流を発生させる．個々の渦の大きさと速度はさまざまな要因に依存するが，表面に近づくと大きさが減少する傾向がある（図3.3）．これらの渦のランダムな空間分布や持続性の証拠は，風で揺れているオオムギ畑の様子を見れば容易にわかるだろう．より小さなスケールでは，熱線風速計のように風速変化に迅速に反応する測器を用いれば検出できる（第11章）．気流中の渦の大きさは表面の凹凸のスケールと類似する傾向があるので，拡散による分子移動の平均よりも数桁大きくなる．そのため，一般に乱流輸送は拡散よりも3〜7桁ほど速くなる傾向がある．

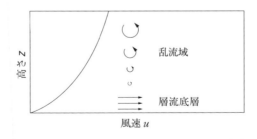

図3.3　表面に吹く風速の鉛直分布．高さとともに風速が急激に変化する層流底層と，渦サイズが表面からの距離とともに増加する乱流域を示す．

　自由対流と強制対流の熱や質量輸送における相対的な重要性は，温度勾配によって生じる浮力と，乱流の原因となる空気の移動によって生じる慣性力とのバランスによって決まる．ほとんどの植物環境では，自由対流だけで熱や質量輸送が決まることはないが，非常に風が弱い環境や強い太陽光下では，重要な輸送メカニズムの要素とな

るだろう．

3.3.1 境界層

流体が表面上を流れるとき，表面と流体の間の摩擦や流体中の粘性力の結果として，流速は表面に向かって低下することをすでに指摘した．表面に隣接し，平均流速が自由流の速度よりも大幅に低下している空間を，境界層とよぶ．以降では，葉の境界層におけるコンダクタンスや抵抗は下付添字 a によって区別することとし，熱輸送の境界層コンダクタンスは g_{aH} と表す．よくある任意の境界層の定義の一つは，流速が自由流の速度の 99% に達する流線までを境界として規定している．空気中の境界層の深さは，物体の大きさよりも約 2 桁小さいので，質量や熱の輸送は表面に直角な 1 次元過程とみなせる．単葉の境界層は深さにしてミリメートルのオーダーである一方で，大気（プラネタリー）境界層の深さは十～数百メートルの範囲に及ぶ．ここでは，最初に葉の境界層の挙動について論じる．

境界層中の流体の動きのパターンは，すべての流体が表面に平行に移動する層流か，乱流かのどちらかだろう．乱流境界層内の個々の分子の動きは，大都市で仕事に出たり帰宅したりする通勤者の動きにかなり似ている．すなわち，個々の粒子は非常に不規則なパターンで動くが，全体的な動きは規則的で予測可能である．ある境界層が層流か乱流かは，流体の速度に起因する流体中の慣性力と，安定性と層流パターンを作り出す傾向がある粘性力とのバランスに依存する．

実験的には，滑らかな平面における層流境界層から乱流境界層への移行は，一般に**レイノルズ数**とまとめてよばれる用語群の値が 10^4～10^5 を超えると起こることがわかっている．レイノルズ数は ud/ν で与えられる無次元量群であり，u は自由流体速度，d は物体の特性長（characteristic dimension），ν は動粘性率（$= D_M$）である．平行な平板（イネ科植物の葉とほぼ同等）において d は風下側の平面の幅であるが，円板（イネ科以外の葉に適当）では d は $0.9 \times$ 直径となる．不規則な平面における d は，風下側の幅の平均値で，長軸が流れに対して垂直な球面や円筒における d は，それらの直径に等しくなる．

葉のような平板上を流れる気流中で境界層ができる様子を図 3.4 に示す．最初に，先端からの距離に応じて次第に厚さを増加させる層流域がある．局所的なレイノルズ数を臨界値より十分大きくするほど d が増加すると，層流域は壊れて乱流域が形成される．植物の葉においては葉脈や葉毛などによる表面の不均一性が乱流を引き起こす傾向があるため，この臨界レイノルズ数は 10^4 より小さな値（すなわち 400～3000，Grace, 1981）になるという信頼できる証拠がある．また，風上側の葉や茎などの物体によって引き起こされるどのような自由流中の乱流も，境界層中の乱流を促進する．

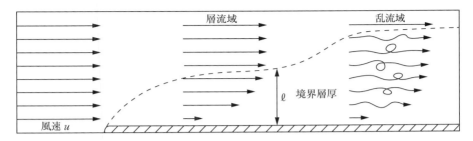

図 3.4 滑らかな水平面上の層流中における境界層の発達の概略図（縦軸はかなり誇張されている）．風速分布や，最初の層流域と，乱流の始まりを示している．

たとえ境界層の大半が乱流であっても，表面近くには厚さは数十 μm にすぎないものの，層流底層（laminar sublayer）とよばれる層流領域がある．実際の葉で乱流が発生するような条件の種類を示すものとして，幅 1 cm しかない葉ではわずか風速 $0.76\,\mathrm{m\,s^{-1}}$ で臨界レイノルズ数は 500 となる（すなわち，$500 \times 15.1 \times 10^{-6}/0.01 = 0.76$）．

境界層を通じた質量や熱輸送は，静止空気中の分子拡散に用いた形式の一般輸送方程式で記述できる．質量については

$$\mathbf{J_i} = g_i(c_{i1} - c_{i2}) \tag{3.28}$$

また，熱については

$$\mathbf{C} = g_H \rho_a c_p (T_1 - T_2) \tag{3.29}$$

となる．ここで，ρ_a は空気の密度である．層流境界層中の輸送は拡散によるので，層流の平均厚さ δ あたりのコンダクタンスは D_i/δ で得られる（式(3.21)参照）．平面上の層流境界層の厚さは，先端からの距離の平方根に比例し，また自由流の速度の平方根の逆数に比例して増加する．厚さ δ は D_i にもわずかに依存し，$D_i^{0.33}$ にほぼ比例するため，境界層の厚さは熱，質量，運動量で異なる．

境界層の流れの領域が乱流または乱流と層流の混合の場合は，同じ形の式が適用できるが，質量輸送では渦が輸送を促進するのでより急速である．この場合，分子拡散係数 D がより大きな渦輸送係数 K と置き換わるので，境界層コンダクタンスは増加する．この輸送係数の値は渦の大きさによって変化し，また表面からの距離に応じて増加する傾向がある（図 3.3）．K の値は，渦が小さい葉の近くでは約 $10^{-5}\,\mathrm{m^2\,s^{-1}}$ で，植物群落頂部で約 $10^{-1}\,\mathrm{m^2\,s^{-1}}$ まで増加し，群落より上のほうでは約 $10^2\,\mathrm{m^2\,s^{-1}}$ に達する．

輸送係数（拡散係数）が距離に応じて変化しない場合，フィックの第 1 法則（式(3.10)）の積分形（たとえば，式(3.29)）を得ることはもっとも容易であることはすでに指摘した．乱流境界層のように輸送係数が距離に応じて変化する場合には，式(3.21)のコン

ダクタンスや抵抗の定義を以下のように置き換えなければならない.

$$r_i = g_i^{-1} = \int_{x_1}^{x_2} \frac{dx}{K_i} \tag{3.30}$$

図 3.5 は層流底層と乱流域をもつ典型的な混合境界層で, 輸送係数や濃度勾配がどのように変化するかを図示している.

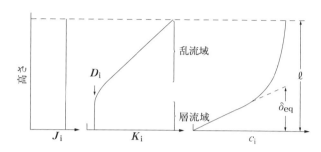

図 3.5 全体の深さ ℓ の混合境界層にわたる J_i, K_i, c_i の鉛直分布. 等価境界層厚 δ_{eq} を示す.

輸送係数が変化する状況では輸送方程式を積分することは困難なため, 等価境界層厚(equivalent boundary layer of thickness)δ_{eq} を定義すると都合がよい. これは, 厚さ ℓ の乱流境界層と同じコンダクタンスまたは抵抗を示すような静止空気の厚さである(図3.5参照). したがって, 輸送係数 K の値が $10^3 \times D$ であるような乱流境界層においては, 等価境界層厚 δ_{eq} は $10^{-3} \times \ell$ となる. ここで, δ と δ_{eq} はどちらも平均厚であり, 実際の境界層の厚さは先端よりも末端近くで大きくなることに注意する.

境界層厚を決定するのは難しいことが多いが, 特性長 d によって熱や質量輸送を表現すると都合がよいことがこれまでに示されている. d/δ_{eq} で示される比は, 熱輸送を扱うときには**ヌセルト数**とよばれ, 質量輸送を扱うときには**シャーウッド数**とよばれる. これら二つの無次元数群は, 熱や質量輸送の情報を要約するために, 流体力学では広く用いられている. われわれの目的のためには, 境界層コンダクタンス(または抵抗)の風速や葉の次元に対する依存について, 直接この情報を表現するとより都合がよい. 無次元数群の適用については, Monteith & Unsworth, 2008 や熱や質量輸送についての教科書(たとえば, Kreith et al., 2010)において論じられている.

3.3.2 葉の境界層コンダクタンス

異なる構成要素のコンダクタンス間の変換は, 境界層の性質に依存する. 植物器官の周囲の空気が静止している場合や葉内間隙では, 熱や質量の輸送は分子拡散に依存する. 静止空気のような層を通過する異なる物理量(たとえば, CO_2, 水蒸気, 熱)の

コンダクタンスは，それらの分子拡散係数の比になる（付録2）．層流境界層中では輸送は依然として拡散によるものなので，コンダクタンスは拡散係数の比と同じになると予想される．しかし，質量や熱輸送についての実質的な境界層厚は $D^{1/3}$ に比例するので，コンダクタンスは拡散係数のほぼ2/3乗に比例する．乱流が増加するにつれて，分子拡散については渦輸送が急速になり，完全な乱流境界層である群落上においては，熱，水蒸気，CO_2 はすべて等しく効率的に輸送され，コンダクタンスは等しくなる．異なる構成要素のコンダクタンス間の変換について適切な係数を表3.2に示す．

表3.2 熱輸送コンダクタンス g_{aH} に対する異なる境界層中のさまざまな物理量についてのコンダクタンスの変換係数．

関 係		g_{aH}	g_{aW}	g_{aC}	g_{aM}
静止空気	D_i/D_H	1.00	1.12	0.68	0.73
層　流	$(D_i/D_H)^{0.67}$	1.00	1.08	0.76	0.80
乱　流	D_H	1.00	1.00	1.00	1.00

葉やその他の物体における境界層コンダクタンスの値は，主に形状と大きさ，そして風速に依存する．どのような寸法の葉についても，同じ大きさの濡れた表面（たとえば，吸取紙）を同じ外的条件下において，水の損失やエネルギーバランスを測定することで，経験的に決定できる．これらの方法や，他の方法は付録8で概説する．コンダクタンスは，熱輸送理論やさまざまな実験から導かれた関係性を用いることで，風速 u や特性長 d から，多くの目的のために十分な精度をもって推定できることがわかっている（Monteith & Unsworth, 2008）．層流強制対流中の平板において，熱輸送の境界層コンダクタンスの値［mm s^{-1}］は次式で与えられる．

$$g_{aH} = r_{aH}^{-1} = 6.62\left(\frac{u}{d}\right)^{0.5} \tag{3.31}$$

ここで，d は特性長［m］，u は風速［m s^{-1}］である．このコンダクタンスは，葉の単位投影面積，すなわち片側の面積についてのものであるが，平行した両側の表面からの熱輸送が含まれていることに注意する必要がある．平均境界層厚は g に反比例する（すなわち，$\delta = D_H/g_H$）ので，対応する境界層厚は $\delta = 2D_H(u/d)^{-0.5}/6.62$ で容易に計算できる．ここで2を掛けることで，コンダクタンスは葉の片面からの熱交換に適したものに変換される．したがって，1 cm の葉の風速 1 m s^{-1} における δ は 0.65 mm となる（すなわち，$2 \times 0.215 \times 10^{-4} \times (1/0.01)^{-0.5}/6.62 \times 10^{-3}$［m］）．

他の形状の物体のコンダクタンスは，長軸が流れに垂直な円筒については，

$$g_{aH} = r_{aH}^{-1} = 4.03\frac{u^{0.6}}{d^{0.4}} \tag{3.32}$$

球体については,

$$g_{aH} = r_{aH}^{-1} = 5.71 \frac{u^{0.6}}{d^{0.4}} \tag{3.33}$$

と表される.ここで,d は円筒または球体の直径である.式(3.32),(3.33)は,どちらも単位表面積あたりの値である.

　式(3.31)～(3.33)は,厳密には層流中の滑らかな等温の平板やその他の形状のものだけに適用可能であるが,これらの式は一般に実際の葉やその他の植物器官のコンダクタンスを推定するために使用される.しかし,実際には表面温度は不均一で,ほとんどの場合,葉の境界層中にはある程度の乱流が存在する.乱流が起こる場所では,層流条件に適用する式(3.31)～(3.33)では,通常 1 から 1/2,特定の条件下では 1/3 程度まで,実際のコンダクタンスを過小評価する傾向がある(たとえば,Grace, 1981, Monteith, 1981 参照).葉の大きさや風速などの要因の他に,密な植物群落中の乱流様式の変化は,厳密な葉のモデルのコンダクタンスに対して潜在的に風速に依存せずに影響を与えるので,気流中の乱流様式も重要である.

　葉毛の存在も葉の境界層中の輸送に影響を与える(Johnson, 1975, Wuenscher, 1970).まばらな毛は,表面の粗さと乱流の傾向を増加させる.その一方で,密なマット状の毛は,毛の深さ分だけ水蒸気や CO_2 輸送についての境界層の有効深さを増加させる.1 mm 長の毛の中の静止空気層は $\ell/D_W = 1 \times 10^{-3}/0.242 \times 10^{-4} = 41$ [s m^{-1}] の水蒸気拡散抵抗をもつ.しかし,運動量については,葉毛は運動量を効果的に受容し,葉の表面からマット状の毛へと移動させるので,葉毛の存在は熱,質量,運動量のコンダクタンス間の比率に影響するだろう.

　このような複雑さのために,葉の境界層コンダクタンスを正確に推定することが困難であることは明らかである.おそらく利用可能なもっともよい一般化は,式(3.31)～(3.33)によって計算したコンダクタンスを 1.5 倍することで,図 3.6 に示した葉のコンダクタンスの風速や寸法への依存性を与えることだろう.これらの計算に用いられる特性長は 1 mm(イネ科草本やマツの針葉など)から 30 cm(バナナのような非常に大きい葉)にまで及ぶ.この範囲にわたる葉の大きさの変化は,g_a を 1 桁以上変化させる.群落上部の風速はほとんど 1 m s^{-1} を超えるが,ある時間帯(たとえば夜間)や群落内深くでは,風速は 0.1 m s^{-1} 以下にまで低下するだろう.

　自然環境下においては,強制対流が葉からの熱や質量輸送に主要な役割を果たすが,大きな葉に強光が照射され,葉と大気の間で大きな温度差が生じるような場合には,自由対流の寄与も大きくなるだろう.葉と大気の間の温度差が 10 ℃ のとき,熱の自由対流コンダクタンスは 3.2 mm s^{-1}(Monteith, 1981)程度になり,この値は,風速 0.3 m s^{-1} 以下における最大の葉(30 cm)の強制対流によるコンダクタンスと同等である.

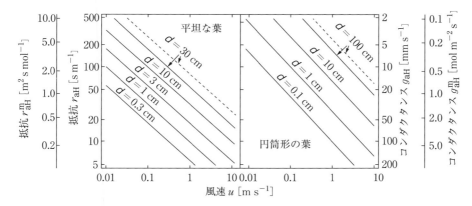

図 3.6 自然環境下の平坦な葉または円筒形の葉の g_{aH} や r_{aH} の特性長 d と風速に対する依存性の推定. 破線は式(3.31)と式(3.32)によって予測された層流中の g_{aH} の値. 実線はこれらの式から予測された g_{aH} の値に 1.5 をかけたもので, より典型的な流れの条件にあう.

3.4 群落内と群落上の輸送過程

　植物群落上の輸送過程の理論には, より高度で有用なものもあるが(たとえば, Garratt, 1992, Kaimal & Finnigan, 1994), その基本原則は Monteith & Unsworth, 2008 にうまくまとめられている. ここでは, 植物群落における熱と質量輸送に関する最新の研究を解釈するために必要な要点を概説する.

　個葉の熱や質量輸送に適用されている原則の多くは, 広大な植生による物質交換にも適用できるが, 重要な違いが多く, 複雑化する要因が多くある. 第一の特徴は, 植物群落の「表面」, すなわち, 熱, 水, CO_2, 運動量の供給あるいは吸収は, 通常, 群落内のかなり深くにわたって分布しており, この深さの分布は各物理量について異なっていることである. これは解析を複雑にする. 第二は, 境界層のスケールの差で, 群落上の境界層は個葉の境界層よりもはるかに深いため, 境界層内の輸送過程を測定できることで, これらの測定は大気フラックスの推定に利用できる. これは, 植生と大気間の輸送過程を研究するための微気象観測技術の開発においてとくに重要である. 植生内や植生上の輸送過程における第三の特徴は, 作物の境界層は一般に乱流であるため, 熱と質量輸送の輸送係数 K は通常等しいと仮定できることである. この類似性の仮定は, 群落の交換過程の研究に用いられるいくつかの微気象観測技術の基盤である. さらに重要なことは, 境界層内の輸送過程は伝統的な定常状態からはかけ離れており, ほとんどの場合, 時間的・空間的に大きな不均一性が想定されているということだろう. たとえば, 境界層の最下層, すなわち境界面や表面上の粗度要素の高さ 1.5〜3 倍にわたる粗度底層(roughness sublayer)においては, 詳細な表面構造に関連した大きな水平方向の変動があり, この範囲の代表的な表面フラックスの有効なサン

プリングを妨げる．この粗度底層の上には慣性層(inertial sublayer)として知られる(対数分布の成り立つ)定常フラックス領域があり，ここはフラックスの微気象学研究に好ましい領域である．

3.4.1 フラックスの測定

フラックス測定のための空気力学的な方法　群落境界層中における質量や熱フラックスの測定において，空気力学的な方法のほとんどは他の方法に取って代わられているが(下記参照)，その理論はいまなお有用である．これらのフラックス勾配を用いた手法(図3.7)はモニン－オブコフ相似理論(Monin-Obukhov similarity theory：MOST)に基づいており，フラックスが収束・発散しないこと(境界層内で輸送される物理量の供給や吸収がないこと)と，移流がないこと(側方からの熱や質量の正味の移入がないこと)が必要とされる．言い換えると，保存方程式が当てはまり，任意の高さ z における輸送係数 $K_i(z)$ が変化しても，高さによらずフラックスが一定であるような1次元の垂直フラックスが仮定される．したがって，作物上の質量や運動量のフラックスは，フラックスが輸送係数と駆動濃度勾配の積に比例するという，標準的な勾配拡散の仮定によってつぎのように記述される．

$$J_i = -K_i \frac{\partial c_i}{\partial z} \tag{3.34}$$

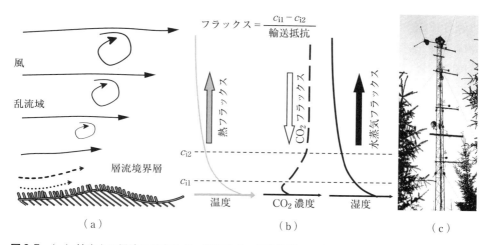

図 3.7　(a) 植生上の風速の鉛直分布．表面近くの層流状態から乱流状態へと移行する様子を示す．(b) 気温，CO_2濃度，大気湿度の勾配と，熱，CO_2，水蒸気のフラックスの方向を示す．各物理量のフラックスは，任意の2点間(c_{i1}，c_{i2})の距離と輸送抵抗によって決まる．(c) 異なる高さに環境センサをもつ気象タワー．

3.4 群落内と群落上の輸送過程

これを任意の2点間(1と2,あるいは2と3)で積分するとつぎのようになる(図3.1参照).

$$J_i = \bar{K}_i \frac{c_{i1} - c_{i2}}{z_2 - z_1} = \bar{K}_i \frac{c_{i2} - c_{i3}}{z_3 - z_2}$$
$$= g_{Ai}(c_{i2} - c_{i3}) \tag{3.35}$$

ここで, $\bar{K}_i$ はセンサ高さ間の距離 dz にわたる有効平均輸送係数で, g_{Ai} はコンダクタンスである.

式(3.35)が成立するには,対象となる畑あるいは区域の植生の「最前縁」から生じた作物の境界層内で測定が行われる必要がある.境界層の深さは,前縁からの距離あるいは「フェッチ(吹送距離)」とともに増加する(図3.7).一般に,約 0.01 × フェッチに等しい群落上の高さまでは,十分な精度で測定できるとされる.センサの「フットプリント(影響範囲)」は,センサで観測されたフラックスにもっとも寄与する群落範囲であり,通常は群落上のセンサ高さ × 100 以内の風上領域とみなされる.また,測定は群落の十分上方にある慣性層において行われる必要があることもわかっている.これは,粗度底層内の不安定な乱流構造によって K は大きく変動するため,式(3.34)はこの空間においてほとんど実用的価値をもたないからである(Kaimal & Finnigan, 1994, Raupach, 1989b).結果として,作物の境界層を通るフラックスの微気象学研究は,大面積の均質な植生を必要とすることになり,その大きさはセンサが設置されている群落上の高さに依存する.

式(3.34)と式(3.35)は,測定された風速の鉛直分布の解析から得られた輸送係数またはコンダクタンスを用いて,適切な濃度勾配の測定から熱や質量のフラックスを推定できるようにする点で重要である.開放地や植物群落上で,風速は高さとともに増加し,図3.8に示すように地面近くで増加速度は最大になる.この風速鉛直分布の形は,平坦な無植生地で,高さの対数 $\ln z$ がその高さの風速 u_z と線形に比例しているように表せる. u_z を $\ln z$ で表すとつぎのようになる.

$$u_z = A(\ln z - \ln z_0) = A \ln\left(\frac{z}{z_0}\right) \tag{3.36}$$

ここで, $\ln z$ 軸の切片は $\ln z_0$ であり, z_0 は**粗度長**とよばれ,空気力学的な表面の粗さの指標である.傾き A は通常 u_*/κ で置き換えられ, u_* は**摩擦速度**(速度の次元をもつ)とよばれて乱流様式を特徴づけ, κ は von Karman にちなんで(フォン)カルマン定数と名付けられた無次元定数($= 0.41$)である.

植生上では,風速鉛直分布における u と $\ln z$ の関係は線形ではなくなる.その代わりに, u は $\ln(z - d)$ と線形に比例し,ここで d は見かけの基準高,**地面修正量**である(図3.8).図3.8に示すように,風速を高さ $d + z_0$ においてゼロとして外挿してい

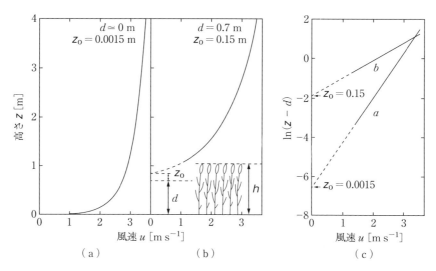

図 3.8 高さ 4 m における風速が 3.5 m s^{-1} のときの,仮想的な平均風速の鉛直分布.(a) 裸地,(b) 穀物畑,(c) これらを対数変換して線形化したもの.

る(実際の風速は,この高さではまだゼロではない).$z - d$ を式(3.36)の z に代入すると,

$$u_z = \frac{u_*}{\kappa} \ln\left(\frac{z - d}{z_0}\right) \tag{3.37}$$

となり,植生上の風速鉛直分布を表す.高さ $d + z_0$ における平面は,運動量の見かけの吸収域とみなせる.

広範囲の比較的密度の高い植生における d や z_0 の妥当な近似値は,次式で得られることがわかっている(Campbell & Norman, 1998).

$$d = 0.64\,h \tag{3.38}$$

$$z_0 = 0.13\,h \tag{3.39}$$

ここで,h は作物高さである.針葉樹林についてのより適切な値は次式で得られる(Jarvis et al., 1976).

$$d = 0.78\,h \tag{3.38a}$$

$$z_0 = 0.075\,h \tag{3.39a}$$

実際には,d や z_0 は風速や群落構造によってかなり複雑に変化する(Kaimal & Finnigan, 1994, Monteith, 1976).

風速の鉛直分布を用いることで,作物の境界層中のコンダクタンスや輸送係数を推定でき,そのため,その他の物理量の輸送も推定できる.運動量の「濃度」c_M が ρu と等しいことを思い出すと,式(3.34)は

$$\tau = -\rho\, K_\mathrm{M}\, \frac{\partial u}{\partial z} \tag{3.40}$$

と表され，K_M は運動量($\mathrm{L}^2\,\mathrm{T}^{-1}$)の乱流輸送係数である．また，つぎのようにも表せる(Monteith & Unsworth, 2008)．

$$K_\mathrm{M} = \kappa\, u_*\, z \tag{3.41}$$
$$\tau = \rho u_*^{\,2} \tag{3.42}$$

輸送係数の相似性を仮定すると，水蒸気($\mathrm{J_W}$ または E)，$\mathrm{CO_2}$($\mathrm{J_C}$)，熱($\mathrm{J_H}$ または C)など，その他の物理量についてのフラックスも，関連した濃度勾配からつぎのようになる．

$$\left.\begin{aligned}
\mathrm{J_H} = \mathrm{C} &\simeq -\frac{\kappa\, u_*\, z}{\partial(\rho c_\mathrm{p} T)/\partial z} \\[4pt]
\mathrm{J_W} = \mathrm{E} &\simeq -\frac{\kappa\, u_*\, z}{\partial c_\mathrm{W}/\partial z} \\[4pt]
\mathrm{J_C} &\simeq -\frac{\kappa\, u_*\, z}{\partial c_\mathrm{C}/\partial z}
\end{aligned}\right\} \tag{3.43}$$

運動量輸送は他の輸送過程の類比なので，通常の輸送方程式を用いて，高さ z と基準平面($z = d + z_0$)との間の運動量輸送のコンダクタンスも定義できる．

$$\tau = g_\mathrm{AM}\, \rho\, [u_z - u_{(d+z_0)}] = g_\mathrm{AM}\, \rho u_z \tag{3.44}$$

ここで，g_AM は運動量の群落境界層コンダクタンス($= r_\mathrm{AM}^{-1}$)である．

式(3.42)と式(3.44)を組み合わせると次式が得られ，

$$g_\mathrm{AM} = \frac{u_*^{\,2}}{u_z} \tag{3.45}$$

風速の鉛直分布の方程式(式(3.36))のパラメータでつぎのように表現できる．

$$g_\mathrm{AM} = \frac{\kappa^2 u_z}{\{\ln[(z-d)/z_0]\}^2} \tag{3.46}$$

この方程式は，g_AM が風速とともに増加することを意味するだけでなく，コンダクタンスは作物の高さに伴って増加することも示している(d と z_0 のどちらも，高さとともに増加するため)．たとえば，図3.8 の u, d, z_0 の値を式(3.46)に代入すると，高さ 4 m において風速 $3.5\,\mathrm{m\,s^{-1}}$ のとき，裸地において g_AM は $9\,\mathrm{mm\,s^{-1}}$ ($d \simeq 0$, $z_0 = 0.0015$)，穀物畑では $g_\mathrm{AM} = 62\,\mathrm{mm\,s^{-1}}$ ($d = 0.7$, $z_0 = 0.15$) となる．

群落の見かけの運動量の吸収は，熱や質量交換の吸収よりも上で行われるため，r_AM から対応する熱や質量輸送についての抵抗に変換する場合，少し余分な抵抗が必要となる．この余分な抵抗は，運動量吸収の高さ $d + z_0$ とその他の吸収の高さの間の転送を示している．

境界層中の異なる物理量の乱流輸送についての類似性の仮定を利用すると，式

(3.46)は熱，CO_2，水蒸気についての群落境界層コンダクタンスの推定式として用いることができ，それらのフラックスは適当な濃度差から推定できる．あるいは，式(3.43)からフラックスを直接推定できる．

式(3.37)と式(3.46)の問題点は，大気中の温度鉛直分布が中立に近い場合にしか成立しないことである．中立状態では，温度は高さに応じて乾燥断熱減率(約 $0.01\,°\text{C}\,\text{m}^{-1}$，第11章参照)に従って低下する．温度が高さとともにより急速に低下するならば，「浮力」効果の結果として自由対流が起こる傾向がある．これは大気を不安定にし，乱流輸送を促進する．逆に，温度が高さとともに上昇する場合には(温度逆転)，冷たくて密度の高い空気の上に密度の低い空気があるので，大気は安定化して輸送は抑制される．どちらの場合でも，標準鉛直分布方程式は，熱浮力効果と機械的乱流効果のバランスに依存する量を修正する必要がある(Garratt, 1992，Kaimal & Finnigan, 1994，Monteith, 1975，Monteith & Unsworth, 2008)．

ボーエン比法　2箇所以上の測定高におけるデータを用いる別の方法として，ボーエン比法がある．このエネルギー収支は，群落からの蒸発フラックスを推定するのに古くから広く用いられてきた．群落のエネルギー収支(第5章参照)はつぎのように表される．

$$R_n - G = \lambda E + C \tag{3.47}$$

ここで，R_n は純吸収放射，G は土壌への熱フラックス，λ は水の蒸発潜熱，E は蒸発フラックス，C は顕熱フラックスである．式(3.47)はつぎのように書き直すことができる．

$$\lambda E = \frac{R_n - G}{1 + C/\lambda E} = \frac{R_n - G}{1 + \beta}$$
$$= \frac{R_n - G}{1 + \gamma \partial T/\partial e} \tag{3.48}$$

ここで，β はボーエン比($= C/\lambda E$)，γ は乾湿計定数，$\partial T/\partial e$ は温度と湿度の勾配の比率である．この方法は，CO_2 のような他のスカラーのフラックス推定を行うために外挿できる(Monteith & Unsworth, 2008)．ボーエン比法の利点は，他の方法で必要とされるような精巧な測定機器を必要としないことである．

渦相関法　近年のセンサ技術の進歩によって，1箇所のセンサ位置を通過する渦のフラックスの垂直成分を合計することで群落のフラックスを推定するという，より直接的な方法(渦相関法(eddy covariance))が広く普及した(Aubinet et al., 2012，Monteith & Unsworth, 2008 参照)．この方法は，大気の渦が大気境界層中における輸送の主要因で，群落から上方へ輸送される水蒸気のようなスカラーの濃度は，平均すると渦の下降側よりも上昇側で高くなるという事実を利用している．垂直フラックス

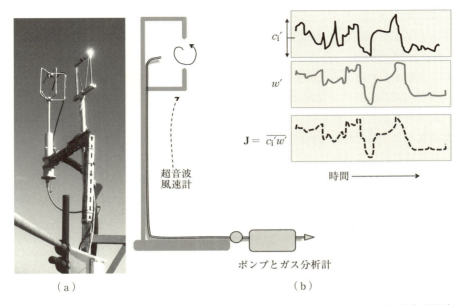

図 3.9 （a）気象マストに取り付けられた渦相関システムのセンサ（左側が 3 次元超音波風速計，右側がクリプトン湿度計），（b）渦相関システムの演算の基本原理．超音波風速計はセンサを通過する空気の方向や速度の急激な変化を測定し，赤外線センサは対応する水蒸気と CO_2 濃度の変化，サーミスタは気温の急激な変化を測定する．これらの計測結果を利用して，$J_i = \overline{c_i' w'}$ によって熱，水蒸気および CO_2 のフラックスが計算できる．ここで，$\overline{c_i' w_i'}$ は輸送されている物理量の垂直方向の速度 w' と濃度 c_i' の瞬時値の積である．

密度は，風速の垂直成分 w' と対応するスカラー濃度 c_i' の積の時間平均である（図 3.9）．保存則の必要条件として長期的な平均の垂直風速はゼロでなければならないが，輸送されている物理量のフラックスの方向と濃度の共分散から，熱や質量の正味の垂直方向の輸送を，それらの積の時間平均として近似できる．

$$J_i \simeq \overline{c_i' w'} \tag{3.49}$$

渦相関法に用いられる（超音波）風速計やその他のセンサの周波数応答特性は測定している渦の大きさに依存し，これらは群落上の高さとともに増加する．0.1〜10 Hz の周波数応答があれば，典型的な森林群落における計測には十分であるが，草原のような滑らかな表面における計測にはより速い応答が必要となる．渦相関法の適用についての詳細な注意事項は Aubinet et al., 2012 に概説されている．

群落の温度変化に基づいた方法　群落の急激な温度変化の動態解析に基づいて群落上のフラックスを推定する，より簡単で安価な方法が数多く提案されている．これらの中には，**温度分散**（Tillman, 1972）と**表面更新**が含まれる．後者の方法は，熱は群落中に着実に蓄積する傾向があり，巨大な空気のかたまりの急激な吹き出しによって

のみ周期的に取り除かれるという観測に基づいている．熱損失の速度は，温度上昇の速度とタイミング，そして噴出された空気塊の有効体積から計算できる(Castellví & Snyder, 2009, Snyder et al., 1996)．これらの方法は，一般に渦相関法によって較正される必要があるが，熱フラックスの有用な推定値をもたらす．別の方法は**シンチロメータ**(scintillometer)を使用するもので，境界層中のある決まった経路(およそ数km)を透過する近赤外放射(たとえば，0.94 μm)の変動を，境界層中の(とくに温度と湿度の変動によって生じる)空気の屈折率の乱流構造を測定するために用いる．得られた乱流構造パラメータは，モニン-オブコフ相似理論によって顕熱フラックスを推定するために利用され，利用可能なエネルギー $R_n - G$ に関する情報を用いることで，面積平均された水蒸気フラックスを推定できる(Meijninger & De Bruin, 2000, Thiermann & Grassl, 1992, Van Kesteren et al., 2013 など参照)．

3.4.2　植物群落内の輸送について

　植物群落内の不規則な乱流構造と，熱や質量，運動量の放出と吸収の分布がもたらす複雑性が，微気象学的な技術を植生内の輸送過程に適用することを非常に困難にしている．それにもかかわらず，群落内には明瞭な風速の鉛直分布が観測され(図3.10)，ある種の群落内，とくに林床植生をほとんどもたない森林において，風速は地表面近くでもっとも高くなることは留意すべきである．

　群落内の微気象は，放出源の分布と熱，水蒸気，CO_2 の濃度集中に依存する．物理

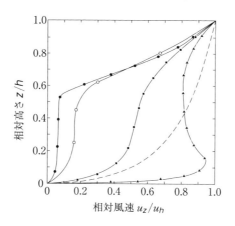

図3.10　正規化された群落内の風速の鉛直分布．(●)高密度なワタの群落，(■)林床植生のある高密度な広葉樹群落，(▲)林床植生がない孤立した針葉樹群落(Raupach, 1989a, Warland & Thurtell, 2000)，(○)トウモロコシ畑の CO_2 の鉛直分布(Businger, 1975 参照)，(---)$z_0 = 0.001\,h$ のときの対数鉛直分布(式(3.36))．

量iについての高さに応じた放出源密度 $S_i(z)$(放出源密度の鉛直分布.負の S は吸収源となる)の変化は,とくに葉における物理的・生理的プロセスに依存し,その一方で濃度の鉛直分布 $c_i(z)$ は乱流にも依存し,これによって対象となる物理量が分配される.保存則が適用されるので,任意の水平面における放出源密度は,その面を通過する垂直方向のフラックスの変化と関係する.

$$S_i(z) = \frac{dJ_i}{dz} \tag{3.50}$$

高さ z の平面を通過するフラックスは,この式の地面から高さ z までの積分によって与えられる.

群落内と群落上の乱流構造の解析から,広範囲にわたる群落型においてもっとも強い乱流現象は突風であることが示されている.突風とは,上方で速く移動する空気から下方の群落空間へと侵入する高エネルギーの下向きの風のことである(Raupach, 1989b 参照).このような突風はきわめて断続的である傾向があるが,運動量輸送の大部分を占める(50%以上のエネルギーが,5%未満の時間に起こる現象によって輸送される).反対方向の勾配フラックス(したがって,見かけ上,負の K 値)も時折観察され,結果として生じる K のばらつきのため,勾配による近似は多くの場合には役に立たない(Denmead & Bradley, 1987).ラグランジュ分散分析のようなより洗練されたモデルは(通常の固定位置ではなく)解析のための枠組み移動を伴い,個々の流体粒子の軌跡を追跡し(Raupach, 1989a, Warland & Thurtell, 2000),群落内の放出源や吸収源の分布推定に用いられる.この方法は群落内と群落上の乱流統計の鉛直分布の正確な特性評価に大きく依存する.典型的な群落渦は長時間持続し,群落高さと同じ寸法のコヒーレント構造である.穀物畑にわたる風波は,このスケールの乱流運動が持続的に起こっていることのなじみ深い視覚的な証拠である.

3.5 演習問題

3.1 長さ 10 cm,20℃の等温に保たれた管内を,湿潤面($c_W = 17.3$ g m^{-3})から飽和食塩水溶液($c_W = 11$ g m^{-3})の吸収源に向けて水蒸気が拡散している.(i) J_W と(ii) g_W を計算せよ.また,それらと等価のモルあたりの値,(iii) J_W^m と(iv) $g_W (= g^m_W)$ も計算せよ.

3.2 速度 1 m s^{-1} の層流中に置かれた直径 2 cm の円形の葉において,(i)(a) g_{aH},(b) g_{aW},(c) g_{aM},(d) 運動量についての平均境界層厚さを求めよ.(ii) 葉の表面が長さ 1 mm のマット状の毛で覆われていた場合のこれらのコンダクタンスの値を求めよ.(iii) このとき,層流境界層についての仮定は有効であるかを述べよ.

3.3 高さ 80 cm のコムギ群落の上を風が吹き渡り,高さ 2 m における風速が 4 m s^{-1} の場合,(i) u_*,(ii) 群落頂部における風速,(iii) τ,(iv) 基準平面と高さ 2 m 間の g_{AM} を求めよ.

第4章 植物と水の関係

4.1 水の物理化学的性質

水は植物の生存にとって不可欠な物質で，植物細胞の主要な構成成分である．乾燥した種子の多くは生重量の 10%程度，若い葉や果実の中には 95%以上のもの水を含んでいるものがある．本書で取り上げている陸上植物の形態や生理学的な特徴の多くは，乾燥しがちな陸上の大気環境の中で，体内に適度な水分状態を保って生育するための適応現象である．

水の独特な性質は多くの環境生理学の基礎となっている (詳細は Franks, 1972, Kramer & Boyer, 1995, Nobel, 2009, Slatyer, 1967 参照)．たとえば，水は常温で液体であり，強力な溶媒になるため，細胞内での生化学反応や輸送 (拡散による短距離輸送と木部や篩部における長距離輸送の両方) のためのよい媒体となる．また，水は反応物質として光合成や加水分解反応のような生化学反応にも関係しており，熱特性は温度調節に重要であるし，非圧縮性は支持や成長に重要である．

水の特性は，水分子の構造 (図 4.1) と，溶液中でつねに水素イオンと水酸化物イオンに電離することに由来する．共有結合で結ばれた二つの O-H 結合がなす角度と，この結合に沿った電荷の偏りが顕著な極性をもたらし，水分子は双極子となる．図 4.1 に示すように，この極性は隣接した水分子や電荷をもつ分子や表面と，いわゆる水素結合をもたらす．この水素結合は，結合力は弱いものの (水素結合の結合エネルギーは

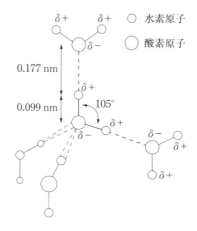

図 4.1 水分子の構造の概要．水素原子の正味の正電荷と酸素原子の正味の負電荷の間の静電気引力に起因する水素結合．氷では厳格な4面体構造がみられるが，液体の水の構造にも秩序がある．

わずか~20 kJ mol^{-1}で，一方，O-Hの共有結合の結合エネルギーは~450 kJ mol^{-1})，液体水の中でも重要な「構造」を作り出す．

水は，分子間水素結合によって顕著な極性や水素結合をもたない分子量の小さな他の分子(たとえば，NH_3, CH_4, CO_2)と比較してかなり高い温度でも液体として存在する．水素結合によって，水は半規則的な構造で維持される．液体中でも水分子が高度に規則的に並んでいることは，固体の氷から液体の水に状態変化するのに必要な融解エネルギー(融解潜熱)が6.0 kJ mol^{-1}であり，これは，氷の分子間の水素結合をすべて切断するために必要なエネルギーの15%にすぎないことからも示される．

植物にとって水素結合のとくに重要な役割は，水分子の凝集力である．水分子間の水素結合は，分子間をお互いにしっかりまとめる強い凝集力を生み出し，きわめて高い表面張力を生じさせる．表面張力 σ は境界の表面の線に沿って伝わる力であり，空気と接する水では，20℃で7.28×10^{-2} N m^{-1}となる．この性質は毛管力を発生させ，水を土壌や細胞壁のセルロース微繊維間の隙間に保持させる．毛管を水が上昇する現象には，水と毛管表面の物質との粘着力と水内部の凝集力の両方の力が必要になる．この毛管現象のしくみは図4.2のように示すことができ，液体と毛管表面の固体との間の接触角 α が90°未満であれば，表面張力が液体表面に対して鉛直上向きにはたらき，毛管内の液体を引き上げる．この液体を引き上げる力の大きさは，表面張力の鉛直成分($= \sigma \cos \alpha$)と表面張力が作用している距離(毛管の周囲長で，毛管の断面が半径 r の円である場合は $2\pi r$)の積で表すことができ，上昇させる力の合計は $2\pi r \sigma \cos \alpha$ となる．平衡状態では，表面張力による力と引き上げられた水柱にかかる重力がつり合う．このときの重力は，水柱の質量($\simeq \pi r^2 h \rho$，式中の h は水柱の引き上げられた高さ，ρ は水の密度で20℃のとき998 kg m^{-3})と重力加速度 g (海抜0 mで $g = 9.8$ m s^{-2})の積になる．これらの力の関係から次式が得られる．

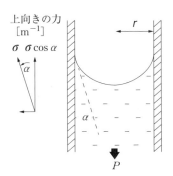

図4.2 液体の毛管現象．平衡状態では，張力 P と毛管の面積 πr^2 で割った粘着力の鉛直成分がつり合う．粘着力の鉛直成分は $\sigma \cos \alpha$ に毛管の周囲長 $2\pi r$ を掛けて $P = 2\sigma \cos \alpha / r$ で求められる．

$$h = \frac{2\sigma\cos\alpha}{r\rho g} \tag{4.1}$$

表面に多くの極性基がある土壌や細胞壁，木部道管では，接触角はゼロに近くなる．式(4.1)は，毛管上昇は毛管の半径に反比例することを示している．

　毛管上昇を計算するよりも，ある半径の毛管を排水するために必要な液体の吸水力あるいは張力 P を測定したほうが都合がよい．この張力(圧力の単位，[N m^{-2}] または [Pa])は，その力をそれが作用している面積 πr^2 で割ることで求められる．

$$P = \frac{2\pi r \sigma \cos\alpha}{\pi r^2} = \frac{2\sigma\cos\alpha}{r} \tag{4.2}$$

さらに接触角 α が 0 であるとすると，つぎのように簡略化できる．

$$P = \frac{2\sigma}{r} \tag{4.3}$$

この式を高等植物の細胞壁の基質の細孔に適用すると，典型的な半径は約 5 nm なので，約 30 MPa($= (2 \times 7.28 \times 10^{-2})/(5 \times 10^{-9})$ Pa) の吸水力が生じる．この圧力は，細胞壁に水と空気の境界を形成するのに必要とされるもので，すなわち細胞壁を排水するために必要な圧力である．30 MPa の吸引力は，およそ 3 km の高さの水柱を保持する．もっとも高い木(約 100 m)の最上部であっても，重力によって生じる静水圧は 1 MPa にすぎない．圧力 [MPa] $\simeq$ 0.3/直径 [μm] は，細孔内からの排水に必要な圧力を求めるための式(4.3)の有用な近似則である．

　水分子間にはたらく強い凝集力は，蒸散を行っている植物の体内で水が引き上げられる場合にも直接的に関係している．水素結合の結合エネルギーの大きさから計算すると，柱のように凝集して引き上げられる純水の理論的な最大張力は 1000 MPa よりも大きくなる(Steudle, 2001)．実際には，以下で論じるように，木部道管内の水に 6 MPa を超えるような張力がかかることはほとんどない．通常，凝集力は高い木々の頂部まで水を引き上げるには十分に強固であるが，木部道管内の水柱が破断したり空洞が生じたりすることがある．植物内の水の移動における毛管現象と凝集力の役割，そして空洞現象(キャビテーション)の重要性については，本章の後半で論じる．

　水の大きな熱容量(定圧下で 1 kg の水の温度を 1 K 上昇させるのに必要な熱エネルギー，$c_p = 4182$ J kg^{-1} K^{-1})は，水中環境や体内に水を多量に貯めている植物(サボテンなど)の温度安定化をもたらす．また，水の大きな気化熱(定温下で 1 kg の液体の水を水蒸気にするために必要なエネルギー，20 ℃で $\lambda = 2.454$ MJ kg^{-1})は，葉温調節に重要な影響をもたらしている(第 10 章)．

　比誘電率 $\mathcal{D}$ は溶媒内の電荷間の引力の低さの指標で，高い $\mathcal{D}$ をもつ物質は異なる溶質分子間のイオン引力を減少させて溶解する．水の比誘電率は高く(20 ℃で $\mathcal{D} = $

80.2)，これは水分子が極性をもつためである．この値は，ヘキサンのような非極性液体の40倍以上である．この効果は，水を優れた溶媒にし，そのために多くの生化学反応のよい媒体となっていることと関係している．その他の特徴として，水のH^+とOH^-の電離，吸収波長特性，固体としての水，すなわち氷の性質も，多くの生理学的，生態学的な現象と関係している．

4.1.1 水ポテンシャル

　植物や土壌の水の指標として，その系の中にある水の量は有用な指標である．しかし，植物の水の状態は，より一般的に，仕事に利用できる**自由エネルギー**の基準である**水ポテンシャル** ψ [MPa]によって測られる．水ポテンシャルは水の化学ポテンシャル μ_W として定義される．これは，温度や圧力，他の構成要素が一定のときに，系内の水分子の数の増減によって変化する系のギブスの自由エネルギー G の総量のことである．数式で表すとつぎのようになる．

$$\mu_W = \left(\frac{\partial G}{\partial n_W}\right)_{T, P, n_i} \tag{4.4}$$

ここで，n_W は系に加えられた水分子のモル数である．水は，化学ポテンシャルの高い場所から低い場所にのみ自然に移動する．水が化学ポテンシャル勾配を降りるとき，水の移動は自由エネルギーの放出を伴うので，このような流れは仕事をするポテンシャルがある．

　化学ポテンシャルの単位は，1 mol あたりのエネルギー量 [J mol^{-1}] で定義される．しかし，植物生理学で植物の水分状態を水ポテンシャルで示すときには，圧力の単位を使う．これは，化学ポテンシャルを水の部分モル体積(20℃のとき，$\bar{V}_W = 18.05 \times 10^{-6}$ m^{-3} mol^{-1})で割ることで変換でき，つぎのように水ポテンシャルを定義する．

$$\psi = \frac{\mu_W - \mu^\circ_W}{\bar{V}_W} \tag{4.5}$$

ここで，μ°_W は試料と同じ温度，大気圧，高度における純粋な自由水から構成される標準状態の水の化学ポテンシャルを示している．この定義は，ψ がゼロのときには系内の水を自由に利用できる状態であり，利用できる水が減少するにつれて，負の値(の絶対値)がより大きくなることを意味している．そのため，「より高い」水ポテンシャルでは一般に負の値(の絶対値)がより小さくなる．また，水ポテンシャルの単位として [bar] も用いられてきたが，SI単位系における適切な単位はパスカル(1 Pa = 1 N m^{-2} = 10^{-5} bar)であり，今後，通常，水ポテンシャルは [MPa] (1 MPa = 10 bar)で表す．

　全水ポテンシャルはいくつかの要素に分割することができ，対象とする系によって

一つ以上の要素が関係する．圧ポテンシャル ψ_p，浸透ポテンシャル ψ_π，重力ポテンシャル ψ_g から構成される系はつぎのように表される．

$$\psi = \psi_\mathrm{p} + \psi_\pi + \psi_\mathrm{g} \tag{4.6}$$

圧力要素 ψ_p は基準との静水圧の差を示しており，値は正にも負にもなる．浸透圧要素 ψ_π は溶質分子の存在によって水分子の自由エネルギーが純水よりも下がることに起因し，つねに負の値になる．この要素は，浸透ポテンシャルと表現するよりも，浸透圧($\Pi = -\psi_\pi$)として表記されることが多い．浸透圧は，溶質を含む区画(たとえば，細胞)の中で，純水と完全な半透性の膜を挟んで接するときに浸透過程で生じる圧力である．区画中の溶質分子は半透膜の細孔を通過できないため，溶液中で溶媒である水分子の動きを妨げ，溶液から半透膜の細孔を通過する水分子の外部への拡散を妨げる．そのため，純水から半透膜を通して入ってくる水分子の数のほうが出ていく水分子よりも多くなり，圧力が生じる．浸透ポテンシャルは，水のモル分率 x_W，または活量 a_W に依存し，次式のように表される．

$$\psi_\pi = \frac{\mathcal{R}T}{V_\mathrm{W}} \ln(\gamma_\mathrm{W} x_\mathrm{W}) = \frac{\mathcal{R}T}{V_\mathrm{W}} \ln(a_\mathrm{W}) \tag{4.7}$$

ここで，γ_W は活量係数で，理想的な溶液との差を表している．溶液の濃度が高まると，x_W と ψ_π は低下する．非常に濃度の薄い溶液では γ_W は 1 になるが，ほとんどの植物の細胞では理想的な状態から乖離し，γ_W は 1 よりも低い値になる(Milburn, 1979 には一覧表がある)．ファントホッフ(van't Hoff)の式は，多くの生物系の溶液に対してかなり正確で，式(4.7)の非常に有用な近似である．

$$\psi_\pi = -\mathcal{R}T c_\mathrm{S} = -\mathcal{R}T \frac{n_\mathrm{S}}{V} \tag{4.8}$$

ここで，c_S は溶液の濃度 [mol m^{-3}]（厳密には mol(溶質)/10^3 kg(溶媒)）である．植物の細胞溶質の浸透ポテンシャルの値は，-1 MPa($\Pi = 1$ MPa) 程度であることが多い．このとき，式(4.8)に 20 ℃のときの $\mathcal{R}T$ の値(2437 J mol^{-1})を代入すると，細胞溶質の濃度 410 osmol m^{-3}($\simeq -(-10^6)/2437$) が得られる([osmol] は，浸透的に活性のある分子の数をアボガドロ数で割った単位．1 mol の NaCl 水溶液は，電離するので 2 osmol となる)．

多くの場合，細胞壁や土壌の細孔にある水の活量にかかわる力を考慮するために，式(4.6)の右辺にマトリックポテンシャル ψ_m の項も加えているが，マトリックポテンシャルは浸透圧要素 ψ_π に含めたほうが望ましい．これは ψ_π が溶質や固体との相互作用によるすべての a_W の低下要因を含むからである(Passioura, 1980)．

重力要素 ψ_g は，基準高との高さの違いによって生じる位置エネルギーの差によって生じ，基準高よりも高い位置にあれば正の値，低い位置にあれば負の値になる．

$$\psi_{\mathrm{g}} = \rho_{\mathrm{w}} g h \tag{4.9}$$

ここで，ρ_{w}は水の密度，hは基準面上の高さである．植物系では重力要素はしばしば無視されてしまうが，ψ_{g}は地上から上昇するとともに$0.01\,\mathrm{MPa\,m^{-1}}$の割合で増加するので，樹高の高い木々を扱うときには必ず考慮する必要がある．たとえば，樹高$100\,\mathrm{m}$の木で水を頂端まで引き上げるには$1\,\mathrm{MPa}$もの張力が必要になる．

4.2 細胞の水

　植物細胞は，内部にプロトプラスト区画のある浸透圧計のようにふるまい，水は比較的よく通すが溶質は通さない半透性の細胞膜によって囲まれている．溶質に対する膜の半透性の度合いは**反発係数**σによって表され，溶質分子も溶媒分子もともに完全に透過する反発係数0から，溶媒分子だけが透過する反発係数1の完全な半透膜までの値になる．細胞膜には水分子を特異的に通す膜貫通型の輸送体タンパク質である**アクアポリン**が存在するので(Maurel et al., 2008)，水は細胞膜を容易に透過できる．そのため，周匝の溶液濃度が変化したとき，細胞内の水ポテンシャルはわずか数秒で周囲の溶液と平衡に達するが，組織中の細胞では，すべての細胞の水ポテンシャルが平衡に達するにはもう少し長い時間がかかる．

　アクアポリンが植物の細胞膜に存在することは1990年代初頭に初めて知られるようになったが，その存在は1960年代から予測されていた(Dainty, 1963)．現在では，アクアポリンは水を通すだけではなく，電荷をもたない小さな分子（グリセロール，ホウ酸，酪酸，尿素）や気体性の分子（NH_3，CO_2）も通すことが明らかになっている．アクアポリンは，主要内在型タンパク質（major intrinsic proteins：MIPs）ファミリーの一つで，複数のアイソフォームがあり，それぞれが特殊化した輸送活性をもっている．これらは少なくとも四つのサブファミリーに分けられ，液胞膜型（tonoplast intrinsic proteins：TIPs）と細胞膜型（plasma membrane intrinsic proteins：PIPs）などが含まれる．異なるアクアポリンは，植物細胞の内部や外部のさまざまな場所にある膜を横切って，水や溶質の輸送の制御に関与している．分子が通る孔の開閉の制御（ゲート制御）には，H^+や2価の陽イオンなどの多くのエフェクターが関与している．アクアポリンの量とゲート制御の変化は，異なる膜や異なる発達段階の膜の水透過性の大きな違いの原因となる．

　植物細胞のもう一つの重要な特徴は，細胞が比較的硬い細胞壁に包まれ，膨張を抑えられているため，内部に静水圧が発生することである（図4.3）．そのため，植物細胞に関係する主要な水ポテンシャル成分は浸透圧要素と圧力要素となり，つぎのように表される．

$$\psi = \psi_{\mathrm{p}} + \psi_{\pi} \tag{4.10}$$

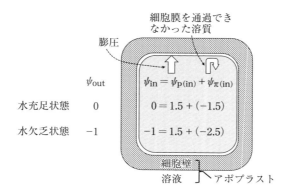

図4.3 細胞壁と細胞膜についての植物細胞の模式図．細胞膜は溶質は通さず，膨圧を生じさせる．細胞内側の水ポテンシャル ψ_{in} と外側の ψ_{out} が平衡状態にあるときの，水ポテンシャルとその要素を示す．水ポテンシャルが低下すると，浸透調節によって膨圧が維持される．

細胞壁の内側と外側の圧力差を膨圧 P とよび，通常，正の値になる．細胞内の溶質量が一定のときには，水ポテンシャルの低下とともに膨圧も低下する．蒸散している葉の水ポテンシャルは，通常 $-0.5 \sim -3.0$ MPa の値を示す．

植物細胞（そして組織）の水分状態は，ヘーフラー－ソデイ（Höfler-Thoday）ダイアグラムによってわかりやすく示される（図4.4）．この図は，細胞が水を失っていく過程における細胞体積 V と水ポテンシャル ψ, ψ_π, ψ_p の相互関係を示している．完全に水を吸った細胞では $\psi = 0$ になり，ψ_p の最大値は $-\psi_\pi$ となる．含水量は完全に水を吸った膨潤状態の含水量に対する割合（相対含水率 θ）で示し，この状態では，θ は（定義上）1 となる．細胞が水を失うと細胞の体積が減少するので，細胞壁の弾性的性質によって生じている膨圧は，しおれ点（ψ_p が 0 になった状態）までは細胞体積の減少にほぼ比例して低下する．ほとんどの植物細胞では，水ポテンシャルがしおれ点より下がっても，膨圧はほぼゼロに近い値を保つ（ただし，Acock & Grange, 1981 による負の膨圧の証拠についての考察を参照）．負の膨圧は，菌類のソルダリア属 *Sordaria* の子嚢胞子のような特定の硬い細胞では生じるかもしれない（Milburn, 1979）．この菌は，弾性的な変形による爆発的な動きで胞子を散布する．細胞体積が減少すると，式(4.8)が示すように $-\psi_\pi$ が細胞体積とほぼ反比例するため，浸透ポテンシャルは曲線状に低下する．

多くの植物は，組織の水ポテンシャルが下がると，乾燥あるいは土壌の塩ストレスのどちらの場合でも，**浸透調節**によって少なくとも部分的に膨圧を正に保つ能力がある（第10章参照）．この浸透調節の過程は，主に液胞中の塩類やその他の溶質の濃度を高めることで，細胞の溶質含量を増加させることが必要となる．しかし，細胞質液

の高濃度化による細胞質への悪影響を防ぐために，細胞質中の濃度の上昇に応じた適合溶質として知られる物質(たとえば，プロリン，グリシン-ベタイン，糖，ポリオール)の合成が必要である．

　葉の膨圧がゼロに達すると，通常，葉はしおれる．これは，細胞を水ポテンシャルの低い溶液に浸したときに原形質分離し始める条件，すなわち細胞壁から細胞膜が分離し始める条件に相当し，おそらく不可逆的な障害を伴う現象である．しかし，正常な大気中にある組織では原形質分離は起こらない．これは，細胞壁の細孔にある水と空気の境界面では大きな毛管力が生じて水を保持するため(上記)，すべての張力は細胞膜ではなく細胞壁にかかるからである．溶質分子が大きすぎて細胞壁を通過できないような溶液に細胞が浸っている場合にも，原形質分離は起こらない．これは，正常な大気中にある組織のように，生じたすべての圧力は細胞壁によって支えられるからである．溶液の濃度が増加し続けると，張力は耐えられない大きさになり，ついには細胞が潰れて壊れてしまう．これはサイトリシス(cytorrhysis)として知られている．そのような系では，0.1 MPa よりはるかに小さな負の膨圧でも細胞は潰れてしまうが，砂漠の植物でみられるような体積が小さく細胞壁の厚い細胞では，-1.6 MPa 以上の負圧がかかっても耐えられる (Oertli et al., 1990)．

　図4.4で曲線の形を決めている重要な性質は細胞壁の弾性である．細胞壁が非常に硬いときには，細胞の含水量のわずかな減少でも水ポテンシャルとその要素は比較的急激に変化する．組織レベルで測定される細胞壁の硬さは**細胞の体積弾性率** ε_B で表され，次式で定義される．

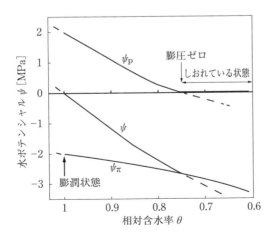

図4.4　ヘーフラーソデイダイアグラム．植物細胞または組織から水が失われていくときの水ポテンシャル ψ，圧ポテンシャル ψ_p，浸透ポテンシャル ψ_π と相対含水率 θ の関係を示す．破線のゼロ以下の膨圧は，細胞壁が硬い細胞で起こりうる負の膨圧を示す．

$$\varepsilon_B = \frac{dP}{dV/V} \tag{4.11}$$

しかし，V の代わりに V_0（細胞が水を完全に吸収したときの体積）で表現する研究者もいる．ここで，組織レベルの体積弾性率は，細胞壁素材そのものの弾性率とは異なっており，組織構造や細胞間の相互作用の性質などにある程度依存していることに注意が必要である．植物細胞の ε_B の値は，通常 1～50 MPa の値になり，この値が大きいほど変形しにくい細胞か，小さな細胞からなる組織であることを示す．線膨張のヤング率（第 11 章参照）から類推すると，均質な固体における体積弾性率は，体積が変化しても一定であることが予想される．植物組織は固体でも均質でもなく，圧縮されれば水が出ていく（すなわち，固体のように物質が保存されない）ので，ε_B が非線形に変化するのは当然である．ほとんどの場合，膨圧がゼロのときに ε_B の値もゼロで，膨圧の増加とともに双曲線的に増加する．

ヘーフラー-ソデイダイアグラムは一つの細胞の水分状態を適切に表現できるが，さまざまな組織を構成する細胞は異なる大きさをもち，それらの細胞壁の弾性率と溶質濃度は異なっているだろう．さらに，組織内では隣接した細胞どうしが押し合うことで組織圧も生じる．そのため，組織の特性はこのようなダイアグラムで表現することもできるが，それらを構成する個々の細胞のものとは大きく異なっているだろう．たとえば，サクランボの果肉を構成している中果皮の個々の細胞は，薄い細胞壁をもち変形しやすい（ε_B の値は小）．しかし，通常，これらの細胞は硬い外果皮に包まれているため，組織レベルで測定した ε_B の値は，個々の細胞の ε_B よりもはるかに大きくなる．

アポプラスト（ここでは細胞壁を指す）や水の長距離輸送の主要経路である木部内の溶液濃度は非常に低く，水ポテンシャルとしては 0.1 MPa に達しない．木部道管内の主要な水ポテンシャルの要素は圧ポテンシャルで，非常に大きな負の値をとり，木部内にかかっている負圧と等しくなる．一部の水欠乏下の砂漠の植物では，−6.0 MPa 以下になる．木部道管の細胞壁は，このような大きな負圧がかかっても大きく変形しないようにとくに肥厚している．ここで，木部道管には半透膜に相当する部分がないため（$\sigma = 0$），木部を通る水の流れは ψ_π の勾配ではなく，圧ポテンシャルだけに依存していることに注意する．

細胞や組織の水分生理に関してのさらに詳しい説明はつぎのような教科書 Slatyer, 1967（今日でも最良），Kramer & Boyer, 1995, Nobel, 2009，そして論文や総説 Maurel et al., 2008, Cheung et al., 1975, Steudle, 2001, Tomos, 1987 を参照のこと．

4.2.1 成長と細胞の水の関係

体積成長は主に細胞伸張に依存しており,細胞内への水の流入によって駆動される.細胞伸張に関する生物物理学的な枠組みは Lockhart, 1965 によって作られ,Cosgrove, 1986 によって詳しくまとめられている.細胞への水の流入速度とそれによって生じる成長は,水の取り込み力,細胞膜の通水性,細胞壁の流動性に依存している.細胞壁の流動性(レオロジー)は,その生化学的な組成や酵素活性に依存している (Cosgrove, 1999, 2005. また,https://homes.bio.psu.edu/expansins/index.htm も参照).

細胞の伸張力は膨圧で,それによって細胞壁には大きな張力がかかる.このとき,細胞壁にかかる応力(単位面積あたりの力の大きさ)は,30〜100 MPa に達する.これは,伸張中の細胞の膨圧は通常,0.3〜1.0 MPa の間にあり,これが細胞断面積の約 1% にあたる細胞壁に作用するためである.細胞の伸張は,厳密に制御された「細胞壁の緩み」,あるいは細胞壁の高分子間の非共有結合の調節された破壊と再構築による,細胞壁中のセルロース微繊維間のズレによって生じる.細胞の急激な伸張は,エクスパンシンスーパーファミリー(expansin superfamily)に属する酸応答型細胞壁タンパク質によって制御され,これはさまざまな生理学的過程の細胞壁の応力緩和を調節する.細胞壁の応力緩和と直接的に結びつくわけではないが,エクスパンシンは細胞壁の材料となる新しい多糖類の合成と沈着にも関係している.

細胞が水を取り込む駆動力の大きさを求めるには,細胞膜の半透性を考慮する必要がある.細胞膜が完全な半透膜である場合には,駆動力は細胞膜内外の水ポテンシャル差となる($\Delta\psi$ に圧ポテンシャル差と浸透ポテンシャル差の和に等しい).

$$\Delta\psi = \Delta\psi_p + \Delta\psi_\pi = (\psi_{p(o)} - \psi_{p(i)}) + (\psi_{\pi(o)} - \psi_{\pi(i)}) \tag{4.12}$$

ここで,$\Delta\psi$ は細胞膜の内側(i)と外側(o)の水ポテンシャル差を示している.細胞膜が完全な半透膜ではなく,溶質もいくらか通す場合,$\Delta\psi$ は溶液濃度の勾配(式(4.12)の第2項)に依存するため,水の駆動力も減少していく.細胞の膨圧 P が細胞内外の圧ポテンシャル差($=\psi_{p(i)} - \psi_{p(o)}$)と等しいことを利用すると,水移動の全駆動力はつぎのように表せる.

$$\sigma\Delta\psi_\pi + \Delta\psi_p = \sigma\Delta\psi_\pi - P \tag{4.13}$$

σ が 0 のときには,水移動の駆動力は静水圧差だけになり,σ が 1 のときには,駆動力は全水ポテンシャルの差 $\Delta\psi$ となる.

一般輸送方程式(式(3.19),表3.1)より,水の体積フラックス密度 $\mathbf{J}_V$ は,有効駆動力と比例定数の積で与えられる.

$$\mathbf{J}_V = L_p(\sigma\Delta\psi_\pi - P) \tag{4.14}$$

この場合,比例定数 $L_p\,[\mathrm{m\,s^{-1}\,Pa^{-1}}]$ は,**通水コンダクタンス**とよばれる.植物の細胞では,L_p は 10^{-13}〜$2\times10^{-12}\,\mathrm{m\,s^{-1}\,Pa^{-1}}$ の範囲にある(Nobel, 2009).この水の透

過性は，細胞膜に存在する水チャネルとなるアクアポリンの量やアイソフォームの違い，水透過のゲート制御に強く依存する．

以上より，細胞体積の増加速度はJ_Vと細胞の表面積Aの積である．次式のように，この増加速度を細胞体積Vで割ることで，相対体積増加速度が求められる．

$$\frac{1}{V}\frac{dV}{dt} = \frac{A}{V}L_p(\sigma\Delta\phi_\pi - P) = L_V(\sigma\Delta\phi_\pi - P) \tag{4.15}$$

ここで，$L_V\,[\mathrm{s^{-1}\,Pa^{-1}}]$は，体積あたりの通水コンダクタンスで，$L_p$に細胞表面積と体積の比$A/V$を掛け合わせたものである．

細胞伸張速度は細胞と水の関係に加えて，細胞壁の流動学的な性質にも依存し，ロックハート(Lockhart)式として知られている次式で表現される．

$$\frac{1}{V}\frac{dV}{dt} = \phi(P - Y) \tag{4.16}$$

ここで，Yは**臨界降伏圧**(yield threshold)[Pa]，あるいは細胞伸張が起こる最小の膨圧を示している．また，ϕは細胞壁の**伸展性**(extensibility) $[\mathrm{s^{-1}\,Pa^{-1}}]$で，膨圧が$Y$よりも大きいときの細胞の不可逆的な伸張の速度を表している．細胞壁について，文献では細胞壁の伸展性はときに可塑性と定義され，体積弾性率εで示される可逆的(または弾性的な)変形に対する性質と対比される．しかし実際には，この式の二つのパラメータ(Yとϕ)は，エクスパンシンやpHなどによって連続的に厳密な制御を受けているので，水ポテンシャルが短期間で急激に変化したとしても，細胞の伸張速度にはあまり影響しないことは注意すべきである．式(4.15)と式(4.16)は，Pを消去してつぎのように変形できる．

$$\frac{1}{V}\frac{dV}{dt} = \frac{\phi L_V}{\phi + L_V}(\sigma\Delta\phi_\pi - P) \tag{4.17}$$

水の輸送に制限がない条件($L_V \gg \phi$)では，細胞の膨圧は最高値に近づき，細胞の成長はエクスパンシンによって決定される細胞壁の流動学的な性質(Yとϕ)によって制限されるようになり，式(4.17)は式(4.16)に簡略化される．また，成長の持続は，必要とされる細胞壁成分の恒常的な合成と沈着にも依存する．逆に，水の供給が制限されている条件では，膨圧は臨界降伏圧に近い値をとり，成長速度は水の供給速度に依存する．

4.3 土壌や植物の水分状態の測定

水欠乏の植物機能への影響について研究するには，水欠乏処理とその植物への影響の両方について正確で包括的な定義が必要となる．これは，再現実験による結果の解釈が可能な実験計画のための必要条件である．残念なことに，最近出版されている論

文，とくに分子生物学に関連する研究では，乾燥処理の詳しい説明や植物の水条件への効果が省かれる傾向がある（Jones, 2007）．実際，極端すぎる乾燥処理（たとえば，切り取った組織の乾燥）によって観察される遺伝子発現の変化は，自然条件の植物応答とはほとんど，あるいはまったく関係がない．

どのような研究においても，植物の水分状態の測定方法の選択は，実験目的や水欠乏に対する応答についての仮説に依存する．この状況において，関係しているどのような情報伝達機構（signalling）についても考慮する必要がある．たとえば，根－シュートの情報伝達は，土壌の水欠乏に対する植物の適応に重要な役割を果たすことが知られている（Davies & Zhang, 2009 参照）．そのため，葉の水分状態の測定と気孔や光合成の応答との間には，はっきりとした関連がみられるとは限らない（Jones, 2007）．土壌－植物システムの各部位における水分状態の正確な定義が，植物の水欠乏への応答機構の有用な研究に必要である．

土壌や植物体の水分状態を定量化する手法については多くの総説がある（Barrs, 1968, Boyer, 1995, Jones, 2007, Kirkham, 2004）．ここでは，研究目的に合わせて適切な手法を選ぶために必要ないくつかの重要な問題に焦点を合わせる．可能な測定法は，含水量を基準にした指標と水の自由エネルギーを基準にした指標の二つに大別できる．

4.3.1 含水量による指標

含水量の単純な指標は，通常，体積や質量を基準にして表されるが（$m^3\,m^{-3}$，体積%，$g\,g^{-1}$ など），こうした指標を比較研究に利用するには制限が多い．土壌の水分状態は，測定方法が直接的な重量法（土柱法など）あるいは間接的な中性子プローブ，静電容量センサや他の電磁センサの利用にかかわらず，体積を基準として示されることがもっとも多い（Kirkham, 2004）．土壌から水が抜けていく速度や保持する水の量は，土壌の種類によって大きく異なるので，同じパーセントの含水量であったとしても，水切り直後の水で飽和した砂かもしれないし，乾き気味の粘土であるかもしれない．結果として，土壌含水量を全空隙の体積に対する比率（相対飽和度），あるいは土壌の保水力に対する比率で正規化して表すことは有用である．これは通常，圃場容水量（field capacitance．重力によって自然に排水された24時間後の測定値）と永久しおれ点とよばれる状態（水ポテンシャルが $-1.5\,MPa$ になるときの含水量）の間の水量として定義される．直接利用可能な水分状態と関係したより有用な指標は水の自由エネルギーをもとにしたもので，4.3.2項で詳しく説明する．

植物の組織で広く用いられている正規化の方法は**相対含水率**（relative water content：RWC）θ で，次式のように細胞が完全に水を吸ったとき（$\psi = 0$）の含水量に

対する割合で示される.

$$\theta = \frac{(生質量 - 乾質量)}{(膨潤状態の質量 - 乾質量)} \qquad (4.18)$$

相対含水率は細胞の体積と強く関係するので(図4.4), 植物の水分状態のとくに有用な基準であり, 水欠乏の植物代謝への影響に関する多くの研究に適している可能性が高く, 実際, 水ポテンシャルよりも適切であることが多い. しかし, 細胞が浸透調節を行っていると, θ の計算値が不適切な結果をもたらす可能性があることには注意が必要である. たとえば, 膨潤時の膨圧 P（および細胞体積）を維持するために $-0.2\,\mathrm{MPa}$ に相当する量の浸透物質を新たに細胞が合成して貯めたとすると, 細胞の水ポテンシャル ψ は $0.2\,\mathrm{MPa}$ だけ低下する. この細胞が水を再吸収して $\psi = 0$ になったときには, P や細胞の体積は標準時の値よりも大きくなってしまう. これは真の膨潤状態の質量を過大評価し, 式(4.18)は θ の値を過小評価することになる. 相対含水率の測定については他の総説で詳細に説明されている(Barrs, 1968, Boyer et al., 2008).

4.3.2 エネルギーによる指標

水ポテンシャルは植物の水分状態についてもっともよく使われる指標であり, とくに水移動の研究に適しているが, 水の経路中に半透膜が存在しないような特定の場合には, 水ポテンシャルの構成要素(この場合には圧ポテンシャル)のほうがより有用だろう. ψ には指標として厳密であるという長所があるが, 成長や光合成のような生理学的な過程の調節には直接的には関係していないことが多いという有力な証拠がある(Jones, 1990). 生理学的な過程が, 水の活量(もしくは ψ)よりも, 膨圧の大きさと関係することはより多くみられる. これは, 生理学的な現象にとって重要になる水欠乏の状態も, 水の活量 a_W ではわずかな減少でしかないことからも明らかである(式(4.7)). 主要な調節要因が膨圧と細胞の体積(または相対含水率)のどちらなのかを区別することは難しいが, 単離した細胞やプロトプラストを使った実験からは(Jones, 1973d, Kaiser, 1982), ある場合には細胞の体積が重要な変数であることが示されている. 細胞体積がどのように感知されるのかは明らかではないが, 細胞膜の「伸縮」を感じ取る多くのセンサが存在する証拠がある(Árnadottír & Chalfie, 2010, Kacperska, 2004, Schroeder & Hedrich, 1989).

葉の水ポテンシャル ψ_ℓ は, おそらく従来考えられていたような水分状態を示すための万能な指標ではないが, とくに水輸送の研究や膨圧などの要素の代替指標としては依然として価値がある. 水ポテンシャルやその構成要素の測定には, 熱電対式のサイクロメータと圧力チャンバーの二つが主に使用されるが, 液相平衡法(Shardakov

法）も利用できる．多数の間接的な方法があり，葉の含水量を測る β ゲージ (Jones, 1973a)，葉や果実，茎などの形態計測法 (Fereres & Goldhamer, 2003, Huguet et al., 1992)，そして膨圧変化に対する形態的な応答を検出する小型葉圧センサ (Zimmermann et al., 2008) などによって有用な情報が得られる．

|サイクロメータ法　サイクロメータの原理は，組織内の水と気相の水蒸気が平衡状態になるように，植物組織の試料を小さなチャンバーに入れて，このときの気相の湿度を熱電対によって湿球温度の低下あるいは露点温度を測定することで求める（第5章参照）．これらの結果を，水ポテンシャルが既知の溶液によって較正することで，組織の水ポテンシャルが得られる．Brown & van Haveren, 1972 は，測定機器による手順の違いの詳細や多くの便利な変換表をまとめている．成長中の組織では外部から水を取り込みながら細胞の体積を増やす必要があるため，ψ が変化せずに維持されているのであれば，サイクロメータで測定される ψ は，実際の ψ の値を過小評価する可能性が指摘されている．

植物組織の浸透ポテンシャルも，細胞膜を（たとえば，急速凍結・融解によって）破壊した後，すなわち，細胞の水ポテンシャルに膨圧がなくなった状態で，サイクロメータによって測定できる．抽出された細胞液の浸透ポテンシャルもサイクロメータか，凝固点降下を測定するオスモメータによって求められるだろう．しかし，細胞液を適切に代表する試料を得ることは，採取中に細胞外（アポプラスト）の水によって希釈されてしまうために困難であり，適切な補正が必要となる (Boyer, 1995 参照)．さらなる問題は，一般にサイクロメータは，実験室における長時間（多くの場合，8時間以上）の平衡化作業と精密な温度管理が必要とされる装置ということである．ただし，野外で茎に固定した状態で安定して測定できるサイクロメータ (Dixon & Tyree, 1984) も製品化されている (http://au.ictinternational.com/products/psy1/psy1-stem-psychrometer/)．

|圧力チャンバー法　Scholander et al., 1964 によって普及した圧力チャンバー法は適用範囲のより広い手法で，測定対象を破壊する必要があるものの，野外で水ポテンシャルを素早く推定するために利用できる．1枚の葉が（葉柄で）植物体から切り取られると，木部の負圧によって切り口から木部液が内部に引き込まれる．植物が盛んに蒸散しているときやストレスに晒されている場合には負圧はとくに大きくなる．切り口を外に出して切り取った葉を圧力容器に密封する（図 4.5）．そして，木部液が逆流して切り口表面がちょうど濡れるまで，すなわち切断前の植物体内の木部液の位置に戻るまで，容器内の圧力を高める．このとき，切断時の葉の平均水ポテンシャルは次式で与えられる．

$$\psi_\ell (切断前) = \psi_p + \psi_\pi \tag{4.19}$$

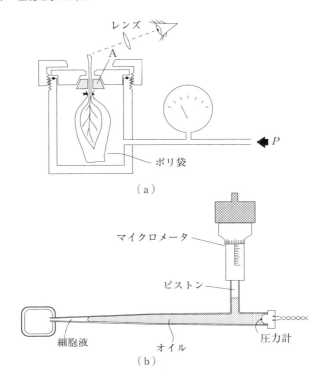

図 4.5 （a）圧力チャンバー法による水ポテンシャルの測定．測定中の蒸散を防ぐために葉をポリエチレン袋に密閉してチャンバーに入れ，ゴム栓（A）で密封している．（b）圧力プローブ法による細胞の水ポテンシャルの測定．細胞の静水圧は，細胞に挿入したオイルで満たされた微小毛管を通して圧力計に伝わる．細胞の体積は，顕微鏡下でオイルと細胞液の境界面の位置を観察して，マイクロメータによって調整する．細胞の体積弾性率は，最初に圧力を変えたときの細胞体積の変化から求める．

ここで，ψ_p と ψ_π はそれぞれ葉の圧ポテンシャルと細胞内浸透ポテンシャルの平均値である．チャンバーが加圧されると，圧力をかけた分だけ水ポテンシャルが高まるので，平衡圧 P^* においてチャンバー内の葉の水ポテンシャルはゼロになり，自由水が切り口に出てくる．すなわち，次式の状態となる．

$$\psi_\ell(切断前) + P^* = 0 \tag{4.20}$$

したがって，平衡圧にマイナスを掛けた値が，元の葉の水ポテンシャル ψ_ℓ と等しくなる．この方法は素早く正確であり，一般にサイクロメータによって測定された値に相当する結果が得られる．圧力チャンバー法の有効性についての問題も提起されているが（たとえば，Zimmermann et al., 2004 参照），大多数の見解は平衡圧と葉の水ポテンシャルとの関係の解釈を強く支持している（Angeles et al., 2004, Steudle, 2001）．

正確な測定を行う場合には，アポプラスト（ここでは細胞膜外の水で満たされた空

間を指し，木部液も含める)の浸透ポテンシャルを考慮するために式(4.20)を補正する必要がある．アポプラストはいくらかの溶質を含むため，平衡圧をかけた場合でも，葉全体の水ポテンシャルは，アポプラストの浸透ポテンシャルの分だけゼロ以下の値になるはずである．しかし，アポプラストの浸透ポテンシャル ψ_π の絶対値は通常 -0.1 MPa よりも小さいので，ψ_ℓ の過大評価は通常無視できる．

　平衡圧 P^* よりも高い圧力をかけて，組織を脱水することもできる．そして，圧力の増加に応じて葉から押し出される木部水の体積 V_e を測定していくことで，図4.4に示すようなヘーフラー－ソデイダイアグラムを作成できる．これは，膨圧が減少してゼロになる圧力があり，それ以降は水ポテンシャルがどれだけ下がってもゼロのまま維持されることを仮定している．この領域では式(4.8)を変形してつぎのように表される．

$$P^* = -\psi_\pi = \mathcal{R}Tc_s = \frac{\mathcal{R}Tn_s}{V} \tag{4.21}$$

ここで，n_s は溶質の総モル数，V は組織細胞中の細胞膜内側(シンプラスト)にある水の体積を示している．さらに V に $V_0 - V_e$ を代入すると(V_0 は切断されたときのシンプラストの体積)，つぎのように整理できる．

$$\frac{1}{P^*} = -\frac{1}{\psi_\pi} = \frac{V_0}{\mathcal{R}Tn_s} - \frac{V_e}{\mathcal{R}Tn_s} \tag{4.22}$$

この式は，V_e に対する $1/P^*$ の関係を図4.6のような曲線で表す．直線部分の y 切片の値 $V_0/(\mathcal{R}Tn_s)$ は，切断前の浸透ポテンシャルの逆数に等しく，直線部分の x 切片の値は，系全体の浸透物質の体積になる．また，「圧力－体積関係」の曲線部分は，膨圧が正の値であることを示している．

　圧力チャンバーのとくに興味深い，そして有用な応用として，パーショラと共同研究者らによって開発されたものがあり(たとえば，Gollan et al., 1986)．これは圧力チャンバーの蓋が二つに分かれているもので，地上部と地下部を切り離さずに，植物の地上部をチャンバーの外に出し，根をチャンバー内に密封できる．この状態で根に圧力を加えると，土壌の水ポテンシャルにかかわらず，シュートの水ポテンシャルを高い状態に維持でき，葉と土壌の水ポテンシャルをそれぞれ独立に制御したときの植物の応答を観察できる．第6章(図6.13)でこの使用例を示す．

|圧力プローブ法　　圧力プローブ法は，個別の細胞の膨圧を直接測定する方法で(Hüsken et al., 1978．図4.5b)．野外の植物ではまだ利用することはできないが，高等植物の細胞の膨圧が測定でき，細胞含有物の抽出分析(Malone et al., 1989)と組み合わせることで，植物の水にかかわる研究のための強力な手段となる．基本的に，装置は個別の細胞に挿入できる微小毛管である．毛管内の(細胞液と接した)液体の圧力

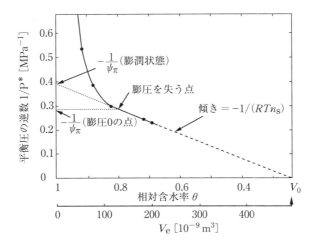

図4.6 圧力 - 体積曲線(P - V曲線)の測定例. 1978年10月5日にリンゴ(品種名 ゴールデンデリシャス)の葉を乾燥させながら圧力チャンバーで測定した. V_eは細胞液の体積で, グラフのx切片になる相対含水率θと膨潤状態でのこの葉の含水量($W = 652$ mg)を掛け合わせたものから求められる.

は圧力計でモニターされ, 圧力はモーター式のピストンによって変えられる. 圧力プローブは多くの水関係の量を推定するために利用できる. 個別の細胞の水ポテンシャルは, 細胞膨圧の直接測定と細胞抽出液の浸透ポテンシャルの測定によって推定できる(式(4.10)を使用). 体積弾性率εは, 微少な既知量の水を細胞内に送り込んだときの最初の圧力変化の大きさ(細胞膜を通して水が移動してしまう前)から求められる(式(4.11)を使用). 一方, 細胞膜の通水コンダクタンスL_pは, 圧力変化後の体積弛緩率から得られる(式(4.14)を使用). ある特定の状況では, 圧力プローブの水をシリコンオイルと置き換えることで, (蒸散をしている植物の)木部液にかかっている張力を測定することもできる(Balling & Zimmermann, 1990). しかし, このような装置では-0.8 MPaよりも低い圧力は測定できないようで, 限られた応用範囲でのみ木部圧の研究に利用されている(Steudle, 2001 参照). 圧力プローブの潜在的な利用法については, Tomos & Leigh, 1999 による詳しい総説がある.

4.3.3 水分状態はどの部位で測るべきか

植物生理学者は, ψ_ℓを植物の水分状態とみなせる, あるいは光合成や気孔閉鎖のような葉で起こる現象の応答を扱うといった理由から, とくにψ_ℓを植物の水分状態として集中して測定としてきた. 残念ながら, この極端に単純化した見方は, 葉の機能特性の一部が, 成長調整に関する情報伝達, たとえば根から地上部へ輸送される成長

調整物質に依存しているため，単純には成立しない．以下に示すように，植物の水分状態の指標として，葉の水分状態を使わないほうがよい場合が多いことを示唆する事例は数多くある（Jones, 1990, 2007, Jones & Sutherland, 1991 参照）．

1. 葉の水分状態は，ψ_ℓ の環境条件への依存状況によって非常に短時間で変動する．ψ_ℓ は雲の通過に応答してほんの数分間のうちに 2 倍程度は変化する．一方，しばしば ψ_ℓ が土壌の水ポテンシャル ψ_s の大きな変化に対して，比較的一定に維持されている（たとえば，Bates & Hall, 1981）．そのため，土壌水分処理条件による ψ_ℓ の平均値の小さな差を，地上部の環境要因によって生じる大きな変動と区別する方法を想像することは難しい．

2. 水欠乏で気孔がより閉じている植物のほうが，よく灌水された植物よりも ψ_ℓ が高くなることがある（Jones et al., 1983）．この気孔閉鎖は，葉の水分状態によるフィードバック制御によっては説明できず，ψ_s に対するフィードフォワード応答によって説明できた．

3. 多くの根の分割実験では，根系の一部に水を与えて，残りの一部を乾燥状態に保つことで，葉の水分状態を対照条件と同様に維持できる．このような場合，ψ_ℓ が低下しなくても，土壌乾燥に応答して気孔は閉鎖し，葉の成長は抑制される（Davis & Zhang, 1991, Gowing et al., 1990）．このような根の分割実験で得られた木部液を解析した結果，乾燥処理された根系からのアブシジン酸（ABA）が，根からの信号として葉の気孔閉鎖を促進したという証拠が得られた．この信号は同時に木部液の pH を高め，水欠乏時のアポプラスト液の pH 上昇と，孔辺細胞への ABA 分配を促進することを示唆した（Wilkinson & Davies, 2002）．他の実験でも，重要な信号として，しばしば ABA と相互作用した木部液のサイトカイニン濃度の低下（Blackman & Davies, 1985, Ha et al., 2012）と土壌乾燥による気孔閉鎖における無機イオン輸送の変化（Wilkinson et al., 2007）の両方が関連付けられている．

4. 理論的なモデル研究は，最適な気孔調節には，土壌の水分状態の情報が地上部のシュートへ送られる必要があることを示している（Jones & Sutherland, 1991）．

5. 気孔の応答は ψ_ℓ よりも土壌の含水量とより密接な関係があることを示す他のいくつかの実験が，6.4.5 項で紹介される．

こうした理由から，土壌の水分状態と密接に関係する水分状態の基準は，日中の ψ_ℓ よりも植物の機能にとってより重要であることが多い．しかし，土壌含水量の分布は非常に不均一であり，根の分布範囲にある土壌に重み付けした，有効な平均 ψ_s を測定することは難しい．夜明け前の ψ_ℓ の測定（ψ_ℓ が有効 ψ_s で平衡状態に達するとき）は，

測定がたいへんで日中の水ポテンシャルよりもずっと変動幅が小さいものの，干ばつ研究における土壌の水分状態の価値ある指標となる．蒸散をしている植物の根表面における平均有効 ψ を計算する別の方法が Jones, 1983 によって提案されている．これは，後で説明する流量モデル（式(4.26)）に基づき，ある時刻の蒸散と ψ_ℓ の同時測定値を用いる．

多くの研究が，茎の水ポテンシャル ψ_{st} が，葉の水ポテンシャルよりも，樹木の水分状態をよく反映する優れた推定値であることを示している．ψ_{st} は，測定の30分以上前に葉群をビニール袋などに密閉して蒸散を止め，葉内の通水抵抗に起因する水ポテンシャルの低下を除去して測定する．葉の水ポテンシャルは葉の周囲環境に過度に敏感である傾向がある一方で，土壌の水分状態にはあまり応答しない（McCutchan & Shackel, 1992，Patakas et al. 2005）．

植物が受けているストレス程度の指標として，長期間にわたる水分状態を統合したものは，とくに長期研究にとって役立つ．おそらくもっとも簡便な方法は，夜明け前の ψ_ℓ を積算することである（Schultze & Hall, 1981）．第10章では，リモートセンシングによる「作物水ストレス指数」の使用が長期間の水ストレスを簡便に統合できる指標として議論されるが，これは実際の気孔閉鎖を推定するためにはかなり間接的な指標であることを覚えておく必要がある．

4.4 水の流れ

水の質量流は，普通の輸送方程式で記述できる．多孔質の物体や毛管を通る水の流れでは，適切な駆動力は静水圧の勾配 $\partial P/\partial x$ であり，つぎのように表せる．

$$\mathbf{J}_V = -L \frac{\partial P}{\partial x} \tag{4.23}$$

ここで，$\mathbf{J}_V$ は体積フラックス密度 $[m^3\,m^{-2}\,s^{-1}]$ であり，平均流速 $[m\,s^{-1}]$ に等しい．そして L は**通導度**（hydraulic conductivity coefficient）$[m^2\,s^{-1}\,Pa^{-1}]$ とよばれ，フィックの第1法則における拡散係数に相当する（式(3.10)参照）．式(4.23)で駆動力を水ポテンシャルではなくて静水圧で表記するのは，浸透ポテンシャル勾配 ψ_π は半透膜を介した系の場合にだけ圧力を生成し，体積輸送に影響することを思い出せば理解できる．式(4.23)は土壌の水移動に適用される場合には**ダルシーの法則**として適用され，どのような多孔質の物体を通る水の流れにも適用できる．

フィックの第1法則の場合と同様に，式(4.23)を統合形式に適用することは都合がよいことが多く，輸送距離についての係数を含めるとつぎのように表現される．

$$\mathbf{J}_V = -\frac{L\,\Delta P}{\ell} = L_p\,\Delta P \tag{4.24}$$

ここで，L_p は**通水コンダクタンス** $[\mathrm{m\,s^{-1}\,MPa^{-1}}]$ で，輸送経路が均質なときには L/ℓ (ℓ は輸送距離)となり，拡散コンダクタンス g と同様に扱える．したがって，L_p は輸送距離に依存し，L は水が通過する物質と流体粘度の特性となる．式(4.24)は，式(4.14)で $\sigma = 0$ の特別な場合である．

円筒形の管を通る水の流れでは，通水コンダクタンスは管の半径と流体粘度によって表現できる．

$$\mathrm{J_V} = \frac{r^2}{8\eta\ell}\Delta P \qquad (4.25)$$

ここで，r は管の半径 $[\mathrm{m}]$，η は**液体の粘性率**(dynamic viscosity. $[\mathrm{kg\,m^{-1}\,s^{-1}}]$ もしくは $[\mathrm{Pa\,s}]\simeq 1\times 10^{-3}$，20℃の水)である．この式は**ポアズイユの法則**(Poiseuille's law)とよばれ，ある太さの管を流れる液体の断面積あたりの平均流速が，管の半径の2乗に比例して増加することを示している．したがって，管あたりの全流量は，半径の4乗に比例して増加する．この結論は多数の植物における実験結果からも支持されているが，実際の通導組織では，道管末端の細胞壁にある壁孔による流れの抵抗を調整する必要がある(Sperry et al., 2006)．この関係は管内の層流条件においてのみ成り立つが，これはレイノルズ数(この場合は $\mathrm{J_V}\rho r/\eta$，第3章参照)が約2000以下の状態に限られ，一般に植物の水輸送はこの条件の範囲である．どのような毛管でも，壁面の摩擦抵抗のため，管の中心部でもっとも流速が速くなる．この最大流速は，式(4.25)で与えられる平均流速の2倍に相当する．どのような毛管でも，通水コンダクタンス L_p は $r^2/(8\eta\ell)$ で簡単に計算できる．他の輸送過程と同様に，複雑な流れの解析については，電気回路との類比が利用でき，この場合も構成要素が連続した流路では，コンダクタンスではなく通水抵抗($R = 1/L_p$)を使用する(R は通水抵抗を示す)．

式(4.23)を管内部と多孔質内部の流れに適用する場合には，通常，異なる面積基準によって $\mathrm{J_V}$ を表現することは重要である．管では実際の通導管の内部断面積を使うのに対して，多孔質では通水しない部分も含めた全体の断面積を使う．

4.4.1　植物内の水の流れ

植物体内を蒸散流が流れる経路を図4.7に示す(Milburn, 1979, Slatyer, 1967, Steudle, 2001参照)．Hales, 1727によって認められたように，土壌-植物システムを通じて高木の頂部まで達する蒸散流は，葉からの蒸発によって駆動される[†]．この蒸発は葉の水ポテンシャルを低下させ，土壌と葉の間に水ポテンシャル勾配を作り出し，

[†] 「動物では，心臓が血液を流す動力源で，血液を絶えず体内に循環させている．しかし植物では，樹液が通る道管を構成する毛管による強い吸引力以外に樹液を移動させる要因がない．これは，日射による植物体の温度上昇による顕著な波動と振動に促進され，樹液はもっとも高い木の頂端まで運ばれる…つまり，樹液の上昇流は葉からの大量の発汗によって加速されている…」(Hales, 1727)．

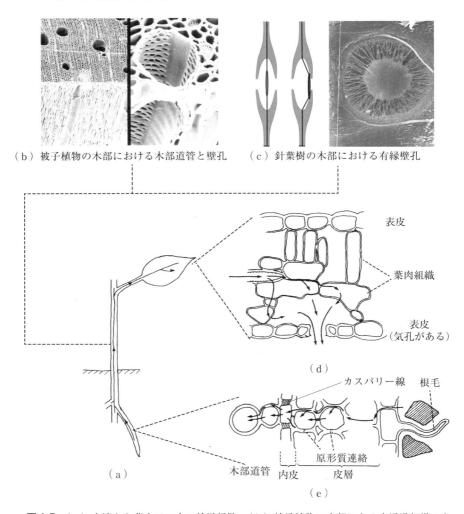

図 4.7 （a）土壌から葉までの水の輸送経路．（b）被子植物の木部にある水通導組織である道管と道管の側壁にある壁孔．（c）針葉樹の仮道管にある有縁壁孔の断面の模式図(正常と吸引状態)と，正面から見たオウシュウトウヒ *Picea abies* の壁孔膜(Michael Rosenthal 氏提供)．（d），（e）葉と根の細胞壁(アポプラスト)とシンプラストの並行した水の通り道．

その張力によって水は土壌から植物へ引き上げられる．樹液流の凝集力仮説は，この水の流れには，水柱内の水分子間にはたらくきわめて大きな凝集力と，水分子の道管細胞壁への強い粘着力が必要で，少なくとももっとも高い木の頂部まで水を引き上げるのに必要な 10 MPa という張力に耐えることを示している(Steudle, 2001)．それ以外のメカニズムについても多数の提案があり，植物体内の各所に能動的なポンプが存

在することや，水の輸送経路に逆流防止弁のような構造を仮定している．これらの仮説は，木部道管内の負圧は，凝集力仮説によって期待される値，あるいは圧力チャンバーのデータから推定される値よりも弱いのではないか，という仮定に何らかの形で依存しているが，実際の証拠は凝集力仮説を強く支持している (Angeles et al., 2004 の有用な引用文献を参照)．

植物体内を軸方向に水が移動するときの主要な経路は木部で，その内部の通導要素は，主に死んで厚く肥厚してリグニンが蓄積した細胞壁をもつ道管や仮道管である．道管は被子植物にのみみられ，連続した管を作るように列状に並んだ細胞の両端が分解してつながった構造で，長さは数センチ〜数メートル，直径も 20〜500 μm の範囲で変動する．一方，仮道管は一つの細胞に由来し，すべての維管束植物でみられ，針葉樹などの裸子植物では主要な通水管となっている．典型的な仮道管の長さはわずか数ミリ程度で，直径は 10〜60 μm の範囲である．木本植物では，最大の通水管(道管あるいは仮道管)細胞は一つの年輪内で生育期間の始めに作られた木部(早材)に生じる傾向があり，生育期間の後の部分(晩材)ではずっと小さくなる．典型的な例として，ヨーロッパアカマツでは早材と晩材の仮道管の直径はそれぞれ 35 μm と 14 μm であり，ヨーロッパナラの道管では 268 μm と 34 μm という違いがある (Jane, 1970)．隣接した道管は，樹液が通過できる壁孔によってつながっている．被子植物の道管を隔てる壁孔膜の孔の直径は 5〜20 nm で，一方，針葉樹の仮道管でみられる特殊化した有縁壁孔のマルゴ (margo) の壁孔膜では 0.1〜0.2 μm 程度である(図 4.7)．有縁壁孔は，水が不足して張力がかかりすぎた場合には安全弁として閉鎖し，空気塞栓(エンボリズム)を防ぐ機能がある一方で，水が十分な条件では水をよく通す．

土壌から木部までの放射方向の水の動きは，皮層を通過し，一部は細胞壁の空間の水で満たされた部分(アポプラスト)を通り，一部はシンプラスト(細胞膜に囲まれ原形質のつながった部分)を通る．シンプラストを形成している個別の細胞の間は，原形質連絡とよばれる狭い細胞質接続によってつながっている．シンプラストは細胞膜によってアポプラストと隔てられている．根の皮層と維管束組織の間には内皮とよばれる特殊化した細胞層があり，ここには細胞壁がスベリン化して細胞壁の水の移動を妨げる細胞層があり，カスパリー線とよばれる(図 4.7)．カスパリー線では，すべての水は細胞膜を通って細胞質へ移動する．同様に，葉で蒸発が生じている場所へも，水は維管束からシンプラストと細胞壁内を通って移動する．アポプラストとシンプラストを通じて移動する水の割合を明確にすることは難しく，これは解剖学的な構造が複雑であることと，細胞膜や細胞壁などの透水性についての情報が欠如しているためである．それにもかかわらず，反発係数 σ がかなり低かったり変動したりすることがしばしば確認されている．これは，少なくとも水の流れの一部は内皮細胞を通過して

おらず，たとえば，カスパリー線が形成される前の若い組織などでは，カスパリー線を避ける迂回流があることを示している(Steudle, 2001 参照).

木部がいかに長距離の水輸送において効率的な通水経路であるかを示すことは容易である．蒸散している植物の木部内の水にかかる典型的な圧力勾配として $-0.1\,\mathrm{MPa\,m^{-1}}$ を仮定すると，直径 $100\,\mathrm{\mu m}$ の道管では，ポアズイユの法則から，管を流れる水の流速は $125\,\mathrm{mm\,s^{-1}}(= (100 \times 10^{-6})^2 \times 10^5/(8 \times 10^{-3} \times 1)\,\mathrm{m\,s^{-1}})$ となる．同様の計算を直径 $20\,\mathrm{\mu m}$ の道管で行うと，流速は $5\,\mathrm{mm\,s^{-1}}$ になる．一方，細胞壁間隙でも同じ法則が成り立つと仮定すると，間隙はわずか $5\,\mathrm{nm}$ 程度であるので $3.1 \times 10^{-7}\,\mathrm{mm\,s^{-1}}$，すなわち同じ断面積の道管の $1/10^7$ にまで低下する．実際の樹木で観測された最大流速範囲は，針葉樹では $0.3\sim0.8\,\mathrm{mm\,s^{-1}}$，散孔材の硬木樹種(たとえば，ヤマナラシ属 *Populus* やカエデ属 *Acer*)では $0.2\sim1.7\,\mathrm{mm\,s^{-1}}$，環孔材の硬木樹種(たとえば，トネリコ属 *Fraxinus* やニレ属 *Ulmus*)では $1.1\sim12.1\,\mathrm{mm\,s^{-1}}$ になる(Tyree & Zimmermann, 2002 参照)．草本の木部の水の流れは，$28\,\mathrm{mm\,s^{-1}}$ ($100\,\mathrm{m\,h^{-1}}$)にまで達することがある．こうした樹液流速の実測値は，ポアズイユの法則から予測される値よりも小さくなる傾向があるが，その原因の一部は，隣り合った道管細胞間の壁孔膜における通水抵抗によると推定される．とくに環孔材の樹種では，大部分の水の移動はもっとも新しい年にできた木部で起こる．たとえば，ニレでは 4 年目の年輪まで水の移動が観察されたが，そのうちの 90％の水は当年の木部を通っていることが観測された(Ellmore & Ewers, 1986).

被子植物の道管間や針葉樹の仮道管間で，隣接する末端細胞壁にある壁孔の通水抵抗は，全流れ抵抗の 60％程度となることが多い．被子植物の道管は同じ直径の仮道管よりも一桁程度長い傾向があり，そのため末端細胞壁の数は少なくなるが，道管のほうがより効率がよいとは限らない．なぜなら，仮道管のトールス・マルゴ構造をもった有縁壁孔の孔は大きく，末端細胞壁における抵抗は小さいため，通水経路上の多数の細胞壁の通過を補償するからである(Sperry et al., 2006).

4.4.2 樹液流のネットワーク

小さなシロイヌナズナから巨大なセコイアまで非常に多様化した大きさや形態の器官に対して，維管束植物の枝分かれした通水・支持システムが，どのように効果的な力学的支持を行い，水を供給しているのかについては，多くの議論がなされてきた．もっとも小さな枝ともっとも太い幹の間の資源分配は，最適化される必要があることは明らかである．West et al., 1997, 1999 は，幅広い生物現象で観察される「アロメトリック」なスケーリング(べき乗則)を説明する，樹冠内の階層的な分枝ネットワークの資源分配に関する一般理論(WBE モデル)を提案した．このモデルは，生物学的な

パラメータ y と生物体の質量 m の関係を次式によって表す．
$$y = y_0 m^b \tag{4.26}$$
ここで，y_0 は生物組織に依存する定数で，b はべき指数である（通常，1/4 の単純な倍数）．この極端に単純化したモデルは，植物内の水の流れについて，維管束系は平行に揃って配置された同じ長さと大きさのパイプの束が幹から葉柄まで並び，フラクタル状の枝分かれ構造の枝の大きさの増加とともにパイプ数が増加することを仮定している（図 4.8）．系全体の流れのエネルギーが最小になることを基本的な仮定条件とすると，通水の流れ抵抗（と流れ）は経路長には依存しないため，植物個体サイズにも依存しないという結論が得られる．これは，先端に向かって適切な割合でパイプの直径が細くなることによって実現される．

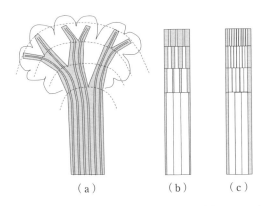

図 4.8 （a）樹木の枝と維管束組織の分枝パターンの模式図．並行したパイプ状に示された複数の維管束が，先端の枝や葉に水を送る．（b）WBE モデルによる道管の配置とそれぞれの管の先細りの様子．（c）修正した一般化充填モデル（Savage et al., 2010）．小さな管ほど茎断面積を高密度で埋める．

WBE モデルは，これまでに観察されている維管束系の分枝様式や通水コンダクタンスの分布パターンについてはかなりうまく説明できるが，維管束ネットワークの進化に対して強い選択圧となる水輸送の効率と安全性の間のトレードオフ関係について十分な考慮はなされていない（Savage et al., 2010）．サヴェッジらは，木部内の空間に道管や仮道管が最適に配置されることを仮定した「充填則」を示し，道管密度が道管直径の 2 乗にほぼ反比例するとしたが，これは，多くの植物における観察結果とよく一致する．この規則は，枝の位置によって道管直径が変わっても道管頻度は変わらないという WBE モデルの仮定とは一致せず，それぞれの枝の階層において一定の道管断面積合計を予測するが，これはこれまでの文献中の解剖学的な観察結果の大半とよく一致する．このような空間充填モデルはより大きなスケールに適用することも可

能で，森林全体や景観レベルでの動態予測に利用できるだろう．

樹木の限界樹高　　樹木の高さを決める機構や，場所によって同じ種でも樹高が変化する理由，そして個体の樹高や樹齢の増加につれて成長が低下する理由を説明することは，驚くほど難しかった．限界樹高を説明する仮説は数多く提案されており，成長につれて栄養塩の供給が制限される可能性（栄養塩制限仮説），成長とともに呼吸が増大し最終的に同化量とつり合うという考え（呼吸仮説）などの仮説が含まれる．しかし，Ryan & Yoder, 1997 は，成長に伴って増大する木部の通水抵抗が，少なくとも主要因であると提案した．この通水制限仮説では，樹高の増大に伴う通水抵抗の増大が，葉の水ポテンシャルを低下させ，結果として気孔閉鎖と光合成の低下をもたらす．水収支には葉面積と辺材部の面積比のほうが，軸方向の全抵抗よりも重要であるという意見もあるが（Becker et al., 2000），遺伝的な違いにかかわらず，通水制限とそれに伴う同化量の減少が，限界樹高を決める主要因であることが一般に認められている．

樹液流速の測定方法　　木部の樹液流速や茎の樹液流量を非破壊的に測定する方法は数多く開発されている（Pearcy et al., 1991 は有用な総説）．ヒートパルス法はHuberによって1930年代に開発され（Jones et al., 1988 の総説），茎のある一箇所に熱パルスを与え，樹液の下流方向の一定距離離れた場所で温度上昇が検知されるまでの時間間隔を測ることで樹液流速を推定する．また，連続的に熱を加え続けるグラニエ法（たとえば，Granier, 1987），茎熱収支法（Čermák & Kučera, 1981, Čermák et al., 2004）なども広く使われる技術である．将来的には，核磁気共鳴法（MRI, Van As et al., 2009）のような手法も利用できるかもしれない．樹液流速は，茎の中で大幅に異なる可能性があるので，群落レベルの正確な平均値を得るためには，通常，多数のセンサによる繰り返し測定が必要である．

4.4.3　空洞化

　水の凝集力は非常に大きいが，道管の壁面に気泡の発生しやすい場所があったり，壁孔膜を通して気泡が侵入したりすると，極端に大きな張力の条件下で木部中の水が破断（空洞化（cavitate））することがある．いったん空洞化して気泡が発生すると，隣接した細胞を隔てる壁孔膜に達するまで急速に膨らみ，道管や仮道管に塞栓を生成（embolism）する（図4.9）．気泡のさらなる拡大は，通常，狭い孔直径の毛管現象によって防がれる．たとえば，細孔の直径が $0.1\,\mu m$ の壁孔膜では，この水蒸気と水の境界面が毛管現象（式(4.3)）により $1.5\,MPa$ よりも弱い張力の範囲で維持される．

　道管を塞いだ直後の空洞には水蒸気しか含まれておらず，その圧力は水蒸気圧と等しくなる．この状態では，夜間に根圧などで樹液の圧力がゼロよりも大きくなれば，ただちに水で満たされる．このような再補充可能な状態は，約1000秒以内に空気が

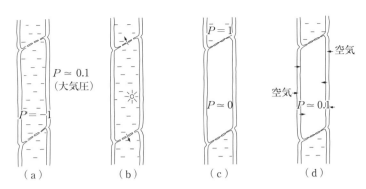

図 4.9 木部道管における空洞の発生と経過. 最初の状態(a)では, 木部樹液には $-1\,\text{MPa}$ の負圧 P (大気圧が加わるので, 対応する ψ_π は $-1.1\,\text{MPa}$ になる), 外部の空気には約 $0.1\,\text{MPa}$ の大気圧がかかっている. 道管内で空洞が発生すると(b), 樹液は周囲の道管に引き込まれ, 道管間を隔てる壁孔膜でメニスカス状態になるまで続く(c). 空洞化直後では, 道管内はおそらく数 kPa 程度の水蒸気 ($P \simeq 0\,\text{MPa}$)で満たされる. やがて, 道管内に空気がゆっくりと拡散して入り込み, おそらく内部圧力は大気圧($P \simeq 0.1\,\text{MPa}$)まで上昇する. 空洞化した道管への水の再充填は, 空洞発生直後のほうがずっと容易である可能性が高い(Milburn, 1979 の図を改変).

入りこんでしまうため, 長くは続かない(Tyree & Sperry, 1989). 道管内に空気が拡散して大気圧と平衡に達すると, 気体分子を水に溶解するには, 茎表面よりも高い圧力が必要である. また, 気泡から外部へ気体を拡散させる必要があるため, 再充填の進行はずっと遅くなる. 気泡にかかる圧力は, 正味の木部張力と道管内の表面張力による毛管圧によって決まる. このことから, Yang & Tyree, 1992 は, 平衡状態における気泡の可溶性気体の茎からの拡散には, 木部圧ポテンシャル ψ_p が $-2\sigma/r$ よりも大きい必要があることを示した. ここで, σ は表面張力, r は道管の半径である. 半径 $50\,\mu\text{m}$ の道管では, この木部圧は $-5.8\,\text{kPa}$ になる. この段階で, 空洞化した道管が回復できなくなることが多いが, 一方で, 再充填過程に必要な木部圧よりもかなり低い状態でも水の再充填が報告されている(Trifilò et al., 2003 参照). この過程には根圧の関与はなく, 能動的な溶質輸送が道管への水の流れを促進している可能性が示されている. 木部への水の再充填過程は気泡を溶かし込んでいくことで生じ, その過程はクライオ式走査型電子顕微鏡(cryo-SEM, Canny, 1997)や, 高解像度トモグラフィー(Brodersen et al., 2010)によって可視化されている. 主に夜間に起こるこのような気体の溶解過程では, 夜間の蒸散過程において溶解した気体の外部放出が促進され, 夜間に気孔が閉かない種では再充填が起こらないかもしれない. 植物種によっては, 道管内への気泡の侵入がチロース形成を誘導する. チロースは, 空洞化や菌の感染によって損傷を受けた道管で, 木部柔細胞が内部成長することで形成され, 木部道管を完全に塞ぐ. その結果, より古い木部における木部通水機能は不可逆的に失われる.

空洞化が生じると道管が負圧から解放されるため衝撃波が発生し，それによって生じる「クリック」音はマイクによって検出できる (Milburn, 1979)．0.1～1 MHz の範囲を検出できる超音波計を利用することは，この波長範囲には自然界で生じる雑音がほとんどないので，野外で使用できる優れた空洞化の検出方法であるように思われる (Tyree & Dixon, 1983)．しかし残念ながら，茎が乾燥していくときに発生する音波や超音波はいつも同じように発生するわけではない．これは，木部からの超音波の発生が，異なる組織要素における空洞化や構造変化によるものであることを示している．音波発生を木部機能不全の指標として利用するのであれば，それらが木部繊維や小さな仮道管で生じているのではなく，機能している主要な木部要素で生じていることを示す必要がある．しかし，このことが十分に示された例はこれまでになく，多くの音波は，ほとんどの場合，水輸送をしていない要素から発生しているというよい証拠がある．たとえば，リンゴの木を長さ 5 cm に切って乾燥させると，そのような短い木片に含まれている水で満たされた道管要素の数は非常に少ないはずなのに，高頻度で音波信号が検出される (Sandford & Grace, 1985)．このような不確実性にもかかわらず，植物の乾燥に伴う空洞の発生数は，切断した茎で測定された通導度とほとんどの場合で相関する．もっとも，図 4.10 に示すようにその関係はそれほど密接ではない．針葉樹の超音波発生におけるエネルギーは，仮道管の直径と関係することが示唆されており，検出された超音波のエネルギーの積算値は，検出頻度の積算値よりも通導度のよい指標であるかもしれない (Mayr & Rosner, 2010)．

　音響検知を木部塞栓の指標として利用することは難しいため，通導度の減少を塞栓の基本的な指標として利用したほうがよいが，二つの測定方法の結果はだいたい同じような傾向になる (たとえば，図 4.10)．Sperry et al., 1988a は，圧力をかけて切り枝に水を流す簡単な装置を作り，複数の切り枝の通導度を同時に測定できる方法を示した．この方法の重要な進歩は，さまざまな水ポテンシャルの状態の枝片の通導度を，その枝片の塞栓をなくすために酸性の液体を 175 kPa で流して木部内を水で満たした後で測った値との比によって表したことであった．この方法は，最初の通導度の最大通導度に対する比率を示すことができ，塞栓の指標となる．**脆弱性曲線**[†]は，野外から異なる水ポテンシャルの枝を採取するか，枝を実験室内で乾燥させるか，または茎を圧力容器に入れて圧力をかけて (空気注入法，Cochard et al., 1992) 通導度を測定することで作成できる．空気注入法は，茎に木部内の張力を想定した圧力をかけ，道管内に空気を押し込む．この圧力は，木部張力の絶対値と等しいが符号は逆となる．この原理を採用した，使いやすい市販の圧力 - 流れ装置が利用できる (http://www.

[†] 通導度の損失率と枝の木部張力の関係は，枝の空洞化への感受性を示すので，脆弱性曲線とよばれる．

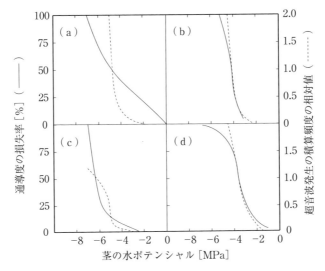

図 4.10 木部の脆弱性曲線の測定例．水ポテンシャルの低下に伴う，通導度の損失(—)と超音波発生(---)；(a) ヒルギ科 *Cassipourea elliptica*, (b) サトウカエデ *Acer saccharum*, (c) ヤエヤマヒルギ属 *Rhizophora mangle*, (d) ニオイヒバ *Thuja occidentalis*. 超音波発生は，通導度が50%まで低下したときの水ポテンシャルにおける値に対する相対値で示した(Sperry et al., 1988b, Tyree & Dixon, 1986, Tyree & Sperry, 1989 から値を読み取り再計算した)．

bronkhorst.fr/fr/produits/xylem_embolismmeter/)．

　茎試料をより急速に乾燥させる別のやり方として，切り枝を遠心分離機のローターの中心に置いて回転させ(Li et al., 2008, Pockman et al., 1995)，回転数を変化させて木部に空洞化が起こる張力まで遠心力を発生させる方法がある．回転中に木部内の水にかかる見かけ上の外向きの力(遠心力)は，木部張力に相当する．測定する切り枝の半分の長さを r_{max} とすると，遠心力は中心ゼロから r_{max} の範囲の水にかかり，最大張力 P はローターの中心で生じ，$P = -0.5\rho r_{max}^2 \omega^2$ で表される．ここで，ρ は木部液の密度，ω は角速度である(Alder et al., 1997)．この方法では，ローターの回転速度を高めることでより強い遠心力が生じて，切り枝の道管に影響を及ぼすことなく樹液にかかる張力を増やせる．空洞化の程度は回転させる前と後の通導度の差から求めることができるが，つる植物のように道管長が遠心機のローターの大きさを越えてしまうような植物では，うまく測れないだろう．

　空洞化が生じる水ポテンシャルには，ほとんどの場合に閾値がある．この値は，事前に受けたストレスの程度や対象となる種，さらにはその品種によっても変化する(表4.1)．空洞化の起こりやすさは，壁孔膜にある細孔の数や大きさと密接に関係することが多く，壁孔膜に大きな孔をもつ道管はもっとも空洞化しやすい．これは，気

表 4.1 木部空洞化への脆弱性の種間比較．空洞化の程度（閾値，空洞化50％，空洞化90％）とそのときのおよその水ポテンシャルの値を既発表の図から読み取ったもの．データは，通導度の損失か超音波発生によって得られ，括弧内の数字は超音波のデータを示す．図4.9も参照．

植物種	ψ [MPa]			引用文献
	閾値	50%	90%	
サトウカエデ，*Acer saccharum*	−3.0(−2.5)	−4.1	−4.7	4
セイヨウカジカエデ，*Acer pseudoplatanus*	(−1.5)	(−1.8)	—	1
ヒルギ科，*Cassipourea elliptica*	−0.0(−2.0)	−4.1	−6.6	3
エンピツビャクシン，*Juniperus virginiana*	−3.5(−4.2)	−6.4	−8.8	4
トマト，*Lycopersicon esculentum*	(−0.2)	(−0.4)	—	1
リンゴ，*Malus* × *domesitca*				
M9 台木（水ストレスなし）	(−0.9)	—	—	2
M9 台木（水ストレスあり）	(−2.5)	—	—	2
トウゴマ，*Ricinus communis*	(−0.5)	(−0.8)	—	1
セイヨウシャクナゲ，*Rhododendron ponticum*				
成熟葉	(−1.7)	(−2.1)	—	1
未成熟葉	(−0.8)	(−1.0)	—	1

引用文献：1. Crombie et al., 1985　2. Jones & Peña, 1987　3. Tyree & Sperry, 1989　4. Tyree & Dixon, 1986

泡の侵入が空洞化発生を引き起こす核形成となることを示唆する（Tyree & Sperry, 1989）．細い道管は空洞化回避に有利であることが示唆されてきたが，空洞化の閾値と道管の大きさとの関係を種間比較すると，その相関は低い．一般的に針葉樹の仮道管は，同じ直径の被子植物の道管よりも少しだけ空洞化を起こしやすいが，この違いは，壁孔膜の孔の大きさの違いから予想される違いよりもはるかに小さい．これは，仮道管の大きな孔は，張力が大きくなると有縁壁孔の「吸引」によって閉鎖されてしまうからである．少なくともカエデ属の種では，空洞化が起こる平均圧力は，道管あたりの壁孔の数や大きさよりも，道管をつなぐ壁孔膜自体の性質（壁孔膜の厚さ，多孔性，壁孔腔の深さ）と強く相関していた（Lens et al., 2011）．同じ種で比較した場合，晩材の道管は早材の道管よりも小さな直径をもつが，空洞化が起こりにくい傾向がある．乾燥地に生育する植物や乾燥耐性の高い種と，空洞化の起こりにくさは強く結びついている（Pockman & Sperry, 2000）．空洞化が起こる閾値よりも大きな壁孔膜が存在する確率は，孔の数の増加に伴って高まるといえる．しかし，これは単純に，壁孔の数が増えると基準よりも大きな孔の数が増えるという理屈からである．

機能している道管が空洞化すると，茎の通導度は減少する．茎の通導度の低下は葉の水ポテンシャル ψ_ℓ を低下させる傾向があり，これはさらなる塞栓の発生を促進する．これは不安定な状態で，気孔が閉鎖しない状態では，Tyree & Sperry, 1988 が「暴走塞栓(runaway embolism)」と名付けた，すべての通水組織の機能が失われる状況に至ることも予想される．しかし実際には，このような破滅的な木部崩壊は，通常，気孔閉鎖によって防がれている(Jones & Sutherland, 1991)．この論文の著者らは，気孔の最適な開閉制御は葉の水分状態だけによっては達成できず，根とシュート間の何らかの情報伝達による土壌水分についての情報が必要となることを示している．空洞化のほとんどは，葉や若い枝で生じる傾向がある．しかし，これは主要通導組織の機能を維持するのに役立つだろう．

定常状態での水の流れ　すでに指摘したように，土壌から植物体内を通る蒸散流は，蒸発によって低下する水ポテンシャル勾配によって駆動される．実際には，アポプラストにおける水の駆動力は静水圧の勾配である $\partial \psi_p/\partial x (= -\partial P/\partial x)$ であり，これは水ポテンシャル勾配である $\partial \psi/\partial x$ と類似している．これは木部液中のマトリック要素や浸透要素が非常に小さく，ψ_π は通常 -0.1 MPa を上回るためである．なお，鉛直な道管内の水において，ψ が一定で流れがない平衡状態では，重力ポテンシャル $\rho_w g h$ を打ち消すための -0.01 MPa m^{-1} の勾配が加わる．

　植物体内を水が流れる経路は複雑に分岐しているため(図 4.7, 4.11)，定常状態の水の流れは，式(4.23)ではなく，かなり単純化された「ブラックボックス」抵抗モデル(図 4.11)によって解析される．van der Honert, 1948 以降のほとんどの研究者は，図 4.11(c)のような単純な懸垂線系列モデルに基づいて解析してきた．この簡略化によって，系内の定常状態の水の流量と水ポテンシャルの関係を次式で記述できる．

$$E = \frac{\psi_s - \psi_\ell}{R_s + R_r + R_{st} + R_\ell} = \frac{\psi_s - \psi_r}{R_s} = \frac{\psi_r - \psi_{st}}{R_r}$$
$$= \frac{\psi_{st} - \psi_x}{R_{st}} = \frac{\psi_x - \psi_\ell}{R_\ell} \tag{4.27}$$

ここで，E は系内を通る水フラックス(蒸散速度)，ψ はそれぞれ土壌全体 ψ_s，根の表面 ψ_r，茎の基部 ψ_{st}，茎の先端部 ψ_x，葉で蒸散が行われている場所 ψ_ℓ の水ポテンシャルの値を示している．また，土壌 R_s，根 R_r，茎 R_{st}，葉 R_ℓ の通水抵抗は，図 4.11(c)に示した場合の流れ抵抗を示している．抵抗表示は，抵抗要素が直列の場合にとても有用であるが，流路上の対象となる組織要素が一つのときには，抵抗の逆数であるコンダクタンス表示を使うことが多い(しばしば K_r，K_{st}，K_ℓ と略される)．通常，E は体積フラックス[m^3 m^{-2} s^{-1}]として表すので，R の単位は[MPa s m^{-1}]になるが，基準となる面積は，モデルによって葉面積，茎の断面積，地表面積あたりの流

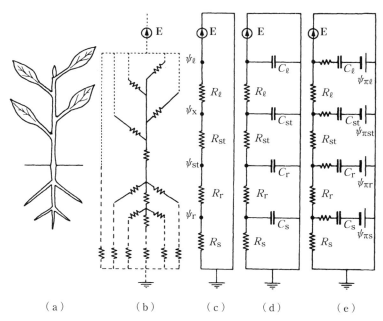

図4.11 （a）植物個体の模式図．（b）蒸散を定電流発生装置 E としたときの土壌，根，茎，葉の通水抵抗を示した対応する電気回路表現．（c）（b）で示された複数の分岐を単純化した懸垂線モデル．各要素の通水抵抗（土壌 R_s，根 R_r，茎 R_{st}，葉 R_ℓ）を一つの抵抗で表現し，これらを直列につないだ電気回路で示している．（d）（c）に適当な組織にキャパシタンス C を含めたモデル．（e）（d）の各組織に，浸透ポテンシャル ψ_π で表される電圧源と貯水への通水抵抗を含めたモデル．この回路では，コンデンサの前後で起こる電圧の低下は膨圧の低下を示す．

量が使われる．また，流量は体積ではなく，水のモル数として測定されることもある．植物個体あたりの水フラックスで表現する場合には，R の単位は [$\mathrm{MPa\,s\,m^{-3}}$] になる．それぞれの扱い方において，これらの表現はすべて正しい．

葉の通水抵抗は，およそ半分が葉柄と葉脈の通過，そして残りの半分は木部組織外の葉肉組織から蒸散が生じている箇所までの通過と関係し，シュートにおける通水抵抗の大半を占め，植物体全体の抵抗 R_p の約 30% を占める（Sack & Holbrook, 2006）．木部組織外の経路では，少なくとも何らかの形で細胞間の水移動が含まれ，アクアポリンがかかわっている．葉の通水コンダクタンス K_ℓ について報告されている値は種によって100倍近くの違いがある．ホウライシダ属 *Adiantum lunulatum* では 0.76 $\mathrm{mmol\,m^{-2}\,s^{-1}\,MPa^{-1}}$（$1.4 \times 10^{-8}\,\mathrm{m\,s^{-1}\,MPa^{-1}}$），マカランガ属 *Macaranga triloba* では 49 $\mathrm{mmol\,m^{-2}\,s^{-1}\,MPa^{-1}}$（$8.8 \times 10^{-7}\,\mathrm{m\,s^{-1}\,MPa^{-1}}$）であり，値は環境によって変化する．一般に，草本植物のコンダクタンスは樹木よりも高い傾向があり，

針葉樹やシダ植物で非常に低くなる(Sack & Holbrook, 2006).

植物体を通過する水フラックスは蒸散速度によって決まるので，葉の水ポテンシャルは気相に関係する抵抗(主に気孔)の効果によって，間接的に植物体内の水の流れを制御していると考えられる．また，電気回路から類推すると，蒸散は安定電流発生装置と表すことができ(図4.11)，これは，気相に向けた水ポテンシャルの低下や水蒸気の移動抵抗は，液相における値よりも一般に10倍以上大きいためである．そのため，典型的な(植物体内の)液相抵抗の変化は，全体の抵抗，すなわち全体の流れにおいて無視しうる効果しかないが，式(4.27)が示すように，こうした小さな通水抵抗の分布が，植物体内の水ポテンシャルの分布に影響する．典型的なψは-1〜-2.5 MPaの間の値となり，植物体内での液相の水ポテンシャル差$\Delta\psi$は1〜2 MPaとなるが，大気の水ポテンシャルは-50 MPaよりも低くなるのが普通で(相対湿度$\simeq$69%の場合，第5章参照)，気相の$\Delta\psi$は液相よりも10倍以上大きくなる．このような気相と液相の抵抗比較は，大まかな概算にすぎない．なぜなら，第3章で説明したように，気相における拡散の駆動力である水蒸気分圧は，水ポテンシャルとは比例しないからである(第5章).

図4.12は，土壌-植物システムの液相における水ポテンシャル低下と蒸散速度との関係の実験結果を示している．土壌-植物システムの水ポテンシャルの低下は，蒸散速度と比例することがある(図4.12(a)，(b))．これは，土壌-植物システムの通水抵抗R_{sp}が流速によらず一定であることを示している．しかし，多くの場合，この関係は顕著な曲線関係を示し(図4.12(d)，(e))，また，極端な事例では水ポテンシ

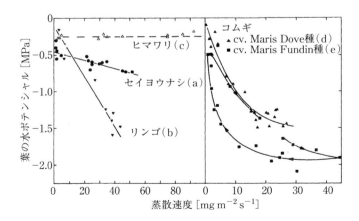

図4.12 葉の水ポテンシャルと蒸散速度の関係の測定例．ヒマワリとセイヨウナシのデータはCamacho-B et al., 1974，リンゴはLansberg et al., 1975，コムギはJones, 1978による．

ャルは蒸散速度によらずほぼ一定になる(図 4.12(c))．どちらのタイプの関係も多くの植物種で報告されている．このような R_{sp} の流速依存の理由はわかっていない(Fiscus, 1975, Kramer & Boyer, 1995, Passioura, 1984, Steudle, 2001)．しかし，おそらく根の水輸送における複合モデルによって，観察されている広範囲の反応をもっともうまく説明できるかもしれない．根では，水が浸透的な駆動によって細胞膜を通して輸送される要素と，静水圧差によって迂回的にアポプラストを通して輸送される要素があり，この二つの経路の依存性は種や生育環境によって変わる(Steudle, 2001)．流速の増加とともに通水抵抗が低下することは，土壌要素の抵抗が増加する可能性があるので，水移動の機構を考えるとやや驚くべきことである．しかし，フラックスが大きい(蒸散速度が高い)ときに，植物への深刻な水ストレスを回避することにおいては，おそらく適応的な利点がある．

蒸散している植物の茎の木部水ポテンシャル勾配は，切り葉を使って圧力チャンバーによって測定できる．茎についている葉を測定前に 30 分程度ポリ袋で密閉すると，ψ_ℓ は茎の木部水ポテンシャル ψ_x と等しくなり，茎の木部における水ポテンシャル勾配が得られる．葉を採取したときに蒸散していた場合は，ψ_ℓ は葉の葉柄の通水抵抗にも依存するので，R_ℓ の推定にも利用できる．植物体全体の通水抵抗 $R_p (= R_r + R_{st} + R_\ell)$ は，水耕栽培された植物の ψ_ℓ の測定によって求められることが多いが，これは土壌抵抗 R_s が無視できるためである．蒸散している植物の葉の付着位置による水ポンシャルの違いは，樹木の枝で 0.03 MPa m^{-1} よりも小さく，コムギでは節あたり 0.1 MPa 程度である(およそ 1 MPa m^{-1})(Jones, 1977a)．表 4.2 は，リンゴの木の土壌-植物システムにおける通水抵抗の内訳の推定値を示している．通水抵抗は根で大きくなる傾向があるが，葉や葉柄における抵抗も大きい．この葉における大きな通水抵抗によって，ψ_ℓ はしばしば ψ_{st} よりも 0.2 MPa 程度低くなる．

植物による水の再分配　　土壌中の湿った部位から乾いた部位(通常表面近く)への水の再分配が，植物の根による輸送を通じて促進されることは，現在までに数多くの

表 4.2　リンゴの木における通水抵抗の分布．Lansberg et al., 1976 のデータから計算．すべての抵抗は，個体あたりの値に変換し，$R_{st} + R_r$(土壌の通水抵抗も含む)に対する百分率で表している．括弧内の値は，値の範囲を示す．

	$R_{st} + R_r$ [MPa s m^{-3} × 10^{-7}]	R_r [%]	R_{st} [%]	R_ℓ [%]
鉢植えの個体（2 年生）				
実験 1	10.7 (8.2-12.9)	66(48〜74)	34(26〜52)	41
実験 2	30.5(26.0-35.0)	52(46〜59)	48(41〜54)	21
果樹園の個体（9 年生）	0.8	60	50[a]	35

a 丸め誤差

証拠が報告されており，この過程は，**水の汲み上げ現象**(hydraulic lift)，あるいは**水の再分配**(hydraulic redistribution)とよばれている(Caldwell et al., 1998, Prieto et al., 2012)．他の水輸送過程と同様に，この現象は水ポテンシャル勾配にそって生じ，移動速度と方向は水ポテンシャルと経路の抵抗の両方に依存する．そして，葉についた霧や露からの水が，根や土壌に向かって下向きに再分配されるという現象すら報告されているように，通常の土壌から根への水移動とは反転することもある．通常，根には，根から土壌への水の移動についての抵抗を，通常の土壌から根への水の移動の抵抗よりも高くすることで，水を「整流する」能力があり，一方，系を通過する水流に対する抵抗の一部は，アクアポリンによって調節されていると考えられている(Henzler et al., 1999, McElrone et al., 2007)．共有された菌根菌ネットワークも水の再分配に寄与している．そして，土壌中の水分布の改善は根の成長や機能を促進し，リターの分解や栄養塩の回転率や供給などの根圏の諸過程にも影響するだろう．

動的な応答 図4.12(e)は，水ポテンシャルの低下と蒸散速度 E との関係が一意的ではない，すなわち履歴現象(hysteresis)が存在している例を示している．これは，E が変化する状況においては，定常状態モデルでは動的な応答をうまく近似できないことを示している．蒸散速度の高まりに対して少し遅れて流量が増える履歴現象は，コンデンサを組み込んだ電気回路によってモデル化できる(図4.11(d))．

コンデンサの静電容量すなわち**キャパシタンス** C は，水ポテンシャルの変化に対する組織の含水量 W の変化の比で定義でき，つぎのような式で表現できる．

$$C = \frac{dW}{d\psi} = W_{\max} \frac{d\theta}{d\psi} = W_{\max} C_r \tag{4.28}$$

ここで，$W_{\max}$ は膨張した組織の最大含水量で，θ は相対含水率を示す．$d\theta/d\psi$ は，相対キャパシタンス C_r とよばれ，これは組織固有の特性で，形や大きさの異なる組織間を比較するときによい指標となる．含水量を単位面積あたり(葉面積や茎の断面積，あるいは地表面積)で表現すると，C の単位は $m^3 m^{-2} MPa^{-1} (= m\ MPa^{-1})$ となるが，C の絶対値については $m^3 MPa^{-1}$ で表される．流れモデルに含めて解析する場合には，C は E と同じ基準で表現される必要がある．

図4.13に水ポテンシャル ψ と組織の含水量との関係の測定例を示す．これらの関係は一般に非線形であるが，生理学的に重要な範囲については，ほとんどの場合，C_r を一定の値(すなわち直線)として近似できる．図4.13から求められた C_r の値は，リンゴの葉の 5% MPa^{-1} から 33% MPa^{-1} のコムギやトマトの葉に及ぶ．針葉樹の C_r に対応する値は，カラマツ属で 4.7% MPa^{-1}，トウヒ属で 6.3% MPa^{-1} と推定されている(Schultze et al., 1985)．

図4.11(c)のモデルに，各組織のキャパシタンスを含めたものが図4.11(d)である．

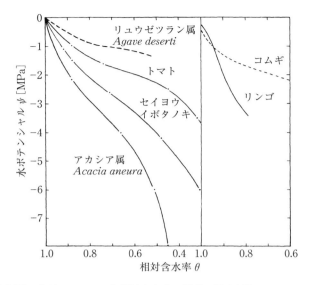

図 4.13　水ポテンシャルと相対含水率の関係の測定例（データは Jones, 1978, Jones & Higgs, 1979, Nobel & Jordan, 1983, Slatyer, 1960 による）．

このモデルでもかなり複雑であるが，多くの研究者は，組織の解剖学的な性質や形態学的に測定された水輸送構造をより正確に再現するために，さらに多くの抵抗器やコンデンサを含んだ回路を含むように拡大している．この方法のもう一つの拡張（Smith et al., 1987）が図 4.11（e）に表されており，各組織に電圧源を加えることで，細胞の浸透ポテンシャルを明示的変数として組み込めることを示した．この結果として，回路全体の電圧低下の電圧源は浸透ポテンシャル ψ_π なので，節（—・—）と地面との間の電圧低下は水ポテンシャル ψ，そしてコンデンサ前後の電圧の低下は圧ポテンシャル ψ_p となる．これらの複雑なモデルは，異なる組織の動的な水関係の計算に利用できる．このようなやり方の例として，リュウゼツラン Agave 属（Smith et al., 1987）からクロベ Thuja 属（Tyree, 1988）に至る多様な植物についての動的な水関係についてのシミュレーションがある．これらのモデルの数値的な解は，コンピュータを利用した一般的な電気回路分析によって容易に得られるが，モデルが複雑になりすぎると，制御過程を理解することが困難になる．このような抵抗‐キャパシタンスモデルの一般的な挙動は，単純化された集中定数型モデル（図 4.14）によってもっともよく例証され，図 4.11（d）の複雑なネットワークは，わずか一つずつの抵抗とキャパシタンスの回路で近似されている．これを解析するために，植物を通過する水の流れ J_p は（式（4.27）から）つぎのように表される．

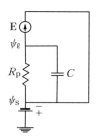

図 4.14 簡単な集中定数型モデルによる植物の水利用システム．水の流れは，定圧電源 E で駆動され，土壌の水ポテンシャル ψ_s は電池によって基準値（アース）よりも低下する．

$$J_p = \frac{\psi_s - \psi_\ell}{R_p} \tag{4.29}$$

葉の含水量の変化速度 dW_ℓ/dt は，葉への水の流入速度と蒸発散によって失われる速度との差によって求められる．

$$\frac{dW_\ell}{dt} = J_p - E \tag{4.30}$$

これに式 (4.29) を代入するとつぎのようになる．

$$\frac{dW_\ell}{dt} = \frac{\psi_s - \psi_\ell}{R_p} - E \tag{4.31}$$

葉のキャパシタンスが一定であると仮定すると，式 (4.28) を代入してつぎのように整理できる．

$$\frac{d\psi_\ell}{dt} + \frac{\psi_\ell}{R_p C} = \frac{\psi_s - E R_p}{R_p C} \tag{4.32}$$

これは，電気回路の解析でよく使われる一次の微分方程式である．この式は標準的な数学的手法によって解くことができ，葉の水ポテンシャル ψ_ℓ を時間 t の関数として表せる．平衡時の蒸発散速度 E が，ある時間で E_1 から E_2 まで変化すると仮定して解くとつぎのようになる．

$$\psi_\ell = A + B e^{-t/\tau} \tag{4.33}$$

ここで，$A = \psi_s - E_2 R_p$, $B = R_p(E_2 - E_1)$, $\tau = R_p C$ である．$\tau (= R_p C)$ は時定数とよばれ，最大の含水量から 63% が失われたときの時間を表している（図 4.15 参照）．50% まで水が失われる時間である半減期は，$\tau \times \ln 0.5 = 0.693\tau$ と等しい．

現実的なモデルはずっと複雑であるにもかかわらず，実際面では，キャパシタンスと通水抵抗が一定であるという仮定や，簡略な「集中定数化」モデルを利用することは，多くの目的に適している (Bohrer et al., 2005, Janott et al., 2011, Jones, 1978)．とくに，このモデルに実験データを当てはめる場合，比較的少数のパラメータしか必

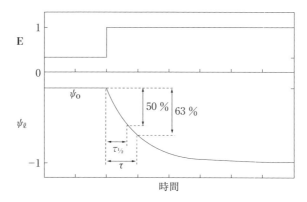

図 4.15 図 4.14 のモデルから予測される E の瞬間的な変化に伴う葉の水ポテンシャル ψ_ℓ の時間変化. 半減期(全変化量の 50% に達するのに必要な時間 $t_{1/2}$)と時定数 τ を示す.

要としないのは大きな利点である. たとえばより現実的な, E が変化し続けるという状況で式(4.33)を解く方法は, Jones, 1978 によって記述されている.

一つの細胞における水の出入りは, 組織の場合と同じように扱える. 組織を想定して得られた式(4.33)については, 水ポテンシャルの平衡のため時定数 τ は, 水取り込みの抵抗($R = 1/(A\,L_p)$)と細胞のキャパシタンス($C = V/(\varepsilon - \psi_\pi)$)の積で得られる. ここで, A は細胞の表面積, V は細胞の体積, ε は細胞の体積弾性率を表す. すると, 時定数はつぎのように表される.

$$\tau = \frac{V}{A\,L_p(\varepsilon - \psi_\pi)} \tag{4.34}$$

この式から, 細胞の水の出入りが平衡に達する速度は, L_p と ε とともに増加することがわかる.

4.5 篩管による長距離輸送

組織間や隣接する細胞間の溶質の移動は, 植物の正常な成長や発達に欠くことができない. たとえば, 土壌の無機塩類は葉などの地上部組織に届けられ, 葉で作られた炭水化物は新たに根を伸張させるために下方へ輸送されなければならない. さまざまな植物体内の輸送の詳細については Nobel, 2009 で説明されており, 植物生理学の教科書や輸送メカニズムについての総説もある(Taiz & Zeiger, 2010, Turgeon, 2010a). ここでは, 全体的な視野から, 異なる輸送過程の概要について紹介する.

第 3 章では, 有限な量の物質が平面上で放出されるとその濃度勾配はガウス関数に従い, 原点の濃度の 37% に低下する原点からの距離 x は, 次式で与えられることを述

べた．

$$x = \sqrt{4Dt} \tag{4.35}$$

溶液中の拡散係数は空気中よりもおよそ 10 の 4 乗の規模で小さくなるので（付録 2 参照），拡散速度は溶液中では空気中よりも非常に遅くなり，きわめて短い距離しか効果がない．たとえば，典型的な溶液の拡散係数 D である $1 \times 10^{-9}\,\mathrm{m^2\,s^{-1}}$ を代入して式 (4.35) を解くと，100 μm の拡散に必要な時間は $2.5\,\mathrm{s}\,(= (100 \times 10^{-6})^2/(4 \times 10^{-9})\,\mathrm{s})$ となる．1 cm または 1 m の拡散に対応する時間は，それぞれ 6.9 hr ($\simeq 2.5 \times 10^4\,\mathrm{s}$) と 8 yr ($\simeq 2.5 \times 10^8\,\mathrm{s}$) である．明らかに，単純な拡散過程は，植物体内の物質の長距離輸送では重要なメカニズムではないが，細胞間や細胞内の物質輸送には重要である．個々の細胞内では，細胞質はつねに動いており，この細胞質流動は，作物群落の境界層における乱流輸送と同様に，短距離での物質輸送を速める作用がある．正味の細胞質運動がなければ，見かけの拡散係数 D の値を下げる効果しかない．能動的あるいは受動的であっても，細胞膜を横切る溶質の輸送は植物の機能にとって重要であるが，この話題は本書の範囲外であり，その詳細については上記の教科書で説明されている．

　植物体内の溶質の長距離輸送は，木部の水の大きな流れによって運ばれるか，もう一つの輸送に特化した組織である篩管によって運ばれる．木部の水の大きな流れは，根から芽への無機塩類の迅速な移動だけではなく，代謝産物，サイトカイニンや ABA といった成長調整物質の移動にも重要である．しかし，蒸散の大部分は主に一方向だけに生じ，下方への求基的な輸送は行えないため，溶質の再分配のためにはとくに下方向に向かう別の輸送経路が必要になる．

　この長距離輸送経路は，篩部の輸送に特殊化した（生きている）篩管細胞を経由したもので，とくに葉から炭水化物を分裂組織や貯蔵器官へ輸送するために重要である．篩管輸送のしくみについては，いまだに完全に理解されていないが，Münch, 1930 が提唱した浸透圧によって生成される圧流機構に基づいているように思われる．この圧流説では，流れを引き起こす圧力勾配は，篩部要素に葉の葉肉細胞から糖が転送されることで生み出される．高まった溶質濃度は篩部要素の水ポテンシャルを低下させ，半透性の篩管の細胞膜によって水が流入する．その結果，静水圧が高まり，放出源（ソース）からの質量輸送を起こす．吸収源（シンク）となる組織でも能動的な溶質の取り出しが行われており，さらに濃度勾配を高めているだろう．

　現時点では，篩管部への糖の充填機構には，植物種によって異なるいくつかの種類があると考えられる (Fu et al., 2011, Turgeon, 2010b)．その一つは，葉肉細胞の高濃度の糖が，受動的な拡散によって，伴細胞を経由して篩部要素に到達するもので，とくに木本植物で広く行われているようである．他の植物，とくに草本種では，篩部の

糖濃度を濃縮できる能動的な(エネルギーを必要とする)機構を使用している．これはアポプラスト充塡とよばれ，ショ糖がアポプラストに拡散し，プロトン共役ショ糖輸送系によって篩部の伴細胞へと送り込まれる(Sauer, 2007)．二つ目の能動的過程は，「重合体捕獲(polymer trapping)」とされるもので，厳密には能動輸送体は伴わないが，原形質連絡を通って伴細胞まで拡散してきた糖類を，原形質連絡を通れないラフィノース族のオリゴマーに能動的に重合させる．結果として，オリゴマーは増加し，篩部要素に拡散する．糖アルコール類についても，同様な受動的・能動的，両方の充塡機構が存在する．最近，篩部輸送を記述する簡単なモデルが発表されており(Pickard, 2012)，転流速度を量的に予測できる．

　木部と篩部のどちらでも，ある平面を通過する i 番目の溶質の輸送速度 J_i [kg m^{-3} s^{-1}] は，溶質濃度と溶液速度の積で与えられる．

$$\mathbf{J}_i = c_i \mathbf{J}_v \tag{4.36}$$

木部液と篩部液のいくつかの溶質の典型的な濃度を表4.3にまとめる．表に示すように，篩部液の主要な溶質はショ糖でその濃度は他と比べて非常に高いが，木部液には含まれていない．この傾向は多くの植物に当てはまるが，サトウカエデなどの一部の種ではとくに春先には木部液にかなりの量のショ糖が含まれる．溶質の濃度は，カルシウムを除くほとんどの物質で木部液よりも篩部液のほうが高い．そのため，ある流速 $\mathbf{J}_v$ においては，篩部のほうが木部よりも多くの溶質を輸送する．しかし，篩部を

表4.3　キダチタバコ Nicotiana glauca の木部液と篩部液の溶質濃度の比較(データは Hocking, 1980 より)．

	木部液 [g m^{-3}]	篩部液 [g m^{-3}]
塩素	64	486
硫黄	43	139
リン	68	435
アンモニウム	10	45
カルシウム	189	83
マグネシウム	34	104
カリウム	204	3673
ナトリウム	46	116
アミノ化合物	283	1110^3
ショ糖	0	155〜168 × 10^3
合計乾物量	1.1〜1.2 × 10^3	170〜196 × 10^3

介した輸送では植物によるエネルギー消費が必要となるが，それよりもはるかに大量な道管の流れは，外部からのエネルギーによって駆動される．

カルシウムはいくぶん例外的で，木部液と篩部液で濃度がかなり近いか，あるいは木部でより濃度が高いことが報告されている（たとえば，表4.3）．篩部液でカルシウム濃度がやや低くなることは，蒸散が不活発な組織，たとえばリンゴの果実やレタスの内側の葉で観察され，こうした組織では深刻なカルシウム不足に陥っている可能性がある．リンゴの果実では茶色の斑点がついたり，果実が割れるような障害が発生する．またレタスでは，葉の先端が枯れるような障害が起こる（たとえば，Bangerth, 1979参照）．

4.6 演習問題

4.1 （ⅰ）以下の条件で，水が上昇する高さを求めよ．
　　　　（a）鉛直に立った直径1 mmの濡れやすい材質でできた毛管．
　　　　（b）45°に傾けた（a）と同様の毛管．
　　　　（c）鉛直に立った接触角が50°の材質からなる毛管．
　　　　（d）直径1 μmの濡れやすい材質でできた毛管．
　　（ⅱ）（d）の毛管で，水の上昇を防ぐために必要な圧力を求めよ．

4.2 ある細胞で，水ポテンシャル ψ が -1 MPaであるとき，浸透ポテンシャル ψ_π が -1.5 MPaである．水を吸って水ポテンシャルが -0.5 MPaまで上昇したとき，細胞の体積は25%増加した．
　　（ⅰ）圧ポテンシャル ψ_p の初期値を求めよ．
　　（ⅱ）水吸収後の浸透ポテンシャル ψ_π を求めよ．
　　（ⅲ）水吸収後の圧ポテンシャル ψ_p を求めよ．
　　（ⅳ）ψ が細胞の体積に比例するとして，相対含水率 θ の初期値を求めよ．
　　（ⅴ）膨圧が最大になったときの体積弾性率 ε_B を求めよ．

4.3 （ⅰ）直径0.2 mm，長さ1 mの滑らかな表面の円柱のパイプに，5 kPaの圧力差で水を流した．体積流速はいくらになるか．
　　（ⅱ）（ⅰ）のときの L，L_p，R の値を求めよ．
　　（ⅲ）圧力差を1 kPaにした場合に，同じ流量を維持するために必要な管の直径を求めよ．

4.4 土壌の水ポテンシャル $\psi_s = -0.1$ MPa，葉の水ポテンシャル $\psi_\ell = -1.2$ MPa，葉からの蒸散速度 $= 0.1 \times 10^{-6}$ m³ H₂O m⁻² 葉面積 s⁻¹ であるとする．
　　（ⅰ）植物体の通水抵抗を以下の条件で計算せよ．（a）葉面積あたり，（b）個体あたり（ただし，1個体の葉面積を 0.1 m² とする），（c）土地面積あたり（ただし，植栽密度を30個体 m⁻² とする）．
　　（ⅱ）個体の半数が除去されたにもかかわらず，全体の蒸散量が変化しなかった場合の，植物の葉の水ポテンシャル ψ_ℓ を求めよ．
　　（ⅲ）個体の半数ではなく，各個体の地上部のシュートの半数を除去した場合の ψ_ℓ を求めよ．植物体の通水抵抗のうち半分が，通常，土壌–根における流路にあるとする．

第5章 エネルギー収支と蒸発

　これまでの章では，質量輸送の基本原理を解説し，電気回路との類比の適用について説明した．これらの原理を蒸発に応用するには，この単純な相似を，水蒸気や熱の流れも含められるように拡張する必要がある．これは蒸発潜熱を供給するためのエネルギーが必要となるからである．蒸発を扱うために，最初に空気中の水分量を特定するために使われるさまざまな量を定義し，エネルギー収支式の概要を説明して等温純放射と放射熱輸送抵抗という概念を導入する．そして，エネルギー収支式を使って個葉と植物群落からの蒸発を表す一般式を導出し，この式を利用して蒸散と結露における環境と生理学的な調節の特定の側面を解説する．

5.1 エネルギー収支
5.1.1 フラックス成分

　エネルギー保存則(熱力学の第1法則)は，エネルギーは生成されたり壊されたりすることはできず，単に一つの形から別の形へ変化するだけであることを示している．この法則を植物の葉(あるいは群落)に適用すると，システムの内外に移動するすべてのエネルギーフラックスの差は，つぎのように貯蔵速度と等しくなければならない．

$$R_n - C - \lambda E = M + S \tag{5.1}$$

ここで，R_n は(短波と長波の合計)放射による正味の熱の増加，C は正味の「顕」熱損失，λE は正味の潜熱損失，M は生化学反応に貯蔵される正味の熱，S は(温度変化の原因となる)正味の物理的貯蔵である．フラックス密度の単位 $[\text{W m}^{-2}]$ を得るために，これらのすべてのフラックスを単位面積あたりで表すことは便利である．なお，気象学分野では，下向き鉛直フラックスを正で表すのが慣例となっている．

純放射　純放射 R_n は，式(5.1)で最大であることが多いだけではなく，他の多くのエネルギーフラックスを駆動する支配的な項である．さまざまな表面に対する R_n の典型的な日変化は第2章(図2.13と表2.3)で示した．

顕熱フラックス　顕熱損失 C は，伝導あるいは対流による周囲へのあらゆる熱損失の合計である．たとえば，1枚の葉が周囲の空気より暖かい場合には熱が失われ，C は正となる．全体の顕熱フラックスは，(伝導と対流によって)空気へ失われる熱(記号 C のままで表される)と，伝導によって他の周囲，とくに土壌へ失われる熱(記号 G によって表される)に分割できる．G は個々の葉については無視できる．しかし，植生群落では G は土壌熱フラックスを意味し，日中のほとんどの時間で(群落からの

熱損失と土壌の昇温を表す)正となり，R_n に対する比率は密集した群落における 2% から，土壌がほとんど陰にならない疎な群落における 30% 以上まで変動する．この G/R_n 比は次式で近似できる(Choudhury, 1994)．

$$\frac{G}{R_n} = \Gamma \simeq \Gamma' \exp(-k L) \tag{5.2}$$

ここで，Γ は全土壌熱フラックス比，Γ' は表面におけるエネルギー分割比($\simeq 0.4$)，k は群落を通過する放射伝達の減衰係数，L は葉面積指数である(第 3 章参照)．夜間，G は負であり，日中と同程度の絶対値をとる．これは，つぎの植生指数(第 2 章参照)を使って，さらに近似できる(Baret & Guyot, 1991)．

$$\frac{G}{R_n} \simeq \Gamma' \frac{SAVI_{\max} - SAVI}{SAVI_{\max} - SAVI_{\min}} = \Gamma' \Gamma'' = \Gamma \tag{5.3}$$

ここで，$SAVI$ は $1.5 \times (\rho_{NIR} - \rho_R)(\rho_{NIR} + \rho_R + 0.5)$ で計算される土壌を考慮した植生指数で，下付添字は対象サイトの最大値，最小値を表す．そのため，有効エネルギー $R_n - G$ は，$(1 - \Gamma) R_n$ として見積もることができる．

|潜熱フラックス　蒸発による熱損失速度 λE は，蒸発するすべての水を液体から水蒸気の状態に変換するために必要なもので，蒸発速度と水の気化潜熱($\lambda = 2.454$ MJ kg^{-1}, 20 ℃)の積で与えられる．

|貯蔵　代謝貯蔵速度 M は熱エネルギーの化学結合エネルギーへの貯蔵を表し，光合成と呼吸とで占められる．純光合成の典型的な最大速度は 0.5〜2.0 mgCO$_2$ m^{-2} s^{-1} で，8〜32 W m^{-2} の M に相当するが(第 7 章参照)，これらの値は，通常，R_n の 5% 未満である．夜間，M は暗呼吸と関連して小さな負の値をとるが，春に極端に高い呼吸速度を示すサトイモ科の一部の種は例外である(第 9 章参照)．物理的貯蔵 S は，植物体の加熱に利用されたり，(群落の)空気の温度上昇に利用されるエネルギーを含む．一般に，物理的貯蔵に流入する熱フラックスは，大量の葉や幹(たとえば，サボテン)，あるいは森林以外では小さい．たとえば，非常に密集した禾穀類の群落が 3 kg m^{-2} の水を含んでいたとして，群落温度が 5 ℃ h^{-1} で変化しているときの S は，わずか 17.5 W m^{-2}($3 \times 4200 \times 5/3600 =$ 質量 × 比熱 × dT/dt)程度であると推定される．

5.1.2　等温純放射

純放射 R_n の値は，吸収された全入射放射と射出された全長波放射の差であり，式(2.4)より以下のように表すことができる．

$$R_n = R_{吸収} - \varepsilon \sigma T_s^4 \tag{5.4}$$

ここで，フラックスは単位面積あたりで表され，T_s は表面の絶対温度，ε は射出率，

σ はステファン - ボルツマン定数である．ただし，R_n の値は，表面温度に影響する蒸散や顕熱交換のように，置かれた状況に左右され，環境によって変化する．そのため，Monteith, 1973 が指摘したように，表面温度から独立した「環境」純放射を定義することが，予測研究に役立つ．この **等温純放射** R_{ni} は，**ある気温に置かれた**，同一の環境と表面によって受け取られる純放射として定義される．よって，次式のようになる．

$$R_{ni} = R_{吸収} - \varepsilon\sigma T_a^4 \tag{5.5}$$

式 (5.4) を代入すると，R_{ni} と R_n の関係は次式のようになる．

$$R_{ni} = R_n + \varepsilon\sigma(T_s^4 - T_a^4) \tag{5.6}$$

つぎに，$T_s = T_a + \Delta T$ を代入して展開すると次式が得られる．

$$R_{ni} = R_n + \varepsilon\sigma(T_a^4 + 4T_a^3(\Delta T) + 6T_a^2(\Delta T)^2 + 4T_a(\Delta T)^3 + (\Delta T)^4 - T_a^4) \tag{5.7}$$

T_a^4 の項は消去され，$\Delta T \ll T_a$ であるため，$(\Delta T)^2$ や 3 乗以上のすべての項は無視できる．そのため，次式のように近似できる．

$$R_{ni} \simeq R_n + 4\varepsilon\sigma T_a^3 \Delta T \tag{5.8}$$

式 (5.8) の第 2 項は長波放射熱損失を示し，通常の顕熱損失の式 (表 3.1 参照) に相似したつぎの形にまとめられる．

$$放射熱損失 \simeq \frac{4\varepsilon\sigma T_a^3}{\rho c_p}\rho c_p(T_s - T_a) \tag{5.9}$$

ここで，ρ は空気の密度，c_p は空気の比熱，$4\varepsilon\sigma T_a^3/(\rho c_p)$ は放射熱輸送の「コンダクタンス g_R」である．よって，R_n は次式のようになる．

$$R_n = R_{ni} - g_R \rho c_p(T_s - T_a) \tag{5.10}$$

この放射熱損失に加えて，孤立した葉では，対流，すなわち放射熱損失と並行した経路によって，顕熱を失う (図 5.1 参照)．放射熱輸送と顕熱輸送は，それぞれ葉と大気の温度差に比例するため，全体の熱コンダクタンス g_{HR} は g_H と g_R の並列した和 ($= g_H + g_R$) であると定義できる．g_H に及ぼす温度効果は表 5.1 で示され，この表は，顕熱輸送の境界層コンダクタンスがかなり小さい場合を除いて，全体の熱的コンダクタンスに及ぼす温度影響は小さいことを示している．5.3.3 項でみるように，等温純放射は，変化する環境的要因や物理的要因によって葉温や蒸発速度が決まるように設計されたモデル化研究では，とくに役立つ．

5.1.3 水蒸気濃度の単位

第 3 章で，もっともよく使われる気体組成の尺度を説明した．その他にも，とくに空気の水蒸気含有量を表すいくつかの尺度がある．

水蒸気圧 空気中の水蒸気分圧についてはすでに使用しており，通常，記号 e が

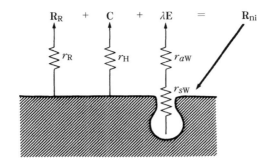

図 5.1 葉のエネルギー交換. 放射熱損失 R_R は実際の純放射 R_n と等温純放射 R_{ni} の差である. r_R は放射熱損失の抵抗, r_H は顕熱損失の抵抗, r_{aW} と r_{sW} は潜熱損失の境界層抵抗と気孔抵抗を示す.

表 5.1 「放射」コンダクタンス g_R の温度依存と, 広範囲の g_H 値に対する総熱コンダクタンス g_{HR} の典型値. 括弧の値は g_H を g_{HR} の百分率で示す.

温度 [℃]	g_R [mm s^{-1}]	g_{HR} [mm s^{-1}]		
		$g_H = 2$	$g_H = 20$	$g_H = 200$
0	3.54	5.5 (36%)	23.5 (85%)	204 (98%)
10	4.10	6.1 (33%)	24.1 (83%)	204 (98%)
20	4.69	6.7 (30%)	24.7 (81%)	205 (98%)
30	5.37	7.4 (27%)	25.4 (79%)	205 (97%)
40	6.10	8.1 (25%)	26.1 (77%)	206 (97%)

使われ, 単位は [Pa] である.

絶対湿度 水蒸気の質量濃度 c_W [g m^{-3}] を**絶対湿度**とよぶ. これは式 (3.6) による水蒸気分圧に関係し, つぎのように単純化できる.

$$c_W = \frac{e M_W}{\mathcal{R} T} = \frac{2.17}{T} e \qquad (5.11)$$

式 (3.6) から c_W と e に関連する別の表現も得られるが, これは今後の式の変形で利用する. 乾燥空気の分圧が $p_a = P - e$ であることを思い出すと, 次式が得られる.

$$c_W = \rho_a \frac{M_W}{M_A} \frac{e}{P - e} \simeq \rho_a \frac{M_W}{M_A} \frac{e}{p_a} \qquad (5.12)$$

ここで, ρ_a は乾燥空気の密度, M_A は乾燥空気の有効分子量 ($\simeq 29$) であり, $M_W / M_A = 0.622$ となる. $e \ll P$ なので, 式 (5.12) の近似による誤差は通常無視できる.

水ポテンシャル 空気の水分状態も, 水ポテンシャル ψ で記述できる. 空気を液体の水と同じ温度で平衡させたとき, 自由水と平衡した水蒸気はゼロの水ポテンシャルをもち, つぎのように表される.

$$\psi_{液体} = \psi_{水蒸気} \tag{5.13}$$

この場合,空気は水蒸気で飽和している.液体の水ポテンシャルがゼロより下がると,空気の湿度は式(4.7)に従って,水分活性 a_W とともに低下する.

$$\psi = \frac{\mathcal{R}T}{V_W} \ln\left(\frac{e}{e_s}\right) \tag{5.14}$$

ここで,e_s は水蒸気の飽和分圧(あるいは**飽和水蒸気圧**)である.水上の e_s の値は温度の関数 $e_{s(T)}$ で,以下に紹介する版のマグナス(Magnus)の式によってよく近似される(Buck Research の CR-5 ユーザー・マニュアル 2009-12 からの式;Buck, 1981 から修正— www.hygrometers.com を参照—また,その詳細と $e_{s(T)}$ の値と対応する c_{sW} 濃度の表については付録4を参照).

$$e_{s(T)} = f\,a\exp\left(\frac{bT}{c+T}\right) \tag{5.15}$$

ここで,T の単位は[℃],$e_{s(T)}$ の単位は[Pa]で,経験的な係数は,a = 611.21,b = 18.678 − (T/234.5),c = 257.14,$f \simeq 1.0007 + 3.46 \times 10^{-8}$ [Pa] である.

|**飽差**　飽和水蒸気圧と実際の水蒸気圧の差を表すためによく利用されるものとして,次式で表される**飽差** D がある.

$$D = e_{s(T)} - e \tag{5.16}$$

|**相対湿度**　空気が水蒸気で飽和していない場合,その飽和度はしばしば**相対湿度** h として表される.相対湿度は,その温度における水蒸気圧の飽和水蒸気圧に対する比率(あるいは,しばしば百分率)として次式によって表される.

$$h = \frac{e}{e_{s(T)}} \tag{5.17}$$

|**露点温度**　露点温度 T_{dew} は,その空気の水蒸気圧が飽和水蒸気圧に等しくなる温度のことである.空気がその露点よりも冷やされると,凝結が起こる.蒸気圧,飽差,露点と相対湿度の関係を図5.2に示す.

|**湿球温度**　もう一つ有用なのが湿球温度 T_{wb} で,湿った表面が**断熱的に**(つまり,熱交換なしで)不飽和大気に蒸発するときに達する温度のことである(図5.2参照).湿球温度の値は,水蒸気圧,気温,蒸発表面上の空気の運動速度に依存する.湿球温度は実際に測定可能な量で,大気湿度を見積もるためにつぎの関係式で一般に使用されている.

$$e = e_{s(T_{\mathrm{wb}})} - \gamma(T_a - T_{\mathrm{wb}}) \tag{5.18}$$

ここで,γ は**熱力学的乾湿計定数** $Pc_p/(0.622\lambda)$ である.定数という名称ではあるが,γ は温度と圧力によって変化する.γ の実験値もまた換気の程度(これは系がどれだけ断熱的かを決める)によって変化し,100 kPa の圧力と20℃のよく換気された表面に

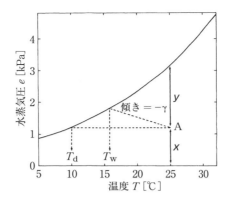

図5.2 湿度のさまざまな単位の関係を示す,温度に対する飽和水蒸気圧曲線(実線).点 A において,蒸気圧 $e = x$,飽差 $D = y$,相対湿度$= x/(x+y)$,x が飽和水蒸気圧になる露点温度 T_d,湿球温度 T_w も示す.

おいて 66.1 Pa K^{-1} となる(他の値は付録3に示す).湿度表は,普通の百葉箱の中や通風管の中で測定される乾球温度 T_a と湿球温度 T_{wb} から e が直接求められるため,広く利用されている.γ の理論的な導出については Monteith & Unsworth, 2008 で論じられているが,モル単位での表現については Campbell & Norman, 1998 も参照のこと.

|湿度測定　　空気湿度には多くの測定方法がある.これらには,重量測定法や水蒸気による赤外放射や紫外放射の吸収に基づいた方法,固体への水の平衡吸着の結果生じる機械的特性(たとえば,毛髪湿度計の毛髪の長さ),もしくは電気的特性(たとえば,静電容量センサ)の変化を利用した方法,そして乾湿球湿度計や露点湿度計のような測定器を用いた,空気中の水蒸気の水ポテンシャルの測定による方法が含まれる (Bentley, 1998, Visscher, 1999, WMO, 2008).

5.2　蒸発
5.2.1　ペンマン-モンティース式
　第3章で物質移動は濃度差に比例することを示したが,湿った表面からの蒸発はつぎのように表される.

$$\mathbf{E} = g_W \Delta c_W \tag{5.19}$$

ここで,g_W は蒸発している場所と大気との間の経路の総コンダクタンス(植物では,気孔,クチクラ,境界層の要素を含む)であり,Δc_W は表面と大気との間の水蒸気濃度差である.気温が表面温度と等しくない場合,水蒸気圧はよりふさわしい蒸発の駆動力となり,式(5.12)によって Δc_W を $P\rho_a M_W/(M_A P)\Delta e$ に置き換えられる.

$$\mathbf{E} = g_\mathrm{W} \frac{0.622 \rho_\mathrm{a}}{P}(e_{s(T_\mathrm{s})} - e_\mathrm{a}) \tag{5.20}$$

ここで，$e_{s(T_\mathrm{s})}$ は表面温度における飽和水蒸気圧である．

式(5.20)はキュベット内の葉や境界層コンダクタンスの測定の基礎となり(第6章参照)，独立して g_W が推定できる場合，$\mathbf{E}$ を推定するために利用できる．しかし，それには($e_{s(T_\mathrm{s})}$ を決めるために)表面温度を知る必要がある．T_s が測定されなければ，T_s はエネルギー収支の検討から求められる(第9章参照)．あるいは，式(5.20)をエネルギー収支の式(5.1)と結びつけ，Penman, 1948が最初に提案した近似を使うことによって，表面状態の知識の必要性を除くことができる．このとき，表面と大気の間の水蒸気圧差 $e_{s(T_\mathrm{a})} - e_\mathrm{a}$ は，つぎのように，周辺大気の飽差 $D(= e_{\mathrm{a}(T_\mathrm{a})} - e_\mathrm{a})$ と表面と大気との間の温度差に依存する項を足し合わせたものに置き換えられる(図5.3参照)．

$$\begin{aligned} e_{s(T_\mathrm{s})} - e_\mathrm{a} &= (e_{s(T_\mathrm{a})} - e_\mathrm{a}) - s(T_\mathrm{a} - T_\mathrm{s}) \\ &= D + s(T_\mathrm{s} - T_\mathrm{a}) \end{aligned} \tag{5.21}$$

ここで，s は温度に対する飽和水蒸気圧の関係する曲線の傾き(T_a から T_s の範囲でおよそ一定であると仮定)であり，D は周辺大気の飽差である．s の値については付録4を参照のこと．

式(5.20)に式(5.21)を代入すると，次式が得られる．

$$\mathbf{E} = g_\mathrm{W} \frac{0.622 \rho_\mathrm{a}}{P}[D + s(T_\mathrm{s} - T_\mathrm{a})] \tag{5.22}$$

空気の熱容量を近似するのに使う乾燥空気の体積熱容量 $\rho_\mathrm{a} c_p$ を用いると，式(3.29)から表面と大気の間の顕熱フラックスの等価表現をつぎのように書ける．

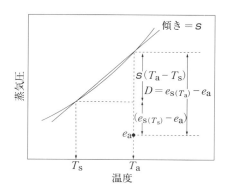

図5.3 ペンマン変換．実線は飽和蒸気圧と温度の関係を示す．T_s から T_a の範囲の曲線の傾斜は，傾き s の直線で近似される．表面と大気の間の蒸気圧の差 $e_{s(T_\mathrm{s})} - e_\mathrm{a}$ は，周辺大気の飽差 D から T_a と T_s の飽和蒸気圧の差($s(T_\mathrm{s} - T_\mathrm{a})$ で近似)を引いたもので与えられる．

$$\mathbf{C} = g_H(\rho_a c_p)(T_s - T_a) \tag{5.23}$$

これら二つの式から $T_s - T_a$ を消去すると次式が得られる.

$$\mathbf{E} = g_W \frac{0.622 \rho_a}{P}\left(D + \frac{s\mathbf{C}}{g_H \rho_a c_p}\right) \tag{5.24}$$

定常状態で($\mathbf{M}$ が無視できるとき)は,エネルギー収支(式(5.1))をつぎのようにまとめられる.

$$\mathbf{C} = (\mathbf{R}_n - \mathbf{G}) - \lambda \mathbf{E} \tag{5.25}$$

式(5.25)を式(5.24)の $\mathbf{C}$ に代入し整理すると,$\mathbf{E}$ は次式のようになる.

$$\mathbf{E} = \frac{s(\mathbf{R}_n - \mathbf{G}) + \rho_a c_p g_H D}{\lambda(s + \gamma g_H/g_W)} \tag{5.26a}$$

この式は多くの別の形式で表すことができる.たとえば,式(5.11)の近似を利用して乾湿計定数($\gamma = Pc_p M_A/M_W\lambda$)を代入することで,周辺大気の絶対飽差 D_{cw} について表現できる.

$$\mathbf{E} = \frac{[\varepsilon(\mathbf{R}_n - \mathbf{G})/\lambda] + g_H D_{cw}}{\varepsilon + g_H/g_W} \tag{5.26b}$$

ここで,$\varepsilon = s/\gamma$ である.完全乱流境界層のように,熱と水蒸気の境界層コンダクタンスが似ている場合,直列にコンダクタンスを追加する規則(図 3.2)を利用して,g_H/g_W を $(1 - g_a/g_\ell)$ に置き換えて使うことができる.ここで,g_ℓ は主に気孔開度で決まる葉面コンダクタンス(または生理学的あるいは表面コンダクタンスとよばれる)である.式(5.26a)は,最初に Penman, 1953 が葉に適用し,Monteith, 1965 が植生群落に適用した,ペンマン - モンティース(Penman-Monteith)式として広く知られている.次式のように,$\mathbf{R}_n$ を等温純放射 $\mathbf{R}_{ni}$ に,g_H を g_{HR} と置き換えることで,本式のモデル化研究における予測力を改善できる.

$$\mathbf{E} = \frac{s(\mathbf{R}_{ni} - \mathbf{G}) + \rho_a c_p g_{HR} D}{\lambda(s + \gamma g_{HR}/g_W)} \tag{5.26c}$$

最初の導出(Penman, 1948)は,自由水表面からの蒸発(**可能蒸発 $\mathbf{E}_0$** として知られる)を記述する形であった.その表面には,水分蒸発に対する表面抵抗がないため,分母の g_H/g_W の項が g_{aH}/g_{aW} に等しくなる.$\gamma g_H/g_W$ の項は**修正乾湿計定数 γ^*** とよばれることがある.乱流境界層の自由水表面からの蒸発では,この二つのコンダクタンスはほぼ等しく,$\gamma^* \simeq \gamma$ となる.初期においては,ペンマン式は,可能蒸発を作物の蒸発に変換する一連の実験的に決定された作物係数(以下参照)に基づいて,群落蒸発を推定するために使われた.これらの変換係数は温暖気候で一般に 0.6~0.8 の範囲にあった(Doorenbos & Pruitt, 1984).(気孔コンダクタンスに依存する)生理学的コンダクタンスの項を式(5.26)に組み込むことで,葉面あるいは群落コンダクタンス g_W の

情報がある場合には，経験的変換をすることなく，蒸発を直接推定できる．

個葉に適用したとき，g_H は単純に熱に対する境界層コンダクタンスとなり，g_W は葉面(主に気孔)と境界層コンダクタンスを直列した合計となる(すなわち，$g_W = g_\ell_W g_{aW}/(g_{\ell W} + g_{aW})$)．群落への拡張は，水損失の経路がより複雑になるため単純ではない．もっとも単純な近似が「巨大葉(big leaf)」単一源モデル(図 5.4(a))であり，ここでは(実際には葉と土壌の両方を含んでいる) g_W という生理学的要素が，個々の葉面コンダクタンスの並列合計として見積もられる．この生理学的コンダクタンス(g_{LW}：単位土地面積あたりの群落コンダクタンスと抵抗を，大文字斜体の添字で区別することに注意)は，次式でかなりよく近似できる．

$$g_{LW} = \sum (\overline{g_{\ell i}} L_i) \tag{5.27}$$

ここで，$\overline{g_{\ell i}}$ は任意の層の単位投影葉面積あたりの平均の葉面コンダクタンスで，L_i はその群落のその層における単位土地面積あたりの葉面積，または葉面積指数である(この方法の詳細な解説は Lhomme et al., 1994 参照)．群落の葉面コンダクタンスの垂直分布は拡散ポロメータで測定できる(第 6 章参照)．あるいは群落内の光分布への反応を含んだ気孔モデル(Irmak et al., 2008)と付録 8 で概説したいずれかの方法によって推定した境界層抵抗を使って推定できる．g_{LW} のいくつかの典型的な値を表 5.2 に示す．低いコンダクタンス値は，気孔閉鎖と低い植生被度のどちらによっても生じる．

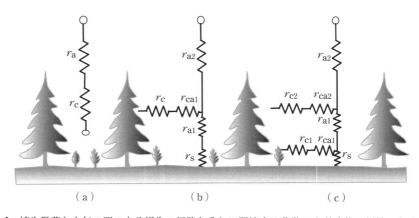

図 5.4 植生群落と大気の間の水分損失の経路とそれに関連する蒸発 E と熱交換の抵抗．(a) 群落エネルギー収支について，植生-土壌系全体をひとまとめにした単純な「巨大葉」モデルあるいは単一源モデル，(b) 土壌と植生の経路に対してそれぞれ別の抵抗を設定した 2 成分モデル，(c) 三つ以上の供給源を別に扱うより複雑な多層モデル．さまざまな抵抗が関係し，葉面/群落抵抗 r_c，さまざまな位置 r_a や土壌表面 r_s の境界層抵抗が含まれる(Jones & Vaughan, 2010 から改定)．

表5.2 さまざまな作物や自然群集の群落コンダクタンス g_{LW} の文献値(Jarvis et al., 1976, Miranda et al., 1984, Wallace et al., 1981).

作 物	場 所	群落コンダクタンス g_{LW} [mm s^{-1}]
アルファルファ	ドイツ, ミュンヘン	14〜40(季節範囲)
アルファルファ	アメリカ, アリゾナ	0.5〜50(季節範囲)
オオムギ	イングランド, ノッティンガム	1〜8(日範囲)
オオムギ	イングランド, ノッティンガム	5〜67(季節範囲)
草地	カナダ, マタドール	1.7〜10(季節範囲)
背の低い草地	FAO標準	14.3
ヘザー(常緑低木)に覆われた泥炭地	南スコットランド	4〜20(日範囲)
レンズマメ	インド, マディヤ・プラデーシュ	1〜17(季節範囲)
カエデ/ブナ	カナダ, モントリオール	0.8〜10(季節範囲)
ドイツトウヒ	ドイツ, ミュンヘン	6.7〜10(季節範囲)
イネ	スリランカ, カウダラ	16〜117(日範囲)
コムギ	インド, マディヤ・プラデーシュ	1〜10(季節範囲)
コムギ	イングランド, ロザムステッド	2.5〜40(日範囲)

単純な「巨大葉」モデルの問題は,境界層を「生理学的」あるいは(土壌要素を含んだ)「葉面」成分から完全には分離できないことである.この理由の一部は,この手法が群落内のそれぞれの実体(たとえば,水蒸気,熱,運動量.Thom, 1975参照)の供給源と吸収源の分布は同一であると想定しているためである.水とエネルギーフラックスの進んだシミュレーションは,とくに疎な群落において,群落と土壌のエネルギー収支とフラックスを分けて扱う,より複雑な2成分モデル(図5.4(b), Shuttleworth & Wallace, 1985)を利用することで達成できる.さらに複雑な多層モデルが提案されているが(図5.4(c)),モデルを現実に近づけることの価値は限られている(Raupach & Finnigan, 1988, Shuttleworth, 2007).E が既知の場合,式(5.26)を反転すると g_{LW} が推定できることを覚えておくと便利である.

5.2.2 環境と植物による蒸発の調節

環境と生理学的変数に対する E の依存は式(5.26)で表されるが,平坦で大きな葉の場合の例を図5.5に示す.式(5.26)から予想されるように,E は純放射エネルギー(たとえば,図5.5(c))と周辺大気の飽差(たとえば,図5.5(b))のどちらの増加に対しても直線的に増加し,その関係は他の変数にかかわらず成立する.しかし,(風

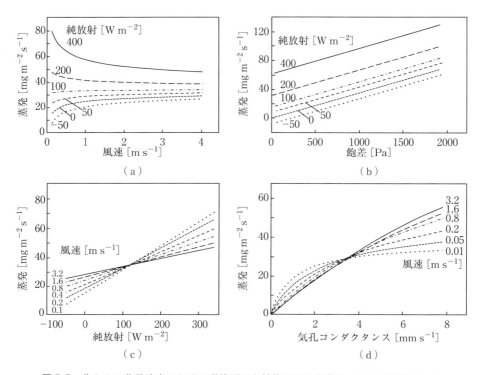

図 5.5 葉からの蒸発速度における環境要因と植物要因の依存性.とくに明記されている場合を除いて,葉の大きさ $= 0.1$ m,気温 $= 20$ ℃,$g_s = 4$ mm s^{-1},相対湿度 $= 50$%,風速 $= 0.8$ m s^{-1},$R_n = 100$ W m^{-2} である.(a)風速と吸収した純放射の関数としての蒸発,(b)飽差と吸収した純放射の関数としての蒸発,(c)吸収した純放射と風速の関数としての蒸発,(d)気孔コンダクタンスと風速の関数としての蒸発.

速の変化のために起こる)境界層コンダクタンスの変化に対する応答は,境界層コンダクタンスの増加が放射負荷に依存する E を増加させたり減少させたりと,かなり興味深い.この効果は,式(5.26)の分母と分子の両方に g_a があるために起こる.似たような影響として,図 5.5(c)からわかるように,境界層コンダクタンスが小さい場合には,放射の増加に対して E がより敏感になる.一見すると驚くべきこれらの結果は,葉温が気温と等しくなるときに交点が生じることがわかっていれば,理解することは容易である.より高い境界層コンダクタンスは,葉と大気の間の顕熱輸送を増加させ,T_ℓ を T_a に近づける.生理学的コンダクタンスと境界層コンダクタンスの関数として E をプロットしたときの反応も同様に有益である(図 5.5(d)).生理学的コンダクタンスが低い場合には,E は境界層コンダクタンスが低いときにより大きくなるが,気孔による調節が弱いとき(気孔が開いている,あるいは葉が濡れている場合)には,境

界層コンダクタンスが高いときに最大となる．あらためて，これは $T_\ell = T_\mathrm{a}$ で交差する点によって理解できる．同じ式は，結露を予測する場合にも利用できる（E が負のとき．ただし，この場合には表面抵抗がない．以下参照）．

式(5.26)はきわめて柔軟で，とくに，異なる状態の葉や植物群落の水収支を予測する必要があるモデル化研究において，広く適用されている．等温版の式(5.26c)を使うことでより正確に予測できるが，繰り返し計算によってエネルギー収支式を解くことで，式(5.26)の近似を必要としない方法も適用可能である(Gates, 1980)．

5.2.3 環境との結合

長年，気象学者による「蒸発は，通常の状況下で変化するかぎり，植生被覆，土壌タイプや土地利用の特性には影響されない」という群落からの蒸発の調節についての一般的な仮定(Priestley & Taylor, 1972, Thornthwaite, 1944)と，蒸散制御における気孔の重要な役割を示す長年にわたる実験的証拠(Jarvis, 1981, Jarvis & McNaughton, 1986 参照)との間で，興味深い矛盾があった．たとえば，水分損失に対する総コンダクタンス（そのうち $g_{\ell w}$ が主要な変動要素である）が式(5.19)で比例定数となっている事実によって，気孔が蒸散の制御に支配的な役割をするという信念が導かれた．しかし，式(5.26)をよく確認すると，他の要因（たとえば，境界層コンダクタンス，放射，湿度）も重要であることがわかる．蒸発の駆動力 $D_{c\mathrm{w}}$ は，それ自体が蒸発速度（そして，そのために広範囲の他要因）に依存するので，式(5.19)の単純な適用は誤解をもたらしたが，このことはペンマン–モンティース式で改良された．さまざまな大きさの葉や作物からの蒸発における気孔による制御の度合いの定量化は，McNaughton & Jarvis, 1983 によって大きく進歩した．彼らは作物からの蒸発について，式(5.26)を，エネルギー供給（放射）のみに依存するいわゆる**平衡蒸発速度** E_eq と，**強制蒸発速度** E_imp の 2 成分に分割した形で書き直した．これら 2 成分の相対的な重要性は，環境と蒸発する（葉か作物の）表面との結合程度に依存している．

|強制蒸発　境界層コンダクタンスが大きい場所（たとえば，孤立した植物や薄い葉）では，熱輸送と質量輸送が非常に効率的に行われ，放射入力にかかわらず葉温が気温に近づくが，このような表面は環境とよく結合しているといわれる（図 5.5）．この場合，境界層コンダクタンスが無限大に近づくにつれて，葉温は気温に近づく傾向があり，式(5.26)は式(5.20)と類似したつぎの形にまとめられる．

$$\mathrm{E}_\mathrm{imp} = \frac{\rho_\mathrm{a} c_p}{\lambda \gamma} g_\ell D \tag{5.28}$$

ここで，g_ℓ（あるいは群落に対して g_{LW}）は，生理学的コンダクタンスあるいは「表面」コンダクタンスである．表面と大気の間の効率的な輸送とは，バルク大気の状態が葉

表面で「強制され」,式(5.20)が示すように蒸発が葉面コンダクタンスに比例することを意味する.

|平衡蒸発　　強制蒸発とは反対の極端な例として,境界層コンダクタンスがきわめて小さいとき,表面と大気間の熱輸送と質量輸送は極端に少なくなり,その表面は環境とほとんど結合しなくなる.この場合,蒸発は平衡速度に近づく.完全に隔離された状態では,境界層コンダクタンスがゼロに近づき,E_{imp} もゼロまで減少し,式(5.26)はつぎのようにまとめられる.

$$E_{eq} = \frac{\varepsilon R_n}{\lambda(\varepsilon+1)} = \frac{sR_n}{\lambda(s+\gamma)} \tag{5.29}$$

この場合,気孔開度や大気湿度が蒸発にまったく影響を与えないことには少し驚かされるが,密閉されたガラス温室で育っている作物からの蒸発に起こることを考えると説明できる.この場合,作物と隣接する大気は温室の外側の大気とは完全に切り離されていて,ガラス越しの水蒸気の輸送はなく,熱損失もほとんどない.温室への放射入力がない場合,作物からの蒸発は最終的に大気が飽和するまで湿度を上昇させ,葉と大気の間の蒸気圧差はゼロに低下し,蒸発速度は最終的にゼロまで低下することが予想される.対照的に,放射入力がある場合は,温室内の気温が放射照度に比例した速度で上昇する.温度上昇とともに空気の水蒸気保持能力も増加するため(図5.2),たとえ温室内の大気水蒸気圧が上昇し続けたとしても,葉と大気の間の水蒸気圧勾配をほぼ一定に保つことが可能となる.この定常状態での蒸発速度は式(5.29)に従うので,系内へのエネルギー入力速度で決まる.

大面積の作物群落では,E_{eq} は式(5.29)で得られる値よりもおよそ26%大きくなることがわかっており,次式のように表される.

$$E_{eq} = \frac{\alpha\varepsilon R_n}{\lambda(\varepsilon+1)} = \frac{\alpha sR_n}{\lambda(s+\gamma)} \tag{5.30}$$

ここで,α はプリーストリー – テイラー(Priestley-Taylor)係数(Priestley & Taylor, 1972)として知られ,ほとんどの状況でほぼ1.26になる.これは,式(5.29)を成立させるために必要な大気水蒸気飽和が,大気境界層の混合によって妨げられ,式(5.29)の平衡速度よりも蒸発が促進されるためである(Eichinger et al., 1996).

実際には,葉,作物,あるいは植生のどのような領域からの蒸発も,強制成分と平衡成分の範囲内で生じ,それらの合計として式(5.26)を書き直した次式で表される.

$$E = \Omega E_{eq} + (1-\Omega)E_{imp} \tag{5.31}$$

ここで,

$$\Omega = \frac{\varepsilon+1}{\varepsilon+g_H/g_W} \simeq \frac{\varepsilon+1}{\varepsilon+1+g_a/g_\ell} \tag{5.32}$$

である．この式で，$g_H = g_{aH}$, $g_W = g_{\ell w}g_{aw}/(g_{\ell w}+g_{aw})$ であり（p.130〜131 参照），$g_{aH} \simeq g_{aw}$ と仮定した．Ω あるいは**乖離率**（decoupling factor）は，表面と自由気流の状態の間における結合の尺度であり，0（完全に結合したとき）から 1（完全に乖離したとき）の間で変化する．式(5.32)から，Ω は，表面コンダクタンスと境界層コンダクタンスの絶対値ではなく，それらの比率に依存することは明らかである．

5.2.4 水関連の実験における結合の潜在的な重要性

個葉，鉢植えの植物，あるいは野外の植物個体や小さな囲場における生理学的研究の結果を，野外の大面積群落の挙動を推測するために外挿することの難しさを理解しておくことは重要である．これはとくに蒸発の研究についていえる．外挿における落とし穴を示すために，実験計画における結合の重要性の例を示す．

気孔閉鎖の蒸発に対する感度　結合を利用した方法のとくに重要な価値は，気孔による蒸発調節の程度が推定できるようになる点である．g_ℓ は主に気孔コンダクタンスによって決まるので，蒸発の気孔調節の尺度は g_ℓ のわずかな変化に対する E の相対感度である（すなわち $(dE/E)/(dg_\ell/g_\ell)$）．これは，式(5.26)を微分して整理することで得られ（Jarvis & McNaughton, 1986），次式のようになる．

$$\frac{dE/E}{dg_\ell/g_\ell} = 1 - \Omega \tag{5.33}$$

さまざまな状況に対する気孔コンダクタンスや表面コンダクタンスの蒸発への感度を表 5.3 に示す．E の表面抵抗に対する感度は，野外あるいは（蒸発に対するフィードバック効果がまったくない）環境制御室のいずれであっても，広がりのある群落と植物個体との間では大きな差があり，これは制御環境下では水の節約に効果のある蒸散抑制剤が，野外ではあまり効果がない理由の一部でもある（Jarvis & McNaughton, 1986）．

植物の育種　植物育種家は，水利用がより少ない植物を選抜したがっている．気孔コンダクタンス（$\simeq g_\ell$）が 20% 異なる二つの系統の品種があったとしても，一方の蒸散速度が他方より 20% 低いと推測することは適切ではない．それらを制御環境下，あるいは典型的な小さな囲場（$\Omega \simeq 0.05$, 表 5.3 参照）で比較する場合でも，蒸散の違いはおよそ 19% になる（式(5.33)から dE/E は $(1-\Omega)$ dg_ℓ/g_ℓ あるいは 19% に等しい）．あるいは，それぞれの品種を数ヘクタールの広い野外に植えた状態（$\Omega \simeq 0.7$）で比較した場合，dE/E は 0.3 dg_ℓ/g_ℓ，あるいはわずか 6% になる．優れた性質の系統を選抜することの有利さは，植栽面積の増加とともに減少する．

土壌水分に対する感度　結合についての理解は，作物からの蒸発の土壌水分に対する感度にかかわる論争を解決することにも役立った．たとえば，Denmead & Shaw,

表5.3 さまざまな葉や作物の乖離率 Ω と蒸発に対する葉あるいは群落の生理学的コンダクタンスの感度 $(dE/E)/(dg_\ell/g_\ell)$ の予想される値 (Jarvis, 1985, Jarvis & McNaughton, 1986, Jones, 1990).

個葉	葉幅 [mm]	Ω	$(dE/E)/(dg_\ell/g_\ell)$
ルバーブ	500	0.8	0.2
キュウリ	250	0.7	0.3
マメ	60	0.5	0.5
タマネギ	8	0.3	0.7
アスパラガス	1	0.1	0.9

露地作物	作物高 [m]	Ω	$(dE/E)/(dg_\ell/g_\ell)$
牧草	0.1	0.9	0.1
イチゴ	0.2	0.85	0.15
トマト	0.4	0.7	0.3
コムギ	1.0	0.5	0.5
キイチゴ	1.5	0.4	0.6
柑橘園	5.0	0.3	0.7
森林	30	0.1	0.9

他の状況	Ω	$(dE/E)/(dg_\ell/g_\ell)$
無制御温室	>0.9	<0.1
ライシメータあるいは1m²区画	<0.1	>0.9
制御環境室	<0.1	>0.9

1962 は, 土壌水分がわずか 10% 除かれただけで, 作物からの蒸発が潜在速度よりも低下し始めたと報告していた. その一方で, 他の研究者達は「利用可能な」土壌水分のおよそ 80% が除かれると, 作物の蒸散が有意に低下することを見い出した (Ritchie, 1973 参照). Denmead & Shaw の実験が, ストレスのかかっていない野外の連続した群落中に, 大きな鉢で栽培しているトウモロコシを置いて行われたことは重要である. このような実験計画のため, 各植物個体周辺の飽差は天候とストレスのかかっていない植物からの蒸発とによって決定され, ストレスのかかった植物の気孔コンダクタンスには, 群落湿度に対するフィードバックがかからなかった. その結果, 野外で栽培されたにもかかわらず, 水不足になった植物は, 同一のストレスがかかった群落の植物の場合よりも, E に対する気孔閉鎖の感度がはるかに高い孤立した植物 (小さな Ω) のような挙動を示したと思われる.

5.3 蒸発速度の測定

作物あるいは他の植生からの実際の蒸発を見積もるために使われる方法の多くは，まず環境からの蒸発要求の尺度となる基準面からの蒸発(参照値)を推定し，つぎに実際の蒸発を参照値の比率として表現することに基づいている．ペンマン式から計算される自由水面からの可能蒸発 E_0 が参照値としてよく用いられていたが，今日では強力な物理学的基礎をもったペンマン–モンティース式(式(5.26))がもっとも広く用いられている(Allen et al., 1998, Shuttleworth, 2007)．この式は気象観測の標準的な組み合わせ(放射，気温，湿度，風速)を使って，標準化されたよく灌水された背の低い「草地」面からの合計蒸発散を見積もるのに使われる．この草地は，地面からの高さが 0.12 m で切れ目なく覆われており，表面抵抗は 70 s m^{-1} (g_{LW} = 14.3 mm s^{-1})でアルベドは 0.23 である．この量は**可能蒸発散**あるいは**参照蒸発散** ET_0 と定義され，特定の作物あるいは植生に対する実際の蒸発散 $ET_\text{c-adj}$ は，経験的に決められた作物係数 K_c, K_stress を使って，参照 ET_0 から次式によって求められる．

$$ET_\text{c-adj} = ET_0 \, K_c \, K_\text{stress} \tag{5.34}$$

ここで，K_c はある成長段階のよく灌水された特定の作物に対して，ET_0 を期待される値(ET_c，図 5.6 参照)に修正するための作物係数で，K_stress は ET を標準値から低下させる水ストレスや他の管理作業なども含めた，すべての抑制要因を考慮した追加

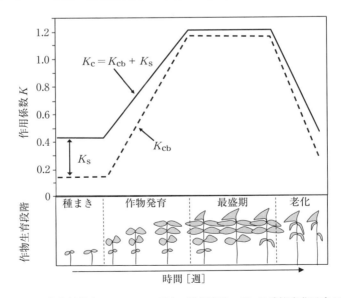

図 5.6 作物係数($K_c = K_\text{cb} + K_s$)の季節変化．K_c の季節変化は主に土壌被覆の変化と関係し，土壌蒸発は灌漑や降水による変動の平均値を示していることに注意(K_c は Allen et al., 1998 で表になっている)．

の作物係数である(Allen et al., 1998). 総合的な作物係数 K_c は, 降水頻度によって調整される土壌蒸発を表す成分 K_S と, 図5.6で示されるような作物だけに関係する基本係数 K_{cb} とに区別されることが多い. FAOがまとめた作物の蒸発散についての手引(FAO56)には, さまざまな作物の K_c 値が表にまとめられている(Allen et al., 1998).

参照 ET_0 の推定と ET の直接推定に利用可能なさまざまな方法は以下で概説する. さらなる詳細と必要とされる注意事項は Allen et al., 2011 を参照のこと.

5.3.1 気象データからの推定

ペンマン-モンティース式　すでに示したように, FAOはペンマン-モンティース式の ET_0 と, 関連する一連の作物係数を利用する方法を推奨している(Allen et al., 1998, 2011). しかし, 生理学的コンダクタンスの値についての情報が気孔コンダクタンスの測定あるいは予測によって得られる場合には, ペンマン-モンティース式から直接 ET を推定できる. ペンマン-モンティース式はさまざまに改良され, たとえば, イギリスで使われるシステム(MORECS)では, ペンマン-モンティース式に多くの修正が加えられている(Hough & Jones, 1997, Thompson et al., 1982). これらの補正には, 等温放射補正(式(5.9))と水収支法がある. 後者は, 土壌水分の減少によって気孔が閉鎖するため, それに伴う生理学的コンダクタンスの低下による蒸発減少を修正するために行う.

簡単な気象学的手法　長年, 蒸発速度を推定するための多くの経験式が使われてきた. これらは, 通常ペンマン式よりも物理的な根拠が厳密ではないが(これらの他の方法の要約については Doorenbos & Pruitt, 1984 参照), 必要なデータがより少なくてすむという長所をもっている. たとえば, 温度, ときには湿度, 日照時間や日射のような, 容易に利用可能な気候データのみで求めることができる.

放射と気温だけを必要とする重要な例が, プリーストリー-テイラーの関係(式(5.30))である. これは, 少なくとも十分に水が供給されるときに, 多くのタイプの大面積の植生からの蒸発を非常によく近似する. 通常, 定数 $\alpha \simeq 1.26$ であるが, とくに乾燥した状態や, 凹凸の激しい群落では, この値から著しく逸脱する可能性がある. 気温データだけしか利用できない場合には, 参照蒸発散のかなり大まかな推定を, ブレニー-クリドル(Blaney-Criddle)式を用いて, 日温度と日長の単純な関数から得ることができる(関連する計算の詳細は Doorenbos & Pruitt, 1984 参照).

パン蒸発計　可能蒸発速度を推定するために依然として広く利用されているのは, 蒸発計あるいはパン蒸発計(蒸発皿)である. これらは, 開放水面の皿からなり, そこからの蒸発速度が観測できる. ただし, 蒸発皿の大きさや形, 推奨される露出方法に

ついて，いくつか異なるタイプが存在する．このような測器による蒸発速度はペンマンの E_0 よりも 10～45% 程度も高くなる傾向があるが，その理由はこれらの測器の大きさが平衡蒸発を推定するには小さすぎるためである．パン蒸発計を使う場合，「パン補正」を式(5.34)に加えるのが一般的である．しかし，正確な測候所の増加につれて，標準のペンマン式かその修正を用いて直接 E_0 か ET_0 を見積もるほうが，一般に便利で信頼できる．

5.3.2　微気象学的方法

上記で概説した気象学的手法は，地域の研究に適している．それらとは対照的に，微気象学的な方法は観測機器の「フットプリント」の範囲にある作物や植生からのフラックスを示し，有用な局地的データが得られる．渦相関法(第3章参照)は，精巧な測定器と注意深い維持管理を必要とするためかなり高くつくが，最近は一般に用いられる方法になり，フラックス傾度法はほとんど利用されなくなった．一方，渦相関法よりも安くつく可能性があるため，温度分散，シンチロメータ法，表面更新法のような渦輸送理論に基づく方法(第3章参照)の利用にも関心が高まっている．シンチロメータ法の卓越した利点は，長い(そして既知の)横断面にわたるフラックスの統合を可能にすることである．

しかし，依然として広く利用されている古い微気象学的方法の一つが**ボーエン比エネルギー収支法**である．ボーエン比 β は潜熱損失に対する顕熱損失の比 $C/\lambda E$ である．ボーエン比を式(5.25)に代入すると次式が得られる．

$$\lambda E = \frac{R_n - G}{1 - \beta} \tag{5.35}$$

作物上の乱流境界層で，熱と水蒸気に対する輸送係数が等しいと仮定し(第3章)，C と E に対する適切な駆動力を代入するとつぎのようになる．

$$\beta = \frac{C}{\lambda E} = \left(\frac{P\rho_a c_p}{0.622 \rho_a}\right) \frac{\Delta T}{\lambda \Delta e} = \gamma \frac{\Delta T}{\Delta e} \tag{5.36}$$

ここで，$\gamma (= Pc_p/0.622)$ は乾湿計係数である．したがって，式(5.35)と式(5.36)に基づいて，E を推定するのに必要なことは，境界層の T と e の勾配と，純放射と土壌熱フラックスを知ることだけである．この方法は β が小さいとき，とくに T や e の測定誤差の影響を受けにくくなる．これはすべてのエネルギーが蒸発に使われているためで，その誤差はちょうど $R_n - G$ を決める際の誤差となる(式(5.35)参照)．この方法では，地表状態の情報を必要としないだけでなく，実際の生理学的コンダクタンスや境界層コンダクタンスの情報も必要としない．

5.3.3 リモートセンシング

リモートセンシングは,地表のエネルギーフラックスの推定にとくに適しているわけではない.その理由として,つぎのことがある.

(ⅰ) ほとんどの衛星は地表面状態の「スナップショット」を長い時間間隔で不定期に提供するだけで,長期にわたって統合することが難しい.

(ⅱ) 通常,遠隔から地表面の粗さや必要な輸送係数もしくは輸送コンダクタンスを推定することは困難である.

(ⅲ) 雲の広がりによって温度を含む地表面特性を決定する能力が制限される.

それにもかかわらず,リモートセンシングによる画像には,地上の観測地点からは得ることのできない空間変動に関する情報と,計算の内部較正に利用できる画像内の空間変動についての情報が得られるという利点がある.蒸発はリモートセンシングによって推定することがとくに難しく,そのためエネルギー収支式(式(5.25))の残差として推定されることが多い.参照 ET_0 を遠隔から推定することは容易ではないが,プリーストリ-テイラーの式の関係によって有用な一次近似が得られる.そして,リモートセンシングは,(分光植生指数の観測に基づいた)地表植被の ET_0 と(地表温度の観測に基づいた)水欠乏下の気孔閉鎖のそれぞれを補正する作物係数(K_c と K_{stress})のよい推定値を提供できる可能性がある.多くの場合,遠隔からの推定は R_S のような地上の気象データによって補完することで改善できる.

蒸発の遠隔からの評価についてのより詳細な解説は,Jones & Vaughan, 2010 や重要な論文(Allen et al., 2007, Bastiaanssen et al., 1998)で行われている.ここでは,主要な方法の基礎をなす原理を簡単に説明し,実際のリモートセンシング技術の詳細については,リモートセンシングの教科書(Campbell, 2007, Jensen, 2007, Liang, 2004)を参照するものとする.なお,衛星リモートセンシングと,野外の近接計測に適している方法は少し異なっている.

エネルギー収支の残差による推定　式(5.25)から G を除去するために式(5.3)を利用するとつぎのようになる.

$$\lambda E = (R_n - G) - C = (1 - \Gamma)R_n - C \tag{5.37}$$

ここでは,R_n が地表へのフラックスに対して正で,他のフラックスが地表からの損失に対して負であるとする.純放射の項の推定には,短波放射の入射と反射,そして長波放射の入射と再射出の情報が必要である(図 5.7).短波放射の入射 R_s は,大気圏上方の入射放射(付録 7 参照)を,MODTRAN や 6S(Berk et al., 1998, Vermote et al., 1997)のような標準の放射伝達モデルを使い,雲量と大気成分を衛星による測定に基づいてパラメータ化して補正することで推定される.一方,地表面の反射短波は衛星による反射放射輝度の測定から計算される.純長波の上向き射出成分は,適切な放

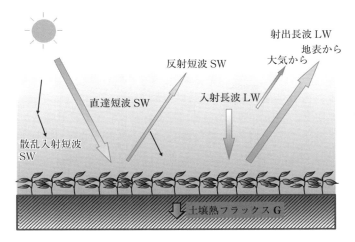

図 5.7 植生表面の放射フラックスの入出力．ここでは，純吸収短波放射が直達放射と散乱放射の入力合計から反射放射を差し引いたものとして示され，純長波放射は大気からの入力と地表から射出した出力の差として示される．衛星観測からフラックスを推定する場合，大気中における吸収と散乱，長波については大気からの射出を考慮する必要がある．

射伝達モデル (Norman et al., 1995) を応用して，衛星の熱波長バンドを利用して推定できる．とくに，地表温度を得るための「スプリット・ウィンドウ (split-window：大気の窓分割)」アルゴリズムが利用できる特異的な熱バンドがいくつか存在する．長波放射の下向き成分は空の有効温度に依存し，これも遠隔から推定できる．遠隔からの正確な R_{Ln} の推定値がない場合には，$100 \times (I_{S(24h)}/I^*_S)$ によって妥当な推定が可能である．ここで，$I_{S(24h)}$ は I_S の 24 時間合計で，I^*_S はその時期に予想される $I_{S(24h)}$ の最大値である (Jones & Vaughan, 2010)．

顕熱輸送の項 C は式 (5.23) から推定できるが，これには T_s と T_a の推定だけでなく，g_H の推定も必要となる．この中では T_s だけが遠隔から容易に得られる．そのため，初めに Jackson et al., 1977 によって提案された次式によって，正午の温度から単純な経験的近似によって C の日合計を推定するのが一般的である．

$$C_{24h} = A + B(T_s - T_a)^n \tag{5.38}$$

ここで，A, B, n は定数である．遠隔から検知した表面温度は群落上層の温度に重みづけられており，真の空気力学的表面温度を正確には表さないことには注意すべきである．

| SEBAL と METRIC　エネルギー収支の残差を利用した方法は，地域規模の蒸発推定のための演算アルゴリズムへと取り入れられてきた．とくに，陸域の地表面エネルギー収支 (SEBAL) アルゴリズムは重要である (Bastiaanssen et al., 1998)．これは

物理学的な手法によって，遠隔から検知される陸域表面温度，アルベド，植生指数から ET を推定し，陸域表面をパラメータ化し，それを利用して地表面エネルギー収支を解く．この方法で重要な手順は，乾いたピクセルから境界層コンダクタンスを見積もることで，そのピクセルでは，T_s の違いが顕熱輸送だけで導かれることが示せる．この場合，アルベド ρ と地表面温度の関係の傾き $\partial \rho / \partial T_s$ は，$-\partial \mathbf{C}/\partial T_s$ にほぼ比例することを示すことができ，そこから式(5.23)を利用して有効熱輸送コンダクタンスが導出できる．蒸発比 ϕ は $\lambda E/(\mathbf{R}_{ni} - \mathbf{G})$ に等しいと定義できるので，もっとも湿った(もっとも冷たい)極端なピクセルでは，$\phi = 1$ では $\lambda \mathbf{E} = (\mathbf{R}_{ni} - \mathbf{G})$ となる．一方，もっとも乾燥した(もっとも熱い)ピクセルでは，$\phi = 0$ で $\lambda \mathbf{E} = 0$ となる．そして，ϕ の値によって $\lambda \mathbf{E}$ の値が，中間の温度のすべてのピクセルから推定される．ET 推定のためのリモートセンシングのアルゴリズムの有効性は，METRIC(Allen et al., 2007) にあるような選択された地上データを組み込むことで改善できる．

|表面温度と蒸発の関係からの推定　ある環境下の類似した表面では，表面温度が蒸発の増加に比例して低下することは容易に示せる．乾燥した表面については，**等温純放射**(式(5.10))と式(5.37)を利用してつぎのように書ける．

$$(1 - \Gamma)\mathbf{R}_{ni} = g_{HR}(\rho_a c_p)(T_{dry} - T_a) \tag{5.39}$$

蒸発している場合は，どのような表面についてもつぎのように書ける．

$$(1 - \Gamma)\mathbf{R}_{ni} = \lambda \mathbf{E} + g_{HR}(\rho_a c_p)(T_s - T_a) \tag{5.40}$$

ここで，式(5.39)を式(5.40)に代入するとつぎのように整理される．

$$\lambda \mathbf{E} = g_{HR}(\rho_a c_p)(T_{dry} - T_s) \tag{5.41}$$

あるいは，式(5.39)と式(5.41)から g_{HR} を推定すると，どのような表面についても次式で表せる．

$$\lambda \mathbf{E} = (1 - \Gamma)\mathbf{R}_{ni}\left[1 - \frac{T_s - T_a}{T_d - T_a}\right] = (1 - \Gamma)\mathbf{R}_{ni}\phi \tag{5.42}$$

ここで，角括弧中の項は蒸発比と同等で，有効エネルギー，T_s そして上限と下限のピクセルの温度(T_d と $T_{wet} \simeq T_a$)から $\mathbf{E}$ を推定するために利用される単純な乗数である．この方法は，衛星画像から不均質な範囲における変動を調べるために広く使われている．

5.3.4　他の方法

|水収支法　次式のように土壌水収支から蒸発散を見積もることもできる．

$$\mathrm{ET} = \mathrm{P} - \mathrm{O} - \mathrm{D} - \Delta \theta \tag{5.43}$$

ここで，P は降水，O は流出，D は土壌深部からの排水，$\Delta \theta$ は土壌水分量の変化である．土壌水分量の変化は標準的な方法，たとえば，中性子散乱，時間領域反射率測定

(TDR法：time-domain reflectometry），静電容量検知（Allen et al., 2011, Boyer, 1995, Kirkhan, 2004 参照）のいずれによっても測定できる．植生からの蒸発は，計量ライシメータ（weighing lysimeter）を利用しても直接的に測定できるが，ライシメータで成長した植物体が，通常の土壌断面で育った植物と同様に反応しているとは限らない．

樹液流　樹液流が主幹で計測された場合，幹密度の情報に基づいて，群落蒸発，とくに森林における蒸発を推定するために，容易にスケールアップできる（Steppe et al., 2010 参照）．幹を通過する樹液流速の推定には，熱パルス速度法（heat pulse-velocity method. Green et al., 2003, Jones et al.,1988），グラニエ熱発散法（Granier, 1987），組織熱収支法（Kjelgaard et al., 1997）という三つの主要な方法がある．このうち，最後の方法は，較正なしで樹液流の絶対速度が得られるとされてきたが，大きな樹幹には容易に適用できず，実際にはすべての方法で補正が必要である．

さらなる方法　蒸発速度，さらには水源（たとえば，水が抽出されている土壌断面の深さ）に関する情報も，水の自然の重水素/水素比の研究から得られる（Pearcy et al., 1991）．他の技術として，作物囲い込み（crop enclosures. 第7章参照，ただし，このような装置内における環境との結合は不自然なため，どのようなデータ解釈を行う場合にもきわめて細心の注意を必要とする），あるいは葉内のケイ素蓄積（Hutton & Norrish, 1974）が利用できることもある．

5.4　植物群落からの蒸発

近年，渦相関法の技術が広く採用され，さまざまな植物群落からのエネルギー収支，蒸発速度や CO_2 フラックスの測定が大きく進歩し，多くの地域でセンサのネットワークが設置され，国際的な FLUXNET プログラム（http://fluxnet.ornl.gov）を通じて調整されるようになった．ある気候範囲におけるさまざまな植物群落で測定された典型的な蒸発速度のいくつかを表5.4に示す．十分に灌漑された作物において，乾燥環境では 10 mm day^{-1} あるいは 1 mm h^{-1} の蒸発速度（680 W m^{-2} のエネルギー量に匹敵）がごく一般的な値である．一方，冬季の温帯気候では，蒸発速度は 0.3 mm day^{-1} 以下にまで低下する．作物からの蒸発に影響を与える要因について，上記で概説した原理に基づいて説明する．

5.4.1　群落タイプと面積

周囲に植生のない場所に生えている背の高い孤立した植物について考えると（図5.8），式（5.26）における適切な飽差 D は，その植物に隣接する周辺の気流の飽差であることは明らかで，適切な g_a の値は，個々の葉から大きな気流への輸送に対する値となる（群落内で風よけがないときは 100 mm s^{-1} 程度．第3章参照）．各値を式（5.31）に

表 5.4 水がよく供給され，適度に密集した植生群落の蒸発速度の典型値．括弧内は最大値を示す(Denmead, 1969, Denmead & McIlroy, 1970, Grant, 1970, Kanemasu et al., 1976, Körner, 1999, Kowal & Kassam, 1973, Lang et al., 1974, Lewis & Callaghan, 1976, Monteith, 1965, Rauner, 1976, Ritchie, 1972).

		日蒸発速度 $E\ [\mathrm{mm\ day^{-1}}]$	時間蒸発速度 $E\ [\mathrm{mm\ h^{-1}}]$
	1月	0.2	—
中央イングランド	4月	1.3(3)	—
	7月	3(6)	0.25
ヨーロッパ大陸	夏	5	—
ヨーロッパアルプス，標高 500 m [a]	夏	4.5(9)	—
ヨーロッパアルプス，標高 2500 m [a]	夏	3.8(9.2)	—
北極ツンドラ	7月	2(3)	—
アメリカ・グレートプレーンズ	7月	6(10〜12)	—(1.0)
北ナイジェリア	7月	5	—
東南オーストラリア	夏	5.6(9〜10)	0.4(0.9)

[a] 晴天日のみ

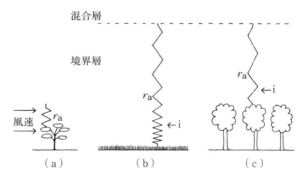

図 5.8 境界層抵抗の相対的な大きさ．(a) 孤立した植物，(b) 刈られた芝のように，広がった背の低い滑らかな群落，(c) 広大で背の高い粗い群落．慣性層(i)における微気象測定の通常の高さも示され，この高さと混合層との間には大きな抵抗が存在する．混合層は境界層抵抗あるいは境界層コンダクタンスの微気象学的推定には通常含まれない．

代入すると，十分に灌漑された植物の典型的な風よけのない葉に対する Ω は 0.14〜0.24 の間となる．ここで，g_ℓ の典型的な範囲を 5〜10 mm s^{-1} として，20℃であると想定している．すなわち，$(2.2+1)/(2.2+1+100/5)$ である．

均一な植生の広大な区域を気流が動くにつれて（図 5.8，図 3.4 も参照），蒸散は作

物表面近くの大気の湿度を上昇させ，変化する境界層の上端が植生面積の増加とともに，すなわちフェッチとともに増加する．これはフィードバック効果があり，Eを減少させる傾向がある．そして，g_A は葉群から作物によってDが影響されない直上の混合層までの輸送を記述するために必要とされるが，境界層の変化に応じて個々の葉の g_a よりも小さくなり，均一な植生の面積の増加とともに減少する．そのため，Ω の値は孤立した植物の値よりずっと大きい(表5.3)．図5.8に示したように，Ω は植生の空気力学的特性に強く依存し，草地のような滑らかな群落(典型的な g_A はおそらく $10\ \mathrm{mm\ s^{-1}}$)と比べて，森林のような粗な群落上(典型的な g_A は $100\sim 300\ \mathrm{mm\ s^{-1}}$. 第3章参照)で高められた輸送(高い g_A)は，Ω を減少させる傾向がある．

広範囲の葉や作物に対する Ω の推定値は表5.3に示した．表から，葉の大きさの減少，群落高さの増加，植生面積の減少とともに，結合度が増加する(Ω が低下し，Eの g_ℓ に対する感受が増す)ことは明らかである．群落タイプや群落コンダクタンスに対する蒸散の依存状況を示すと図5.9のようになる．森林からの蒸散は野外作物の蒸散よりかなり少ないことが多いが，これは比較的低い森林の群落コンダクタンスのためである(とくに針葉樹林)．図5.9は表5.3の結果を例証しており，g_L がおよそ $10\ \mathrm{mm\ s^{-1}}$ 以上を維持しているかぎり，背の低い作物からの蒸散は g_L にとくに鈍感であることを予想している．

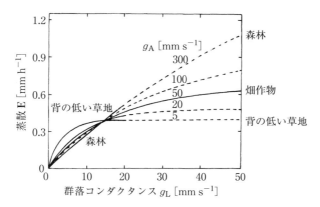

図5.9 蒸散と群落コンダクタンスの関係の計算．$400\ \mathrm{W\ m^{-2}}$ の有効エネルギー，$1\ \mathrm{kPa}$ の飽差，$15\ {}^\circ\mathrm{C}$ とする．実線はさまざまな作物の群落コンダクタンス値のありそうな範囲を表し，$50\ \mathrm{mm\ s^{-1}}$ に達する畑作物もある(Jarvis, 1981を改変)．

群落境界層コンダクタンスの別の効果は，式(5.26)の分子における蒸気圧の項 $\rho_a c_p g_H D$ が有効エネルギーの項 $s(R_n - G)$ よりも森林で大きく，背の低い草地で小さいことである．図5.10は，森林のEが R_n よりも D にずっと敏感である一方，草

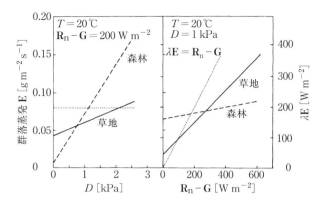

図 5.10 群落蒸発の飽差 D と有効エネルギー $\mathbf{R}_n - \mathbf{G}$ への依存.生理学的コンダクタンス $g_{LW} = 10 \text{ mm s}^{-1}$ で一定とし,背の低い草地($g_{AH} = 10 \text{ mm s}^{-1}$)と森林($g_{AH} = 200 \text{ mm s}^{-1}$)について示す.破線は,蒸発によって放射エネルギーがすべて消費される場合.

地では逆になることを示している.

植生群落からの水損失においてさらに重要な要因は,降水遮断における蒸発である.背の高い作物と背の低い作物の降水遮断による蒸発の差は,降雨で濡れた葉表面で直接生じる蒸発と群落からの蒸散の合計を考えると,とくにはっきりする.この降水遮断による損失は,湿潤な地域では森林の蒸散の合計よりも大きくなり(Calder, 1976),森林からの蒸発の合計は草地からの2倍程度になる.このようなふるまいの違いの理由は,図5.9からわかる.ここでは,表面が濡れて気孔による制御が除かれた場合のように,g_ℓ が増加すると,森林からの蒸発は3倍に増えるのに対して,草地からの蒸発はほんのわずかしか変化しない.

5.4.2 移流

乾燥地では,作物はあまり植被で覆われていない地域に囲まれており,大気が作物中よりも高温で乾燥している可能性がある.そうだとすると,外部からのエネルギーが供給源となり,潜熱損失がすべての正味放射による入力を大幅に超えてしまうことがありうる.この移流,あるいは周囲からの熱の輸送はしばしば「オアシス」効果とよばれ,作物境界層の測定に限ればペンマン式で十分に処理できる.この移流効果の大きさは,オーストラリア・ニューサウスウェールズ州グリフィス(Griffith)で成長しているイネの測定結果によって示されたが(Lang et al., 1974),この測定では,作物の先端近くで $\lambda\mathbf{E}$ が $\mathbf{R}_n$ のおよそ170%になった.

5.4.3 土壌面蒸発

土壌からの蒸発は，群落からの水分損失の重要な要素となることがよくあるが，土壌の湿り具合と群落被覆に強く依存している．土壌面蒸発の直接測定例はきわめて少ないが，これは代表値を得るのが難しいことがその理由の一部である．たとえば，マイクロ・ライシメータや土壌面ガス交換のキュベットの内部状態は，どちらも自然の土壌面蒸発を代表しないだろう．

群落蒸発散量における土壌面蒸発の割合についての直接測定例は比較的まれであるが(Herbst et al., 1996, Wallace et al., 1993 参照)，湿った土壌においても，葉面積指数 L が 4 に達する場合には，土壌面蒸発は全体の約 5% にすぎない．しかし，L が 2 かそれ以下になると，湿った土壌からの蒸発は全体の半分になりうる．一方，降雨後で湿っている裸地面においては，表面抵抗は小さくなるか，あるいはゼロになり，蒸発はペンマン式で計算される E_0 に近づくだろう．この高い速度の土壌面蒸発は 10 mm 程度の土壌面蒸発量まで維持されるが(Ritchie, 1972)，乾燥土壌ではゼロ近くまで低下する．降雨後の時間とともに低下する裸地面からの土壌面蒸発を推定するための式(参照 ET_0 の関数として表現される)が利用できる(Allen et al., 2005)．土壌面蒸発については van Bavel & Hillel, 1976 によってさらに論じられている．

土壌面蒸発の推定について興味深い方法の一つは，安定同位体の利用である．水分は主に $^1H_2{}^{16}O$ から構成されるが，水素原子と酸素原子のごくわずかな割合は重水素同位体(D あるいは ^2H)と ^{18}O である(ここで，$D/{}^1H = 1/6420$，$^{18}O/{}^{16}O = 1/500$)．わずかに高密度の重同位体を含む水分は，標準的な水よりも蒸発しにくく，残っている水により重い同位体が濃縮される．植物の根による吸水において同位体分別が生じていないと仮定すると，群落内の林内雨と河川水の同位体成分との差は，土壌面蒸発における濃縮の結果であるはずである．したがって，実際の蒸発速度は，レイリー蒸留の間に既知の(温度依存する)平衡分別係数を適用することによって，同位体分別と林内雨量，総蒸発量の測定値から推定できる(Kubota & Tsuboyama, 2004, Tsujimura & Tanaka, 1998)．

5.4.4 土壌水分の利用可能性

土壌の乾燥も最終的には生理学的ストレスをもたらし，気孔閉鎖のような効果によって植生群落からの蒸散を減少させる．すでに指摘したように，土壌乾燥に伴う気孔閉鎖の群落蒸発に対する感度は，結合程度 Ω に影響する群落と環境特性に強く依存するが，土壌乾燥に対する気孔応答自体が種によって大きく異なっている(第 6 章参照)．

5.5 露

植物の葉や他の表面上への水蒸気の凝結は，蒸発と同じ物理的原理によって決定され，式(5.26)において E が負になるときはいつでも露が生じる．しかし，生理学的抵抗に相当するものがないため(つまり，$g_{LW} = \infty$)，式(5.26c)はつぎのように単純化される．

$$E = \frac{s(R_{ni} - G) + \rho_a c_p g_{HR} D}{\lambda(s + \gamma)} \tag{5.44}$$

これは，$-s(R_{ni} - G) > \rho_a c_p g_{HR} D$ であるとき，露が生じることを予測する．

晴れた夜に $R_{ni} - G$ がおよそ $-100\ \mathrm{W\ m^{-2}}$ の最小値まで低下したとして，これを式(5.44)に代入すれば，大気が飽和しているときにはほぼ $0.1\ \mathrm{mm\ h^{-1}}$ の結露の最大速度が予想される．これは一晩あたり最高約 0.5 mm に達する結露の最大観測速度に匹敵するが，晴れた夜のより典型的な量は一晩あたり 0.1〜0.2 m だろう(Monteith, 1957)．結露の実際の速度が理論的な最大値よりかなり低くなる傾向があることについてはいくつかの理由がある．もっとも重要なことは大気がしばしば完全には飽和していないという事実である．このため，凝結が起こる前には，放射損失を満たすために必要とされる熱のいくらかを，露点温度まで大気を冷却することで得る必要がある．加えて飽差が増加すると，結露は風速の増加に敏感になる(式(5.44)と図5.11)．これは速い風速が顕熱交換を増大させ，ある放射損失条件下において，葉の温度が気温よりも低下できる程度を減少させるためである．g_A が無限になるような極端な場合，$T_\ell \simeq T_a$ となり，大気が飽和しているときにだけ凝結が生じる．

しかし，式(5.44)による最大の凝結に必要な静穏な状態と，大気を通じて水蒸気を表面へ降下させるための十分な輸送の必要条件との間には矛盾がある．それでも 0.4 mm の水は，15℃の飽和大気の高さ 30 m に含まれる全水蒸気量に相当するとい

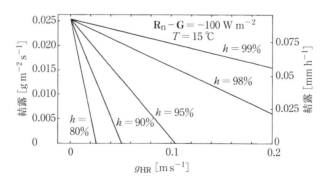

図 5.11 式(5.44)によって予測される，相対湿度 h と境界層コンダクタンス g_{HR} の結露速度への効果．気温 15℃，有効エネルギー $-100\ \mathrm{W\ m^{-2}}$．

う事実から，その下向きフラックスの大きさが理解できる．そのため，凝結が高い速度で続くように，地表近くの湿度を高く維持するためにはかなり強い風が必要となる．きわめて遅い風速では，凝結のほとんどは大気からの結露ではなく，むしろ土壌面からの蒸留によるが，イングランドでは通常，結露が支配的である（Monteith, 1957）．いずれの型の凝結においても，溢液現象，すなわち植物の葉の排水小孔からの出液とは区別する必要がある．

結露は通常，量的には可能蒸発速度よりも一桁程度は少なく，植物群落の水収支に際だって寄与することはめったにない．しかし，チリの霧砂漠のように，凝結が降雨に匹敵するかそれを超える地域が存在する．露がコケ，地衣類，葉組織に吸収されて，葉内水ポテンシャルを上昇させるという証拠をまとめると（Kerr & Beardsell, 1975, Lakatos et al., 2011），露はそのような気候の中で植物の生き残りに貢献していそうである．より重要な生態学的効果は，湿った葉表面が真菌感染のためのよい微環境であることに起因する．この場合，表面湿潤の持続時間のほうが総量よりもいっそう重要である可能性が高い．少なくとも夏のイングランドでは，露は一般に6～12時間持続する．

半乾燥地域における付加的な水源として，露収集器の開発にかなり大きな関心がもたれている（露使用のための国際組織のWebサイト（OPUR；http://www.opur.fr）参照）．露収集の最大化は，収集器表面の放射冷却が最大となるように，可能なかぎり高い可能射出率をもたせることで達成できる（Maestre-Valero et al., 2011）．

植物の中には，葉表面上に吸湿性塩を分泌することで，不飽和大気から水分を濃縮できるものがある．チリのアタカマ砂漠のナス科の小低木ノラナ *Nolana mollis* は一晩で0.1 mm程度の濃縮量であったが，大気相対湿度が82%よりも低かったときでも，その葉表面に有意な量の水を貯められたというのがその一例である（Mooney et al., 1980）．

結露推定のためのもっとも直接的な方法には，計量ライシメータの使用，あるいは吸湿性薄布を用いて実際に捕集するなどがある．代わりの方法として，結露は自記天秤の上に乗せた人工表面を用いて推定できるが，収集器の放射特性と空気力学的特性が実際の葉の特性と似ていることを確実にする必要がある．結露の持続を推定するためのもう一つの非常に役に立つ技法は，葉の表面に取り付けた二つの電極（たとえば，被覆を剝がした銅線）の間の電気抵抗を測定することである．その葉が濡れていると，電気抵抗は劇的に低下する．これらと他の技法ついてはAgam & Berliner, 2006によって概説されている．

5.6 演習問題

5.1 気温 $T_a = 30\,℃$,相対湿度 $h = 40\%$ のとき,つぎの値を求めよ.
（ⅰ）e_s （ⅱ）e （ⅲ）c_W （ⅳ）D （ⅴ）T_{wb} （ⅵ）T_{dew} （ⅶ）m_W （ⅷ）x_W （ⅸ）ψ

5.2 22 ℃の葉が吸収している純放射が $430\,\mathrm{W\,m^{-2}}$ であるとき,つぎの値を求めよ.
（ⅰ）$T_a = 19\,℃$ の場合に対応する等温純放射 $\mathbf{R}_{ni}$
（ⅱ）放射コンダクタンス g_R

5.3 （ⅰ）ペンマン - モンティース式を使用して,森林 ($g_A = 200\,\mathrm{mm\,s^{-1}}$) の蒸発速度,および背の低い草地 ($g_A = 10\,\mathrm{mm\,s^{-1}}$) の蒸発速度を,（a）と（b）の場合について求めよ.$(\mathbf{R}_n - \mathbf{G}) = 400\,\mathrm{W\,m^{-2}}$,$T_a = 20\,℃$,$D = 1\,\mathrm{kPa}$ とする.
（a）表面が湿潤
（b）$g_L = 30\,\mathrm{mm\,s^{-1}}$
（ⅱ）対応するボーエン比はそれぞれいくらになるか.

5.4 均質な作物畑において,境界層コンダクタンスの合計が $15\,\mathrm{mm\,s^{-1}}$,作物の生理学的コンダクタンスが $5\,\mathrm{mm\,s^{-1}}$,気温が 20 ℃であるとする.
（ⅰ）乖離率 $\mathbf{\Omega}$ はいくらか.
（ⅱ）気孔が閉じて,生理学的コンダクタンスが 50 %まで低下した場合の作物からの蒸散速度の減少率はいくらか.
（ⅲ）（ⅱ）の計算の際,どのような仮定が必要となったか.

第6章 気孔

　気孔構造の進化は，植物の陸域環境への初期定着においてもっとも重要なステップの一つであった．気孔が最大に開口しても葉表面の約0.5〜5%を占めるにすぎないが，植物から発散される水や光合成で吸収されるCO_2のほとんどは，これらの孔を通過する．根から多量のCO_2を吸収する植物は，ペルーのアンデス山脈のシダ類，スティリテス属 *Stylites*† のようなまれな事例のみである (Keeley et al., 1984)．植物の葉における水蒸気とCO_2交換の制御において，気孔が果たす主な役割を図6.1に示す．図には，気孔開度，つまり拡散コンダクタンスの調節にかかわる複雑なフィードバックとフィードフォワードの制御ループの一部も示している．これらについては6.6.1項で論じる．気孔は，水分損失とCO_2吸収のバランスを最適に調節できるように，外部環境と内部の生理学的要因の両方に非常に敏感に応答している．

　本章では，気孔の生理学的な基礎，植物における発現，その形態，環境要因に対する応答と作用機構について，図6.1に示したさまざまな制御ループの中身も含めて概説する．光合成と水分損失の制御における気孔の役割については，第7章と第10章

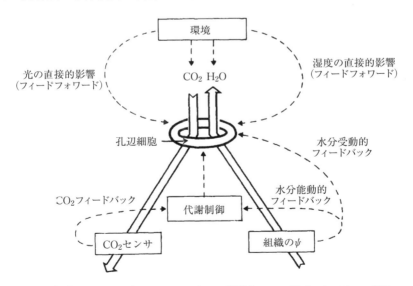

図6.1 気孔によるCO_2とH_2Oフラックスの調節とフィードバック，フィードフォワード制御経路(破線)の概略図．詳細は本文参照 (Raschke, 1975 より描き変える)．

---

† （訳注）ヒカゲノカズラ門ミズニラ目．

で詳しく述べる．

　気孔の応答と制御機構についてのさらに詳しい情報については，Meidner & Mansfield, 1968, Jarvis & Mansfield, 1981, Zeiger et al., 1987, Weyers & Meidner, 1990, Willmer & Fricker, 1996 などの過去の書籍や論文集，また多くの最近の総説（Bergmann & Sack, 2007, Buckley, 2005, Davies et al., 2002, Kim et al., 2010, Roelfsema & Hedrich, 2005, Schroeder et al., 2001）や 2002 年発行の New Phytologist 誌（153 巻 3 号）などが参考になる．

6.1　気孔の分布

　気孔は，開閉運動を行うという特徴的な能力によって，他の表皮の孔，たとえば排水組織や皮目，ゼニゴケなどの苔類の葉状体にある孔などと区別される．気孔開度の変化は，孔辺細胞という特殊化した表皮細胞の大きさや形状の変化によって生じる（図6.2）．気孔は，コケ植物の胞子体，シダ植物，裸子植物，被子植物で見い出され，ほとんどすべての陸上植物の地上部に存在している．遅くとも 4 億年前には機能的な気孔が進化していたと考えられ，気孔をもつ現存するすべての植物は，おそらく一つの祖先に由来している（Raven, 2002）．気孔は葉にもっとも高頻度で現れるが，茎，果実，花序の一部（たとえば，草本の芒（のぎ）や被子植物の萼片（がくへん））など他の緑色組織でも生じる．気孔は植物葉の下側表皮で高頻度になる傾向があるが，ある種の植物，とくに樹木では下側表皮にのみ生じる．表皮の両面に気孔が存在する葉は**両面気孔**（amphistomatous），下面にのみ存在する葉は**片面気孔**（hypostomatous）とよばれる．

　高等植物でみられる気孔（図6.2）には，(a)楕円型（腎臓型）と(b)イネ科型（亜鈴型）という主に二つのタイプがあり，後者はイネ科やカヤツリグサ科でみられ，特徴的な亜鈴型の孔辺細胞が列になって並んでいる．多くの種では，気孔は孔の外側に前室をもつか，特別な保護構造をもち，唇状の構造，あるいは「煙突」状の膜で囲まれていたり（図6.2(d)～(h)参照），一部がワックスで塞がれていたりする．これらすべての特徴は，孔の有効拡散抵抗を増加させる．

　植物種や葉の違いによる気孔の大きさや密度の代表的な例を表6.1に示す．密度や大きさは，葉位や生育条件に応じて変化することが明らかである．同一種においても，品種や生態型による遺伝的要素の違いが大きい．また，**気孔指数**（stomatal index）（単位葉面積あたりの気孔数を，単位面積あたりの表皮細胞と気孔の総数の百分率として表した数）が，植物種や生育条件によって大きく変化することも重要である．典型的な応答として，コムギでは水欠乏によって葉面積が無処理葉の約 50% に減少するとともに，気孔指数が 17.3% から 13% 程度にまで減少することが示されている（Quarrie & Jones, 1977）．

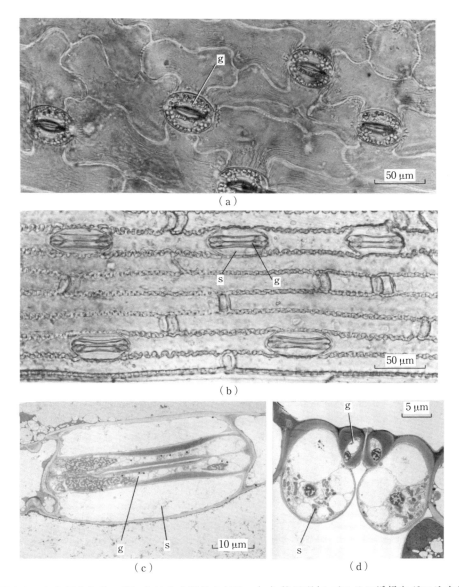

図 6.2 さまざまな種の葉における典型的な気孔.（a）楕円型（チゴユリに近縁なグロリオサ *Gloriosa superba* の裏面（背軸側）），（b）イネ科型（コムギ *Triticum aestivum* の裏面（背軸側））（M. Brrokfield による剥離表皮の光学顕微鏡写真），コムギの気孔の並皮切片（c）と横断切片（d）で，それぞれコムギの厚い孔辺細胞(g)と副細胞(s)を示す（Plant Breeding Institute Cambridge の M. L. Parker 博士からの提供）．（e）から（h）は乾燥地植物の葉の下面表皮の走査型電子顕微鏡写真．（e）アカシア *Acasia senegal*（小板状のワックスに注目），（f）キク科ヒゴタイ属 *Echinops echinatus*，（g）ハマビシ *Tribulus terrestris*，（h）シナノキ科 *Chorchorus tridens*．

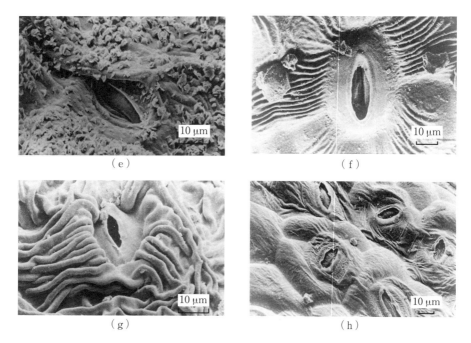

図6.2 つづき

6.2 気孔の構造とメカニズム

気孔開閉は，孔辺細胞内の膨圧と隣接した表皮細胞(形状が変化し，助細胞に分化することがある)の膨圧との圧力バランスの変化によることは古くから知られている．膨圧の変化は，水分の供給あるいは損失による孔辺細胞全体の水ポテンシャル ψ の変化か，浸透ポテンシャル ψ_π の能動的変化によって生じる．前者のメカニズムは孔辺細胞の外側の変化によって起こるもので「水分受動的(hydropassive)」(Stålfelt, 1955)，後者は「水分能動的(hydroactive)」とよばれている．どちらも孔辺細胞内外への水の移動が関与する．水欠乏や湿度変化に応答した自然の気孔運動には，純粋な水力学的メカニズムも関与するが，このような場合にも水力学的変化に応じた何らかの能動的イオン輸送がかかわっていると考えられる．

孔辺細胞の膨圧の変化は，気孔複合体の特殊な構造や配置の結果として，気孔開度の変化をもたらす．一般的な気孔の二つの重要な特徴は，細胞壁に非弾性的で放射状に配向したミセル構造をもつことと，(孔に接した)著しく厚い腹壁が存在することである．これらのいずれの特徴も，楕円形の気孔の動作に必要不可欠ではないようであるが，運動の細部には影響している(気孔のしくみの詳しい解析については Sharpe et al., 1987 参照)．少なくとも楕円形の気孔では，気孔運動には表皮面の外側に向かっ

表6.1 植物種，葉位，生育条件による気孔密度 v [mm^{-2}] と孔の長さ ℓ [μm] の範囲の例．

	上面(向軸側)		下面(背軸側)		引用文献
	v [mm^{-2}]	ℓ [μm]	v [mm^{-2}]	ℓ [μm]	
樹木					
セイヨウシデ Carpinus betulus	0	n.d.	170	13	1
セイヨウリンゴ Malus pumila (Cox 品種)	0	n.d.	390	21	2
セイヨウリンゴ (季節内変動)	0	n.d.	230〜430	n.d.	2
セイヨウリンゴ (品種間の違い)	0	n.d.	350〜600	n.d.	3
ヨーロッパアカマツ Pinus sylvestris[a]	120	20	120	20	1
コロラドトウヒ Picea pungens[a]	39	12	39	12	1
その他の双子葉植物					
テンサイ Beta vulgaris	111	14.6	131	15.3	4
トマト (弱光 - 強光)	2〜28	n.d.	83〜105	n.d.	5
ダイズ (43品種の範囲)	81〜174	21〜23	242〜385	19.5〜21.7	6
ダイズ (湿潤 - 乾燥条件)	149〜158	n.d.	357〜418	n.d.	6
トウゴマ Ricinus communis	182	12	270	24	1
オオムラサキツユクサ Tradescantia viginiana	7	49	23	52	1
草本					
モロコシ Sorghum bicolor (6品種の平均)	n.d.	22.6	135	23	7
オオムギ Hordeum vulgare (とめば)	54〜98	17〜24	60〜89	17	1, 8, 9
オオムギ (止葉より5枚下)	n.d.	n.d.	27〜42	n.d.	9

a 針葉は表裏の区別ができないことに注意．n.d. =データなし．
引用文献：1. Meidner & Mansfield, 1968 2. Slack, 1964 3. Beakbane & Mujamder, 1975 4. Brown & Rosenberg, 1970 5. Gay & Hurd, 1975 6. Ciha & Brun, 1975 7. Liang et al., 1975 8. Miskin & Rasmusson, 1970 9. Jones, 1977b

た孔辺細胞の変形を伴うようで，それと同時に助細胞側への膨張もある程度起こっている．気孔開口時の孔辺細胞の体積変化はあまり報告されていないが，少なくともソラマメ Vicia faba では，閉鎖していた気孔が 18 μm 開口した際，内腔体積が 2 倍になったことを示す解剖学的研究がある (Raschke, 1975)．気孔開度は圧力の増加につれて飽和していくが，孔辺細胞の体積との間にほぼ直線関係があり，孔辺細胞の膨圧にも近い関係がある (Buckley, 2005)．

気孔動作において重要な特徴は助細胞の役割である．気孔の機構解析によると，多くの場合，助細胞は孔辺細胞より機械的に優位にあり，孔辺細胞と助細胞で圧力が均

等に増加すると，気孔が少し閉鎖する．このことは，通常，気孔閉鎖は，葉内全体の水分状態の低下に対する単純な水力学的応答として起こることはなく，すべての気孔開閉が能動的な過程で起こることを示している．この結論は，葉の切除によって一時的に気孔が開口するというよく知られた観察結果からも支持される(Iwanoff, 1928). この観察結果は，葉全体の膨圧低下によって，表皮細胞が孔辺細胞より前に膨圧を失うということから一部は説明できる．しかし，それ以上に，孔辺細胞と表皮細胞の両方の膨圧が低下し，その結果，助細胞の機械的優位が一時的な誤った開口をもたらしている可能性のほうが高いと考えられる．その後の閉鎖は能動的な代謝過程によるものである．孔辺細胞と助細胞の拮抗は一世紀以上にわたって認知されており(von Mohl, 1856)，最近の研究については Buckley, 2005 によってまとめられている．

気孔の孔辺細胞は一般に葉緑体を含んでいるが，その頻度は低く，大きさは小さく，葉肉細胞の葉緑体とは形態も異なっている．葉緑体は孔辺細胞に広く存在しているにもかかわらず，光合成の炭素固定反応の有無，あるいは気孔開口への関与についての証拠はほとんどない．それにもかかわらず，光リン酸化や $NADP^+$ の還元が，気孔開口のエネルギーを供給している可能性は高い．例外的に，ある種のラン(パフィオペディルム *Paphiopedilum* spp.)では，(少なくとも無傷の葉で)孔辺細胞のクロロフィルを欠いていても，それらの気孔は機能している．

これまでみてきたように，ほとんどの気孔開閉は，水分状態の変化に対する応答も含めて，厳密に制御された孔辺細胞の浸透ポテンシャルの能動的変化を伴う．能動的な気孔開口運動における一般的特徴は，カリウムイオンからなる浸透物質の増加である．たとえばソラマメでは，気孔開口に伴って，孔辺細胞あたりの K^+ 含量が約 0.3 から 2.4 pmol(濃度換算で 90×10^{-6} から 680×10^{-6} mol m^{-3})にまで増加する(MacRobbie, 1987). この K^+ の取り込みは，細胞膜において ATP によって駆動されたプロトン(水素イオン)放出によって引き起こされるという説が現在では一般に受け入れられている．このプロトン放出は，内向き整流性 K^+ チャネルと pH 勾配(細胞質塩基性)による K^+ の流入を引き起こす電気的駆動力となる．生じた pH 勾配は，細胞質中でのリンゴ酸の合成や，プロトンと共輸送される塩素イオンの取り込みなどによって消失する．リンゴ酸塩は孔辺細胞中で，蓄積されているデンプンなどの炭水化物から生成されるが，孔辺細胞中にデンプンを欠くネギ属 *Allium* や別の植物種では，Cl^- が K^+ の対イオンとなる．気孔開度の急速な変化は K^+ フラックスによって駆動されるが，気孔開口の長時間維持においては，デンプンの加水分解によって合成されるショ糖が，部分的に K^+ に代わる浸透圧調節物質として寄与していることを示す証拠がある(Talbott & Zeiger, 1998). この観察結果は，気孔の機能研究における古典的なデンプン-ショ糖仮説と，現在提唱されている K^+/アニオンメカニズムを結び付

けるものである．

　ソラマメでは，開口幅が 10 μm に増大するのに 1.25 MPa の浸透ポテンシャルの低下が必要と推定されているが(MacRobbie, 1987 参照)，その大部分はリンゴ酸カリウムの増加によって説明される．気孔開口時に多くの植物種の孔辺細胞で起こることが知られているデンプン含量の減少は，有機アニオンとイオンポンプのエネルギーの両方をもたらしているだろう．気孔閉鎖は水ストレスなどに応答して起こるが，この過程も通常，能動的な代謝過程で，重要な初期段階として細胞膜におけるアニオン放出を伴う能動的なイオン放出があり，続いてショ糖あるいはリンゴ酸塩がデンプンに変換される．アニオン放出による細胞膜の脱分極は，その後の K^+ 放出を駆動する．

　気孔開閉に関与する浸透ポテンシャルを調節することが知られているさまざまな検知経路の中には，赤色光と青色光に対する応答(以下で説明)，CO_2 応答，水欠乏への応答があり，植物の成長制御物質であるアブシジン酸(ABA)が主要な役割を果たしている．当初，ABA の重要性は，外部からの ABA 添加が気孔閉鎖をもたらすこと，細胞内 ABA 濃度がストレス下で(しばしば気孔の閉鎖と並行して)急速に上昇すること，ABA 合成能力のない突然変異体(たとえば，トマトの *sitiens* や *flacca*，ジャガイモの *droopy*†)が気孔を閉鎖できない一方で，細胞外からの ABA 供給により回復する(たとえば，Addicott, 1983 参照)という事実などから例証された．孔辺細胞における ABA と受容体の結合の増加は，さまざまな細胞生化学的な制御カスケードを引き起こし，つぎのような過程が含まれることがわかってきた．それは，G タンパクの活性化，亜酸化窒素の生成，活性酸素の生産，細胞質基質の Ca^{2+} 濃度の上昇(細胞内蓄積によるものと取り込み促進によるものの両方に由来)，Ca^{2+} 感度上昇である．これらは，つぎに外向きアニオンチャネルを活性化し，外向き H^+-ATPase と内向き K^+ チャネルを不活性化することで孔辺細胞の膨圧を低下させ，気孔が閉鎖する(Acharya & Assmann, 2009, Kim et al., 2010)．内生 ABA 濃度は気孔開度とつねによく関連するわけではなく，とくにストレスからの回復時などには関連しないが，このような観察結果は，生理的に活性と不活性の ABA プールが区画化している，あるいは別の化合物が関与していることなどによって，かなり説明できるだろう．ABA は水ストレスに応答した気孔閉鎖の主要な制御因子であるが，その他にもオーキシンやサイトカイニンは気孔開口を促進し，その一方でエチレン，ブラシノステロイド，ジャスモン酸，サリチル酸は気孔閉鎖をもたらす傾向があり，それらの相互作用は複雑になる(Acharya & Assmann, 2009)．

---

† (訳注)*sitiens*, *flacca*, *droopy* は，いずれも(しおれて)だらんとして垂れ下がるなどの外観を表す．

6.3 研究方法

気孔経路とそれに対応する物質輸送への抵抗 r_s やコンダクタンス g_s は，葉の全抵抗 r_ℓ の構成要素の一つにすぎない(図 6.3)．クチクラ輸送経路の抵抗 r_c は気孔経路と並列し，また細胞間隙中の輸送抵抗 r_i や，それと直列した葉肉細胞表面における細胞壁抵抗 r_w もあるだろう．r_s を決定するための多くの方法は，これらの他の抵抗も含んでいるので，より正確には r_ℓ の測定結果をもたらす．さらに，通常これらの値には境界層抵抗成分も含まれている．本書では，r_ℓ を真の気孔抵抗 r_s の尺度として用いるが，r_ℓ と r_s は厳密には同等ではない．r_ℓ を構成する気孔と他の要素の相対値の詳細については後で論じる．第3章で論じたように，異なる気体の気孔抵抗値はそれらの拡散係数に反比例する．

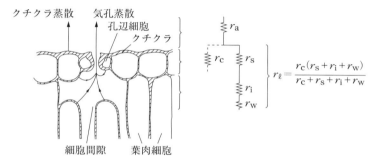

図 6.3 葉の片面からの水分損失経路．葉面境界層抵抗 r_a，クチクラ抵抗 r_c，気孔抵抗 r_s，細胞間隙抵抗 r_i，細胞壁抵抗 r_w，葉面抵抗 r_ℓ を示す．葉の全抵抗は，上面と下面の r_ℓ の並列した合計値である．

Weyers & Meidner, 1990 には，気孔の研究のために利用可能なさまざまな手法の詳細が記述されている．本書では，以下に気孔機能の研究においてもっとも重要な技術を概説する．

6.3.1 顕微鏡を使った測定

解剖学的な気孔の測定は，自然状態の生葉と同様に，固定された葉の透明標本，葉の表皮型取り(レプリカ)によっても行える．これらによって，葉表面上における気孔複合体の大きさや頻度を測定できる．表皮レプリカをとるもっとも簡便な方法は，マニキュア液のような溶液を表皮面に塗布し，乾かしてから剝がし，それを小封筒などに保管した後に検鏡するというものである．これは気孔を数えたり大きさを測定したりするのに適しているが，型取り材料が孔のもっとも狭い部分を破壊していないかどうかを開口部のレプリカから判断することは難しい．低温走査型電子顕微鏡を利用す

ると，超急速凍結固定法によって気孔開度の変化を防ぎ，正確に測定できることが示されているが(van Gardingen et al., 1989)，顕微鏡測定においては，試料が生きているか，あるいは剝離表皮やレプリカなど事前に加工されたものであるかにかかわらず，自然状態の生葉の状態を反映しているかどうかをつねに実証する必要がある．

　現在の気孔生理学の知識の多くは，孔の大きさの変化を顕微鏡観察で追跡できる，剝離表皮を用いた研究から得たものである．解剖学的な測定は，拡散理論を用いて気孔拡散抵抗 r_s を推定するのに用いられる(たとえば，Penman & Schofield, 1951 参照)．もっとも単純な断面形状である円筒か，別の一定形状の筒における系では，孔の抵抗 [s m^{-1}] は式(3.21)より次式で与えられる．

$$r_s = \frac{\ell}{D} \tag{6.1}$$

ここで，ℓ は筒の長さ，D は拡散係数である．

　この単位孔面積あたりの抵抗を，葉面積に対する孔の平均断面積比率で割ると，単位葉面積あたりの抵抗に変換できる．円形の孔では，この比率は $v\pi r^2$ となり，v は単位葉面積あたりの気孔頻度，r は孔の半径である．これにより，単位葉面積あたりの気孔抵抗は次式で表される．

$$r_s = \frac{\ell}{v\pi r^2 D} \tag{6.2}$$

孔面積は葉面積より非常に小さいので，孔周辺にフラックス線が孔上の1点に集まる領域ができる．そのため，境界層のこの領域は効率的に拡散に利用されず，各孔と結びついた付加抵抗あるいは「端効果(end effect)」が生じる．この付加抵抗の大きさは，孔半径に比例し，$\pi r/(4D)$ に等しいことが3次元拡散理論によって得られる．したがって，葉面積あたりに変換して，付加抵抗を加えた孔抵抗は次式によって与えられる．

$$r_s = \frac{\ell + \pi r/4}{v\pi r^2 D} \tag{6.3}$$

この方法は，別形状の孔や，小さい細胞間隙抵抗の推定にも拡張できる(図6.3)．また，孔の大きさが小さいときに起こる D の変化や，別の拡散種との相互作用を修正することも可能であるが(Jarman, 1974)，これらの影響は小さいため，通常は無視される．

　r に $\mathcal{R}T/P$ を掛けることでモルあたりの抵抗 $r^m(=r)$ が得られることを覚えていれば(式(3.23b))，式(6.1)～(6.3)はモルあたりの抵抗に容易に変換できる．

6.3.2　浸潤法

　粘度が段階的に異なる溶液(たとえば，さまざまな割合の流動パラフィンと灯油の

混合液)は,相対的な気孔開度の推定に広く用いられてきた(Hack, 1974). 溶液の粘度による孔への浸潤の違いは,気孔開度の指標となる. 植物種による孔の解剖学的な違いや,クチクラ組成の違いにより,この手法は同一種内の質的な違いの研究にしか利用できない. さらに,溶液の浸潤は破壊的であることから,同じ葉を再度測定することができないという問題もある.

6.3.3 粘性流ポロメータ

Darwin & Pertz, 1911 によって最初の粘性流「ポロメータ(porometers)」が作られてから,圧力勾配下で気孔を通過する空気の質量流は,気孔開度の尺度として利用されてきた. 空気は図6.4に示したいずれかの経路で気孔を通過し,粘性流抵抗は,測定された流速か圧力変化速度によって得られる(Meidner & Mansfield, 1968 参照). 質量流速は粘性流抵抗に反比例する. この抵抗は気孔開度に依存した主要な抵抗と,それよりも小さい葉肉の細胞間隙を通過する質量流への抵抗に依存する(図6.4参照).

残念なことに,絶対値較正を行うことは,流路が複雑であるために困難である. さ

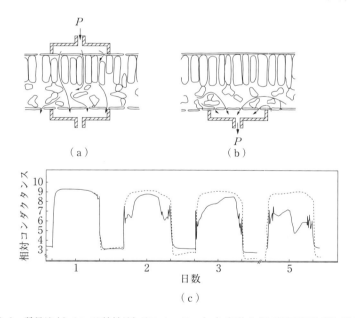

図6.4 質量流(あるいは粘性流)ポロメータ. (a) 穀物などの両面気孔葉に適した両面型. (b) 片面気孔葉に適した片面型. 大気圧よりも高いもしくは低い圧力 P を加え,どちらの場合でも流速あるいは P の変化速度が測定される. (c) 典型的な粘性流ポロメータの記録. ヒマワリ *Helianthus annuus* の対照葉(破線)と,根を1日目の測定開始時に湿潤空気に置いた葉(実線) (データは Neales et al., 1989 より).

らに，両面型粘性流ポロメータ(trans-leaf flow porometers)（図 6.4（ a ））では，葉の表面と裏面は直列となっているので，得られる抵抗は両面の抵抗の合計であるが，抵抗の大きい側が大部分を占めている（通常，葉上側の表皮）．しかし，CO_2 や水蒸気交換における葉の上面と下面の拡散経路は並列であり，拡散抵抗は主として抵抗の小さい側（通常，葉下側の表皮）によって決まる．そのため，粘性流ポロメータから得られる結果は注意して解釈する必要があるが，比較測定や迅速な識別には適している．また，このような装置は一定圧力で操作されるため，連続測定にも便利である（図 6.4（ c ）に典型例を示す）．より迅速な識別には，別のやり方が適している．これは，ある圧力下で一定量の空気を空気溜に蓄え，葉を挟み込んだ小さなキュベットにその空気を注入し，キュベット内の圧力が既定値まで低下する時間を測定するものである（CSIRO/Thermoline 社によるポロメータなど，Rebetzke et al., 2000）．質量流コンダクタンス（しばしば**葉の空隙率**(leaf porosity)とされる）は，上記の時間の逆数に比例すると定義される．しかし，理論的および実験的結果は，拡散抵抗が粘性流抵抗の平方根に比例することを示していることは重要である．

6.3.4　個葉ガス交換測定システムと拡散ポロメータ

　これらの装置は拡散輸送を測定するもので，個葉ガス交換の研究に最適である．水素，アルゴン，一酸化二窒素のようなガス拡散を測定する昔の両面型(trans-leaf type)拡散装置（Meidner & Mansfield, 1968 参照）は，両面型粘性流ポロメータに多くの批判があったため，最近ではほとんど使われていない．現在の装置の多くは，植物葉から拡散して失われる水蒸気の総量を測定しており，実際には気孔抵抗の測定というより，水蒸気に対する**葉面抵抗**(leaf resistance)（すべてのクチクラ要素を含む）をポロメータチャンバー内の境界層抵抗と一緒に測定している．

　葉面抵抗はどのような試料であっても，測定された抵抗全体からチャンバー境界層抵抗を差し引くことで得られる．チャンバー定数は，しばしば葉の代わりに水を飽和させた吸水紙を用いて，付録 8 に記載した方法で求められる．このチャンバー境界層抵抗の大きさは，小型のファンを用いてチャンバー内の空気を攪拌することで最小化できる．

｜通過時間型装置　　このタイプの装置の原理は，葉を密閉したチャンバー内に置くと，蒸発によって，とくに気孔の拡散抵抗に依存した速度でチャンバー内湿度が上昇するというものである．事前に決められただけ湿度が上昇するのにかかった時間は，事前に得られた較正曲線を用いて抵抗に変換できる．較正は，葉を，湿潤面（たとえば，湿らせた吸水紙）の上に，既知の拡散抵抗を得るために正確な大きさの孔をたくさん開けた較正板を載せたものと置き換えることで行う．この較正板の抵抗は式(6.3)の

理論から求められ，板に開ける孔の数や大きさを変えることで広範囲の抵抗値が得られる．

通過時間型ポロメータにはいくつかの形式があり，市販されているものもある（たとえば，AP-4 ポロメータ，Delta-T 社製，バーウェル，ケンブリッジ）．チャンバー境界層抵抗を最小にするためにチャンバー内に攪拌装置が付いていたり，変則的な形の葉や針葉樹の葉にも使用できる装置がある．一方，測定間隔や測定ごとのチャンバーへの乾燥空気の送風が自動化されているものや，湿度変化をできるだけ自然条件に似せるようにしたり，必要に応じてデータを計算して記憶するマイクロプロセッサを搭載したりしているものもある．実際には，測定誤差の主な原因は，葉温 T_ℓ がチャンバー内温度と同じにならないことであるが，この誤差を野外で避けることは難しい．

定常状態のガス交換とポロメータ　　この装置の原理は，長年，実験室でのガス交換装置で使われており，近年，野外装置として改造されている（図 6.5）．水蒸気損失の測定に特化した，それほど精巧でない装置はポロメータとよばれている．空気が流れているチャンバーに葉を封入すると，チャンバーに入る流量とチャンバー出入口における水蒸気濃度差から，キュベット内での水蒸気の蒸散速度（モル単位）が，次式でおおよそ計算できる．

$$\mathrm{E}^\mathrm{m} = \frac{u_\mathrm{e}(e_\mathrm{o} - e_\mathrm{e})}{PA} = \frac{u_\mathrm{e}(x_\mathrm{Wo} - x_\mathrm{We})}{A} \tag{6.4}$$

ここで，E^m は蒸散速度 [mol m^{-2} s^{-1}]，u はモル流速 [mol s^{-1}]，x_W は水蒸気モル分率 [mol mol^{-1}]，A はチャンバー内の葉面積 [m^{-2}]，下付添字の o や e は，それぞれ出口と入口の流れを表している．葉から蒸散する水はキュベットを通過する流速によって変化するため，式 (6.4) は近似的なものであり，全体の物質収支を考慮した次式を用いるほうがよい．

$$\mathrm{E}^\mathrm{m} = \frac{u_\mathrm{o} x_\mathrm{Wo} - u_\mathrm{e} x_\mathrm{We}}{A} \tag{6.5}$$

u_o と u_e の違いは蒸散速度に等しくなるため，次式のように表せる．なお，葉における CO_2 交換は相対的に非常に小さく，O_2 交換とつり合うので無視する．

$$u_\mathrm{o} = u_\mathrm{e} + (u_\mathrm{o} x_\mathrm{Wo} - u_\mathrm{e} x_\mathrm{We}) \tag{6.6a}$$

これを変形すると次式となる．

$$u_\mathrm{o} = u_\mathrm{e}\left(\frac{1 - x_\mathrm{We}}{1 - x_\mathrm{Wo}}\right) \tag{6.6b}$$

さらに，式 (6.5) に代入すると次式が得られる．

$$\mathrm{E}^\mathrm{m} = \frac{u_\mathrm{e}(x_\mathrm{Wo} - x_\mathrm{We})}{A(1 - x_\mathrm{Wo})} \tag{6.7}$$

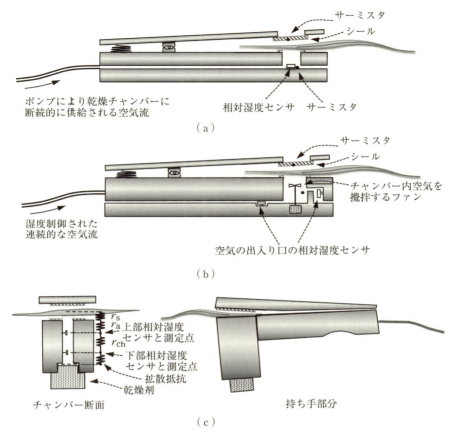

図 6.5 （a）単純な通過時間型ポロメータの概略図（たとえば，Delta-T AP-4 ポロメータ，Delta-T 社製，バーウェル，ケンブリッジ）．この装置では，測定ごとにリーフチャンバーを乾燥させるためにポンプを用い，二つの基準湿度の間で葉からの水蒸気拡散によるチャンバー内の湿度上昇に要する時間を記録する．（b）典型的な開放系定流量ポロメータまたはガス交換システムの概略図．葉面拡散抵抗は，チャンバーの入口と出口の空気湿度と流速から計算される．（c）Decagon SC-1 リーフポロメータの原理図．気孔抵抗 r_s は，葉および葉と乾燥材の間にある2箇所のセンサ，そして乾燥材との間の湿度の差から推定される．境界層抵抗($r_a = r_1$)とチャンバー抵抗($r_{ch} = r_2$)は既知であり，各要素の抵抗は湿度の差に比例すると仮定している．測定のたびに，温度勾配の読み取り値を修正するために温度センサが用いられている．

式(6.7)の分母にある $1 - x_{wo}$ は，葉からの蒸散によって加えられる流量を修正しているが，典型的な条件ではこの補正が与える影響は2〜4％にすぎない．体積流量と濃度を用いれば，E(質量フラックス密度で表したもの)についても同様の式で記述できる(第3章参照).

蒸散速度は，水蒸気損失に対する全抵抗 $r_{\ell w} + r_{aw}$ と関係しており，ここで r_{aw} は

チャンバー境界層抵抗で，次式によって表される．

$$E^m = \frac{x_{Ws} - x_{Wo}}{r_{\ell W} - r_{aW}} \quad (6.8)$$

この式で，葉内の蒸散部位における水蒸気圧は，葉温における飽和水蒸気圧 $e_{s(T_\ell)}$ に等しいと仮定しており，x_{Ws} は対応するモル分率である．x_{Wo} はチャンバー内空気の水蒸気モル分率を表すと仮定しているが，これはよく攪拌されたチャンバー内において正しい．

式(6.7)と式(6.8)から E^m を取り除くと次式のようになる．

$$r_{\ell W} + r_{aW} = g_W^{-1} = \frac{A(x_{Ws} - x_{Wo})(1 - x_{Wo})}{u_e(x_{Wo} - x_{We})} \quad (6.9)$$

この式は，気温が葉温と等しい場合(すなわち，測定系が等温)や，乾燥空気がチャンバーに導入された場合(すなわち，$x_{We} = 0$)には，非常に単純化できる．$1 - x_{Wo} \simeq 1$ として近似すると，以下のように単純化される．

$$r_{\ell W} = \frac{1}{g_{\ell W}} = \frac{(1/h - 1)A}{u_e} - r_{aW} \quad (6.10)$$

ここで，h は外気の相対湿度($= x_{Wo}/x_{Ws}$)である．

式(6.9)と式(6.10)は多くの目的に利用できる．しかし残念ながら，葉からの総蒸散量は，式(6.8)によって与えられる拡散成分と蒸散によって加わる質量流(拡散経路に沿った細胞間隙からの水蒸気の平均モル分率と蒸散速度を掛けた値に等しい)から構成されていることを考慮していない．式(6.8)にこの補正を加えると次式のようになる(von Caemmerer & Farquhar, 1981)．

$$E^m = \left(\frac{x_{Ws} - x_{Wo}}{r_{\ell W} + r_{aW}}\right) + E^m \left(\frac{x_{Ws} + x_{Wo}}{2}\right) \quad (6.11)$$

式(6.11)を変形して式(6.7)を代入すると，以下のように水蒸気に関する全抵抗あるいは全コンダクタンスを完全に表すことができる．

$$g_W = (r_{\ell W} + r_{aW})^{-1} = \frac{u_e(x_{Wo} - x_{We})[1 - (x_{Ws} + x_{Wo})]/2}{A(1 - x_{Wo})(x_{Ws} - x_{Wo})} \quad (6.12)$$

含まれる修正は通常2〜4％程度であり，精度が必要とされる場合のみ，とくに細胞間隙 CO_2 濃度を計算しようとする場合に重要となる(第7章参照)．ほとんどの場合，実際的により重要なことは，T_ℓ すなわち x_{Ws} の不正確な推定に起因する誤差である(Mott & Peak, 2011)．

図6.5(b)は，定流量ガス交換システムあるいはポロメータの典型的な模式図である．現在，もっとも一般的な形式は一定流速を用いるもので(たとえば，Parkinson & Legg, 1972)，出口の相対湿度は r_ℓ と一意的な関係をもつ(温度に左右されない)．気孔は外気湿度に敏感に応答するので(後述)，どのような動作条件でもチャンバー内湿

度を外気湿度に近い値に設定することが望ましい．定流量ポロメータは，現在野外において迅速で正確な気孔コンダクタンスを測定するためのもっともよい方法である．しかし，この目的のために精巧な野外光合成システムが広く使われているが，平衡に達するまで時間が比較的長いので(しばしば2分以上)，得られる測定数が限られる．通過時間型の装置に対する利点の一つは，相対湿度センサを用いていれば，較正は湿度センサと流量計についてのみ行えばよく，実際の温度を考慮する必要がない点である(ただし，Farkinson & Day, 1980 参照)．定流量ポロメータのもう一つの利点は，幅広い g_ℓ の領域で同程度の感度をもつ点である．これは，通過時間型ポロメータでは生理学的に重要な g_ℓ の高い領域で比較的感度が低いことと対照的である．

定常状態を利用した，葉面コンダクタンスを推定するための別の興味深い方法が，「SC-1 リーフポロメータ」(Decagon Device 社，アメリカ・ワシントン州プルマン)で使われている．これは，既知の拡散抵抗(式(3.21)を用いてその寸法から計算する)の閉鎖系チャンバーの中で，葉からの水蒸気の定常的拡散が低湿度吸収源(乾燥剤)方向に起こるという原理に基づいている(図6.5(c))．その形状が非常に単純なため，等温定常状態において，葉の気孔からチャンバーへ，さらにチャンバーから低湿度の吸収源の端点への拡散流が一定であると仮定でき，懸垂線流動式(式(4.27))が成り立つ．よって，水蒸気モルフラックス $\mathbf{E}^m$ は次式によって与えられる(表3.1)．

$$\mathbf{E}^m = \left(\frac{P}{\mathcal{R}T}\right)\left(\frac{x_{Ws} - x_{W1}}{r_\ell + r_1}\right) = \left(\frac{P}{\mathcal{R}T}\right)\left(\frac{x_{W1} - x_{W2}}{r_2}\right) \qquad (6.13)$$

これを x_{Ws} で割って項を整理し，式(3.21)を代入して変形すると次式が得られる．

$$r_\ell = \frac{\ell_2}{D}\left(\frac{1-h_1}{h_1-h_2}\right) - \frac{\ell_1}{D} \qquad (6.14a)$$

$$g_\ell = \frac{D(h_1-h_2)}{\ell_2(1-h_1) - \ell_1(h_1-h_2)} \qquad (6.14b)$$

ここで，h_1 と h_2 は二つの湿度センサにおける相対湿度である．葉面コンダクタンス g_ℓ [m s^{-1}] は，$P/(\mathcal{R}T)$ を掛けると，モル単位のコンダクタンス g_ℓ に変換できる．実際の測定では，温度平衡を保つことや，測定系内の除去できない温度勾配を修正することにとくに気をつける必要がある(www.decagon.com 参照)．

|ポロメータにおける葉温の推定　　g_ℓ の正確な推定は，T_ℓ の正確な推定に依存している．リーフチャンバーやポロメータ内の T_ℓ は，一般に葉面に押し当てた熱電対によって推定されているが，これらは真の T_ℓ と T_a との間の値を示してしまう傾向があり，g_ℓ の誤差をもたらす．代わりに，葉面エネルギー収支から，葉と大気の間の温度差を推定する方法がある(Parkinson & Day, 1980)．

6.3.5 葉温測定からの推定

全エネルギー収支法　近年の赤外放射温度計やカメラの普及や精度向上に伴い，非接触で葉温から気孔コンダクタンスを推定する方法が開発されている(Guilioni et al., 2008, Leinonen et al., 2006)．ペンマン－モンティース式(式(5.26))で用いられたのと同様のやり方で，葉面温度 T_ℓ とそれにかかわる環境要因と植物要因との関係を求めることができ，葉面コンダクタンスと T_ℓ との関係も導出できる．

個葉では（ここでは慣例的に，単位投影面積あたりのフラックスとして表す），純放射収支を短波放射と長波放射の正味の吸収の合計として次式のように表せる．

$$\mathbf{R}_n = (1 - \rho - \tau)\mathbf{R}_S + \varepsilon(\mathbf{R}_L - 2\sigma T_\ell^4) \tag{6.15}$$

ここで，$\mathbf{R}_S$ と $\mathbf{R}_L$ は入射した短波と長波（上からと下から）の合計であり，係数 2 は葉の両面からの放射損失を示している．放射損失について通常の線形化を用いると(5.1.2項)，葉には表裏の 2 面があるので r_R は式(5.9)で与えられる値の半分になり，次式で表される．

$$\mathbf{R}_n = \mathbf{R}_{ni} - \frac{\rho_a c_p (T_\ell - T_a)}{r_R} \tag{6.16}$$

式(5.23)と式(5.22)より，顕熱および潜熱損失を次式で表すことができる．

$$\mathbf{C} = \frac{\rho_a c_p (T_\ell - T_a)}{r_H} \tag{6.17}$$

$$\lambda \mathbf{E} = \frac{(\rho_a c_p / \gamma)[D + \mathbf{s}(T_\ell - T_a)]}{r_W} \tag{6.18}$$

個葉では，これら二つの値の合計は純放射と同等である（定常状態の葉においては蓄熱がゼロであり，$\gamma = P c_p / (0.622 \lambda)$ であることを思い出す）．これを変形すると，水蒸気に対する全抵抗の式が得られる．

$$r_W = \frac{\rho_a c_p r_{HR}}{\gamma} \left[\frac{\mathbf{s}(T_\ell - T_a) + D}{r_{HR} \mathbf{R}_{ni} - \rho_a c_p (T_\ell - T_a)} \right] \tag{6.19}$$

葉面抵抗は $r_\ell = r_W - r_{aW}$ から得られる．しかし，適切な r_{aW} の利用においては気孔の分布が影響するので，両面に気孔をもつ葉（**両面気孔**）と片面にしかもたない葉（**片面気孔**）を区別することは重要で，また葉におけるすべての抵抗は単位投影面積あたりで表されていることを覚えておく必要がある．T_ℓ, T_a, $\mathbf{R}_n$, D, r_a のデータが利用できれば，式(6.19)を用いて葉面抵抗を推定できるが，これらすべての要素を正確に推定することは難しい．

基準面を利用した簡約式　湿潤あるいは乾燥した基準面の表面温度測定を行うと，付随的な測定を減らすことができる(Jones, 1999)．基準面が実際の葉と類似した光学的・空気力学的性質をもっている（模擬葉）とすると，乾燥した基準面の温度 T_d を利

用することで，放射測定の必要がなくなる．これは，エネルギー収支をつぎのように簡略化して表せるからである．

$$R_{ri} = \frac{\rho_a c_p (T_d - T_a)}{r_{HR}} \tag{6.20}$$

これを式(6.19)に代入するとつぎのように変形できる．

$$r_W = r_{HR} \left[\frac{s(T_\ell - T_a) + D}{\gamma(T_d - T_\ell)} \right] \tag{6.21}$$

さらに，乾燥基準面と湿潤基準面の両方を利用すると，湿度要素 D も消去できる．たとえば，片面気孔葉のために，片面のみが湿った模擬葉について，Guilioni et al., 2008 が次式を示している．

$$r_\ell = \left(r_{aW} + \frac{s}{\gamma} r_{HR} \right) \left(\frac{T_\ell - T_W}{T_d - T_\ell} \right) \tag{6.22}$$

この式は，ある温度における異なる葉面(≃気孔)抵抗の相対値は，葉と湿潤・乾燥基準面の温度のみから得られることを示している．葉のタイプや基準面のすべての組み合わせに対する r_ℓ の計算式についての詳細は Guilioni et al., 2008 などで得られる．基準面を利用した簡約的手法を用いることの大きな利点は，温度測定における測器の誤差影響をほとんど帳消しにできる点である．

温度測定における熱収支法は，多くの個葉や植物個体の研究に容易に適用できるため，とくに気孔応答の表現型評価(phenotyping)に向いている(Jones et al., 2009, Reynolds et al., 1998)．同様に，水欠乏ストレスに応答した気孔の敏感な閉鎖は，**作物水ストレス指数**(crop water stress index：CWSI)とよばれる温度指標や，そこから派生した作物「ストレス」についての有用な代理指標の開発やそれらの利用拡大をもたらしている．これについては 10.4.2 項でさらに論じる．

6.4 気孔の環境応答

放射，温度，湿度あるいは葉の水分状態といった個別の要因が気孔コンダクタンスに与える影響は，制御環境下や各要因を独立に変化させられる個葉チャンバーにおいて，もっともよく研究できる．しかし，このような情報を自然環境下での気孔コンダクタンスの予測に利用する場合には，つぎのようなさまざまな要因によって複雑化する．

　(ⅰ) 応答間の相互作用(どのような応答も他の要因のレベルに依存する)．
　(ⅱ) 自然環境の変動性．
　(ⅲ) 気孔の応答時間が環境変化の時間と同程度かそれよりも長いという事実(そのため，気孔が適切な定常的開度に達することはほとんどない)．

(iv) 両面気孔葉の植物では，下面より上面の気孔応答性のほうが高い傾向がある．
(v) 内因性リズムがその時点の環境とは独立に気孔開度に影響する傾向がある（たとえば，夜間の閉鎖は連続光照射下でも起こる傾向がある）．
(vi) 環境条件の変化に対する順化が起こる可能性がある．

6.4.1 最大コンダクタンス

気孔の頻度や大きさは，植物種や葉位あるいは生育条件の違いによって非常に大きく変動し（表6.1），それに応じた気孔コンダクタンスの違いをもたらすことが予想できる．図6.6は，さまざまな植物グループで報告されている最大葉面コンダクタンスについて，まとめたものである．どのグループ内でも値の範囲は大きいが，最大コンダクタンス（全葉面積あたりの $g_{\ell w}$）にはいくつかの明確な違いがあり，平均が80 mmol m^{-1} s^{-1}（2 mm s^{-1}）に満たない多肉植物，針葉樹，それらの値の4倍程度の湿潤地域に生育する植物がある．

遺伝的な違いに加えて，最大葉面コンダクタンスは生育条件に強く影響され，葉齢に伴って変化する．特徴的なこととして，最大コンダクタンスは葉の出葉後数日ま

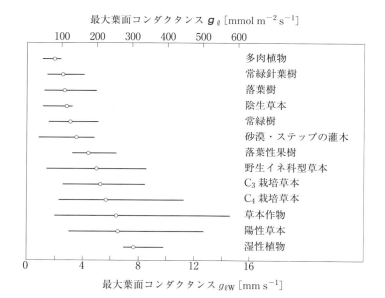

図6.6 さまざまな植物グループの最大葉面コンダクタンス $g_{\ell w}$．
○は各グループのコンダクタンス平均値を示し，実線は報告されている個別の値の約90%を含んでいる（Körner et al., 1979 を改変）．

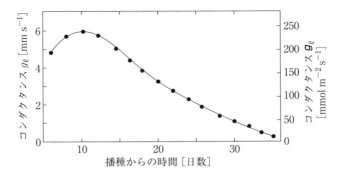

図 6.7 インゲンマメ *Phaseolus vulagris* L. 第1葉の上面 (向軸側) における開葉初期から落葉直前までの (1200 μmol m^{-2} s^{-1} PAR における) 葉面コンダクタンスの典型的な発達に伴う推移 (Solárová, 1980 より).

では最高値に達せず,その後しばらくはその植物種に特有の最高に近い値を維持し,最終的に葉の老化に伴って大幅に低下する (図 6.7).

6.4.2 光への応答

おそらくもっとも一貫して,きちんと報告されている気孔応答は,放射強度が増加するとほとんどの植物種で気孔が開くことである (図 6.8(a),Shimazaki et al., 2007).通常,夏の晴天時の太陽光の約4分の1以上の光量 (すなわち,約 200 W m^{-2} (全短波放射) または 400 μmol m^{-2} s^{-1} (PAR)) で最大開度に達するが,この値は植物種や自然放射環境に依存し,陰葉の気孔は陽葉の気孔よりも弱光で開口する.コンダクタンスと放射強度との関係は,とくに光の変化時に気孔開度が完全に平衡に達しなかった場合などには 履歴現象 (hysteresis) を示すことが多い (図 6.8(a)).気孔の光応答の一部は,光照射下で生じる葉内 CO_2 濃度の低下 (後述) が間接的な原因となっている可能性があるが,直接的な応答には2種類の独立した光受容体が関与していることを示す結果がある.

気孔はとくに青色光に敏感に応答し (図 6.8(b)),外向きの細胞膜 H$^+$-ATPase を活性化して過分極を引き起こし,K$^+$ が孔辺細胞に蓄積されて膨圧が上昇する.H$^+$-ATPase の活性化には,フォトトロピンとよばれる青色光を吸収するフラビンタンパク質が信号受容体として関与している (Kinoshita et al., 2001).フォトトロピンは,Ca^{2+} が関与する複雑な信号伝達を経て 14-3-3 タンパク質の結合と H$^+$-ATPase のリン酸化をもたらす (Shimazaki et al., 2007 参照).多くの植物種ではバックグラウンドに赤色光があれば,放射照度が非常に低くても (5 μmol m^{-2} s^{-1}),迅速な気孔開口が起こる.青色光は気孔開口の信号としてはたらくが,赤色光下で光合成によってイ

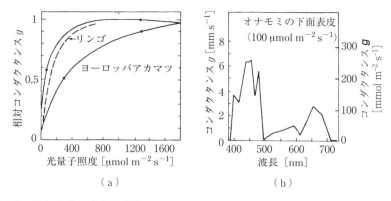

図 6.8 （a）気孔の光応答曲線の例．リンゴの曲線（破線，データは Warrit et al., 1980 より）は多くの種の典型であり，コンダクタンスは最大日射の約 4 分の 1 で最大に達する．ヨーロッパアカマツ *Pinus sylvestris* の曲線（実線，Ng & Jarvis, 1980 より）は，ある条件で生じる履歴現象を描いている．（b）オナモミ（*Xanthium strumarium*）における気孔開口の作用スペクトル（Sharkey & Raschke, 1981 より算出）．作用スペクトルは，各波長の光量子照度が 100 μmol m^{-2} s^{-1} のときに得られたコンダクタンスとして示している．

オン輸送を駆動するためのエネルギーが供給される必要がある．青色光はまた，デンプンのショ糖とリンゴ酸への分解も促進する．

　赤色光に応答する気孔開口には青色光よりもずっと強い放射照度が必要であり，葉肉や孔辺細胞の葉緑体における光合成を駆動して，細胞間隙 CO_2 濃度 c_i を低下させている（実際の作用スペクトルは赤色と同様に青色にもピークをもっていることに注意）．しかし，赤色光応答は，孔辺細胞と葉肉細胞のどちらで行われている光合成とも独立に起こっていることを示す結果もある（Baroli et al., 2008, Massinger et al., 2006）．青色光と赤色光への反応は相乗的に作用するように考えられており，たとえば青色光によるリンゴ酸合成の促進には，赤色光が必要とされる．別の研究では，気孔は吸収した全放射エネルギーに応答することが示唆されているが，これらの結果は，T_ℓ の正確な推定の難しさに起因する人為的結果であるように考えられる（Mott & Peak, 2011）．

　光の変化に対する気孔の応答速度は変動するが，閉鎖応答は開口よりも敏速な傾向がある．一般に，応答が半分完了するのにかかる時間（半減期）は 2〜5 分程度であり，これは多くの環境変化の時間と同程度である．光の減少に応答した気孔閉鎖は，水ストレスによって増幅されることを示す結果がある．その例として，図 6.9 に示すモロコシ葉において，穏やかな乾燥条件では気孔閉鎖の半減期が 1 分未満に短縮している．気孔の応答速度は，植物群落内のサンフレック（陽班）のように，とくに光が急速に変化するときに重要だろう．

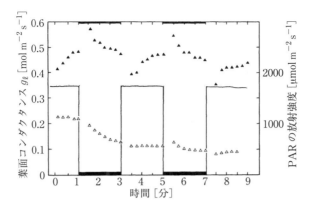

図 6.9 野外で栽培したモロコシ *Sorghum bicolor* の灌水個体(▲)と水不足気味の個体(△)の,急な暗黒化に応答した葉の気孔コンダクタンスの経時変化. PAR の放射強度を連続線で示している(H. G. Jones, D. O. Hall & J. E. Corlett, 未発表データ).放射強度の変化における時間的変動は,ポロメータシステムが平衡に達するまでの時間の影響である.

ほとんどの植物では,気孔は光に応答して開口し,暗闇では閉鎖するが,ベンケイソウ型有機酸代謝型(CAM)光合成経路をもつ植物では逆の現象がみられる(第7章参照).このような植物では,暗条件,とくに夜間の早い時間帯で気孔開度が最大となる.また,多くの植物では夜間の暗条件においてもかなり大きな葉面コンダクタンスを維持している(59 種中の最頻度値は $20\sim60$ mmol m^{-2} s^{-1}).このコンダクタンスの大部分が,クチクラ蒸散によるものではなく気孔開口と関係していることは重要なことである(Caird et al., 2007).これらの蒸散速度は1日の総水分損失量の $5\sim30\%$ に相当する.実際,気孔の温度や湿度に対する応答は,明条件と同様に暗条件においても起こる(Mott & Peak, 2010).

6.4.3 二酸化炭素への応答

自然環境の CO_2 濃度は比較的一定であるが(第 11 章参照),気孔は CO_2 感受性が高く,細胞間隙の CO_2 モル分率 x'_i に応答する.一般に,気孔は x'_i の減少に伴って開口するが,CO_2 感受性は植物種や環境条件に強く依存しており,C_4 植物ではもっとも感度が高くなり,そして CO_2 濃度が約 300 vpm[†] 未満の環境で敏感になる(Morison, 1987).気孔は明暗にかかわらず CO_2 に応答するため,気孔の CO_2 への応答は光合成だけには依存しない.x'_i の値は,環境条件や光合成速度にかかわらず,ほぼ一定を保っている(C_4 植物でおよそ 130 vpm,C_3 植物では 230 vpm)(Wong et al., 1979).こ

[†] (訳注)volume parts per million(体積の百万分率).

のような現象は,気孔コンダクタンス g_s が同化速度に比例して変化する場合に起こり,葉肉からの信号が気孔開度を調節しているという仮説を導いているが,このような仮説のメカニズム的証拠はいまだに不足しており,むしろこのような結果は,g_s と同化速度が非常によく対応している結果であるように思われる.この光合成と気孔コンダクタンスの密接な相関関係は,ボール-ウッドロー-ベリー(Ball-Woodrow-Berry)あるいは BWB モデルとよばれる重要な気孔モデルの基礎となっている(Ball et al., 1987).このモデルは,少なくとも経験的に広範囲に適用できることが判明している.最初に提案された式では,広範囲の環境条件における気孔コンダクタンスは次式で近似された.

$$g_s = \frac{aPh}{c'_s} \tag{6.23}$$

ここで,a は経験的な定数,h は相対湿度,c'_s は葉表面の CO_2 濃度,P は純光合成速度である.このモデルを修正して気孔応答により近づけたものが次式である(Leuning, 1995).

$$g_s = g_0 + \frac{aPh}{(c'_s - \Gamma)(1 + D_s/D_0)} \tag{6.24}$$

ここで,Γ は CO_2 補償点濃度,D_s は葉表面での水蒸気欠差,D_0 は定数である.CO_2 を感知する正確な場所やメカニズムについてはいまだに議論されているが,CO_2 が Ca^{2+} の関与が必要なアニオンチャネルと K^+ 放出チャネルを活性化することにより気孔閉鎖を引き起こしているという,直接影響の証拠が増えている.最近の CO_2 感知の研究については,他の文献を参照のこと(たとえば,Kim et al., 2010).

FACE 実験(開放大気 CO_2 増加実験(free-air carbon dioxide enrichment), Wullschleger et al., 2002)のような,より長期間の高 CO_2 暴露に対して,CO_2 濃度変化に対する気孔感受性が通常の濃度で育った植物よりも低下することで,気孔が部分的に適応できることは重要なことである.ただし,これは少なくとも一部は解剖学的な適応の結果かもしれない.気孔の CO_2 応答は,広範囲の環境要因,とくに光や湿度によって変化し,たとえば高い飽差は CO_2 感受性を大幅に高める(Bunce, 2006).

6.4.4 湿度への応答

1970 年代初期までは,気孔は周囲の湿度に反応しないと考えられていた.たとえば,Meidner & Mansfield, 1968 は,気孔の生理学についての著書の中で「気孔の挙動は…周囲の相対湿度の変化には比較的影響されない」と述べている.しかし現在では,図 6.10 に示すように,多くの植物種の気孔は,葉と大気の間の水蒸気圧差 D_ℓ の増加に応答して閉じることが明らかになっている.葉と大気の間の水蒸気圧差の変化に対

する気孔応答の感度は温帯落葉樹種でもっとも高くなる傾向があり，ついで熱帯樹木，シダ植物となり，草本作物でもっとも低かった(Farnks & Farquhar, 1999). 葉周囲の湿度が低下すると，初期の応答として g_s が10分間ほど一時的に増加するが，やがて初期値よりも低い値で平衡に達する. 定常状態での応答の大きさは，植物種や生育条件，とくに植物の水分状態に依存しており，高温条件(図6.10)やストレス下での植物では応答が小さくなる. 実際には e_a を一定にした条件でも，葉を helox(79%ヘリウムと21%酸素の空気で，水蒸気拡散が空気中より数倍速い)中に移すと気孔は閉鎖するので(Mott & Parkhurst, 1991), 観察されている湿度応答は，おそらく湿度そのものより，湿度勾配の変化によって引き起こされる蒸散速度の変化への応答なのだろう.

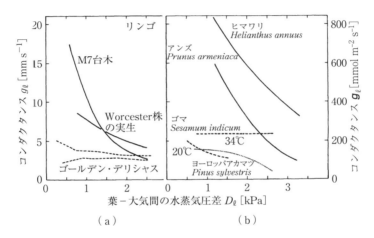

図 6.10 気孔の湿度応答の例. データは，リンゴ(Fanjul & Jones, 1982, Warrit et al., 1980), ヒマワリ *Helianthus* とゴマ *Sesamum*(Hall & Kaufmann, 1975), アンズ *Prunus*(Schulze et al., 1972), ヨーロッパアカマツ *Pinus*(Jarvis & Morison, 1981).

湿度への応答は，完全に発現するまでにしばしば数分を必要とするが，少なくともリンゴ葉では，D_ℓ の増加に対して，全気孔の90%が湿度変化から20秒以内に応答すると報告されている(Fanjul & Jones, 1982). 湿度低下に対する相対的な気孔閉鎖速度は，灌水された植物よりも水不足の植物のほうが一貫して速く(Aasamaa & Sōber, 2011), 湿度増加に対する開口応答は逆に遅い傾向がある.

6.4.5 水分状態への応答

気孔は，水分供給と蒸散要求のバランス変化を最小にするように，植物体の水分状

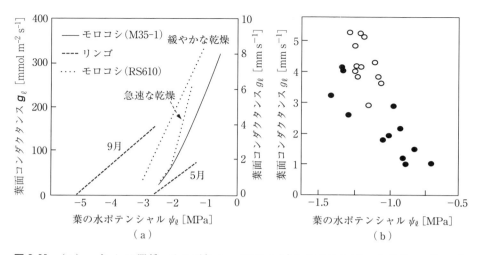

図 6.11 （a）g_ℓ と ψ_ℓ の関係．リンゴ（Lakso, 1979 より）とモロコシ（データは Henzell et al., 1976, Jones & Rawson, 1979）．緩やかな乾燥は 0.15 MPa day^{-1}，急速な乾燥は 1.2 MPa day^{-1}．（b）g_ℓ と ψ_ℓ に負の相関が観察されたリンゴの例（○は灌水された参照個体，●は水不足の個体．データは Jones, 1985b より）．

態に敏感に応答する．一般に，気孔は葉や土壌の水ポテンシャルの低下（図6.11(a)）とともに閉じる傾向がある．広範囲の ψ_ℓ において気孔閉鎖が起こるが，この関係はそれまでの環境ストレスあるいは乾燥速度によって変化する．葉面コンダクタンス g_ℓ がゼロになるときの ψ_ℓ の値に及ぼす生育条件の影響を，いくつかの植物種について表6.2にまとめる．調節範囲は，ケナフ *Hibisucus* のゼロからアカヒゲガヤ *Heteropogon* の 3.6 MPa に及んでいる．しかし，十分に灌水された植物において日中に通常起こる葉の水ポテンシャルでは，気孔コンダクタンスは ψ_ℓ にそれほど感受性を示さず，葉の水ポテンシャル低下に対して逆に**増加**することさえある（図6.11(b) また図6.15(d)参照）．この応答は，水ポテンシャルが気孔コンダクタンスを調節するのではなく，気孔コンダクタンスが（蒸散速度を変化させることで）葉の水ポテンシャルを制御していることを予想させるが，これについては以下でさらに論じる（Jones, 1998 も参照）．

土壌が乾燥しても ψ_ℓ をほぼ一定に保つ植物種や品種は，**等浸透圧性**（isohydric）植物とよばれ，土壌の水ポテンシャル低下に従って ψ_ℓ も低下する種は**変浸透圧性**（anisohydric）植物とよばれる（Tardieu & Simonneau, 1998）．草本植物と樹木にもそれぞれのタイプの応答を示す植物が存在し，トウモロコシやポプラは等浸透圧性，ヒマワリやアーモンドは変浸透圧性である．同じ種であっても品種が異なれば等浸透圧性の程度には違いがある（Schultz, 2003）．等浸透圧性の応答では敏感に気孔が閉鎖す

表6.2 異なる植物種の水ストレスに対する気孔の適応例.

種	条件	g_ℓがゼロになるときのψ_ℓ [MPa]			引用文献
		最大値	最小値	応答値	
リンゴ	季節変化(野外)	-2.7	-5.2	2.5	1
アカヒゲガヤ Heteropogon contortus	CEと野外	-1.4	-5.3	3.6	2
ユーカリ Eucalyptus socialis	野外での耐寒性処理	-2.5	-3.8	1.3	3
ワタ	CEと野外	-1.6	-2.7	1.1	4
ワタ	CEでの繰り返し乾燥処理	-2.8	-4.0	1.2	5
モロコシ	野外	-1.9	-2.3	0.4	6
コムギ	CEで水耕栽培	-1.4	-1.9	0.5	7
ケナフ Hibiscus cannabinus	CEと野外	-2.1	-2.0	0	2

CEは制御環境(controlled environment)を意味する.
引用文献:1. Lakso, 1979 2. Ludlow, 1980 3. Collatz et al., 1976 4. Jordan and Ritchie, 1971 5. Brown et al., 1976 6. Turner et al., 1978 7. Simmelsgaard, 1976

るため,緩やかなストレス条件では光合成が制限されてしまうが,木部空洞化を防げるので,乾燥耐性の強い植物種ほど等浸透圧性の傾向が強くなることが示唆されている(West et al., 2008).図6.12に示すように,ほとんどの種は両極端の応答の間に位置する.

　土壌の乾燥に伴って葉の水ポテンシャルは低下することから,一般に観察される気孔コンダクタンスと葉の水ポテンシャルは同時に変化するが,その一方で水不足にかかわる気孔閉鎖反応を調節する重要な信号は根から届く(4.3.3項参照).切り離した葉を用いた研究から,孔辺細胞における能動的な溶質の蓄積という局所的な調節作用によって,気孔が葉の水分状態に応答することは明らかになっている.しかし,土壌乾燥に応答した気孔閉鎖は,しばしば,葉の水分状態の直接的な水力学的調節以外の要因によって調節されていることを示す一連の研究結果がある.

　その一例を図6.11(b)に示す.ここでは,ψ_ℓの増加に伴いg_ℓは減少しており,ψ_ℓが気孔を制御していなかったことは明らかであり,根由来の長距離信号伝達を考慮する必要がある(Jones, 1998).別の証拠として,大気湿度を変化させることで個体全体の蒸散を変化させ,ヒマワリ Helianthus annuus とキョウチクトウ Nerium oleander の葉の水分状態を操作し,一方,コンダクタンスを測定する個々の葉の環境は変化させなかったときに,測定された葉のコンダクタンスは,葉よりも土壌の水分状態とはるかに強い相関を示すことがわかった(図6.13参照).葉のコンダクタンスが土壌水分状態に直接応答するという仮説は,土壌を乾燥させたときに木部圧がゼロになるよ

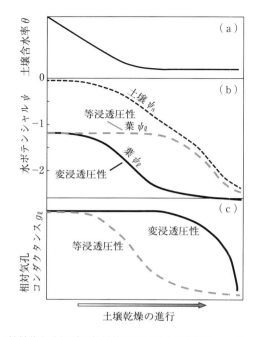

図6.12 等浸透圧性植物と変浸透圧性植物における土壌乾燥と $g_ℓ$, $\psi_ℓ$, ψ_S の関係．気孔がすぐに閉鎖する極端な等浸透圧性植物（破線）と変浸透圧性植物（実線）．（a）乾燥による土壌含水率 θ の経時変化，（b）対応する土壌水ポテンシャル（ψ_S—黒破線）および葉の水ポテンシャル $\psi_ℓ$ の変化，（c）（b）に示した $\psi_ℓ$ になるような気孔コンダクタンスの変化．

うに（よって葉細胞は最大膨張を維持される）根系に圧力をかけるという実験によってさらに確認されている（Gollan et al., 1986）．この実験からも，葉のコンダクタンスは，葉の膨圧よりも土壌含水率に応答すると考えられた（図6.14）．根系を分離し一部を乾燥させ，残りの部分からの吸水によってシュートの水分状態を維持させたときの気孔閉鎖を実証した多くの実験も，とくに自然の土壌乾燥に応答した気孔応答を制御する，根とシュートの間の信号伝達の強力な証拠となっている（Davies & Zhang, 1991）．

しかし上記の観察は，局所的な信号伝達が何らかの気孔調節に関係している可能性，とくに葉の切除によって気孔が一時的に「間違って」開口するような短期的な応答も関与している可能性を残している（Iwanoff, 1928）．気孔コンダクタンスは，$\psi_ℓ$ よりも ψ_p とより関係が強いことが一般に観察されており，これは生育条件に応じた何らかの変化（表6.2）に対して，細胞液への溶質の蓄積による，より低い水ポテンシャルで膨圧を獲得するような浸透調節が関係している（第10章参照）．観察されている葉の ψ_p との強い相関は，孔辺細胞におけるイオンポンプの作用で生じる間接的なものである可能性が高い．

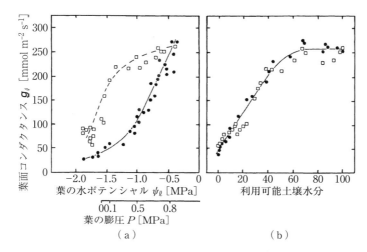

図 6.13 (a) 土壌含水率低下に伴うキョウチクトウ *Nerium oleander* の葉面コンダクタンスと ψ_ℓ の関係. 測定している葉と大気の間の水蒸気濃度差 $D_{x_{w\ell}}$ を $10\,\mathrm{Pa\,kPa^{-1}}$ に維持し, 植物体全体と大気間の水蒸気濃度差は $10\,\mathrm{Pa\,kPa^{-1}}$ で一定(●) あるいは $30\,\mathrm{Pa\,kPa^{-1}}$ で一定(□) の空気中に置いた. (b) 利用可能土壌水分の関数として (a) のデータを再プロット (Gollan et al., 1985, Schultze, 1986).

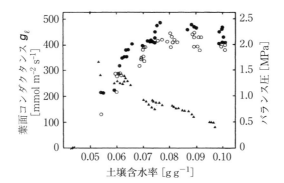

図 6.14 コムギ葉における葉面コンダクタンス g_ℓ と土壌含水率の関係. 土壌を乾燥させ, 葉の膨圧を維持しなかった場合(○), あるいはバランス圧をかけることで葉の膨圧を維持した場合(●). 各土壌含水率において膨圧を維持するために必要なバランス圧 P の値を▲で示す (Gollan et al., 1986 のデータより).

6.2 節で述べたように, 植物の成長調節物質であるアブシジン酸(ABA)は, 気孔開口を調節する孔辺細胞の浸透圧変化の重要な調節因子として, かねてから知られている. 水分損失はすべての組織で ABA 合成を促進するため, 少なくとも葉における ABA 濃度上昇は, 葉の水分損失に応答した局所的な ABA 合成促進により起こる. しかし現在では, 根からシュートへの化学的信号伝達が不可欠であり, 根からシュー

トへの木部における ABA 輸送が土壌水分損失を検知するために重要であると認識されている. 根からの ABA の供給は, 木部流速度(これはストレス増加や気孔閉鎖によって低下する)と根における ABA の合成と道管への放出速度(これは根組織の ψ_p に依存する)の両方に依存している. 植物は, 葉の葉肉細胞やその他の場所に ABA を相当量留めておく能力があるので, 孔辺細胞に到達する ABA は, 木部における供給速度だけでなく, アポプラストの pH によっても調節されている. より酸性のアポプラスト水(約 pH 6.0)では, ABA は葉肉細胞中に隔離される傾向があり, 蒸散流中の ABA はほとんど気孔に到達しない. 一方で, 水不足によってアポプラスト水のアルカリ化が引き起こされると, アポプラスト水中に ABA アニオンを保持するようになり, その結果, 孔辺細胞への輸送が促進され, 信号が増幅される(Wilkinson & Davies, 2002).

水不足の期間の後に植物に灌水すると, 葉の水ポテンシャルは急速に回復するが, 気孔が回復するには(ストレスの強さや期間によって)数日かかるだろう.

6.4.6 温度および他の要因への応答

気孔の温度応答に関する多くの研究は, 矛盾する結果をもたらした. 残念なことに, 多くの初期の研究では, 温度変化が葉と大気の間の水蒸気圧差の変化と区別されていなかった. D_ℓ を一定の値(絶対湿度と相対湿度が温度とともに増加する条件下)にして, 温度応答の研究を行うことが必要である. 一般に, 通常の温度範囲では, 最適条件があることもあるが, 気孔は温度の上昇とともに開く傾向がある(Hall et al., 1976 参照). しかし, 温度応答の大きさは水蒸気圧に依存する.

気孔開度は, O_3, SO_2, 窒素酸化物(Robinson et al., 1998)のような多くのガス状大気汚染物質の影響も受ける(11.4 節も参照). しかし, 同じ汚染物質であっても特定の条件や植物種によって気孔の開口, あるいは閉鎖を引き起こし, その応答は条件によってかなり複雑である. 少なくともオゾンの場合には, 汚染物質増加に応答した気孔閉鎖は, 主として光合成が阻害されたことによる葉内 CO_2 濃度の増加に応答したものだと考えられているが(Paoletti & Grulke, 2005), オゾン処理自体も一般に気孔応答速度を低下させるようである. オゾン処理はとくに, 葉における不均一な気孔開閉パターン(斑点状 patchiness)を引き起こす. 不均一な気孔開度分布の光合成における重要性については第 7 章で取り上げる. SO_2 のようなガス状汚染物質に対する多くの反応は, おそらくこれらの物質が膜の整合性に及ぼす毒作用と, 結果として生じる表皮細胞への損傷と関係がある. 気孔開度は, 葉齢, 栄養状態, 病気といった他の多くの要因にも依存している. 一方で, 夜間の気孔開口も汚染物質による損傷を促進する.

6.4.7 自然環境での気孔のふるまい

|経験的モデル　野外での気孔のふるまいを記述するために,数多くの経験的モデルが提案されてきた.すでに指摘したように,野外測定から気孔応答を決定することは難しい.リンゴの木の伸張している葉の葉面コンダクタンスの典型的な日変化の結果を,水平面における放射照度とともに図 6.15 に示す.図(b)と(d)には,放射照度と ψ_ℓ に対する葉面コンダクタンスの関係もプロットしている.葉面コンダクタンス g_ℓ の変動は,一部は放射照度の変動によるもので,一部は個葉間の変動や葉の向きの違いによるものである.放射照度 I に対する g_ℓ の点の分散の大部分(図(b))は,気孔反応の時定数が放射強度の変動のそれよりも長かったことに起因する.

個々の要因に対する気孔応答を決定し,ある条件における g_ℓ を予測するために,図 6.15 で示したような結果を用いた,いくつかの経験的な手法が利用されている.その一つは境界線分析(boundary-line analysis)を使うことである.図(b)において,g_ℓ と I の間の仮想の境界線が破線で示されており,これは,他の要因による制限がな

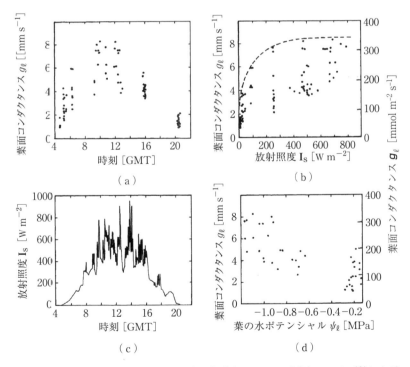

図 6.15　ある 1 日(1980 年 7 月 26 日)の伸張半ばのリンゴ葉(Bramely 種)における g_ℓ(a)と群落上の放射強度の変化(c).また,そのときの I に対する g_ℓ(b),および ψ_ℓ に対する g_ℓ(d)の関係.詳細は本文参照(H. G. Jones, 未発表データ).

い場合の応答を近似している.多くの点は,ψ_ℓの低下などの要因によって,この線の下に位置すると想定される.残念ながら,境界線を決める上限値の測定はある程度の誤差を含むため,統計学的に数量化することは困難である.

もう一つの広く用いられている手法は重回帰で,g_ℓをさまざまな独立変数に対して回帰し,つぎのような式を得る.

$$g_\ell = a + b\mathrm{I} + cD + d\psi_\ell + \cdots \tag{6.25}$$

ここで,$a, b, c, d, \ldots$ は回帰係数である.有意でない項は除かれ,高次の多項式(たとえば,2次式)の利用により非線形関係が当てはめられる.この手法は大量のデータを要約できるが,これも完全に経験的手法であるため,試されていない環境条件の組み合わせにおける予測の確度は低くなりがちである.同じことが,主成分分析にも当てはまり,データセット全体の繰り返しがない傾向がある.なお,独立変数として時刻を含めることが必要になることは多い.

重回帰モデルで示された「重要」な変数が,単独で回帰したときにはg_ℓともっとも相関の高い独立変数にはならないことが多いことは重要である.たとえば,イギリスのリンゴについてのいくつかのデータセットの分析において,Jones & Higgs, 1989 は,重回帰においてもっとも重要な三つの変数はD, I_{50}(誘導変数$= \mathrm{I}/(50 + \mathrm{I}))$, T_a であったのに対し,もっとも相関の高かった個別の変数は水蒸気圧e,あるいは相対湿度hであったことを示した.この後者の観察結果は,g_ℓが同化速度に直接的に比例して変化し,葉面の相対湿度によって大きさを調整されるという BWB モデル(式(6.23)と式(6.24))による示唆との関連においてとくに興味深い.

g_ℓを予測するための頑強なモデルを得るために,Jones & Higgs, 1989 は環境変数を参照値からの差Δに置換することを提案した.この場合,式(6.25)は次式のように書き換えられる.

$$g_\ell = g_0 + \beta_1 \Delta\mathrm{I} + \beta_2 \Delta D + \beta_3 \Delta\psi_\ell + \cdots \tag{6.26}$$

ここで,g_0は(典型的な環境条件における)参照値,β_iは重回帰係数である.新しいデータセットでg_ℓを予測するために,係数の大きさはg_0で割ることで正規化でき,次式のように変形できる.

$$g_\ell = g_0(1 + b_1\Delta\mathrm{I} + b_2\Delta D + b_3\Delta\psi_\ell + \cdots) \tag{6.27}$$

ここで,$b_i = \beta_i/g_0$である.このモデルは適当なg_0を用いることで,さまざまなデータセットの大きさを調節できる.不適当な重回帰係数が原因で生じるg_ℓの予測における絶対誤差は,この手法により最小化できる.この手法を使用することで,あるデータセットから導かれたモデルを,別の年の別の果樹園で得られたデータセットに対して,そのデータについて自由に近似したモデルと同じくらいの精度で当てはめられることが示された.D, T_a, I_{50}を用いたモデルは,リンゴの別のデータセットにおけ

る g_ℓ のばらつきを 32～62% 説明した(Jones & Higgs, 1989).

多くの場合,乗法モデルは(式(6.25)～(6.27)における加法モデルよりも),気孔コンダクタンスの分析に適した方法である(Jarvis, 1976).この場合,次式のように表せる.

$$g_\ell = g_0 \, \mathrm{f}(I) \, g(D) \, h(\psi_\ell) \cdots \qquad (6.28)$$

ここで,各関数($\mathrm{f}(I), g(D), h(\psi_\ell), \ldots$)の形式は,制御環境における研究から得られる.とくによく用いられる関数を図6.16にまとめる.ここで,十分に水を与えられた植物では,通常の ψ_ℓ の日中低下に対して気孔は通常閉鎖しないことは重要である.実際,時々逆の影響が観察される(図6.15(d)).この(図6.10と比較して)いくぶん矛盾した結果が生じる原因は,ここでは調節作用が逆向きになったのではなく,気孔開口に伴う蒸散速度の増加により ψ_ℓ が低下するためである.

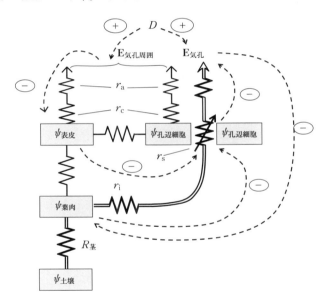

図6.16 気孔開度に湿度が与える影響にかかわるさまざまなフィードバックとフィードフォワード制御ループの概略図.実線と抵抗器は,気孔を通して(そして気孔に調節されて)生じる主要な水の流れ(二重線)と,表皮あるいは孔辺細胞壁の外側を直接通過する気孔周辺部からの小さな割合の蒸散(単線)を表している.破線は調節過程を示し,符号は最初の因子の増加が第2の因子に与える効果を示している(たとえば,$E_{気孔}$ と $\psi_{葉肉}$ の間の負の符号は,$E_{気孔}$ の増加が $\psi_{葉肉}$ の低下をもたらすことを示している).図中の抵抗は,細胞間隙抵抗 r_i,気孔抵抗 r_s,境界層抵抗 r_a,クチクラ抵抗 r_c,液相の幹抵抗 $R_{茎}$ を含んでいる.

| **機械論的モデルと半経験的モデル** 　　気孔開度の調節にかかわる基本的なメカニズムの理解はますます進んでいるが,野外で気孔の挙動をシミュレートすることは驚く

ほど難しいことがわかってきた．これには，気孔の調節には長期的と短期的な化学的・水力学的信号伝達の両方がかかわっていることや，植物の年齢や過去の履歴の違いによって，環境変動に対する応答のずれに違いが生じることなど，多くの理由が考えられる．

おそらくもっとも精度の高い半経験的モデルは，BWB モデル(式(6.23))に基づいたものである．有効な光合成サブモデルと組み合わせると，気孔のふるまいを非常によく予測できる．広範囲の他のモデルは，化学的信号伝達(たとえば，ABA による)や水力学的信号伝達(Tardieu & Simonneau, 1998)についての既知の情報を組み込むことを目指しており，これらのモデルは BWB による手法と組み合わされてきた (Dewar, 2002)．

6.5 気孔抵抗と他の抵抗との関係

個葉の水蒸気損失に対する，葉面抵抗と境界層抵抗の構成要素(図 6.3 参照)の典型的な値を表 6.3 にまとめる．クチクラ抵抗が非常に高い傾向にあるが，並列した二つの抵抗の全体の抵抗値は，主に小さいほうの抵抗値によって決まるため，全体の抵抗は主に(クチクラよりずっと値が小さい)気孔要素によって決まる．

高いクチクラ抵抗は，疎水性のクチクラとその上を覆うワックス層の低い水透過性(液体と水蒸気)に起因する．クチクラとワックス層の厚さ，成分そして形態は，植物

表 6.3 個葉におけるさまざまな水蒸気抵抗(図 6.3 参照)とそれに対応するコンダクタンスの相対値．葉面抵抗 r_ℓ は気孔要素に支配されている．

構成要素		抵　抗		コンダクタンス	
		r^m	r	g^m	g
		[$m^2\,s\,mol^{-1}$]	[$s\,cm^{-1}$]	[$mmol\,m^{-2}\,s^{-1}$]	[$mm\,s^{-1}$]
細胞間隙と細胞壁	$r_a + r_w$	<1	<0.4	>1000	>25
クチクラ	r_c	50〜>250	20〜>100	4〜20	<0.1〜0.5
気孔	r_s				
多くの多肉植物，乾性植物，針葉樹における r の最小値		5〜25	2〜10	40〜200	1〜5
中生植物における r の最小値		2〜6	0.8〜2.4	170〜500	4〜13
閉鎖時の r の最大値		>125	>50	8	<0.2
境界層	r_a	0.25〜2.5	0.1〜1	400〜4000	10〜100

種や生育条件に非常に依存し(Goodwin & Jenks, 2005, Nawrath, 2006)，水分保持がきわめて重要な乾燥地由来の植物でもっともよく発達している(もっとも高い r_c)．すべてのクチクラは，2種類の親油性の高い成分から構成されている．一つはクチンで，ヒドロキシル化とエポキシ化された C_{16} と C_{18} 脂肪酸の堅くて強い架橋ポリマーである．もう一つはワックス(蠟)で，C_{20}〜C_{60} の直鎖状モノマーのクチクラワックスの混合物である．これらのワックスは，滑らかな層あるいは小板構造から桿状あるいは長さ数マイクロメートルの繊維状のものまでさまざまな形態をとる．表皮ワックス構造のいくつかを図6.2(e)〜(h)に示したが，図(e)ではとくにワックス構造がよくわかる．

　細胞間隙におけるガス拡散の数理的・物理的モデルは，蒸散する水の大半は気孔近くの細胞壁起源であることを示唆しているので，r_{iw} は小さい(おそらく $0.5\,\mathrm{m^2\,s\,mol^{-1}}$ に満たない) (Jones, 1972, Tyree & Yianoulis, 1980)．CO_2 同化部位は葉全体により均等に分布しているので，CO_2 に対する細胞間隙抵抗 r_{ic} はかなり大きく，おそらく $2.5\,\mathrm{m^2\,s\,mol^{-1}}$ 程度だろう．

　Livingston & Brown, 1912 が気孔によらない水分損失の制御の証拠を報告して以来，「細胞壁」抵抗 r_w の大きさについて議論されている．彼らは，蒸発している部分が細胞壁中に後退していくと，「初発乾燥(incipient drying)」とよばれる，気相の拡散経路が増加する過程があると考えていた．別の可能性として，液体と気体の境界面での有効水蒸気濃度が，葉温の飽和水蒸気濃度よりも有意に低いことが考えられる．式(5.14)より，飽和水蒸気圧 e_s に対する水蒸気分圧 e の相対的な低下は，水ポテンシャルとの関係から次式で表される．

$$\frac{e}{e_s} = \exp\frac{\overline{V}_W}{\mathcal{R}T} \tag{6.29}$$

この式を20℃で計算すると，e/e_s は $-1.36\,\mathrm{MPa}$ のときに 0.99 であり，$-6.29\,\mathrm{MPa}$ というもっとも過酷なストレスを受けた葉だけでみられるような値のときにも 0.95 までしか低下しない．大気相対湿度が 0.50 の場合，この後者の数値であっても蒸発の駆動力にもたらされる誤差は 10%に満たない(あるいは r_w は抵抗全体の 10%に満たない)．

　蒸散面における ψ は，葉の水ポテンシャルの影響に加えて，溶質の蓄積あるいは高い内部水力学的抵抗の存在によっても低下する．数種の植物種での実験結果と理論的計算(Jones & Higgs, 1980 参照)は，生理的活性の維持される含水率においてはいずれの場合にも r_w は小さい($\ll 1\,\mathrm{m^2\,s\,mol^{-1}}$)ことを示唆している．

　表6.3 は，個葉においては，通常 r_ℓ が r_a よりも少なくとも 1 桁大きいことを示している．しかし，群落では境界層抵抗の相対的重要性が増加する．これは，個々の葉

の抵抗がすべて並列であり，そのため葉面積指数の増加につれて葉面抵抗の合計が減少するためである．さらに作物群落では，個々の葉の境界層抵抗が作物群落全体の境界層抵抗に加えられる(図5.4参照)．表6.4に，群落境界層抵抗 r_A と群落葉群抵抗 r_L の典型的な値の範囲を，(群落研究で一般的に使用されている)質量単位とモル単位で示す．これらの値は，r_A と r_L の比率は植物群落の違いによって大きく変化することを示している．5.3.4項では，草原と空気力学的に粗な背の高い森林のような群落との間におけるこの比率の違いの意味を説明している．

表6.4 異なる植生タイプにおける，水蒸気に対する群落葉群(あるいは生理学的)抵抗 r_L と群落境界層抵抗 r_A．質量単位 [s m^{-1}] と同等のモル単位 [m^2 s mol^{-1}] で表している．

	r_L (単位土地面積あたり)		r_L (単位土地面積あたり)		r_A (単位土地面積あたり)	
	[s m^{-1}]	[m^2 s mol^{-1}]	[s m^{-1}]	[m^2 s mol^{-1}]	[s m^{-1}]	[m^2 s mol^{-1}]
草地/ツツジ科低木林	100	2.5	50	1.25	50～200	1.25～5
農作物	50	1.25	20	0.5	20～50	0.5～1.25
森林プランテーション	167	4.2	50	1.25	3～10	0.08～0.25

6.6 気孔の機能と制御ループ

気孔開度の調節にかかわる主な制御システムは，制御が必要とされる水蒸気と CO_2 のフラックスに関係している(図6.1)．

6.6.1 水の制御ループ

気孔の主な機能は，水分損失の調節であると考えられる．一般に，ストレスのさらなる増加を最小にするように，気孔は ψ_ℓ を低下させる諸要因に反応する．これらの反応は，葉の水分状態そのものによる「フィードバック」制御，あるいは別の直接的な「フィードフォワード」制御を伴う(図6.1)．フィードバックは，制御器の出力が制御器に(正または負のどちらでも)作用するように，出力側の信号が入力側に戻ることで起こる．一方，フィードフォワードは，制御信号が出力とは独立に存在している場合に起こる．フィードバックとフィードフォワードの相違は，D_ℓ の変化による作用効果によって説明できる(図6.16参照)．

負のフィードバックは，図6.16の右側の制御経路で説明されている．ここでは大気湿度の低下(D の増加)が E を増大させ，次式のように表される．

$$E = \frac{2.17}{T} g_\ell D_\ell \tag{6.30}$$

式(4.27)より次式が得られるため(土壌と植物体のすべての抵抗の合計を R_{sp} とする)，

Eの増大は葉全体のψ_ℓを低下させるようになる.

$$\psi_\ell = \psi_s - R_{sp}E \tag{6.31}$$

このψ_ℓの低下がつぎに気孔閉鎖を引き起こし,最終的にEに負のフィードバック効果を与える.線形関係を仮定すると次式のようになる(図6.17(d)).

$$g_\ell = a + b\psi_\ell \tag{6.32}$$

そして,この式を式(6.31)と結合させると次式が得られる.

$$g_\ell = a + b(\psi_s - R_{sp}E) = c - dE \tag{6.33}$$

ここで,a, b, c, dは定数である.式(6.30)と式(6.31)より,この負のフィードバックを表す関係は,

$$E = \frac{cD_\ell}{1 + dD_\ell} \tag{6.34}$$

$$g_\ell = \frac{c}{1 + dD_\ell} \tag{6.35}$$

となり,図6.18の実線で説明される.ここで,式(6.34)は飽和型曲線であり,負のフィードバックはD_ℓの増加によって定常状態で蒸散速度を低下させること(図6.18における点線曲線)はできないことに注意する(Eがどのように低下してもψ_ℓとg_ℓの増加

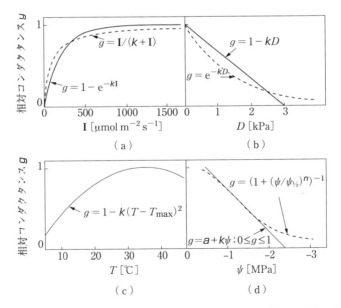

図6.17 気孔の環境応答を記述するもっとも有用な関数(実線)および他の有用な関数(破線). a, k, n, およびT_{max}(gが最大のときのT),$\psi_{1/2}$(gが最大の1/2のときのψ)は定数である.すべての関数は,基準値からの比率としてgを表している.ψの関数の詳細についてはFisher et al., 1981で論じられている.

を伴い，結果としてすぐに E が元に戻る）．フィードバックループの**効果が高ければ**，E は相対的に一定に保たれるだろう．しかし，高いフィードバック効果は，不安定な応答と時間的な応答遅れによる規則的な気孔振動をもたらす(Cowan, 1977)．

フィードフォワードは，図 6.16 の左側で例証されている．この場合，外部環境が，調節しているフラックスの変化(すなわち気孔からの蒸散)**によらず**，調整装置(気孔)に直接影響を与えている．D_ℓ の増加は，気孔周辺からの蒸散量(気孔を通過しない水分損失)を増加させる．これは，孔辺細胞の外面における蒸散部位までの経路の水力学的抵抗が十分に高ければ，孔辺細胞の膨圧低下と結果として生じる気孔閉鎖を導く可能性がある(Buckley, 2005 参照)．この事例は，式(6.35)を導いたのと同様の理論により，次式のように表せる（図 6.17 と比較せよ）．

$$g_\ell = e - fD_\ell \tag{6.36}$$

ここで，e と f は定数である．式(6.30)と結合させて変形すると次式が得られる．

$$E = e'D_\ell - f'D_\ell^2 \tag{6.37}$$

新しい定数である e' と f' の相対値に依存して，E は蒸散要求の増加に伴って低下す

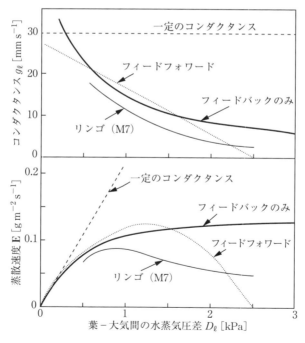

図 6.18 気孔の湿度応答のタイプと，その結果としての E と D_ℓ の関係．太実線は負のフィードバック(式(6.34)と式(6.35))，点線はフィードフォワード(式(6.36)と式(6.37))を示し，破線は一定の g_ℓ を示している．比較のため，図 6.10 よりリンゴの M7 品種のデータを示している．

る可能性もある(図6.18における点線).このような応答はいくつかの植物種で観察されている.実際は,フィードバックとフィードフォワードの応答は,普通一緒に起こる.これに関連したフィードバックとフィードフォワードのさらなる考察は,Farquhar, 1978 や Buckley, 2005 で行われている.図6.18は,気孔応答がないときに予想される D_ℓ に対する E の線形応答も示している(破線).

ここまで,孔辺細胞あるいは葉肉の水分状態に対する気孔応答に関する一般的な過程について概説した.水分受動的な制御は起こりうるし,それが分離された葉で観察される非常に迅速な運動の原因となっている.しかし,イオンポンプや浸透圧調節による能動的な変化のほうがはるかに重要であり,それらはおそらくここで論じた局所的な水力学的フィードバックを支えている.

6.6.2 二酸化炭素の制御ループ

光合成の制御において気孔が果たす中心的役割は,光合成速度を検知することに依存している.光合成のフィードバック制御(図6.1)は,細胞間隙 CO_2 濃度の感受性に依存していることを示す数多くの証拠がある.たとえば,光の増加に伴って,CO_2 固定速度が増加し,そのために細胞間隙 CO_2 濃度は低下し,それを補償するために気孔は開口する.細胞間隙 CO_2 濃度を低下させる他の変化も,一般に同様の効果をもつ.このようなメカニズムは,BWBモデルによって説明される気孔の光合成応答の基礎となっている(6.4.3項).

細胞間隙 CO_2 濃度を一定に保つ強いフィードバック制御が存在している(モル分率で C_4 植物では約 130×10^{-6},C_3 植物では約 230×10^{-6},第7章参照).CAM植物における夜間の気孔開口も,同じ原理で説明できる.夜間の暗条件での CO_2 固定は細胞間隙 CO_2 濃度を低下させ,気孔は開口する.

6.7 演習問題

6.1 植物体から切り離した葉を気流中($h = 0.2$)に置くと,初めは $80\,\mathrm{mg\,m^{-2}\,s^{-1}}$ の速度で質量が減少し,約20分後に $2\,\mathrm{mg\,m^{-2}\,s^{-1}}$ まで低下して一定となった.葉と並べて置いた濡れた吸水紙からは $230\,\mathrm{mg\,m^{-2}\,s^{-1}}$ の速度で水が失われた.葉,空気および吸水紙がすべて20℃で,気孔の数が葉の両面で等しい場合,(ⅰ)境界層抵抗 r_{aW},(ⅱ)クチクラ抵抗 r_{cW},(ⅲ)気孔抵抗の初期値 r_{sW} を計算せよ.

6.2 葉の気孔密度が両面で $200\,\mathrm{mm^{-2}}$,各孔の深さが $10\,\mathrm{\mu m}$ で横断面が円形である($d = 5\,\mathrm{\mu m}$)場合,(ⅰ)気孔拡散抵抗 r_{sW},(ⅱ)それに対応するコンダクタンス g_{sW} を計算せよ.

6.3 $1.5\,\mathrm{cm^2}$ のチャンバー面積をもつ定流量ポロメータを葉の下面にセットした.流速が $2\,\mathrm{cm^3\,s^{-1}}$ で,外気の相対湿度が35%のとき(入口は乾燥空気),(ⅰ)$T_\ell = T_a$,(ⅱ)T_ℓ

$= 25\,°C$ で $T_\mathrm{a} = 27\,°C$ をそれぞれ仮定して，$g_{\ell\mathrm{W}}$ を計算せよ．

6.4 ある植物のコンダクタンス g_ℓ は，$D = 0\,\mathrm{kPa}$ のとき $10\,\mathrm{mm\,s^{-1}}$ で，$D = 3\,\mathrm{kPa}$ のときにゼロまで直線的に減少するとする．

（i）E と D の関係をグラフに描くと，$D = 1\,\mathrm{kPa}$ のときに E はどのような値になるか．

（ii）g_ℓ が ψ_ℓ にも応答し，ゼロ以下で 1 MPa あたり 50% まで低下するとする．$0.1\,\mathrm{g\,m^{-2}\,s^{-1}}$ の蒸散量の増加に対して ψ_ℓ が 1 MPa の速度で直線的に低下する場合，E の D への依存関係を描くと，$D = 1\,\mathrm{kPa}$ のとき，E の値はいくらか．

第7章 光合成と呼吸

植物のもっとも重要な特徴は，太陽エネルギーを利用して，大気中のCO_2を一連の複雑な有機分子に「固定」する能力である．光合成の過程は，生物圏への主要な自由エネルギーの入力である．光合成同化産物として貯蔵されている自由エネルギーの一部は，呼吸によって高エネルギー化合物へと移行し，生合成や生命の維持に利用される．光合成をしている植物の正味のCO_2固定速度（純光合成）P_nとは，光合成にかかわる酵素によって固定される総CO_2固定速度（総光合成）P_gと呼吸によるCO_2損失速度Rとの差である．光合成と呼吸という二つの過程は，植物の成長と適応のすべての面において中心的な役割を果たしており，本章ではこれらを詳しく説明していく．

7.1 光合成

光合成の全体的な反応は次式のように表される．

$$CO_2 + 2H_2O + 光 \to CO_2 + 4H + O_2 \to (CH_2O) + H_2O + O_2 \quad (7.1)$$

この反応過程で1 molの水分子が除かれ，1 molのCO_2分子あたり1 molのO_2分子が生成される．そして，CO_2分子は糖（$(CH_2O)_6$）の状態まで還元される．個々の反応の多くが葉の葉肉細胞内の葉緑体という特化した細胞内小器官（オルガネラ）で起こる（図7.1）．葉緑体は2層の膜で仕切られ，内部にチラコイドとよばれる小胞のネットワークを含み，小胞は単一の薄層（ラメラ）か，ラメラが積み重なって，グラナという特徴的な構造を形成する．葉緑体の基質はストロマ，ラメラの内部は内腔（ルーメン）とよばれる．光合成の生化学や生理学の詳細は多くの教科書に書かれており(Falkowski & Raven, 2007, Hall & Rao, 1999, Lawlor, 2001, Taiz & Zeiger, 2010)，有用なWebサイトもある(http://bioenergy.asu.edu/photosyn/photoweb/index.html, http://www.biologie.uni-hamburg.de/b-online/e00/contents.htm)．

図7.2に示すように，光合成は便宜的につぎの三つの過程に分けられる．

(ⅰ) 明反応．ここでは放射エネルギーが吸収され，そのエネルギーがアデノシン3リン酸（ATP）や還元型ニコチンアミドアデニンジヌクレオチドリン酸（NADPH）などの高エネルギー化合物の合成に利用される．

(ⅱ) 光非依存反応（または暗反応）．ここでは明反応で生成された高エネルギー化合物を使い，CO_2を糖に還元する生化学反応が起こる．

(ⅲ) C濃縮．大気から葉緑体の還元部位までCO_2を供給する．光合成とリンクした光呼吸という反応を考慮することも重要である(7.2節参照)．

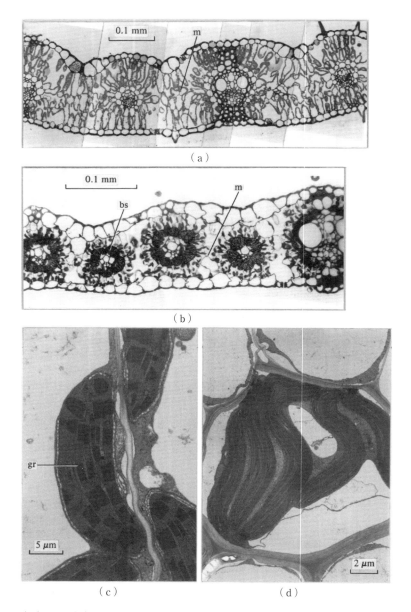

図7.1 (a) C_3 イネ科草本,コムギの1種(*Triticum urartu* Tum.)の葉の横断切片.光合成を行う葉肉細胞(mesophyll cell：m)が見える.(b) C_4 イネ科草本であるトウジンビエ(*Pennisetum americanum*)の葉の横断切片.明瞭な葉肉細胞(m)と維管束鞘細胞(bundle sheath cell：bs)からなる「クランツ(Kranz)」構造が見える.(c) 写真(b)の葉肉細胞の葉緑体.光合成を行うラメラとグラナ(granal stacks：gr)が見える.(d) 写真(b)の維管束鞘細胞のグラナのない葉緑体.写真は M. L. Parker 博士(Plant, Breeding Institute, Cambridge)の好意による.

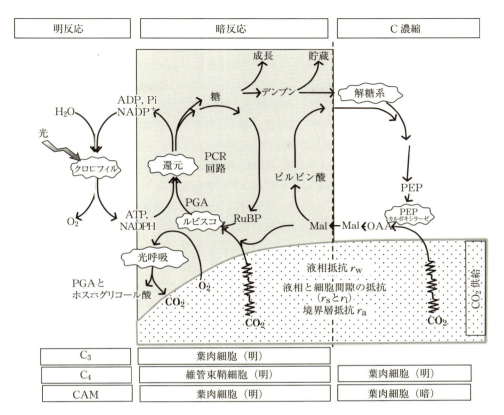

図 7.2 植物における光合成過程の略図．左パネルは「明反応」を示している．明反応では，葉緑体のラメラに存在するクロロフィルや補助色素によって太陽光が吸収され，還元力とATPが生成される．これらの高エネルギー化合物を用いて，「暗反応」が駆動される(中央パネル)．暗反応では，ルビスコによってCO_2が固定され，糖に変換される．C_3植物の場合，この過程は光が照射された葉肉細胞で生じる．図の下方は，CO_2が大気から気孔を通り，葉肉細胞の葉緑体に供給される過程で，境界層，気孔，細胞間隙におけるCO_2取込の抵抗が図示されている．光呼吸経路も図示されておりRuBPの酸素化反応によって，CO_2の損失と同時にPGAがいくらか再生され，カルビン回路(PCR回路)に戻される．図の右パネルは炭素濃縮メカニズムを示している．CO_2濃縮は葉肉細胞の葉緑体に供給されるCO_2量を増加させることで成り立ち，C_4植物のように空間的分離によるか，CAM植物のように時間的分離による(本文参照)．図の最下方は，C_3光合成，C_4光合成，CAM光合成の代謝過程が時間的・物理的にどのように分離しているかを要約している．

7.1.1 明反応

　光合成の最初の過程は，葉緑体のグラナやストロマラメラの膜にある色素によって入射放射が吸収されることである．主要な色素であるクロロフィルは，PAR(400～700 nm)における赤や青の光をとくによく吸収し(図2.4)，カロテノイドや他の補助色素は，これら以外の波長も吸収する．緑色植物では，クロロフィルは3種類のクロ

ロフィル結合タンパク質複合体に埋め込まれている．これらは，集光性タンパク質複合体(light harvesting protein complex：LHC)，光化学系Ⅰアンテナ複合体(photosystem I antenna complex：PSI)，光化学系Ⅱアンテナ複合体(photosystem II antenna complex：PSII)である(これらの複合体の詳しい構造については，Nelson & Yocum, 2006 参照)．図7.3に電子伝達経路全体の概略を示す．

アンテナ色素における放射吸収は色素分子内の電子を励起し，励起された電子は集光性タンパク質複合体を経由して二つの「反応中心」(PSIIではP_{680}，PSIではP_{700}という反応中心)のうちの一つへ共鳴エネルギー移動によって注がれる．この過程は，励起状態のエネルギーを受容する分子が存在する箇所で生じる．このエネルギー輸送は，反応中心のクロロフィルを励起，電荷分離し，近くに存在する受容体分子へ電子を渡し，その後，電子はチラコイド膜内の電子伝達鎖に従って，エネルギー的に「下降」転送されていく．PSIIの酸化型P_{680}は，水分子の分解によって生じた電子を受容すると基底状態に戻り，開放されたプロトンH^+と酸素分子をチラコイド内に放出する．一方，PSIに入力されたエネルギーは$NADP^+$の還元に利用され，最終的な電子受容体はCO_2になる．プロトンのストロマからの正味の除去と，電子伝達系全体を通したルーメンへの輸送は，ATPを合成するためのプロトン勾配を生成する．

光合成システムが適切にはたらくためには二つの光化学系がバランスを保ちながら励起される必要があり，両光化学系間のエネルギー伝達は，LHCタンパク質のリン酸化の程度によって制御される．リン酸化の度合いが高まれば，PSIを励起するエネルギー伝達が増大する．PSIIの反応中心で電荷分離が生じると，最初のキノン受容体Q_Aが還元され，電子は一連の電子受容体を通してPSIまで伝達される．電子担体(Q_B，シトクロムb_6f複合体，プラストシアニンなど)を介して輸送された電子を伴いPSIでも電荷分離が生じ，結果的に$NADPH^+$は還元されて$NADPH$が生成される．

電子伝達の主要経路は，H_2Oから$NADP^+$への非循環型電子伝達経路と考えられており，図7.3に古典的なZスキームとして示されている．この経路では1分子のO_2生成と同時に，2分子の$NADP^+$が還元されて$NADPH$が生成される．この反応は4電子がチラコイド膜を流れることで生じ，合計8光量子を必要とする(それぞれの光化学系で4光量子が必要)．電子の流れはATPの合成と連動しており，これはミッチェルの化学浸透メカニズムがかかわっている．すなわち，チラコイド膜の電子伝達経路に存在する反応中心と酸化還元担体は膜内に非対称的に配置されており，電子伝達の過程でチラコイドのストロマ側からルーメン側にH^+が輸送され，その結果，ルーメンのpHが減少する．膜に結合しているATP合成酵素は，H^+がルーメン側からストロマ側に戻る流れを駆動力としてATPを合成する．非循環型電子伝達によって，ATP分子がいくつ生成できるのかは定かではないが，$2e^-$あたり1〜2 ATP程

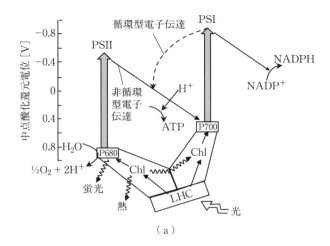

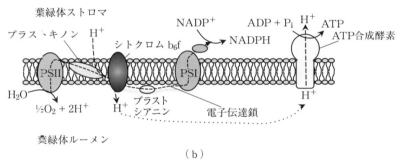

図 7.3 (a) 光合成電子伝達鎖における酸化還元電位変化(Z スキーム)の概略図．クロロフィル-タンパク質複合体によって光が吸収されると，二つの光化学系の反応中心へとエネルギーが伝達される．この過程で光化学系 II(PSII)からの蛍光放出，光化学系 I(PSI)へのエネルギー伝達，さらに，PSII における光化学反応と競合する熱散逸が生じる．(b) チラコイド膜における電子伝達鎖の概略図．電子伝達によって，PSII における水分子の分解から $NADP^+$ を還元し，NADPH を生成する．この過程で，ルーメンに輸送されていた H^+ が ATP 合成酵素を経由し，ルーメンから排出されることで光リン酸化が生じる(LHC (light harvesting complex) は集光性タンパク質複合体，Chl (Chlorophyll) はクロロフィル．P680 と P700 はそれぞれ，PSII と PSI の反応中心を意味する)．

度だと考えられている．電子伝達経路にはいくぶん柔軟性があり，循環型電子伝達経路や偽循環型電子伝達経路など，$NADP^+$ を還元することなく ATP 生産をもたらす経路や，PSI が酸素を直接還元する反応(メーラー反応)が存在する．

青色光は赤色光よりもおよそ 1.5 倍のエネルギーを有する(たとえば，波長 430 nm の光(青色光)のエネルギーは 1 光量子あたり 4.62×10^{-19} J であるのに対し，波長 662 nm の光(赤色光)は 1 光量子あたり 3.00×10^{-19} J である)．しかし，エネルギー準位の高い一重項状態のクロロフィル(青色光によって励起されたクロロフィル)は非

常に不安定であるため，熱を生成しながら急速によりエネルギー準位の低い励起状態にまで落ち込み，青色の光量子の効果は赤色に比べて低い傾向がある(図2.4)．電子伝達を駆動してATPやNADPHを生成することに加え，励起した電子が基底状態に戻るときに解放されたエネルギーは，熱あるいは再放射(蛍光とよばれる過程)によっても失われる．室温では，生体内で発せられる蛍光の大部分はPSIIのクロロフィルaに由来し，この蛍光は光合成の機能状態を調べるための強力なプローブとして利用されている(Baker, 2008)．葉に入射するPAR(I)のある割合だけが葉に吸収される(α_{leaf}，一般的に≃0.84と仮定される)．そのうちの一部がPSIIに伝達され(f_{PSII}，≃0.5と仮定されることが多い)，残りはPSIに伝達される．葉に吸収されたPARのうちPSIIによって受容された光のみを考慮すれば($= I\alpha_{leaf}f_{PSII}$)，PSIIからの蛍光放出は，励起されたクロロフィル分子が脱励起される際の競合反応の一つにすぎない．励起クロロフィル分子のうち，蛍光によって脱励起される確率，すなわち，PSIIの量子収率 ϕF ($=$蛍光として放出される光量子数 F/PSIIによって吸収された光量子数 $I\alpha_{leaf}f_{PSII}$)は，すべての競合反応の反応速度定数の和を分母とし，蛍光の反応速度定数を分子にした比率として次式のように与えられる．

$$\phi F = \frac{F}{I\alpha_{leaf}f_{PSII}} = \frac{k_F}{k_F + k_H + k_P f_{open}} \tag{7.2}$$

ここで，k_F, k_H, k_P はそれぞれ，クロロフィル蛍光の反応速度定数，熱散逸の反応速度定数，反応中心がすべて開いた状態のPSIIの光化学反応の反応速度定数を示し，f_{open} は開いた状態にあるPSII反応中心の割合を示している(7.4.1項参照)．通常，ϕF は0.01〜0.02程度である．

7.1.2 暗反応

　植物は CO_2 を固定する生化学経路の違いによって少なくとも三つの主要グループ(C_3, C_4, CAM)に分類できる．C_3 と C_4 植物種の解剖学的差異を図7.1(a)，(b)に示し，表7.1にそれぞれの経路の特徴を一覧にする．以降の節ではこれらの経路の詳細を扱う．図7.2はこれら三つの経路の基本的な特徴を要約している．

| C_3 経路　　C_3 植物は葉緑体に存在するリブロースビスリン酸カルボキシラーゼ-オキシゲナーゼ(ribulose bisphosphate carboxylase-oxygenase：Rubisco．**ルビスコ**とよばれる)を最初の CO_2 固定酵素とし，3炭素化合物である3-ホスホグリセリン酸(PGA)を生成し，その後，ATPとNADPHを利用して，3炭糖リン酸に変換する．大部分の3炭糖リン酸は一連の複雑な反応過程(光合成炭素還元反応(photosynthetic carbon reduction：PCR)，またはカルビン回路)に加わり，ここでは最初の CO_2 固定の基質であるリブロース-1,5-ビスリン酸(ribulose-1,5-bisphosphate：RuBP)を再生

7.1 光合成

表 7.1 主な光合成経路の特徴(さまざまな情報元から整理されたデータ).

	C_3	C_4	CAM 昼間	CAM 夜間
解剖学的特性				
「クランツ」構造(独特な維管束鞘)	なし	あり	なし(多肉植物)	
葉の維管束の頻度	低い	高い	低い	
葉の空隙率 [%]				
単子葉植物	10〜35%	<10%	低い	
双子葉植物	20〜55%	<30%	低い	
生化学的特性				
^{14}C 固定後の初期産物	PGA	C_4 有機酸	PGA	C_4 有機酸
最初の炭酸固定酵素	ルビスコ	PEPCase	ルビスコ	PEPCase
^{13}C に対する分別($\delta^{13}C$) [‰]	−22〜−40	−9〜−19	C_3 値に近い	C_4 値に近い
ナトリウム要求性	なし	あり	なし	あり
生理学的特性				
CO_2 補償点 Γ [vpm]	30〜80	<10	約 50	<5
光照射停止後の一過的 CO_2 放出	あり	わずか	あり	—
低 O_2 濃度による P_n 増加	あり	なし	あり	なし
光量子要求度	15〜22	19	—	—
内部(液相)抵抗				
r_i' [$m^2 s\,mol^{-1}$]	7〜15	1.2〜5	約 20	?
r_i' [$s\,cm^{-1}$]	3〜6	0.5〜20	約 8	?
環境変化に対する気孔の感度	鈍い	敏感	反転した明暗周期	
細胞間隙の CO_2 分圧	〜0.7 p_a'	〜0.4 p_a'	〜0.5 p_a'	?
最大光合成速度 [$\mu mol\,CO_2\,m^{-2}\,s^{-1}$]	14〜40	18〜55	6	8
最大光合成速度 [$mg\,CO_2\,m^{-2}\,s^{-1}$]	0.6〜1.7	0.8〜2.4	0.25	0.3
昼間の最適温度 [℃]	約 15〜30 (広域の温度に順化)	25〜40	約 35 (夜間の低温が必要)	
最大日射よりも低い光強度で飽和	一般的	まれ	一般的	—
生態学的特性				
通常の分布地域	温帯	熱帯, 乾燥地域	乾燥地域	
蒸散率 (H_2O 損失量/CO_2 固定量) [$g\,g^{-1}$]	高い 450〜950	低い 250〜350	中程度 50〜600	非常に低い <50
最大成長速度 [$g\,m^{-2}\,day^{-1}$]	33〜39	51〜54	7	
平均的な生産力 [$t\,ha^{-1}\,yr^{-1}$]	約 40	60〜80	低い	

産するために，さらに多くのATPを必要とする．一部の3炭糖は光合成による純同化産物としてPCR回路から引き抜かれ，糖リン酸(フルクトース-1,6-ビスリン酸)と糖が合成される．PCR回路はCO_2を糖リン酸に変換するのに，1分子のCO_2あたり3 ATPと2 NADPHを必要とする．C_3経路は，寒冷地から温暖地域，あるいは湿潤地に生育する植物種でもっとも多くみられる光合成経路であり，樹木ではほぼ唯一の経路で(ごくわずかに例外もある)，下等植物についても同様である．温帯の穀物(コムギやオオムギなど)，根菜類(たとえば，バレイショやテンサイ)，マメ科の作物など，大多数の作物や穀物がC_3経路を用いている．

ルビスコの重要な特徴は，RuBPのカルボキシル化反応を触媒すると同時に，光呼吸反応においてはRuBPの酸素化反応も触媒してホスホグリコール酸を生成することである．CO_2濃度が高ければカルボキシル化反応が優位となるが，O_2濃度が高まったりCO_2濃度が低下したりした場合には，RuBPのカルボキシル化反応と酸素化反応が競合し，光呼吸が増大する．光呼吸が原因となり，C_3植物はおよそ30～80 vpmの範囲のCO_2補償点Γ(葉と大気との間で正味のCO_2交換がなくなるCO_2濃度)をもつ傾向がある．

光合成にとって重要であるにもかかわらず，ルビスコの反応は遅く，効率も低く，触媒部位あたり毎秒わずか2～12のカルボキシル化反応を触媒するだけである．その結果，植物は光合成を維持するために，葉に含まれるタンパク質の大部分をルビスコに分配する必要がある．実際，C_3植物の場合，葉の水溶性タンパク質量のおよそ50％がルビスコで，葉窒素の20～30％がルビスコに含まれている(Evans, 1989)．ルビスコは2種類のサブユニット(大サブユニットと小サブユニット)からなり，Mg^{2+}と結合することで活性化する．また，ルビスコを完全に活性化するためには，ルビスコ活性化酵素(activase)が必要である．この酵素は，ルビスコの活性化状態(カルバミル化)を維持し，また，暗所で蓄積する活性化阻害剤である2-カルボキシ-D-アラビチノール1-リン酸(2-carboxy-D-arabitinol 1-phosphate：Ca1P)がルビスコに結合するのを防ぐなど，多くの不活化作用からルビスコを保護する．

| C_4経路　この経路では，最初のカルボキシル化反応が葉肉細胞で起こり，CO_2ではなくHCO_3^-を固定する酵素であるホスホエノールピルビン酸カルボキシラーゼ(PEPカルボキシラーゼ)によって，4炭素化合物のオキサロ酢酸(OAA)が最初に生成され，すぐさま，別の4炭素化合物(とくに，リンゴ酸やアスパラギン酸)が生成される．その後，これらの4炭素化合物は「維管束鞘細胞」(図7.1(b))とよばれる特別な細胞に輸送され，そこで脱炭酸反応が進む．脱炭酸反応により放出されたCO_2は，維管束鞘細胞のPCR回路を構成する通常のC_3酵素群によって再固定される．葉肉細胞内のPEPカルボキシラーゼによる最初の固定はCO_2の「濃縮機構」としてはたら

き，（HCO_3^- と平衡状態にある CO_2 の濃度を計算すれば）PEP カルボキシラーゼの CO_2 に対する親和性はルビスコよりも高い．その理由は PEP カルボキシラーゼがルビスコのように酸素と競合的に反応しないため，また，カルボニックアンヒドラーゼが触媒する CO_2 と HCO_3^- の平衡が細胞質の pH 条件では HCO_3^- を生成しやすいためでもある．

　C_4 植物は，維管束鞘細胞に輸送される4炭素化合物（アスパラギン酸，リンゴ酸）の違いと，脱炭酸酵素の種類（NADP 型リンゴ酸酵素，NAD 型リンゴ酸酵素，PEP カルボキシキナーゼ）によってグループ分けされているが，これらの三つのタイプは，生理学的にも生態学的にもかなりよく似ているため，一緒に扱う．さらに，輸送と脱炭酸の両メカニズムの間のバランスには環境に応じた可塑性が存在している（Furbank, 2011）．後で詳しく述べるが，C_4 経路はとくに高温で乾燥した環境に適応的な特性を示し，トウモロコシ，キビ，ソルガムなどの穀物を含め，熱帯から半乾燥地を生育地とする植物によくみられる．C_4 植物の重要な特徴は CO_2 補償点が通常ゼロに近いことで，これは光呼吸の欠如が原因である．

　C_4 経路は際立った収斂進化の一例であり，19科の（単子葉植物と双子葉植物の両方を含む）維管束植物において，60回以上も進化の過程で出現したようである．さらに，アブラナ科 *Moricandia* 属，キク科 *Flaveria* 属，イネ科 *Panicum* 属などのよく知られた例を含め，少なくとも21の系統群（多くは双子葉植物）で，C_3 と C_4 の中間型が存在する（Sage et al., 2011）．これらの中間型の CO_2 補償点は C_3 植物と C_4 植物の中間の値を示す傾向があるが，PEP カルボキシラーゼ活性が高く，有効な C_4 回路をもつものはわずかである．光呼吸の能力は C_3 型と C_3-C_4 中間型で類似しているようではあるものの，光呼吸で CO_2 放出反応を触媒する酵素であるグリシンデカルボキシラーゼ（glycine decarboxylase）の局在が異なっている．C_3 型ではグリシンデカルボキシラーゼは葉緑体をもつ全細胞のミトコンドリアに存在するのに対し，C_3-C_4 中間型（たとえば，アブラナ科の *Moricandia arvensis*）では，これまでに調べられた範囲では維管束鞘細胞のミトコンドリアにしか存在していない（Hylton et al., 1988）．維管束鞘細胞の内側の（より葉の内部に面した）細胞壁で光呼吸によって CO_2 が発生すれば，発生した CO_2 は外気に向かって拡散する際に周囲に積み重なった葉緑体を通過せざるを得ない．このようなグリシンデカルボキシラーゼの局在によって，光呼吸で発生した CO_2 を非常に効率よく，光に依存して再同化できるのだろう．また，これは C_4 経路の進化の初期段階であったのかもしれない．

ベンケイソウ型有機酸代謝（CAM 経路）　　CAM 経路と C_4 経路はさまざまな点でよく似ており（図7.2），C_4 経路のように，PEP カルボキシラーゼによって CO_2 が最初に C_4 化合物に固定され，続いて脱炭酸され，ルビスコによって再固定される

(Ting, 1985). しかし，CAM 経路では最初のカルボキシラーゼ反応は，葉肉細胞の液胞に多量の C_4 有機酸が蓄積する夜間に起こる．液胞に蓄積されたリンゴ酸は，昼間にリンゴ酸酵素のはたらきにより脱炭酸され，通常の C_3 酵素に基質である CO_2 を供給する．CAM 植物ではこの二つのカルボキシル化は同じ細胞で起こり，時間的に切り離されている．一方，C_4 植物ではこれらのカルボキシル化は同時に起こるが，異なる細胞で空間的に切り離されている．最初のカルボキシル化活性が夜間にあることから必然的に，CAM 植物では夜間に気孔を開き，昼間には閉じる傾向がある(図 7.4)．これは，水の節約に関して明らかに有利である．CAM 経路は，通常，サボテンのような乾燥した地域に生育する多肉植物でみられる．CAM 植物には *Ananas comosus* (パイナップル科パイナップル)，*Agave sisalana*(リュウゼツラン科サイザルアサ)，*Agave tequilana*(リュウゼツラン科アガベ，テキーラ)など，商業的に重要なものもいくつか知られている．

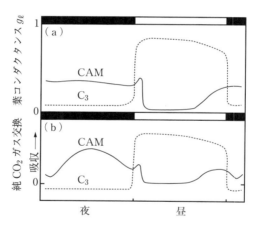

図 7.4 C_3 植物と CAM 植物の(a) 葉のコンダクタンスと(b) 純 CO_2 ガス交換速度の昼夜サイクルの特徴．CAM 植物は水ストレスを受けると，朝方と午後遅くからの気孔の開放と光合成の上昇がみられなくなる．

つねに CAM 経路を使っている *Opuntia basilaris*(ウチワサボテンの仲間)のような植物もあるが，多くの種(たとえば，*Agave deserti*)は，水分の供給が十分なときは C_3 植物としてふるまい，環境に応じて CAM 経路の活性をさまざまに発現させる条件的 CAM 植物である．これは，完全に CAM 経路を発現させた状態から，「アイドリング」とよばれる中間状態が存在し，この場合，夜間の正味 CO_2 固定は生じず，液胞の若干の酸性化が生じる．C_3 から CAM への転換は水不足によるストレス(水ストレス)によって調節されているようである(von Willert et al., 1985).

CO_2 濃縮メカニズムは高等植物に限られたものではなく，シアノバクテリアや藻類などでも，他のさまざまなシステムが見つかっており，注目に値する (Falkowski & Raven, 2007).

7.1.3 二酸化炭素の供給

光合成によって固定される CO_2 は，大気 (CO_2 分圧は約 39 Pa，体積分率では約 390 ppm に相当) からカルボキシル化が生じる部位まで一連の抵抗を通過して拡散しなければならない (図 7.2). この経路の最初の部分は気相で，葉の境界層，気孔，細胞間隙を通過し，葉肉細胞の細胞壁に至り，蒸散によって水蒸気が失われる経路と非常によく似ている. 第 6 章で詳しく述べたが，CO_2 の取り込みにおける気相抵抗を蒸散による H_2O 損失の測定から求めるためには，CO_2 と水蒸気の拡散係数の差異を補正する必要がある. また，CO_2 の吸収源は葉内に広く分散しているのに対して，H_2O の蒸発は一般に気孔腔に近いところで起こるため，CO_2 の細胞間隙における抵抗は増加する傾向があることは重要な特徴である (Parkhaurst, 1994). 細胞壁から葉緑体のカルボキシル化反応部位までの残りの輸送経路は液相であり，7.5.1 項で詳しく解説する.

7.2 呼吸

光合成によって日々固定される CO_2 のうち 30～50％という相当な量が，呼吸によって大気中に再放出され，このうち少なくとも半分の量は葉の呼吸による.

7.2.1 暗呼吸

生きている細胞で，炭水化物が酸化されて CO_2 と H_2O になる過程を一般に呼吸とよぶ. 植物の呼吸代謝に関する総説は多いが (たとえば，Atkin & Macherel, 2009, Foyer et al., 2009, Millar et al., 2011, Moore & Beechey, 1987, Taiz & Zeiger, 2010), 植物の物質生産との関連から，より一般的な呼吸に関する総説は Amthor, 1989 がよいだろう. 光合成生物には，主に二つのタイプの呼吸がある. 一つは，しばしば「暗」呼吸 R_d とよばれる (誤解を招くかもしれないが，光が照射され光合成している間にも，一般に暗黒下よりも速度が小さいものの，暗呼吸は生じる. たとえば，Krömer, 1995, Wang et al., 2001). 解糖系，酸化的ペントースリン酸回路，トリカルボン酸回路 (tricarboxylic acid. TCA 回路またはクレブス回路とよばれる) のような物質を酸化するさまざまな代謝経路を含み (図 7.5), 炭水化物中の自由エネルギーを，ATP, 還元型ピリジンヌクレオチド (NADH), $FADH_2$ などの高エネルギー結合に保持する. ミトコンドリア膜にあるミトコンドリア電子輸送経路では，電子はシトクロムオキシ

ダーゼ(COX)も含むさまざまな電子伝達複合体を介して流れ，最終の受容体であるO_2に渡される．その過程でNADHやFADH$_2$はさらに酸化されるが，これらの過程も暗呼吸に含まれる．電子伝達にはさまざまな経路が存在し，どの経路も電子はユビキノンを通過する．六つある主な複合体のうち，三つの複合体だけがミトコンドリア膜を横切ってプロトンを輸送し，葉緑体と類似したメカニズムによってATP合成のためのエネルギー源として利用できる．電子伝達の経路に依存するが，1電子あたり最大4.5個のプロトンが，膜を横切って輸送される(Wikström & Hummer, 2012)．1 molのグルコースが酸化されると，最大29 molのATPが生成可能であるが(Amthor, 2000)，実際にはこの値よりも小さいことが多い．

7.2.2 代替オキシダーゼ

通常，効率のよいミトコンドリアの呼吸では，酸素原子一つあたり，リン酸化されるADP分子数は3分子よりも若干少ない程度である(P/O比の最高値は3)．しかし，かなり多くの電子がいわゆる代替オキシダーゼ(Alternative oxidase：AOX)†系に流れると，電子はシトクロムcを経由しないために膜電位が形成されず，リン酸化反応が生じないため，P/O比は著しく低下する(図7.5とvan Dongen et al., 2011, Vanlerberghe & McIntosh, 1997参照)．代替オキシダーゼはシアン化物によって阻害されず，とくに熱発生で重要である(たとえば，サトイモ科 *Arum* 属の肉穂花序や，他の特殊な状況など)．熱発生はこの経路のエンタルピーを大きく変えるためではなく，むしろ，この経路がATPの生成を伴わずに呼吸速度を高めるため，結果的に外部に多くの熱を放出する．この経路は植物のATP需要が十分に満たされているときにはたらくことから，炭素代謝と電子伝達のバランスを保つことが主な機能のようにも考えられる．そして，この経路に流れる電子の量はAOXのタンパク量と細かい生化学的制御の両方によって決まる．葉においては，AOXは葉緑体で生成した過剰な還元力を消去するのにも役立っている．

AOX経路の寄与は，異なる経路に対する阻害剤(たとえば，COXの阻害剤であるシアン化物，AOXの阻害剤であるサリチルヒドロキサム酸(SHAM)など)を加えたときと，加えないときの酸素消費量を比較すれば推定できる．しかし，この二つの経路は，重い酸素同位体 ^{18}O の分別程度が異なっているため，質量分析器を用いて酸素同位体分別を測定したほうが，AOX経路の寄与をより正確に推定できる．分別係数 Δ は，$-\ln(f)$ に対して $\ln(R/R_0)$ をプロットすると，この関係の回帰直線の傾きで決まる．R は試料気体の酸素同位体の比率 $^{18}O/^{16}O$，R_0 は最初の参照試料気体(対照)

---

† (訳注)シアン耐性呼吸酵素ともよばれる．

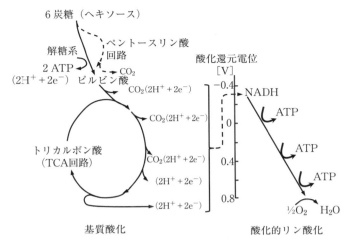

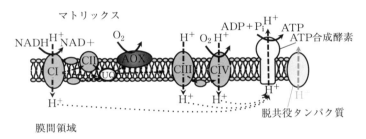

図 7.5 (a) 植物の暗呼吸反応における主な代謝経路の概要. $2H^+ + 2e^-$ は還元物質を示しており,最終的には酸素を還元するのに利用される.(b) 電子伝達経路の主要成分の概略図(詳しくは Millar et al., 2011 参照)(CI, CII, CIII, CIV は呼吸鎖複合体であり,CIV はシトクロム c オキシダーゼ,UQ はユビキノン,AOX は代替オキシダーゼ).

の $^{18}O/^{16}O$,f は消費されずに残った O_2 の割合である(Guy et al., 1989)[†].植物種にもよるが,AOX は 25〜31 ‰ の分別係数 Δ_a を示すのに対し,COX は 16〜21 ‰ の分別係数 Δ_c を示す(Florez-Sarasa et al., 2007, Guy et al., 1989, Nagel et al., 2001).Δ をある植物で観測された分別係数だとすると,AOX 経路に流れる電子の割合 τ_a は次式で与えられる.

$$\tau_a = \frac{\Delta - \Delta_c}{\Delta_a - \Delta_c} \tag{7.3}$$

[†] (訳注)実験手順は植物試料を密閉容器に入れ,容器内の空気をサンプリングして分析試料とする.

過剰なエネルギーを散逸する別のメカニズムとして，ミトコンドリアに存在する脱共役タンパク質(uncoupling protein：UCP)の活性化も挙げられる．このタンパク質はミトコンドリアの電子伝達鎖のはたらきで形成されるプロトンの濃度勾配を解消し，その結果，電子の流れと ATP 生成を切り離してしまう．UCP はエネルギー平衡の長期的調節に関与しているようで，一方，AOX は短期的変化の調節にかかわっているようである(van Dongen et al., 2011)．

7.2.3 光呼吸

2 番目のタイプの植物の呼吸は光呼吸とよばれる(Foyer et al., 2009 の総説，Krömer, 1995 参照)．これは，ペルオキシソームに存在し，グリコール酸経路ともいわれる光呼吸炭素酸化(photorespiratory carbon oxidation：PCO)回路と，これに付随したアンモニアを再利用する回路を経由してCO_2が生産される回路である(図 7.6)．ルビスコは PCR 回路の最初に RuBP のカルボキシル化反応を触媒する酵素であり，同時に，PCO 回路の最初に RuBP の酸素化反応を触媒してホスホグリコール酸も生成する．カルボキシル化反応と酸素化反応の速度の比率は，ルビスコの活性化部位におけるCO_2とO_2の濃度比と，酵素自身のO_2に対するCO_2の反応のしやすさの指標であるルビスコ**比特異係数**(specificity factor)の両方によって決まる．光合成が進化した頃の地球の低い酸素濃度ではこの経路の影響はほとんどなかった．しかし，現在の酸素濃度(21%)では光呼吸によるCO_2損失は光合成CO_2固定にかなりの影響を与え，C_3植物の炭素獲得の主要な制限要因となっている．

C_3植物の光呼吸速度は光合成速度の 10〜30% の値を示し(通常の空気と酸素 2% の空気の下で測定したP_nとの差を測定することが多い)，そのうえ，植物がストレスを受けている環境では大幅に上昇する場合がある．しかし，光呼吸で放出されたCO_2が葉から放出される前に，実際にどのくらい再同化されているのかは不明である．Loreto et al., 1999 は，光合成の基質として与えるCO_2を通常のCO_2($^{12}CO_2$)から炭素同位体ラベルしたCO_2($^{13}CO_2$)に瞬時に切り替える実験によって，光呼吸で発生したCO_2の 80% ものCO_2が再同化されると推定している．この実験では，$^{13}CO_2$は赤外線の極大吸収を示す波長が通常のCO_2とずれているため，ある形式の赤外線CO_2分析装置では$^{13}CO_2$が検出範囲波長から外れてしまう性質を利用している．

表 7.1 のC_4植物の生理学的特徴の多くは，光呼吸の外部的徴候が欠如していることを示している．具体的には，CO_2補償点がゼロに近いこと(呼吸によるCO_2放出がないか，ほとんどないことを意味する)，葉肉抵抗が小さいこと(以下参照)，酸素分圧を変化させても光合成に変化がみられないこと，光合成速度が大きく，さらに光合成最適温度も高いこと(カルボキシラーゼ反応に対するオキシゲナーゼ反応の比率は，

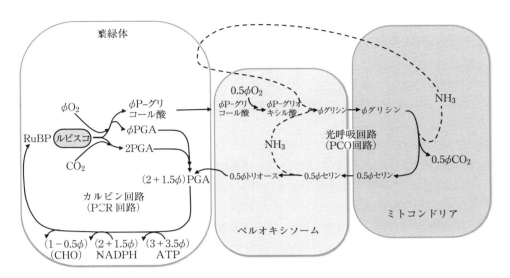

図7.6 光呼吸回路(PCO)とカルビン回路(PCR)の簡略図．図7.2よりも拡張され，反応生成物の化学量論的関係を示す(Farquhar et al., 1980b)．ϕは1分子のRuBPがカルボキシル化されるときに酸素化反応を受けるRuBPの分子数．また，光呼吸回路に付随する窒素循環も示す．詳細はFoyer et al., 2009を参照．

温度上昇によって高まる傾向がある)，などが挙げられる．これらの多くは，呼吸によって生じたCO_2を効率よく再同化しているという観点から説明できる．一方で，光利用効率(量子収率)がO_2分圧に影響を受けない理由は説明できない．O_2分圧の変化は光呼吸速度の変化を伴うことが予想されるが，このような効果はこれまでに検出されていない．それにもかかわらず，C_4植物の維管束鞘細胞には光呼吸関連の酵素が(活性はかなり低いものの)ある程度存在し，これらの酵素の存在が生存に必須であることもわかってきている(Zelitch et al., 2009)．光呼吸の欠如は，おそらく葉緑体内のCO_2濃度を高くすることによって，RuBPの代謝をほぼ完全にカルボキシラーゼ反応に移行させているためだろう．

光呼吸と暗呼吸の生理学的に重要な違いを以下にまとめる．

1. 本来の光呼吸は，PCR回路の基質であるRuBPの合成と連動しているため，光照射された光合成をしている細胞だけで起こる．一方，暗呼吸は暗黒下・光照射下にかかわらずすべての細胞で起こり，通常，光照射下で光合成を行っている細胞でも暗呼吸は継続されるが，その速度は暗黒下での呼吸速度のおよそ30〜80%の値となる(Krömer, 1995, Raven, 1972, Vilar et al., 1995, Wang et al., 2001)．光照射下での葉の総呼吸速度は，光呼吸によって放出されるCO_2 ($\mathbf{R}_p$)と光照射下の暗呼吸によって放出されるCO_2 ($\mathbf{R}_d$)の合計となる．

2. 光呼吸は O_2 と CO_2 の両方の濃度に影響を受ける．これは，RuBP の酸素化反応とカルボキシル化反応が競合するためである．CO_2 濃度の上昇は，カルボキシル化反応を受ける RuBP の割合を高め（純光合成速度が大きくなり），逆に O_2 濃度の上昇は，酸素化反応の活性を高め，光呼吸で損失する CO_2 の割合が高まる．対照的に，暗呼吸速度は CO_2 濃度や O_2 濃度を変えても 2～3% 以上影響されることはない．

3. 暗呼吸では，糖の酸化で得られるエネルギーのおよそ 35～40% を ATP の形で保持する．たとえば，グルコースを呼吸によって ATP に変換するエネルギー効率はつぎのように計算できる．解糖系によってグルコース 1 分子あたり 6 ATP が生成される（2 ATP が基質段階のリン酸化によって生成され，4 ATP が解糖系で生成された NADH をミトコンドリア電子伝達によって酸化することで得られる．なお，この経路の P/O 比は 2 として計算）．2 ATP が TCA 回路の基質段階のリン酸化において生成され，24 ATP がミトコンドリアの酸化的リン酸化において生成され（P/O 比を 3 として計算），また，2 ATP が TCA 回路で生じる $FADH_2$ それぞれ 2 分子から生成される（つまり，合計 4 ATP）．その結果，グルコース 1 分子あたり合計 36 ATP が生成されることになる．ただし，この値は過大評価している可能性が高い．これらの数から，グルコースの完全酸化によって解放される $2.87\,\mathrm{MJ\,mol^{-1}}$ のエネルギーのうち，およそ $1.10\,\mathrm{MJ\,mol^{-1}}$ が潜在的に ATP の形で保持されたことになるが，これは標準状態のもとでの推定値にすぎず，実際の植物細胞には当てはまらないだろう．一方，暗呼吸とは対照的に，PCO 回路を動かすにはエネルギーの供給が必須である（1 分子の CO_2 放出に 28 ATP 相当が必要である．図 7.6 と Lorimer & Andrews, 1981 参照）．

7.2.4 呼吸商と呼吸効率

呼吸で吸収される O_2 分子のモル数に対する，放出される CO_2 分子のモル数は呼吸商として知られている．グルコースや他の 5 炭糖が利用される場合，呼吸商は 1 となるが，脂質やタンパク質のような還元された物質の場合には呼吸商は 1 よりも小さくなる（脂質の多くは 0.7，タンパク質の一部では 0.8）．一方，有機酸のように酸化された物質では 1 よりも大きくなる（たとえば，クエン酸ではおよそ 1.33）．全体的には，およそ 1 が通常適用できる．

季節を通して測定した P_n に対する R の比率（呼吸効率）は，植物によっておよそ 0.35～0.8 という範囲の大きな違いが存在し，これは呼吸効率には植物種による遺伝的な変異があるということの証拠である（Amthor, 2000）．この最低値である 0.35 は，

成長に必要な全代謝過程を進めるための呼吸量の最低値に近いと考えられ，また，0.8 を超えることは非常に遅い成長速度を意味している．代替経路や他の無駄な代謝過程の活性が低ければ，成長速度は速くなる傾向があるだろう（Amthor, 1989 にいくつかの結果の概要が示されている）．既知の生化学経路をもとにして，物質をバイオマスに変換する理論的効率を計算できる（Penning de Vries et al., 1983）．ある物質の合成量 1 g に対して放出される CO_2 量［mg］を計算すると，有機酸が -11，炭水化物が 170，タンパク質が 544 であり，脂質ではおよそ 1720 に達する．葉組織は平均で 333，ピーナッツの種子では 1000 を超える．

同化商（純 O_2 発生速度に対する純 CO_2 固定速度の比）が，非循環型（直線型）光合成電子伝達過程と，CO_2 固定から糖合成に至る過程の結合度合いを示すことも重要である．

7.2.5 呼吸の機能

暗呼吸は，生合成過程や維持過程で必要とされる NADH や ATP の供給源として機能しているだけではなく，植物に不可欠な炭素骨格を供給するという役割もある．また，酸化的ペントースリン酸回路は，細胞質のさまざまな代謝反応に NADPH を供給する役割もある．暗呼吸はしばしば成長呼吸 R_g と維持呼吸 R_m という二つの成分に分けられる．R_g は成長や新しい細胞を構成する物質を作るために必要なエネルギーを供給し，R_m は既存の細胞構造を維持するために使われる．これら二つの成分を区別するための生化学的特徴は実際には存在しないかもしれないが，R_m は生体の乾物量に比例し，温度変化に対して鋭敏に反応するのに対し，R_g は光合成に依存し，温度に対して応答しないとされている．

光呼吸の機能に関しては，さらに議論の余地がある．なぜなら，光呼吸が機能することは植物の生産性を低下させるだけであり，進化的な利点があるとは考えにくいからである．光呼吸は有用な目的をもたない進化上の「遺物」といわれてきたが，一方で，細胞のエネルギー的側面には大きな影響力をもっている．たとえば，水ストレスで気孔が閉鎖した場合など，強光下で CO_2 の固定能力が抑えられるような状況では，光呼吸は葉緑体からの還元当量の輸送とエネルギー散逸を促進し，光合成器官の損傷（**光阻害**とよばれる，以下参照）を避けているかもしれない．また，RuBP の酸素化反応は RuBP のカルボキシル化反応という化学反応の結果として不可避なものであり，PCO 回路は生成されたホスホグリコール酸の再利用に役立っているという考え方もある．光呼吸経路は，炭素と窒素の再利用や細胞内のオルガネラ間の還元力の交換にも重要な役割を担っており，一方，ペルオキシソームで生成される過酸化水素 H_2O_2 には，重要な制御情報伝達の役割があるようで（Foyer et al., 2009），これらは注目に

値する.植物生理学者や育種家は,光呼吸が不要であるとか,少なくとも過剰なものであるという考え方から,ルビスコのCO_2に対する速度定数や親和性の上昇によるルビスコ比特異係数の増加によって,光呼吸を抑制し,光合成を増加させることを試みている(7.9.4項で解説する).

7.3 二酸化炭素ガス交換の測定と解析

　植物の炭素収支とガス交換の主な測定技術は,Šesták et al., 1971 の総説に詳しく書かれているが,入手しにくいことから,ここでは成長解析や放射性同位体,安定同位体の利用,純CO_2交換やO_2交換などの主な手法を概説する.その他にはPearcy et al., 1991 や PrometheusWiki などの Web サイトも有益である(http://prometheuswiki.publish.csiro.au/tikicustom_home.php).

7.3.1 成長解析

　成長解析は,植物の長期間の純光合成生産量(光合成量から呼吸量を差し引いたもの)を推定するための,強力で広く適用可能な方法である(Evans, 1972, Hunt et al., 2002)[†].成長している植物や植物群落で,測定が簡単な植物体の乾燥重量や葉面積の,時間間隔をおいた測定が成長解析の基本である.また,葉や他の器官,たとえば根や種子への炭水化物の分配について,異なる植物種の生理学的適応を解析するためにも役立つ.さまざまな植物群落の生産力を求めるうえで,物質分配は,葉面積あたりの光合成活性と同じくらい重要である.成長速度や植物体総重量の変化速度 dW/dt は,一連の破壊的な刈り取りによって得られる.これは,植物個体あるいは植物群落のどちらでも計算でき,次式のように単位乾燥重量あたりで表したのが**相対成長速度**(relative growth rate)RGR である.

$$\mathrm{RGR} = \frac{1}{W}\frac{dW}{dt} \tag{7.4}$$

また,単位土地面積あたりで表したものが**作物成長速度**(crop growth rate)CGR である.葉面積 A あたりの純光合成速度を求めることも可能であり,それは**純同化速度**(unit leaf rate または net assimilation rate)NAR とよばれ,つぎのように表せる.

$$\mathrm{NAR} = \frac{1}{A}\frac{dW}{dt} \tag{7.5}$$

NAR はつぎのような関係式からなる.

$$\mathrm{NAR} = \frac{\mathrm{RGR}}{\mathrm{LAR}} \tag{7.6}$$

[†] 計算支援のソフトウェアもある.http://aob.oupjournals.org/cgi/content/full/90/4/485/DC1

$$\mathrm{NAR} = \frac{\mathrm{CGR}}{L} \tag{7.7}$$

ここで，LAR は葉面積比(leaf area ratio)であり，植物体の総葉面積を植物体の総重量で割った値である．また，L は葉面積指数(群落の地上面積あたりの総葉面積)である．NAR は夜間の呼吸による損失と，非光合成器官の呼吸による損失を考慮したものであり，個葉で測定した P_n の瞬間値とは必ずしも等しくないことに注意する必要がある．最近は，とくに自然生態系では，CGR が純一次生産(net primary production：NPP)とよばれることが多い(7.9.1 項参照)．

7.3.2 同位体トレーサの利用

　光合成は，炭素や酸素の放射性同位体トレーサを使って計測できる．たとえば，光合成している葉をチャンバーに入れて閉鎖し，既知の放射線活性をもつ $^{14}CO_2$ を与え，チャンバー内の放射線活性の減少速度を追跡する方法がある．より一般的には，葉に $^{14}CO_2$ を短時間与えて同化させた後に，葉を殺し，葉に取り込まれた ^{14}C の量をシンチレーションカウンタで求める方法がある．短時間(およそ 20 秒以下)で取り込ませる場合，^{14}C の取り込み量は，「総」光合成速度の指標となる．ただし，呼吸による ^{12}C 放出が，与える ^{14}C を薄めてしまうので過小評価となる．取り込ませる時間が長くなると，最初に取り込ませた ^{14}C が処理されている間に再度放出される割合が増加する．そのため，長時間取り込ませた場合は「純」光合成速度を推定することになる．気孔の影響を除外して光合成を研究するためのもう一つの便利な方法として，単離したプロトプラストや葉緑体，葉の薄い切片などを $H^{14}CO_3^-$ を含む溶液で培養する方法がある(たとえば，Jones & Osmond, 1973 参照)．

　安定同位体(たとえば，通常の ^{12}C ではなく，^{13}C)もトレーサとしても利用できるが，以下で取り上げるように，むしろ，これらの自然存在度の変動を利用して，光合成研究に役立てるほうが一般的である(7.6 節)．トレーサの呼吸研究における利用については 7.2.1 項と 7.2.3 項で扱った．

7.3.3 純ガス交換

CO_2 濃度の測定：赤外線ガス分析装置　　CO_2 検出でもっともよく使われている方法は，赤外線ガス分析装置(infrared gas analysers：IRGAs)を用いる方法で，CO_2 が赤外域に強い吸収(とくに 4.26 μm の波長，図 2.6 参照)を示す特性を利用している．標準的な差分 Luft 型のセンサの場合，赤外線源からの放射は，試料気体を含んだ体積一定の分析セル，あるいは標準気体を含んだ対照セルを通過し，検出器に入る．これら二つの光線は，一対の密閉された検出セルに入り，検出セル中の気体を加熱し，

検出セル内の圧力を高める．分析セル中に高濃度の CO_2 が存在する場合，分析セル中での吸収が多くなるため，対応する検出セルをそれほど温めなくなる．そこで，両方の検出セル間の圧力差センサによって，分析セル中の CO_2 濃度を決定する．干渉フィルタによって $4.26\,\mu m$ の吸収波長に感度を制限するようにすれば，同じ赤外線波長を吸収する他の気体が存在しても，その影響を除外することができる．とくに水蒸気は CO_2 と同じく，$2.7\,\mu m$ に吸収帯をもつ．

とくに渦相関法測定システムのために，自由大気中の H_2O や CO_2 濃度の急激な変化を計測できる，開光路型（オープンパス型）絶対値 IRGA の利用が増えている．これらの装置では，放射源と検出器の間の固定された光路を赤外放射が通過する．測定対象の気体がよく吸収する波長と，吸収しない波長の赤外線を交互に照射し，二つの波長の赤外線の送信された強度の比率を求め，適切に較正することで，気体濃度に換算できる．

IRGA は，体積比率の濃度の CO_2 によって較正されることが多い．たとえば，既知の体積の CO_2 ガスと，CO_2 を除いた空気あるいは窒素とを精度の高い混合ポンプで混ぜることによって得る．現在の大気中の CO_2 のモル分率（体積比率に等しい）は 395 × 10^{-6}，すなわち 395 体積百万分率 [vpm] になる．これに相当する濃度は式(3.6)を用いて，20℃，100 kPa のもとで $776\,\mathrm{mg\,m^{-3}}$ と計算できる．第 3 章に示した変換係数を用いれば，他の CO_2 濃度単位で表せる（$p' = x'P$; $c' = x'PM_c/(\mathcal{R}T) = p'M_c/(\mathcal{R}T)$）．IRGA は実際には分析セル中の CO_2 のモル濃度（= c'/M_c）を計測しているが，モル分率や分圧を使うほうが便利である．たとえば，通常，分析セルは定温に保たれるので，モル分率であればチャンバーの温度にかかわらず，IRGA の読値は一定となる．ただし，次式を使って，較正時と測定時の圧力の違いを補正する必要がある．

$$x'_{真値} = x'_{観測値} \frac{P^o}{P} \tag{7.8}$$

ここで，P^o は較正時の圧力である．

｜酸素ガス交換　　光合成や呼吸の研究において，CO_2 ガス交換測定に代わる方法として，O_2 ガス交換測定があるが，ほとんどの O_2 センサは，開放型ガス交換システムで精度よく測定できるほど高感度ではない．その理由の一つは，高濃度の O_2 大気中で微小な濃度変化を測定する必要があるためである．もっとも単純なセンサは，常温作動型の電気化学的センサで，大気中の O_2 が薄膜や小さな空隙を通って拡散し，ガルバニ電池の正極で還元されて O_2 濃度に比例して電流が流れるしくみになっている．ポーラログラフ式（クラーク型電極）のセンサは，電極間に一定の電圧をかけ，そこを流れる電流を計測することで酸素濃度を求める．別のタイプの気相型の分析装置には，

いくつかの磁気力式酸素分析器と760 nmの波長の光を用いる波長可変半導体レーザ検出器などが存在する．現在のところ，もっとも感度の高いセンサでも，10 ppmほどの感度しかなく，開放型の測定システムには向かず，閉鎖型の測定システムで呼吸の研究に利用されることが多い．感度の高いポーラログラフ式の液相型酸素電極は，溶液中の藻類，細胞，葉の切片などを材料にした光合成酸素発生の研究に広く用いられてきた（Jones & Osmond, 1973）．一方，気相型酸素電極の場合には，とくに最大酸素発生速度の測定に役立つ（Delieu & Walker, 1983）．通常の大気CO_2濃度では，気孔の閉鎖は光合成測定値を制限するが，気相型酸素電極はIRGAを使う場合よりも高いCO_2濃度下で測定できるので，光合成の最大能力を推定できる．ストレスを受けて気孔が閉鎖した葉などでは，真のP_{max}を得るためにはおよそ15％程度の高濃度のCO_2が必要となる．ただし，C_4植物では光合成が阻害される可能性がある．

微気象学的な測定　微気象学的な測定は，環境にほとんど影響を及ぼさず，面積と時間の両方についての平均的な値を示すので，広大な面積の植生や複雑な植物群落の純CO_2ガス交換速度を求めるのに最適である．一般に，単位土地面積あたりのCO_2フラックスJ_Cは，日中は負の値を示し（植生表面におけるCO_2の吸収を表している．P_n），夜間は正の値を示す（呼吸によるCO_2の損失を表している）．また，J_Cは群落境界層内におけるCO_2分圧の勾配dp'/dzの測定から，つぎのよく知られた輸送方程式によって得られる（式(3.34)参照）．

$$J_C = -P_n = -K_C \frac{M_C}{\mathcal{R}T}\frac{dp'}{dz} \simeq -K_C \frac{dc'}{dz} \tag{7.9}$$

なお，本章を通して，CO_2濃度を表す単位（c', m', p', x'）とCO_2拡散の抵抗値r'，コンダクタンスg'には，区別するために$'$（プライム）を付ける．

輸送係数K_Cを推定するための主な方法としては，3.4.1項で紹介したような渦相関法によってP_nを直接求める方法とともに，空気力学的測定や熱収支測定から推定する方法があるが，一般にもっとも有用な方法は，渦相関法を利用したものである．

同化箱による測定　純ガス交換の測定にもっともよく利用される技術に同化箱法があり，第6章で紹介した携帯型ポロメータのような，1枚の葉を測定するための小さな（およそ1 cm^2）ものから，植物全体や群落の一部を囲んでしまうほどの大きな（>10 cm^3）ものまである（たとえば，Barton et al., 2010, Pearcy et al., 1991参照）．同化箱内の環境を調節する能力はさまざまであり，実験室内のもっとも優れたシステムでは，温度，光，湿度，CO_2濃度，O_2濃度を完全に独立に制御できる．もっとも大きな同化箱は，大気CO_2濃度の上昇が植物の機能に与える影響を調べるために用いられることが多いが，とくに放射照度の高い野外環境に近づけようとする場合には，非常に強力で高価な冷却装置が必要となることに注意すべきである．

閉鎖型のガス交換システム（フラックスはチャンバー内の CO_2 濃度上昇速度から計算される）は，土壌呼吸の研究など，特定の目的に使われることはあるが，ほとんどの測定は開放型か準開放型のシステムに基づいている．これらのシステムでは，同化箱に入る CO_2 の流量 $u_e x_e'$ と同化箱から出ていく CO_2 の流量 $u_o x_o'$ の差から CO_2 フラックスを求める．

$$P_n^m = \frac{u_e x_e' - u_o x_o'}{A} \simeq \frac{u_e(x_e' - x_o')}{A} \tag{7.10}$$

ここで，P_n^m は純同化速度（モル単位 $[\mathrm{mol\ m^{-2}\ s^{-1}}]$），$A$ は参照面積を示し（通常は同化箱内の葉面積 $[\mathrm{m^2}]$ であるが，群落用の大きな同化箱の場合には，地上面積になる），u はモル流量 $[\mathrm{mol\ s^{-1}}]$ である．これは蒸発速度推定のための式(6.4)に対応する．気孔抵抗や他の抵抗が正確に推定されるかどうかは，同化箱内の空気がうまく攪拌され，同化箱内のすべての葉が一様な環境に置かれているかどうかに依存している．より精度を高めるには，葉から出てくる水蒸気分子によって，同化箱に入る空気の流量 u_e と出ていく空気の流量 u_o に生じるわずかな差を考慮する必要がある（CO_2 フラックスは O_2 フラックスとつり合うので無視できる）．典型的な $e_o - e_e$ は 1 kPa 程度であるので，$(e_o - e_e)/P$ から計算されるように，u の相対的な増加はわずか1%程度である．大きな同化箱では，純粋な CO_2 ガスを注入することで同化箱内の CO_2 濃度を調節することが普通であるが，このフラックスも全体のフラックスを計算するうえで考慮する必要がある．

｜光照射下での呼吸速度の推定　　光呼吸を推定するために多くの方法が提案されてきたが（Sharkey, 1988），さまざまな生化学的過程が相互作用していることと，葉内部のガス交換過程の理解が不完全なことから，現在のところ信頼性の高い方法はない．ほとんどの方法の問題点は，ホスホグリコール酸経路を介する光呼吸と，光照射下で継続し続ける暗呼吸とを分離できないことにある．光呼吸のもっとも明白な推定方法は，O_2 濃度21%から2%にしたときの P_n の増加から見積もることであるが，この値は過大評価となってしまう．これは，ルビスコのオキシゲナーゼ反応による競合阻害が緩和されるのと同時に，カルボキシラーゼ反応が促進されてしまうことと，O_2 濃度を低くすることで暗呼吸も阻害されてしまう可能性があることによる．他の方法としては，光照射していた葉を突然暗くしたときに，一過的に放出される CO_2 量から見積もる方法（暗くしても光呼吸のほうが CO_2 同化よりも長く続くため），葉を放射性炭素同位体でラベルした CO_2（$^{14}CO_2$）に短時間さらし，$^{14}CO_2$ の同化速度（総光合成速度の指標となる）と，ガス交換測定によって求めた純 CO_2 同化速度とを比較する方法，そして酸素安定同位体のガス交換の同時測定を利用する方法もある．

光呼吸の直接測定とは対照的に，ルビスコのカルボキシラーゼ反応による CO_2 固

定速度とオキシゲナーゼ反応に由来する CO_2 放出速度(光呼吸速度)がつり合うときの CO_2 濃度値(Γ_* とよばれる)から,いっそう正確に光呼吸速度の比率が推定できる.Γ_* は暗呼吸が存在しないと仮定したときの CO_2 補償点である.この濃度では,カルボキシラーゼ反応の速度 V_c はオキシゲナーゼ反応の速度 V_o の半分とつり合う.これは,1回あたりのオキシゲナーゼ反応によって,0.5 mol の CO_2 が放出されるためである.Brooks & Farquhar, 1985 は,光強度をさまざまに変えて P_n/p_i' 曲線を作成し,これらの交点から Γ_* を推定できることを示した(図 7.7).この点($p_i' = \Gamma_*$)では,P_n は R_d と等しくなり,ルビスコの比特異係数 S は $0.5 [O_2]/\Gamma_*$ に等しくなる.また,カルボキシラーゼ反応速度に対する光呼吸速度の比率は,$\Gamma_*/[CO_2]$ によって与えられる($[CO_2]$ は CO_2 濃度).

光照射下での R_d は暗黒下の値と同じとして扱われることが多いが,光照射下での R_d は暗黒下の値の 30〜80% であることが多くの研究によって示されている.R_d を推定する方法は Laisk によって最初に提案された Γ_* から求める方法と,照射光強度が

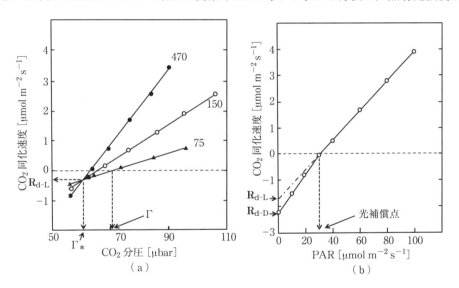

図 7.7 光照射下での呼吸速度の推定.(a) Laisk 法の概要図.ホウレンソウの葉を用い,温度 20℃,酸素分圧 380 mbar の下で光強度を 470, 150, 75 μmol m^{-2} s^{-1} に変化させながら CO_2 同化速度を測定した.Γ_* は光呼吸が同化速度とつり合うときの CO_2 濃度で,Γ は全呼吸速度と同化速度がつり合うときの CO_2 濃度(光強度が一番低いとき).Γ_* における純ガス交換速度が光照射下での暗呼吸速度に相当する(Brooks & Farquhar, 1985 のデータより).(b) Kok 効果を示した,光合成の光応答曲線の例.オナモミについて,光補償点付近における光応答曲線を示す.R_{d-D} は暗黒下でのミトコンドリアの呼吸速度,R_{d-L} は光照射下でのミトコンドリアの呼吸速度(Wang et al., 2001 のデータより).

低いときに光-光合成曲線が不連続になる性質(Kok 効果)を利用して求める方法があり,後者の方法は,図 7.7 に示すように,照射照度が低いときの光合成の光応答データを用い,外挿して光照射下での R_d (R_{d-L}) を推定する.

7.4 光合成モデル
7.4.1 光合成の生化学

もっとも広く使われている光合成の生化学のモデル化の方法は,Farquhar-von Caemmerer-Berry モデル(FvCB モデル)(Farquhar et al., 1980b)と,それをその後に変形し拡張したものである(Dreyer et al., 2001, Müller & Diepenbrock, 2006 参照).このモデルは,光合成が CO_2 の供給によって律速され,ルビスコの性質によって決まる場合(ルビスコ律速.このときの光合成速度を P_c と表す),あるいは CO_2 固定が主に電子伝達反応に依存したルビスコの基質再生産によって決まる場合(RuBP 律速.P_j)を想定している.また,3 番目の制限条件として,光合成が光合成産物であるトリオースリン酸の利用によって決まる場合もある(triose phosphate utilization:TPU 律速.P_t).これは,光合成速度の最大値 P_{max} をほぼ決定する.このモデルの基礎を Box 7.1 にまとめた.

このモデルは,光合成の応答曲線を三つの部分に分けており,それぞれの律速を表すパラメータを通常の P_n-c_i 曲線から正確に求めることが重要な課題である(以下参照).Sharkey et al., 2007 や Gu et al., 2010 は,これらのパラメータの推定方法を詳細に論じている.また,これを拡張し,C_4 光合成を生化学的に記述する方法も開発されており(von Caemmerer & Furbank, 1999),ここでは CO_2 が維管束鞘から漏出する割合が重要なパラメータとなる.

Box 7.1 光合成の生化学における Farquhar-von Caemmerer-Berry モデルの概要

モデルは以下の式で表される.

$$P = \min[P_c, P_j, P_t] \quad (B7.1.1)$$

P_c,P_j,P_t はそれぞれ以下のように表される.

$$P_c = V_{c,max} \frac{p_c' - \Gamma_*}{p_c' + K_C(1 + p_c^O/K_O)} - R_d \quad (B7.1.1a)$$

$$P_j = ETR \frac{p_c' - \Gamma_*}{4p_c' + 8\Gamma_*} - R_d \quad (B7.1.1b)$$

$$P_t = 3\,TPU - R_d \quad (B7.1.1c)$$

ここで,$V_{c,max}$ はルビスコのカルボキシラーゼ反応の最大速度.p_c' はルビスコ周辺における CO_2 分圧.p_c^O はルビスコ周辺における O_2 分圧.K_C はルビスコの CO_2 に対する

ミカエリス定数, K_O は O_2 に対するミカエリス定数, Γ_* は光呼吸速度と同化速度がつり合うときの CO_2 分圧(このとき, オキシゲナーゼ反応速度はカルボキシラーゼ反応速度の 2 倍), R_d は光照射下での暗呼吸速度, ETR は光合成の直線型電子伝達速度(7.5 節参照), TPU は 3 炭糖リン酸の利用速度で, 多くの場合, 一定値として扱われる.

通常のガス交換分析(7.6.1 項)では細胞間隙の CO_2 濃度 p_i' を推定するが, 上記の式はすべてルビスコ周辺における CO_2 分圧を用いることに注意する. p_c' の値は以下の式で推定できる.

$$p_c' = p_i' - \frac{P_n^m}{g_m'} \tag{B7.1.2}$$

ここで, g_m' は 7.6.1 項で説明する葉肉コンダクタンスである. 図 B7.1 に示すように, CO_2 濃度が低いとき, 同化速度はルビスコによって制限され, CO_2 濃度の増加とともに, 電子伝達によって制限される状態になり(RuBP 再生産律速), 最終的に TPU によって制限される状態になる(これは, 単純な固定上限値, あるいは CO_2 濃度の減少関数としてもモデル化できる(von Caemmerer, 2000)). ガス交換速度からさまざまなパラメータを推定することの詳細は Gu et al., 2010 で概説されている.

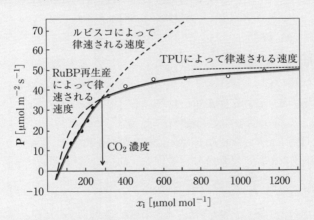

図 B7.1 Farquhar-von Caemmerer-Berry の光合成モデルを構成する三つの関数(ダイズのデータは Dubois et al., 2007 より).

7.4.2 経験的モデル

FvCB モデルのような機械論的なモデルは実験データともっともよく適合するが, FvCB モデルは CO_2 応答曲線の不連続な関数であるため, データの予測という目的ではより単純な式のほうが有用である. CO_2 や光強度の変化に対する光合成応答を近似するために利用されてきたより有用な経験的モデルのいくつかが, Thornley & France, 2007 に概説されている. 多くの半機械論的モデルは, 初期においては直角双

曲線で表されるミカエリス – メンテンの式の適用に基づいていたが(Maskell, 1928, Rabinowitch, 1951)，非直角双曲線を用いるようになってきている．非直角双曲線は，単純な指数関数曲線や直角双曲線に比べると，より急激に飽和し，より現実に近く，また，よく観察される「ブラックマン型(Blackman-type)」の2直線を伴った応答(光合成が完全に CO_2 濃度によって律速されている最初の一定の傾きをもった直線から，光強度によって律速される水平な直線に急激に切り替わる)をさらによく近似できる．非直角双曲線は，光 – 光合成曲線のデータについてももっともよく適合することがわかっているが，単純な直角双曲線や指数関数曲線でもおおよそ十分に適合する．Box 7.2 に，光合成応答の経験的モデルのためのいくつかの式を示した．

> **Box 7.2 葉の光合成の経験的モデル**
>
> FvCB の光合成生化学モデルは，炭酸固定酵素周辺における CO_2 モル分率 x_c'，または細胞間隙における CO_2 モル分率 x_i' の非連続関数であるため，実際のデータに当てはめることは難しい．そこで，ミカエリス – メンテンの式をもとにした半機械論的モデルが使われることがよくある．もっとも便利なものは非直角双曲線で，次式のように表せる(Jones & Slatyer, 1972)．
>
> $$P_n = P_{max}^C \frac{x_i' - \Gamma - bP_n}{a + x_i' - \Gamma - bP_n} \tag{B7.2.1}$$
>
> ここで，a と b は定数であり，P_{max}^C は飽和 CO_2 濃度下での光合成速度である．この曲線は2次関数であり，定数 a は直線的な立ち上がりから飽和に移行する移行部の鋭さを規定し，定数 b はこの曲線の初期勾配の傾きを規定している．
>
> 光強度 I に対する光合成の応答は，次式のように直角双曲線によってうまくモデル化される．
>
> $$P_n = \frac{(I - I_c) P_{max}^I}{a + (I - I_c)} \tag{B7.2.2}$$
>
> ここで，P_{max}^I は飽和光下における最大光合成速度で(適当な温度の関数でもある)，I_c は光補償点である．式(B7.2.1)と式(B7.2.2)を組み合わせると，図 B7.2 のように，光合成速度の一般的なふるまいを表現できる．図に示されるように実際のデータにうまく当てはまり(図 7.16 参照)，直角双曲線を使った場合よりも，低い光強度で光合成が飽和する．
>
> 別の方法として，次式のような単純な指数関数曲線(ミッチャーリッヒ(Mitscherlich)関数)もよく使われる．
>
> $$P_n = P_{max}^I \left[1 - \exp\left(\frac{-\varepsilon_p (I - I_c)}{P_{max}^I} \right) \right] \tag{B7.2.3}$$
>
> ここで，ε_P は光補償点における量子収率，すなわち，光合成効率である．しかし，つぎのような非直角双曲線によっておおよそよく近似される(Johnson et al., 2010)．

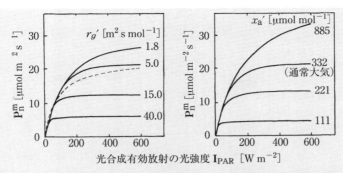

図B7.2 式(B7.2.1)と式(B7.2.2)を使って計算した，典型的な C_3 植物の葉の光合成−光応答曲線．r_g' と x_a' をさまざまに変えて計算している．（パラメータはとくに断りがなければ，つぎのように定義する．$x_a' = 332\ \mu\text{mol mol}^{-1}$, $\Gamma = 55\ \mu\text{mol mol}^{-1}$, $K_m^c = 11.1\ \mu\text{mol m}^{-2}\text{s}^{-1}$, $K_m^I = 200\ \text{W m}^{-2}$, $P_{\text{max}}^{\text{max}} = 45.5\ \mu\text{mol m}^{-2}\text{s}^{-1}$, $r_i' = 7.5\ \text{m}^2\text{s mol}^{-1}$, $r_g' = 5\ \text{m}^2\text{s mol}^{-1}$, 記号の定義については用語集参照）．破線は直角双曲線である．

$$\theta(P_n)^2 - (\varepsilon_p I + P_{\text{max}}^I) P_n + \varepsilon_p I P_{\text{max}}^I = 0 \qquad (B7.2.4)$$

ここで，P_{max}^I は飽和光下での最大光合成速度（適当な温度の関数でもある），θ は無次元数である曲率を示す（$0 \leq \theta \leq 1$）．I を $I - I_c$ に置き換えることでさらに改善できる．温度の適当な関数に関しては，Thornley & France, 2007 やその関連論文で解説されている．

7.5 クロロフィル蛍光

先述したように，クロロフィル a 蛍光の解析は，光合成システムの機能をそのまま検出するための強力なプローブとなる．蛍光分析には主につぎの二つの技術が利用される．

（i）暗黒下で順応させた葉に光を照射したときに観察されるクロロフィル蛍光の変化，すなわちカウツキー(Kautsky)効果を，速い成分（ミリ秒の時間スケール）と遅い成分（秒から分の時間スケール）に分けて解析する方法（図7.8）．

（ii）白色光下で通常に光合成している葉から蛍光を検出するために，周波数を変調した蛍光を利用する方法．

（ii）では，高い光強度をもった飽和パルス光の利用と組み合わせれば，蛍光の消光（減衰）過程を解析でき，光合成の明反応と暗反応との関係についての非破壊的な指標が得られる．その他の技術については，7.5.4項で解説する．

伝統的なカウツキーシステムでは，波長約 620 nm 以下の光を励起光として葉に照射し，PSIIからの蛍光（695 nm に最大値をもつ）を，（波長 695 nm を中心とする）狭帯

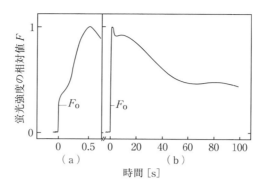

図7.8 クロロフィル蛍光の誘導応答速度の特徴(カウツキー曲線).暗順応した葉に光を照射すると蛍光強度は非常に速く F_o のレベルに達し,その後,急速に最大値に達する.その後,光合成の開始とともに蛍光強度は減少して安定した状態になる.(a)短時間の応答速度,(b)長時間の応答速度.

域フィルタを装備した感度のよい光検出器で測定する.このようにすれば,小さな蛍光信号を,それよりもずっと多い励起光の反射から分離できる.

暗順応させた葉は電子伝達鎖のすべての要素が酸化した状態にあり,このような葉に最初の光を照射すると,蛍光強度 F はただちにあるレベル F_o まで上昇するが,この状態では PSII 反応中心が開き,最初の電子受容体である Q_A が完全に酸化されている.この状態の蛍光の量子収率を表す式(式(7.2))の f_{open} は1である.光が吸収され,電荷分離が生じると反応中心は閉じ,Q_A が還元され,蛍光強度は複雑な変化を示しながら上昇し(図7.8),Q_A が完全に還元されると最大値 F_m に達する.このとき,すべての反応中心は完全に閉じている(f_{open} は0)ので,もはや光化学反応を通してクロロフィルの励起が緩和されることはない(つまり,$k_p f_{open}$ がゼロになる).したがって,蛍光の量子収率は以下のように増加する.

$$\phi F = \frac{k_F}{k_F + k_H + k_P f_{open}} = \frac{k_F}{k_F + k_H} \tag{7.11}$$

電子伝達が再開されて光合成が上昇すると,蛍光強度は多くの過渡的な移行過程を経て定常状態に向かい,ゆっくりと減少していく(これを**消光**という).

残念ながら,カウツキーシステムは**励起光**(光合成を引き起こす光)と蛍光の波長を分離する必要があるため,野外の白色光下での光合成では利用できなかった.この限界は変調蛍光システムの開発によって克服され,暗順化後にピーク値 F_m から低下していく過程のどの時点でも,励起光照射による蛍光 F' のさまざまな消光過程を区別できるようになった.変調システムの原理は,~1から5 μmol m^{-2}s^{-1} という非常に弱い光を急速に点滅させ(変調し),変調された励起光に対応する蛍光信号だけを検出する.高感度の電子機器を使えば,白色光に由来する信号が非常に大きくても,その

中から蛍光信号だけを識別できる．変調した光が十分に弱ければ，電子伝達を引き起こさず，これのみによって得られる蛍光は F_0 と同等である．通常，得られた F_0 を基準とし，計測した他の蛍光強度の値を正規化するので，葉のクロロフィル含量やセンサの位置によって生じる蛍光強度の絶対値の差は無視できる．検出器は 700 nm よりも長い波長の蛍光には応答しないものを用いないと，PSI から発せられるいくらかの蛍光によって測定結果が乱されるので注意が必要である．

7.5.1 消光解析

蛍光の消光過程を解析することで，光合成システムの機能に関して多くの情報を得られる（Maxwell & Johnson, 2000 や Baker, 2008 に概説されている）．変調蛍光システムを用いれば，さまざまな蛍光パラメータを得られる．これらの蛍光係数の計算方法を図7.9と表7.2に示す．ここで，蛍光強度の′(プライム)は，光照射中の葉の蛍光を暗順応した葉からのものと区別するために使うことに注意する（用語の標準化の試みはなされてきているものの，文献によってさまざまな記号が用いられており，その使用には十分な注意が必要である）．

主な蛍光消光は，光化学消光と非光化学消光である．

光化学消光　　光化学消光 q_P は，電子が P680 から Q_A に渡され，PSII 内で励起エネルギーを利用することによって生じるので，Q_A の酸化還元状態，つまり，「開いた状態」の PSII 反応中心の割合 f_{open} の指標となる．Q_A が完全に還元されているとき，

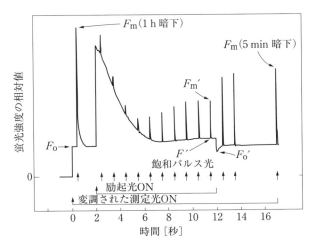

図7.9　クロロフィル蛍光の変化の推移．コムギ葉をパルス変調した蛍光測定システムで測定．消光解析を，Box 7.2 で定義した用語で示す．変調した測定光の光強度は 1 μmol m^{-2} s^{-1}，励起光の光強度は 560 μmol m^{-2} s^{-1}，飽和パルス光は 4600 μmol m^{-2} s^{-1} である．

表7.2 よく使用されるクロロフィル蛍光パラメータ(図7.9参照).

略号	定義
F, F'	暗順応した葉, 光順応した葉からの蛍光強度
F_o, F_o'	暗順応した葉, 光順応した葉からの基準蛍光強度(Q_Aが最大限酸化され, PSII反応中心が開いた状態). 後者は, 弱い遠赤外光による.
F_m, F_m'	暗順応した葉, 光順応した葉から発せられる最大蛍光強度(Q_Aが最大限還元され, PSII反応中心が閉じた状態)
F_v, F_v'	可変蛍光強度. 暗順応した葉では$F_m - F_o$, 光順応した葉では$F_m' - F_o'$
$F_q' (= F_m' - F')$	開いた状態のPSII反応中心による蛍光の光化学的消光
F_v/F_m	PSII光化学反応の最大量子収率
F_v'/F_m'	ある照射光強度下でのPSII光化学反応の最大量子収率
F_q'/F_m'	光照射下におけるPSII実効量子収率. 直線型電子伝達の量子収率の指標($\Delta F/F_m'$やϕ_{PSII}とする文献も多い)
F_q'/F_v'	q_P, すなわち, ある照射光強度の下でのPSII効率係数. 酸化されたPSII(開いた状態にあるPSII)の割合と非直線的に関係する
$(F_m/F_m') - 1$	NPQ, すなわち, PSIIからの熱放出の指標となる非光化学的消光
NPQ	非光化学的消光
q_E, q_I, q_T	エネルギー依存的消光, 光阻害による消光, (PSII集光性タンパク複合体に依存した)状態遷移による消光
q_P	PSII効率係数, すなわち, 光化学的消光係数(F_q'/F_v')
q_L	開いた状態にあるPSII反応中心の割合の推定値(f_{open})($= q_P F_o'/F'$)
ϕF	蛍光の量子収率(吸収された光量子数あたりの蛍光放出)

q_Pは0を示す. すなわち, 蛍光がF_mを示し, すべての反応中心が閉じ, 照射した光のエネルギーが蛍光として放出される量が一番多いときである. また, Q_Aが酸化され, すべてのPSII反応中心が開いた状態になり, 励起したエネルギーを受容できる状態になれば, q_Pは1に近づく. すなわち, 蛍光として放出される量が一番少ないときである. q_Pの値はいつでも蛍光の瞬間値であるF'から以下の式で得られる.

$$q_P = \frac{F_m' - F'}{F_m' - F_o'} = \frac{F_q'}{F_v'} \tag{7.12}$$

ここで, F_m'は葉に強い閃光(飽和パルス光)を照射することで, 光化学反応を飽和させ, すべてのQ_Aを還元状態にしたときに得られる蛍光強度である. また, F_o'はQ_Aを完全に酸化できるように弱い近赤外(> 680 nm)のパルス光を与えた, すべての反応中心が開いた状態の, 基底となる蛍光強度である. 他の記号の説明は表7.2にまとめた. ここで, Q_Aを完全に還元するために必要な飽和パルス光は, 強光に順化した

植物で 4000〜6000 µmol m^{-2} s^{-1} に達する．実際の測定環境下での光化学系 II の最大効率は F_v'/F_m' で示されるが，q_P は機能している光化学系 II の割合を示すため，q_P は**光化学系 II 効率係数**ともよばれる．q_P は Q_A の酸化還元状態の指標としてよく利用されているが，この関係は直線であるとは限らないため，より正確な f_{open} の指標としてつぎの q_L というパラメータが提案されている (Baker, 2008)．

$$q_L = \frac{q_P F_o'}{F'} \tag{7.13}$$

｜非光化学消光　　非光化学消光 NPQ という用語は，光化学系 II の励起エネルギーが熱として失われる割合の増加にかかわる幅広いメカニズムを表すために使われる．NPQ は，葉を長時間（一晩の場合が多い）暗黒下に置いた後に測定した最大蛍光強度 F_m と，飽和パルス光を照射して得られる最大蛍光強度 F_m' との蛍光強度の減少量より，すぐさま推定できる値である．これは以下のように計算される．

$$NPQ = \frac{F_m - F_m'}{F_m'} \tag{7.14}$$

NPQ は熱発散と比例関係にあり，0 よりも大きい値をとる．非光化学消光を示す用語として q_N も使われていたが，0 から 1 の間の数値をとるため感度が低めで，現在の利用は薦められない．ここで，NPQ は暗順応した状態に対する相対値であることに注意してほしい．NPQ を構成する主要成分にはつぎのようなものがある．

1. エネルギー依存性消光 q_E．光を捕集するアンテナにおける消光であり，電子伝達に伴って形成されるチラコイド膜の pH 勾配（ΔpH，チラコイド膜ルーメンの酸性化を引き起こす）と関連がある．ルーメンの酸性化は，ビオラキサンチンデエポキシダーゼを活性化し，カロテノイドの一種であるビオラキサンチンからゼアキサンチンへの変換を触媒する．ビオラキサンチンデエポキシダーゼは光化学系 II と結合しており，励起エネルギーを効率的に抑制する (Demmig-Adams & Adams III, 1992)．光化学系 II のアンテナで生じるこの消光は，エネルギーの大部分を熱として散逸し，蛍光は少なくなる（すなわち，式 (7.2) と式 (7.11) における k_H が増加する）．光合成でエネルギーが利用できないとき（たとえば，CO_2 濃度が低いときや水ストレスを受けているとき），過剰な光エネルギーは光合成系にダメージを与えるが，熱損失はこの散逸を助ける．

2. ステート遷移による消光 q_T．光化学系 II からの最大蛍光強度は，光化学系 II から光化学系 I に励起エネルギーの一部が移動することでも減少する．このエネルギーの移動は，LHC タンパク質のリン酸化の状態によって制御される．q_E と q_T が元の状態に回復する作用機作は似ているが，q_T は比較的小さく，光が弱いときにのみ貢献する．

3. 光阻害による消光 q_I. とくに重要な消光の一つとして，光阻害による消光 q_I がある．q_I は健全な葉で得られる F_m の値（1時間暗順応させたときの最大蛍光強度）に対する回復不可能なあるいは，ゆっくりと回復する低下の両方が含まれる．このように定義された光阻害は，PSII 反応中心の防御過程と阻害の両方を反映している．

このような非光化学消光のタイプは，主に葉を暗黒下に置いてから元の状態に回復するまでの速度をもとにして区別される．単離葉緑体を用いた実験では，q_E は暗黒下で通常，数秒で消失すると考えられているが，葉の状態では，1分かそれ以上の時間がかかるようである．葉では，NPQ のうち，急速に減衰していく成分は q_E によるものであり，ゆるやかに減衰する成分はステート遷移によるものとされている．解消に1時間以上かかる NPQ の成分は，しばしば便宜的に光阻害と定義されている．これらすべての NPQ の成分は，強光下で光合成を行えない状態，たとえば，低温や水ストレス，低 CO_2 濃度などによって光合成が阻害されたときで，葉緑体に吸収された過剰なエネルギーを散逸するのに機能している．このような過剰なエネルギーの散逸機構がなければ，光阻害や光脱色などの阻害はさらにひどくなるだろう．とくにストレスを受けた植物などでは，F_o が減少する可能性もある（図 7.8）．この場合，表 7.2 に示したさまざまな消光パラメータの計算に与える影響を考慮しなければならない．

7.5.2 光化学系の効率

式(7.2)を使うと，葉を暗所にしばらく置き，すべての反応中心が開いた状態（すなわち，$f_{open} = 1$）で，$F = F_o = (I\alpha_{leaf}f_{PSII})\phi F$ という次式が成り立つ．

$$F_o = \frac{(I\alpha_{leaf}f_{PSII})k_F}{k_F + k_H + k_P f_{open}} = \frac{(I\alpha_{leaf}f_{PSII})k_F}{k_F + k_H + k_P} \tag{7.15}$$

瞬間的に飽和光を葉に照射して反応中心が閉じると（$f_{open} = 0$），最大の蛍光強度 F_m は次式で与えられる．

$$F_m = \frac{(I\alpha_{leaf}f_{PSII})k_F}{k_F + k_H} \tag{7.16}$$

可変蛍光強度 F_v を F_m と F_o の差と定義し，式(7.15)と式(7.16)から引いて，項を消去して整理すると以下の式が得られる．

$$\frac{F_v}{F_m} = \frac{F_m - F_o}{F_m} = \frac{k_P}{k_F + k_H + k_P} \tag{7.17}$$

この式は光化学系 II の最大量子収率を表す．

暗順応した健全な植物の F_v/F_m は通常 0.83 に近い値を示し（Björkman & Demmig, 1987），計測機器の違いで値はわずかに異なるが，反応中心が開いていれば，

$k_P \gg k_F + k_H$ であることを示している．光阻害だけではなく，他のどの非光化学消光機構によっても F_v/F_m は最適レベルから低下する．植物が光を受けているときに生物的・非生物的ストレスのどちらを受けても，F_v/F_m は大きく低下してしまう．そのため，F_v/F_m は植物のストレス状態をモニターするための手段として広く提案されているが F_v/F_m が減少した原因を識別することはほとんどの場合難しい．F_v/F_m が減少する原因は，たとえば，光化学系 II の損失によって生じる F_0 の上昇と関連があるかもしれないし，非光化学消光がはたらくことによって F_m が減少するためなのかもしれない．光照射下で F_v/F_m に相当する測定値は，F_v'/F_m' である．これはある光強度下での光化学系 II の最大効率を示している(すなわち，すべての反応中心は開いた状態にあると仮定している)．F_v'/F_m' は暗順応した葉で得られる F_v/F_m の値よりも小さい値をとる傾向があるが，これは F_m' の消光のためである．

q_P は酸化した，あるいは「開いた」状態にある PSII 反応中心の割合を表し，F_v'/F_m' は開いた状態にある反応中心の電子伝達効率を表しているので，この二つの変数の積は光化学系 II を通過する非循環型電子伝達の量子収率 ϕ_{PSII} を示すという指摘が Genty et al., 1989 によってなされてきた．式(7.2)を代入して，項を消去すると次式が得られる．

$$\phi_{PSII} = \frac{F_v'}{F_m'} q_P = \frac{F_m' - F_0'}{F_m'} \frac{F_m' - F'}{F_m' - F_0'}$$
$$= \frac{F_m' - F'}{F_m'} \tag{7.18}$$

ここで，$F_m' - F' = F_q'$ とすれば，F_q' は非光化学消光と同じ条件のもとで，最大の蛍光強度と定常状態における蛍光強度との差である．したがって，定常状態の蛍光強度 F' と飽和光の瞬間的な照射(飽和光フラッシュ)によって得られる F_m' を測定するだけで，非常に簡単に ϕ_{PSII} を推定できる．PSII を流れる非循環型電子伝達速度 ETR は次式より推定できる．

$$\text{ETR} = \mathbf{I} \cdot \alpha_{leaf} \cdot f_{PSII} \cdot \phi_{PSII} \tag{7.19}$$

ETR と CO_2 固定速度との間には強い相関関係が存在することが多いので，光合成速度の指標として，クロロフィル蛍光によって推定された ETR が広く使われるようになってきている．ETR は，光合成を行っている葉のクロロフィル蛍光強度を測定し，つぎに，飽和光を照射して蛍光強度の最大値を測定するだけで簡単に推定できる．しかし，残念なことに，光呼吸や窒素代謝でもチラコイド膜で生成した還元力が競合的に利用され，さらには，酸素に電子が渡ってしまう反応(メーラー反応)が存在するために，これらの速度が変動すれば ETR と同化速度との関係は成り立たなくなってしまう．そのため，量子収率の指標である ϕ_{PSII} のみを示すことのほうが多い．さらな

る問題は，この式自身がいくつかの大きな仮定をもとにしているということである．α_{leaf} は 0.84 と仮定されることが多いが，α_{leaf} は積分球を用いて葉の光吸収率を求めることでより正確になる．より深刻なのは，光化学系 I と光化学系 II に分配されるエネルギーの比率 f_{PSII} が大きく変化するにもかかわらず，その推定がとくに困難であることである．

もう一つ，CO_2 同化の指標としてクロロフィル蛍光を用いる際に考慮すべき点として，蛍光は光合成を行っている葉の表面から数層の細胞からしか発生しないのに対し，CO_2 ガス交換は葉の厚み方向全体に依存している点である．F と P_n の同時測定によって，光呼吸がない大気条件（たとえば，2% O_2）での CO_2 固定速度あたりの ETR を調べることが可能である．もし，通常の大気条件でもこれが適用できると仮定すれば，光呼吸速度も導ける．

7.5.3　蛍光イメージング

実験室レベルでは，いまでは葉全体にわたるクロロフィル蛍光のばらつきを画像化できるようになり，いくつかの装置が販売されている（たとえば，Oxborough & Baker, 1997）．これは，とくに生物的・非生物的ストレスにさらされて生じる葉の光合成の不均質性に関する研究において有効な手段となっている．重要な蛍光パラメータ（F_o, F_m, $F_o{'}$, $F_m{'}$, F'）が比較的容易に取得できるので，葉の表面にわたって，F_v/F_m, NPQ, ϕ_{PSII} あるいは ETR などのパラメータが連続した画像で計算できる．

7.5.4　蛍光リモートセンシング

蛍光測定には，Q_A を完全に還元するために十分な強さの飽和パルス光を照射する必要がある（通常，葉の表面で数千 μmol m^{-2} s^{-1} が必要）．そのため，通常その測定は実験室や，野外であっても非常に近い距離に限られる．

自然環境下で光を受けている植物の蛍光を測定するうえでの問題点は，F は一般的に葉によって反射される光のうちのわずか数％程度であり，反射された太陽光と蛍光とを区別することが難しいことである．離れた場所から定常状態のクロロフィル蛍光強度 F' を検出する方法の一つは，**日射誘導蛍光**（solar induced fluorescence：SIF）を利用することである．これは，大気吸収スペクトルの O_2 や H_2 による非常に鋭い吸収領域（フラウンホーファー線）への蛍光の付加を利用した受動的な手法である．これらの大気吸収帯では（たとえば，687 nm および 760.6 nm における O 線はクロロフィル蛍光の放射スペクトルとかなり重複している），植物体からの反射放射は離れた場所にある検出器に届くまでに大気吸収によって大幅に減少する．この方法は，Meroni et al., 2009 によってよくまとめられており，波長分解能が非常に高く，1 nm かそれ以下

の狭い半値幅を有する検出器を必要とする．地上観測機器においては，F'は，フラウンホーファー線の中央波長における反射放射輝度L_{in}とフラウンホーファー線近くの吸収線外の対照波長における反射放射輝度を同時に測定し，これらの波長における入射放射輝度(あるいは，白色の対照表面の反射放射輝度)も測定することで推定できる(図7.10)．図7.10(a)が示すように，入射放射照度$[\text{W m}^{-2}]$の測定をしながら，検出器に届くすべての波長の光の放射輝度$[\text{W sr}^{-1}\text{m}^{-2}]$を測定する．この放射輝度は，植物体からの反射光と蛍光とを足し合わせたものである．下付添字のinとoutを吸収帯の中と外の値を識別するものとすると，次式のように表せる(πは反射光の放射照度を放射輝度に補正するために用いる)．

$$L_{in} = \frac{\rho_{in}E_{in}}{\pi} + F_{in}' \tag{7.20}$$

$$L_{out} = \frac{\rho_{out}E_{out}}{\pi} + F_{out}' \tag{7.21}$$

波長λ_{in}と波長λ_{out}が十分に近く，それぞれの蛍光強度(F_{in}'とF_{out}')と反射率(ρ_{in}とρ_{out})も同値であると想定できるのであれば，これらは以下のように書き換えられる．

$$F' = \frac{E_{out}L_{in} - L_{out}E_{in}}{E_{out} - E_{in}} \tag{7.22}$$

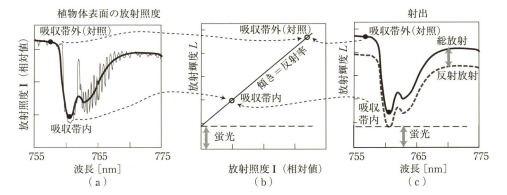

図7.10 フラウンホーファー線深度法によるクロロフィル蛍光の測定．760.6 nmは大気中のO_2によって吸収される波長帯に相当する(O_2-A大気吸収帯)．図はこの「吸収帯内」と「吸収帯外」のそれぞれの波長で測定していることを示す．(a) 植物体表面に照射される，760 nm付近の波長の放射照度．図の細い線は半値幅が0.13 nm，太い線は1 nmのセンサを用いて測定した場合を示している．(b) 植物体表面から射出される放射輝度と放射照度との関係．それぞれ吸収帯内と吸収帯外の二つの測定点で測定した結果をプロットしている．蛍光強度はこれらの測定点を直線でつないだx切片から推定できる．(c) 測定された放射輝度スペクトル(実線)の解釈．植物体からの反射と蛍光の総和である．

SIF は F_m に相当する値を得ることができないために解析能力は制限されている．この方法では定常状態の蛍光強度 F' しか得られず，F' は葉の生理状態のさまざまな様相をかなり複雑に反映している．しかし，もし，Tubuxin et al., 2015 で提案されているように，飽和レーザパルスを使用して F_m' を得ることができるならば，式(7.18)から ϕ_{PSII} を計算できる．植物の生理学的過程やストレス反応とうまく関連付けられるよう，さらなる研究が必要である．

代わりの手段として，実験室での蛍光測定に用いられる従来からのパルス変調の方法論を応用した蛍光の能動的な測定法がある．この技術はレーザ誘起蛍光励起法 (laser induced fluorescence transient 法：LIFT法)とよばれ，メートル単位の離れた距離からレーザを使って飽和パルス光を照射する．この手法では光飽和は必要ではなく，エネルギーが低めの非常に速い間隔(およそ 0.1 μs)のレーザパルス光を集中的に照射し，蛍光の時間応答を曲線回帰することで真の F_m' (そして F' や F_0' といった他の蛍光パラメータ)を推定する (Kolber et al., 1998, 2005)．図 7.11 にこの手法の概要を示す．

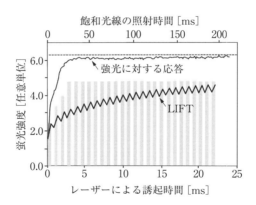

図7.11 暗条件のウサギアオイ(*Malva parviflora* L.)の葉に飽和パルス光を照射した場合と，レーザパルス光を照射した場合の F' への効果の比較．強い飽和パルス光 (4600 μmol m^{-2} s^{-1})を照射すると約 30 ms 後に蛍光は $F_m' \simeq 6.15$ に達する．短い時間周期のレーザパルス光(342 μmol m^{-2} s^{-1})を集中的に照射すると，蛍光は図の LIFT の線をたどり，これを曲線近似して $F_m' \simeq 6.32$ を得る(破線)．Kolber et al., 2005 のデータ．

7.5.5 光化学的分光反射指数

強光下ではビオラキサンチンは脱エポキシ化が進んでゼアキサンチンになるため，キサントフィル色素のエポキシ化の程度は q_E 消光の有効な指標であり，よって NPQ とストレス程度の指標となる (Gamon et al., 1992)．これは，光合成の状態を遠隔から

調べるためのまったく異なる手法である．エポキシ化の状態は，波長 531 nm の吸収率や反射率の変化を調べることで遠隔から推定できる．**光化学的分光反射指数**（photochemical reflectance index）PRI は，531 nm と 570 nm における狭帯域の反射光を測定することで次式によって計算できる（570 nm は，ビオラキサンチンとゼアキサンチンの吸収率がほぼ同じであるため，対照波長となる）．

$$PRI = \frac{\rho_{570} - \rho_{531}}{\rho_{570} + \rho_{531}} \tag{7.23}$$

これは正規化差植生指標の一つで，吸収された光が光合成に使われず，熱として散逸される割合を示す．これは $NDVI$（2.7.1 項）と類似した形式で，値が小さいほど高い光利用効率（light-use efficiency：LUE）であることを示す．PRI は光利用効率の指標となるので，$I_S \cdot PRI \cdot fAPAR$ の積を求めることで，原理的にはリモートセンシングによって群落の CO_2 同化速度の推定も可能となる（$fAPAR$ は吸収した PAR の割合を示す．第 3 章参照）．一方，入射放射強度が一定であるとみなせる画像であれば，$PRI \cdot fAPAR$ は純一次生産力の相対的な指標として利用できる．しかし，PRI は個葉の特定の部位に適用する場合には十分信頼できるが，葉や群落に適用する場合には，植物色素（たとえば，クロロフィルなど，Rahimzadeh-Bajgiran et al., 2012 参照[†]）の変化や直射光を受けている葉と陰になっている葉の割合に対して敏感であり，PRI と LUE との関係は変化しやすい（たとえば，Jones & Vaughan, 2010 参照）．

7.6 光合成の制御と光合成の「制約」

　純 CO_2 同化速度を制御している明反応と暗反応，境界層や気孔を通過する際の CO_2 の拡散，さらにルビスコまでの CO_2 の液相輸送など，これらの異なる過程の相対的な重要性を決めることに広く関心がもたれている．たとえば，作物の光合成を向上するための目標を決めるためには，これらの中から CO_2 同化速度を律速するもっとも重要な過程を見い出す必要がある．「ある過程の速さが，独立した複数の要因に制約されるとき，この過程の速度は「もっとも遅い」要因の速度によって制限される」という**制約要因の原則**を明確に定義した Blackman の古典的な論文（1905）は，初期の研究に方向性を与えた．しかし，もっとも遅い要因によって律速されるという考え方は最初の近似としては有用であったが，十分に環境に適応した植物では，複数の要因（たとえば，気相と液相の過程）に対して均等につり合いが保たれ，すべての要因が全体の制約に寄与しているということを広範囲に認識し損ねる原因となった．すなわち，制約している資源の最適分配という考え方に変わってきていることを意味している．ここでは，気孔と葉肉組織における過程の相対的な制約の推定方法を扱う前に，

[†]（訳注）著者により日本語版で追記．

最近利用が増えている生化学的な経路の制御解析についての手法を紹介する.

7.6.1 制御解析

どのような複雑な代謝経路を解析する際にも広く適用可能な定量的手法がKacser & Burns, 1973 によってもたらされた. たとえば, 基質濃度の変化やフィードバック制御によるものなど, 代謝系の一つの成分の変化が他の反応段階のパフォーマンスに与える影響を調べる手法であり, この手法は光合成の過程にも適用される. 彼らは, 代謝系を構成する個々の分離された要素の性質に関する情報をもとに, 個々の要素の微小な変化に対するシステム全体の応答予測に利用できる, 生化学的な経路の「制御」という一般理論を提唱した. この手法では**制御係数**(もしくは**感度係数**)C を計算することが重要で, 制御係数とは個々の酵素の活性のようなあるパラメータ b_i の微小変化に対するシステム全体の定常状態のフラックス J の応答を反映したものである. J や b_i の単位によって制御係数の値が変化しないようにするため, 二つの量の変化率に対してつぎのように制御係数が定義されている.

$$C_{bi} = \frac{\partial J/J}{\partial b_i/b_i} \tag{7.24}$$

このように定義すると, 制御係数は 0 から 1 の範囲の数値を示し, 0 はある対象要素が全体的な過程には影響を与えないことを意味し, 1 は全体的な過程を完全に制御していることを意味する. ある代謝経路における, 反応段階による制御係数の相対的な大きさの違いは, フラックス制御においてそれぞれの相対的な重要性を示す指標となる. また, C_{bi} の重要な特徴は, 一つの代謝経路におけるすべての制御係数の和は 1 ということである.

制御解析の特長は, 代謝経路全体から個々の反応を単離したときの各反応の可塑性 ε_i から, システム全体のふるまい(すなわち制御係数)を予測するための技術を提供することにある. 個々の ε_i は, 局所的な反応段階において, その反応の基質濃度の変化に対する反応速度の変化率と定義されている. ただし, 全体的な反応段階のすべての要素が一定であるとみなせるとする. ε_i や制御係数の詳しい計算方法については, Fell, 1997 や Kacser & Burns, 1973 に記されており, より複雑な代謝ネットワークの解析手法についても開発が進んでいる(Libourel & Sachar-Hill, 2008). 制御解析をルビスコや他のカルビン回路の酵素の発現を変化させた遺伝子組み換え植物に適用し, 光合成研究に応用する試みも多くなされてきている(Stitt & Sonnewald, 1995). 制御解析は, 厳密には要素の微小な変化にのみ適用されるが, 組み換え植物を用いた研究ではルビスコの制御係数を求めることに成功し, 0.1 程度から強光下では 0.8 まで変化しうることを示した. 0.8 とは, ルビスコの 10% の変化に対して, P_n が 8% 変化す

7.6.2 抵抗解析

　第3章で紹介したように，電気回路の理論を当てはめるというやり方によって，光合成の制約要因を分けることが可能になったが，以下で述べるように，この方法で生化学の反応過程を記述するのは適切でない場合もある．ここで，CO_2取込み経路は，一連の直列した抵抗をもつため，この目的のためにはコンダクタンスよりも抵抗を使ったほうが(単純に合計できるため)便利である．しかし，ある一つの要素を考えるのであれば，コンダクタンスは速度に比例するので，コンダクタンスを用いることが普通である．抵抗による方法では，光合成システムは直列過程として扱われ，CO_2取込みに対する全抵抗をr'とすると，たとえば，気相抵抗r_g'と液相抵抗(内部抵抗または葉肉抵抗ともいう)r_i'の二つの成分に分割し，輸送方程式を適用すると次式となる．

$$P_n^m = \frac{x_a' - x_i'}{\Sigma r'} = \frac{x_a' - x_i'}{r_g'} = \frac{x_i' - x_x'}{r_i'} \tag{7.25}$$

ここで，x_a'は外気のCO_2モル分率，x_i'は葉肉細胞表面の細胞間隙のCO_2モル分率，x_x'は細胞内部からカルボキシル化反応部位までのCO_2モル分率を表している．

　残念ながら以下で論じるように，細胞内部からカルボキシル化反応部位までのCO_2濃度の意味については意見の対立があり，CO_2補償点の濃度Γと等しいとみなされることが多いが，するとr_i'は変動する値という結果になってしまう．これは，抵抗という概念が，生化学的な要素を含んだ光合成制限を記述するには，本来適切ではないことを意味している．

7.6.3 細胞間隙CO_2濃度x_i'の計算

　光合成の制限を分割するうえで必要不可欠なステップは，細胞間隙のCO_2モル分率x_i'の推定である．通常の方法では，最初に水分子の蒸発に対する気相抵抗を，第6章で概説した方法で決定することが必要となる($r_{gW} = r_{aW} + r_{\ell W}$．ここで，$r_{\ell W}$はクチクラ抵抗と気孔抵抗が並行した抵抗の和である)．これは，CO_2と水蒸気が通過する経路が類似していると仮定して，つぎのように気相のCO_2輸送抵抗r_g'に変換できる(表3.2参照)．

$$r_g' = r_a' + r_\ell' = \left(\frac{D_W}{D_C}\right)^{2/3} r_{aW} + \left(\frac{D_W}{D_C}\right) r_{\ell W}$$
$$= 1.39\, r_{aW} + 1.64\, r_{\ell W} \simeq 1.6\, r_{gW} \tag{7.26}$$

r_{aW}と$r_{\ell W}$が別々に測定されていなければ，およその変換係数として通常1.6が使われる．クチクラからの水分損失が多い場合，CO_2のクチクラ経路の液相通過にかかる

抵抗は大きいと考えられるため，式(7.26)における r_g' の過小評価の原因となるだろう．また，主要な H_2O の供給源は気孔腔近くに分布しているのに対して，CO_2 の吸収源となる部位は葉肉組織にわたってより均等に分布しており(Parkhurst, 1994)，CO_2 輸送抵抗への変換にはこのような些細で複雑な問題も影響する．

最後のステップでは，式(7.25)を整理して x_i' を計算する．

$$x_\mathrm{i}' = x_\mathrm{a}' - \mathrm{P}_\mathrm{n}^\mathrm{m} r_\mathrm{g}' = x_\mathrm{a}' - \frac{\mathrm{P}_\mathrm{n}^\mathrm{m}}{g_\mathrm{g}'} \tag{7.27}$$

より正確に求めるのであれば，CO_2 濃度の単位に非常に便利なモル分率を使う代わりに，x' を p'/P に置き換えて CO_2 分圧(p_c もしくは p')を使って表すと，少しよい結果が得られる．光合成におけるルビスコの反応は，溶液に溶け込んだ気体の化学ポテンシャルに依存しており，これはそれ自身が気体の有効圧，あるいは逃散能(フガシティ(fugacity)†)に依存している．そのため，液相における CO_2 フラックスを研究するうえでは，CO_2 分圧のほうが CO_2 モル分率よりも有利である．気体の有効圧は分圧に比例し，比例定数は逃散能係数として知られており，これは理想気体の挙動からの逸脱程度の指標である．von Caemmerer & Farquhar, 1981 は，つぎのような改良した近似式を導出した．

$$x_\mathrm{i}' = \frac{[g_\mathrm{a}' - (\mathrm{E}/2)]x_\mathrm{a}' - \mathrm{P}_\mathrm{n}^\mathrm{m}}{g_\mathrm{g}' + (\mathrm{E}/2)} \tag{7.28}$$

式(7.27)による近似は多くの目的で十分であるが，精度を求める場合には，空気，H_2O，CO_2 の三者間の相互作用を考慮したほうがよい．

7.6.4 液相(内部)抵抗

葉の内部の液相(あるいは細胞内)抵抗を表す r_i'，または r_i' の逆数であるコンダクタンスは複雑なパラメータで，つぎの二つの要因に依存している．

 (ⅰ) CO_2 拡散成分，すなわち，細胞間隙から一連の抵抗を通過して，葉緑体のカルボキシル化反応部位に到達するまでの CO_2 の拡散抵抗 r_m'．

 (ⅱ) 酵素反応成分，光化学過程と呼吸を含めた生化学的過程の活性に依存する生化学的抵抗 r_x'．

そのため，式(7.25)の内部抵抗は，さらに二つの主成分に分けられる．

$$\mathrm{P}_\mathrm{n}^\mathrm{m} = \frac{x_\mathrm{i}' - x_\mathrm{x}'}{r_\mathrm{i}'} = \frac{x_\mathrm{i}' - x_\mathrm{c}'}{r_\mathrm{m}'} = \frac{x_\mathrm{c}' - x_\mathrm{x}'}{r_\mathrm{x}'} \tag{7.29}$$

ここで，x_c' はカルボキシル化反応部位の CO_2 モル分率である．

| 拡散成分：葉肉抵抗 r_m'　　細胞間隙からルビスコまでの液相輸送に関係する成分

---

† (訳注)圧力と同じ次元をもち，化学ポテンシャルを補正する．

は，現在では通常，**葉肉抵抗**とよばれる(この逆数は**葉肉コンダクタンス**である). ただし，文献によっては，酵素反応成分も含めた，細胞内部すべての経路を葉肉抵抗としているので注意が必要である. より厳密に定義すると，r_m' を構成する主な要素には，細胞壁，細胞膜，葉緑体包膜，細胞質や葉緑体内部を CO_2 が輸送される際の拡散障壁が含まれる(Evans et al., 2009, Pons et al., 2009). これらすべての要素を正確に推定することは困難であるため，これらを合わせた全抵抗を葉肉コンダクタンス g_m' とすることが普通である. おそらく，g_m' の 50% が細胞壁の厚さによるものであり，細胞間隙に面した葉緑体の表面積の違いも g_m' を変化させる重要な要因である (Scafaro et al., 2011). 光合成の FvCB モデルでは，ルビスコにおける CO_2 濃度の推定に葉肉抵抗の知識が必要となる.

葉肉抵抗の推定方法には，単純なガス交換によるもの，ガス交換とクロロフィル蛍光の同時測定(非循環型電子伝達速度，$\mathrm{ETR} = \mathbf{I} \cdot \alpha_\mathrm{leaf} \cdot f_\mathrm{PSII} \cdot \phi_\mathrm{PSI}$ を用いて推定する方法)によるもの，ガス交換と炭素同位体分別の同時測定によるものなどがある(詳細な計算方法は，Pons et al., 2009 や Tazoe et al., 2011 参照).

| 生化学的抵抗 r_x'　　通常，r_x' の主な要素はカルボキシル化にかかわっている. 式(7.25)の r_i' と式(7.29)で使われる r_x' は，輸送方程式を生化学的反応にまで拡張して定義している 式(7.25)と式(7.29)には，「生化学的」抵抗を定義するうえで，二つの大きな問題がある. 一つ目の問題は，CO_2 濃度が飽和するにつれて，計算される r_x' も増加するため，気相抵抗の場合(真の輸送抵抗)とは異なり，葉肉細胞内における CO_2 濃度の低下はフラックスと正比例して変化しないことである. 二つ目の問題は，x_x' を求める必要があることである. 元来，x_x' は 0 に等しいと仮定されており (Gaastra, 1959)，C_4 植物ではある程度妥当かもしれないが，他の場合では，この仮定はすべての x_i' において計算される r_x' を変動させることになる. これら両方の問題は，式(7.25)と式(7.29)の一般的な予測価値を制限する. 合理的な手法としては，抵抗(r_x' と r_i')の適用を CO_2 応答曲線の直線部分にのみに制限し，x_x' を CO_2 補償点 Γ, すなわち，$\mathbf{P}_\mathrm{n}^\mathrm{m}$ がゼロとなる CO_2 濃度と等しいと仮定することである. したがって，全葉肉抵抗 r_i' は次式によって得られる.

$$r_\mathrm{i}' = \frac{1}{g_\mathrm{i}'} = \frac{x_\mathrm{i}' - \Gamma}{\mathbf{P}_\mathrm{n}^\mathrm{m}} \tag{7.30}$$

もしくは，次式である.

$$r_\mathrm{i}' = \frac{1}{g_\mathrm{i}'} = \frac{\mathrm{d}x_\mathrm{i}'}{\mathrm{d}\mathbf{P}_\mathrm{n}^\mathrm{m}} \tag{7.31}$$

つまり，r_i' は $\mathbf{P}_\mathrm{n}^\mathrm{m}$-$x_\mathrm{i}'$ 曲線の初期勾配の逆数として与えられる. このような r_i' の限定された定義はつねに妥当なので(実際の抵抗と同じようにふるまうので)，非常に有

表7.3 植物種による，さまざまな二酸化炭素ガス交換パラメータの代表的な値．P_n は飽和光，通常大気 CO_2 濃度で測定 [$\mu mol\ m^{-2}\ s^{-1}$]，R_d [$\mu mol\ m^{-2}\ s^{-1}$]，Γ [$\mu mol\ mol^{-1}$]，r_i' の最小値（葉肉と生化学の要素の総和．[$m^2\ s\ mol^{-1}$]）とこれに対応する r_ℓ' [$m^2\ s\ mol^{-1}$]，そして r_ℓ'/r_i'．温度を20℃と仮定し，元の単位から変換している．

	P_n	R_d	Γ	r_i'	r_ℓ'	$\dfrac{r_\ell'}{r_i'}$	引用文献
C_3 植物							
Atriplex hastata（アカザ科，幼植物）	25	2.5	50	6.8	1.8	0.26	1
コムギ（9種）	24	—	41	7.5	2.5[a]	0.33	2
シトカトウヒ（野外）	11	0.7	50	12.5	10.8	0.86	3
熱帯マメ科植物4種（30℃）	18	1.8	35	8.3	1.8	0.22	4
Larrea divaricate（ハマビシ科乾性灌木）	23〜27	3〜4	—	6.5[b]	2.5	0.38	6
C_4 植物							
Atriplex spongiosa（アカザ科）	40	2.3	0	1.5	4.3	2.8	1
イネ科の牧草6種（30℃）	36	2.5	0	2.5	2.1	0.85	4
トウモロコシ	14〜55	1.4	0	20	6.0	3.7	7
CAM植物							
Kalanchoe diagremontiana（ベンケイソウ科）（明）	6	—	51	20	21	1.06	5
Kalanchoe diagremontiana（暗）	5				25		5

a ＝ r_g'
b ＝推定値

引用文献：1. Slatyer, 1970 2. Dunstone et al., 1973 3. Ludlow & Jarvis, 1971 4. Ludlow & Wilson, 1971 5. Allaway et al., 1974 6. Mooney et al., 1978 7. Gifford & Musgrave, 1973, El-Sharkawy & Hesketh, 1965

用である．他のすべての場合については（たとえば，CO_2 濃度が制限されていない，あるいは x_x' が Γ と等しくない），計算された葉の内部抵抗は「残差」抵抗とよぶのがより適切である．

P_n と R_d，r_i' と r_ℓ' の典型的な数値を表7.3に示す．表では，r_ℓ'/r_i' の比率は C_4 植物よりも C_3 植物で大きくなる傾向がある．全体の内部抵抗 r_i' もしくは内部コンダクタンス g_i' における異なる過程の相対的な寄与率については，Tholen & Zhu, 2011 でさらに詳しく解説されている．

7.6.5 光合成の制約

気孔と葉肉細胞による相対的な制約　光合成の制約に対する気相と液相の抵抗の相対的な寄与を調べるための図を使った方法が Jones, 1973b によって紹介され，非常

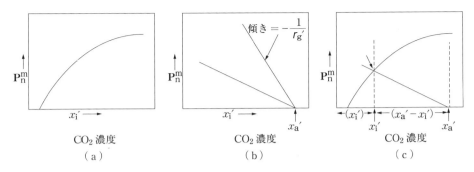

図 7.12 （a）P_n^m の x_i' に対する応答曲線，すなわち「需要」関数．（b）P_n^m の x_i' に対する「供給」関数．二つの異なる気相抵抗を示し，直線の傾きは $-1/r_g'(=-g_g')$ となる．（c）需要関数と供給関数の同時解から，動作点における x_i' が得られる（図中の矢印）．

に広く利用されている．図 7.12 にこの方法の概要を示す．図 7.12（a）は x_i' に対する P_n^m の応答曲線を示しており，この曲線は外気の CO_2 濃度をさまざまに変えながら測定を行い，計算した x_i' の値に対して，P_n^m をプロットすることで得られる．この曲線は光合成の「需要関数」を表す．図 7.12（b）は，式（7.25）から計算される P_n^m と x_i' との関係について，r_g' が異なる二つの場合を示している．これらの直線関係は光合成の「供給関数」を表しており，P_n^m が増加するにつれて x_a' から x_i' に低下していく様子を表し，気相における CO_2 モル分率の落差を示している．どのような条件であっても，現実の P_n^m と x_i' の値は需要関数と供給関数の交点（動作点）から得られる（図 7.12（c））．

光合成の制約を分割するために提案されたさまざまな方法の理論的根拠については，多くの論文で扱われている（Farquhar & Sharkey, 1982, Grassi & Magnani, 2005, Jones, 1985a, Lawlor, 2002）．すでに説明したように，電気回路への類比は，P_n を調節する異なる過程の相対的な寄与を数量化するための手段として使用することが暗に仮定されている．原理的に，さまざまな要素における抵抗（たとえば，r_g' と r_i'）の比率や，これらの抵抗を通過する際に生じる濃度の低下は，P_n に対する相対的な調節程度の指標となっている（図 7.13 参照）．これを根拠として，気相における制限 ℓ_g' は，次式のように気相の CO_2 拡散抵抗の全体の CO_2 拡散抵抗に対する比として定義される．

$$\ell_g' = \frac{r_g'}{r_g' + r_i'} = \frac{r_g'}{\sum r'} \tag{7.32}$$

残念なことに，この定義は光合成が CO_2 によって制限されている条件下でのみ有効で，CO_2 濃度が飽和してくると当てはまらなくなる．その理由は，極端な場合を考えることで説明できる．まず，光合成システムがその最大速度 P_{max} で機能しており，CO_2 拡散によって制限されていない状況の植物を想定する．この場合，ℓ_g' の計算値は r_g'

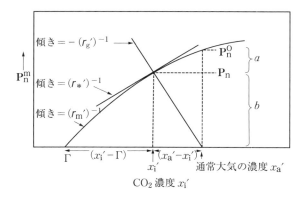

図 7.13 光合成制限の推定方法(詳細は本文参照). 太線はある仮想の葉における, x_i' に対する P_n^m の需要関数を示している. $(x_i' - \Gamma)$ は, 葉肉細胞に存在するすべての内部制限に起因した CO_2 濃度の落差を表し, $(x_a' - x_i')$ が気相による制限に起因した CO_2 濃度の落差を表している. Farquhar & Sharkey, 1982 が定義した $\ell_{g'}$ は, $a/(a+b)$ で与えられる. $r_g'/(r_g' + r_*')$ で定義される方法が推奨される(式(7.34)).

と r_i' が有限のままなので有限になるが, 気孔コンダクタンスの微小変化は P_n にまったく影響を与えないので, 有限の気相の制約があるということは妥当ではない.

Farquhar & Sharkey, 1982 によって提案された別の方法は, 気相の CO_2 拡散コンダクタンスが無限のときの潜在的な光合成速度 P_n^0 からの相対的な低下から, 気相における制限を計算する(図 7.13 参照). 残念ながら, この方法における気相のコンダクタンスが無限であるという仮定も現実的ではなく, 実際に達成される状況がありそうにないという点で葉肉コンダクタンスが無限であるとして求める方法よりは少しましな程度である.

上記の方法(Farquhar & Sharkey, 1982)はよく使われるものの, 可能であれば, より一般的に正当で, 非現実的な補外法を伴わない方法を用いたほうがよいだろう. 制御解析で述べた制御係数の定義を類比して適用すれば, このようなやり方として, 次式のように, r_g' の微小変化に対する P_n の相対感度を気相における光合成制限 $\ell_{g'}$ と定義できる.

$$\ell_{g'} = \frac{\partial P_n/P_n}{\partial r_g'/r_g'} = \frac{\partial P_n/\partial r_g'}{r_g'/P_n} \tag{7.33}$$

これは以下と同義であることが示せる(Jones, 1973b).

$$\ell_{g'} = \frac{r_g'}{r_g' + r_*'} \tag{7.34}$$

ここで, r_*' は動作点における接線の傾きを表している(図 7.13). この方法の利点としては(ⅰ) 補外法を伴わないこと, (ⅱ) 単純に適用できることが挙げられる. この

方法は，気孔抵抗のわずかな変化が問題になるような環境における育種や植物応答の研究ではとくに有用である．また，気孔以外の抵抗の制約を，葉肉抵抗と生化学的抵抗の要素に分割するためにも拡張できる(Grassi & Magnani, 2005)．

ここまでは，ある一つの条件下における，気相と葉肉の過程による相対的な制限についてのみ考慮してきた．実際には，水ストレスのような要因の変化による P_n の変化について，異なる要素の相対的な寄与を求めることは有用である(可能な方法の詳細については Jones, 1985a 参照)．残念ながら，得られる結果は変化の順番に厳密に依存するため，これについても絶対的な方法はない．しかし，変化前 P_{n1} と変化後 P_{n2} の二つの状態間の変化だけを考慮するのであれば，環境変化による気孔制限の変化 $\sigma_{1,2}$ は以下のような式で定義できる．

$$\sigma_{1,2} = \frac{\ell_g' P_{n1} - \ell_g' P_{n2}}{P_{n1} - P_{n2}} \tag{7.35}$$

気孔不均一性の影響　ガス交換の研究，とくに，細胞壁の CO_2 濃度(モル分率)や葉肉抵抗を計算する際には，測定されている葉の全面の気孔が一様に開いているという重要な仮定がなされている．この仮定が成り立たないとき，たとえば，葉面の気孔が均等に閉じておらず，不均一な「パッチ状」に閉じている場合には，P_n^m と r_g'，これらから計算された x_i' と r_i' は平均値を示しているだけである．これは，環境に対する生理学的応答について非常に紛らわしい結果を与えることになる．この理由は図7.14 で例証される．すべての葉は，気孔はある程度不均一に開いており，とくに，外部から葉にアブシジン酸を添加した場合や(Terashima et al., 1988)，その他の条件であっても(Mott & Buckley, 1998)，葉の表面の気孔の開き具合には，ばらつきが存在するという証拠が増えつつある．不均一性の影響は，環境の変化によって不均一性が変化する場合にもっとも重要となる．そのため，抵抗分析を行う前に，扱う対象に気孔開度の不均一性が存在しているかどうかを確認することが不可欠である．近年の画像化技術の進歩，たとえば，不均一に閉じた気孔開度の違いによって生じる植物体の温度の違いを熱画像から調べたり，クロロフィル蛍光の画像化による光合成電子伝達の変化を追跡したりする方法などは，気孔のパッチ状開度の動態を調べるための強力な手段となっている(West et al., 2005)．

7.7　炭素同位体分別

2 種類の炭素安定同位体(^{13}C と ^{12}C)が，モル比 1：89(^{13}C：^{12}C)で大気中に存在しているが，一般に植物体に含まれる ^{13}C の比率は大気における比率よりも低い．植物体における炭素安定同位体のモル存在比($^{13}C/^{12}C$)の値は，その物質が合成される際の物理学的過程と化学的過程を反映している．つまり，これは拡散過程やカルボキシ

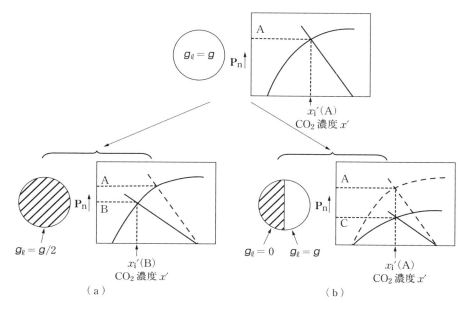

図7.14 気孔の不均一（パッチ状）閉鎖が，算出される x_i' と推定される葉肉細胞の特性に与える影響．一番上の図は，健全な葉における光合成の需要関数が実線で示されており，光合成速度がAとなっている．葉の光合成特性に何ら変わりがないと仮定したとき，（a）すべての気孔が50%閉鎖した場合，（b）半分の気孔が完全に閉鎖した場合（葉肉組織の細胞間隙が連結していない，分離したパッチを想定）にどのようなことが起こるかを比較する．（a）の場合，葉面積あたりの気孔コンダクタンスは $g/2$ まで低下し，同化速度は曲線に沿ってB（> A/2）まで低下するため，計算される x_i' も顕著に減少する（光合成の気孔制御の割合が高くなることを意味する）．一方（b）の場合，面積全体の気孔コンダクタンスの平均値はやはり $g/2$ に低下するものの，面積の半分しか光合成していないので，同化速度は図のC（= A/2）まで低下する．このとき，A と g_ℓ も同様に低下するので，式(7.26)から x_i' は見かけ上，変化しない．さらに，この場合，葉肉細胞が本来もっている性質自体に変化は生じていないにもかかわらず，光合成能力は50%低下することになるので，光合成の需要関数は見かけ上，大きく低下する．

ラーゼ反応過程が，異なる量で重い炭素安定同位体を（軽い同位体から）分別するためである（Ehleringer et al., 1993, Farquhar et al., 1989 はよい総説）．通常，このような「同位体効果」は同位体分別の量 Δ として次式で定義される．

$$\Delta = \frac{(^{13}C/^{12}C)_{反応物}}{(^{13}C/^{12}C)_{生成物}} - 1 \tag{7.36}$$

実際には Δ は直接測定されず，（質量分析計によって決定される）同位体元素存在度が，ベレムナイト化石層（PDB（Pee-Dee-Belemnite）[†]標準，$^{13}C/^{12}C = 0.01124$）の同位体存在比からの偏差として，次式のように $\delta^{13}C$ もしくは δ で表される．

[†] （訳注）アメリカ・サウスカロライナ州の Pee Dee 層のベレムナイト化石．

$$\delta = \frac{(^{13}\mathrm{C}/^{12}\mathrm{C})_{\text{サンプル}}}{(^{13}\mathrm{C}/^{12}\mathrm{C})_{\text{標準物質}}} - 1 \tag{7.37}$$

式(7.36)と式(7.37)を合わせると以下のようになる.

$$\Delta = \frac{\delta_\mathrm{a} - \delta_\mathrm{p}}{1 + \delta_\mathrm{p}} \tag{7.38}$$

ここで，式のaとpの下付添字は，空気(air)と植物体(plant)を意味する．Δとδの典型的な値のいくつかを表7.4に示すが，δはPDB標準を使用する場合には負の値，Δは正の値を示す傾向がある．Δとδはどちらも微小な値なので，慣習として千分率[‰]で表される．‰は10^{-3}と同義であり，C_3植物の典型的なΔ値である$0.02 (= 20 \times 10^{-3})$は「20‰」と書く．

表7.4 炭素安定同位体のモル存在比($^{13}\mathrm{C}/^{12}\mathrm{C}$)，PDB標準からの炭素安定同位体組成の偏差$\delta^{13}\mathrm{C}$(または$\delta$)と安定同位体分別$\Delta$の典型的な値(Farquhar et al., 1989が引用したデータより)．

	$^{13}\mathrm{C}/^{12}\mathrm{C}$	$\delta^{13}\mathrm{C}$ [‰]	Δ [‰]
PDB標準	0.011237	0	—
大気CO_2(1988年)	0.01115	-7.7	—
C_3植物体	0.01085〜0.01102	-20〜-35	13〜28
C_4植物体	0.01107〜0.01116	-7〜-15	-1〜7
CAM植物体	0.01099〜0.01112	-10〜-22	2〜15
石炭	0.01087	-32.5	—

δ_aの値は化石燃料の燃焼のために低下し続ける傾向があり(1956年の-6.7‰(CO_2濃度 314 ppm)から，1982年には-7.9‰(CO_2濃度 342 ppm)に減少，季節によっても(0.2‰程度変動)，また1日の間でも変化する(Farquhar et al., 1989). 大都市圏では，人為的活動の影響によって2‰も変動する．生理学的研究においては，一般にできるだけδよりもΔを使用したほうがよいのは，供給源である大気のこのような同位体組成の変動もその理由である．大気CO_2濃度の上昇に伴ってδ値は低下していくことが予想される．たとえば，うっそうとした熱帯雨林の下層では，植物の呼吸によって$^{13}\mathrm{C}$の割合が低い炭素が大気中に放出され，さらに，CO_2濃度が400 vpmかそれ以上になるため，δ_aは-11.4‰にまで減少することがある．

同位体分別は，平衡状態にあるときの液相と気相の相対濃度の差による平衡効果と，酵素反応や輸送過程がかかわるような**動力学的効果**の両方によって生じる．C_3植物のΔを決める主要因は，空気中の拡散過程(CO_2が境界層と気孔を通過する過程)におけるおよそ4.4‰Δと，ルビスコにおけるカルボキシラーゼ反応過程のおよそ

30 ‰ Δ である．Farquhar et al., 1982 は，Δ が次式によって近似されることを示した．

$$\Delta = 0.0044 \frac{x_a' - x_i'}{x_a'} + 0.030 \frac{x_i'}{x_a'}$$
$$= 0.0044 + 0.0256 \frac{x_i'}{x_a'} \tag{7.39}$$

実際の基質である HCO_3^- は平衡状態の CO_2 よりも $^{13}C : ^{12}C$ の比率が高いため，もう少し複雑である．この式は，Δ の値が x_i'/x_a' に依存することを意味し，x_i'/x_a' 自身も気孔開度に依存する．すなわち，気孔が閉鎖して x_i' が減少すれば Δ も低下する．光合成に関連する他の分別には，CO_2 の溶解によるもの(1.1 ‰)，水中の CO_2 拡散によるもの(0.7 ‰)，CO_2 の水和作用によるもの(−9.0 ‰)，そして光呼吸によるものなどがあるが，全体としてのこれらの付加的効果は，通常，無視できる．

C_4 植物においては，Δ は x_i'/x_a' に対して比較的影響を受けにくい．これはルビスコによる大きな分別(約 30 ‰)が，PEP カルボキシラーゼによるかなり小さな，あるいは負の分別(約 −5.7 ‰)に置き換わるからである．PEP カルボキシラーゼによる HCO_3^- 固定から生じる正味の分別は，維管束鞘組織における CO_2 の「漏れやすさ」と，溶液における CO_2 ガスと HCO_3^- の平衡状態などのさまざまな要因が組み合わさった結果，最終的に 2 ‰ Δ 程度になる．

実際には，光合成に影響を与えるさまざまな環境要因が $\delta^{13}C$ 値に大きな影響を与える．主な影響は，気孔の閉鎖や光強度の変化による x_i'/x_a' への効果などの要因と関係している．CAM 型と C_3 型との間で代謝を切り替えられる植物種の場合，代謝が変化した際の同位体分別は，理論的な予想どおりに変化する．水利用効率の研究における Δ の利用については第 10 章で解説する．

7.8 環境応答

通常の CO_2 濃度で，飽和光強度時の P_n^m の最大値は，通常，C_3 植物の葉では $14 \sim 40 \, \mu mol \, m^{-2} \, s^{-1}$，$C_4$ 植物では $18 \sim 55 \, \mu mol \, m^{-2} \, s^{-1}$，CAM 植物ではおよそ $10 \, \mu mol \, m^{-2} \, s^{-1}$ 以下である(表 7.5 参照)．暗黒下における葉の呼吸速度は，$0.5 \sim 3 \, \mu mol \, m^{-2} \, s^{-1}$ の範囲を示すことが多い．また，葉以外の器官の暗呼吸速度には大きな違いがある．たとえば，果実では，細胞分裂している初期段階に呼吸速度が大きい傾向があり，また成熟間際に「クライマクテリック上昇」という，もう一つの呼吸速度のピークを示すことが知られている．また，光合成をしている C_3 植物の葉では，光呼吸による炭素の損失はおそらく P_n の 20〜25％ を占める．

表7.5 飽和光，通常の大気 CO_2 濃度における個葉と群落の光合成速度の典型的な最大値．短期間の成長速度も示す．

	C_3	C_4	CAM
P_n [μmol m^{-2} s^{-1}]			
個葉	14～40	18～55	8
群落	14～64	64	—
成長速度 [g m^{-2} day^{-1}]			
典型的な値(ストレスなし)	15～30	15～50	3～5
最大値	34～39	51～54	7

Allaway et al., 1974, Cooper, 1970, Kluge & Ting, 1978, Milthorpe & Moorby, 1979, Monteith, 1976, 1978, Nobel, 2009, Slatyer, 1970 のデータより．

7.8.1　二酸化炭素と酸素の濃度

　光合成 CO_2 応答曲線を得る主な目的は，光合成の環境応答を解釈するための機構的な情報を得ることである．CO_2 応答曲線が直接的な研究対象となるのは，大気 CO_2 環境の変化による長期的な気候変動と関連して，人為的に x_a' を操作できる制御環境やガラス温室で行う研究ぐらいである(第11章参照)．

　光合成経路の違いによって生じる主な生理学的差異を，通常大気(21% O_2)あるいは低酸素濃度下において得られた C_3 植物と C_4 植物の葉の CO_2 応答曲線を例として示す(図7.15)．酸素濃度の低下は C_3 植物のみで P_n を促進する(CAM 植物では光が当たっている期間)．主要な炭酸固定酵素が PEP カルボキシラーゼである C_4 植物(あるいは夜間の CAM 植物)では CO_2 補償点 Γ は通常ゼロに近く，C_3 植物では低 O_2 濃度によって光呼吸が抑制されるときに Γ がゼロになる．これらの結果を x_i' の関数としてプロットすると，C_3 植物の r_i' は平均 5～12.5 m^2 s mol^{-1} であるのに対して，C_4 植物では 2～5 m^2 s mol^{-1} とより小さな値を示す．

　C_3 植物では，x_i' は x_a' の 6～7 割の値(通常の大気条件では 200～300 vpm)に維持されていることが多いのに対して，C_4 植物では 3～4 割ほどである(およそ 100～130 vpm)(Wong et al., 1979)．しかし，たとえば光強度のような環境要因の変化に対する葉の内部と気孔の応答時間は異なっているため，x_i' は野外の変動環境下ではかなり大きく変動していると思われる．

　大気 CO_2 濃度の増加が光合成に及ぼす潜在的な影響については 11.3.3 項で扱うが，そこでは短期的応答と長期的応答の違いと，個葉レベルと群落レベルの応答の違いについてより詳しく解説する．

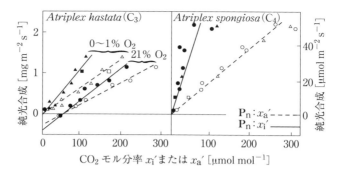

図7.15 典型的な C_3 植物と C_4 植物の，CO_2 応答曲線の初期勾配部分．C_3 の葉では O_2 濃度に対する応答がみられるが，C_4 の葉ではみられない．0% O_2 - ▲ △，1% O_2 - ■ □，21% O_2 - ● ○，実線と塗り潰し記号は $P_n : x_i'$ 応答曲線，破線と白抜き記号は $P_n : x_a'$ 応答曲線を示す (Slatyer, 1970 より)．

7.8.2 光

図7.16 は，ある1種の植物と数種の植物をさまざまな光環境で栽培した場合の典型的な光応答曲線を示す．C_4 植物の P_n は C_3 植物よりも強い光強度まで増加し続ける傾向があるものの，陰生植物と陽生植物の差や，1種の中の栽培光環境による差のほうがずっと大きい (図7.16)．陰生植物あるいは日陰で栽培した植物の葉では，P_n は PAR が 100 μmol m^{-2} s^{-1} 以下で飽和に達してしまい，この値は全日射の 5% 程度である．一方，陽葉の場合，P_n は典型的な全日射の値まで増加し続けることが多い．オーストラリア・クイーンズランド州の熱帯雨林で成長しているインドクワズイモ (*Alocasia macrorrhiza*) のような極端な陰生植物では，光補償点は 0.5～2 μmol m^{-2} s^{-1} とかなり小さい値を示すが，陽葉では 40 μmol m^{-2} s^{-1} と大きな値を示す．

現在までに，さまざまな植物の光合成 - 光応答曲線についての何百にも及ぶ論文があるため，広範囲のさまざまな独立した実験結果から一般化した結論を得ることを目的としたメタ解析が進められつつある (Wright et al., 2004)．このようなメタ解析によって，葉の窒素 (N) 含量や葉面積あたりの乾燥質量のような葉の特性をもとに，異なる植物種の実際の光応答曲線を予測できるようなモデルも開発されている (Marino et al., 2010)．光応答曲線の解釈の難しさは，光が変化している場合，葉内の細胞壁における CO_2 濃度，あるいは光合成を行う場所の CO_2 濃度が一定でないことにある．これは，葉内 CO_2 濃度 x_i' が P_n と r_g' の関数であるためであるが (式 (7.26) 参照)，一方，図7.17 に示すように，気孔の光強度に対する応答は x_i' の変化を最小にしている．

いくつかの要因が陰葉と陽葉の光合成応答の違いを生み出している．光合成システムを構成するすべての要素が一緒に順応しているという十分な証拠がある．たとえば

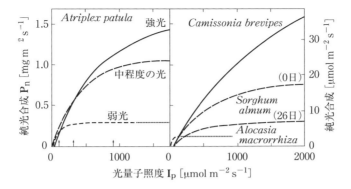

図 7.16 光合成–光応答曲線．（a）3 種類の異なる光強度の下で育成した *Atriplex patula*（アカザ科）．x 軸上の上向き矢印はそれぞれの育成光強度である（Björkman et al., 1972a より）．（b）非常に暗い環境で生育する *Alocasia macrorrhiza*（C_3 植物）（Björkman et al., 1972b より），*Sorghum almum*（C_4 植物）の未展開の新しい葉（0 日目）と 26 日目の葉（Ludlow & Wilson, 1971 より），*Camissonia brevipes*（C_3 植物）（Armond & Mooney, 1978 より）．

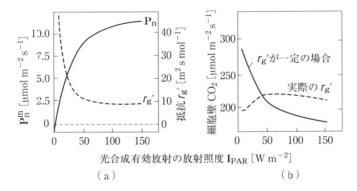

図 7.17 （a）シトカトウヒの P_n と r_g' の光応答曲線（Ludlow & Jarvis, 1971 のデータより）．（b）同じデータから得た，x_i' の光応答曲線．実際の r_g' 変化を考慮した場合と，r_g' を一定と仮定した場合の計算結果．

陽葉は陰葉と比べて葉は厚く，内部表面積は大きく，面積あたりのクロロフィルをより多く含み，炭酸固定酵素の量は非常に多い．さらに，細胞表面積あたりの r_i' はおよそ一定であるという証拠があるものの，生育光強度の増大につれて葉の表面積あたりの葉肉細胞の表面積の比（A_{mes}/A. Nobel et al., 1975 参照）が増加するため，葉内抵抗が減少する傾向がある．これは気孔抵抗についても当てはまる．明反応も生育光強度によって影響を受け，陰葉では葉緑体のグラナ構造が顕著に発達するのに対し，電子伝達能力は大きく低下する．たとえば，両方の光化学系を通過する電子伝達量をクロ

ロフィルあたりで評価すると，陽葉から単離した葉緑体の電子伝達能力は，陰葉のものに比べておよそ14倍も大きい(Boardman et al., 1975). これは光合成ユニットのサイズ(反応中心に対する集光性クロロフィルの割合)が陽葉でわずかに小さいことが原因かもしれない. しかし，少なくとも光化学系Ⅰに関しては，反応中心(P700)に対するクロロフィルの比率はほぼ一定であることが多い. 一方，電子伝達鎖のシトクロム f とシトクロム b の構成要素は，弱光下で生育した植物で顕著に減少する. 光強度の変化に伴うさまざまな順化は数日以内に起こる.

　飽和光下での P_n には大きな差があるが，健全な葉では光合成の光応答曲線の初期勾配にはわずかな差しかみられない. この初期勾配の逆数は，光量子要求度(CO_2 固定あたりの光量子数)とよばれ，光合成効率の指標になる. C_4 植物ではこの値は19で比較的一定であるが，C_3 植物では温度と酸素濃度に強く依存する(図7.18).

　非常に強い光は光合成システムに損傷を与え，とくに，弱光環境に順化した葉，あるいは極端な温度環境や水ストレスによって光合成系の代謝が阻害されたような葉ではより顕著である. この損傷は光酸化によるものであり，クロロフィルの漂白が起こる. 漂白が観察されない損傷は光阻害とよばれるが，この用語には，防御機構が誘導されることによる光合成電子伝達の低下も通常含まれる. 強光に対する損傷回避には，強光を感知して順応するためのさまざまなメカニズムが存在している(Li et al., 2009). たとえば，過剰な青色光がフォトトロピンによって感知されると，葉緑体はこの情報

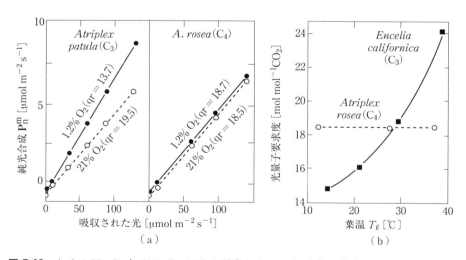

図7.18 （a）1.2% O_2 と 21% O_2 の下で測定した，アカザ科の草本 *Atriplex patula* と *A. rosea* の葉の光制限下での光合成速度. 光量子要求度 qr への影響を示す(Björkman et al., 1970 より). （b）C_3 植物と C_4 植物の光量子要求度の温度依存性(Ehleringer & Björkman, 1977 より).

を介して光の入射方向に平行になるように移動し，光の吸収を減らす．また，クリプトクロムは防御機能をもつアントシアニン合成の促進など，幅広い遺伝子発現の調節にかかわる．さらに，過剰な電子伝達による，チラコイド膜ルーメンのpH変化，酸化還元状態の変化(とくにプラストキノンプールの過還元など)，活性酸素の生成などの直接的な生化学的，生物物理学的な変化は，q_EとNPQの促進，光合成アンテナサイズの縮小など，直接的な順化応答をもたらす．

すでに述べたように，光照射下のミトコンドリアの呼吸速度は暗黒下の呼吸速度よりも小さい．加えて，暗呼吸速度は植物の生育光強度にも影響を受けており，陽葉の暗呼吸速度は $1.0 \sim 3.4\ \mu\mathrm{mol\ m^{-2}\ s^{-1}}$ であるのに対し，陰生植物の葉では $0.1\ \mu\mathrm{mol\ m^{-2}\ s^{-1}}$ まで低下する．この低い呼吸速度は弱光環境における純光合成に有利であり，陰生植物でよくみられる．

7.8.3 水分状態と塩ストレス

水不足や塩が同化作用に与える影響についても，長年，何百という論文の対象となっている(Chaves et al., 2009, Lawlor & Tezara, 2009などの総説参照)．両方のストレスが一般に同化の抑制をもたらすが，観察された同化の減少理由については，気孔閉鎖と葉肉細胞の光合成能力の複雑な変化の相対的重要性についていまなお議論が続いている．急激なストレスの初期段階や，鉢植え植物を対象とした研究では，気孔コンダクタンスの低下が光合成速度を低下させる主な原因であったが，自然な状況では，制御は通常，光合成経路を構成する異なる要素間に幅広くかかっている．多くの野外研究や，より現実的に長期間にわたって乾燥と湿潤を繰り返す実験などでは，ほとんどの光合成経路の構成要素は，これらの相対的な制限がほぼ一定に保たれるように協調的に制御されていることが示されている(たとえば，図7.19や表7.6)．このような分散化された制御のため，ストレスの種類によってそれぞれの要素の制御の程度は変化し，短期的な穏やかなストレスでは気孔が重要な制御要素とみなされるにしても，一つの要因をもっとも重要であると特定することは一般に有用ではない．長期間ストレスを受け続ける状況では，並行的に活性が変化する光合成経路の構成要素の多くは，遺伝子の転写やタンパク合成の調和的な変化を伴う(Chaves et al., 2009)．しかし，クロロフィル蛍光を調べた研究結果では，水ストレス下の強光がPSIIに光阻害をもたらすにもかかわらず，低い水ポテンシャルによる電子伝達への影響は相対的に小さいことが示唆されている．不均一な気孔閉鎖が，葉肉細胞の光合成能力の低下と一定の x_i' をもたらす可能性があるが，これは，図7.19にみられるような，葉全体から抽出して得られた酵素の活性が実際に低下している事例とは一致しない．

CO_2 濃度を飽和させて O_2 発生速度を測定すれば，植物の潜在的な最大光合成速度

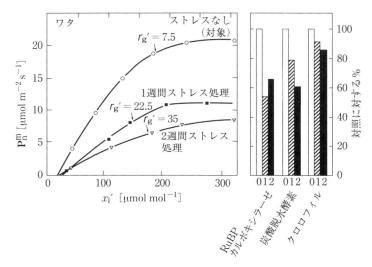

図7.19 中程度の水ストレスがワタのさまざまな光合成パラメータに与える影響．ストレスなし，1週間，2週間のストレス期間の結果．r_g' の単位は $m^2\,s\,mol^{-1}$（Jones, 1973c のデータより）．

がストレスの影響を受けたのかどうかを独立して検証できるが，それによって検出された低下が実際の光合成減少にどれだけ寄与しているのかはわからない．一般に，C_4 植物の水ストレスへの感受性は少なくとも C_3 植物と同等とみられる（Ghannoum, 2009）．C_4 植物の潜在的な光合成能力の変化を酸素電極によって調べると，C_3 植物では通常2%の CO_2 濃度で十分であるのに対して，C_4 植物の気孔は CO_2 濃度上昇によって非常に閉鎖しやすいため，20%という高濃度の CO_2 を供給しなければ光合成を飽和させることができないことがある．高濃度の CO_2 は生化学反応を阻害する懸念があるため，葉の薄片や表皮を剝離した葉切片の使用を提案している研究者もいる（Jones, 1973d, Kaiser, 1987, Tang et al., 2002 参照）．このような実験によって，C_4 植物の光合成能力は C_3 植物と同等に影響を受けやすいことが確かめられたが，このような効果や，水ストレスによってよく観察される光合成関連の酵素活性の変化（Ghannoum, 2009）のどちらも，（協調的順化の例であるという以上に）実際の光合成低下を決定しているという証拠にはならない．水ストレスが CO_2 ガス交換速度に与える影響については第10章でさらに詳しく解説し，ここでは，葉面積の変化が作物の成長に与える影響の重要性について強調する．

　光合成と呼吸は独立した過程ではあるが，R/P_n 比は恒常性を示す傾向がある．しかし，このような恒常性は，若い組織の割合（比較的，呼吸速度が速い），温度，組織の水分状態に依存する（Atkin et al., 2007）．光合成と比較して，呼吸速度は乾燥に対して実質的に感受性が低く，そのため乾燥によって R/P_n 比は増加する場合が多い．

表7.6 中程度の水ストレスが呼吸速度と光合成速度に与える影響. 鉢植えにしたリンゴの「盆栽」を用いた(L. Fanjul & H. G. Jones の未公表データ). Lawlor & Tezara, 2009 は, CO_2 ガス交換に水ストレスが与える影響についてさまざまな種における数多くの実験をまとめた総説である.

	ψ_ℓ [MPa]	P_n	$R_p{}^a$	R_d	$\Gamma_{21\%O_2}$	$\Gamma_{2\%O_2}$	$(R_d + R_p)/P_n$
		[μmol m^{-2} s^{-1}]			[μmol mol^{-1}]		
James Grieve 品種(24 日間のストレス処理)							
対照	−1.3	27.3	14.1	1.6	49	7[b]	0.47
中程度のストレス	−2.0	17.3	7.0	2.3	32	1[b]	0.53
極度のストレス	−2.8	9.5	3.9	1.6	71	28[b]	0.56
Engremont Russet 品種(14 日間のストレス処理)							
対照	−1.0	14.1	5.7	2.0	74	32	0.55
中程度のストレス	−1.8	10.0	3.2	2.7	78	37	0.59
極度のストレス	−3.6	2.0	1.4	1.8	136	83	1.56

a R_p は 2%と 21%の O_2 濃度で測定した P_n の差から推定した. そのため, 光呼吸速度を過大評価している.
b 1% O_2.

これはストレスの増加によって P_n が減少し, CO_2 補償点 Γ が増加する理由の一部を説明する(表 7.6). 一般に, 水ストレスはとくに根と植物体全体の呼吸速度を抑制するが, 成熟葉では, 呼吸速度はわずかに増加するか, まったく影響がみられないという報告もある(Atkin & Macherel, 2009). 乾燥が葉の呼吸速度にほとんど影響を与えない(もしくは, 増加する)事例は, CO_2 固定が阻害されることによって生じた過剰な還元力を酸化する必要があることと関係しているのかもしれない. これは, 呼吸を COX 経路から AOX 経路へと移行することで可能になる(Ribas-Carbo et al., 2005). 多くの研究は, 水不足が暗黒下の呼吸に与える影響に注目しているが, 光照射下のミトコンドリアによる呼吸も同様に阻害されているようである. このような呼吸速度の変化は, ミトコンドリアのプロトン濃度勾配の変化, ATP を生産する COX 経路と AOX 経路への電子分配の変化, また状況によっては, 呼吸経路への基質供給量の変化によって調節されている.

7.8.4 温度と他の要因

通常の生理学的な温度範囲であれば, 第 9 章でより詳しく解説するように, P_n は幅広い温度条件に対して良好な応答を示す. 光合成の温度応答のモデル化については, FvCB 光合成モデルの適切な拡張に基づいた有用な議論が Dreyer et al., 2001 でなされている. 高温による光合成速度の低下は, 温度上昇に伴う呼吸速度のいっそうの増

加と，時間依存性の光合成不活化などに起因する．Γ が温度上昇とともに顕著に増加する(Bykov et al., 1981)という事実は，高温下で CO_2 固定と放出のバランスが変化することの表れで，光呼吸が高温下で促進されることも含まれている(図 7.18 参照).

暗呼吸速度は，温度感受性をもつ維持呼吸速度 R_m と，温度非感受性の成長呼吸速度 R_g の 2 成分に分けられるという前提から，McCree, 1970 は 24 時間を通した総呼吸速度 R_d を次式のように表現した．

$$R_d = R_g + R_m = aP_g + bW \tag{7.40}$$

ここで，$P_g\,[\text{g m}^{-2}\,\text{day}^{-1}]$ は総光合成速度で(光呼吸による CO_2 損失は除外)，$W\,[\text{g m}^{-2}]$ は CO_2 量換算した葉の質量(44/12 × 葉の炭素量 ≃ 44/30 × 葉の乾燥質量)，a [無次元] と b $[\text{day}^{-1}]$ は定数である．a の値は通常 0.25〜0.34 であり，植物種や温度によらず比較的一定の値を示すが，日長に依存する．b の値は次式のように表され，20 ℃で 0.007〜0.015 day^{-1} の範囲を示し，10 ℃の温度上昇ごとにおよそ 2 倍となる．

$$b_{(T)} = b_{(20)} 2^{0.1(T-20)} \tag{7.41}$$

ここで，$b_{(20)}$ は 20 ℃のときの値で，T は温度 [℃] である．温度応答については第 9 章でより詳しく解説する．

主に気相抵抗を変化させる周囲の湿度(第 6 章)や風速(第 11 章)などのような他の多くの要因が，P_n に影響を与える．さらに，葉齢(図 6.7 のように気孔応答は葉齢とともに変化する．図 7.13 も参照)，栄養条件の違い，病気などは，光合成のいずれの要素にも影響を与えるだろう(Grassi & Magnani, 2005)．重要な要因として，光合成産物の要求の強さによる内部的な P_n の制御がある．穀物において光合成産物の吸収源(シンク)である成長途中の穀果を人為的に除去すると，P_n は 50 % 程度も抑制される(たとえば，King et al., 1967)．また，結実している植物の P_n は，していない植物よりも大きいという報告などは数多くある(たとえば，Hansen, 1970)．どちらの場合も，気孔開度の違いが P_n の違いの一因となっている．

葉や葉に類似した構造をもつ器官と同様に，いくつかの他の器官は，光合成生産を行ううえで重要な貢献をしている．たとえば，穀物の穂，とくに芒，また，多くの植物の莢や茎は高い光合成速度を有している．多くの緑色の茎や果実は，コンダクタンスの低い，かなり透過性の低い「外皮」をもっている．このような場合，これらの光合成能力は，純光合成生産を行うというより，呼吸によって放出された CO_2 を再固定するために機能している(Jones, 1981b 参照)．

7.9 光合成効率と生産性

7.9.1 個葉の光合成効率

光合成効率 ε_p は熱力学的に，植物への入射放射エネルギーに対して，植物体乾物

として貯蓄される有効エネルギーの割合として定義される．光合成による直接の生成物であるショ糖に含まれる自由エネルギー量は約 480 kJ (mol C)$^{-1}$，あるいは 16 kJ g^{-1} である．しかし，植物にはその他にもさまざまな化合物（タンパク質，脂質など）が含まれているため，実際の植物体に含まれる平均自由エネルギー量は約 17.5 kJ g^{-1} になり（Monteith, 1972），この値はおよそ 525 kJ (mol C)$^{-1}$ に等しい．

光合成による，太陽エネルギーの炭水化物への変換に関係している種々の段階の効率を表 7.7 に示す．緑葉によって遮られる放射のみを考慮するのであれば，まず，光合成有効放射（PAR）は日射エネルギーの約半分（太陽高度や大気状態による）であることが重要である．つぎに，葉によって遮られた PAR の 10〜15% 程度は，葉による反射や透過によって失われる．さらに，光化学的な非効率性によるエネルギーの損失があり，すべての光化学反応が赤色光の光量子のエネルギーによって駆動されていることに関連している．より多くのエネルギーが含まれている青色光の光量子ではより多くのエネルギーが利用可能であるが，利用されずに熱として失われてしまう．また，反応中心の電荷分離後の効率とかかわる，熱力学的制限による損失がある．

一方，CO_2 を固定し，糖に変換する際の非効率性もある．C_3 光合成では，1 分子の CO_2 を固定するのに最低でも 3 分子の ATP と 2 分子の NADPH が必要となる．最適条件下では 8 光量子によってこれらが供給され，全電子伝達鎖を駆動できる．C_4 光合成では，もっとも効率のよいサブタイプである NADP 型リンゴ酸酵素であっても，さらに 2 分子の ATP が余計に必要となり，この追加の ATP は PSI の循環型電子伝達における光リン酸化によって PSI でさらに 4 光量子が吸収されることで生成できる（全部で 12 光量子となる）．

表 7.7 植物に照射される光エネルギーが光合成のさまざまな段階を経ながら変換される過程において，各段階のエネルギー変換の最大効率 [%] と，各段階を経た後の残りの割合 [%]（正味の効率）を示す（Zhu et al., 2010 に従った）．

	各段階の変換効率 [%]		各段階を経た後の残りの割合 [%]	
	C_3	C_4	C_3	C_4
PAR の割合	48.7		48.7	
クロロフィルによって吸収される割合	89.9		43.8	
光化学反応効率	84.9		37.2	
熱力学的制限	63.0		23.4	
炭水化物生合成	54.6	36.3	12.6	8.5
光呼吸	51.6	100.0	6.5	8.5
ミトコンドリア呼吸	70.0	70.0	4.6	6.0

日射のPARに含まれる平均エネルギー量を $220\,\mathrm{kJ\,mol^{-1}}$ 光量子とすると，吸収されたPARの糖の自由エネルギーへの全体の変換効率は，C_3 光合成ではおよそ 27%（$= 100 \times 480/(8 \times 220)$），$C_4$ 光合成では 18%（$= 100 \times 480/(12 \times 220)$）である．その他に考慮すべき損失は光呼吸によるものであり，C_3 植物では固定した炭素のおよそ50%も失われる．また，残った炭素の少なくとも30%がミトコンドリアの呼吸によって失われ，これによって得られるエネルギーをもとに，糖が平均的な植物体乾物へと変換される．その結果，全体的には表 7.7 に示すように，C_3 植物の場合，最大で日射のわずか4.6%だけが固定され，C_4 植物ではこれよりもわずかに高い効率を示す．これらの余分なエネルギー損失によって，光量子要求度の最小値は，C_3 植物の葉では15〜20程度となり（温度によって変化する），C_4 植物の葉では19となる（図 7.18）．C_4 光合成の優位性は光呼吸による炭素損失がなくなることで生じており，C_3 光合成と比較してより低効率な炭素固定を補う以上の効果がある．

快晴（$I_S = 900\,\mathrm{W\,m^{-2}}$）では，かなり高い光合成速度である $2.4\,\mathrm{mgCO_2\,m^{-2}\,s^{-1}}$（$1.8\,\mathrm{mg\,m^{-2}\,s^{-1}}$（$= 2.4 \times 30/44$）のショ糖蓄積速度に等しい）としても，変換効率はわずか3.2%である．この低効率は光合成が光飽和しているためである．実際の環境では，栄養や水分，温度などが最適状態にないこと，あるいは老化や吸収源の制限などの内部要因のために，ほとんどの個葉はこのような効率にさえ達しない．

7.9.2 個葉光合成から群落光合成へのスケーリングアップ

光合成モデルの重要な応用として，異なる環境に置かれた，群落構造（たとえば，直立葉型か水平葉型）や光合成特性（たとえば，C_3 か C_4）が異なる群落の生産力の予測がある．気象や気候のシミュレーションで利用される陸域表面モデルの中でも，群落の炭素（と水）の交換モデルは重要な構成要素である．モデルに利用されている手法は，群落における詳細な葉の分布や光の透過を考慮した，複雑な多層シミュレーションモデル（Whisler et al., 1986）から単純な「ビッグリーフ（巨大葉）」モデルまで，さまざまである（Lloyd et al., 1995, Sellers et al., 1997）．個々のモデルの詳細については以下の論文で紹介されている（de Pury & Farquhar, 1997, Harley & Baldocchi, 1995, Johnson et al., 2010, Thornley & France, 2007, Whisler et al., 1986）．

多層シミュレーションモデルは，葉の光合成モデルに，（ⅰ）群落内の葉の傾斜角分布，（ⅱ）群落内の光分布（詳しくは第2章参照），（ⅲ）群落の各層における水分状態と光強度の関数として表された気孔抵抗（第6章参照），（ⅳ）呼吸による CO_2 損失（非光合成組織や土壌生物から放出される CO_2 を含む）を予測するためのサブモデルを組み合わせたものである．全体的な群落の光合成速度は，各層の寄与を合計することで計算される（図 7.20）．残念なことに，この手法には多くのパラメータの推定が必

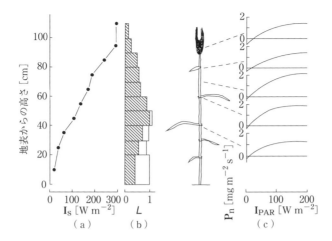

図 7.20 群落の光合成速度を求める方法．群落光合成速度は，（a）群落の各階層における光強度，（b）対応する葉面積指数 L（網掛け部分は緑葉の面積），（c）各器官の光合成 - 光応答曲線から求められる．6月28日にイギリス中央部で測定された，オオムギ畑の結果（Biscoe et al., 1975a より）．

要で，計算は非常に煩雑となってしまう．多くの目的，とくに地球レベルでの炭素循環モデルや，1日の合計値の推定などであれば，より単純なモデルで十分である．

たとえば，葉は入射する PAR のわずか 10～20% を反射または透過するので，光合成モデルでは光を受ける最初とその下の葉群層による光遮断を考慮するだけでよい．さまざまな極端な場合が考えられる．

1. **すべての葉が直達放射に対して鋭角に配置されている場合** この場合，それぞれの葉の表面の直達光の強度（$I_0 \cos\theta$）は低く，それぞれの葉の光合成は光によって律速されている．$P_n \propto I$ であり，$P_n = \varepsilon_p I$ となる．散乱放射も光合成が光によって律速される範囲内であるとすると，群落全体の光合成は群落が遮った光量に比例し，比例定数は ε_p となる．葉面積指数が高い場合は，すべての光が遮られて群落光合成速度は $\varepsilon_p I_0$ と推定できる．

2. **葉面積指数が非常に小さい群落の場合** 葉面積指数 L が 1 以下の均質な群落の場合，群落が最初に遮った光のみを考慮すればよい．水平な葉をもち，相互被陰がない群落ではすべての葉について $I = I_0$ となる．そのため，葉によって遮られた光の割合を考慮することで，個葉の光合成モデルがそのまま当てはめられる．

実際は，ほとんどの群落はこれら二つの極端な例の中間となり，群落の光応答は個葉の場合よりも，光飽和しにくい傾向がある（図 7.21）．その結果，群落の光合成速度は個葉よりも大きく，およそ $2.8 \text{ mg m}^{-2} \text{ s}^{-1}$ にまで達する（$64 \text{ μmol m}^{-2} \text{ s}^{-1}$，表 7.5）．

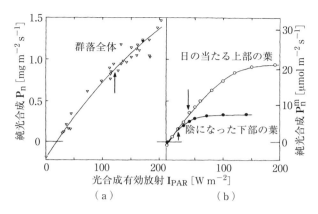

図7.21 日の当たる栽培室で育成したトマトの光合成 - 光応答曲線．（a）群落全体と（b）個葉．矢印は，光合成の光利用効率が最大となる光強度を示し，原点を通る直線との接点から求めた（Acock et al., 1978 のデータより）．

もう一つの重要な結果は，最大光合成効率 ε_p を示す放射照度が，個葉よりも群落のほうが高くなることである（図7.21）．図の例では，最適な放射照度（P_n/I が最大となる）は，個葉では 15～25 W m^{-2} であるのに対し，群落全体では 100 W m^{-2} 以上の値となる．

群落光合成モデルは，葉の傾斜角が生産力に与える影響の予測に利用されてきた．この影響を評価するための単純なモデルが，つぎの三つのモデルを組み合わせることで得られる．

（ⅰ）個葉光合成モデル（$\Gamma = 55$ μmol mol^{-1} と $r_g' = 5$ m^2 s mol^{-1} を仮定し，他のパラメータは図 B7.2 と同様である）．

（ⅱ）水平表面に照射される短波放射照度を予測するモデル（（式(2.11)の β は付録7から得られる）．

（ⅲ）光が当たっている葉の面積とその葉における葉面積あたりの光強度を推定するための，単純なベールの法則によるモデル（式(2.19)において，$k = 1$ で水平葉型の群落，そして $k = 2/(\pi \tan \beta)$ で直立葉型の群落）．図7.22には，熱帯と温帯に相当する緯度において，晴天日の3段階の葉面積指数（低，中，高）のシミュレーション結果を示す．

これらの曲線はつぎのようなことを示す．予想されるように，直立葉型では，太陽高度が高く，L が適度に高い場合のみ有利である．温帯の緯度で，太陽高度が低い春では，直立葉型と水平葉型の1日の総群落光合成量にはほとんど差はみられず，葉面積指数が高い場合でも同様である．直立葉型の群落では，熱帯の場合，太陽が直上に位置したときに，光合成の日中低下が生じることが予測できる．散乱放射を含めたモ

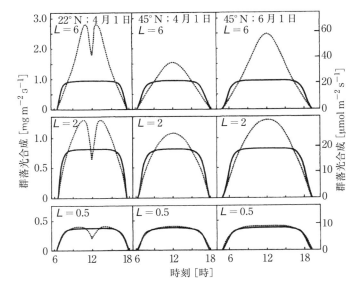

図7.22 直立葉型の群落(破線)と水平葉型の群落(実線)の光合成速度のシミュレーション.葉面積指数が高(6),中程度(2),低(0.5)の結果を示す(本文参照).

デルにすると,葉の傾斜角が1日の光合成に与える影響は小さくなるだろう.

「巨大葉」モデルにおける簡略化は,群落の上部からの深さによって,長期間の平均放射照度と葉の窒素含量(すなわちルビスコ含量)が並行して変化し,それとともに群落光合成能力も変化するという仮定に基づいていることが多い.しかし,このように単純化してしまうと,群落を透過する放射の1日の変化に対しては適切に対応できない.群落モデルを単純化するための別の方法として,群落放射伝達モデルを利用して,日向葉と日陰葉の割合を求める.日陰葉の光合成速度は光によって律速され,光強度の増加に伴って上昇すると仮定し,一方,直達日射を受けている日向葉の光合成速度は光飽和,よって光強度に依存しないと仮定する.したがって,このように階層に分けてそれぞれの放射照度の単純な平均値を求めるだけで,群落同化速度を十分正確に推定でき,それぞれの階層に完全な生化学モデルを組み込めば,さらにモデルを改善できる(de Pury & Farquhar, 1997).

7.9.3 作物の成長,一次生産,および純生態系ガス交換

瞬間的な測定からより長期にわたる測定に,そして個葉から個体,群落,生態系まで拡大するとき,CO_2 フラックスを記述するためのいくつかの新しい用語を定義しておくと便利である.**純一次生産**(net primary production:NPP)は,昼夜を含めた1

日かそれ以上の期間にわたって植生に蓄積される CO_2 の速度であり(通常,バイオマスで表されるが,CO_2 やエネルギーで表されることもある),少なくとも 1 日以上のサイクルにわたる単位土地面積あたりの総光合成速度から植物全体の(日中と夜間の)呼吸速度を差し引いたものである.**純生態系交換**(net ecosystem exchange：NEE)は生態系における正味の炭素蓄積速度であり,総光合成速度から植物体の非光合成器官と土壌中の他の生物によるすべての呼吸による炭素の損失速度を差し引いたものと同等である.

図 7.23 は,作物個体あるいは,生態系の CO_2 バランスを構成するさまざまな要素を図示したもので,表 7.8 はオオムギについて要約したものである.季節全体にわたって総光合成速度はあまり変化しなかったが,呼吸速度(とくに維持呼吸要素)は季節が進むと著しく増加した.呼吸による損失は非光合成器官による損失(ΣR_{non-ps})が大きな割合を占め,これは日中の非光合成器官における CO_2 の損失と,夜間の全器官における CO_2 の損失を足したものである.日中の純光合成速度を ΣP_n として表すと,呼吸損失係数は $(\Sigma P_n - \Sigma R_{non-ps})/\Sigma P_n$ と定義できる.表 7.8 のオオムギの 5 月のデータで,呼吸による CO_2 損失の半分が光合成器官に由来するとすれば,$\Sigma R_{non-ps} = 43 + (78/2) = 82 \text{ mg m}^{-2} \text{ week}^{-1}$ となり,$\Sigma P_n = 167 + 82 = 249 \text{ mg m}^{-2} \text{ week}^{-1}$ となる.そのため,呼吸損失係数は 5 月に 0.68,7 月に 0.43 となる.これらの結果は他の研究結果とよく一致しており(Monteith, 1972),純光合成の 40〜70%が乾物成長として蓄積されることを意味する.典型的な呼吸損失係数を 0.6 として日射の最大利

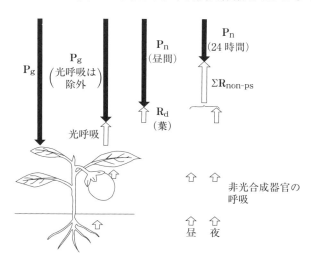

図 7.23 CO_2 ガス交換収支の概念図.24 時間の純光合成速度がどのように求められるのかを示す.

表7.8 オオムギ畑の二つの生育段階における二酸化炭素収支(単位土地面積 A あたり). 葉の暗呼吸速度は植物体全体の呼吸速度 R_d の半分と仮定した.

	5月中旬 (栄養成長期)	7月中旬 (登熟期)
群落における植物体乾燥重量 [g m^{-2}]		
a 植物体乾燥重量の CO$_2$ 換算値	526	1605
呼吸速度 [gCO$_2$ m^{-2} week^{-1}]		
b 土壌微生物の呼吸速度	23	18
c 夜間の R_d	43	64
d 昼間の R_d, c より夜間との温度差を補正し推定	78	138
e ΣR_{non-ps} (= c + 0.5 × d)	82	133
f 維持呼吸 R_m (全呼吸に対する割合 [%])	30	64
g 成長呼吸 R_g (全呼吸に対する割合 [%])	70	36
h 根の呼吸 (全呼吸に対する割合 [%])	14	5
光合成速度 [gCO$_2$ m^{-2} week^{-1}]		
i 24 時間ベースで計算した純光合成速度	167	102
j 光照射下での純光合成速度 (ΣP_n = e + i)	249	235
k 光照射下での総光合成速度(光呼吸は除外) (= c + d + i)	288	304

Biscoe et al., 1975b のデータより.

用効率を試算すると, $0.6 \times 5.4 = 3.2\%$ となる.

表 7.5 より, 短期間の最大作物成長速度について C$_3$ 作物ではおよそ 36 g m^{-2} day^{-1}, C$_4$ 作物ではおよそ 52 g m^{-2} day^{-1} で, これは日射を 20 MJ m^{-2} day^{-1} とした場合, イネでは 3.1%, トウモロコシでは 3.1～4.5% の効率に相当する(Monteith, 1978). C$_3$ と C$_4$ は同程度の光量子要求度をもつにもかかわらず, このような C$_3$ と C$_4$ の種間差は弱光下でも維持されており, これは C$_4$ 植物では光飽和する頻度が少ない傾向があるためと考えられる. 有用な近似として, とくに栄養成長期にある植物の成長では, 乾物生産量は植物が遮った日射量の直線的な関数であることが挙げられる (7.9.2 項の (1) の光によって制限される場合から予想される). 図 7.24 は, さまざまな作物について植物体が遮った日射量あたりの乾物量の増加は, およそ 1.4 g 乾物量 MJ^{-1} であることを示している. 2.5% という効率は, 理論値とそれほど違ってはいない.

1 回の水ストレスによってオオムギの ε_p は 20% 低下したが(Legg et al., 1979), その一方で, 栄養と水ストレスは葉面積指数を変えることで光遮断を減少させ, 作物の

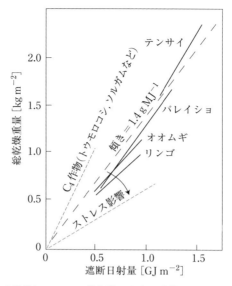

図 7.24 C_3 と C_4 の作物について，葉が遮った光の積算量と収穫時における植物体全体の乾物量との関係を示す．Monteith, 1977，および Jones & Vaughan, 2010 を改変．

収量に大きな影響を与えているようにみえる．その後の実験でも多くの類似した結果が得られている．1年生作物の収量制限のほとんどは，成長初期の作物の葉面積指数が小さい段階における，不十分な光遮断による．冬季の低温も，温帯に生育する作物の成長を阻害し，温帯と熱帯でみられる植物の生産力の違いを生み出す原因となっている．表7.9は，さまざまな植物群落の実際の生産力と，入射日射の利用効率の推定

表 7.9 さまざまな生態系における純一次生産，入射日射，および純一次生産への変換効率の典型値．

	純一次生産	入射日射 I_S	効率 ε_p
1 年間	[$g\,m^{-2}\,yr^{-1}$]	[$GJ\,m^{-2}\,yr^{-1}$]	[%]
乾燥した砂漠	3〜(250)	7	0.0007
北極のツンドラ	100〜600	3	0.06〜0.36
温帯の草原	500〜2000	3.3	0.25〜1.1
サトウキビ	2500〜7500	6	0.7〜2.2
120 日間(生育期間)	[$g\,m^{-2}$]	[$GJ\,m^{-2}$]	[%]
バレイショ	1500	2	1.3
温帯の穀物	2000	2	1.8
イネ	3000	2	2.6

Cooper, 1970, 1975, Milthorpe & Moorby, 1979, Trewartha, 1968 のデータより．

値を示している．これは，極端な環境下においては，光合成の効率は理論的な可能光合成能力よりも数桁以上低くなることがあることを示している．

7.9.4　作物収量の増大

　過去 50 年から 100 年の間に，作物収量を増加させることに関心が集まり大きな成功を収めてきたが，この進歩には光合成の改良はほとんど関係してこなかった（第 12 章でさらに説明する）．それにもかかわらず，より明白な農学的な進歩が達成され，収穫指数における遺伝学的進歩は頭打ち状態になっているため，今後，さらに収穫量を増加させるには，光合成の改善に強く依存する可能性が高い（Flood et al., 2011, Zhu et al., 2010）．群落構造を改良して群落の光吸収を最適化する方法（たとえば，葉の傾斜角を垂直にすることで，光合成の光飽和を回避する）には，CO_2 への特異性を高めた炭酸固定酵素の生物工学的な導入，さらに光合成経路の操作による方法などが含まれるかもしれない．たとえば，C_4 経路を C_3 の作物であるイネなどに導入し，光呼吸による損失を抑制することが現在試みられている．また，ルビスコの比特異係数や触媒速度には遺伝的にかなり大きな変異があるという証拠もあり（Parry et al., 2011），これを利用して高い光合成速度を実現することが可能かもしれない．

　光合成の増強に失敗した初期の研究例として，人為的に突然変異を誘発させた C_3 植物の個体集団を C_4 植物と一緒に光を照射した密閉したチャンバーの中に入れ，この中から C_4 光合成を行う個体を選抜しようとした試みがある（Menz et al., 1969）．C_4 植物は光合成によってチャンバー内の CO_2 濃度を C_3 植物の CO_2 補償点以下の濃度まで吸収できるので，C_3 植物は枯れるまで CO_2 を失うことになる．この手法で数十万の系統が試されたが，C_4 植物に類似した突然変異体は見い出されなかった．他の研究では，同属の C_3 種と C_4 種を交配する実験が行われた．たとえば，*Atriplex rosea* と *Atriplex triangularis* の 2 種を交配して後代を得ようとしたが，クランツ（Kranz）構造をもつ個体や PEP カルボキシラーゼ活性が高い個体は確認されたものの，完全な C_4 組み換え体は認められなかった（Nobs, 1976）．かなり投機的なプロジェクトではあるが，C_4 経路を C_3 作物に導入することを目的にした大規模な研究努力が最近なされており，C_4 経路のイネへの導入が大きな研究課題となっている（von Caemmerer et al., 2012）．C_4 光合成の利活用に関する詳細は，さらに幅広く *Journal of Experimental Botany* の特集号で説明されている（Roberts, 2011）．

　作物の改良戦略の詳細な分析と，遺伝学や栽培学における改良が収穫高に果たす役割は第 12 章で紹介する．

7.10 進化的・生態学的側面

　C_3 光合成は生命の歴史の初期に進化したが，C_4 光合成はかなり後になって出現した．C_4 光合成は，光合成で固定した炭素の 40% に達することもある光呼吸による損失を最小限に抑える必要性から生じたと思われる．C_4 経路の複雑さと，解剖学的構造，気孔の挙動，輸送や酵素学的特性など，多くの特性の調和的な変化が必要とされるにもかかわらず，C_4 光合成はきわめて多系統的であり，少なくとも 60 回以上の独立した進化が生じたと考えられている (Sage et al., 2011)．漸新世 (約 3000 万年前) に地球全体の大気 CO_2 濃度の急激な低下が起こり (そのため，光呼吸速度が増加し)，これが C_4 や他の CO_2 濃縮機構の進化のきっかけとなったと考えられ，C_4 進化の起源の中心は世界の半乾燥地域に集中しており，とくに，高温で乾燥した環境に適応してきた．それ以来，新たな C_4 植物種がこのような適した気候環境下で出現し続け，おそらく最近 500 万年間に，双子葉植物に属する C_4 のほとんどが出現したと考えられる (Sage, 2004)．さらに，多くの C_4 系統群は複数タイプの C_3-C_4 中間種を含み，これらは通常 C_4 の祖先型のようである．すべての C_3-C_4 中間種はグリシンデカルボキシラーゼを維管束鞘細胞にもっており，この傾向は C_3-C_4 中間型をもつ少なくとも三つのグループで報告されている．中間型によって C_4 特性の発現の度合いは異なっており，大きく，広がった維管束鞘細胞において光呼吸で発生した CO_2 の再固定を行うものや，葉肉細胞にルビスコを有しながらも C_4 回路を駆動させるようなものまで存在する (Sage, 2004)．

　C_4 植物種の分布の生態学的な分析は，C_4 経路は水が制限される強光，高温乾燥の地域でもっとも有利であることを示している (Ehleringer et al., 1997)．このような条件では，C_4 植物の葉の光合成速度は一般に C_3 植物を上回るが，C_4 植物種で知られているもっとも高い光合成速度に匹敵する高い光合成速度を有する C_3 植物種や (Mooney et al., 1976)，45℃ を超える温度でも高い純光合成を示す C_3 植物種も存在する (Mooney et al., 1978)．C_4 植物は CO_2 濃縮機構をもつため水利用効率が高く (第 10 章参照)，C_3 植物と比べて気孔が閉じていても高い光合成速度を維持できるが，おそらくこのことが，多くの砂漠や亜熱帯地域で普遍的に出現することの最大の要因だろう．冷涼あるいは陰になった生育地で C_3 植物種が優占するのは，30℃ 以下では C_3 植物の光量子要求度が低い，つまり潜在的な生産力が高いということでおそらく説明できるだろう (Ehleringer et al., 1997)．それにもかかわらず，*Atriplex* 属や *Spartina* 属の種の中には C_4 植物であるのに低温でも効率的に生育するものがあり (Long et al., 1975)，ハワイの熱帯雨林の下層にはトウダイグサ (*Euphorbia*) 属の C_4 の樹木が数種類生育している (Pearcy & Troughton, 1975)．

CAM 植物は，長期間降雨がなくても生存できる非常に高い水利用効率と利用能力をもち，最大生産力が低いにもかかわらず，極端に乾燥した地域でも生き残ることができる．Teeri et al., 1978 は北アメリカにおいて，植物の分布と気候環境要因との関係を重回帰分析により調べ，CAM 植物の存在割合は土壌水分含量が低い地域(アリゾナ砂漠)で最大となることを示した．一方，C_4 植物の出現は，最低気温が高いことか蒸発要求量が大きいことと結びつくことも示した(Teeri & Stowe, 1976)．どのような地域でも，異なる光合成経路をもつ種がある割合を保って分布していることが普通である．たとえば，インド北西部の東タール砂漠では，C_3 と C_4 の低木と 1 年生草本種が普通にみられ，一方，イネ科草本はほぼ例外なく C_4 である．おそらく，気温が下がる冬季には，C_3 が C_4 よりも活発で有利となり，逆により気温が高い季節には C_4 が有利となるのだろう．また，おそらく夏季の夜間気温が高いため CAM の植物種がほとんどみられず，このような環境では *Euphorbia caducifolia* のみが広く分布している．

CAM 植物として知られる種の多くは，実際は条件的 CAM 植物であり，芽生えや，夜間の気温が 18 ℃ 以上のとき，あるいは水分が十分に供給されている条件では C_3 であり，塩ストレスや水ストレスにさらされると CAM へと転換する(Kluge & Ting, 1978)．これらの植物は，CAM 経路が発達するにつれて，夜間に気孔が開くようになる．条件的(通性)CAM 植物(facultative CAM)はハマミズナ科(*Aizoaceae*)やスベリヒユ科(*Portulacaceae*)でみられ，他の科(サボテン科(*Cactaceae*)など)では，絶対的(偏性)CAM 植物(obligate CAM)になる傾向が強い．

Körner et al., 1979 は，異なる生態学的グループに属する異なる種群の最大気孔コンダクタンスと光合成能力との相関関係を示している．それによれば，すべての C_3 植物のデータは，光合成能力が低い針葉樹，開けた場所に生育し，高い光合成能力をもつ草本植物，さらには湿地や水生の環境に生育する植物に至るまで，1 本の直線上にのった．C_4 植物のデータはまったく別の直線にのり，どの気孔コンダクタンスでも C_4 植物は C_3 植物よりも高い光合成能力を示すという興味深い結果を示した．

7.11 演習問題

7.1 ある葉において，定常状態のクロロフィル蛍光強度(単位は任意)が 1.2，(光合成が安定している状態で)飽和フラッシュ光を照射して得た最大クロロフィル蛍光強度が 3.2，葉を 1 時間暗処理して得た F_m が 3.7，F_0 は 1.0，F_0' は 0.9 とする．つぎの(i)〜(v)を求めよ．(i) F_v/F_m，(ii) F_q'，(iii) q_P，(iv) NPQ，(v) 光化学系 II を通る電子伝達の量子収率．

7.2 チャンバー内がよく撹拌された開放型のガス交換測定システムを用いて測定を行う．葉を挟むチャンバーへの空気の体積流量は $5\,\mathrm{cm^3\,s^{-1}}$，チャンバー内の葉面積は $10\,\mathrm{cm^2}$

とする．$T_\ell = 23\,°C$，$P = 100\,kPa$，$e_e = 0.5\,kPa$，$e_o = 1.5\,kPa$，$c_e' = 600\,mg\,m^{-3}$，$c_o' = 450\,mg\,m^{-3}$ である．つぎの（ⅰ）〜（ⅴ）を求めよ．（ⅰ）u_e，（ⅱ）u_o，（ⅲ）x_e'，（ⅳ）$\mathbf{P}_m$，（ⅴ）CO_2 に対するモル単位の気相コンダクタンス．

7.3 図7.19の光合成の応答曲線をもとにして，気孔制限条件をつぎの（ⅰ）〜（ⅲ）の方法で求めよ．（ⅰ）抵抗法（式(7.32)），（ⅱ）Farquhar と Sharkey の方法，（ⅲ）感度分析法（式(7.34)）．

7.4 地表面に入射する5月の全天放射が $14.5\,MJ\,m^{-2}\,day^{-1}$，7月は $17\,MJ\,m^{-2}\,day^{-1}$ として，表7.8のデータをもとに，これらの全天放射あるいはPARに対する（ⅰ）総光合成の効率，（ⅱ）純生産の効率を求めよ．

第8章 光と植物の発育

8.1 はじめに

　植物は周囲の大気環境に合わせて発育様式を適切に修正する能力によって，特定の生育地に適応する．このような植物の形態形成応答は，通常，細胞や組織の分化，さらには代謝経路の変化に加えて，成長(細胞の分裂と伸長の両方)の量的な変化を含む．たとえば，植物が被陰されると競争相手よりも大きくなるように茎の伸長が増加する場合，生化学的・生理学的に適切な特性をもった「陽葉」と「陰葉」が発達する場合(第7章参照)，適切な時期に開花あるいはその他の生殖成長を誘導する場合，休眠を誘導する場合などが重要な事例である．これらの発育応答の多くは，光環境のいくつかの特徴が主要な外部シグナルとなるが，温度や水の供給も重要なシグナルとなる(第9章参照).

　光は，光合成(たとえば，高い光合成速度は高い成長速度に寄与する)や細胞障害(たとえば，強いUV-B照射によって生じるDNA損傷)を通して発育に影響を及ぼすことに加えて，さまざまな形で成長や発育に影響を与える．これらの光形態形成応答には，表8.1にまとめるように，つぎのものが含まれる．

1. **光屈性**(phototropism)　　光に向かってシュートが成長するように，方向性のある光刺激に応答して起こる成長の方向変化．
2. **光傾性**(photonasty)　　光による可逆的な運動とそれに関係する現象で，方向性によらず光刺激に応答して起こる．
3. **光周性**(photoperiodism)　　方向性をもたない発育応答で，方向性はもたないが周期性のある光刺激に応答して起こる．
4. **光形態形成**(photomorphogenesis)　　上記以外の方向性をもたない発育応答で，方向性も周期性もない光刺激に対して起こる．
5. **その他の遺伝子発現の変化**　　UV-B放射に対するフラボノイド合成の変化のような，代謝や生理学的機能の変化を引き起こすその他の情報伝達．

本章では，植物の形態形成と植物の機能調節における光の役割について紹介するが，厳密な制御と発育応答の調整に関連するメカニズムの詳細は本書では扱わない．光形態形成に関する一般的な情報は，植物生理学の教科書(Salisbury & Ross, 1995, Taiz & Zeiger, 2010)や重要な総説(Kendrick & Kronenberg, 1994, Smith, 1995, Vince-Prue, 1975, Vince-Prue et al., 1984)から入手できる．一方，光受容体やその作用機構の詳細は，最近の総説が参考になる(Chen & Chory, 2011, Christie, 2007, Jackson, 2009,

表8.1 植物の主要な発育過程の光に対する応答の一覧．各応答に関与する主要な光検知システムを示す．たとえば，phyA は主に超低照射量応答 VLFR と遠赤色高照度応答 FR-HIR に関与しており，phyB は可逆的な FLD 応答に関与している（詳細は本文参照）．

応答の種類	光受容体	修飾因子	説 明
光周性応答			古典的な LFR
開花，塊茎形成，開芽，落葉，休眠，耐寒性	phyB phyA	cry ZTL	概日時計に依存し，光周期によって同調される
屈性応答			
葉の動き，胚軸の湾曲，根の湾曲，葉緑体の動き，気孔の開口	phot1 （高放射照度では phot2）	PHY-A, cry	基本的に青色光応答で，オーキシンとジベレリンによって成長が決定される
傾性応答			
小葉の閉鎖	phyA phyB	(phyE), cry?	概日時計が関与
光形態形成			
気孔の発達	phyB		光量に依存する
種子発芽	phyA phyB	(phyE)	VLFR で促進，FR-HIR で阻害，間隔を感知，FR は発芽を阻害
脱黄化	phyA	(phyB)(cry1)	VLFR に応答
胚軸の伸長	phyA	cry2(phot)	
被陰応答，葉の拡張	phyB cry1 phyA		R/FR の主要センサ 放射量の主要センサ 被陰応答における phyA の拮抗物質
カルコン合成，UV-B 刺激による形態形成	UVR8	(cry1)	低い放射照度の UV-B
組織の損傷/壊死	DNA		高放射照度の UV-B による直接的損傷
植物による防御	phyB UVR8		防御，しばしばジャスモン酸による情報伝達が関与

Jenkins, 2009, Li & Yang, 2007, Lin & Shalitin, 2003, Möglich et al., 2010).

8.2 シグナルの検出

　光合成によるエネルギー変換において光を吸収する分子（たとえば，反応中心のクロロフィル）に加えて，情報伝達や植物の発育の制御に関与する数多くの光受容体が存在する．これらの光受容体は，関連する発色団に共有結合または非共有結合によっ

て結合したタンパク質である．光受容体のほとんどは細胞質に存在し，水溶性であるが，たとえばフィトクロムは作用するために核に移動する必要がある．植物においてもっともよく知られている光受容体は，フィトクロム(phytochrome. phy. 赤色光/遠赤色光可逆的色素タンパク質ファミリー)と，フラビンアデニンジヌクレオチド(FAD. フォトトロピンとクリプトクロムで利用される)を使って青色光か紫外線を吸収する受容体である．さらに，UV-B 特異的な受容体や，緑色光に応答する受容体，そして藻類には多くの他の光受容体が存在することを示す結果が増えている．異なる光形態形成応答には，これらの色素のうち少なくとも一つ，多くの場合複数の色素が関与している．これらのセンサは，最終的な応答を決定するために植物ホルモン全体(ジベレリン，オーキシン，ブラシノステロイド，サイトカイニン，エチレンなど)と相互作用する．

8.2.1 クリプトクロム

クリプトクロム(cryptochrome. cry)は，320～500 nm の UV-A と青色光に応答する光受容体の一群である(Lin & Shalitin, 2003)．クリプトクロムはフラビンタンパク質で，概日時計の同調や遺伝子発現の制御，脱黄化，葉の展開に対する刺激，開花誘導のような光周期プロセスの制御(Li & Yang, 2007)といったさまざまな光形態形成，そして一般にフィトクロムと関係して機能する広範囲のその他の形態形成過程に関与している．

8.2.2 フォトトロピンと F-box タンパク質

1998 年に二つめの青色光受容体群が確認された．これらはフォトトロピン(phototropin. phot)で，LOV(光・酸素・電圧(light-oxygen-voltage)感受性ドメインをもとにしており青色光を検出するためにフラビン小分子を用いている．フォトトロピンは，光屈性，葉の拡張，葉緑体と葉の運動，気孔の開口のような多くの速い光誘導応答と関係づけられてきた(Christie, 2007)．これらは青色光の方向性情報の認識も担っている．ZEITLUPE(ZTL)ファミリーのタンパク質も LOV ドメインを用いているが，異なる種類の光受容体として扱われることがある．これらのタンパク質は開花の調節や光屈性の制御，概日時計の同調のような遅い応答に関係している(Demarsy & Frankhauser, 2009)．下等植物の中には，フォトトロピンとフィトクロム領域の両方を含む光受容体(ネオクロム：neochrome)をもつものがある．

8.2.3 フィトクロム

フィトクロムは 1950 年代から知られていたが，植物におけるフィトクロム情報伝

達システムの複雑さが明らかになったのはごく最近のことである．異なる光形態形成に関与する少なくとも五つのフィトクロム分子があるだけでなく，一連の複雑な下流の情報伝達経路も存在し，その過程についてはようやく最近になって理解が進みつつある (Chen & Chory, 2011)．フィトクロムは遠赤色光 (FR) に対する赤色光 (R) の比を感知するために，直鎖状のテトラピロール構造をしたビリン色素を使い，光によって二つの型に相互変換して存在するという点で，高等植物の光受容体の中ではおそらく唯一のものである．赤色光吸収 (Pr) 型は吸収極大が 660 nm にあり，遠赤色光吸収 (Pfr) 型は吸収極大が 730 nm にある．自然放射がもっとも大きな変異を示すのはスペクトルのこの領域であり，フィトクロムは入射放射の質の検出部としてよく適合している．そのため，フィトクロムは被陰の回避や光の照射による成長開始のような光形態形成応答に関与している．Pr 型と Pfr 型の吸収スペクトルは図 2.4 に示した (リボフラビンとクロロフィルの吸収スペクトルも図示した)．

　フィトクロムは (少なくとも植物においては) 生物学的に不活性な Pr 型として合成される．光変換されることで生物学的に活性な，遠赤色光を吸収する Pfr 型になる．これはフィトクロムの急速な核への移動 (数分以内) をもたらし，活性化した光受容体は転写因子ファミリー (フィトクロム転写因子群，PIFs) と作用し，遺伝子発現変化のカスケード反応を開始させる．それらは数分以内に検出できる．一般に，Pfr 型が減少すると，成長を促進する PIFs の安定性の増加と，オーキシンとジベレリンの生産の増加をもたらす．フィトクロムと PIFs の相互作用は，フィトクロム分子の代謝回転も制御する．フィトクロム情報伝達における異なる PIFs の役割のさらなる詳細については，よい総説がある (Bae & Choi, 2008, Franklin, 2008, Franklin & Quail, 2010 参照)．フィトクロムの主な相互変換を図 8.1 に示す．Pr 型による (とくに赤色光の) 光吸収は Pr 型を Pfr 型に変え，一方 Pfr 型による光の吸収はそれを Pr 型に戻す．そのため赤色光は，存在するフィトクロムのほとんどを Pfr 型に変える傾向がある．多くの中間構造を介して進行するこれらの変換は，光エネルギーの吸収によって進行し，その量子収率 ε_q はおよそ 0.07〜0.17 である (Jordan et al., 1986)．

　Pr 型のフィトクロムは暗黒下で急速に蓄積する．これは，Pr 型の分解速度が比較的遅いことを示している．Pfr 型は (少なくとも暗中で生育した植物においては) はるかに不安定であるため，Pfr 型への光変換が進むと，分解によりフィトクロムの量は急速に減る．フィトクロムにより調節される生物学的な応答は，主に Pfr 型によってもたらされ，Pr 型と Pfr 型の比率を反映する．この比率は，光環境，光変換の正・逆の応答速度，そして熱による相互変換速度によって決まる．Pfr 型の存在量はつねに，Pr 型と Pfr 型の相対量を決める過程と，フィトクロムの総量を変える過程 (合成と分解) の両方に依存している．フィトクロムの分子群内における Pr 型と Pfr 型の相対量

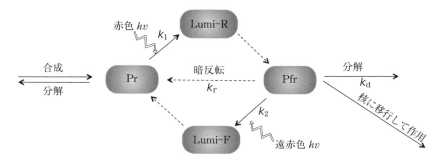

図 8.1 フィトクロムの相互変換の概略．Lumi-R と Lumi-F 中間体を介したフィトクロム（Pr 型と Pfr 型）間の相互変換，Pfr 型から Pr 型への暗反転，フィトクロム合成と分解を示している（Rockwell et al., 2006）．それぞれの応答の速度定数は，k_1, k_2, k_r, k_d．核や核小体内における Pr 型と Pfr 型の相互変換を含めた，さらなる相互変換（Rausenberger et al., 2010）は示していない．

は，光変換に加えて，少なくとも双子葉植物においては Pfr 型から Pr 型への熱変換が関与する暗応答の両方によって決まる．この暗反転は単子葉植物とナデシコ科の植物では起こらないようである．暗反転はそれなりに急速な過程（$t_{1/2} = 8$ 分）ではある．しかし，光変換よりははるかに遅いため，総フィトクロムに対する Pfr 型の比率に対して，非常に低い放射照度（約 3 μmol m^{-2} s^{-1} よりも低い）において影響を与える可能性があるだけである．暗反転の意義はわかっていない．

植物のフィトクロムアポタンパク質（PHY）は二つの種類に分けられる．「I 型フィトクロム」は光に対して不安定な PHY-A である．「II 型フィトクロム」は 4～5 種類あり，光に対して比較的安定なフィトクロムアポタンパク質（PHY-B, PHY-C, PHY-D, PHY-E）であるが植物によっては一部が見つかっていない．これらのフィトクロムは，スペクトル感受性と調節に関与する過程が異なっている．たとえば，PHY-A は黄化した実生においてもっとも多いフィトクロムであるが，光が当たると急速に分解する．フィトクロムの情報伝達応答は細胞質から核への局在集中の移動に依存している．さらに複雑なのは，フィトクロムは通常 2 量体として存在しているが，ヘテロ 2 量体（Pfr：Pr）はいずれのホモ 2 量体よりも不安定である可能性があることである．

8.2.4 UV-B 受容体

高強度の紫外（UV）光に対するもっともよく知られた反応は，直接的で非特異的な DNA の損傷と，有害な活性酸素の発生だろう．この非特異的な損傷は高エネルギーの UV-C 放射（< 280 nm）でより大きいが，幸いその多くは大気によって遮られ，通常の自然環境においては問題にならない．損傷を与える過程は，遺伝子発現やさまざ

まな発育応答に多くの変化をもたらす．しかし，UV-B はそのような強い放射照度による損傷（しばしば活性酸素の生成を通して起こる）だけでなく，0.1 μmol m^{-2} s^{-1} 程度（日射に含まれる UV-B の 5% 以下）の低い放射照度でもさまざまな個別の過程を通じて，多くの生理学的・形態学的過程を変化させるということがわかってきている．これらの低放射照度あるいは非常に速い（低エネルギーを必要とする）応答には，胚軸の伸長抑制や，カルコン合成発現の変化が含まれる（Jenkins, 2009）．UV-B 応答の作用スペクトルは植物によって異なり，通常 280〜300 nm にピークがある．芳香族アミノ酸，とくにトリプトファンが 280 nm 付近を吸収するという事実は，タンパク質による直接的な UV-B 吸収が低放射照度の UV-B 応答に関与し（Jenkins, 2009 など参照），別の受容体が 300〜320 nm と UV-A 領域にピークがある応答を説明することを示唆する．低放射照度の UV-B の検知は，クリプトクロムやフォトトロピン受容体あるいは DNA 損傷には依存していないようで，むしろ，ある特異的なタンパク質，現時点では UVR8 が関与すると考えられている．UV-B 受光と植物の応答に関する有用な総説には Jordan, 2011 と Jenkins, 2009 がある．主なメカニズムを図 8.2 に示す．

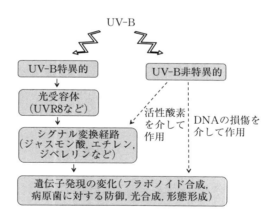

図 8.2　植物における UV-B のシグナル感知と情報伝達の主要経路（Jordan, 2011 を改変）．

8.3　フィトクロムによる発育制御

多くの発育応答がフィトクロムを主要な光受容体として用いているが，高等植物におけるこれらの応答は複雑で，異なるフィトクロムの間で役割が重複しているが，それぞれが異なる役割をもっていることが多い．フィトクロムの応答は，**誘導**（または光可逆的）応答と**高照度応答**（high irradiance responses：HIR）に分けられることが多

い．さらに，実生に初めて光照射したときの脱黄化応答などでみられる，低い光量に対する感受性の高い非可逆性の PHY-A の機能は，**超低照射量応答**(very low fluence rate：VLFR)とよばれる．

一般に，PHY-A は VLFR と**遠赤色高照度応答**(FR-HIR)に対応するが，他のフィトクロムは，通常，赤色光/遠赤色光の可逆的な低照射量応答(LFR)を制御している．しかし例外もあり，たとえば種子の発芽では，PHY-A と PHY-B の両方によって LFR が媒介され，PHY-E は FR-HIR と関係している(Bae & Choi, 2008)．

小葉の閉鎖に対する光の速い(15〜30秒)影響から，開花に対する遅い(数日〜数週間)光周期的な影響を含む誘導応答は，いわゆる低エネルギーのフィトクロム系を使い，典型的には 1000 J m^{-2} 以下(しばしば 1〜60 J m^{-2})の放射露光量で飽和する．これらの応答は，通常この飽和点までは，入射エネルギーの対数に比例する．このことは，これらの影響においては，短期間の強い光放射と長期間の弱い光放射が交換可能であることを意味している．さらにこれらの応答は，通常は赤色光/遠赤色光処理で可逆的であるが，場合によっては可逆性が不完全となる．それは，その応答が極度に短時間で始まる場合や，その応答を飽和させるのに必要とされる Pfr の量が，遠赤色(反転)処理によって得られる量を超えている場合である．

高照度応答は，古典的には，暗中で生育させた実生の茎の伸長や，アントシアニンの形成のような現象を示し，その特徴として，応答の大きさが放射照度に依存し，比較的高い放射量の連続的な照射が必要である．それらはしばしば，フィトクロム応答で期待される遠赤色域の作用スペクトルのピークに加え，青色域のピークをもつ(クリプトクロムの関与を示唆している)．これらの応答は(暗黒下の)黄化植物を用いた実験系でもっともよく研究されており，Pfr の存在量に依存すると結論づけられているが，緑化した植物ではいくらか異なる結果が得られている．

連続照射に対するすべてのフィトクロム応答で重要なことは，どのような連続放射環境においても，Pr から Pfr への変換速度が Pfr から Pr への逆応答の変換速度と正確につり合う，すなわち動的平衡状態になるということである．この平衡は光平衡とよばれ，Pfr 濃度と Pr 濃度の比(Pfr/Pr = f)で表されるか，より一般的には，定常状態におけるフィトクロム総量に対する Pfr 濃度の比 ϕ としてつぎのように表される．

$$\phi = \frac{\text{Pfr}}{\text{Pr} + \text{Pfr}} = \frac{\text{Pfr}}{\text{P}_{\text{total}}} = \frac{f}{1+f} \tag{8.1}$$

図 8.1 に示した変換速度定数を用い，Pr と Pfr を二つのフィトクロムの濃度とすると，Pfr の合成速度(= Pr × k_1)はその逆応答，すなわち反転と分解の合計(= Pfr × (k_2 + k_r + k_d))と等しくなる．これを等式化して整理すると次式となる．

$$\phi = \frac{k_1}{k_1 + k_2 + k_r + k_d} \tag{8.2}$$

波長 λ の単色光について Pr → Pfr 変換の速度定数 $k_{1\lambda}$ は，λ における入射放射 $\mathbf{I}_{p\lambda}$，λ における Pr の吸光率 $\alpha_{\lambda(Pr)}$，そして変換の量子収率 $\varepsilon_{q(Pr)}$ の積として得られる．同様に，逆応答 $k_{2\lambda}$ も表せる．これらを式(8.2)に代入すると次式が得られる．

$$\phi = \frac{\mathbf{I}_{p\lambda} \alpha_{\lambda(Pr)} \varepsilon_{q(Pr)}}{\mathbf{I}_{p\lambda}(\alpha_{\lambda(Pr)} \varepsilon_{q(Pr)} + \alpha_{\lambda(Pfr)} \varepsilon_{q(Pfr)}) + k_r + k_d} \tag{8.3}$$

平衡における ϕ の値は入射放射の分光分布に依存し，遠赤色光の割合が高くなると ϕ は減少する．Pr 型と Pfr 型のどちらも，それぞれが広範囲の波長を吸収するため(図2.4)，単色光であっても光平衡が生じる．適切な値を代入すると，660 nm の赤色光では ϕ_{660} は 0.84〜0.87 の範囲をとると推定できる (Jordan et al., 1986)．

残念ながら，ある時点で存在する Pfr の量は光平衡だけに依存するわけではなく，存在するフィトクロムの総量にも依存する．たとえば，遠赤色光の連続照射の結果，たとえ ϕ が小さくなったとしても，赤色光照射時と比較して Pfr 濃度が高くなることがある．これは，Pr に比べて Pfr が分解しやすく，そのため赤色光下では総フィトクロム量が少なくなってしまうためと説明されている．連続光の下でのフィトクロムの応答に関連する他の現象として「光防御」があり，強い光は Pr と Pfr の間の急速な循環を引き起こし，分解されやすい型でいる時間の割合が減るため，放射照度が高くなるにつれてフィトクロムの分解が防がれることが仮定されている．また，放射照度に依存した不活性化も挙げられる．

もう一つの問題は，通常の測光技術では，多量に存在するクロロフィルによる吸収によって少量のフィトクロムによる吸収が圧倒されてしまうため，緑化した植物ではそのままの状態で ϕ を測定することが難しいことである．しかし，暗中で生育させたクロロフィルをもたない黄化組織であれば，分光光度法を用いて ϕ を求められる．ϕ の値は赤色領域(655〜665 nm)と遠赤色領域(725〜735 nm)の光量子密度の比 ζ と関連づけられ，ζ はつぎのように求められる．

$$\zeta = \frac{\mathbf{I}_{p(660)}}{\mathbf{I}_{p(730)}} = \frac{0.904\, \mathbf{I}_{e(660)}}{\mathbf{I}_{e(730)}} \tag{8.4}$$

ζ の定義によって，放射(エネルギー)フラックス密度を光量子密度に変換するための係数 0.904 が必要となる．ϕ と ζ の関係を図 8.3 に示す．図からわかるように，ζ を ϕ の推定に利用できる．黄化組織で得られた値は，同じような放射環境下における緑色組織の ϕ 値とまったく一致するわけではないが，ほとんどの場合，よい推定値であると考えられる．図 8.3 は，自然な ζ の変化範囲で，ζ に対する ϕ の感度がもっとも高いことを示している．反射や透過の影響を受けていない太陽光の下では，ζ の最大値

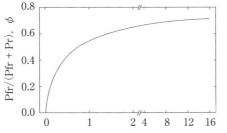

660 nm と 730 nm における光量子フラックス密度の比 ζ

図 8.3 フィトクロムの光平衡 φ と光量子フラックス密度比 ζ の関係(Smith & Holmes, 1977 のデータ).

はおよそ 1.2 である．ζ に影響する主な要因は葉を通過する際に起こる光のスペクトル変化であるが，太陽高度が低下すると ζ が低下するという傾向もある(表 8.2，図 8.4)．しかし，Hughes et al., 1984 が指摘したように，太陽高度の低下に伴う ζ の変化は，効果的な光形態形成のシグナルとして利用するためには，あまりにも変動が大きすぎて不確実である．図 8.4 に示すスペクトルに対応する φ と ζ の値を表 8.2 に示す．第 2 章で述べたように，太陽高度が低いときに長波長の割合が高くなるのはレイリー散乱の結果で，太陽の直達光からほとんどの短波長成分を除去する．放射が葉群を通過する際には，さらなる遠赤色光成分の増加が起こる．これは，葉が光合成有効放射に比べて赤外線を非常によく透過させるからで(図 2.14 参照)，そのため，葉群内部の強く被陰された場所では ζ は 0.1 以下の値をとる．環境制御室で使われる蛍光管のような人工光源では，ζ の値が 2〜9.5 以上の値をとる可能性があり，それに対応した高い φ 値をとるだろう．これは，人工気象室でよくみられるやや不自然な成長の重要な要因だろう．

より正確な φ の推定は，二つの波長のみで測定した光量子照度を使うよりも，すべ

表 8.2 図 8.4 に示した，異なる枚数の葉の下における分光分布の ζ のおよその値と，計算されたフィトクロム光平衡 φ (Smith, 1975 のデータより).

時 間	被陰している葉の枚数	ζ	φ
	0	1.00	0.50
正午	1	0.12	0.20
	2	<0.01	0.06
日の出	0	0.63	0.35
または	1	0.08	0.09
日の入	2	<0.01	0.02

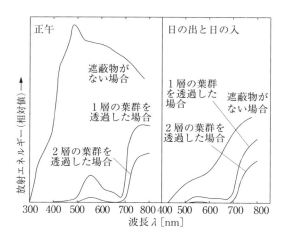

図 8.4 正午，日の出または日の入時の直達日射における放射エネルギーのスペクトル分布．テンサイの葉 1 枚あるいは 2 枚を透過したときの放射エネルギーへの影響も示す（Smith, 1973 より）．

ての波長にわたって式 (8.3) を積分し，短波スペクトル全体にわたる放射分布を考慮することで達成できるが，ほとんどの場合，その影響は小さいだろう．

さまざまな光形態形成における，フィトクロムと他の光受容体の関与について以下でさらに詳細に概説する．

8.4 生理学的応答

8.4.1 光屈性

光屈性応答は植物界に広く認められ，高等植物の葉や根，茎の成長部位と同様に，シダ類やコケ類の組織，いくつかの菌類の胞子嚢柄でもみられる．被子植物における方向性をもつ応答は青色光に対してのみ起こるが，隠花植物では赤色光も関係している．自然環境下では，成長の方向（通常，シュートにとっては光源へ向かう方向，根にとっては光源とは逆方向）の光屈性による変化は，利用可能な太陽光エネルギーの獲得を最適化し，根を正しい位置に張るうえで非常に重要である．残念なことに，ほとんどの研究はイネ科草本の黄化子葉鞘を用いた短期間の光屈性応答に集中しているが，おそらく正常な緑色植物の組織は同じ応答を示さないだろう．他の屈性運動のように，光屈性による屈曲はまだ成長可能な組織でのみ起こり，完全に分化した茎は曲がらない．

黄化子葉鞘の光屈性による屈曲は，放射露光量と関係していることが明らかになってきた．すなわち，応答の大きさは総放射露光量（$\int \mathbf{I} dt$）の関数であり，放射フラック

ス密度あるいは放射時間のいずれの関数でもない．これは**ブンゼン－ロスコーの相反法則**(Bunsen-Roscoe reciprocity law)†として知られており，単独の光受容システムだけが作用していることの証拠とされてきた．実際には，用量反応曲線はいくぶん複雑で，約 $0.1\,\mathrm{J\,m^{-2}}$ の最大放射露光量になるまでは正に(光に向かって)屈曲し，さらに露光量が大きくなるとその応答は減少しわずかな負の屈曲が起こる．さらに露光量が大きくなると屈曲は再び正となり(2 番目の正の屈曲)，ここで相反法則も破綻する．被子植物における方向性のある応答は，基本的にフォトトロピン受容体によって感知される青色光($<500\,\mathrm{nm}$)に感受性をもつ(そのため，フィトクロムは関与しない)．しかし，実際に観察される感受性はフィトクロム系とクリプトクロムによって調整されていることが知られている(Kami et al., 2012, Tsuchida-Mayama et al., 2010)．

　チャールズ・ダーウィンによって，1880 年には子葉鞘の先端部位が光屈性刺激にもっとも感受性が高くみえることが示されたが，方向性放射に対する偏差成長応答の基礎となるメカニズムの詳細は，近年になって明らかになりつつある．根では，青色光受容体フォトトロピン 1 (phot1)が成長部位に存在し，この部位で屈曲が起こる．一方，フィトクロムは根の先端に存在し，直接的にはその方向性の応答には関与していないものの，青色光への応答を調整しているようである(Kutschera & Briggs, 2012)．胚軸でもまた，phot1 が青色光応答の主要な受容体であるが，強光下ではフォトトロピン 2 (phot2)もその応答に関与している．これらの受容体は原形質膜上に存在しており，偏差成長ひいては屈曲を導くオーキシン勾配を制御しているオーキシントランスポーターに影響する．多くの実験結果を解釈するうえでの困難の一つは，植物組織はおそらく光ファイバと似た光導管メカニズムによって光を被陰された部位へ伝えられるということである．これまで子葉鞘でみられる最初の二つの応答に研究が集中してきたが，すぐに $0.1\,\mathrm{J\,m^{-2}}$ 以上の放射に達するような自然環境に生育している緑色のシュートにとっては，2 番目の正の屈曲に対応する何かがもっとも重要である可能性のほうがずっと高そうである．

　太陽に関連した葉の運動(とくにマメ科でよくみられる)は太陽傾性(helionastic)とよばれることがあるが，その方向性の性質という観点からは太陽屈性(heliotropic)とよぶほうが適切だろう．太陽屈性運動のいくつかの例が Ehleringer & Forseth, 1980 にまとめられている．水が十分に与えられたとき，ある種の植物の葉は 1 日を通して太陽光線に対して垂直を維持する傾向があり，それによって受光と光合成を最大にする(図 2.21)横日性(diaheliotropic)である．しかし，水ストレスがかかっているときには葉は反向日性(paraheliotropic)となる傾向があり，入射放射に対して平行方向を

---

† (訳注)光化学当量の法則．(1) 物質による光の吸収は光子を単位として行われる．したがって，(2) すべての光化学の初期過程は光子 1 個が分子に吸収されることによって起こる．

向くことで葉表面の光を減らし，水を節約して過熱を防ぐ．ヒマワリの頭花のような葉以外の器官もまた太陽と関係して動く．受光に対する太陽屈性運動の効果は第2章で論じており，温度調節や乾燥耐性に対する生態学的な意義については第9, 10章で取り上げる．

以下に述べるように，葉の傾斜角も被陰回避応答の一部として，赤色光と遠赤色光の比，そして放射照度の絶対値の両方の関数として変化する（たとえば，Mullen et al., 2006参照）．しかし，その応答には方向性がないので，傾性応答で扱うべきだろう．

8.4.2　光傾性

光傾性に関する現象の例には，通常範囲の放射照度の変化に伴う花の開閉と，夜に葉が閉じる「就眠運動」が挙げられる．傾性運動には偏差成長が関与するものもあるが，多くのマメ科植物（たとえば，シロバナルピナス *Lupinus albus* や感受性の高いオジギソウ *Mimosa pudica*）の葉の可逆的な光傾性運動は，小葉の付け根にある特殊化した蝶番細胞や葉枕における可逆的な膨圧の変化によって引き起こされる．これらの膨圧の変化には気孔運動と似たメカニズムが関与しているようで，蝶番細胞からの H^+ の排出と，それに引き続く主要な浸透圧調節物質としての K^+ の吸収を伴う．類似したメカニズムが，多くの向日性の運動に関与している．

「就眠運動」に関与する光受容体は知られていないが，青色光と赤色光の両方の受容体が関与しているようで，それらは連続照射下であっても数日間は維持できる内因性の概日リズムをもっている．

8.4.3　光周性

地上のある地点の日長は，季節（通日）と緯度に依存する（図8.5）．日長は赤道上では1年を通して一定であり，季節的変異は緯度とともに増加し，北緯または南緯40°の地点では冬と夏の日長差はおよそ5.5時間，北極圏と南極圏では24時間である．これらの季節的変化は，成長する頂端部の栄養成長から開花状態への変化を段階的に実行するうえで，また塊茎形成，開芽や休眠などさまざまな他の発育過程の調節における確実なシグナルとして，多くの植物種に利用されている．日長を開花誘導のシグナルとして使うことで，その場所の気候下で特定の種にとって最適な時期の開花を確実にする．最適な時期とは，たとえば，種子の成熟が確実となるよう平均的な霜が降り始める時期よりも十分に前の時期，あるいは熱帯に近い気候における乾期の開始の前の時期である．

夕暮れの薄明，すなわち太陽がちょうど地平線の下にある時間の短波放射照度は，光周検出システムに影響を与えるのに十分であるため，日長を計算する際にはこの明

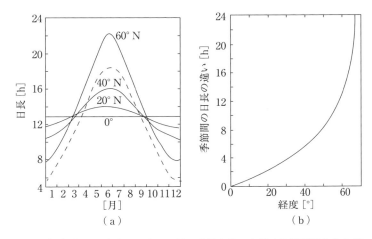

図 8.5 (a) 異なる緯度における日長の季節変化．実線は常用薄明を含んだ日長，破線は太陽が地平線より上に出ている明期の長さ（北緯 60°において）．(b) 異なる緯度における季節による日長変化の大きさ（付録 7 より計算）．

期の延長を考慮する必要がある．光周効果の正確な閾値放射照度は植物種や気候によって変化するが，光周性の研究にとって日長の適切な，しかし任意の定義は，日の出から日の入までの期間と常用薄明の期間（すなわち，太陽が地平線下の 6 度以内にある期間）の合計である．この期間は，式 (A7.1)（付録 7 参照）を再整理することで計算でき，図 8.5 の曲線が得られる．

Garner & Allard, 1920 以来，日長に対する開花の応答に基づいて，被子植物は少なくとも三つの主要グループに分けられることが知られている．タバコや雑草であるアカバアカザ *Chenopodium rubrum* のような植物では，開花誘導が起こるためには，中断されない暗期がある最小持続時間を超える日々がある最小日数以上必要であることがわかっている．これらは短日 (short-day：SD) 植物とよばれる．一方，ドクムギ属のような長日 (long-day：LD) 植物が開花するには，ある臨界日長より長い明期が，ある最小周期数だけ必要であるが，この条件は種によって大きく異なる．他種，とくに熱帯に起源をもつものは，日長に影響されず，開花応答において中性である．この種類には，とりわけ多くの砂漠に生育する短命植物 (desert ephemerals) が含まれる．臨界日長は種によって大きく異なる．

多くの種では，開花の必要日長は齢とともに変化し，場合によっては開花するためにはある特定順序の環境条件を必要とする．たとえば，開花のために，長日期間のあとに短日期間が続く (LSD 植物)，あるいは短日期間のあとに長日期間が続く (SLD 植物) 条件が必要な場合などである．同様に，植物の中には開花するために絶対的（無条

件的)な日長要求性をもつものがある一方で，適切な光周期では開花が促進されるが，不適当な日長の下であっても最終的には開花する植物(量的光周性植物)もある．異なる性質をもつ光周性植物の例を表8.3に示す．開花応答は温度に強く依存することが多いので，表は低温春化(第9章参照)の期間が必要な植物，あるいはそれが適切な日

表8.3 光周性植物の例．右列には，開花に低温処理(春化)が必要，あるいは春化が開花を促進する植物の例を示す(Vince-Prue, 1975のデータより)．同じ種でも，遺伝型が異なると別のグループに分類されることがあることに注意．

春化を必要としない	春化が必要，または春化によって促進される
短日植物(SD)	
(a) 絶対的短日植物	
カランコエ *Kalanchoe blossfeldiana*	イエギク *Chrysanthemum morifolium*
コーヒー *Coffea arabica*	オナモミ *Xanthium strumarium*
イチゴ *Fragaria × ananassa*	
(b) 条件的短日植物	
アサ *Cannabis sativa*	タマネギ *Allium cepa*
ワタ *Gossypium hirsutum*	イエギク *Chrysanthemum morifolium*
長短日植物(LSD)	
セイロンベンケイの仲間 *Bryophyllum crenatum*	
長日植物(LD)	
(a) 絶対的長日植物	
エンバク(春まき品種) *Avena sativa*	コムギ(冬まき品種) *Triticum aestivum*
ホウレンソウ *Spinacia oleracea*	ホソムギ *Lolium perenne*
ドクムギ *Lolium temulentum*	シロイヌナズナ *Arabidopsis thaliana*
(b) 条件的長日植物	
アブラナ *Brassica rapa*	テンサイ *Beta vulgaris*
オオムギ(春まき品種) *Hordeum vulgare*	コムギ(冬まき品種) *Triticum aestivum*
短長日植物(SLD)	
ホタルブクロの仲間 *Campanula medium*	カモガヤ *Dactylis glomerata*
シロツメクサ *Trifolium repens*	ケンタッキーブルーグラス *Poa pratensis*
中性植物(DN)	
キュウリ *Cucumis sativus*	ニンジン *Daucus carota*
四季なりイチゴ品種 *Fragaria vesca*	ソラマメ *Vicia faba*

長処理と組み合わせられたときに開花が促進される植物の例も含んでいる．

　短日植物のグループには，日長が14時間を超えることのない低緯度地域に起源をもつ植物種が多く含まれており，トウモロコシ，キビ，イネ，サトウキビなどの重要な作物がある．しかし，日長が短くなる夏の終わりにのみ開花するキク科植物など，温帯域にも短日植物はいくらか存在する．長日植物は，夏の長日条件で開花する典型的な温帯域の植物であり，多くの普通の温帯作物を含む．

　ある特定の環境に生育する植物にとって，非常に正確な光周性応答は有利かもしれないが，それは他の地域に対する適応性を制限することになる．広範囲の緯度にわたって分布する野生植物や作物は，日長応答の異なる生態型または地方品種に分化する傾向があるため，それぞれの植物がうまく生育できる地域は制限される．しかし，最近の多くのダイズ，コムギ，イネの品種は，それらの野生種と比べて日長の厳密な制御を受けていない．実際，新しい「緑の革命」品種を育成するうえで，メキシコのコムギやフィリピンのイネの育種では，世界横断的に適応するために日長の影響を受けにくい品種の選抜が主要な目標であった．しかし，このような選抜には，いくつかの不利益がある．たとえば，高緯度地域で栽培されるコムギにとっては，霜の危険が去るまで穂の発育を遅らせるための日長への何らかの感受性は有用である．他の例としては「浮稲」があり，日長への感受性はモンスーンによる洪水がひくまで開花を遅らせるために利用される．さもないと浮稲の種子は収穫できない．

　ほかにも，さまざまな植物の発育過程が光周期によって制御されるか，あるいは影響を受けることが知られている．これらの過程には，木本性の多年生植物における芽の休眠の誘導と打破，落葉，切り枝からの発根，種子発芽，草本植物の鱗茎と塊茎の形成，そして耐凍性の発達が含まれる．たとえば，夏の後半の暗期の増加は，多くの木本植物の休眠芽(dormant bud)の形成を開始させ，気候条件がまだ成長にとって好適であっても冬を見越して耐冬性を強化するためのシグナルとして利用されている．これは，最初に霜が降りる前に植物が比較的ゆっくりと耐冬性を発達させるための重要な生態学的適応をもたらし，植物への障害を回避させている．反対に，砂漠の苔類ミカヅキゼニゴケ *Lunularia cruciata*†が，長日によって休止芽(resting bud)の形成が引き起こすのは，夏の水ストレス影響を軽減する適応の例である．

8.4.4　概日時計と光周性のメカニズム

　高等植物における光周性応答は，光受容体と内因性の計時システム(概日時計)，および結果として生じる生理学的応答の情報伝達との間の複雑な相互作用を伴う

---

　† （訳注)日本にも移入し，市街地に定着している．

(Jackson, 2009).これらの相互作用は，暗期中に短時間だけ光照射をする（暗期中断）という実験を含めて，さまざまなタイプの実験によって研究されてきた．これらの研究は，短日植物が明/暗周期において開花するかどうかは，明期の長さではなく，主に暗期の長さに依存することを示した．植物（たとえば，いくつかのイネの品種）がわずか15〜20分程度の日長の変化にも感受性をもつという事実は，正確な内生時間測定メカニズムが存在することを意味し，これは光の照射「開始」と「停止」シグナルの正確な検出と組み合わされていると思われる．光周性応答は，光周期センサ，内生概日時計，開花や他の生理学的プロセスの制御経路との間の相互作用に依存している．概日時計はどのように光周性シグナルによって同調させられるのか，開花のような光周性応答を制御するうえで，概日時計はどのようにフィトクロムや他の光受容体と相互作用するのか，というような植物の概日時計についての理解は，主に遺伝学的手法の適用によって近年急速に進んでいる（Gardner et al., 2006, Hotta et al., 2007 など参照）．

植物の概日時計について理解されていることのほとんどは，条件的長日植物であるシロイヌナズナ（*Arabidopsis*）を用いた実験結果に基づいているが，シアノバクテリアから植物，そして動物にいたるまで，幅広い生物において類似したメカニズムが存在する（Harmer, 2009, Sung et al., 2010）．概日時計は，恒常的な明期あるいは暗期においても数日間循環し続ける多くの負のフィードバック循環に基づいているが，それらの自然のリズムは24時間よりも長い傾向があるため，概日時計中枢は日周的な環境シグナル（光または温度の日変動）によって同調される必要がある．時計の光調節にはZTL，クリプトクロム，フィトクロムセンサが関与していることがわかってきている．シロイヌナズナでは，概日時計は*CONSTANS*（*CO*）遺伝子座の発現時期を調節しており，日中の*CO*発現は長日条件下でのみ起こる．明期の終わりに光照射下で*CO*発現が増加すると，*CO*は開花遺伝子*FLOWERING LOCUS T*（*FT*）の転写活性化因子としてはたらく．*FT*の発現によってできたタンパク質はシュートの分裂組織に輸送され，開花遺伝子の発現を開始させる．幼若期の植物，あるいは低温春化を必要とする植物では適当な低温を経るまでは，*FT*の発現は阻害される．このメカニズムは2年生植物が1年目に開花することを防いでいる．短日植物であるイネの*Heading date 1*（*Hd1*）遺伝子†のような*CO*の相同遺伝子は，他の植物においても同様の役割を果たすことが示唆されている．関連したメカニズムは，多年生の短日条件における休眠の誘導と解除に関与しているようである（Rohde & Bhalerao, 2007）.

---

† （訳注）"Heading date" は出穂日の意.

8.4.5 光形態形成

　光形態形成（photomorphogenesis）は，これまでのいずれの箇所でも適切に論じられていない，光によって制御される幅広い発育応答に対して用いられる用語である（Smith, 1995）．これらは，種子発芽，茎の伸長，葉の拡張，葉緑体の発達，クロロフィルや多くの2次産物の合成への影響を含む．フィトクロム応答は，昆虫に対する被食防御物質の調節においても関与していることが示唆されてきた．たとえば，高密度の群落内での遠赤色放射は，この応答を減少させる傾向がある（Ballaré, 2009）．

発芽　多くの種子は発芽中には光の影響を受けないが，光に強く依存する種もある．白色光によって発芽が促進される植物（たとえば，レタス *Lactuca sativa* の品種やブナ *Fagus sylvatica*）や，発芽が阻害される植物がある（たとえば，キュウリ *Cucumis sativus* の品種）．興味深いことに，栽培種では光に対して感受性の高い種子をつくるものは少なく，これはおそらく人為選抜の結果だろう．しかし，いくつかの雑草種では光応答に対して多型である．種子の光に対する対照的な明順応の潜在的な適応的意義は明らかである．光による発芽の抑制は，種子が土中に埋まったときだけ発芽することを確実にする．一方，光刺激を受ける種子は，土壌の攪乱によってたとえ短い時間であっても光にさらされるまでは，長い期間，休眠状態を維持できる．このふるまいは，種子の発芽を長期にわたって分散させるうえで有利になるが，非常に低い放射照度への感受性は，PHY-A に介在されていることを示唆している．フィトクロムは，森林林冠のギャップへの侵入にかかわる発芽の刺激作用にも関与しているようである．しかしこの場合，森林の種子バンクの発芽を刺激するには，大きな林冠ギャップで高い R：FR 特性が持続する必要がある（Vasquez-Yanes & Smith, 1982）．これは PHY-B システムの特徴である．

　発芽に必要な光は種によって異なる．たとえばレタスは1分程度の弱い照射しか必要としないが，1日に数時間の照射を繰り返す必要がある種もある．Bliss & Smith, 1985 の研究は，種子は土壌表層にみられる非常に低い照射量に応答できることを示した．たとえば，ジギタリス *Digitalis purpurea* は発芽に光を必要とするが，厚さ10 mm の土壌で覆ったときにもよく発芽した．土壌を透過する際には短波長ほど減衰するので，赤色光/遠赤色光比が低下するが，この効果は乾燥した砂でもっとも大きい．

植物形態　光量と光質の両方が，植物形態に複雑な影響を与える．完全な暗中で育った実生は黄化し，非常に長く伸長し，淡い色になる．これは，植物が葉を広げる前に明るい土壌表面上に伸長できるようにするという明確な適応をもたらす．脱黄化の過程は，三つの主要な光受容システムのはたらきすべてを必要とすることが知られている．

ひとたび受光した後の植物のさらなる成長も，フィトクロムと青色光システムによって調節される．たとえば，茎と葉の伸長は光質への感受性が高く，高エネルギーのフィトクロム系によって作用することを示す結果が多く得られている．光源が異なると光平衡は変化し，Pfr 型で存在するフィトクロムの割合が異なることとなる．形態応答に関する情報のほとんどは，「標準的な」植物を生産するため，あるいは著しく背の低いまたは高い試料植物を得るため，または生産を最大化するために，制御環境や温室での適切な光照射システムを決定するための研究から得られている．

たとえば，PAR の光量子フラックス密度が等しくなるよう配置した蛍光灯または白熱電球の照明下では，成長に著しい違いが生じた(表 8.4)．とくに，白熱電球下では蛍光灯下に比べて総乾物生産量が多く，茎の伸長速度もずっと高かった．これらの結果は，遠赤色光の割合が増えたときに起こることの典型である．白熱電球は赤色光と遠赤色光の割合が高く($\phi = 0.38$)，一方，蛍光灯の放射は主に青色光領域にある($\phi = 0.71$)．一般に，茎の伸長の対数速度定数は ϕ に反比例する傾向があるが，指数的に ζ と関係する(図 8.6 参照)．

表 8.4 蛍光灯($F, \phi = 0.71$)または白熱電球($I, \phi = 0.38$) (PAR の光量子フラックス密度は同じ)の下で育てたキク科イヌカミツレ *Tripleurospermum maritimum* とシロザ *Chenopodium album* の発育の変化(Holmes & Smith, 1975 のデータより)．

	イヌカミツレ		シロザ	
	F	I	F	I
草丈 [cm]	29.7	59.4	15.0	28.4
節間長 [cm]	0.8	3.5		
葉の乾燥質量 [g]	0.48	0.46	0.34	0.31
茎の乾燥質量 [g]	0.33	0.58	0.10	0.20
葉面積 [cm^2]	—	—	107	78
クロロフィル a + b [mg g^{-1} 生重]			112	94

被陰回避と隣接個体を感知する応答　図 8.4 に示したように，被陰下の光の特徴は長波長成分が相対的に多くなり，フィトクロムの光平衡 ϕ が低くなることである．被陰下の光の特徴である低下した R：FR 比も，明期の終わりに補助的な遠赤色光を短時間照射されることも，いずれも大きな形態形成効果をもたらす(表 8.5)．自然環境下ではこの光質への感受性は被陰に適応するうえで重要で，節間や葉柄の伸長，葉の拡張の増加と同時に，葉の上側への向き変え(下偏生長)のようなその他の応答を導く．これらの応答は「被陰回避シンドローム」としてしばしばまとめられる．多くの

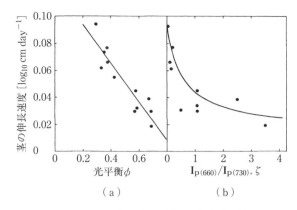

図 8.6 シロザにおける茎の成長速度と（a）光平衡 ϕ および（b）光量子フラックス密度比 ζ との関係(Smith, 1981 より).

種，とくに耕地雑草は，他の植物に被陰されたときに劇的な茎の伸長を示し，それによって競争相手よりも大きくなる被陰回避者である．他方，被陰環境に適応した森林の草本種は被陰耐性者である．これらの植物は，被陰下の低い放射照度を最適に利用するために，葉を薄くして，クロロフィル a：b 比を下げて PSII：PSI 比を上げるといった，ずっと小さな形態学的・生化学的変化を行う．Gommers et al., 2013 は，フィトクロムとクリプトクロムが関与する複雑な感知メカニズム，そして成長調節因子であるジベレリン，エチレン，ブラシノステロイドとオーキシン，そしてそれらの相互作用因子(たとえば，DELLAs や PIFs)が関係している下流の情報伝達経路についての最近の知識を要約している．被陰下の光への応答のほとんどがその質に対するものであるが，その特徴的に低い総放射フラックス密度やその量も，多くの被陰応答において重要な要医である(Young, 1975)．低い放射照度は，茎の伸長を代償として，葉の発達を最大化する傾向がある．これは，低い ζ 値単独の影響では，葉の展開を代

表 8.5 8.5 時間の明期の終わりに，670 μmol m^{-2} s^{-1} の蛍光灯(F)または白熱電球(I)を 0.5 時間照射したときのタバコ *Nicotiana tabacum* 実生の成長への影響の要約．数値は 5 品種の平均値(Downs & Hellmers, 1975 から計算).

	F	I
茎の長さ [cm]	7.1	12.9
葉の生重 [g]	11.4	14.5
茎の生重 [g]	2.0	4.1
第 5 葉の幅 [cm]	16.4	19.0
第 5 葉の長さ [cm]	9.3	9.7

償にして茎の伸長を最大化するのとは対照的である．低放射照度も，単位質量あたりの茎の長さを増し，葉を大きく薄くする傾向がある．実際，陽葉と陰葉の間の形態学的・生化学的違い（第7章参照）は，質と量の感知における相互作用を伴う．

疎な植物群落であっても，隣接する植物からの遠赤色放射の選択的散乱は，隣接個体の存在を伝えるのに十分であり，葉を透過する際の放射スペクトル変化は考慮する必要がない(Smith, 1995)．この隣接個体の感知は，植物の個体密度に応じた形態変化を制御するうえで重要となるだろう．個体密度が低いときには赤色光/遠赤色光比が主要な調節因子と考えられるが，LAI が大きいときには放射総量（主に青色光受容体によって感知される）も重要だろう．その結果，PHY-B による R：FR 比の感知と，cry1 による青色光の感知の両方が作用することが予想されるが，いずれの経路でも，その下流作用において PIF4 と PIF5 が関与するようである(Keller et al., 2011)．しかし，植物間の距離の違いの効果を，1日の違う時刻における ζ 値の変動から区別するための正確なしくみはいまだに不明である．おそらくは概日時計が関与しており，そしてその応答は受けた放射照度によって重み付けされているのかもしれない．他の植物から反射された FR や，葉を透過した光などの低い R：FR によって刺激される被陰回避は，PHY-B の Pfr を低下させ，続いて成長促進転写因子の蓄積と伸長，そして他の被陰回避応答を導く(Franklin, 2008)．

気孔の発達　　放射照度は気孔の分化にも影響し，放射照度の絶対量が大きいと，気孔指数（表皮細胞に対する気孔の割合）が増加する傾向がある．Casson et al., 2009 は，この応答における PHY-B の重要性を示している．

8.4.6　UV-B 応答

植物に UV-B を照射すると，多くの特徴的な発育・生理応答が生じる．一般に，UV-B は伸長成長や葉の展開を抑制し，分枝を促進するが，さまざまな2次代謝物質，とくに UV 保護のフラボノイドの合成も促進する．フラボノイドは表皮に蓄積し，葉内への UV の透過を減らす．とくに短波長領域の高い放射照度の UV は，しばしば活性酸素の生成を通して DNA 損傷を生じさせ，多くの細胞過程を崩壊させ，一般に急速な組織壊死をもたらす．しかし，UV-B は直接損傷を与えるだけではなく，低い放射照度では多くの発育応答と生化学応答を調整する重要な環境シグナルであり，病害虫や病原体に対する防御においては重要な役割を果たすこともある．UV-B に対する植物の耐性は種間で大きく変わり，また，同種内でも遺伝子型間で大きく変わる．一方，UV-B の事前照射によって順化すると，その後，UV-B 照射に対する耐性は大きく増加する．高い放射照度の UV-B では通常，防御や傷害，あるいは一般的なストレス応答に関与する遺伝子が刺激されるが，低い放射照度あるいは短時間照射では，主

にUV防御または損傷回復に関する遺伝子が刺激される．

低い放射照度のUV-Bに対するUVR8が関与した下流の発育応答は，少なくともシロイヌナズナではCOP1遺伝子との密な相互作用に依存し，COP1遺伝子は多くの光形態形成シグナルの正の調節因子として密接に関係している(Jenkins, 2009)．

| UV-B応答の研究方法　　ここで，植物のUV応答の研究に用いられる手法について述べておく．多くの場合，実験手法の問題のために，実験で得られた結果は自然環境に生育する植物の応答と対応していない可能性がある．たとえば，観察されるUV-B応答は，どのような状況においても周囲のPAR放射照度に依存するということは忘れられがちである．そのため，周囲のPARが自然の放射照度の1/10以下である人工気象器の中で自然放射のUV-Bを加えたとしても，誤った結果をもたらすだろう．同様に，UV-B処理ではしばしば典型的な夏の光のUV-B量を大きく超えるような，不自然に高い放射照度のUV-Bを適用してしまうことがある．イギリスの夏の日中では，典型的な最大UV-BでもI$_s$のわずか1.5%(あるいは15 W m^{-2})程度であり，300 nmにおける1日の最大分光放射照度は1〜10 mW m^{-2} nm^{-1}程度である．

UV-B放射の影響を野外で調査する一つの方法は，ポリエステルフィルムのフィルタを用いて，何段階かで入射UV-Bの一部を除去することである．残念ながらこの方法では，オゾン層が薄くなる高緯度地域で生じるようなUV-B放射照度の増加は実現できない．そのため，UV-B照射を変えるもっとも現実的な方法として，UV-B蛍光灯による追加放射によって入射UV-Bを増やすのが普通で，その時々における自然放射の全体にわたって，連続的にある割合でUV-Bを高くする．これは，オゾン層が薄くなる効果をうまく似せている．このような実験で用いられる蛍光灯はかなりの量のUV-Cと短波長のUV-Bも作り出すため，過剰な短波長領域を2酢酸セルロースフィルムによって除去するのが普通であるが，これらの除去能力は時間とともに急速に低下するため，頻繁な交換が必要である(Mepsted et al., 1996)．残念ながら，このシステムによる少量のUV-A増加は，若干の形態形成への影響をもたらすため，UV-Bの影響を研究するためには，対照区としてポリエステルフィルムを用いてすべてのUV-Bを除去し，追加のUV-Aを残すという処理が必要である(Newsham et al., 1996)．この追加照射UVを調節する方法の利点は，「矩形波」型のUV-B追加による不自然な影響を避けられることである．

8.5　植物の成長調節物質の役割

本章で説明した発育の変化の制御には，ほとんどの場合，一つ以上の植物成長調節物質が関与している．例としては，フィトクロムによる情報伝達と，下流の転写調節

因子である PIFs と DELLA ファミリーのあいだの密接な相互作用があり，それらはジベレリン（GA）情報伝達経路と密接に関係し，それ自身が，葉の拡張や子葉鞘の屈曲のような，多くの形態形成応答に必要な最終の成長応答の中枢である（Franklin, 2008 など参照）．一方，オーキシンの再分配が光屈性による屈曲応答の主要素である．エチレンは，被陰回避応答に関係していそうな別の成長調節物質である（Ballaré, 2009 参照）．同様に，Pfr を介して作用する光による発芽の制御は，アブシジン酸（ABA）と GA 経路の複雑な相互作用が関係している．光への応答に対するこれらの情報伝達と制御経路における植物成長調節物質の関与についての詳細は本書では扱わないので，適切な教科書と総説を参照してほしい（Kamiya, 2009 による *Annual Review* 特集などを参照）．

8.6 演習問題

8.1 太陽光の入射エネルギーが 730 nm に比べて 660 nm で 1.1 倍高いとする．（ⅰ）（a）減衰していない太陽光の ζ はいくらか．（b）1 層の葉群を透過した太陽光の ζ はいくらか．（ⅱ）（ⅰ）の（a），（b）に相当するフィトクロム光平衡 ϕ の値を推定せよ．

第9章　温度

植物は $-89.2\,°C$ (旧ソ連の南極ボストーク基地で 1982 年に記録[†])から $56.7\,°C$ (カリフォルニア州デスバレーでの記録，El Fadli et al., 2012) まで，地球表面上で起こりうるあらゆる範囲の気温条件，そして，砂漠の地表面やサボテンのような蒸散速度の小さい砂漠の大型植物の表面における高温(最高 $70\,°C$ 程度)でも，生き残ることができる (Nobel, 1988). さらに，耐火性植物は，森林火災中に起こる $300\,°C$ に及ぶ高い表面温度下でも生き残ることができる．種子はとくに耐性が強いが，他の組織もきわめて広い温度範囲で生存可能な植物もある．しかし，ほとんどの植物は，およそ $0\,°C$ より少し上から $40\,°C$ 付近までのかなり限定された範囲でしか成長できず，成長が最大になるのはさらに限られた温度範囲となり，その範囲は種，生育段階，そしてそれまでの生育環境に依存する．植物と温度についての有用な情報は Larcher, 1995 や Long & Woodward, 1988 で得られる．

本章では，植物の温度制御の基礎となる物理学的法則について述べるとともに，高温や低温の生理学的な影響について概説する．最後の節では，より生態学的な観点から温度環境に対する植物の適応と順化について考える．

9.1　組織温度の制御についての物理学的基礎

第5章で概説したように，ある瞬間における植物組織の温度は，エネルギー収支によって決まる．代謝に伴う貯熱を無視すると，エネルギー収支式(式(5.1))はつぎのように簡略化できる．

$$R_n - C - \lambda E = S \tag{9.1}$$

ここで，すでに定義したように，R_n は純放射，C は顕熱輸送，λ は水の蒸発潜熱，E は蒸発散フラックス，S は物理的に貯熱されるエネルギーの総量である．エネルギーフラックスの残差は物理的な貯熱に割り振られ，組織温度を変化させる．以下では，主に葉温について説明するが，同様の原理はすべての地上部組織に当てはまる．なお，植物の温度制御についての生物物理学的観点からのさらなる解説については，Campbell & Norman, 1998, Gates, 1980, Monteith & Unsworth, 2008 などが参考になる．

[†] 2010 年 8 月 10 日にはボストーク周辺で衛星観測から $-93.2\,°C$ という記録が確認された．

9.1.1 定常状態

定常状態で葉温が一定であるとき，式(9.1)はつぎのように簡略化できる．

$$\mathbf{R}_n - \mathbf{C} - \lambda \mathbf{E} = 0 \tag{9.2}$$

この式は，潜熱(式(3.29))と顕熱(式(5.20))のそれぞれの損失について以下の式を代入することで拡張できる．

$$\mathbf{C} = \rho_a c_p \frac{T_\ell - T_a}{r_{aH}} \tag{9.3}$$

$$\lambda \mathbf{E} = (0.622\,\rho_a \lambda/P) \frac{e_{s(T_\ell)} - e_a}{r_{aW} + r_{\ell W}} = (\rho_a c_p/\gamma) \frac{e_{s(T_\ell)} - e_a}{r_{aW} + r_{\ell W}} \tag{9.4}$$

拡張した式を使うと，吸収放射，気温，湿度と葉面抵抗・境界層抵抗がわかれば，コンピュータを使った繰り返し計算によって葉温を決めることができる(Campbell & Norman, 1998, Gates, 1980, Jones & Vaughan, 2010, Monteith & Unsworth 2008)．より使いやすい葉温の解析解は，一連の蒸発式(式(5.26))で使われているのと同様の，ペンマンの線形近似法によって得られる．その手法では，式(5.21)を使って，式(9.4)中の葉面飽差(葉面と大気の間の水蒸気圧差)を，大気飽差 D と葉温と気温の差に置き換える．これに式(9.2)〜(9.4)を組み合わせることで次式を得る．

$$T_\ell - T_a = \frac{r_{aH}(r_{aW} + r_{\ell W})\gamma \mathbf{R}_n}{\rho_a c_p [\gamma(r_{aW} + r_{\ell W}) + s r_{aH}]} - \frac{r_{aH} D}{\gamma(r_{aW} + r_{\ell W}) + s r_{aH}} \tag{9.5}$$

この式は，葉温と気温の差が2項の合計として与えられることを示しており，それぞれ純放射と大気飽差に依存している．

式(9.5)の導出には，二つの重要な近似が含まれている．一つはペンマンの線形近似であり，T_a と T_ℓ の間で温度に対する飽和水蒸気圧の変化率 s が一定であるという仮定である．この仮定による誤差は，通常の温度差では無視できる．もう一つの近似は，純放射が葉面状態の影響を受けない環境要因であるという仮定であるが，純放射 $\mathbf{R}_n$ は実際には葉温自身の関数である．5.1.2項で導入した等温純放射の概念を使うと，この影響を考慮できる．式(9.5)の $\mathbf{R}_n$ を等温純放射 $\mathbf{R}_{ni}$ に置き換え，r_{aH} を r_{HR} に置き換えることで，次式が得られる．

$$T_\ell - T_a = \frac{r_{HR}(r_{aW} + r_{\ell W})\gamma \mathbf{R}_{ni}}{\rho_a c_p [\gamma(r_{aW} + r_{\ell W}) + s r_{HR}]} - \frac{r_{HR} D}{\gamma(r_{aW} + r_{\ell W}) + s r_{HR}} \tag{9.6}$$

式(9.6)を用いることで，葉温と気温の差がどのように環境要因や植物要因に依存するのかを調べることができる．実際には，葉面抵抗 r_ℓ には複雑なフィードバック効果があるが(第6章参照)，個々の要因を個別に変化させることで，式(9.6)のさまざまな要因がどのように葉温に影響を与えるかの有用な概要が得られる．このような方法の結果を図9.1に示し，以下に要約する．

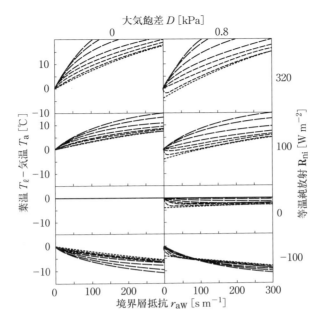

図9.1 葉温－気温差の環境依存についての計算結果．気温 $T_a = 20℃$ のとき，D, $\mathbf{R}_n$, r_a, r_ℓ との関係．図中の線は r_ℓ を表し，短い破線が $0\,\mathrm{s\,m^{-1}}$ で，上へ順に 10, 50, 100, 200, 500, 2000 $\mathrm{s\,m^{-1}}$ となり，一番長い破線が∞を表す．

|葉面抵抗 表面が乾いていてエネルギー収支式の潜熱項がない場合（これは $r_\ell = \infty$ に相当），式(9.6)はつぎのように簡略化できる．

$$T_\ell - T_a = \mathbf{R}_{ni} \frac{r_{HR}}{\rho_a c_p} \tag{9.7}$$

この場合，$T_\ell - T_a$ は $\mathbf{R}_{ni}$ に比例し，$\mathbf{R}_{ni}$ が正のときは葉温が気温よりも高くなり（通常の日中），$\mathbf{R}_{ni}$ が負のときは葉温が気温よりも低くなる．r_{HR} は放射と対流の両方の成分を含むので，$T_\ell - T_a$ は r_{aH} と線形関係ではない．

露に覆われたときのように，表面が完全に濡れている場合には $r_\ell = 0$ である．この場合，潜熱による冷却は境界層抵抗によって決まる最大値となる．r_a が0に近づくにつれて $T_a - T_\ell$ の値は $D/(\gamma + s)$，すなわち理論的な乾球と湿球の温度差に近づく．

r_ℓ がゼロでないとき，境界層抵抗がゼロに近づくにつれて葉温は気温に近づく．通常の境界層抵抗下では，蒸散による冷却の程度は r_ℓ が小さいほど大きくなる．蒸散によって葉温が気温より低くなるかどうかは他の要因，とりわけ $\mathbf{R}_{ni}$ や D の値による．葉温は r_ℓ が大きくなるにつれて上昇する（図9.1参照）．純放射が負の値で，凝結（つまり結露）が起こるときには図9.1から逸脱する．この場合には葉面抵抗はゼロなので，

大きな r_ℓ の値で計算された予測曲線は物理的に起こりえない.

|飽差　葉温 T_ℓ への大気飽差の効果は，水蒸気損失に対する全抵抗の大きさに依存する．表面が乾いていて(あるいは $r_\ell = \infty$)，潜熱損失が起こりえない場合，D は葉温とは無関係である(式(9.7))．他のすべての場合で，D の増加はとくに r_ℓ が小さいときに葉温を下げる．

|純放射　他の要因が一定で，葉への放射熱負荷が増加すると，T_ℓ はつねに増加する(図9.1)．$\mathbf{R}_{ni}$ が負の値のとき(一般に，晴れた夜には $\mathbf{R}_{ni}$ は $-100\,\mathrm{W\,m^{-2}}$ 程度まで低下する)，T_ℓ は必ず T_a よりも低くなる．1枚の葉に吸収される純放射量は，日射に対する反射係数の値 ρ_s(第2章参照)に大きく依存する．

|境界層抵抗　r_a の葉温への効果は，とくに境界層抵抗 r_a が小さく，蒸発による冷却で葉温が気温よりも低くなる状態のときに複雑である．r_a が増加すると，環境条件や r_ℓ によって T_ℓ が増加したり低下したりする．T_ℓ が T_a よりも高いときには，r_a が増加すると T_ℓ もつねに増加する．r_a の値そのものは，第3章で概説したように風速，葉の大きさ，葉の形に依存する．

|気温 T_a　気温が葉温に与える効果は二重になっている．第一に，気温は T_ℓ が近づく基準温度となる．第二に，$T_\ell - T_a$ の値に対する T_a の主な効果が二つある．温度の上昇とともに s の値は増加するので，葉温が気温より高くなる程度は温度の上昇とともに小さくなる(式(9.6))．また，どのような相対湿度あるいは絶対湿度においても，温度の上昇とともに D が増加するので，潜熱損失量は増加し，図9.2に示したように T_ℓ は T_a に対して低くなる．後に挙げた二つの効果によって，低温時には $T_\ell - T_a$ の値が大きな正の値になる．

|水欠乏　葉温と気温の差は葉面コンダクタンスと関係があるため，T_ℓ あるいは葉温と気温の差を植物が受けている水ストレスの程度の指標として使用できる．経験

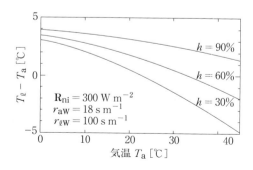

図 9.2　気温が葉温 - 気温差に与える効果．何段階かの一定相対湿度 h [%] 条件において，式(9.6)から計算.

的あるいは理論的手法によって，この性質に基づいた「ストレス指数」が計算されてきた．ストレス指数の理論的・実際的な基礎については第 10 章で詳しく扱う．

9.1.2 非定常状態

　自然環境下ではとくに放射や風速はつねに変動しており，植物の温度が定常状態にあることはめったにない．エネルギー収支のどの要素が変化しても，貯留項 S はゼロではなくなるので，葉温は純エネルギー交換をゼロに戻す方向へと変化する．たとえば，もし R_n が増加すると，増加した潜熱と顕熱の損失が再び新しい R_n の値とつり合うまで葉温も上昇する．

　葉温の変化速度は，組織の単位面積あたりの熱容量（$\rho^* c_p^* \ell^*$）に依存する．

$$\frac{dT_\ell}{dt} = \frac{S}{\rho^* c_p^* \ell^*} = \frac{R_n - C - \lambda E}{\rho^* c_p^* \ell^*} \tag{9.8}$$

ここで，ρ^*と c_p^* はそれぞれ葉組織の密度と比熱容量である．ℓ^* は体積の表面積に対する比で，平坦な葉では厚さに相当し，円柱では $d/4$，球体では $d/6$ に相当する（d は直径）．ある環境下における平衡温度 T_e を定常状態で得られる T_ℓ の値として定義すると，式 (9.8) は次式のように書き換えられる（付録 9 参照）．

$$\frac{dT_\ell}{dt} = \frac{\rho_a c_p (T_e - T_\ell)}{\rho^* c_p^* \ell^*} \left[\frac{1}{r_{HR}} + \frac{s}{\gamma(r_{aW} + r_{\ell W})} \right] \tag{9.9}$$

この式は**ニュートンの冷却の法則**の形式であり，「ある条件下における固体の冷却速度は，固体と周囲との温度差に比例する」．式 (9.9) は（式 (4.31) と同様に）一次の微分方程式であり，適当な境界条件（すなわち，葉が最初は T_{e1} で平衡状態にあり，ゼロ時間で環境が瞬時に変化し新しい平衡温度 T_{e2} へと変化）を代用すると標準的な手法で解くことができ，次式が導出される．

$$T_\ell = T_{e2} - (T_{e2} - T_{e1}) \exp\left(-\frac{t}{\tau}\right) \tag{9.10}$$

ここで，時定数 τ は次式で与えられる．

$$\tau = \frac{\rho^* c_p^* \ell^*}{\rho_a c_p \{(1/r_{HR}) + [s/\gamma(r_{aW} + r_{\ell W})]\}} \tag{9.11}$$

時定数は，平衡「環境」温度の段階的な変化（たとえば，葉が陰になった結果，吸収放射量が変化することによって起こる温度変化）にそって一連の温度測定を行い，式 (9.10) にこの結果を当てはめることで，任意の条件下で容易に推定できる．式中の三つのパラメータ（T_{e1}, T_{e2}, τ）の算出はどのような最適化手法によってもよいが，Excel（マイクロソフト社）のソルバーアドインの利用が，この目的のためにとりわけ便利である．

9.1.3 植物器官の熱時定数

熱時定数 τ は，環境の変化に対して組織温度がどれだけ素早く T_e に追随するかの指標となる．τ の値は，風速，器官の大きさや形（厚みは単位面積あたりの熱容量に影響を与え，大きさ，形，風速は r_a に影響を与える），気孔抵抗，気温（これは諸定数の値，とりわけ s に影響を与える）に依存している．さまざまな素材の熱特性を付録5にまとめた．通常，生体組織の80〜90%は水であるため，この値は純水の値（20℃で4180 J kg^{-1} K^{-1}）と非常に近い．そこで，葉と果実の平均比熱容量を 3800 J kg^{-1} K^{-1}，また平均的な葉密度を 700 kg m^{-3} とすると，$\rho^* c_p^*$ は約 2.7 MJ m^{-3} となる．

すべての植物組織にこれらの値を使うと，さまざまな大きさと形をもつ植物器官について2通りの風速における時定数の概算値を計算できる（表9.1）．表から，もっとも大きな葉を除いて，葉の τ は1分よりも短い値をとりそうなことがわかる．幹や果実では葉よりも長い時定数をとるが，これは単位表面積あたりの容積が葉よりも大きいためで，成木の幹では τ は日の単位をとりうる．葉の τ は，気孔閉鎖によって顕著に増加する．図9.3は，野外において平均的な大きさ（30 cm^2 程度）の，蒸散している葉の温度がどれくらい素早く変動するかを示したもので，一方，より厚く，より大きな対照の模擬葉の温度変化は極度に減衰したものとなる．ここで，気温自体も，ガラス水銀柱温度計のような長い時定数をもつ測器では検出できないような早い変化を示すことに注意する必要がある．異なる樹種の葉で観測された τ の値は表9.1で予想された値に近く，つる植物，ワタ，セージヤナギ *Salix arctica*，テーダマツ *Pinus*

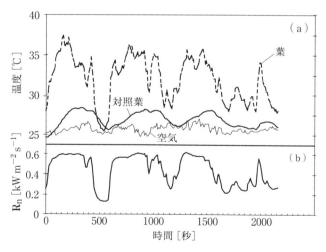

図9.3 （a）インゲンマメ葉（約30 cm^2）の野外での温度変動．気温変動と比較的大きな濡らした模擬葉（アルミニウム板をフィルタ紙で覆ったもの）の表面温度の変動を併記．（b）そのときの純放射の変動．温度は42番銅コンスタンタン熱電対で測定（H. G. Jones, 未発表データ）．

表9.1 葉，茎，果実の20℃における熱時定数．単純な幾何学的形状として扱い，式(9.11)を使って計算．d は葉の横幅(円柱・球形の場合は直径)，ℓ^* は体積 − 表面積比．τ の値は蒸散しない器官の値で，括弧内のみ $r_\ell = 50\,\mathrm{s\,m^{-1}}$ を仮定した値(Monteith, 1981)．

	寸　法		時定数 τ の計算値	
	d [cm]	ℓ^* [cm]	$u = 1\,\mathrm{m\,s^{-1}}$	$u = 4\,\mathrm{m\,s^{-1}}$
葉				
シバ	0.6	0.05	0.18 (0.13)	0.09 (0.08)
ブナ	6	0.10	0.94 (0.52)	0.55 (0.36)
クワズイモ	60	0.15	2.90 (1.34)	2.00 (1.01)
茎				
小	0.6	0.15	1.4	0.68
中	6	1.5	31	16
大	60	15	540	330
果実				
ナナカマド	0.6	0.1	0.71	0.33
野生リンゴ	6	1	16	7.7
ジャックフルーツ	60	10	300	170

taeda などのさまざまな葉で 0.15〜0.45 分の範囲(Pau U, 1992)であるが，ベンケイソウ科 *Graptopetalum* 属の極度に厚みのある葉では低い風速下で7分に達し(Ansari & Loomis 1959, Linacre, 1972, Thames, 1961, Warren Wilson, 1957)，サボテンの茎では2時間を超える値をとるものもある(Ansari & Loomis, 1959)．

式(9.9)の導出においては均質な表面温度分布を仮定している．これは通常，野外では満たされない条件ではあるが，それによる誤差は通常小さい．もう一つの問題として，大きな組織においては表面への熱伝導速度が重要となるが，これは植物組織の熱伝導率がとても低いからである(水と同程度．付録5参照)．たとえば，葉の横方向への熱伝導率は約 $0.24\sim0.57\,\mathrm{W\,m^{-1}\,K^{-1}}$(Nobel, 2009)であり，リンゴ果実の熱伝導率は $0.9\,\mathrm{W\,m^{-1}\,K^{-1}}$ 以下である(Thorpe, 1974)．これは，大きな器官の中心部の温度は表面温度に対して時間遅れがあることを意味し，幹の中心部の時定数は式(9.11)で与えられる値よりも長く，すなわち，表面よりもおそらく長い．植物組織の低い熱伝導率はまた，大きな器官で方向による放射吸収が違うと，大きな温度勾配が生じることを意味している．たとえば，高い放射環境下でリンゴ(Vogel, 1984)やサボテン(Thorpe, 1974)の日向側と日陰側で，10℃もの温度差が観測されている．Nobel, 1988 は，さまざまなサボテン科 *Ferocactus* 属の種の茎の表面温度を推定するために，

植物の大きさ，頂点の軟毛，とげによる影の効果などを含むモデルを開発した．モデルの計算結果は野外観測結果によく合致して，異なる種の自然分布とも関連づけられそうであった．

　任意の条件下での実際の温度変動は，熱流に関するフーリエ方程式（3.2.2項参照）を解くことで得られ，1次元では次式となる．

$$\frac{\partial T}{\partial t} = D_\mathrm{H}\frac{\partial^2 T}{\partial z^2} = \frac{k}{C_\mathrm{V}}\frac{\partial^2 T}{\partial z^2} \tag{9.12}$$

ここで，D_H は対象物の熱拡散係数 $[\mathrm{m^2\,s^{-1}}]$，k は熱伝導率 $[\mathrm{W\,m^{-1}\,K^{-1}}]$，$C_\mathrm{V}$ は対象物の体積熱容量 $[\mathrm{J\,m^{-3}\,K^{-1}}]$ である．C_V は対象物の密度（$\rho\,[\mathrm{kg\,m^{-3}}]$）と比熱容量（$c_\mathrm{p}\,[\mathrm{J\,kg^{-1}\,K^{-1}}]$）の積であり，付録5に示したように，これらの数値は構成物（鉱物（土の場合），有機物，水，空気の割合）の関数として変化する．詳しくは Campbell & Norman, 1998 や Hillel, 2004 を参照のこと．

9.1.4　温度の時系列変化の具体的事例

|階段状の変化　　平衡環境温度がある値から別の値に瞬時に変化する場合，葉温の時系列変化はたとえば式(9.10)によって与えられ，図9.4（a）のように表される．

|傾斜状の変化　　環境が一定の速度で変化しているとき，組織の温度は環境温度より少し遅れて変化するが，一定で変化している時間がおよそ $3\times\tau$ を超えると，組織温度の増加速度と平衡温度の増加速度は等しくなる（図9.4（b））．

|調和振動的な変化　　環境研究においてとくに重要な状況は，環境温度が振動する場合，あるいはエネルギー入力（日射など）が振動する場合である．たとえば，温度の日変動や季節変動は，どちらも正弦波で近似できるので，時間 t（$T_\mathrm{e,t}$）における平衡温度の概念的な変動を単一サイクルの波としてつぎのように記述できる．

$$T_\mathrm{e,t} = T_\mathrm{ave} + \Delta T_\mathrm{e}\sin(\omega t) \tag{9.13}$$

ここで，T_ave は1周期の平均温度，ΔT_e は振幅，つまり平衡温度の波の頂点から頂点までの幅の半分，ω は駆動エネルギー入力の角周波数である（$= 2\pi/\mathrm{P}$．ここで，P は振動の期間で，日変動の場合，ω は $7.27\times10^{-5}\,\mathrm{s^{-1}}$ となり，年変動の場合は $2\times10^{-7}\,\mathrm{s^{-1}}$ となる）．この調和入力を使うことで式(9.12)を解くことができ（たとえば，Monteith & Unsworth, 2008 参照），ある時間 t における温度は次式で与えられる．

$$T_\mathrm{s,t} = T_\mathrm{ave} + \Delta T_\mathrm{s}\sin(\omega t - \phi) \tag{9.14}$$

ここで，ΔT_s は表面温度の振幅，ϕ は駆動力の入力に対する表面温度の**位相遅れ** [rad] である．一般的な効果は，図9.4（a），（b）と同じ時定数の場合について図9.4（c）のように表せる．増加する τ の効果は二重にある．まず，振動の振幅を減衰させ，そして駆動温度と対象温度との位相遅れを増やすことである．位相遅れは時定数と ϕ

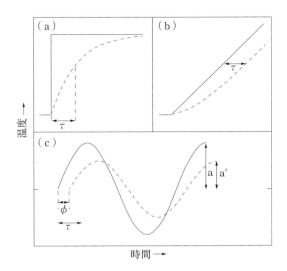

図 9.4 環境温度(実線)変化に対する表面温度(破線)の変化(Monteith & Unsworth, 2008 より改変). (a) 階段状変化に対する反応. τ は 63%の変化が起こる時間 t(図 4.14 も参照). (b) 傾斜状変化に対する反応. τ は最終的な一定のタイムラグ. (c) 正弦曲線状に変化する環境温度に対する反応(式(9.13)).

$= \tan^{-1}(\omega\tau)$ の関係があり,一方,振幅の減衰 $\Delta T_s/\Delta T_e$ は $\cos(\phi)$ と等しい.

大きな組織や土壌中の温度勾配　このような解析を拡張すれば,土壌中や木の幹のような大きな組織中の温度勾配を予測できる(Campbell & Norman, 1998, Hillel, 2004). 土壌や大型植物組織の有限な熱伝導率は表面から内部への熱輸送を遅くし,位相遅れと振幅の減衰を助長する.無限の深さにおいて,温度が一定で T_{ave} と等しくなるとすると,式(9.12)はつぎのように解ける.

$$T_{z,t} = T_{ave} + \Delta T_s \exp\left(-\frac{z}{Z}\right) \sin\left(\omega t - \phi - \frac{z}{Z}\right) \tag{9.15}$$

ここで,$T_{z,t}$ は深さ z,時間 t における温度変動,Z は **制動深さ**(damping depth)として知られており,次式によって与えられる.

$$Z = \sqrt{\frac{2D_H}{\omega}} \tag{9.16}$$

典型的な土壌に式(9.15)を適用した結果を図 9.5 に要約する.これは多くの目的にとって十分に変動を表現している.しかし,年変動周期と日変動周期は重なっており,大気への熱損失率は天候によって変わり,熱拡散率は土壌水分に依存するので,かなり単純化された表現になっていることは留意する必要がある.

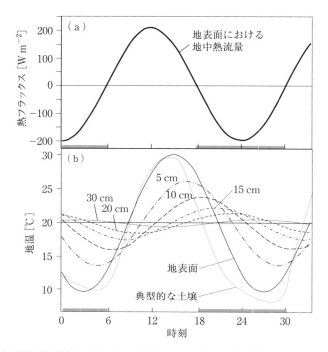

図 9.5 （a）晴天日に日射エネルギーの入射によって起こる土壌表面における地中熱流量の日変動（正の値が土壌中への正のフラックス G を表す）．（b）これに対応する土壌各深度の地温の日変動．典型的な実際の土壌表面温度の日変動も併記（Jones & Vaughan, 2010 より作図）．

9.2 温度の生理学的影響

9.2.1 代謝過程への温度の影響

ほとんどの代謝反応は温度に強く影響を受けるが，光吸収のようないくつかの物理的過程は比較的温度変化に鈍感で，一方，拡散速度は一般的に中程度の感度である．

温度依存が起こるのは，その反応過程において，関係分子がある最小エネルギーを（通常，運動エネルギーの形で）もつ必要がある場合である．一般に，最小エネルギーの必要量が多いほど温度依存は強くなる．この温度効果の理由は，簡単な化学反応で説明できるだろう．この化学反応では，反応が起こる前に関連する一つ，または複数の分子がより高い位置エネルギーの状態に引き上げられなくてはならない（図 9.6）．この反応「障壁」にかかわっているエネルギーを活性化エネルギー E_a という．活性化エネルギーの値がどのように温度反応に影響を与えるかは，ある温度における類似した分子の母集団中で，異なる分子間のエネルギー分布を考えることで理解できる．平均運動エネルギーは温度とともに増加するが，頻度分布上の「高エネルギー尾部」にある分子数はさらに急激に増加する．E_a 以上の大きなエネルギーをもつ分子数

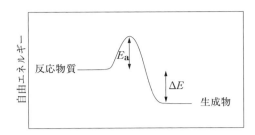

図 9.6 ある化学反応についてのエネルギー閾値. 反応の活性化エネルギー E_a と自由エネルギー変化 ΔE を表す.

$n(E)$ は，ボルツマンのエネルギー分布で与えられ，モル単位でつぎの形式で表せる．

$$n(E) = n \exp\left(-\frac{E}{\mathcal{R}T}\right) \tag{9.17}$$

ここで，n は総数，$\mathcal{R}$ は気体定数，T は絶対温度である．特定の活性化エネルギーをもつある反応の速度は，反応可能なエネルギーを有している分子の数と比例するので，速度定数 k は次式のように与えられる．

$$k = A \exp\left(-\frac{E_a}{\mathcal{R}T}\right) \tag{9.18}$$

ここで，A はほぼ一定で反応過程によって変わる．式(9.18)の対数をとると，**アレニウス式**として知られている次式が得られる．

$$\ln k = \ln A - \frac{E_a}{\mathcal{R}T} \tag{9.19}$$

この式は，速度定数の自然対数が $1/T$ と傾き $-E_a/\mathcal{R}$ で直線関係となることを予測している．

生化学的過程の温度感度を表すもう一つの方法は温度係数 Q_{10} を用いるもので，Q_{10} とはある温度での反応速度と 10 ℃ 低い温度での反応速度との比である．この係数はいくぶん恣意的で，とくに温度反応が指数関数的になるといういくぶん限られた条件の範囲外でこの係数を適用すると，誤るおそれがある．しかしこの制約を忘れずに使う分には有用でありうるし，また広く使われてもいる．以下の式(9.20)を使えば，10 ℃ 以外の温度範囲における係数についても容易に再導出できる．すなわち，式(9.18) から，

$$Q_{10} = \frac{A \exp[-E_a/\mathcal{R}(T+10)]}{A \exp(-E_a/\mathcal{R}T)} = \exp\left[\frac{10 E_a}{\mathcal{R}T(T+10)}\right] \tag{9.20}$$

となる．この式から，20 ℃ で，活性化エネルギーが 51 kJ mol^{-1} の場合，$Q_{10} = 2$ になることがわかる（すなわち $2 = \exp[(10 \times 51\,000)/(8.3 \times 293 \times 303)]$）．たとえば，呼吸速度はしばしば通常の温度域で $Q_{10} = 2$ の値をとる（図 9.7）．これは組織の状態

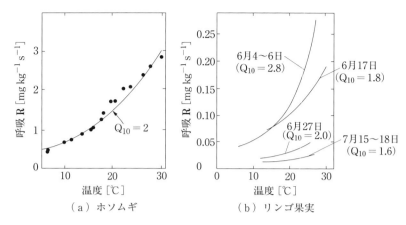

図 9.7 呼吸の温度応答の図．(a) ホソムギ *Lolium perenne* の模擬群落における呼吸の温度反応．$Q_{10} = 2$ の曲線を併記(Robson, 1981 のデータより)．(b) 異なる日付のリンゴ果実の呼吸に近似した指数関数曲線(Jones, 1981a のデータより)．

によって変わり，また組織が損傷するような高温域では低下する．活性化エネルギーが低いときには Q_{10} も低くなり，たとえば水中でのマンニトールの拡散の場合，E_a は $21\ \mathrm{kJ\ mol^{-1}}$，$Q_{10}$ は 1.3 である．

実際に Q_{10} を求めるには，任意の二つの温度 T_1 と T_2 におけるそれぞれの反応速度 k_1 と k_2 を以下の近似式に代入すればよい．

$$Q_{10} \simeq \left(\frac{k_1}{k_2}\right)^{[10/(T_2-T_1)]} \tag{9.21}$$

単純な化学反応では，反応速度は温度の上昇とともに指数関数的に増加するが，ほとんどの生物学的な反応は明確な最適温度を示し，最適条件以上の温度上昇に対して反応速度は低下する．生物学的な反応速度が温度上昇とともに無限に増加し続けないのにはいくつかの理由がある．一つの要因として，速度が増加するにつれてある過程を律速する反応が，高い温度感度の反応から拡散のように低い温度感度の反応に変化することが考えられる．別の要因として，多くの過程は異なる温度反応特性をもつ二つの相対する反応の最終結果であるということがある．しかし，もっとも重要な理由は，ほとんどの生物学的な反応が酵素触媒反応であることである．酵素は活性化エネルギーを低下させ，その結果，温度感度が低下し，どのような温度でも反応速度を上げるように作用する．しかし温度が上がると，大部分の酵素の触媒的特性は損なわれ，変性速度が増加することで酵素の全存在量も減少するだろう．このような要因については，次節で純光合成と関連させて説明する．

発育などの多くの植物過程の速度は，多くの個別の過程が統合されたものであるた

め，広範囲の通常の温度域では温度に対してほぼ**線形**の関係をもつことが多い．ただし，高温域で最適値に達してそれ以上の温度では低下する．

つぎの式は，光合成（次節参照）などの多くの温度反応を推定する際に便利な経験式である（$0 < k < 1$）．

$$k = \frac{2(T + B)^2 (T_{\max} + B)^2 - (T + B)^4}{(T_{\max} + B)^4} \quad (9.22)$$

ここで，$T_{\max}$ は係数 k が最大値 1 になる温度，B は定数である（図 9.8）．

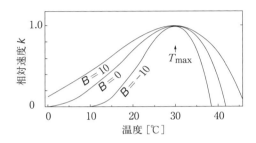

図 9.8 式(9.22)による温度応答のシミュレーション（$T_{\max} = 30$ ℃で定数 B を変える）．

9.2.2 純光合成の温度応答

光合成は，成長にかかわるさまざまな側面の中でもっとも温度感受性の高いものの一つである．異なる熱的環境下に生育するさまざまな種の光合成の温度依存の例を図 9.9 に示す．図から，温帯域の植物の純光合成の最大値がおよそ 20～30 ℃の間にある傾向があること，またより高温域に生育する植物はより高い最適温度をもっていることがわかる．さらには，この図のユーカリ *Eucalyptus* 属やハマビシ科 *Larrea* 属の例のように，多くの種で異なる温度環境下で生育したときに顕著な温度順化がみられる．

より高温下でに温度応答曲線の形は連続して高温にさらされた時間長に依存するが，これは熱的不安定性が光合成システムに時間依存の失活をもたらすからである．失活が起こる温度には種による違いがある．たとえば，ハマアカザ属 *Atriplex sabulosa*（冷涼な海岸性環境に生育する C$_4$ 植物）では，葉温が約 42 ℃を超えると熱失活が起こるが，砂漠に生育する種であるヒユ科 *Tidestromia oblongifolia* では，約 50 ℃まで熱失活が起こらない（図 9.10）．

高温下での光合成の安定性について，*A. sabulosa* と *T. oblongifolia* の間の違いを調べた一連の包括的な実験によって得られた結果のいくつかを図 9.10 に示す．電子伝達によって駆動される光化学系 I や NADP 還元酵素のような酵素活性など，いくつかの過程は高温に短い時間さらされてもあまり影響を受けなかった．一方，（イオ

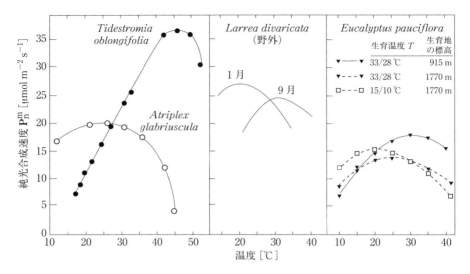

図 9.9 光合成の温度応答．(左)ヒユ科 *Tidestromia* とアカザ科 *Atriplex* (Björkman et al., 1975), (中)ハマビシ科 *Larrea tridentata* (Mooney et al., 1978) とユーカリ *Eucalyptus pauciflora* (Slatyer, 1977). (右)*Eucalyptus* と *Larrea* については温度順化の様子を示す．

ン漏出法で測定した)膜透過性，暗呼吸速度，ルビスコ活性などの特性は，高温に敏感で種間差もはっきりしていた．しかし，これらの過程が阻害される温度は，光合成が低下する温度よりもはるかに高かった．光合成の温度感受性は，光化学系IIが駆動する電子伝達における量子収率や，いくつかの光合成酵素(ホスホリブロキナーゼなど)の温度感受性ともっとも密接に関係していた．また他の結果から，種間差は気孔のふるまいの違いによるものではないことがわかっている．結局のところ，これまでに得られた結果からは，種間の熱的安定性の違いの大部分は，葉緑体膜の熱的安定性に加えて，とりわけ光化学系IIの完全性に起因しているという結論が妥当なようである．このことは，葉の壊死の発生と一致する限界温度以上でクロロフィル蛍光 F_0 の基底値が急激に上昇することによって，とくにはっきりと示されている(Bilger et al., 1984).

これとは対照的に，低温における光合成速度の種間差については，RuBP カルボキシラーゼやフルクトース 2-リン酸ホスファターゼのような特定の律速酵素の容量と強く相関するという結果がある．少なくともいくつかの酵素については，その反応速度特性が該当の生態型の分布する標準的な環境温度に適応しうるという結果もある．ミカエリス定数 K_m が最小となる実験温度は，生息地の温度と緊密に関係している可能性がある(図 9.11)．通常の温度域では K_m が2倍程度の小さな変化しか示さないのは，触媒反応の速度を温度変動に対して比較的鈍感に維持するためのしくみかもし

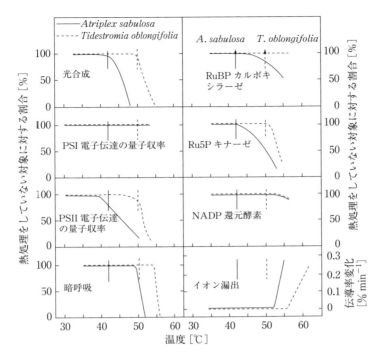

図 9.10 アカザ科 *Artriplex sabulosa* とヒユ科 *Tidestromia oblongifolia* におけるさまざまな光合成構成要素の時間依存する温度不活化（元データは Björkman et al., 1980 参照）．各温度条件で 10 分か 15 分間前処理したあと，30℃にて速度を測定．縦線は 2 種の光合成の時間依存する温度不活化が始まる温度を表す．PSI と PSII は，それぞれ光化学系 I および光化学系 II を表す．

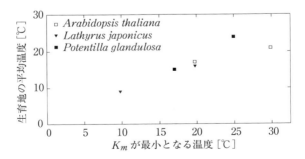

図 9.11 3 種の植物のそれぞれ二つの個体群について，定数 K_m が最小となる実験温度と生育地の平均温度との関係．対象となった酵素は，シロイヌナズナ *Arabidopsis* についてはグルコース 6 リン酸脱水素酵素，ハマエンドウ *Lathyrus* とキジムシロの仲間 *Potentilla* についてはリンゴ酸デヒドロゲナーゼ（Teeri, 1980 のデータによる）．

れない．少なくともいくつかの事例では，熱的順化は合成されたアイソザイム（同位酵素）の構造変化に基づいており（Scandalios et al., 2000），これらのアイソザイムにおけるタンパク質の多様性の多くは，選択的スプライシングの結果として生み出されたものである（Syed et al., 2012）．

9.3 植物の発育に対する温度の効果

9.3.1 熱時間

多くの植物の発育過程の速度や，その結果であるフェノロジー段階の進行時期は，温度に強く依存している．もし，ある一定の条件下である発育段階に t 日かかるとすると，対応する発育速度 k_d は $1/t$ である．これは，その発育段階の完了にかかる時間が k_d に反比例することを意味している．発育速度は通常，温度に強く依存した関数であり，一定の環境条件下では次式のようになる．

$$\frac{1}{t} = k_d = f(T) \tag{9.23}$$

任意の時間 t（これは播種などの適当な開始日からの日数で表す）における植物の発育段階を $S(t)$ として示すことができ，S は 0～1 のスケールで発育段階の進行割合を示す．変動する環境下で，T が時間の関数である場合（$T(t)$ とする），$S(t)$ はつぎのように求められる．

$$S(t) = \int_{t=0}^{t} k_d dt = \int_{t=0}^{t} T(t) dt \tag{9.24}$$

実際には，基底温度 T_{base} として知られている発育が起こる限界温度と最適温度 T_o との間では，発育速度は温度とほぼ直線関係にあることが多いので，発育速度とこれらの温度との関係は次式で表せる．

$$k_d = a(T - T_{\text{base}}), \qquad T_{\text{base}} \leq T \leq T_o \tag{9.25}$$

ここで，a は定数である．この式が示すように，T_{base} 以下の温度は発育には寄与しない．よって，もし温度がずっと一定であるなら，式(9.24)を次式で置き換えられる．

$$S(t) = a(T - T_{\text{base}}) \int_{t=0}^{t} dt = a(T - T_{\text{base}})t \tag{9.26}$$

この式から，対象となる発育段階を完了させるのに必要な（つまり $S(t) = 1$ のときの）温度積分の値，$(T - T_{\text{base}})t$ は，$1/a$ に等しい．便宜上，この温度積分を記号 D で表し，度日（day degree）［℃ day］の単位で測る．温度が変動する条件下では，次式のように表せる．

$$S(t) = a \int_{t=0}^{t} (T(t) - T_{\text{base}}) dt = \frac{1}{D} \int_{t=0}^{t} (T(t) - T_{\text{base}}) dt \tag{9.27}$$

この積分式を計算するには，温度と時間の関係を知る必要がある．便宜的に，温度積

算値 D を，閾値を上回る日平均温度 T_m の日の温度超過分を各日積算して次式のように計算することがよくある．

$$D = \sum_{d=1}^{n}(T_\mathrm{m} - T_\mathrm{base}), \qquad T_\mathrm{base} \leq T_\mathrm{m} \leq T_\mathrm{o} \tag{9.28}$$

発育段階の完了($S=1$)にはこの温度積算 D（しばしば誤って「熱積算」とよばれる）が $1/a$ になるか，これを超える必要がある．D は**熱時間**あるいはその発育段階を完了するのに必要な積算温度として知られている．別の用語として成長度日（GDD）や，残念なことには「熱」単位（HU）までもが，頻繁に「熱時間」と同義的に使われている．ちなみに，熱時間を計算するのに推奨されている式(9.28)は，日平均温度（T_min が T_base よりも低くなっているかどうかにかかわらず，$T_\mathrm{m} = (T_\mathrm{max} + T_\mathrm{min})/2$ として計算される）を使っていることは留意すべきである．

閾値あるいは基底温度の適切な値は，二つの主な方法で得られる．温度一定の制御環境下で実験が行える場合，温度に対して発育速度をプロットすると，T_base は x 切片として得られる．野外のように温度が変動する場合は，D を異なる閾値で計算し，多くの異なる年や立地にわたってどの値が式(9.26)とよく適合するかを決めなければならない．実際には，基底温度は種によって異なり，コムギ，オオムギ，アブラナのような温帯作物はしばしば 0℃ が閾値として用いられ，一方，エンドウや飼料作物などでは 5℃ が用いられる．トウモロコシやダイズ，トマトなどではしばしば 10℃ が閾値に用いられるが，ササゲなど熱帯性作物のあるものでは 15℃ 程度に達する．たとえば，トウモロコシを対象として報告されている GDD の計算値の多くは 10℃ を基底温度に用いているが，これはすべての作物についてうまく当てはまるとは限らな

表 9.2 さまざまな植物の開花と成熟に必要な成長度日 GDD の文献値．

	T_base [℃]	開花のための GDD [℃ day]	成熟のための GDD [℃ day]	引用文献
エンドウ	3.0		824～926	Bourgeois et al., 2000
サクランボ	4.0	243（3月1日から）		Zavalloni et al., 2006
イネ	10.0	1350～1484	1810～1915	Islam & Sikder, 2011
トウジンビエ	10.0	667～944	1150～1220	Cardenas, 1983
オオムギ	0.0	738～936	1269～1522	Miller et al., 2001
Brassica rapa	0.0	630～726	1152～1279	Miller et al., 2001
トウモロコシ (OCHU)[a]	5.0（夜間） 10.0（日中）		2500～3500	Ma & Dwyer, 2001

[a] オンタリオ・トウモロコシ熱単位．

いことは重要である．基底温度と GDD の典型的ないくつかの例を表 9.2 に示す．特定の作物についての値の情報と，その地域の気象データで計算した GDD を組み合わせることで，農家がどの作物がその場所でうまく育つかを判断するのに役立つ．

植物発育の研究手段としての熱時間の有効性の例を図 9.12 に示す．図は，ある植物（ここではトウジンビエ）の発育速度が播種日に依存することを示しており，遅く播種するほど温度が高いので発育がより速くなる．しかし，主軸に沿った葉の出葉を，実時間ではなく熱時間の関数として表すと，出葉速度が 1 本の直線上にのることが明らかである．

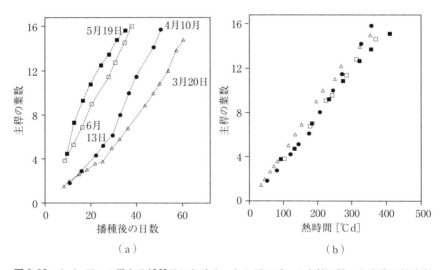

図 9.12 （a）四つの異なる播種日における，トウジンビエの主軸に沿った出葉の経時変化．（b）同じデータを閾値温度 12.4℃，5 cm の地温について計算した熱時間に対してプロットしたグラフ（Ong, 1983 のデータより）．

熱時間の拡張 熱時間の概念を暦上の時間の代わりに使うことは生物季節学的な研究（phenological studies）において 200 年来行われてきた（Wang, 1960）．大部分の目的には単純な式で十分であるが，非線形の温度依存や他の環境要因との相互作用が，多くのより複雑な式の中に取り込まれてきた．たとえば，多項式やその他の温度の関数が式(9.25)と式(9.26)の線形式と入れ替えられるし，「オンタリオ・トウモロコシ熱単位」は最高・最低温度を別々に積算する（Dwyer et al., 1999）．

種子の発芽研究では，発芽率が T_{base} と T_0 の間で温度とともに直線的に増加し，T_0 以上では直線的に減少する（図 9.13 参照）と仮定するのが一般的で，最適温度以上では次式のようになる．

$$k_{\mathrm{d}} = \frac{T_{\max} - T}{D_2}, \qquad T_{\mathrm{o}} \le T \le T_{\max} \tag{9.29}$$

ここで，$T_{\max}$ は発芽の上限温度で，D_2 は適当な温度積算値である．しかし，最適温度以上でのふるまいは，時間×温度の依存があるために複雑になる．高温は種子に損傷を与えるかもしれないが，より高い温度が発芽を加速するという根本の傾向は残りうる．このことは図 9.13 のササゲのデータで示されており，もっとも初期に発芽する種子は，高温による損傷が明らかになる前に出現していた．

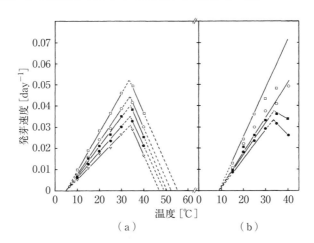

図 9.13 （a）ダイズと（b）ササゲの，温度と（一定温度での）発芽速度の関係．破線は実験値からの外挿で，異なる記号はさまざまな発芽率を表す．10%（□），30%（○），50%（■），70%（●），90%（▽）（Covell et al., 1986 のデータより）．

|有効度日　　他の環境変数を組み込むと，温度以外の環境変数が影響する発育過程を表すことができる．とくに有用な方法は「有効度日（effective day-degrees）」D_{eff} とよばれてきた定義(Scaife et al., 1987)で，放射と温度の効果を含んでいる．この方法では D は次式によって D_{eff} と置き換えられる．

$$D_{\mathrm{eff}}^{-1} = D^{-1} + b\mathbf{I}^{-1} \tag{9.30}$$

ここで，b は放射照度 $\mathbf{I}$ と温度の相対的な重要性を表す定数である．b がゼロのとき D_{eff} は従来の度日と等しくなる．

9.3.2　休眠，低温刺激，層積処理，春化

温度はとくに高緯度地域で顕著な季節変動を示す．短期的な変動はかなり大きいにしても，これらの季節変動が，しばしば光周性による制御と相互作用しあって開花を制御する主要な要因となる．多くの多年性植物では明確な休眠期間があり，温帯の種

では通常冬に，一方，多くの地中海性の種では夏に休眠する．休眠中の組織の特徴は，好適な条件になったとしてもそれらの分裂組織は成長を開始できないことである．冬季休眠の特徴は，耐寒性を高める手段としての組織のハードニング(hardening)を伴うことである．

温度の季節変動は，秋季における休眠と落葉の誘導や冬季の終わりの休眠からの解除に重要な役割を果たしており，どちらの場合でもしばしば日長の効果と一緒に作用する．同様に，2年生植物は通常開花の前にある一定期間の低温にさらされる必要がある．たとえば，秋まきコムギは開花のためには数カ月の低温にさらされなければならない．もし秋ではなく春に播種した場合，春化(低温)要求が満たされない結果として栄養成長を続ける．これとは対照的に，春まきコムギは春化要求がないか，あったとしても非常に小さいので，春に播種してもうまくいく．一定期間低温を必要とすることによって，開花する前に適切な生育期間を確保できる．さもなければ，自然条件下で晩夏に発芽した種子はその年の内に開花してしまい，うまく成熟できないだろう．同様に，温帯産の果実をつけるほとんどの種を含む多くの多年生植物において，休眠を解除するために，また効果的に同調して芽吹くための前提条件としても，一定の低温期間(低温刺激(chilling))が必要である．

▎春化　　光周期への応答(8.4.3項参照)と同様に，春化要求は絶対的なものから量的なものまでさまざまであり，春化速度も種によってさまざまに異なる温度の関数となる．栄養成長段階(葉の生産)から花成段階(花の生産)への移行のためには，分裂組織の春化が必要である．残念ながら，この移行への温度の効果は，春化の温度反応と上で説明したような分裂組織の発達に対する温度反応とが混ざり合ったものになってしまう．そのため，真の春化の温度反応のみを分離することは難しい．コムギの春化についての一般的な解釈を図9.14に示す．図では，温度が0℃以下の場合には反応速度は非常に遅く，2〜4℃で最大値に達し，11℃程度の上限をもつ(Evans et al., 1975)．しかしその一方で，成長解析においては，春化速度は葉原基が最低限の数に達するまでの処理日数の逆数と定義され，実際のコムギの春化速度は0℃から11℃程度までは直線的に増加し，それ以上では低下する(Brooking, 1996)．植物は種子の状態で春化されることもあり(この過程は層積処理(stratification)として知られている)，葉のついた植物が低温にさらされることによって適度な低温刺激が行われることもある．

春化の過程は複雑ではあるが，開花を抑制するように作用するシロイヌナズナ属の *FLOWERING LOCUS C*(*FLC*)遺伝子，あるいはコムギの相同遺伝子 *VRN2* など，春化の遺伝子的制御には単子葉植物と双子葉植物でかなり類似性があるようである．しかし，低温に長期間さらされると，シロイヌナズナ属では *FLC* が安定的に抑制さ

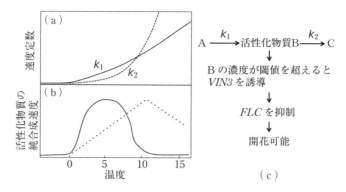

図 9.14 春化メカニズムの仮説．(a) 合成速度 k_1 と活性化物質 B の分解速度 k_2 の温度反応，(b) 結果としての B の純合成速度の温度依存，(c) 春化温度に長期暴露されて B が十分集積しているとき，シロイヌナズナ属の春化応答における B の役割の概略図(詳細は本文参照)．(b)中の破線は，Brooking, 1996 によって提唱されたコムギの「春化速度」の温度感度を表す．

れ，コムギでは $VRN1$ が促進されて $VRN2$ を抑制する．これらの変化が，花芽分化をもたらす一連の遺伝子発現を引き起こす．興味深い特徴の一つとして，抑制は温度が上昇した後でも DNA の適当な部位においてヒストンがエピジェネティクに変更されることで維持される(Dennis & Peacock, 2007)．

春化の興味深い特徴として，最適温度が非常に低いことが挙げられるが，これは生物過程においてはまれなことである．低温にさらされていることを植物がどのように感知するのかはほとんど何もわかっていないが，いくつかの低温順化の過程(たとえば，膜脂質や膜流動性の調整や，低温に対応したタンパク質リン酸化様式の変化など)が関係している可能性がある．低温順化と春化は独立した経路をとることを示す結果がある(Bond et al., 2011)．シロイヌナズナ属において，$VIN3$ 遺伝子が低温暴露の情報伝達にもっとも緊密に関係した遺伝子らしいことが知られている．このような反応に対する仮説の一つとして(別の考え方については，たとえば Sung & Amasino, 2005 参照)，つぎのような 2 段階の反応が考えられる．すなわち，反応に対する許容温度に一定期間暴露された結果として，ある活性化因子の濃度が閾値を超えると $VIN3$ 遺伝子の発現が増加し，この活性化因子のある時間における濃度は，図 9.14 に示したように異なる温度反応をもつ合成と分解の競合する過程に依存するというものである．

多くの種子では，発芽前に(しばしばまとまった)低温の期間を必要とする．種子が湿っている条件下でこれらの低温が与えられると，休眠打破にもっとも効果的である．

低温刺激と冬の木眠 温帯性の果樹など，冬の間，休眠期に入る多年性の樹木では，「自発休眠」を破り同調的な芽吹きを確実にするためには適度な低温にさらされ

る必要がある．しかし，ある場合には，低温要求は乾燥や落葉によって一部代用可能であることも指摘されてきた．たとえば Jones, 1987b は，リンゴの木において，灌水再開時に落葉を引き起こすほどの過酷な乾燥処理を行うことによって，1年以内に2度目の開花を開始させることができた．

低温要求を満たすために必要な低温刺激の程度は，種によって，さらには品種によってもかなり異なる．気象データから生理学的に十分な低温暴露の程度を推定するための多くのモデルが提示され，特定の地域にふさわしい遺伝子型の同定を支援するために使われてきた．低温要求の充足について表現するためのもっとも一般的なモデルは図9.15のように示され，つぎのように分類できる．

（ i ）単純な温度積算モデルで，もっとも一般的なものは経験的に導かれた閾値である 7.2 ℃以下の時間数を積算する（あるいは，0 ℃と 7.2 ℃の間にある時間数を積算する）．

（ii）より複雑な温度の加重積算モデルで，高温の負の効果を考慮したモモの芽吹きのための「ユタ」モデル†(Richardson et al., 1974)，温度が低下するほど低温刺激の「有効度」が指数関数的に増加することを仮定したモデル(Bidabé, 1967)，他の関数形に従うもの(Jones et al., 2012)などがある．

新芽の芽吹きや開花のような春の事象の日付を予測する生物季節モデルを導入する際には，自発休眠の解除に必要な低温積算の段階と，休眠からの解除速度と実際の開花の日付を説明するための温暖効果あるいは低温忌避の段階（しばしば発育促進段階（forcing phase）とよばれる）の両方を組み合わせた連続的なモデルを用いるのが一般

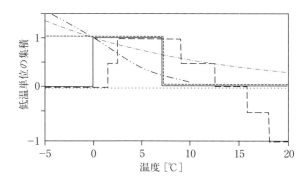

図 9.15 低温単位の集積についてのさまざまな関数．モモなどの作物に最適な単位（「ユタ」単位--）と 0～7.2 ℃(——)，7.2 ℃以下の単位に 0 ℃以下も含めた場合(-----)，Bidabé の指数関数(- -)，クロスグリの低温要求性に最適化した曲線(-･･-) (Jones et al., 2012).

---

† ユタ低温積算モデル(The Utah chill unit model)はアメリカ・ユタ州で1970年代に開発され，スミノミザクラの1品種(Montmorency)の花芽の生物季節と日気温特性の関係をモデル化した．

的である(Jones et al., 2012 参照).この発育促進段階は,一般に温度積算値をもとにして計算される(適切な基底温度以上の GDD など).春の事象は少なくとも部分的には日長にも依存するので,発育に対する気候変動の効果のもっともよい予測は日長などのその他の要因を組み込むことによって得られるだろう(Blümel & Chmielewski, 2012).

多くの低温効果モデルは低温の積算時間をもとにしているが,必要となる時間単位の温度データはしばしば得られないことがある.そこで Sunley et al., 2006 は,式(9.13)による正弦曲線の温度変動を仮定し,この式中の T_{ave} を $(T_{max} - T_{min})/2$ で置き換えることで,毎時の温度データを日最高・最低温度のデータから適切に予測できることを示した.

もっとも適切な関数は,種によって,また実際には同一種内でもかなり違っている.たとえば,クロフサスグリ *Ribes nigrum* のより「北極域」の遺伝型では,0℃以下の低温でもっとも低温効果が得られる.クロフサスグリの場合,低温要求を満たすのに必要な 7.2℃以下の低温積算時間は 1300 時間以下から,イギリスの品種(Ben Lomond)やノルウェー種など開花の遅い品種の 2000 時間以上までとばらつきがある.ある場合には,過度の低温は抑制を引き起こし(図 9.16),−5℃以下の温度への長い暴露は開花を減少させる場合もある(Jones et al., 2012).

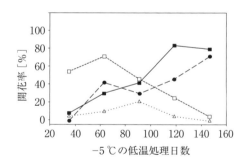

図 9.16 典型的なクロフサスグリ品種数種について,異なる期間 −5℃で低温処理した場合の開花に対する影響(20℃の開花を誘導する環境で 45 日置いた後の開花率[%]として表示).大量の低温処理を必要とする品種(Ben Avon ─■─, Hedda ─●─),および過度の低温処理によって開花が阻害される可能性のある品種(Andega ┈□┈, Amos Black ┈△┈)の典型例を示す(Jones et al., 2012 のデータより).

9.4 温度限界

さまざまな植物が極端な温度下で生き残るための能力は,その植物の先天的な生理学的機能と,それらが「ハードニング」という過程によってどの程度順化させられたかの両方に依存している.さまざまな地域のさまざまなグループの植物が十分ハード

ニングされた場合の生存可能温度を表9.3にまとめる．植物のグループや起源によって低温耐性には大きな違いがあるものの，高温の上限についてはグループを超えて顕著な類似性がある．

表9.3 さまざまな気候区に生育する植物の葉が生存できる，極端な温度の閾値の一覧．閾値は，その温度で2時間暴露の後に50％の損傷が起こる温度と定義(Larcher, 1995より抜粋)．種子は一般的により極端な温度に耐える．

	低温損傷の閾値温度 （ハードニング後）[℃]	夏季の高温損傷の 閾値温度 [℃]
熱帯		
樹木	+5〜−2	45〜55
草本	+5〜−3	45〜48
コケ類	−1〜−7	—
亜熱帯		
常緑木本	−8〜−12	50〜60
亜熱帯ヤシ	−5〜−14	55〜60
多肉植物	−5〜−10（−15）	58〜67
C_4草本	−1〜−5（−8）	60〜64
温帯		
常緑木本	−7〜−15（−25）	46〜50（55）
落葉木本	（−25〜−35）[a]	約50
草本	−10〜−20（−30）	40〜52
イネ科型草本	（−30〜−196）[a]	60〜65
多肉植物	−10〜−25	（42）55〜62
恒水性シダ類[†]	−10〜−40	46〜48
亜寒帯		
常緑針葉樹	−40〜−90	44〜50
亜寒帯落葉樹	（−30〜−196）[a]	42〜45
極地高山の矮性灌木	−30〜−70	48〜54
極地高山の草本	（−30〜−196）[a]	44〜54
コケ類	−50〜−80	—

a 枝芽．
† （訳注）根から水を吸うシダ類．

9.4.1 高温

細胞や組織への高温損傷は，通常，膜統合性の損失によるイオンの漏出と，多くの酵素の不活性化と変性を伴う．細胞の死はニュートラルレッドなどの生体染色液を吸収する細胞の能力によって評価できる．組織スケールでは，高温損傷は通常，組織壊死の形で現れる．

しかし，すでに示したように（たとえば，図9.9），多くの植物は極端な温度に適応する大きな能力をもっている．この順化の能力は広い範囲でみられる．たとえば，Nobel, 1988 は 33 種のリュウゼツランやサボテンを使った多数の実験結果を集め，生育温度を 30 ℃/20 ℃（昼/夜）から 50 ℃/40 ℃ に上げたとき，50％の明らかな細胞死を引き起こす温度が 1.6～15.8 ℃ の間で上昇したことを示した．ほぼすべての種で，高いほうの生育温度条件下における温度耐性は 60 ℃ を超えていた（図9.17）．実際，ウチワサボテン *Opuntia ficus-indica* を含む多くのサボテンは，70 ℃ を超える温度に 1 時間は耐えることができる．1 時間というのは，もっとも極端な温度が野外において通常持続する時間である．このような高温は，これまで調べられてきたその他の維管束植物にとっては致死的なようである．

高温順化の基本的な原理は十分理解されているわけではないが，ヒストンのバリアント†である H2A.Z がヌクレオソームに巻き付いたものが温度センサとしてはたらくことを示す結果がある．付着している H2A.Z の占有率が，広範囲の気温域において温度が上昇するほど低下する（Kumar & Wigge, 2010）．これらの変化は，温度に対応したゲノム全域における転写の変化をもたらす（Iba, 2002 の総説参照）．温度適応と光応答との間にはいくつかの類似点があり，どちらの反応にもフィトクロム情報伝達

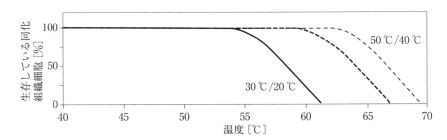

図9.17 日中/夜間の生育温度がウチワサボテン *Opuntia ficus-indica* の高温耐性に及ぼす影響（同化組織細胞が生体染色液を吸収する割合 [％] として測定）．実線は 30 ℃/20 ℃ で育てた植物，太い破線は 50 ℃/40 ℃ に昇温して 3 日後の植物，細い破線は高温にして 2 週間後の植物（Nobel, 1988 のデータより）．

---

† ヒストンは染色体を構成する主要なタンパク質で，バリアント（histone variants）とよばれるサブタイプが多数存在する．ヒストンは DNA を巻き付け，ヌクレオソームを形成する．

経路とフィトクロム相互作用因子 PIF4 が関与している．温度がある限界値を上回ると（植物では 38〜40℃のことが多い），通常のタンパク質合成は止まり，一連の特有な熱ショックタンパク質(HSPs)が急激かつ統合的に合成される．これらの HSPs の多くは，これまで研究されてきたすべての生物において高い相同性を示しているが（たとえば HSP70），高等植物では独特の小さな(15〜18 kDa 程度の)タンパク質グループも合成される．HSPs の急激な合成は転写の増加と関連しており，このとき必要な mRNA は高温ストレスを受けてから 3〜5 分以内で増加しうる．熱ショックタンパク質の量は，高温が続いていてもかなり急激に減少する傾向がある．

多くの HSPs の詳しい機能についてはよくわかっていないが，HSPs は構造的に不安定なタンパク質を束ねる傾向があり，合成後のタンパク質を正しく折りたたんで機能性をもたせるのを助けたり，変性したタンパク質の凝集を防いだり，ときには復元を促進したりする分子シャペロンとして機能している．HSPs の合成は，たとえわずかな時間であっても高温にさらされることで熱耐性が向上することと関係がある．共通の HSPs であるユビキチンは，熱変性したタンパク質を標識し，これに続く特定のタンパク質分解酵素によるタンパク質加水分解にかかわっていると考えられている．興味深いことに，植物の HSPs によっては，アブシジン酸，重金属，浸透ストレス，亜ヒ酸塩，嫌気状態などのさまざまな要因によって誘発される場合があるが，生理学的にどのような意義があるのかについては不明である．さらに，これらのストレスの多くや発病などの他のストレスが，特定のストレスタンパク質を生じさせたりもする(Sachs & Ho, 1986)．高温順化の際の変化には，膜脂質の変化や，適合溶質の量の変化なども含まれる．

9.4.2 低温

低温害には二つの主要なタイプがある(Levitt, 1980)．一つは熱帯や亜熱帯起源の植物(マメ類，トウモロコシ，コメ，トマトなど)で普通にみられ，**低温障害**(chilling injury)とよばれている．通常，しおれや成長・発芽・生殖阻害の形で表れ，完全な組織の壊死を引き起こすこともあり，敏感な種では組織の温度が 8〜10℃以下に下がると起こる(この温度は種と順化の程度によって異なり，15℃の高温でも起こりうる)．低温への暴露が短い時間であれば損傷は通常回復可能である．もう一つの低温害の主要なタイプは**凍害**(freezing injury)であり，組織水の一部が凍ることで引き起こされる．感度には違いがあるものの，あらゆる成長過程の組織はある程度凍結に敏感である．順化の機会を与えられなかった多くの植物では，-1〜-3℃の軽い凍結で組織が死に至る．順化後に生存できる温度範囲は，種や組織の種類によって非常に幅広い．たとえば，多くの種子は液体窒素の温度(-196℃)に耐えることができ，また順化し

た耐凍性種の組織の多くは −40 ℃以下でも生き残れる (表9.3).

低温障害　植物の低温感知に関与する信号伝達カスケードの初期の事象の一つに,細胞質ゾルへのカルシウムの一時的な流入がある (Knight et al., 1991). 主要ではないにしても, 初期の重要な低温害の影響の一つに細胞膜の損傷があり, しばしば植物全体がしおれるという初期症状を伴うが, これは吸水阻害に特有の兆候である. たとえば, キュウリのような低温に敏感な種の根の温度を 8 ℃まで下げると, 数分以内に根の吸水は減少し, 根圧も低下する. 根細胞の超微細構造における多くの関連する変化が急激に顕在化し, これらの変化の中には細胞壁, 細胞核, 小胞体, 色素体, ミトコンドリアの変化が含まれる (Lee et al., 2002). 低温障害は, 細胞質微小管の破壊とも関係している可能性を示す結果がある. この説は, 微小管破壊因子が低温障害を助長する一方で, アブシジン酸には低温耐性を増し, 細胞質微小管の破壊を遅らせるはたらきがあるという結果 (Rikin et al., 1983) から支持される. 低温損傷を受けた組織は, 細胞膜の透過性の増加により急速に電解質を失う傾向がある一方で, 葉緑体やミトコンドリアの膜に損傷が生じることを示す結果もある.

　低温に敏感な種では, 低温阻害が起こる温度付近で膜特性に急激な変化が起こる一方で, 低温耐性の種ではそのような突然の変化を示さないことを, 多くの研究が示唆してきた. この限界温度における**アレニウスプロット** (速度の自然対数を $1/T$ に対してプロットした図) の傾きの変化をみると, この変化は比較的液相の状態からより固相のゲル状構造への膜の相転移の結果であり, そのため通常の生理活動はこの限界温度より上でしか起こることができないと示唆されてきた. この相転移は膜全体で起こるのではなく, 膜内の小さな領域に局在化して起こるようである. 相転移が起こる温度は脂質の脂肪酸組成と関係しており, 低温に敏感な種では飽和脂肪酸の割合が高いことを示す結果がいくつか挙げられているが, 相関はつねにとてもよいわけではない. フルクタンとよばれるフルクトース分子の重合体が, 低温ストレスを含むストレス条件下で膜の安定化に主要な役割を果たしているようで, フルクタンは膜脂質に直接水素結合することで膜を安定させることができる (Valluru & Van den Ende, 2008). その他の要因として, 膜たんぱく質組成の変化なども関係している可能性がある.

9.4.3　損傷のメカニズム：凍結

　凍害による損傷は, 低温そのものによるものではなく, 組織内部における氷晶の形成によるものである. これらの氷晶は原形質構造と細胞膜を破壊する (Levitt, 1980). 耐凍性の種では細胞外で若干の氷の形成があっても耐えられるようだが, 細胞内での氷の形成は一般に細胞にとって致命的である. さまざまな植物における凍害感受性を正確に数値化することは難しいが, これは実際の損傷の程度は, (一般に凍結した時

間ではなく)到達した最低温度や融解速度によるからである．膜の損傷は凍害による普遍的な結果であるが，主要な影響であるのかはいまだはっきりしていない．温度が下がると，細胞外(たとえば，細胞壁の中など)の水が凍りはじめる．氷は液体水よりも同じ温度における水蒸気圧(および化学ポテンシャル)が低いため，細胞外での凍結は，細胞内部の水の細胞外の凍結している場所への移動をもたらす．これが細胞の急激な脱水を引き起こすため(Lavitt, 1980 参照)，少なくとも氷晶形成の影響の一部はこの脱水に起因する．

細胞内の水と細胞外の氷が平衡に達するまでに細胞内から失われる水の量は，温度と細胞の浸透圧特性に依存する．細胞外への水の移動は，細胞体積の減少によって細胞内の水ポテンシャルが細胞外の水ポテンシャルとつり合うまで続く．

細胞外の純水な氷と，等温下で平衡状態にある細胞の水ポテンシャルは，式(5.14)を使ってつぎのように表せる．

$$\psi = \frac{\mathcal{R}T}{V_W} \ln\left(\frac{e_{\text{ice}}}{e_{s(T)}}\right) \tag{9.31}$$

ここで，e_{ice} は純水の氷表面の水蒸気圧で，$e_{s(T)}$ は温度 T における純水表面の水蒸気圧である(付録4参照)．式(9.31)で得られる ψ の値は，0℃以下で1.2 MPa程度である．溶質濃度の等価増加量はファントホッフの式(式(4.8))によって与えられ，温度低下に対して 530 osmol m^{-3} ℃$^{-1}$ 程度となる(つまり，$-\psi/\mathcal{R}T = 1.2 \times 10^6/2270$)．

溶質濃度 c_s は $1/V$ に比例するので，凝固点周辺の温度ではそれ以下の温度と比較して，1℃低下あたりの平衡を維持するために，細胞体積の比較的大きな絶対値変化が必要となる．すなわち，平衡状態における細胞体積と温度の間の関係は双曲線型になる．これから予測されるように，ある温度において組織中に存在する液体水の総量(「結合水」を差し引いたもの)は，凍っていない組織中の液相の水(「結合水」を差し引いたもの)の割合 f と表すことができ，氷結が最初に起こる温度から低下するにつれて，次式のように双曲線的に減少することがわかる(Gusta et al., 1975 より変形)．

$$f = \frac{\Delta T_f}{T} \tag{9.32}$$

ここで，ΔT_f は最初に氷結が起こる温度で，「凝固点降下」として知られており，T は温度 [℃] である．

凍害が単純に脱水によって起こるという仮説の難点は，ほとんどの水が比較的高い温度(約 -10 ℃より上)で凍結するので，これより低い温度における耐性の違いは比較的小さな脱水の違いに敏感に反応しなければ生じないという点である．たとえば，典型的な細胞液の濃度では ΔT_f は -1.5 ℃であり，式(9.32)より -10 ℃では細胞内には最初にあった水の20%以下しか残っていない．

9.4.4　ハードニングと耐凍性のメカニズム

　多くの植物は，低温にある程度の期間さらされた後では，低温や凍結に対して損傷を受ける温度が低下するといった，ある程度の順化を示す．図9.18は2種の冬作物で冬季を通じた最低生存温度の変化を示している．ある程度の冬季の耐性は乾燥や塩害にさらされることによっても誘発される一方で，凍結ハードニングはある程度の乾燥耐性や塩耐性を誘発しうる．少なくとも昆虫においては，低温ハードニングは急激で2時間以内に起こり，これはグリセロール蓄積と関係づけられてきた(Lee et al., 1987).

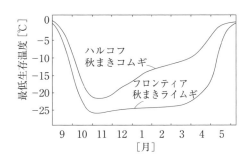

図 3.18　秋まきコムギと秋まきライムギの最低生存温度(LD_{50}). 冬の間に耐冷性が発達する様子を示す(Gusta & Fowler, 1979 に基づく).

　さまざまな植物の要因が，さまざまな種の耐凍性と関連付けられてきたが，凍害に備えて膜の安定性を高めることが低温順化の要点である．多くのメカニズムがこの安定化に関係しており，その中には浸透ポテンシャルを下げること，可溶性炭水化物(とくにグリシン－ベタインのようないわゆる「適合溶質」)の濃度を上げること，脂質の組成を変化させること，膜を安定させるタンパク質の合成，そして細胞の大きさを小さくすることなどが含まれる(Levitt, 1980, Thomashow, 1999)．低温ハードニングや低温耐性には，低温耐性に寄与する一組の大規模な遺伝子群の発現が関連しており，その中には凍結が引き起こす損傷に対抗して膜を安定させるように作用するタンパク質やその他の分子の生成を誘導するものや，そのような遺伝子の発現を制御する一連の転写制御因子(とくに低温誘導性転写因子 DREB/CBF 族)を生成するものが含まれている(詳しくは Thomashow, 1999 参照)．植物成長調節物質であるアブシジン酸(ABA)も，耐凍性の発達と結びつけられてきた．耐凍性を高めるにはいくつかの代替メカニズムがあるようである．興味深い事象として，リュウゼツランやサボテンでは，低温で育った場合に耐凍性を高める能力は示すものの，障害を受ける温度の変化は，高温時のハードニングと比較してずっと小さい．

ある種の植物の耐凍性において重要かもしれないもう一つのメカニズムは，過冷却である．平衡状態で氷が形成されるのは，温度が溶質濃度に応じた凝固点降下 ΔT_f よりも下がったときである．ΔT_f の絶対値は 1.2 MPa ごとに 1 ℃程度増加するので，細胞の浸透ポテンシャルを典型的な値である -3 MPa まで下げても凝固点は 3 ℃弱くらいしか下がらない．しかし，実際には細胞含有物はめったに凍らない．これは細胞内に氷核に適した場所がないからで，そのため水は不安定な過冷却の状態で留まる．同様に，細胞壁の水も理論的な凝固点よりはるかに低温でも液相のままで保たれうるが，ほとんどの植物組織では数℃程度の過冷却しか実現されない．氷核は通常細胞外の水の中で生じ，これは細胞外の溶質濃度が低いことや氷核細菌(Ice-nucleation bacteria)の存在などが原因である．しかし，カシ類，ニレ類，カエデ類，ハナミズキ類を含む一部の広葉樹は，均質核生成温度に達するまで過冷却の状態を維持できる (Burke & Stushnoff, 1979)．この温度は氷核生成部位がなくても自然に氷が形成される温度で，植物組織ではおよそ $-41 \sim -47$ ℃の間である．

これらの広葉樹種の放射柔組織細胞や花芽のような特定の組織や細胞では過冷却がみられる．この凍害を避けるメカニズムは，約 -41 ℃の深過冷却温度以下では機能できないので，過冷却に頼るこれらの種はより低い温度になる地域では生き残れない．より低温になりやすい地域に出現する種(たとえば，マツ類やヤナギ類)は，細胞外凍結に対する耐性によって生き残っている．

この他にも広範囲の回避メカニズムが凍結温度で生き延びる植物の能力に寄与している．たとえば，凍害に敏感な組織を直接的な放射冷却から保護する密生した樹冠層による生物物理学的効果や，高い熱容量と長い熱時定数をもつ大きな器官も，損傷を引き起こす組織温度を避けるのに役立つだろう．これらのメカニズムはどちらも，オオハマギキョウなどのミゾカクシ Lobelia 属，キク科キオン Senecio 属，そして他の熱帯高地に特有の属の大型ロゼット植物が，毛に覆われた葉群を特徴的に密集して生育することや太い茎によって凍害を避けるのに寄与している．

9.4.5 防霜

温帯気候下における霜害は経済的にも重要な問題なので，霜害の影響から価値の高い商品作物を守るための技術開発に向けた研究が数多くなされてきた(Snyder & de Melo-Abreu, 2005a,b)．植物体温度や気温は，(たとえば，極域からの)冷たい気団の移流や，あるいは無風の晴れた夜に起こる長波放射による正味の熱損失(放射冷却)によって，氷点下まで下がることもある．このような**放射霜**は，地表面近くの空気が高い場所の空気よりも冷たくなる安定逆転層の形成を引き起こす．

霜害防御のさまざまな手法は，(ⅰ) 受動的防御法と (ⅱ) 能動的防御法に分けら

れる．

受動的防御法

1. **場所と作物の選定**　おそらくもっとも重要な基本は，霜害が起こりやすい作物は霜害を受けやすい場所に植えないということである．放射霜は無風あるいは非常に弱い風速と関連しているので，冷たい空気は斜面を下って移動し，斜面最下部の「霜穴」に集積する．斜面に作られた果樹園では，作物の斜面上側に風を通さない柵を作ることで，斜面を下ってくる冷たい空気を作物に当たらないよう迂回させられる．場所を選ぶ観点にはその他にも重要なものがあり，たとえば，その場所の風上側に大きな水域が存在すると霜の頻度が下がる傾向がある．開花が遅い品種を選ぶことや，あるいはいくぶん直感に反しているが，南向き斜面よりも日中温度が低く芽吹きを遅らせられる北向き斜面に作物を植えることによっても，霜害の可能性を減らせる．日中の熱貯留を最大にするような土壌管理もまた，より高い最低地温を維持するはたらきがあり，これは土壌の熱伝導率や熱容量を最大化することによって達成できる．砂質土壌は粘土質土壌や泥炭土よりも熱伝導率が高いが，一方で通常，（熱伝導率を高める）最適土壌含水率があるという点にも注意したい．

2. **被覆の使用**　植物上の被覆は効果的に霜を防ぐことができる．被覆の温度は通常晴れた空の温度（$-40\,°C$）よりも相当高いため，葉への下向き長波放射は増加するので，とくに被覆が長波放射を通さない場合，葉からの放射損失を減らせる．プラスチック上に結露した場合，放出される潜熱がプラスチックを温めることも効果を助長する．被覆はまた大気中への対流熱の損失も防げる．土壌をプラスチックで覆うことで効果的に地温を上昇させることもできるが，実際には土壌マルチの使用は熱伝導性を減らす効果によって日最低地温を低下させ，それによって霜害の可能性を高める可能性があることに注意が必要である．

能動的防御法

1. **散水**　水が凍る際には大量の熱（融解潜熱は $334\,\mathrm{J\,g^{-1}}$）を放出する．霜害のおそれのある組織上に水を散布すると，水が凍る際に熱が放出されるので，組織表面の水を液体の状態を維持するのに十分な水が供給されるかぎり，組織温度が $0\,°C$ 以下に低下することを防げる．氷核細菌を散布水に含有させると，重大な損傷を引き起こす温度よりも高い温度で氷核形成と霜形成を起こせるので，効果を強化できる可能性がある．スプリンクラー散水装置は果樹園であれば普通に利用可能なので，この方法は他の能動的方法に比べて比較的安価に実施できる．ただし，水滴の蒸発による冷却効果は，最初の水温や融解潜熱による熱的な利点を打ち消す可能性があることには注意が必要である．

2. **直接加熱** これまでにさまざまなタイプの果樹園ヒーターが気温を凍結温度以上に保つために使われてきたが，主な効果は逆転層を解消し，地上近くの冷たい空気と上部の暖かい空気との交換を促進することである．ヒーターの中には煙や煤を放出するものもあり，2次的な効果として正味の長波放射の損失を最小限にする遮蔽効果が期待できる．

3. **空気の混合** 放射霧の場合，とくに有効な手段は送風機やプロペラを使った地表面近くの逆転層の解消である．これらの装置は熱を出すことではなく，すでに空気中に存在する顕熱を再分配することで効果を発揮する．当然，この手法は強い温度逆転が起こっている状況下でのみ効果がある．

9.5 温度適応の生態学的側面

植物はさまざまな気候下で生存できるように幅広い適応を示す（表9.3）．これらの中には極端な温度を避けるための季節性，そして形態学的・生理学的適応に加えて，生化学的な適応メカニズムも含まれる．どの植物種の適応的成功においても，極端な温度への耐性や回避能力だけでなく，普通の温度条件下における成長と競争を行う能力も重要である．野火の間の短時間の高温に耐える能力も，野火がよくある環境下では重要な要因である．

非常に適応範囲が広く，広範囲の温度域で生育することができる種もあれば，ある温度域に特化した種もいる．この二つのタイプの例が，アメリカ・カリフォルニア州のデスバレーの植生でみられる．ここでは月平均最高温度が1月の20℃以下から7月の45℃以上と幅がある（図9.19）．常緑の多年草であるハマビシ科 *Larrea divaricata* やアカザ科 *Atriplex hymenelytra* などは，変化する温度に順化して1年

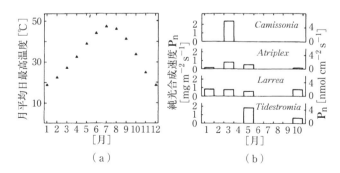

図9.19 アメリカ・カリフォルニア州デスバレー，ファーニスクリークにおける（a）月平均日最高温度の季節変化と，(b) 自生種であるアカバナ科 *Camissonia claviformis*，アカザ科 *Atriplex hymenelytra*，ハマビシ科 *Larrea divaricate*，ヒユ科 *Tidestromia oblongifolia* の最大光合成能の季節変化（Mooney et al., 1976 より）．

を通して成長し続ける．一方，たとえば多年草のヒユ科 *Tidestromia oblongifolia* は，夏だけ成長して通常の冬の温度では成長できない．そして，アカバナ科 *Camissonia claviformis* のような越冬1年生植物は，低温時だけ成長する．これらの種間差は，最大光合成能力の季節変動(図9.9)や，乾物収量の面で異なる温度下で成長し，順化できる能力(表9.4)に反映されている．表9.4は，より適応範囲の広い種(たとえば，*L. divaricate*)は，各環境下に特化した「専門種」ほどは高い成長速度をもたない傾向があるという一般的な特質も示している．

表9.4 二つの対照的な温度変動条件下で22日間育てた4種類の植物の総乾物収率(最終的な乾物質量/最初の乾物質量)．

種　名	日中16℃/夜間11℃	日中45℃/夜間31℃
Atriplex glabriuscula (海岸のC_3植物)	24.4	0.1(枯死)
Atriprex sabulosa (海岸のC_4植物)	18.2	0.3(枯死)
Larrea divaricata (砂漠のC_3植物)	5.4	3.2
Tidestromia oblongifolia (砂漠のC_4植物)	<2.5	88.6

9.5.1 温度操作実験

第1章で指摘したように，たとえば気候変動で起こるかもしれない小さな温度変動が植物の成長に及ぼす潜在的な影響を調べるために，自然な温度環境を実験的に操作することは難しい．温度が自然に異なる場所(たとえば，異なる高度)で植物栽培する，いわゆる**相互移植実験**(common garden experiments)の利用は有効な手段の一つであるが，並行して変化するであろう他の気象要因によって実験結果が混乱させられる可能性がある．環境制御室や温室で温度を操作するのは簡単だが，大気との結合やシュートと根の間の温度勾配などの，微環境の別の面が非常に不自然になる傾向がある．野外における覆いやポリエチレンシートのトンネル，オープントップチャンバーの使用ですら，(補助用ヒーターやクーラーの有無にかかわらず)大気環境や植物の熱収支に相当の影響を与え，誤った結果をもたらすおそれがある．似たような覆いを用いて異なる温度条件を作るというような対の実験設定においてですら，この問題は起こりうる．地温を操作するのに土壌を加熱することは便利な方法として使われているが(Siebold & von Tiedemann, 2012)，この手法では気温を十分に上げることができないので根-シュート間の温度に不自然な勾配と差異を生じさせてしまう．実験装置として赤外線ヒーターを用いることを推奨する研究者もいる(Aronson & McNulty, 2009)が，この手法もまたシステム内の自然な温度勾配をうまく再現することができない．空気中の水蒸気量は作物群落上を移動する気流によって決定されるので，もし

システムの一部だけを温度上昇させた場合，飽差と可能蒸発量は温度とともに増加する．よって，すべての場合において，上昇した温度と蒸発要求との密接な関係を考慮することが重要である．

9.5.2 回避メカニズム

ある特定の種が望ましくない組織温度にさらされないようにするためには，多くの回避メカニズムが利用できる．以下で使う「回避」と「戦略」という用語は，厳密には目的論的ではない意味で使われており，植物に理性があり，目的意識をもちうるということを意味するものではない．むしろ，これらの用語は特定の物理的・生物的反応を単純に表現したものである．

おそらく，もっとも重要な回避メカニズムは季節性だろう（たとえば，図9.19参照）．1年性の種は，望ましい温度の期間内に生活環を完了するようにすることで，潜在的に有害な温度になる期間を避ける．一方，多年性の種では，しばしば組織が極端な温度に不感となる休眠状態に入る能力をもっている．他の植物では，熱に敏感な組織は組織自体かその周囲の大きな熱容量や，高い断熱によるダンピング（長い熱時定数）によって，極端な温度の日較差にさらされるのを避ける．これはとくに（単子葉）草本で重要であり，（少なくとも栄養期にある）分裂組織が地表面かそれ以下の位置にあるため，大気環境でみられるような温度変動にさらされていない．同様に，太い茎や果実の長い熱時定数（表9.1）は日内温度の変動幅をかなり減らせる．

その他のほとんどの空気中にある植物組織の熱時定数は比較的短く（表9.1），定常状態におけるエネルギー収支がこれらの植物組織の温度制御メカニズムのよい指標となる．これらは定常状態でのエネルギー収支の各項（R_n，C，λE）と関連づけて説明でき，放射吸収と，葉と境界層の抵抗が重要な因子である．ここでは，すでに説明した原理（式(9.6)，図9.1，図9.2）について，いくつかの例を挙げて説明する．

極端な組織温度の回避における一つの普遍的な要因は，sとDの温度依存の結果として起こる調整である．高い気温（約30～35℃以上）条件下では，T_ℓはT_aよりも低くなる傾向があり，低い気温では反対のことが起こる（図9.2）．両者が逆転する厳密な温度は，植物および環境諸要因の関数である．

高温環境 葉温は，吸収する純放射を減らすか，潜熱損失を増やすことのどちらかによって低く保つことができる．顕熱輸送を最小にするべきか最大にするべきかは，葉温が気温よりも高いか低いかによる．

水が豊富に利用可能な場合には，もっとも生産的な戦略は低い葉面抵抗で潜熱損失λEを最大にし，一方で，大きな境界層抵抗の大きな葉をもつことで大気からの顕熱入力を最小にすることである．この組み合わせは乾燥回避性の砂漠の1年性植物や十

分な水が利用できる一部の多年性植物などで一般的にみられる．例として，ヨシ *Phragmites communis* は温帯種であるが，デスバレーの湿潤な場所で夏に成長できる．この種は大きな潜熱損失で葉温を気温よりも10℃ほど低く保つことによって，高温下で生き残ることができる(Pearcy et al., 1972)．北西インドのタール砂漠で，葉が10cm以上の大きさになるガガイモ科の灌木の1種 *Calotropis procera* が普通にみられるのも，おそらく同じようなメカニズムで説明できる．蒸散によって葉温を気温以下の温度に冷却することが，効果を打ち消す方向にはたらく顕熱交換を最小限に抑えられるので，大きな葉にとってもっとも効果的であることは注目すべき点である．

しかし，暑い環境ではしばしばそうであるが，水が制限される場所では大きな葉は不利なようである．この場合，小さな葉では，その低い境界層抵抗によって効率よく顕熱交換を行うので，葉温が気温よりずっと高くなってしまうことを防ぐことができるが，同時に，小さな葉は蒸散速度が速い場合にも気温より大幅に葉を冷却することができない．たとえば，ヒユ科 *Tidestromia oblongifolia* は，葉温が気温変動にほぼ追随する小さな葉をもっている(たとえば，Pearcy et al., 1971)．多くの夏季に生育する砂漠の多年生植物は，小さい葉をもっている．

潜熱や顕熱の交換を調整する戦略は放射吸収を最小限にすることと組み合わせられ，それには(オーストラリアのユーカリのような)葉の鉛直方向の向きや，葉のしおれ，葉の巻き込み，葉の側面を直達日射の入射方向に立てるような向きに維持する反向日性運動(paraheliotropic movement)，高い葉面反射率などの手段がある．少し違ったやり方として，他の組織によって影をつくることでも(たとえば，サボテンのとげなどよって(Nobel, 1988))，過剰な熱負荷から敏感な組織を守れる．葉面傾斜角と反射率の効果は相加的なもので，式(9.6)によって見積もることができる．例として葉面傾斜角を水平から70°まで変化させると，デスバレーの *Atriplex hymenelytra* の葉温を2〜3℃下げることが期待できると計算されており(Mooney et al., 1977)，また短波放射の総吸収量を半減させることで葉温を4〜5℃も下げられる．ヨシ属の低い葉温を決定づけている一つの要因は，葉面が通常かなり立っていることである．

葉の反射率は，葉の水分含量，葉面の結晶塩の存在，柔毛，表面のワックスの量と構造などを含むさまざまな特徴(第2章参照)に依存する．なかでもとくに生態学的に興味深いのは，葉の分光特性が環境の乾燥度によって変わる傾向があるという観測結果である．ハマアカザ属の葉の含水量の変動(Mooney et al., 1977)やキク科 Encelia 属の柔毛(図2.18)による環境や季節に応じた反射率の変化は，ともに夏の葉温を最低にすることに役立っている．冬には放射吸収が増加することで，気温が最適温度より低いときに葉温を高め，また総吸収PAR量を増加させることの両方の効果で，葉の光合成増加を助けるだろう．

このような放射が原因の高温を回避するメカニズムの多くにおいて，その主要な効果が直接の熱による損傷を避けることなのか，あるいは蒸散による水の損失を最小限にすることなのかはよくわからない．T_ℓ を下げるメカニズムは，どれも葉内の水蒸気圧を低下させ，水損失を減らして水分を保持する傾向があり，（とくに最適温度より高温時に）水損失に対する光合成の割合を高める方向に作用する．水利用効率については第10章でより詳しく説明する．しかし，水の保持は，しばしば（少なくとも蒸発の冷却によって）葉温を最低にすることよりも高い優先度をもつ傾向があることは留意すべき点である．

低温環境　多くの極域や高山帯の種は，地表面から数 cm 以内に密集した群落を形成し，「クッション」や「ロゼット」の性質をもつ．このことによって群落内の空気の動きが阻害され，大幅に風速が低下した層内に植物全体が存在するため，境界層抵抗が大きくなる．効果的な放射吸収と相まって，葉や花の温度を気温より 10 ℃ 以上も上げることができる（Geiger, 1950）．多くの高山帯植物（たとえば，バラ科ハゴロモグサ属 *Alchemilla alpina*）の葉の裏側には柔毛が密集しており，これによって葉からの透過光を反射し，葉へ戻すことによって放射吸収を増加させている可能性もある（Eller, 1977）．組織のエネルギー収支における代謝項も組織温度に相当な影響を及ぼす可能性がある（7.2.2 項）．たとえば，ある種のサトイモ科植物の肉穂花序の温度は，春先に産熱呼吸によって気温よりも高く 35 ℃ にまで上がることがある（Seymour et al., 1983）．極域の植物では潜在的に発熱性の AOX 経路による呼吸が強化されているようではあるが，しかし，ほとんどの植物では代謝による産熱は葉温を決定する重要な要因ではなさそうである．

とくに熱帯の標高の高いところに生育するキオン属やミゾカクシ属のように大きなロゼットを形成する種群では，成熟した外側の葉が就眠運動によって内側に巻き込まれる「夜芽（night buds）」の形成によって分裂組織は霜害から守られている（Beck et al., 1982）．凍結に耐えられる成熟した外側の葉による断熱効果は，とくにある程度の過冷却と植物の大きな熱質量と組み合わされたときに，植物のより敏感な組織を凍結から防ぐのに十分なものとなる．

9.5.3　温度気候と植物の反応

1年の異なる時期には異なる温度の特徴が重要になる．冬には，最低温度が生き残れる種を決定するだろうし，一方，開花に損傷を与える春の霜の発生が重大な問題となりうる種もある．同様に，成長期の温度変動に対するさまざまな種の感受性は，環境がどの程度それらの種の自然状態での最適温度に近いかに依存する．たとえば，図 9.8（$B=0$ の場合）に示したような仮想の生産量応答では，温度が 5 ℃ 上がった場合，

9℃のときには生産量は2倍に増えるが,27℃のときには効果がなく,38℃では完全な機能不全を引き起こす.

　作物や生態系モデルに必要とされる完全な情報が手に入らない場合,平均温度に加えてしばしば二つの簡単な方法が温度変動を描くために使われる.一つは熱時間の概念を使うもので(9.3.1項参照),季節を通して一般的に利用できる成長度日の積算を計算する.さまざまな作物の成熟に必要な熱時間の例は,春まきオオムギで5℃以上1500℃ day,イネで10℃以上4000℃ dayである.もう一つの概算方法は,適当な生育下限温度を想定して,生育期間の長さを決定する.温帯域の作物では下限温度として5あるいは6℃,トウモロコシなどの作物では10℃程度がしばしば想定される.これらの閾値はすべての種に正確に当てはまるわけではないが,平均温度が適切な閾値よりも一貫して高い期間の長さは,有用で簡単な気候の指標となり,「生育期長(length of the growing season)」とよばれる.潜在的な生育期間は,生殖周期を完了させるのに最低限の期間を必要とする穀物や果物作物にとってはとくに重要である.生育期間の長さは,とくに北半球の高緯度地域や高山地域でよく制限要因となる.

|温度感度の例　生育期長と成長度日は,両方とも平均気温が T_{base} に近いときにとくに小さな気候変化に敏感である.これをアイスランド・アークレイリを例として図9.20に示す.ここでは,温度の小さな変化が生育期長に大きな影響を与え,成長度日にはもっと劇的な影響を与えている.たとえば,温度が長期の平均値から2.4℃低下すると生育期長は75%,成長度日 D は46%にまで減少する(表9.5).もし作物

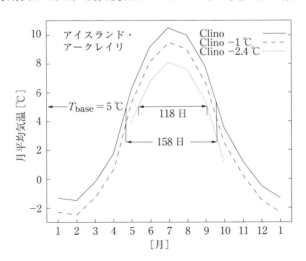

図9.20　アイスランド・アークレイリにおいて標準気候(Clino)より1℃あるいは2.4℃の年平均気温の低下が,生育期長(5℃以上として計算)に与える影響(Bryson, 1974より).

表9.5 アイスランド・アークレイリにおける平均気温の変化が，5℃以上の生育期間と成長度日に与える影響．Clino は標準気候温度を表す（Bryson, 1974 のデータより）．

	平均温暖季気温 [℃]	生育期長 [日]		成長度日	
		[d]	[%]	[℃ day]	[%]
Clino	7.47	158	100	597	100
Clino −1.0 ℃	6.47	144	91	443	73
Clino −2.4 ℃	5.07	118	75	276	46

生産量が比例的に影響を受けるのであれば，この変化は壊滅的なものになるだろう．作物生産への温度影響を観測データだけで定量化することは難しいが，アイスランドの干草生産高の25年間のデータが利用でき，重回帰法によって季節的な温度との関係をみることができる．最初に Bryson, 1974 が，平均生産量が 1950 年代後半には 4.33 t ha^{-1} だったのが，1966-1967 年にはその 75% である 3.22 t ha^{-1} であったことを報告している．両時期に対応する平均温暖季気温はそれぞれ 7.65 ℃ と 6.83 ℃ であった．この生産量の低下は 1960 年代により多くの肥料が使われたにもかかわらず起こったもので，Bryson はその原因を低下した温度の影響であるとし，実際の減少量は度日の減少によって予測される値とおおむね対応していた．残念ながら，この明確な結果は話を単純化しすぎており，他の要因も重要なので，温度効果の大きさは他の年の組み合わせを選んだ場合にはこれほど大きくはない．実際，より客観的な回帰分析の研究では，平均寒冷季気温（平均 −0.08 ℃ で推定生育閾値温度よりも十分低い値である）のほうが（おそらく冬季の寒さによる干草の枯死の指標となるので）よりよい生産量の指標であることが示されており，一方で窒素付加などの他の要因も影響を与えていた（H. G. Jones, 未発表）．

9.5.4 温度と植物分布

種間での温度適応にはしばしば明確な生理学的違いがあるものの，なぜある特定の植物が特定の温度気候で生育するのかについて説明することは容易ではない．ある種の分布を決定づけている環境要因を同定する手法の一つは，その植物の自然分布とそれが自生する場所の気候との相関をとる方法である．一例として，Woodward, 1988 は，生育期長が制限要因となる種もあれば最低温度そのものが制限要因となる種もある，多くのヨーロッパの植物種の分布について，最低温度の絶対値 $T_{\min}$ と成長度日（GDD）を組み合わせたものが非常に有用な指標となることを示した．たとえば，基底温度を 0 ℃ として計算した GDD を使うと，ヨーロッパのタデ科草本 *Koenigia islandica* は GDD が 1800 以下の場所にしか生育せず，イネ科アレチノチャヒキ

Bromus(= *Anisantha*)*sterilis* は GDD が 2000 以上の場所にしか生育せず，また一方で，シナノキ科フユボダイジュ *Tilia cordata* は $T_{\min} > -40\,°C$ と GDD > 2000 の両方を必要とする．熱帯種が極域で生育することは生理学的に明らかに無理であるが，極域の種がとくに生理学的理由がなさそうなのにより暖かい気候下で存在せず生育しない理由については疑問が生じる．これを競争能力の差の結果であるとする証拠は，ベンケイソウ科草本の高地種 *Sedum roseum* と低地種 *Sedum telephium* を対象とした Woodward & Pigott, 1975 の実験などでうまく示されており，競争を取り除いたときには(低地種はおそらく低温耐性が弱いために高地では繁殖できなかったが)，両種とも低地では同様によく生育できた．このことは，低温に耐える能力の発達がより暖かい条件下での競争においての不利益をもたらすことを示唆している．より洗練された気候相関の研究では，水収支の観点を含む，より幅広い気候変数との相関が用いられるだろう．

9.6 演習問題

9.1 葉によって吸収される純放射が $400\,W\,m^{-2}$ であるとする．（i）$T_a = 25\,°C$, $h = 0.4$, $r_{aH} = 40\,s\,m^{-1}$, $r_{\ell W} = 200\,s\,m^{-1}$ とすると，葉温は何°Cか．（ii）$\rho c_p = 2.7\,MJ\,m^{-3}$, $\ell^* = 1\,mm$ とすると，この葉の熱時定数はいくらか．（iii）気孔が閉じているとき，熱時定数はいくらか．（iv）葉全体が濡れているとすると葉温は何°Cか．（v）(iv)のときの熱時定数はいくらか．

9.2 ある果実の呼吸速度は 13°C で $0.1\,mgCO_2\,m^{-2}\,s^{-1}$, 19°C で $0.19\,mgCO_2\,m^{-2}\,s^{-1}$ である．（i）Q_{10} はいくらか．（ii）活性化エネルギーはいくらか．

9.3 ある植物の開花から結実までの間の熱時間は 6°C 以上で 600 度日と一定であり，純光合成速度($k = 1$ のとき $50\,g\,m^{-2}\,day^{-1}$)は式(9.22) ($B = -5$, $T_{\max} = 30\,°C$)で与えられる．期間中は一定温度であるとして，純光合成と温度との関係を図示し，最適温度を求めよ．

第10章　乾燥と他の非生物的ストレス

　第9章では，植物に影響を及ぼす重要な非生物的要因の一つとして温度を考えた．本章では，他の重要な環境ストレス要因，とくに水欠乏について説明する．地球上の広い範囲で，水欠乏は植物生産を制限している主要因である．砂漠の平均的な1次生産量は $0.1\,\mathrm{t\,ha^{-1}\,yr^{-1}}$ 以下であり，水が不足していない場合よりも2桁は少ない値である．南イングランドのように比較的湿った気候でも，干ばつはオオムギのような作物の生産を平均 10〜15% 減少させる．一方，もし灌水を怠った場合，青野菜やバレイショのようなより乾燥に弱い作物の収量はさらに減少するだろう．

　干ばつや乾燥状態という用語には多くの定義が存在する．これには，無降雨期間によって定義される気象学的な干ばつから，その定義に基づいた土壌の含水能力と大気への蒸散要求，さらに，植物影響を考えた範囲までが含まれる．以下では，「乾燥 (drought)」を，たとえば少ない降雨や貧弱な土壌貯水量の結果として限られた水供給の組み合わせ，あるいは，（高い蒸散要求の結果として）植物の生産性を減少させがちな水損失率の増加など，干ばつを含めた広い乾燥条件を表すために使用する．通常の気象学的乾燥状態の定量化には，年間降水量と潜在的な年間総蒸発散量の比率が利用され，0.05 以下の値は極乾燥気候，0.05〜0.20 の範囲は乾燥気候，0.2〜0.5 の範囲は半乾燥気候を表す (UNEP, 1997)．

　本章の最初の部分は，個々の植物過程における水欠乏の影響を概説し，続いて，乾燥環境において植物が成長したり生き残ったりするための多様なメカニズムについて考える．最後に，いくつか他の重要な非生物的ストレスと，ストレスに対する植物応答の一般的な現象を簡潔に考察する．乾燥耐性作物の育種に関係した観点については第12章で説明する．本書の主目標は，環境に対する植物応答と適応の根底にある，植物個体全体の生理学的過程にあるため，関連した生化学的，分子生物学的過程の詳細は簡潔に概観する．さらに興味のある読者は，より専門的な総説を参照してほしい．

10.1　植物の水欠乏と生理学的過程

　植物の水欠乏について解説した非常に多くの本や総説の中で，とくに有用なものとして Jones et al., 1989, Kramer & Boyer, 1995, Levitt, 1980 があるが，水欠乏が気孔応答や光合成のような過程に与える影響については，第4，6，7章ですでに説明した．とくに最近理解が進んできたストレス情報伝達の分子的な側面，植物応答に関係した生化学的・遺伝的な経路などについてのより専門的な文献については，本文の

中で適宜紹介する．

10.1.1 水欠乏の影響

　各過程の水欠乏に対する相対的な感受性を単純に説明することは難しく，これは，これまでに示したような種による気孔や光合成の大きな違いや，ストレスに対する顕著な順化能力のためばかりでなく，水欠乏に対する植物応答の複雑さのためでもある．とくに，すでに示したように，シュート成長や光合成のような過程における土壌乾燥の影響は，おそらく土壌の水分状態が通水によって直接シュートの水分状態に影響を与えるシグナルと，ABAやpHを含む化学的なシグナル(4.3.3項と6.4.5項参照)の両方によって調整される．このことは水欠乏に応答する器官の水分状態以外も考慮する必要があることを示している．

　中程度のストレスであっても，もっとも明瞭な影響は，とくに水欠乏の感受性が高い細胞の伸張に伴う成長の減少である(Hsiao, 1973)．第4章で述べたように，成長している細胞においては(全水ポテンシャルよりはむしろ)膨圧が細胞膨張のための促進力となるが，実際の細胞伸張速度はロックハート式の定数，臨界降伏圧 Y と細胞壁の伸展性 ϕ (式(4.16))の変動によって制御される．おそらく，少なくともシュートの水分状態の違いが検出されずにシュート成長が変化する場合には(たとえば，Gowing et al., 1990)，根からシュートまでの情報伝達の変化が関係している．何らかの細胞壁材料の合成は，膨張成長が阻害される中程度のストレスの間でも続くかもしれない．これは「貯蔵成長」として顕在化し，短いストレスの間に失った成長のほとんどは，再び水が与えられた後で回復できるだろう(Acevedo et al., 1971)．細胞分裂は，水ストレスの影響を受けるが，通常，細胞成長よりも感受性が低い．

　単なる成長阻害に加えて，水欠乏は植物の生育や形態にも強い影響を及ぼす(表10.1)．たとえば，根とシュートの間の感受性の違い(根の成長は水欠乏にそれほど敏感でない)によって，乾燥は根/シュート比を大きく増加させる(Sharp & Davies, 1989)．全体的に根の成長は乾燥によって制限されるが，根の先端数ミリメートルはとくに感受性が低く，水ポテンシャルが −1.6 MP 以下まで低下しても，この部分は対照と同じ速度で伸長する(Sharp et al., 2004)．栄養成長への他の影響として，イネ科型草本の分けつの減少や，休眠芽の形成による多年生植物の成長の早期終了などがある．水欠乏は葉や果実の脱離も促進し，とくにストレスが緩和された後に起こる．水ストレスは，細胞の拡大や分裂を制限して葉を小さくするだけでなく，少なくともコムギでは，気孔を形成する表皮細胞の割合を減らしたり，葉の毛や毛状突起の数を増加させたりする(Quarrie & Jones, 1977)．

　水欠乏は，繁殖器官の発育にも影響し，ライチなど(Menzel, 1983)いくつかの種で

表10.1 水欠乏に対する植物応答にABAが関与していることの証拠．植物の水欠乏に対する反応と，外からABAを与えたときの植物反応との類似性(主に，Addicott, 1983, Davies & Jones, 1991, Jones 1981bから収集)．

反 応	水ストレス	ABA	
短期間の反応			
気孔コンダクタンス	減少	減少	+++[a]
光合成	減少	減少(主に気孔による)	+++
膜透過性	増加/減少	増加/減少	+
イオン輸送	増加/減少	増加/減少	+
長期間の反応：生化学と生理学			
特定のmRNAとタンパク質の合成[b]	増加	増加	++
プロリンとベタインの集積	増加	増加	++
浸透調節[c]	あり	あり	+
光合成酵素の活性	減少	減少	+
脱水耐性[d]	増加	増加	+
耐塩，低温耐性	促進	促進	++
ワックス生産[e]	増加	増加	+
長期間の反応：成長			
一般的な成長阻害	あり	あり	+++
細胞分裂	減少	減少	+++
細胞伸張	減少	減少	+++
発芽	阻害	阻害	++
根の成長	増加/減少	増加/減少	++
根/シュート比	増加	増加	++
長期間反応：形態			
毛状体の形成	増加	増加	++
気孔指数	低下	低下	++
イネ科型草本の分けつ[f]	減少	減少/増加	+
水中葉から空中葉への変化	あり	あり	++
末端の芽または多年生器官の休眠導入	あり	あり	++
長期間の反応：生殖			
1年性草本の開花	しばしば促進	しばしば促進	+
多年性植物の花芽誘導	阻害	阻害	+
花の脱離	増加	増加	+
花粉の生存率	低下	低下	+
結実	減少	減少	+

a 相関の強さは，弱い(+)から強い(+++)の範囲で表示
他の引用：
b Heikkila et al.,1984, Mundy & Chua, 1988, Cohen & Bray, 1990　　c Henson et al.,1985
d Gaff, 1980, Bartels et al., 1990　　e Baker, 1974　　f Hall & McWha, 1981

は，花芽分化の開始刺激に水欠乏の期間が必要になる．その他の場合では，厳しい水ストレスは，待機花芽の早期発現を引き起こす(Jones, 1987b)．水欠乏は，1年草では開花を促進し，多年草では開花を遅らせる傾向がある．たとえばコムギでは，中程度の水ストレスは最高1週間まで開花を早めるが，それに応じて小穂の数や花粉の繁殖力，そして穀粒数が減少する(Angus & Mpncur, 1977)．ストレス処理は，植物育種家によって世代交代を早くするために使われ，たとえば穀物育種家は「単粒系統法」をしばしば用いる．

ほぼすべての細胞の代謝と微細構造は，水欠乏の影響を受けることが報告されている．とくに特有な変化としては，合成速度に比較した分解速度の増加，タンパク質合成の減少，遊離アミノ酸濃度の上昇(とくにプロリンで，これは種によっては葉の乾燥物質1%まで上昇する)，グリシン-ベタイン，ジアミン，ポリアミン(浸透ストレスに伴い，とくにプトレシンが増加する．Smith, 1984)と糖濃度の上昇などがあり，いずれも，関係する酵素の活性変化を伴う．これらの変化の多くは適応的と考えられるが，水欠乏による細胞や組織の損傷の発現に対する順化や応答と区別することはしばしば困難である．たとえば，他のタイプの環境ストレスと同様に，水欠乏は細胞の還元能力をより高い酸化状態に移行させ，遊離基濃度を上昇させる(おそらくどちらも損傷を与える変化)．しかし，グルタチオンなどの還元剤の濃度や，遊離基を消去するスーパーオキシドジスムターゼは損傷に対処するもので，どちらも増加する傾向がある(Alscher & Cumming, 1990 参照)．

説明してきたこれらのすべての影響は，乾燥(干ばつ)の特徴である乾物生産や種子生産の全般的な減少をもたらす．単位葉面積あたりの炭素同化(または他の生理過程)への影響は重要かもしれないが，干ばつによって生産の減少をもたらす主要因は，一般に葉面積の減少である．さらに，種子収量は，とくに発育の重要時期におけるストレスに敏感である(たとえば，小胞子生殖．Salter & Goode, 1967 参照)．

10.1.2 応答機構と植物成長調整物質の役割

近年，乾燥応答を含む分子的なシグナル機構への理解が進展してきているが，軽度の水欠乏でさえ，なぜ代謝や発育に大きな影響をもたらすのかについては，いまだにわかっていない．Hsiao, 1973が指摘したように，軽度のストレスが，どのように水活性や，初期のストレスセンサとなりうる細胞質内の巨大分子構造あるいは分子濃度に影響するのかを確かめることは難しい．もっとも明確な証拠は，膨圧や細胞サイズに反応するセンサ(類)である(第4章)．少なくとも成長している細胞において，膨圧の小さな変化は未使用の細胞壁の材料の結果的な蓄積，または代謝に影響を与える他の代謝物質の蓄積によって，細胞伸張を減少させるかもしれない．また，膨圧が，細胞

膜伸縮性センサ，あるいはその他の膨圧依存性のシステムを通じて，イオン輸送に直接的に影響するという結果がある(Cosgrove & Hedrich, 1991, Kacperska, 2004)．たとえば，浸透圧感受性，あるいは伸縮活性化イオンチャネルは，陰イオン(Qi et al., 2004, Roberts, 2006)や，Ca^{2+}(Zhang et al., 2007)とK^+(Liu & Luan, 1998)のような陽イオンの両方で報告されている．相対含水率(RWC)は，しばしば膨圧のよい代替指標であり，簡単に測定できるので，多くの場合，組織へのストレス指標としては全体の水ポテンシャルよりもいっそう有用である．水欠乏で観察される影響の多くはほとんど2次的であり，特定の植物の調節性応答が作用した結果である．

植物成長調節因子(植物ホルモンともよばれる)は，乾燥を含むストレスの植物応答の統合に関係した，細胞間と遠距離の複雑な情報伝達に密接に関与している(Khan et al., 2012 などの最近の総説を参照)．乾燥に対する主要応答には，アブシジン酸(ABA)が関与している．第4章でみたように，この成長調整因子は，水ストレスと塩分や高温に関係した幅広い他の環境ストレスに対する植物個体応答の統合において，主要な役割を果たしている(Wilkinson & Davies, 2002 参照)．乾燥への応答におけるABAの気孔閉鎖への関与の証拠は，第6章で概説した．他のとくに重要な観察例には，ストレスを受けている植物においてABA濃度がただちに上昇するという事実(これは，全体の水ポテンシャルよりも，膨圧のはたらきである傾向がある)と，水欠乏に対する応答と外部から与えたABAに対する短期的・長期的な植物のさまざまな応答が非常によく対応しているという事実がある(表10.1)．これらの観察結果は，ABA欠損やABA非感受性変異体の研究からの情報(第6章)と結びつけると，ABAが確かに内因性の植物成長因子としての一般的な役割をもっており，とくに長距離の情報伝達に関係した植物の水欠乏と他のストレスへの適応に関係しているということを強く示唆している．

最近の大きな進展は，ABA代謝や情報伝達を含む，細胞と生化学的な機能の理解(Zhu, 2002)と，ABA受容体の同定(Klingler et al., 2010 参照)である．しかし，細胞レベルでの乾燥ストレスシグナルへのABA関与の証拠にもかかわらず，乾燥や他のストレス応答において，ABA非依存の情報伝達についての強力な証拠も多数ある(Shinozaki & Yamaguchi-Shinozaki, 2007, Zhu, 2002)．浸透ストレスに対する応答にはABAとは関係なく機能しているものがあり，たとえば，1994年に特定された乾燥応答性領域(dehydration responsive elements：DRE)とよばれる遺伝子配列(Yamaguchi-Shinozaki & Shinozaki, 1994)を通じたものがある．残念ながら，乾燥応答遺伝子を特定する目的で行われた過去の分子生物学的な研究の多くは，かなり極端な乾燥処理を行っており，さらに実際の植物の水分状態についての情報がほとんど含まれていない．Jones, 2007 は，主要な植物科学雑誌で2003〜2005年の間に出版され

た水ストレス下での遺伝子発現を調べた論文のうち，約50％は水分状態の測定がなされていないことを示している．乾燥ストレスについてさらに理解を深めるには，水分状態の正確な測定と現実的なストレスで実験することが必要である．

植物個体レベルでも，他のさまざまな植物ホルモンのグループが関与していることを示す結果がある．たとえば，エチレン生成はとくに冠水によって刺激されるが，水欠乏によっても刺激される．この刺激は，葉や果実の離脱，葉の上偏成長，そして気孔閉鎖や光合成の低下など，観察された数多くの応答に関与していた．サイトカイニンも葉の老化や気孔閉鎖など，いくつかの乾燥誘導応答に関係している．たとえばBlackman & Davies, 1985 は，乾燥下では，蒸散流によるサイトカイニンの供給が減少することを示唆している．ジャスモン酸など，他のグループの乾燥応答の関与も示唆されてきているが (Cheong & Choi, 2003)，これらは主に生物的ストレスに対する応答に関係している．水ストレスはジベレリンやオーキシンの含量に影響するかもしれないが，これらの成長調節因子がストレス応答制御に主要な役割をもつことを示す結果はほとんどない．

10.2 乾燥耐性

乾燥耐性 (drought tolerance[†]) という用語は，植物が乾燥条件下で生き残る能力として長い間使われてきたが，乾燥条件下における植物の生存あるいは生産力を維持するためのすべての機構を表すために使うほうがより適切である．農業あるいは園芸分野では，強い乾燥耐性をもつ品種は弱い品種と比べて，乾燥下でも市場性の高い生産物の収穫量が多い．多くの農業関係者や育種家も，乾燥耐性の要素として年変動の少ない安定性を求める (たとえば，Fischer & Turner, 1978 参照)．しかし，自然生態系では，乾燥耐性種は比較的乾燥した環境下で生存や再生産できる能力をもつ植物である．この場合，乾燥耐性は必ずしも高い生産力には結びつかない．したがって，典型的な農業の単一栽培に適した乾燥耐性機構は，自然生態系で進化してきたものとはまったく異なるかもしれない．

乾燥環境で生存できる植物は，乾生植物 (xerophyte) とよばれる (湿った場所の植物は湿生植物 (hygrophtyte)，中湿の場所の植物は中生植物 (mesophyte) とよばれる)．乾生植物は自然の乾燥地だけでみられるが，これは必ずしもこれらの植物が好乾性であるからではなく，むしろ乾燥した場所でのみ他種に対する競争力が大きくなるからである．他種との競争が排除されたよく手入れされた耕作地では，利用できる水の量が増えることで，これらの種の成長や生産が増大する．

[†] "drough tolerance" は乾燥耐性と訳されることが多いが，本書では干ばつ耐性 (無降雨期間への耐性) という意味合いが強い．この場合，大気飽差 (空気の乾燥度) は必ずしも高くない．

植物が乾燥環境に適応するには多くの異なる方法があり，乾生植物を識別するための単純な形態学的・生理学的な判別基準の組み合わせはない．乾生植物を識別するための多くの方法 (Levitt, 1980, Maximov, 1929) として，乾燥逃避 (drought escaping)，乾燥回避 (drought evading)，乾燥耐久 (drought enduring) のような表現を使って，異なる生態学的ニッチの観点から提案されたてきた．いずれかのグループに植物を分類することが難しいこともあり，もっとも有効なやり方は，植物は乾燥耐性メカニズムを複数もつことを認識し，乾燥耐性に寄与するメカニズムに注目することである．これらの機構は，便宜的に三つの主要なタイプに分けられる．

(ⅰ) **ストレス回避** (stress avoidance)　　水欠乏による組織の損傷発生を最小化する機構．

(ⅱ) **ストレス耐性** (stress tolerance)　　植物が水欠乏状態にあっても機能し続ける生理学的適応．

(ⅲ) **効率化メカニズム** (effective mechanisms)　　資源，とくに水利用を最適化するしくみ．

表10.2はこれらのグループを細分化したもので，詳しくは以下で説明する．

表10.2　乾燥耐性の機構と，異なる耐性戦略の潜在的なコスト．異なる戦略は，恒常的にはたらいているか，もしくは乾燥に反応して発達する．

	例	コスト
1. 水欠乏の回避		
(a) 乾燥回避	短い生活環，休眠期間，落葉	短い生育期間（潜在的に少ない収穫）
(b) 水の節約	小さい葉，制限された葉面積，気孔閉鎖，高いクチクラ抵抗，高い葉面反射，制限された放射吸収	利用可能な水の一部を無駄にする可能性
(c) 効率的な水吸収	広がった，もしくは深い，もしくは密な根系	根の成長のため，多くの炭水化物が必要
2. 植物の水欠乏耐性		
(a) 膨圧の維持	浸透調節，低弾性率の細胞	代謝コスト
(b) 脱水耐性	細胞内適合溶質の生産，脱水下における酵素耐性	代謝コストは豊作年でも生産を制限する
3. 効率化メカニズム		
(a) 利用可能な水の効率的な利用	とくに午後の気孔閉鎖	低い最大速度
(b) 収穫指数の最大化	種子への高い乾物割合	非適応的

乾燥適応の恒常的な表現に加えて，すべての植物は乾燥に対する順化能力を示し，水損失の気孔による制御，浸透調節，葉面積の発達と根成長の総合的な制御は，おそらくもっともわかりやすい．実際，ほぼすべての乾燥条件に対する適応的な特徴は，多かれ少なかれ順化する．

10.2.1　水欠乏の回避

|乾燥逃避(drought escape)　　生活史，あるいは少なくとも生殖サイクルを素早く完結させる植物は，乾燥期間から逃れることができ，好適な土壌水分の期間に成長する．このメカニズムは，発芽から種子成熟まで4～6週で完了できる砂漠の短命植物の典型である(短い生活史と小さなゲノムサイズのために分子生物学者に愛用されているシロイヌナズナ *Arabidopsis thaliana* はこれらの1種である)．同様に，多くの作物は極端な乾燥適応を示さないが，少なくとも顕著な乾季のある環境では，もっとも乾燥耐性をもつ作物はしばしばもっとも早く花を咲かせ成熟し，最悪の乾季を避ける．多くの1年生植物では，乾燥年で土壌が乾燥してしまう場合のように，水ストレスを受けると，通常よりも早く開花するという動的応答を示す．一般に，このような植物群は，乾燥気候を生き残るための他の生理学的機構をもたない．

|水の節約(water conservation)　　水損失速度を制限する植物の適応は，二つの方法で有害な植物の水欠乏を防ぐ．これらは，長期間にわたって土壌の水を保持し，種子が成熟するのに十分な期間，土壌(と植物)の水ポテンシャルを適切に高く維持するか，あるいは，蒸散流経路の抵抗によって蒸散フラックスを抑え，植物の水ポテンシャルの低下を抑える(第4章参照)．水損失を制限する機構をもつ植物は水節約植物(water-savers)とよばれ(Levitt, 1980)，乾生植物(xerophyte)と考えられている植物の多くはこのタイプである．

　蒸散を最小化するための適応には，低いクチクラコンダクタンス(しばしば $2\,\mathrm{mmol\,m^{-2}\,s^{-1}}$ ($0.05\,\mathrm{mm\,s^{-1}}$))を伴った厚いクチクラ，植物あたりの総蒸散面積を小さくする小さい葉(いくつかの半砂漠植物では葉が極端に小さいかない)，放射吸収を下げるための葉の高い反射率と適応(第2，9章参照)，気孔閉鎖や非常に小さな陥没した形状，あるいは密度の低い気孔による低い気孔コンダクタンスなどがある．大きな葉の植物では気孔の閉じ始めに(葉温の上昇によって)蒸散の大きな駆動力が生じるが，小さな葉の2次的効果として，その高い境界層コンダクタンスのために葉温が気温に近づき，高い葉温が避けられる．ビロード毛や葉毛の厚い層あるいは毛状突起は，毛が死んでいてもしばしば水の保持に貢献すると指摘されるが，実際には，葉の総拡散抵抗への影響は気孔閉鎖と比べてかなり小さい．たとえば，厚さ1mmの綿毛でさえ拡散抵抗(式(3.21)参照)は $\ell/D = 1/24.2 = 0.041\,\mathrm{s\,mm^{-1}}$ ($1.025\,\mathrm{m^2\,s\,mol^{-1}}$)

であり，閉鎖した気孔と比較して2桁程度小さい．葉毛の存在意義は，おそらく放射収支と水の損失と光合成のバランスをとる役割である．水の保持に期待されるこれらの毛や他の形態学的特性の役割は，後の効率化メカニズムでさらに詳しく説明する．

CAM植物は昼夜逆転した気孔サイクルと厚いクチクラをもち，とくにストレス環境下で水損失を制限するのに効果的である．たとえば，6年間水をやらなかった*Echinocactus*属のサボテンの標本では，その重さの減少は30％以下だったことが報告されている(Maximov, 1929)．水の保持に明らかな影響をもつこれらの特徴に加えて，多くの「乾生形態」植物は，厚壁組織(schlerenchyma)と厚角組織(collenchyma)のような構造組織や，針や他の防御構造を極端に発達させている．針や防御構造は，おそらく乾燥耐性機構としてではなく，被食被害を減らす特徴として進化しており，他の植生がほとんどない環境における競争能力を高めている．

水損失を減らす形質の中には，(厚いクチクラや気孔形態のように)環境条件にかかわらずほぼ一定なものもあるが，大部分は，乾燥に応じてある程度変化する．たとえば，ワックスの発達，クチクラ厚，毛の発達と葉の反射率は，すべて乾燥の増加とともに増加し，植物は環境に対してよく対応する．同様に，利用可能な水の量に応じた葉面積の制御は，おそらくもっとも重要かつ一般的な，乾燥回避と乾燥順化の応答である．葉面積の制御は，水供給の減少による葉面積伸張の減少と，ストレスの増加に伴う葉の老化刺激と落葉の両方を含んでおり，利用可能な水に合わせて葉面積が調整される．利用可能な水の減少に対する単なる直接的な応答よりも，乾燥(もしくは他の環境ストレス)に対するほとんどの葉の死は，動物のアポトーシスと類似したプログラムされた細胞死(programmed cell death：PCD)によって強く制御され，植物の効率的な栄養塩回収を可能にする．老化におけるさまざまな現象の調整は，ホルモン(サイトカイニンとABA)を介した情報伝達，活性酸素と遺伝子発現の変化(Munné-Bosch & Alegre, 2004)を含んだ，複雑な感知と情報伝達の組み合わせを伴う．

効果的な水吸収

乾燥地でよく成長している多くの植物は，水損失を制御するための特別な適応機構はもたず，大容量の土壌あるいは深い地下水面から水を得られるような，非常に深く，広範囲に伸びた根系を発達させている．多くの砂漠灌木(たとえば，マメ科メスキート*Prosopis juliflora*)は深い根系をもち，コナラ属の*Quercus fusiformis*はテキサスの石灰岩地で22 mもの深さまで機能している根を伸ばしていた(Jackson, et al., 1999)．Polunin, 1960は，ルブナー[†]がスエズ運河の掘削の間に，ギョリュウtamariskの根は地下50 mでも見つかったと述べていたことを引用している．根の発達は非常に可塑的で，乾燥条件では植物はシュートよりも地下部に資源

[†] Max Rubner(1854〜1932)．ドイツの植物生理学者．

(たとえば，炭水化物)を分配する．全体的な根の成長も強化されることがある．効果的な水供給システムをもつ植物は，しばしば水浪費者(water spenders)としてふるまい(Levitt, 1980)，その蒸散速度も制限されない．根の成長コストは高いため，深い根系を発達させるこれらの植物は，水が簡単に得られる場合には，浅い根系の植物と同等の競争力や生産力は保てないだろう．

多くの植物は霧や露，降雨を遮断し，かなりの量の水を得ている．植物体に付着し遮断された降雨はただちに蒸発すると仮定されることが多いが，とくに大気と効果的に結合した樹木では，雨水が葉によって吸収され，乾燥地の生態系の水収支に大きく寄与しているようである(Breshears et al., 2008)．

10.2.2 植物の水欠乏耐性

組織の水分含量や ψ が低下しても，生理活性を維持するためにはたらく多くの機構がある．近年，組織の水欠乏耐性に潜在的な役割をもつ多くの遺伝子が報告されており(Ingram & Bartels, 1996)，以下で概説される生理学的機構のグループのいくつかにも深く関連している．

膨圧の維持　水ストレスに対する応答において，細胞溶質の増加による膨圧の維持(すなわち ψ_π の低下．式(4.7)参照)は広くみられ，多くの種の葉，根，繁殖器官で起こる(Morgan, 1984, Zhang et al., 1999)．この過程は，**浸透調節**(osmotic adjustmentもしくはosmoreguration)とよばれ，乾燥や塩ストレスによって低下した ψ において生理活性を維持するためのもっとも重要なメカニズムである．浸透調節という用語は，通常，浸透調節のために作用する溶質が細胞内で純増する能動的過程を記述するために使われ，細胞が水を失い収縮によって生じる受動的な濃縮効果とは区別される．

無機イオン(とくに K^+ と Cl^-)と有機溶質のどちらも細胞の浸透調節に関与するが，糖類，糖アルコール，アミノ酸やさまざまな有機酸のような有機溶質の変化のほうが，重要度が高い傾向がある．有機溶質のもっとも重要な点は，溶解性の高い非荷電分子であることで，適合溶質(compatible solutes)として知られており，細胞の代謝をほとんど阻害しない．このような適合溶質の例としては，単糖類(トレハロース，フルクトース，グルコースなど)，糖アルコールと環状糖アルコール(グリセロール，マンニトール，ソルビトール，ケルシトールなど)，アミノ酸(とくにプロリン)，グリシン－ベタインのような4級アンモニウム化合物などがある．これらの溶質における水酸基は，水の水素結合を強めるため，重要な酵素と他の細胞構造を安定させる浸透圧保護剤としてはたらく傾向がある．とくに塩環境下では，Na^+ と Cl^- は液胞溶質として利用されるが，細胞内代謝が損傷を受けないように，細胞質内では低い濃度で維持される必要がある．一般に，浸透ポテンシャル ψ_π の日変化はかなり小さく，通常，

浸透調節には数日もしくは数カ月かかる．作物の中には，浸透調節能と収穫量との間で正の相関を示すものもあるが，浸透調節能の高い種が，低い種よりも，実際には乾燥に対してより敏感である場合もある(Quisenbery et al., 1984)．このことは，浸透調節には「コスト」がかかることを示唆している．

完全膨圧維持の場合には浸透ポテンシャル ψ_π の低下と水ポテンシャル ψ の低下が等しくなり，膨圧は一定に維持される(図10.1)．部分的な膨圧維持の場合でも($d\psi_\pi/d\psi < 1$)，膨圧がゼロになる時間を遅らせる利点がある．多くの植物は少なくとも部分的な膨圧維持を示し，とくに乾燥がゆっくり進む場合にはそうである．一方，完全膨圧維持は，限定された範囲の ψ においてのみ，しばしば観測される．限られた ψ の範囲で完全に膨圧が維持される例と，部分的な膨圧維持の例を図10.2に示す．

図10.3に示すように，ある一定の ψ の低下に対して細胞水が減少して受動的に溶質濃度が高まる影響は，比較的柔軟な細胞壁をもった多肉植物のような植物でもっとも効果的である．異なる体積弾性率 ε_B の細胞における膨圧維持に対するこの受動的な調整の貢献範囲を図10.1に示している．受動的な膨圧維持で考慮すべき重要な点は，浸透調節の測定において，同じ水分状態(膨圧を失う点か，十分に水を吸収した最大膨圧の点)の植物で比較する必要があることで，そうでなければ能動的な調節の評価に受動的な調節の要素が誤って含められてしまう．浸透調節の程度は，種内，種間の両方で大きく異なることが報告されており，典型的な作物では0.1〜1.7 MPa の範囲にあるが，乾生植物では4 MPaに達したり，塩生植物では10 MPaに及ぶこともある(出典は Morgan, 1984, Zhang et al., 1999)．

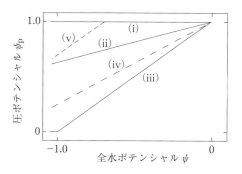

図 10.1 圧ポテンシャル(ψ_p：$\psi = 0$ のとき，1 になるように規準化)と全水ポテンシャル ψ との関係の模式図．(i) 浸透ポテンシャルの変化が完全に ψ の低下によって補償されて，膨圧は膨潤状態で維持される場合(すなわち，$d\psi_\pi/d\psi = 1$)，(ⅱ) 部分的に膨圧が維持される場合($0 < d\psi_\pi/d\psi < 1$)，(ⅲ) 一定の溶質濃度で，膨圧維持がない場合(極端に硬い細胞壁)，(ⅳ) 弾性のある細胞壁で細胞収縮の結果，溶質濃度が高まり，受動的に膨圧が維持される場合，(ⅴ) ある範囲だけの ψ で膨圧が維持される場合．

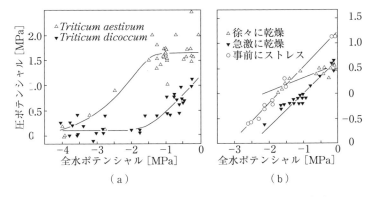

図 10.2 圧ポテンシャルと葉の水ポテンシャルとの関係の例.(a)コムギの二つの遺伝子型.(b)モロコシ:▼ 事前によく灌漑し急激に乾燥させた場合,△ 事前によく灌漑しゆっくり乾燥させた場合,○ 事前に $-1.6\,\mathrm{MPa}$ のストレスをかけ,急激に乾燥させた場合(Turner & Jones, 1980 のデータより).

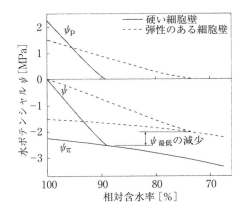

図 10.3 弾性をもつ細胞壁(ε_B が小さい)と硬い細胞壁(ε_B が大きい)をもつ細胞についてのヘーフラーの図.硬い細胞壁の場合,より低い ψ でも膨圧を維持し,ψ の変化あたりの細胞体積の変化は小さい.

多くの乾生形態植物における構造組織の極端な発達は,すでに指摘したように,大きな体積弾性率 ε_B の,硬い(広げられない)細胞をもたらす.これは付加的要因として,しばしば低い水ポテンシャルで生存できる能力と結びつく.すなわち,高い膨圧に耐える細胞となることで(図 10.3),高い浸透濃度によって非常に低い ψ の値まで膨圧を維持できる能力がもたらされる.細胞体積と関連した安定度も,浸透調節や適合溶質を必要とすることなしに,広範囲の ψ にわたって生理活性を維持するために重要だろう.一般に乾燥状態の植物で起こる細胞の大きさの減少は,組織の ε_B の増加によ

って膨圧の維持に貢献できる(Cutler et al., 1977).

その正反対の例は，多肉植物の貯水組織にみられる．この場合，ε_B は非常に小さい．その結果，細胞体積が大きく変化しても，ψ の変化は比較的小さい(図10.3)．これは大きな組織容量があることを意味する．この大きな組織容量は，水交換に対する時定数を増加させ(式(4.33)参照)，環境の速い変化に対してバッファーとしてはたらくだろう．ε_B が 40 MPa から 4 MPa に減少すると，水交換の半減期は 0.6 分から 6 分に増加すると推定される(Tyree & Karamanos, 1981)．しかし，この時間スケールでの変化がどのような生態学的意義をもつのかを予測することは難しい．同様に，一般に貯蔵されている水の量は潜在的な蒸散速度に比べて小さい．しかし，気孔が閉じて水損失速度が低い場合には，貯蔵水はかなり長い期間にわたって膨圧を維持するだろう．

浸透調節には普遍性があるため，浸透調節は乾燥耐性の遺伝子工学の主要な目標となっている(Valliyodan & Nguyen, 2006, Wang et al., 2003, Yang et al., 2010)．鍵となる適合溶質の合成に関する代謝経路の理解が進むにつれて，ストレス誘導されるプロモータと結び付け，適合溶質の濃度を増加させるための操作が可能になってきており(Shinozaki & Yamaguchi-Shinozaki, 2007)，恒常的発現の不利は克服されつつある．プロリンのような浸透調節物質が強化された合成系をもつ形質転換植物の例が数多く報告されているが(Jiang & Wang, 2011, Yang et al., 2010 参照)，乾燥耐性の向上が見い出された場合でも浸透調節との関係を示すことは難しいし(Molinari et al., 2007)，また多くの場合，乾燥耐性が実際に向上したことを示すことすら難しい(Yang et al., 2010).

脱水耐性と代謝　　生命を存続することは，低い水ポテンシャルで機能し続ける能力と同じくらい重要である．この生存能力，あるいは脱水耐性は，しばしば環境の水ポテンシャル，あるいは 50% の細胞が死亡する組織の含水率として測定されてきた(Levitt, 1980)．通常，組織はある与えられた湿度の大気と ψ(式(5.14)で計算される)とで「平衡化される」が，多くの出版物の例では平衡時間が短く，おそらく水蒸気圧平衡には達していない．植物種間と同じ植物内の組織間で，組織の水欠乏耐性には大きな差がある．

復活植物(resurrection plants)　　藻類，地衣類，コケ類のような変水性の下等植物の多くは，極端な脱水でも生き残る極限能力をもつ(Oliver et al., 2000, Proctor, 2000)．同様に，高等植物の種子や花粉は，しばしば極端な脱水耐性をもつ．ごく一部ではあるが，高等植物にも栄養組織が極端な脱水耐性をもち，再灌水によって急速に回復できる種がある(Farrant, 2000)．これらの復活植物は，とくに熱帯の花崗岩の露岩で典型的であるが(Porembski & Barthlott, 2000)，他の地域にも分布する．よく知られた例はミロタムナス科の灌木 *Myrothamnus flabellifolia* で，それらの大気乾燥葉は灌

水して30分以内に呼吸を始め，6.5時間以内に光合成の徴候が表れる．ネジレゴケ *Tortula ruralis* のような下等植物では，より急速に復活するだろう．地衣類，藻類，コケ類にみられる極端な脱水耐性をもたらすメカニズムは，高等植物のものとは異なっているようにみえるが，例外なく脱水の間の膜やタンパク質の構造的安定性が必要である．復活植物の極端な脱水耐性は，脱水につれて細胞内構造と生理学的統合性を維持する能力，脱水の進行に伴う制御されない代謝によって生じる酸化ストレスへの耐性と無毒化，そして再灌水によって速やかに損傷を修復する能力（復活植物，単子葉植物ボリア科 *Borya nitida* では存在するようである）を含んでいる．

脱水につれての巨大分子構造の安定化は，十分な補完物としての適合溶質と他の分子シャペロンの存在に依存し，一方，効果的な損傷修復機構も重要である．脱水中に，水で満たされた液胞が非水溶性物質によって満たされた多くの小さな液胞に置き換えられることと，細胞質の「ガラス化」は，復活植物では普通にみられる (Farrant, 2000)．脱水の初期段階での重要な保護機構は，光合成を低下させて活性酸素 (ROS) の生成を最小限に抑えることである．これは，クロロフィルの分解あるいはクロロフィルの遮蔽によって電子伝達を妨げることで達成される．極端な脱水耐性は，一般に高温やUV-B放射のような他の環境ストレスに対する耐性とも結びついている．維管束植物の復活植物は，通常，最初の脱水がゆっくりと生じた場合にのみ回復できる．

非復活植物 (non-resurrection plants)　脱水耐性をもつ作物開発のために復活植物から学ぶべきことはあるかもしれないが，復活に関するメカニズムと作物植物とはおそらく質的に異なっているので，復活タイプのメカニズムの作物植物への導入には大きなトレードオフが存在する可能性が高い．それにもかかわらず，作物の中でさえ，組織の水欠乏に対する耐性には，明確な種間と種内変異がある．乾燥応答遺伝子や植物内の情報伝達回路の解明は，最近急速に進んでおり (Yang et al., 2010)，それらは乾燥耐性メカニズムと関連することが予測される．しかし，それらの応答から，乾燥への適応的な応答と，単なる損傷の症状とを区別することは難しい．予想できるように，標準的な植物における組織の水欠乏に対するより限定された耐性においても，つぎのようなそれに貢献する広範囲のメカニズムが存在する．

1. すでに論じたように，適合溶質と分子シャペロンは，浸透調節あるいは組織乾燥の間で濃度が上昇しているときでも，とくに細胞質タンパク質と細胞膜を乾燥から守る効果があることが判明している．これらが効果を示すためには，細胞質の中で区画化されている必要がある．適合溶質の主な分子種はすでに列挙している．休眠に入るときに大量に合成蓄積されるタンパク質（後期胚発生蓄積タンパク質 (late embryogenesis abundant proteins)：LEA）の生成も，組織乾燥に対する応答の特徴で，これらの生成は浸透調節には寄与しないが，少な

くともタンパク質と細胞内構造の安定化によって，耐性に寄与しているようである．それらの親水性は非常に高く，結果として水と結合し，イオンを隔離し，タンパク質や膜構造を維持するような分子シャペロンとしてはたらく（Bray, 1997）．類似したメカニズムは適合溶質と低温ストレスタンパク質とも関連しており，脱水が損傷の原因になる場合には，凍結耐性にも関与する（第9章参照）．

2. 酸化障害としての化学的な損傷が，脱水障害の重要な要因であることを示す結果が増えており，活性酸素の生成と酸化ストレス（とくに活性酸素によるもの）は脱水損傷の一般的な要因であるため，水欠乏に伴う抗酸化物システムも重要である（Arias et al., 2011, Procházková & Wilhelmová, 2011）．ミトコンドリアととくに葉緑体は，活性酸素（ROS）生成の主要な場所である．スーパーオキシドラジカル（O_2^-）と他の酸素ラジカルは，多くの還元物質の自動酸化を含めて，細胞内の多くの反応によって生成され，葉緑体のメーラー反応において，CO_2 ではなく O_2 が，電子伝達の最終的な受容体となる（水ストレスによって光合成が妨げられたときに起こる可能性があり，これは光阻害による損傷にも関係している．第7章参照）．O_2^- が生成されるとさらに還元されて，非常に有害なヒロドキシルラジカル（・OH）になり，脂質の過酸化物化や過酸化水素の生成をもたらす．植物は，酸素ラジカルの生成を防ぐための多くの抗酸化機構を保持しており，以下のようなものを含む．

　　（ⅰ）チオールを含む化合物（たとえば，グルタチオン）やアスコルビン酸のような水溶性の還元剤．

　　（ⅱ）α-トコフェノールや β-カロチンのような脂溶性ビタミン．

　　（ⅲ）カタラーゼやスーパーオキシドジスムターゼのような酵素系抗酸化物．

また，活性酸素の代謝も，多くのストレス反応制御で重要な役割を果たしている．

3. 転写と転写後の制御．遺伝子とそれに関連した分子情報伝達機構の複雑なネットワークは，乾燥ストレスの感知，そしてすでに概説した「逃避」戦略および，浸透調節と生化学的な脱水耐性の発達によるストレス耐性の誘導における発育と生理反応の制御に関与している．乾燥は，他の環境ストレスと同様に，下流の代謝に影響を与える多くの転写制御因子の発現を誘導する．関連する情報伝達経路は ABA 情報伝達と，脱水応答要素（dehydration-responsive elements：*DRE*）遺伝子と他の2次情報伝達物質を使う ABA 非依存情報伝達の両方を含む．これらの情報伝達経路の詳細は適切な教科書や総説で説明されている（Shinozaki & Yamaguchi-Shinozaki, 2007, Taiz & Zeiger, 2010, Valliyodan & Nguyen, 2006, Wang et al., 2003, Yang et al., 2010）．

10.2.3 効率化メカニズム

　乾燥条件下での生存を高めるためのメカニズムは，乾物生産能力を低下させる傾向がある．たとえば光合成は，気孔閉鎖，葉の巻き込み，葉面積の減少，さらには生育期間の短縮によって減少する．ある環境下での「理想的」な植物は，環境の乾燥度に応じた**最適**バランスを反映した，水節約と生産メカニズムの間の妥協点にある．そのようなストレス回避の性質の最適な表現に加えて，乾燥耐性は，限られた水供給で光合成を行う効率，あるいは光合成生産物の繁殖器官への変換効率（あるいは穀類の場合には収穫）を高めるメカニズムによっても有利になる．

|**水利用効率**　　一般的に使われる水利用効率(WUE)は，水損失に対する純光合成の比であるが，単一の最大値をもたないので真の効率ではない．同化あるいは水利用の正確な定義は　研究者によって異なる．たとえば，水損失は質量あるいはモル単位であり，同化は純光合成速度（モルまたは質量単位の P_n）あるいは，乾物成長や収穫 Y_d，経済的収量 Y であったりする．1日あたりの純 CO_2 吸収量は，$1\,g\,CO_2$ あたり $0.61\sim0.68\,g$ の乾物重という係数を使って乾物量に変換できるが（第7章参照），個葉の光合成データの場合には，夜間の呼吸や他の組織の呼吸消費を考慮する必要がある．経済的生産性は，Y_d に収穫指数をかけて得られる（以下と第12章参照）．ただし，残念なことに，多くの発表されている Y_d の推定値は根の乾物量を無視しているが，根の量は十分に水が利用できるときには植物乾重の 20% 以下の範囲で変動し，乾燥状態では 50% 以上変動するかもしれない．

　同様に，水損失は蒸散 E_ℓ あるいは全蒸発散 E で表される．単位蒸散あたりの収量 Y（蒸散効率，$TE = Y/E_\ell$）は，単位蒸発散あたりの収量 Y/E よりも，植物能力のよい尺度であるが，全蒸発散の多くの部分は直接土壌から生じるので，Y/E は生態学的には重要である．

　蒸発散は環境（とくに大気の水蒸気圧欠差 D）への感度が高いため，WUE は場所や年ごとに大きく変動する．最近の多くの結果は，ロシアの Beloturka 品種のコムギで行った N. M. Tulaikov（Maximov, 1929 参照）の結果と類似している．1917年の（乾物量に関する）WUE は，Kostychev における 2.13×10^{-3} から，比較的気温が低く湿潤な気候である Leningrad における 1.73×10^{-3} までの範囲に及び，1箇所における 1911〜1917 年の変動は 1.74×10^{-3} から 3.31×10^{-3} の範囲に及んだ．

　それとは対照的に，ある1種のある一つの環境における季節的な WUE は，広範囲の播種日，植栽密度，水供給，土壌栄養などさまざまな処理の違いにもかかわらず，驚くほど一定になることを示す結果がある．南イングランドのコムギとオオムギの穀物収量における，異なる灌水処理と総水使用量の効果の例を，図 10.4(a) に示す．年ごとの非常に近い値はいくらか偶然ではあるが，すべての処理で原点を通る直線にの

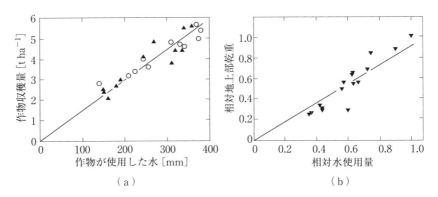

図10.4 (a) 1976年のオオムギ(○)と1979年のコムギ(▲)における，異なる灌水処理間での，使用した水量と穀物収量との関係(Day et al., 1987, Innes & Blackwell, 1981 のデータ). (b) 1976年のカリフォルニアにおけるササゲの相対水使用量と地上部シュートの相対乾物重との関係(Turk & Hall, 1980 のデータ). 原点を通る傾きの直線上では水利用効率(WUE)は一定である.

っており，これは WUE がほぼ一定であることを意味している．ササゲ *Vigna unguiculata* の乾物生産における WUE の同一性を図10.4(b)に示す．WUE が広範囲の処理間で一定でないのは，多くの場合，土壌蒸発量が異なっているためと考えられる．

WUE の場所ごとの変異を説明する初期の解析的な試みとして，de Wit, 1958 は植物からの水損失 E_ℓ が主要因であると認識し，これを乾燥気候で示した．

$$\frac{Y}{E_\ell} = \frac{k}{E_o} \tag{10.1}$$

ここで，E_o は平均の自由水面からの日蒸発量，k は植物によらない比較的一定のパラメータである．この関係は，成長が強く「栄養塩制限」されていたり，利用可能な水が過度な場合，あるいは湿潤地域(Y/E_o がほぼ一定になる場所)以外では成立する．しかし，表10.3のよく知られた結果からはっきりわかるように，種による大きな違いは残る．WUE の絶対値は(天気に依存して)変動するが，種間の違いは非常に一貫しており，明らかに光合成回路に依存している．CAM 植物は乾物におけるもっとも高い効率をもち(たとえば，アガベやパイナップルでは $20 \times 10^{-3} \sim 30 \times 10^{-3}$, Joshi et al., 1965, Neales et al., 1968)，続いて C_4 植物で C_3 植物の倍くらいの効率である．表10.3は，一つの光合成回路内の種間差は，ある1種の品種間の差異よりも大きくないことを示している．興味深いことに，WUE と生育地の乾燥度との関係は明確ではない．10.3節では WUE の解析をさらに拡張する．

|利用可能な水の有効利用(EUW)　　多くの状況で，より高い効率はしばしば遅い

表10.3 アクロン，コロラドのポット栽培植物の水利用効率 Y_d/E_ℓ (Shantz & Piemeisel, 1927 のデータによる Maximov, 1929 からの再編).

	$Y_d/E_\ell (\times 10^3)$
C_4 植物	
穀物類	2.63〜3.88
キビ，アワ（品種）	2.72〜3.88
モロコシ（品種）	2.63〜3.65
トウモロコシ（品種）	2.67〜3.34
他のイネ科 C_4	2.96〜3.38
他の C_4	2.41〜3.85
C_4 植物の範囲	2.41〜3.88
C_3 植物	
穀物類	1.47〜2.20
コムギ（品種）	1.93〜2.20
カラスムギ（品種）	1.66〜1.89
イネ（品種）	1.47
他のイネ科 C_3	0.97〜1.58
他の C_3 作物	1.09〜2.65
アルファルファ（品種）	1.09〜1.60
マメ類	1.33〜1.76
テンサイ	2.65
野生の C_3 植物種	0.88〜1.73
C_3 植物の範囲	0.88〜2.65

水利用速度と結びついているので，効率のみでは競争戦略としては弱くなる．そのような「効率的」植物は，成長の速い競争者に，利用可能な水をある程度奪われてしまうだろう．しかし，このことは，一般的な農業や園芸における単一栽培においてはそれほど問題ではない．それにもかかわらず，効率化メカニズムの論議で忘れられがちな点は，水供給が制限されていなければ，（たとえば水利用の）単純に高い効率は無意味であるということである．他の条件が同じなら，乾燥環境での生産性は，単に蒸散に対する同化の比率が高い植物と比較して，**利用可能な水に対応して同化を最大にする傾向の植物のほうが高くなるだろう**．Blum, 2009 は，育種者や農学者は WUE を改善するよりも，利用可能な水の有効利用（effective use of available water：EUW）を

改善するようにやり方を変えるべきであることを示唆している．これは，利用可能な水の量を最大にする戦略も含まれている（たとえば，土壌からの蒸発と流出する水を最小限にすること）．

収穫指数の向上　農業作物の効果的な乾燥耐性は，確実に収穫物への光合成生産物の分配率を高くする機構によっても強化されるだろう．たとえば，高い**収穫指数**（＝植物乾物量に対する収穫物の割合）をもつ穀草類は，同じ光合成量からより高い収穫率をもたらすだろう．同様の考えは，自然生態系にも当てはまる．収穫指数の向上は，1960年代の「緑の革命」における穀物収穫向上の重要な要素であった．

10.3　水利用効率のさらなる解析

10.3.1　葉のガス交換による単純なモデル

Bierhuizen & Slatyer, 1965 によって開発された解析は，WUE の変動を説明するために利用できる．すでに示した葉のガス交換の式を使い（第7章参照），モル単位（以前はモル分率ではなく分圧で駆動力を表したが）を使うと，瞬時の蒸散を表せる．

$$E_\ell^m = \frac{(e_\ell - e_a)}{P(r_a + r_\ell)} \tag{10.2}$$

ここで，e_ℓ は葉温における飽和水蒸気圧で，瞬時の光合成はつぎのようになる．

$$P_n^m = \frac{(p_a' - p_i')}{P(r_a' + r_\ell')} = \frac{(p_a' - p_x')}{P(r_a' + r_\ell' + r_i')} \tag{10.3}$$

ここで，p_x' は「葉内空隙の CO_2 濃度」で，通常 Γ と等しいとみなされ，葉内抵抗 r_i' は葉肉細胞と生化学的な要素の合計（7.6.2項参照）である．式(10.2)と式(10.3)を合わせると，次式が得られる．

$$\frac{P_n^m}{E_\ell^m} = \frac{(p_a' - p_x')(r_a + r_\ell)}{(e_\ell - e_a)(r_a' + r_\ell' + r_i')} \tag{10.4}$$

p_x' は一定とみなされるので，ある環境における瞬時の WUE は，$(r_a + r_\ell)/(r_a' + r_\ell' + r_i')$ に比例する．C_3 植物は C_4 植物よりも大きな r_i' をもつ（そして r_ℓ はしばしば小さな値になる）ので，この比は C_3 植物よりも C_4 植物のほうが大きくなり，観察されている光合成回路による違いを説明する（表10.3）．

この抵抗を用いた解析は，光合成の CO_2 応答曲線が直線的ではないため，つねに成立するわけではない．しかし，液相と気相の拡散抵抗比は栄養，齢，光環境などの広範囲の条件にわたってほぼ一定であることが多く，p_i'/p_a' は C_4 植物では0.3程度に，C_3 植物では0.7程度になるため（第7章参照），単純化できる．たとえば，放射照度が減少した場合，r_i' と r_ℓ' はともに増加する．式(10.2)と式(10.3)を合わせると次式が得られる．

$$\frac{P_n^m}{E_\ell^m} = \frac{(p_a' - p_i')(r_a + r_\ell)}{(e_\ell - e_a)(r_a' + r_\ell')} \tag{10.5}$$

抵抗は削除できるので(CO_2 の抵抗は $(r_a' + r_\ell') \simeq 1.6\,(r_a + r_\ell)$ なので，第3章参照)，次式が得られる．

$$\frac{P_n^m}{E_\ell^m} = \frac{p_a'[1 - (p_i'/p_a')]}{1.6\,(e_\ell - e_a)} \tag{10.6}$$

p_i'/p_a' は一定なので以下のように表せる．

$$\frac{P_n^m}{E_\ell^m} = \frac{k_m}{e_\ell - e_a} \simeq \frac{k_m}{D} \tag{10.7}$$

ここで，k_m は種に依存した定数である．e_ℓ の計算に必要な葉温は普通わからないので，葉と大気の水蒸気圧差は D で近似される．農学的な研究において乾物収量を考えた場合，式(10.7)を CO_2 の質量フラックスにする．

$$\frac{P_n}{E_\ell} = \frac{M_C}{M_W} \frac{P_n^m}{E_\ell^m} = 2.44 \frac{P_n^m}{E_\ell^m} \tag{10.8}$$

式(10.7)は，異なる気候で WUE に及ぼす，葉と大気の飽和蒸気圧差の役割を強調している．この重要性は，小さな栽培ポットを使った生産性に及ぼす灌水の影響の研究でも例証され，降雨が D に影響を及ぼすモンスーン気候では，生産に対する降雨の影響は，同等量の灌漑の影響よりも大きくなる．同様に，水供給を雨除けによって制御した場合の収穫率への影響は，乾季における同等量の雨とは同じにならない．

この葉のガス交換に基づいた方法を作物あるいは群落レベルに外挿するときには，土壌からの蒸発や気孔開度と大気飽差の日中や季節的な変化のような，他の多くの要因を考慮する必要があるので以下で説明する．

10.3.2 長期間の外挿

式(10.7)を1日以上の期間にわたって積算するには，いくつかの追加の仮定が必要となる．もっとも重要なのは，P_n の呼吸による損失割合の推定である．24時間にわたって植物全体の純 CO_2 交換量が利用できるのであれば，CO_2 から乾燥重量への単純な変換が適切である．日中の P_n だけが利用できるのであれば，成長呼吸(変換効率は1gの CO_2 あたり約0.53gの乾燥重量)と，維持呼吸(P_n の15～30％程度で，1gの CO_2 あたり0.37～0.45gの乾燥重量)を考慮する必要がある(第7章参照)．

つぎの問題は，$e_\ell - e_a$ の推定である．すでに，これを D として近似する必要があることを説明した(葉と大気の温度差を考慮したモデルの利用は次節で説明する)．Tanner, 1981 は，積算日飽差 D^* を最低気温と最高気温から計算した平均飽差値の1.45倍と見積もっているが，D の適切な日平均値を推定することは難しい．

葉と大気の水蒸気圧差の適切な平均値が利用可能であると仮定すると，気孔からの同化と関係しない CO_2 損失（夜間と根からの呼吸損失）の項 ϕ_C と，土壌あるいはクチクラを通した水蒸気損失の項 ϕ_W を含むことで，式(10.6)は植物の生涯にわたる全体のWUE（WUE*）として統合できる．

$$WUE^* = \frac{p_a'[1 - (p_i'/p_a')](1 - \phi_C)}{1.6\, D^*(1 + \phi_W)} \qquad (10.9)$$

10.3.3 炭素安定同位体分別

二つの炭素安定同位体（C^{13} と C^{12}）間の分別の基礎については第7章で説明した．式(7.39)で，C_3 植物では Δ は p_i'/p_a' の関数になることを示した．Δ について，p_i'/p_a' を得るために（水蒸気圧を使って）式(7.39)を再編し，式(10.9)に代入すると，次式が得られる．

$$WUE^* = \frac{p_a'(0.030 - \Delta)(1 - \phi_C)}{1.6\,(0.0256)\, D^*(1 + \phi_W)} \qquad (10.10)$$

この式は，WUEは Δ の上昇とともに直線的に減少することを示唆し，Δ が，ある特定の環境下で生育する植物のWUEの違いの指標になる可能性を示している．この技術の特別な利点は，乾物の炭素安定同位体比の測定は，理論的に長期の P_n/E_ℓ の積算であるということである．

式(10.10)によって予測されるWUEと植物乾物の Δ との間の負の関係は，野外では変動が大きくなるものの，ポット苗や野外の多くの植物の両方で数多く見い出されている（たとえば，図10.5）．これらの結果は，とくにWUEと Δ のどちらも高い遺伝

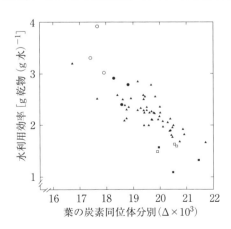

図10.5 ラッカセイの，乾燥葉の炭素同位体分別に対する，植物個体全体の水利用効率 [g 乾物 (g 水)$^{-1}$]．塗り潰し記号は灌水個体，白抜き記号は水ストレスをかけた個体．Chico 品種（□，■），Tifton-8 品種（○，●），Tifton-8 と Chico の F_2（▲）（Hubick et al., 1988 のデータ）．

性をもつので(Hubick et al., 1988), Δ の測定は少なくとも C_3 植物では有効な WUE 選抜方法となることを示唆する. 炭素安定同位体分別の利用によって, 乾燥地環境に適したコムギの Drysdale 品種などの育種が成功しているが(Condon et al., 2002), このような選抜が水供給の制限されない環境でもっともうまくいっているようにみえることは興味深い.

10.3.4 より高度な個葉モデル

残念ながら, 単純なモデル(たとえば, 式(10.4)や式(10.9))からの推定は, 葉温と気温の差あるいは光合成応答曲線の正確な形を考慮していないため, つねに正確とは限らない. そのため, 葉の光合成と葉のエネルギー収支のより正確な記述を含んだモデルも開発されている(たとえば, Cowan, 1977, Jones, 1976, Leuning, 1995, Thornley & France, 2007).

より詳しいモデルも利用できるが, 主要因は図 10.6 と図 10.7 のモデルによく示されている. 式(10.4)から予測されるように, 気孔閉鎖は絶対的な生産量を犠牲にして, WUE の瞬時値を増加させる傾向がある(図 10.6). クチクラ抵抗 r_c (あるいは作物モデルでは土壌蒸発)の大きさは重要である. r_c が減少するにつれて気孔閉鎖の一般的な利点は消滅し, 最適な気孔抵抗値が明白になる(図 10.6(b)). この効果が生じるの

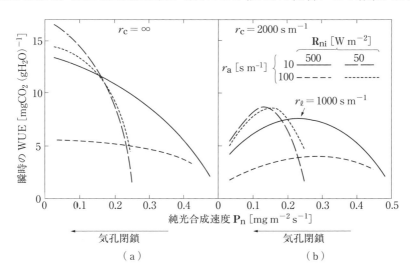

図 10.6 C_3 植物の葉における光合成速度と水利用効率 WUE 瞬時値との関係. 光合成は気孔が開くと増加する. (a) クチクラ抵抗 r_c が無限大と仮定, (b) 2000 s m^{-1} の r_c を仮定(Jones, 1976 より). それぞれの曲線の右端は 50 s m^{-1} の葉抵抗, 左端は 6400 s m^{-1} の葉抵抗に相当する. $R_{ni} = 500$ W m^{-2}, $r_a' = 10$ s m^{-2} のとき, 最大の WUE になる r_ℓ' の値を矢印で示す.

は，葉緑体への液相経路が長いために，クチクラを通した水損失が大きい場合でさえ，クチクラを通した CO_2 取り込みは無視できるからである．通常，WUE は気孔が閉じるほど増加するが，r_i'/r_a' 比がある閾値よりも小さいとき（たとえば，大きな葉の C_4 植物），気孔開度が増加するほど WUE が増加することがありうる．この予測は，ある作物で実験的に確認されている (Baldocchi et al., 1985)．

図 10.6 は，（たとえば，葉の大きさ，毛の有無，露出度の違いによる）葉の境界層抵抗の変化に伴う複雑な効果も示している．r_a が増加すると，大きな葉では，とくに強光あるいは気孔が開いているときには，通常 WUE は減少するが，気孔が閉じているときには逆に増加する．どのような環境においても，気孔と境界層の特性の最適な組み合わせについては，光合成回路との相互作用がある．

最大の WUE の瞬時値を与える気孔抵抗を（図 10.6 のように）計算することは有益であるが，植物成長に対してより重要なのは 1 日以上の長い期間の WUE を最大化するような気孔抵抗である．夜の呼吸分を補償するため（上記参照），この抵抗値はより小さくなる．図 10.7 は，呼吸の増加に伴う最適抵抗値の変化を示している．このモデルの詳細や群落への適用の解説は Jones, 1976 にある．

繰り返し強調するが，利用可能な水の量における最大生産は，WUE を最大化することよりも一般的により有利な戦略である．すなわち，水が使われずに残るならば WUE を最大にすることは無駄である．そのような場合，最適な気孔開度は，最大開度と最大の WUE を与える開度の間にある．この最適なふるまいの計算はつぎの二つの項で説明する（葉面積の展開のような過程にも，類似した計算が可能である）．これらの研究の応用の一つとして，実際の植物のふるまいとこれらの予測を比較すること

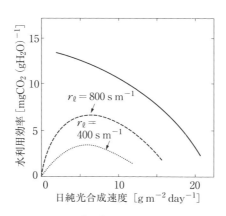

図 10.7　夜間の呼吸速度 R [$mg\,m^{-2}\,s^{-1}$] の違いが，C_3 植物の葉の光合成と 1 日の水利用効率 (WUE) の関係に与える影響．$R_{ni} = 500\,W\,m^{-2}$，$r_a' = 10\,s\,m^{-1}$．実線 $R = 0$，破線 $R = 0.14 P_n + 0.05$，破線 $R = 0.14 P_n + 0.15$．矢印は最大の WUE になる r_ℓ' の値．

によって，異なる乾燥耐性メカニズムの間の相対的な重要性について情報を提供することがある．進化は，植物の生活環全体にわたる多くの要因の合計としての包括適応度によって決定されるので，非常によく似るということはありそうにない．これらの研究の別の適用は，植物育種である（第12章参照）．これらの節や他で使われている「簡潔」な用語の定義は，非目的論的な意味で解釈される必要がある．たとえば，「最適な植物」（以下参照）は，単に反応様式を記述しているだけで目的を意味しない．

10.3.5 最適な気孔開閉

ある時点の最適な瞬時の WUE を与えるような気孔開度は存在するが，ある期間にわたっての水の最適な利用には，環境変化に伴う気孔開度の最適分布を必要とする．気孔を開いて速い光合成を行う期間を，とくに朝のように蒸散要求が低い間にのみ設定することが効率的なことは明らかである．そのため，真昼や午後に気孔を閉じるのは，水ストレス下の植物では普通にみられ，WUE を高める傾向がある．

Cowan と Farquhar は，変動環境下での気孔の最適な開閉を数量化するモデルを開発した（Cowan, 1977, Cowan & Farquhar, 1977）．ある平均光合成速度において，**平均蒸散速度を最小にすることが最適なふるまいである**という前提から，彼らは最適なふるまいを定義する原理を示した．ここで使われている基準は，上で示したように，使用した全水量に対する全同化量を最大化することと同等で，このような条件内で使用されている．

すでにみてきたように，大半の植物と環境では，E_ℓ は P_n よりも気孔コンダクタンスにいっそう敏感である（図10.8）．数学的には，$\partial^2 E_\ell / \partial P_n^2$ はいつもゼロ以上といえる．この特定の場合は，最適な気孔のふるまいは下記の状態を維持することである．

$$\frac{\partial E_\ell / \partial g_\ell}{\partial P_n / \partial g_\ell} = \frac{\partial E_\ell}{\partial P_n} = \lambda \tag{10.11}$$

ここで，λ は必要とされる平均同化速度（あるいは利用可能な水）に依存した定数である．もし利用可能な水の量が制限されるなら，定数 λ は小さい．経済学の用語を使うと，最適コンダクタンスとは，コンダクタンスのある変化の限界費用（marginal cost）が限界利益（marginal benefit）と等しくなるように維持されることで，もし水が「高価」ならば，比 λ は小さい．実際には，このことは1日の中で環境が変化したとき，g_ℓ のわずかな変化に対する蒸散と同化の感度比が一定値に維持されるように気孔が制御されることを意味する．別の表現では，P_n と E_ℓ の曲線上で，その傾きが環境条件の変化による曲線形状の変化にかかわらず一定になる場所で同化速度が維持されるように気孔は制御される．λ の逆数（すなわち λ^{-1}）を使うとより便利であり，これは限界 WUE（marginal WUE）を表す（Hari et al., 1986）．

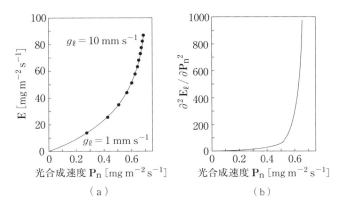

図 10.8 Jones, 1976 のモデルを使って計算された,ある一定環境下での C_3 植物の E_ℓ と P_n の典型的な関係.g_ℓ の変化による E_ℓ の相対的な増加(すなわち $\Delta E_\ell/E_\ell$)は,対応する P_n の相対的な増加(すなわち $\Delta P_n/P_n$)よりもつねに大きい.(b)はその 2 次微分 $(\partial^2 E_\ell/\partial P_n^2)$.

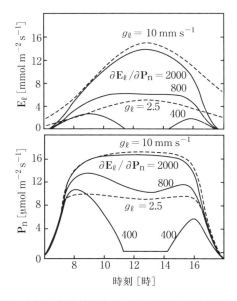

図 10.9 典型的な 1 日のさまざまな $\partial E_\ell/\partial P_n$(実線)における,蒸散 E_ℓ と光合成 P_n の最適な時間変化.これらの曲線は水が制限され,$\partial E_\ell/\partial P_n$ が小さいときには,日中の気孔閉鎖が最適なふるまいであることを示す.葉のコンダクタンス g_ℓ が一定のときの E_ℓ と P_n の変化(破線)も示す(Cowan & Farquhar, 1977).

図 10.9 は,典型的な気象の日変化において,異なる λ の定数値における E_ℓ と P_n の日変化を示す.利用可能な水,すなわち λ が減少するにつれて,日中の気孔閉鎖の傾向が強くなる.日中の気孔閉鎖は,実際,水ストレス下の植物でよく知られた現象

であり，この解析は，気孔の日中閉鎖は乾燥状態におけるWUEを最大にする方法として進化したかもしれないことを示唆している．一定のλを維持するふるまいは，どのような値の一定の気孔コンダクタンスよりも1日のWUEをより高くするが，驚くべきことに，とくに水利用の速いときにはその差はそれほど大きくならない．

個葉の最適な平均WUEを達成するには，$\partial E_\ell / \partial P_n$を長期間にわたって一定に維持する必要があるという結論は閉鎖群落にも拡張でき，群落全体のすべての葉で$\partial E_\ell / \partial P_n$が一定になるように気孔が制御されれば，最適なWUEが得られる．実際，この仮説で必要とされる$\partial E_\ell / \partial P_n$がほぼ一定になっているという結果は，制御環境下の植物（Farquhar et al., 1980a）と野外（Manzoni et al., 2011 参照）で得られている．最適なふるまいと矛盾せず，λは1日の間で適度に一定であることが多くの状況で見い出されており，そして気孔以外からの水損失を考慮に入れると，利用可能な水が減少するにつれて，その値が予測されるように減少する傾向がある．しかし，極端な乾燥条件下では，光合成の生理活性が抑制されるにつれて，λの値はいくらか増加する傾向がある（Manzoni et al., 2011）．

$\partial E_\ell / \partial P_n$を一定に保つ戦略はもっとも効率的というわけではなく，もし$\partial^2 E_\ell / \partial P_n^2 < 0$であればもっとも非効率的な気孔のふるまいになることを示すことができる．このE_ℓとP_nの関係は，C_4植物では起こるかもしれない（とくに大きな葉や遅い風速でr_aが大きくなったとき）．この場合，もっとも効率的なふるまいは，気孔を完全に閉じるもしくは開くかで，開いている期間には利用可能な水をすべて使うことが適切である．

10.3.6 予測不可能な環境における最適水利用のパターン

ある植物が，気候のわかっている特定の場所で成長する場合でも，季節の間のもっとも効率的な水利用パターンを決めることは難しい．これは，さまざまな気象要素（降雨や気温など）は通常，その量とそれらの季節分布が年によって異なるためで，つまり，予測不可能だからである．少なくとも原理的には，降雨パターンや他の気象要素が季節にわたって正確にわかっていれば，上で説明したような方法によって最適な気孔のふるまいや葉面積の拡張パターンを決定できるが，このような情報は季節の始まりの時点では，植物（や農家）が利用することはできない．したがって，季節を通じた水利用の最適なパターンは，予測される降水量確率を考慮する必要がある．Cowan, 1982, 1986 は，自身の初期モデルを拡張し，降雨確率を考慮した気孔のふるまいをモデル化し，土壌の水欠乏が進むにつれて，気孔コンダクタンス（すなわち同化速度）が低下することを予想した．これは，土壌層が完全に乾燥することを防ぎ，植物が枯死する可能性を減らせるためである．もう一つの関連した結論は，1年生植

物では，環境が一定であっても，季節の間で最適な気孔コンダクタンスが低下していくことである．これらの結果の理由は，以下のいくぶん単純化した，将来の降雨パターン不確実性の解析によって理解できる．

植物にとって適応的な水利用パターンは，必然的に気候に依存した妥協点になる．その理由は，過度に「楽観的」な植物，たとえば，より多くの雨が降ることを仮定して大きな蒸散葉面を作るような植物は，思いがけない乾燥年にはまったく種子を生産できないかもしれない．一方，比較的「悲観的」な植物は，（たとえば生殖成長初期まで）余分な雨がない場合でさえ，いくらかの種子を確実に生産するので，平年よりも雨の多い年には十分に応答できないだろう．気候が変動しやすいと，後から判断されたその年の「理想的」なふるまいによって得られる生産性を維持するようなふるまいを（事前に）見い出すことが難しくなることは明らかである．

砂漠の短命植物は比較的悲観的であり水浪費型で，一方，多年生植物は，極端な乾燥年を生き残るための貯蔵をもつので，より楽観的にふるまえる．農業では，農家によって理想の作物は異なる．たとえば，小規模農家は飢饉を避けることを考え，たとえよい年で潜在的に生産が低くなっても，毎年確実にいくらかの収穫を生み出す品種を好むかもしれない（たとえば，図10.10（a））．一方，より大きな資源をもつ農家は，たとえ乾燥年には収穫が極端に低くても，長期間の平均収穫の高い品種を好むかもしれない（図10.10（b））．

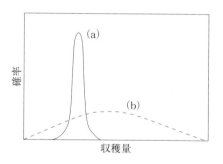

図10.10　二つの対照的な作物を想定した，ある場所における長期間の収穫量の確率分布．（a）変動が小さく平均収穫量が低い（実線），（b）変動がより大きく平均収穫量がより高い（破線）．

気候と気候変動が，異なる水利用タイプの植物（楽観的，悲観的，図10.11に示したように土壌の水分状態の変化への応答の有無）の生産性に及ぼす影響は，モンテカルロモデル手法によって調べられてきた．図10.12は，ある気候環境で，ある期間にわたって適度に変動する降雨環境において，気孔のふるまいが総同化量の確率分布に及ぼす影響を示している．図10.12から明らかなように，いくぶん悲観的，楽観的な

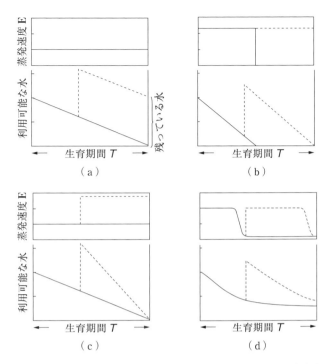

図10.11 四つのタイプの気孔のふるまいと水利用における効果．実線は蒸散速度の時間変化（それぞれの図の上段），および，無降雨時に土壌に残っている水（下段）．破線は，季節を通じた降雨の推移．（a）最初の土壌水を利用するように，季節の最後まで気孔開度を固定（悲観的，非応答），（b）最初の土壌水で判断されるよりもより多くの水を消費するように気孔を固定（楽観的，非応答），（c）その時点で利用可能な水を季節の最後までに使いきるように気孔が反応（悲観的，応答），（d）気孔開度は最初は楽観的であるが，完全な乾燥を防ぐように閉じる（Jones, 1980 より）．

ふるまいでも，長年の間では同じ平均収穫量を生み出すが，より悲観的なふるまいでは，非常に低い収量をもたらす頻度はずっと小さくなる．別のモデルとして，トレードオフが（ⅰ）最大成長速度と成長が停止する水ポテンシャルとの間，（ⅱ）最大成長速度と水利用速度との間，にあることに基づいた，不確かな降雨環境で植物が季節的な平均成長速度を最大にする戦略を調べるためのモデルがSambatti & Caylor, 2007 によって提案された．彼らは，成長停止する水ポテンシャルを下げるように強化された乾燥耐性は，雨の間隔が土壌の脱水速度を下回るときのみ，有利であると結論した．

砂漠の短命植物は，全体的な水利用パターンから悲観的とみなされるかもしれないが，これらの植物はどれだけの水が供給されてもごく短い生活史をもつので（そのため低い潜在収量），それらの気孔のふるまいは比較的楽観的といえる．このことは，最適な気孔のふるまいは，環境とその植物の生活史のすべての状況に依存してい

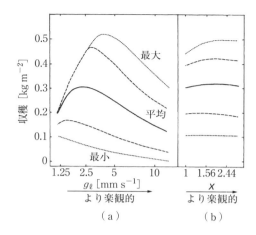

図10.12 ある環境変化に対して，気孔コンダクタンスが楽観的もしくは悲観的にふるまうかどうかで，期待収穫量がどのように変化するかを示した確率分布．実線は500回以上のシミュレーションで与えられた平均値，点線は最大値と最小値，破線は分布の両端から5％の値．（a）さまざまな気孔開度で固定した場合の収穫分布，（b）ある時点 x で利用可能な水を季節の最後までに使いきるように，利用可能な水の量によって気孔が反応する場合（Jones, 1981c より）．

とを示す．

図10.12は，植物が利用可能な水の量に対して応答する際の，ある1タイプの気孔のふるまいの効果も示している．興味深いことに，このような気孔調節は，「一定」の最適値で気孔を維持した場合と比較して，平均的にはほとんど改善しないが，広い気候範囲により適応している．大部分の植物でみられるような，水欠乏に対して気孔が閉じていくことは（図10.11（d）），よい一般的な妥協点となる．楽観的なふるまいは，湿潤な年には高い生産性を達成でき，短い乾燥期間では深刻な損傷を防げる．乾燥が長引く場合にのみ，より保存的，より悲観的なふるまいがよりよくなるが，それは1年草のみに当てはまる．

気孔のふるまいの最適化は，利用可能な水が限られた状況で光合成を最大にするための植物応答の一つにすぎない．とくに Cowan の解析の興味深い拡張は，葉や根への最適な炭素分配を含めることで，Givnish, 1986 はつぎのような概要的な関係が最適であることを示している．

$$\frac{r_i'}{r_\ell'} = \frac{f}{1-f} \tag{10.12}$$

ここで，f は根に対する葉への炭素分配の比率である．この注目に値する関係は，r_i'（同化量の決定に重要）の r_ℓ'（水損失の決定に重要）に対する比が，新しい葉の合成と新しい根への炭素分配と同じになるべきであることを示唆している．

10.3.7 蒸散抑制剤

すでに説明したように(たとえば，式(10.4))，WUE は気孔閉鎖とともに向上する傾向がある．このことより，蒸散抑制剤を塗布して WUE を向上させようとする多くの試みが長年にわたってなされてきた(Solárová et al., 1981 参照)．蒸散抑制剤の主なタイプはつぎのとおりである．

1. **気孔を閉じさせる化合物**(ABA，酢酸フェニル水銀，デセニルコハク酸など)　残念なことに，多くの場合，これらの化合物は効果的でないか，高価すぎるか，有毒である．これらで気孔を閉じさせても，野外における WUE の増加は確認されないことが多い．
2. **被膜形成**　シリコン乳液やプラスチックフィルムのような化合物も，効果的であったり長く機能したりすることはまれである．残念ながら，これらの膜は H_2O よりも CO_2 の透過性のほうが低いので(表 10.4 参照)，WUE を低下させる傾向がある．同様に重要なことは，おそらくこれらは皆，O_2 透過性がさらに低いことである．H_2O よりも CO_2 をより透過させる「理想的」な蒸散抑制素材が知られていないことは，CO_2 の分子量が大きく，二つの分子の極性が似ていることから容易に想像できる．
3. **反射物質**　カオリナイトのような素材を塗布して葉面反射を大きくすると

表 10.4 さまざまな膜の水蒸気，二酸化炭素，酸素の透過性(Brandrup & Immergut, 1975 のデータ)．記述がないかぎり 25 ℃における値．

	膜透過性の比	透過性 ($\times 10^{14}$) [$cm^2\,s^{-1}\,Pa^{-1}$]		
	H_2O/CO_2	H_2O	CO_2	O_2
ポリクロロプレン(ネオプレン G)	3.5	6825	194	30
ポリプロピレン	5.8	383	66.2[a]	17.3[a]
ポリエチレン(密度 0.914)	7.1	675	94.5	21.6
ポリスチレン	11.4	9000	78.8	19.7
ガタパーチャ	14.4	3825	266	46.2
天然ゴム	14.9	17180	1148	175
ポリビニリデンクロライド(サラン)	16.3	3.75	0.23[a]	0.040[a]
ブチルゴム	21.3	825[b]	38.7	9.75
ポリビニルクロライド	1750	2060	1.18	0.34
ナイロン 6	1770	1330	0.75[a]	0.29[a]
セルロース(セロファン)	404000	14300	0.035	0.016

a = 30 ℃　　b = 37.5 ℃

葉温が下がり，結果として $E_ℓ$ は減少する．PAR の反射は赤外よりも大きくなるが，飽和 P_n を上回るような高い放射照度の場合にはあまり不利にならないので，WUE を全体的に向上する有用な手段になりうる．

被膜形成による蒸散抑制剤は，水損失を最小化する価値があり，植物の生存を改善し，とくに高価値の多年生植物の移植にはよいが，WUE を改善する手段として有益であった事例は非常に少ない．野外の作物における成功例がないのは，作物と大気との結合程度を考えると驚くべきことではない (5.3.3 項参照)．植物個体や環境制御室内の植物は環境と密接に結合し，E (よって，WUE) は気孔コンダクタンスによって決定されるが，作物の植栽面積が増加すると有効境界層コンダクタンスは減少し，その結果 E と環境が結合しなくなり，蒸散抑制剤に無反応になる．これが，植物個体 (や制御環境下での植物) での実験結果が容易に野外で適用できない理由である．

10.3.8 なぜ WUE は保守的なのか

$P_n / E_ℓ$ 比の瞬時値がとる値の範囲は広いが，(大気飽差を調整した後で) 季節全体にわたる WUE が種ごとになぜ驚くほど一定であるのかについての説明が残っている (図 10.4 参照)．主要因はほぼ確実で，長期の平均は，気孔が完全に開いている間に決定されるからであり，気孔が閉鎖あるいは閉じ気味の間の蒸散と光合成が全体に占める割合は小さい．Cowan & Faquhar, 1977 は，とくに気孔が大きく開いたとき，1 日を通じて気孔を一定に開くことに対する，最適な気孔開閉による WUE の利点は比較的小さくなる (10% 程度) と指摘している．他の要因は，長期にわたっては p_i' が比較的一定となる傾向で，式 (10.7) はほぼ正しい (すなわち，$r_ℓ'$ は r_i' の変化に対して，$(r_a + r_ℓ)/(r_a' + r_ℓ' + r_i')$ がより一定に維持されるように調整される)．

10.4　灌水と灌水計画

水不足が世界的に広がるにつれて，利用可能な水を最大限に利用するための灌水の日程計画や灌水方法の改良の重要性が明らかになってきた．たとえば，(耕地に水を流し入れる) 湛水灌漑やレインガン (rain-gun) (による高圧水の放水) のような荒い灌漑法は，点滴灌水やミニスプリンクラーによる精密な灌水に，徐々に置き換えられている．確かに，精密農業で開発されている耕地の場所ごとの必要性に応じて水供給を変化させる技術 (**局所灌水管理** (site specific management：SSM)) などが注目されている．高精度な灌水のもっとも効果的な利用を進めるためには，それに応じた高精度な灌水計画が必要になる．慣習的に，灌水の日程計画は，圃場容水量 (灌水して飽和させ，2 日間自然排水した後の土壌含水量) かそれ以上の土壌水を維持することを目標としてきた．これは通常，土壌含水率を直接測るか，灌水と降雨の和 (から流出や

地下水への排水を引いたもの)と蒸発の間の差に基づいた土壌水収支の計算によってなされる(Allen et al., 1998). 土壌水分の測定には,中性子プローブ,時間領域反射率法(TDR),静電容量センサ,土壌容水分張力計(テンシオメータ)のいずれかが使用できる(たとえば,Boyer, 1995, Hillel, 2004, Kramer & Boyer, 1995 参照). 水収支法は非常に信頼性が高く,世界的にも主要な方法であるが,誤差が積算されるので,土壌水分測定と併用して基準値を定期的に修正するのがもっとも効果的である.

土壌あるいは植物体の水分状態についての利用可能なセンサ情報の増加によって,灌水計画の自動化手法の開発が始まった. 使われている制御戦略は,過去の時間間隔にわたって(たとえば,ETの計算から)水損失を計算し,灌水量を決める開放ループ制御か,何らかの応答(たとえば,土壌水分状態や気孔開度,茎直径など)に対するフィードバック制御に依存した閉鎖ループ制御に基づく(Romero et al., 2012). より単純な開放ループシステムの問題点は,較正における小さな誤差が灌水量の誤差を蓄積させ,目標とする土壌水分から大きく逸脱してしまうことであるが,フィードバック制御ではどんな誤差も連続的に修正される.

10.4.1 植物に基づいた灌水計画

植物の水分状態は土壌水分だけでなく,大気環境や,土壌から植物体への通水抵抗によって支配され,植物の成長や多く生理学的応答は植物の水分状態に依存するので,植物状態に基づいたストレス検知が,灌水計画の決定を運用するための代わりの指標として利点があると論じることができる(Jones, 1990, 2004b, 2007). 灌水計画に適した植物の水欠乏と植物応答を検出する主要な方法を,長所・短所とともに表10.5に要約する. 残念ながら,茎あるいは夜明け前の水ポテンシャル(ψ_{st}と$\psi_{pre-dawn}$),あるいは果実や茎の直径変化のような「生理学的」尺度の多くは労力がかかり,しばしば専門のトレーニングと装置を必要とする. 樹液流,葉厚,果実の収縮,幹直径の変化,あるいは葉のパッチクランプ圧力センサ(Zimmermann et al., 2008)の測定に基づいた灌水計画を利用するための多くの報告例があるが,出力値の較正が難しいことが多く,水分状態だけでなく,年齢や環境条件にも依存する(Fernández et al., 2011a, 2011b, Huguet et al., 1992). 最大感度は,これらの測定が同じ環境でよく灌水された作物に対して基準化されることで得られるが,これはつねに実行可能というわけではない. これらの技術は業務用の灌水計画において一般的に使われることはないが,研究のための有用なデータは得られる.

別の水ストレスの植物基準に基づいた潜在的な尺度は気孔閉鎖で,これは植物の水欠乏に対するもっとも感度の高い応答の一つであり,灌水計画のためのもう一つの間接的なストレス尺度として提案されてきている. ポロメータを使ったg_sの測定は手

表 10.5 植物の「ストレス」検出と灌水計画に利用できる主な方法とその得失の概要(Jones, 2007から抜粋).

	長 所	短 所
1. 土壌水の測定	多くは実行が容易.多くは正確で自動化可能.	土壌の不均一性のため多くのセンサが必要.しばしば根のψと一致しない(蒸散要求に依存).多くのセンサは周囲の小さな土壌容量のみ測定.
(a)土壌の水ポテンシャル(テンシオメータやサイクロメータなど)	利用可能な水の尺度となる.	水の必要量は直接的には示さない.テンシオメータは高いψのときに限られる.他のセンサはしばしば使用が難しい.
(b)土壌含水率(重量,中性子プローブ,静電容量/TDR)	水の必要量が示せる.水収支を再較正するために広く使われる.	反復数が制限される.
2. 土壌水収支の計算(Eと降水量の推定値が必要)	原理的に適用が容易で広く使われている.「どれだけの量」の水が必要か示せる.作物の平均が得られる.	直接測定ほど正確ではない.作物係数のよい推定に依存.継続的な再較正が必要.
3. 植物の「ストレス」検出	植物反応を直接測定.土壌と環境の効果を統合できる.潜在的に非常に高感度.	水の必要量は示さない.「制御」基準を導くために較正が必要.主に研究/開発段階.
(a)組織の水分状態		葉の水分状態は恒常性制御を受けるのでそれほど高感度ではない(等浸透圧性植物).短期間の環境による変動.
しおれ(外見)	検出が容易.	正確ではない.しばしば障害の後で現れる.
ψ-圧力チャンバー	広く使われる標準技術で,夜明け前や茎のψがとくに有用.	労力がかかる.自動化が困難.葉のパッチクランプセンサのような機器は較正が必要.
ψ-サイクロメータ(と圧力プローブ)	熱力学的な測定.	自動化は可能.野外での使用は困難.
組織含水率(RWC,葉厚,茎や果実の直径)	自動化が容易.市販の形態測定システムが利用可能.	高価なため反復数がとれず,しばしば使用も難しい.
木部キャビテーション	増加するストレスに敏感.	キャビテーション率はストレスの履歴に依存.
(b)生理学的反応	潜在的に,葉の水分状態の測定よりも敏感.	しばしば精巧な機器が必要.水の必要量は示さないので,制御域を決定するために較正が必要.

表10.5 つづき

気孔コンダクタンス	等浸透圧性の種で高感度．ポロメータ法は研究のための基準．熱リモートセンシングによって遠隔から計測可能で，広域な作物範囲に拡大可能．	変浸透圧性の種では感度が低い．ポロメータ測定の労力が必要．群落温度測定にはその環境で較正が必要（たとえば，基準表面）．
樹液流センサ	気孔コンダクタンスの尺度．自動化可能．	高価で技術者が必要．環境によって補正が必要．
成長速度	高感度になりうる．	機器は繊細で高価．本来，実験室用．

間がかかり自動化が難しいので実現は困難であるが，群落温度変化からリモートセンシングの技術によってg_sを容易に検知できる（6.3.5項参照）．次項で説明するように，これはとくに群落レベルの推定を可能にし，灌水計画での利用にとくに有望である．

10.4.2 作物の水ストレス指数と計測

群落温度のリモートセンシングは，気孔閉鎖の尺度（「ストレス」の代理指標）として，幅広く提案されている（Jones, 2004a の総説，Jones & Vaughan, 2010, Maes & Steppe, 2012 参照）．気孔開度以外の要因による群落温度の変動を考慮するための最初の段階として，Jackson et al., 1977 は，1日のある決まった時間の群落と気温の差として計算される「ストレス度日（stress degree day）」を定義することによって，データを標準化した．その結果，時間積算された植物ストレスの尺度が得られた．つぎの重要な進展はIdsoとJacksonとその共同研究者によってなされ（Idso, 1981, Jackson et al., 1981），大気飽差Dの違いによって生じるさらなる変動を補正することで，環境の標準化を改善した．彼らの**作物水ストレス指数**（crop water stress index：CWSI）では，Dに対する$T_\ell - T_a$値はよく灌水された作物ではDの増加とともに直線的に徐々に低下すると仮定し（図10.13参照），この線を「非水ストレス基準線（non-water-stress baseline）」と名付けた．ストレスを受けている（部分的に気孔が閉じた）作物のDに対する$T_\ell - T_a$の値は，非水ストレス基準線値T_{base}と，気孔が完全に閉じたときに得られる可能最大値T_{max}との間にくる（T_{max}はすべてのDに対して一定とする．図10.13の見本点**x**を見よ）．そして，0から1の範囲の指数がつぎのように計算される．

$$\text{CWSI} = \frac{T_x - T_{base}}{T_{max} - T_{base}} \tag{10.13}$$

ここで，大きなCWSIは水欠乏の増加を示す．この手法の理論的解析（Jackson, 1982）は，CWSIは作物の気孔コンダクタンスよりも，蒸散と反比例の関係をもつことを示

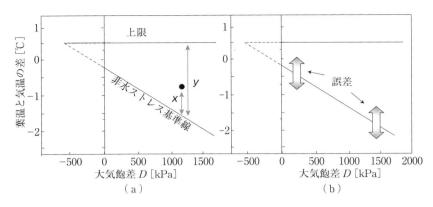

図10.13 （a）Idsoの作物水ストレス指数（CWSI）の計算の概念図．非水ストレス基準線と上限値の，大気飽差 D への依存性を示す．群落の温度と飽差が●に位置する場合，その群落のCWSIは x/y として計算される．（b）温度測定における誤差の絶対値は，飽差が減少するにつれて相対的に大きな誤差となることを示す．飽差の減少は，温帯気候では起こりがちである．

す．CWSIは，実際には $(E_p - E)/E_p = (1 - E/E_p)$ の尺度であり，ここで E_p はよく灌水された作物からの可能蒸散である．

この手法は，（開発されたアメリカ・アリゾナ州のような）暑く乾燥した気候で正午近くの測定に限定した場合にはうまくいくが，より一般的な状況で適用することは難しい．問題点にはつぎのようなものがある．

(ⅰ) 温帯気候に近づくと飽差は小さくなり，温度測定における絶対値の誤差は，相対的により大きな誤差を導く．

(ⅱ) 1日の時刻や多くの気候帯における雲の存在の違いによって放射照度が大きく変化し，実際の群落温度に大きな影響を及ぼす．

(ⅲ) 風速の変動（と群落粗度）も，葉温に影響する（式(9.5)，(9.6)参照）．作物の違い，さらには生育段階の違いも，経験的に決定された非水ストレス基準線を使用することで除外できるが，区画の大きさや環境との結合のような他の要因は重要である．また，信頼性の高い指数の適用のために必要な完全に晴れた日は，多くの気候帯でまれであるため，以下に示すような物理的な基準表面の利用などの別の手法が開発された．

| 基準表面の利用　　6.3.5項で示したように，経験的な非水ストレス基準線の値（すなわち有限の気孔コンダクタンス）を自由蒸発水面の温度と置き換え，上限温度の線の値を同じ放射特性をもった非蒸散面の温度と置き換えることで，式(10.13)を再定式化できる．これらの温度の極値は，適切な気象データが存在する場所なら，式(9.5)または式(9.6)から計算できるが，実際の葉の光学特性に似せた物理的基準面の「湿

潤」状態と「乾燥」状態の温度を測定するほうが,しばしば簡便である(Jones, 1999).物理的基準面の利用は,センサの較正によって自動的に誤差を取り除き,計算に必要な吸収された純放射を正確に推定する必要もなくなるという利点がある.

基準表面を使うと,直接的にCWSIに類比した指数I_{CWSI}を定義できる.

$$I_{CWSI} = \frac{T - T_W}{T_d - T_W} \tag{10.14}$$

ここで,T_Wは湿潤基準面の温度で,水蒸気の表面抵抗はゼロ,T_dは乾燥基準面の温度で,水蒸気の表面抵抗は無限大である.多くの場合,気孔コンダクタンスに直接比例する指標I_{gs}のほうがより有用である.式(6.22)を再構成すると,気孔コンダクタンス($= 1/r_\ell$)に次式のように推定できる.

$$g_\ell = \frac{1}{r_{aW} + (s/\gamma)r_{HR}} \frac{T_d - T}{T - T_W} \tag{10.15}$$

ここで,$(T_d - T)/(T - T_W)$は,コンダクタンス指数I_{gs}を表す.葉または群落温度が湿潤基準面の温度に近づくと,この指数はいくぶん不安定になる.ストレス指数(I_{CWSI}とI_{gs})は比較研究には役立つが,気孔コンダクタンス(または抵抗)を式(10.15)によって直接推定できたほうが有用であることが多い.式(10.15)の右辺の初項は,境界層抵抗の大きさと温度だけに依存した倍率を表している.

基準表面の選択 葉のスケールにおける研究において,葉の短波放射吸収特性を模擬したもっとも簡便な基準表面は,実際の葉に,水を吹き付けて($r_\ell = 0$)あるいはワセリンを塗布して蒸散を止めて($r_\ell = \infty$)使うことである.スケールを拡張するにはより大きな表面が必要になるが,それらが群落と類似した空気力学的特性と短波放射特性をもつことが重要である.乾湿の両方の基準表面をもつことには利点があるものの,乾燥基準表面に湿度測定を加えるだけでも,g_ℓはほとんど問題なく推定できる(Leinonen et al., 2006).温度検知を利用した灌水計画についてのさらなる解説と関係する式の導出については他の文献を参考にしてほしい(Guilioni et al., 2008, Maes & Steppe, 2012).

「ストレス」指数の適用について忘れてならないことは,その名前にもかかわらず,これらはストレスの尺度ではなく,作物の応答,とくに気孔開度を示していることである.もう一つ重要なことは,気孔は乾燥以外の理由によっても閉じることである(たとえば,過剰な水も気孔閉鎖をもたらす).そのような場合,群落温度を使った灌水計画は,過度の灌水になりやすい.

10.4.3 不足灌水と部分的な根の乾燥

歴史的に,灌水は通常,成長を最大にすることを目的としており,一般に余剰の灌

水が与えられ，高い精度の灌水計画システムを必要としていなかった．しかし，水不足が広がるにつれて，利用可能な水を節約できる灌水戦略の必要性が増している．すべての蒸散による損失を完全には補わないという**不足灌水**(deficit irrigation：DI)戦略が，現在広がっており，少なくともその理由の一部は，そのような場合に生じる気孔閉鎖によってWUEが高められるからである．多くの作物，とくに果物に対するそれ以上の利点としては，わずかな水不足は栄養成長を減らして穀物あるいは果実の生産を高め，果樹では果実の糖分を増加させ品質を高める傾向もあることである．DIシステムの実施の難しさは，作物に大きな問題を引き起こす過度の水不足を避けるために，土壌あるいは植物の水分状態を非常に正確に監視して調節する必要があることにある．

4.3.3項でみたように，根の一部を湿潤土壌，残りの根を乾燥土壌に維持した分割根系(split-root system)で植物が成長すると，乾燥土壌の根からシュートへのシグナルは，シュートの水分状態は変化させずに気孔を閉鎖させ，シュートの発育を変化させた(Davies & Zhang, 1991)．Dryとその共同研究者は(たとえば，Stoll et al., 2000参照)この結果を応用し，シュートの水分状態を維持するために根の一部のみに十分な水を与え，残りの根系をゆっくりと乾燥させる(シュートに乾燥シグナルを送る)よ

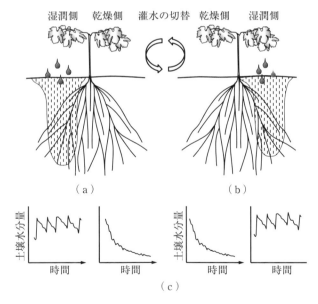

図10.14 部分的な根圏の乾燥の概念図．(a)灌水は根系の片方に行われ，土壌水分量は最適近くに維持されるが，もう一方は乾燥させられる(下図)．(b)乾燥した側で水欠乏が閾値に達すると灌水が切り替わり，もう一方の側が乾燥させられる(Stoll, 2000から改変)．

うな，実用的な灌水システムを開発した．乾燥側の根が乾きすぎてシグナルを効果的に送れなくなると，根の灌水の「湿潤」側を「乾燥」側へ切り替えて，湿潤側だったほうを乾燥させる（図10.14参照）．このシステムは**根系の部分乾燥**（partial rootzone drying：PRD）として知られ，うまくいかない場合もあるが，ブドウや他の作物などでは同等のDI処理よりも大きな成果が得られたという報告もある．PRDの「試験」と信じられているものの多くは，残念なことに十分な対照処理が省かれているため有効ではないが，同等の量の水が与えられた研究についての論文のメタ解析結果は，PRDは15の研究のうち六つでDIよりも収量を増加させ，他の農業的利点として果実の大きさや質の向上はほとんどの場合に報告されている．また，DIのほうがよいという結果はなかった（Dodd, 2009）．

　この結果のばらつきの理由は完全には明らかではないが，収量が生殖成長に基づく場合にのみ（すなわち，レタスのような葉野菜でない場合），PRDが有利になると予測される．PRDの利点の一つは，根系全体を湿らせるような完全な灌水よりも，水の使用が少ないことである．さらにDIと比較して，いくらかの根系周りの土が十分に湿っているかぎり，正確な灌水計画の重要性が低くなる．PRDの開発は，植物の環境応答の基礎についての生理学的な知識が実際の農業を改善したよい例だろう．

10.5　他の非生物的ストレス

　他の多くの環境ストレスが，植物の成長や繁殖に重要な影響を及ぼす．ここではそれらを詳しく扱うことはできないが，いくつかの鍵となる非生物的ストレスについて概説する．紫外線（8.2.4項と8.4.6項参照）や温度（第9章）による損傷のように，すでに説明したものもある．興味をもった読者は，多くの関連した本や総説を参照してほしい（たとえば，Khan et al., 2012, Pessarakli, 2011）．

10.5.1　洪水と冠水

　過剰な水は，根や他の冠水した部分への酸素供給を不足させるため，植物にとってストレスになりうる．スイレンのような水草を含む低酸素に適応した植物は，形態や機能面で幅広く適応する（Bailey-Serres & Voesenek, 2008）．**低酸素**（hypoxic）環境に対する形態的な適応には，酸素を下方の沈んだ組織に送り込むための，根の柔組織に縦方向につながった気室（**通気組織**（aerenchima））の特有の発達がある．この通気組織は根や沈んだ地下茎の断面積の55％にも及び，その発達は，しばしば冠水によって強められる．マングローブのようないくつかの植物グループでは，通気組織の体積割合の高い「**呼吸根**（pneumatophores）」とよばれる皮目で覆われた根の発達によっても，根の通気が促進される．もう一つの一般的な戦略は，植物の葉表面に薄い気体層を維

持したり，プラストロン層で覆ったりすることであり(これは多くの水生昆虫にもみられる[†])，これは葉の疎水性表面や葉毛によって維持される．これらの薄い，しかし広範囲に広がった層は，気孔あるいは皮目の表面に効果的な気体‐水接触面を広げることによって，水面下の葉や根へのガス拡散(暗条件では O_2，明条件では CO_2)を促進する(Pedersen et al., 2009)．イネのような冠水耐性植物でみられるシュート成長の促進のような，水没に対するさまざまな応答は，**低酸素回避シンドローム**(low oxygen escape syndrome：LOES)として認められている．

拡散によって根に下向きに送られる限定された空気輸送は，圧力勾配によって駆動される強制通風によって強められることが示されている(Colmer, 2003, Dacey, 1980)．組織における流れを駆動するのに必要な正圧は，茎が直接風にさらされることによるか，湿度か温度の違いの勾配によって若い葉から古い葉へと生じる駆動力によって加圧されて生成される(Box 10.1 参照)．「ベンチュリ」効果(Venturi effect)による植物体内を通る風が作り出す吸引と，水面下の地下茎を通る空気の正圧による駆動力は，ヨシ *Phragmites australis* のような大型水生植物で報告されている．一方，多くの植物は，湿度や温度差によって生じる圧力を利用している(Colmer, 2003)．

冠水と嫌気状態に対する代謝的な適応には，解糖と発酵による非効率的な嫌気的 ATP 合成に向かう代謝の転換を伴い，NAD^+ 再生の結果としてピルビン酸が生産され，エタノールが生産される．エタノールは有毒であるが容易に細胞外へ拡散する．一方，ピルビン酸を毒性の低い乳酸にする別の発酵は，細胞質の酸性化による影響によって制限される．中生植物における冠水あるいは無酸素状態に対する瞬時の反応は，代謝の転換と，根や茎の通水性の大幅な低下を伴い，トマトのようないくつかの種では，葉の上偏成長(葉の下方への巻き込み)と気孔閉鎖をもたらす．これらのどちらの応答も，減少したコンダクタンスの影響を部分的に相殺する．いくつかのホルモンが関連しているが，冠水した植物体内の長距離情報伝達にもっとも重要な成分は，1-アミノシクロプロパンカルボン酸(1-aminocyclopropane-1-carboxylic acid：ACC)である．ACC は根から木部を通り葉へと輸送され，ACC 酸化酵素によって葉内でエチレン C_2H_4 に酸化され，ACC 酸化酵素自体も冠水に応答して増加する(Jackson, 2002)．ACC の根からの強化された輸送は，根での低 O_2 濃度による ACC 酸化酵素の阻害と，ACC 合成の増加の両方に起因する．放出されたエチレンは，葉柄の上面細胞の伸長促進に直接的に関与し，上偏成長によって葉を下方に曲げ，葉の成長を全体的に阻害する．エチレンは，風や被食，あるいは虫による攻撃による，物理的な傷害への応答

[†] (訳注)多くの水生昆虫は，水と接する表面に細く密生した毛状突起や複雑な陥入部があり，その部分の表面積が著しく広くなり，水が直接付着しにくいプラストロン(空気層)が形成され，これを通じて直接かつ効率よく呼吸する．

に対する重要な要素でもある.

> **Box 10.1　水生植物の通気**
>
> 　水生植物において，圧力勾配を形成して根と地下系の強制通気を起こすことができる，いくつかの潜在的なメカニズムがある．（a）圧力勾配が，ヨシ *Phragmites australis* で報告されているように，折れた茎の上を速い風が抜けることで，「ベンチュリ」効果（流れが狭窄部で速められたときの流圧の減少）によって生じる．（b）代わりに，風圧が，たとえば気孔を通じて直接シュート内に空気を押し込んで，正圧を作り出す．（c）水蒸気に駆動される拡散と熱拡散の過程でも，シュートや葉内に正圧が生じる．これらの過程は，0.3 μm までの細孔をもった微多孔質の隔壁部分で圧力差を生み出し（若干の圧力は 1〜3 μm の孔で生じるが），そのような孔では，気体分子の拡散抵抗よりも有意に高い質量流の抵抗を示す．スイレンの葉の例では，細胞間隙が水蒸気で満たされ外気が乾燥している状態では，水蒸気圧差 $e_i - e_o$ は他の大気ガスの濃度差によってつり合っており，葉内空隙の湿度が水の損失分だけ供給され維持されるかぎり，大気ガスは内部に拡散して細胞間隙を加圧する．この過程は，潜在的に静的な圧力差 $\Delta P (= e_i - e_o)$ を導く（湿度加圧作用）．この湿度によって駆動される加圧は，たとえば太陽光による内部区画の加熱によって生じる熱影響によって補われ，内部湿度 e_S の増加による内部湿度上昇と，熱浸透作用(thermo-osmosis)として知られる（駆動力が温度差の）熱拡散と同様の過程による内部湿度上昇の両方が関与する (Colmer, 2003 の議論と参考文献参照)．
>
>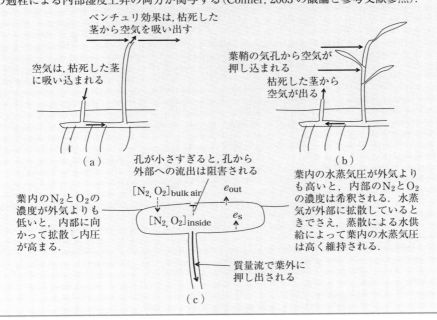

10.5.2 塩ストレス

塩分は世界的に重大な問題で,塩の自然集積と,過剰な塩が根圏から流出しない場所に灌漑によってもたらされる塩類集積によって,8億ヘクタール以上が塩の影響を受けている.塩分は3通りの過程で植物に影響する.まず溶質の浸透圧効果によって水ポテンシャルが低下し,結果として利用可能な水が減る.そして,2番目はNa^+のような直接的な塩の毒性,3番目はそれに関連した栄養塩類の不均衡である.

塩耐性は種間や種内で大きな差異がある.成長を50%抑制するNaCl溶液の濃度は,イネで100 mM以下,ハマアカザ属 *Atriplex*(塩灌木)のような塩生植物(halophytes,耐塩ストレス植物)で400 mM以下である(Munns & Tester, 2008).適切な教科書や総説には,植物の塩応答や耐性の機構,観察されるさまざまな応答を制御する情報伝達経路についての詳しい情報がある(Munns, 2002, Munns & Tester, 2008, Pessarakli, 2011, Taiz & Zeiger, 2010, Zhu, 2002).塩耐性機構としては,つぎの三つが重要である.

1. **浸透ストレスへの耐性** 浸透圧調節によって,塩濃度が上昇しても水の取り込みが維持され,膨圧を維持できる.これによって,水ポテンシャルが低下しても通常の成長や光合成を維持することが可能になるが,初期にはしばしば,一時的な抑制が表れる.乾燥の場合と同様に,塩濃度が増加するにつれ,成長,気孔開度,光合成は抑制される.

2. **Na^+の排出** 根におけるNa^+の取り込みを根からの排除によって防ぐことで,感受性の高い組織,とくに葉身で,毒性濃度まで塩が蓄積しないことを確実にしている.これは,植物の水ポテンシャルが低下しても,膨圧を維持できる適応と結びつく必要がある.

3. **高塩濃度に対する組織の耐性** 細胞質内でNa^+がおよそ30 mM以上になると毒性を示すので,耐性にはNa^+とCl^-を液胞に入れるか,古い葉に輸送してその葉を枯らす必要がある.少なくとも双子葉植物の多くの塩生植物では,塩誘導による細胞サイズの増加により,特有の多肉形態を示す.これは塩が液胞に分離され,それによって水が流入して液胞体積が増大することによる.他のよくある適応は,葉の特別な腺から蒸散流にのせて塩を能動的に排出することで,葉組織としては正味の取り込み速度が遅くなる.塩の液胞への区画化には,隔離された塩の浸透ポテンシャルとつり合わせるため,細胞質内における適合溶質(たとえば,スクロース,プロリン,グリシン-ベタイン)の蓄積も必要となる.

10.5.3 機械的ストレス

風や昆虫と草食動物による損傷のような機械的な攪乱も，植物が耐えなければならない環境ストレスである．それらのストレスに対して植物が示す特有の応答は，19世紀にダーウィンによって数多く示されている(Darwin, 1890)．植物は，2次情報伝達物質とホルモン伝達の複雑なネットワークを使って，物理的な刺激を素早く感知し応答する．そして広範囲の防御関係の遺伝子群の発現と，肥大成長の増加に伴うシュート伸長の減少などの成長変化がもたらされる．**接触形態形成**(tigmomorphogenesis) (Jaffe, 1973)に，風の強い環境や被食の間に起こるような，接触に対する応答を表すために使われる用語である(Chehab et al., 2009の総説参照)．

風の強い環境に生育する樹木は，風力に耐えるために，矮性化や，あて材の発達などの多くの特有な適応を示す(植物に対する風の影響についてのさらなる説明は11.1節を参照)．風に対するもっとも普通の接触形態形成応答は，シュート伸長における成長の減少と，肥大成長の増加であるが，非生物的・生物的ストレスへの耐性が強化されるような他の多くの現象や，しばしば老化の促進もみられる(Biddington, 1986, Braam, 2005)．接触に対するこれらの不可逆的な形態応答に加えて，多くのたいへん速い可逆的な(頃性)応答もある．たとえば，オジギソウ *Mimosa pudica* は軽い接触で葉を折りたたみ，ハエトリグサの葉は，その感覚毛が刺激を受けると非常に速く閉じる．これらの応答は，細胞間の電気シグナルに対して運動細胞からイオンが失われて，膨圧が急激に失われることと関係している．

接触を感知する実際の機構はよくわかっていないが，膜伸張受容体が関与しているだろう．いずれにしても，応答の最初の段階には Ca^{2+} チャネルのゲート開閉が含まれ，活動電位が変化し活性酸素(ROS)が生成されるが，一方，ほとんどすべての主要な植物ホルモン群が関与しており，アブシジン酸(ABA)とエチレン，ジャスモン酸の特有の促進を伴う．カルシウム情報伝達における最初の接触誘導遺伝子の発見(Braam & Davis, 1990)に続いて，さらに多くの遺伝子が確認され，それらのいくつかはカルモジュリン(カルシウム結合タンパク質)と関係するか，カルモジュリンをコードしており，したがって Ca^{2+} 情報伝達が関与している．

10.5.4 交叉耐性と共通応答

いまでは，異なる非生物的・生物的ストレスに対する植物応答に関係する情報伝達経路と生理応答との間には，多くの共通性があることは明らかである．多くの場合これは驚くべきことではなく，たとえば，乾燥，凍結，塩分ストレスのすべては，水ポテンシャルを低下させるという共通点をもち，また多くのストレスは成長の低下や気孔閉鎖をもたらす(共通応答)．一つのストレスにさらされると，そのストレスに対す

る耐性の向上だけではなく，関係のないストレスに対する耐性も向上する(交叉耐性)．たとえば，寒さへの耐性の強化は，結果として後の乾燥耐性も強化する．

　ストレス応答に関係する複雑な情報伝達カスケードは，多くの応答経路の共通な鍵となる構成要素とともに，多くの共通点で収束する(Harrison, 2012, Kacperska, 2004, Pastori & Foyer, 2002)．この収束は，異なるストレス応答経路の間で重要な相互干渉をもたらす．とくに，多くのストレス応答に共通な重要な特徴には，ABA情報伝達(たとえば，表10.1)，カルシウム情報伝達，ROS生成の相互関与などがある．たとえば，機械的な刺激ですら，おそらくABA生成の刺激を通して乾燥耐性も強めている(Biddington & Dearman, 1985)．ストレスに対する遺伝子発現を制御する重要な分子スイッチも，多くのストレス応答経路で共通になっている．たとえば，高度に保護されたNACスーパーファミリー転写因子は，乾燥や塩，低温のような非生物的ストレスの応答に関係するABA-依存性・ABA-非依存性経路の両方に関係しており，そして病原体や食害，傷害のような生物的ストレスに対するジャスモン酸とサリチル酸経路の両方にも関連している(Puranik et al., 2012)．同様に，生物的・非生物的ストレスに応答する細胞間情報伝達も，しばしば陰イオンチャネルの開閉制御を通じた活動電位の伝達を含んでいる(Roelfsema et al., 2012)．

第11章 他の環境要因: 風,高度,気候変化,大気汚染

本章では,他の章では十分に扱えなかった大気環境のいくつかの側面,すなわち,風と高度の影響,気候変化と「温室効果」およびそれらが植物の成長に与える影響,大気汚染の影響について考える.これらの領域は,これまでに紹介した原理をまとめたものになる.これらの詳細および植物の微環境の他の特徴は,Geiger, 1965, Grace et al., 1981, Campbell & Norman, 1998, Garratt, 1992, Monteith & Unsworth, 2008 で論じられている.また,気候変化についての科学的な合意に関する情報は,気候変動に関する政府間パネル第4次評価報告書[†](the Intergovernmental Panel on Climate Change, Core-Writing-Team et al., 2008, Solomon et al., 2007)にある.

11.1 風

風は,強制対流によって熱と質量の輸送に直接的に関与するだけでなく(第3章),花粉,種子,およびその他の散布体の拡散を含むさまざまな面で植物にとって重要である.また,植生の成形においては直接的に,あるいは,とくに沿岸部では砂や塩分の輸送によって重要な要因となる(Grace, 1977).

11.1.1 測定と変動性

風の方向と速度は,どちらも非常に変わりやすい.日中は地球表面が太陽によって熱せられ,大気の対流が生じるので,風速は一般に夜間よりも日中に高くなる傾向がある(図11.1).標準的な風速の気象学的推定は,風速が $1\,\mathrm{m\,s^{-1}}$ 以上になる地上10 m の高さで行われる.たとえば,イギリスの大部分では年平均風速は $4.5\,\mathrm{m\,s^{-1}}$ 以上であり,もっとも高い値は山や沿岸部で観測される.しかし第3章でみたように,風速は地表に近づくにつれて急速に低下し(図3.7),植生近くや植生内での風速は地上10 m よりもずっと遅くなる傾向がある.農業気象観測サイトでは,風速は一般に地上2 m で記録される.

風を測定するためのさまざまな方法が Grace, 1977 や気象測器の教科書(Brock & Richardson, 2001 など)に記載されている.気象学的記録では,風杯型風速計が風向計とともに広く使われている.風杯は回転開始時の慣性が大きいので,風速が低いと

---

† (訳注)2014年に第5次評価報告書が公開されている. http://www.env.go.jp/earth/ipcc/5th/
気候学的には,気候の平年値からの偏差は**気候変動**(climate variation),平年状態の長期的な変化は**気候変化**(climate change)と定義されている.

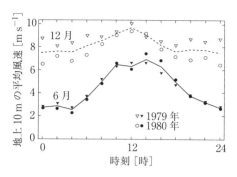

図 11.1 地上 10 m における時間平均風速の平均値.イギリス・ケント州イーストモーリングにおける 6 月と 12 月の値.時間平均値の標準偏差の平均は,6 月は $2.8\,\mathrm{m\,s^{-1}}$,12 月は $4.6\,\mathrm{m\,s^{-1}}$.

低感度になる傾向があるが,高感度タイプでは作物群落内で $0.15\,\mathrm{m\,s^{-1}}$ ほどの低風速の測定に使える.より小さいスケールの研究,つまり熱と質量の移動の渦相関の研究に必要なより急速な速度変動(図 3.9 参照)においては,標準測器は超音波風速計である.この風速計は,1,2,3 次元の流れを得るために設置された一対の変換器間の超音波パルスの伝播時間に基づいて風速を測定する.熱線式風速計は,小さいスケールの乱流の研究に使える安価な代替品である.これらは,熱せられた細線やサーミスタの冷却が風速に依存することに基づいている.風車型風速計やピトー圧力管を含めて,多くの他のタイプの風速計が特別な目的のために使われている.

一般に,平均風速が報告されるが,破損などいくつかの過程は,平均風速よりも最大瞬間速度に依存している.

11.1.2 風と蒸発

風速が増加すると境界層抵抗は減少する(第 3 章参照).これは,一般に蒸発速度を増加させる.しかし,もし葉温が気温よりも高い場合(たとえば,気孔が閉じ気味で強光が当たっている場合,図 9.1 参照),風速の増加は蒸発を減少させることがある(図 11.2).これは,熱損失が大きくなるため葉温が低下し,そのため葉内の水蒸気圧が低下するためである.結果として蒸発駆動力が減少し,その効果が輸送抵抗の減少よりも大きくなる.この効果は,境界層抵抗が分子と分母の両方に存在する蒸発式(式(5.26))の当然の結果である.

式(5.26)を r_a で微分することによって,以下の条件のときに E は r_a(したがって風速)と独立であることを示せる.

$$r_\ell = \rho_a c_p D \frac{(s/\gamma) + 1}{s(R_n - G)} \tag{11.1}$$

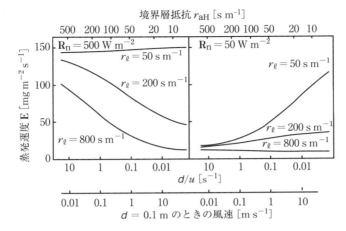

図 11.2 平坦な葉に対する，蒸発速度の境界層抵抗 r_{aH} あるいはパラメータ d/u（式(3.31)参照）の依存性の計算値（$D = 1$ kPa にて式(5.26)より）．高・低の純放射量 R_n とさまざまな葉抵抗 r_ℓ について計算．特性長 $d = 0.1$ m の葉に対応する等価風速も示す．

このような条件では，$T_\ell = T_a$ である．r_ℓ がこの式で得られた値よりも小さい場合は，E は風速の増加とともに増大するが，r_ℓ がこの限界値を超えた場合には，E は風速の増加とともに減少する．表面抵抗がゼロの自由水面では，E はつねに風速 u の増加とともに増大し，およそ $\sqrt{u}$ に比例する．さまざまな条件における蒸発速度に対する境界層抵抗の影響を図 11.2 に示す．

強風は，気孔抵抗あるいはクチクラ抵抗に間接的な影響を与えることによっても蒸発に影響する可能性がある．気孔に対する風の影響については矛盾した報告がある (Grace, 1977)．多くの場合，風速増加に対する気孔閉鎖の応答は，単に蒸発速度増大に対するフィードバックあるいはフィードフォワード応答（第 6 章参照）のようである．一般化することは難しいが，より風にさらされる生育場所に耐性のある種では，風に対してそれほど敏感でない気孔をもっている．たとえば，アルペンローゼ *Rhododendron ferrugineum* とスイスマツ *Pinus cembra* はどちらもヨーロッパアルプスの高木限界以上に出現するが，前者は主に風がより遮られた微小環境でよくみられる．風洞においてポット植えの植物で実験したところ，アルペンローゼの気孔は風速上昇に対してより敏感に応答した (Caldwell, 1970)．しかし，野外ではそのような違いは検出されなかった (A. Cernusca, 未発表データ)．ポットで植物を生育させることの難しさ，生得的な内生リズムが応答をわかりにくくする問題，そして葉の大きさの違いによる境界層抵抗 r_a の違いなどの多くの理由によって，風洞の結果は自然とはかけ離れていると思われる (Ch. Körner, 私信)．一方，クチクラ抵抗は風によっ

て減少する．これは，おそらく風の中で葉が曲がったりお互いこすれ合ったりしてクチクラが損傷するためだろう．

11.1.3 矮性化，変形，および機械的損傷

風の強い環境で生育する植物は，発育不全や変形から実際の損傷までさまざまな特徴を示す．卓越風のある地点では，植物の風上側の成長がひどく低下した顕著な非対称性を示すことはよくある（図11.3）．これには，絶え間ない風圧のために枝が風下に向く「風による整枝」を含め，いくつかの理由が考えられる．これらのうち風上側の成長減少は，風の生理学的および機械的効果に帰することができる．たとえば，露出した組織における乾燥促進やより極端な温度状態（とくに高山環境），そして直接的あるいは風で運ばれた塩や砂などの物質による損傷である．これらすべての効果は，風上側の芽を優先的に枯らす可能性があり，より風の当たる状況では植物全体の背丈がより小さくなるという際だった傾向ももたらす．寒冷な環境における矮性植物の生態学的利点については第9章で説明した．たとえば，クッション植物の周辺では風速が低下するため，その組織は強光条件では大気よりもずっと温かくなる．

図11.3 低木や木本への典型的な風の影響．風による剪定（wind-pruning）と風による整枝（wind-training）を示す．（a）スコットランド，アイラ島，グリュイニャルトの混成ブナ林，（b）アイルランド，カウンティクレア，バリーヴォーハンのナナカマド．

ごく普通の風速でさえ成長に影響する可能性がある．主要な要因は，しばしば風速の増加に伴う蒸発の増大（上記参照）に関連した植物の水分障害であることが多い．気孔が閉鎖している場合は，強風によって生じるクチクラの損傷も水損失を増加させる可能性がある．しかし多くの場合，風速が増大しても ψ_ℓ の低下は観察されない．高山環境では，強風によるより効率的な熱輸送による葉温低下と，それによる代謝速度低下は，水分状態に対するどのような効果よりもより重要になる可能性がある．しかし，乾燥した環境では，乾燥効果が最有力になる傾向がある．

風による揺らし効果は，10.5.3項で示したように，成長を低下させる重要な要因に

なりうる．たとえば Neel & Harris, 1971 は，毎日わずか 30 秒揺らした場合でも，フウ *Liquidambar* の成長が正常な場合の 30％に低下することを示している．一方で，他の多くの種ではそれほど極端でない結果が報告されている．接触形態形成応答 (thigmomorphogenic response) は，背の低い頑強な植物や，曲げに応答してできた湾曲材，圧縮あて材などを生じさせ，風の強い環境に適応するための重要な手段を供給する．接触によって誘導される遺伝子の発見にもかかわらず，これら接触形態形成応答のメカニズムはまだ不明である．ただ，それらは，振とうが木部道管に空洞現象を引き起こす場合などに生じうる水分状態の悪化とは関連していないようにみえる．

11.1.4 倒伏

　強風の重要な問題は，植物に加えられた力が，個体全体の根返り（とくに木本）や茎の折れ，座屈などの構造的な破壊を引き起こすことである．植物が風で横向きに寝かせられることを倒伏（あるいは木本では風倒）という．林業で重要なことは明らかであるが，倒伏は穀物の収量を著しく減少させるおそれがあり，その場合もっともよくみられる倒伏の型に茎の座屈である．穀物の倒伏は，光合成への影響（たとえば，圧縮された群落の透過光減少や，通導系の損傷によって）や，穀粒の収穫を難しくさせることによって，収量を低下させるおそれがある．

　倒伏の発生は，植物にかかる風，雨などによる力，それらがはたらく場所の地上からの高さ，および茎の強度に依存する (Grace, 1977, Niklas, 1992)．穀物では，たとえば，風による力はまず植物の頂部に作用して，茎を倒し曲げる**トルク** (torque) **T** あるいは回転モーメントを生じさせる．ある点に作用するトルクは，力とその点からの力作用線に対して垂直な距離の積であり（図 11.4 参照），したがって［N m］（あるいは［J］）の単位をもつ．基部における全トルクは以下の式で示される．

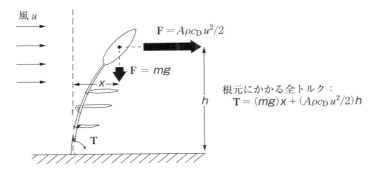

図 11.4　風圧下の穀類の穂にかかる力の図解．作用する全トルクは，重力に起因するトルク（垂直線からの変位の結果生じる）と風力に起因するトルクの合計である．

$$\mathbf{T} = \sum (\mathbf{F}_i h_i) \tag{11.2}$$

ここで，h_i は植物の i 番目の部分の高さ，$\mathbf{F}_i$ はその部分に作用する風による水平の力である．一端，曲げが生じると，重力によるさらなる回転モーメントが生じる．重力による回転モーメントは $\sum(m_i x_i g)$ であり，x_i は質量 m_i の部分の垂直線からの距離，g は重力加速度である．以上より，全トルクは以下のように表される．

$$\mathbf{T} = \sum (\mathbf{F}_i h_i + m_i x_i g) \tag{11.3}$$

トルクは，変形（ひずみ，この場合は茎の曲げ）をもたらす応力 S を生じさせるが，これは茎の曲げ抵抗モーメントによって抵抗を受ける．最大の曲げ抵抗モーメントは茎強度とよばれる．円筒型の茎に生じる応力の大きさは以下のようにトルクと関係する．

$$S = \frac{\mathbf{T}d}{2I} \tag{11.4}$$

ここで，d は茎の直径，I は**慣性モーメント**（moment of inertia）である．I は茎の断面の形状に依存し，中身の詰まった円筒では $\pi d^4/64$，中空の円筒では内径を d_i とすると $\pi(d^4 - d_i^4)/64$ である．不可逆的に変形せずに耐えられる最大の応力を弾性限界という．

曲げの量は S（したがって，$\mathbf{T}$）に比例し，曲げ剛性あるいは茎の剛性に反比例する．曲げ剛性は $\varepsilon_Y I$ の積であり，ε_Y はヤング率（圧力の単位）とよばれる茎材料の線形弾性の尺度である．大きい値の $\varepsilon_Y I$ は，曲がりにくい硬い茎を表す．樹木のような非常に硬い茎は作用しているトルクを根系に伝達し，根の破壊を引き起こす可能性がある．

風によって生じる実際の力 $\mathbf{F}$ は主に形状抵抗（form drag）により，物体の形状と大きさに依存する（参考，摩擦抵抗．3.2.3 項参照）．「流線型の（streamlined）」物体は流動流体中で乱流と形状抵抗を最小にするが（図 11.5），一方，立方体などの「切り立った（bluff）」鈍頭物体は，乱流が増えて物体風下側の圧が低下するため，大きな形状抵抗を受けやすい．完全な鈍頭物体において潜在的な運動量移動の最高率は $0.5 \rho u^2$ である（式（3.17））．実際には，流体の一部は物体の側面を滑るように回り込むので，物体にかかるすべての力は以下の式で与えられる．

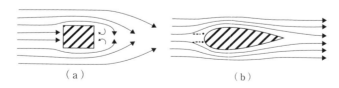

図 11.5 切り立った鈍頭物体（a）と流線型の物体（b）の周りの流れ．破線は，流線型の物体に衝突する密度の高い物質の軌跡．

$$\mathbf{F} = c_f 0.5 \rho u^2 A \qquad (11.5)$$

ここで，c_f は u に依存する無次元の形状抵抗係数，ρ は空気の密度，A は風向への投影面積である．円筒では，レイノルズ数(3.3.1項参照)が 10 のとき($d = 0.001$ m, $u = 0.15$ m s^{-1})形状抵抗は全抵抗の 57% となり，レイノルズ数が 10000 のとき($d = 0.1$ m, $u = 1.5$ m s^{-1})その割合は 97% に上昇する．流れに平行に向いた平坦な葉の抵抗は小さく，その抵抗は主に表面摩擦によるが，流れに垂直に向いた場合，抵抗はずっと大きくなり形状抵抗が優位になる．ほとんどの場合，表面摩擦と形状抵抗を合わせて，全体的な抵抗係数，c_D を定義するのが便利であり，葉の典型的な抵抗係数は，0.03〜0.6 である．球形や流れに垂直に置かれた円筒では，c_D はレイノルズ数が 10^2〜10^5 のとき，一般に 0.4〜1.2 である(Monteith & Unsworth, 2008).

多くの植物では，風速が上昇すると葉が風の流れの方向に並び，葉の剛性に依存して抵抗係数 c_D の値が減少する．Mayhead, 1973 は，イギリスの多くの森林樹種について抵抗係数のデータを示した．風倒を起こすような風速の場合(約 30 m s^{-1} 以上)，さまざまな種類の針葉樹では c_D の範囲は 0.14 (非常に柔軟なアメリカツガ *Tsuga heterophylla*)から 0.36 (より硬いグランドファー *Abies grandis*)であった．風速 10 m s^{-1} では，c_D はそれらの種でそれぞれ 0.3 と 0.8 以上であった．

気流が雨滴などの密度の高い粒子を含む場合，それが物体に衝突するので，物体に作用する力が大きくなる．これは，より密度の高い粒子はより大きな慣性をもち，そのため植物を回り込む流線の流れが変わりにくいことが原因の一つである(図 11.5)．たとえば，穀物の穂における雨滴による力と風による力を以下のように計算することができる．風による力は式(11.5)で得られる．地上 2 m での風速を 5 m s^{-1} と仮定すると，穂の高さでの平均風速は約 1.5 m s^{-1} となり(式(3.36))，$c_D = 0.4$ と仮定すると，断面積 0.01 m^2 の穂では，連続力 $\mathbf{F} = 0.4 \times 1.2 \times (1.5)^2 \times 0.01/2 = 5.4 \times 10^{-3}$ N となる．十分大きな物体では，個々の水滴による衝撃は，秒あたり雨の質量×速度で得られる継続的な力と同等である．水滴の水平方向の平均速度を 5 m s^{-1} と仮定すると，1 mm h^{-1} の小さな時間降水量では，$\mathbf{F} = (質量 \text{ m}^{-2}\text{ s}^{-1}) \times u \times A = 0.28 \times 10^{-3} \times 5 \times 0.01$ N $= 1.4 \times 10^{-5}$ N となる．時間降水量が 25 mm h^{-1} と高い場合でさえ $\mathbf{F} = 3.5 \times 10^{-4}$ N であり，驚くことに風による力よりも一桁以上小さい．

倒伏のしやすさは，乱流の周波数が植物の固有振動数に一致する場合，あるいは，茎が病気や湿気吸収で弱くなっている場合に高くなる．このような動的な応答は，森林の嵐による損傷においてとくに重要であることが示されてきた．木本の動的ふるまいについての研究は Mayer, 1987 にまとめられている．

倒伏しにくくすることは，穀物の品種改良計画において何年もの目標であった．回転モーメントは，穂の大きさを小さくしたり，流線型化を進めたり，背丈を低くした

りすることで減らせる.倒伏しにくくするために背丈を低くすることが穀物の小型化育種を促進しており,実際そのような穀物が世界中で生育されている.本来の解決すべき問題は,収量を上げるために窒素肥料を増やすと,茎の高さも高くなり倒伏しやすくなることへの対応だった.矮性遺伝子を使って茎の高さを低くすることによって,高レベル窒素への耐性が改善された.

倒伏を減らす別の方法は,茎の強度を上げることかもしれない.たとえば,茎の材料を増やすか茎の直径を大きくすると,(同じ材料の量ならば中空の茎のほうがIが大きいので)Iが大きくなり,茎の強度が上がる.弾性限界を上げることも有利になる.

11.1.5 風よけ

防風林は,先史時代から,穀物や家畜への風害を減らすために利用されてきた.長年にわたって経験的に知られていたことではあるが,自然の森林帯,あるいは木の薄板やプラスチックの網でできた人工的な遮蔽物による風よけを設置することは,強風環境で非常に重要な緩和効果をもたらし,とくに乾燥も問題になっている場所では,植物の成長と収量を大きく改善する.防風林は,穀物の成長に直接的な影響を与えるだけでなく,冬季の積雪を集めることで土壌の水分布も改善することができ,防風林がない場合よりも雪解け水がより均一に分布する.

風よけの微気象学的効果 風よけの微気象学的側面のいくつかについては,McNaughton, 1989 と Jensen, 1985 にまとめられている.風よけの詳細な効果は,その向きや風の乱流の性質に依存しているが,壁のような薄く穴のない障壁の背後における典型的な空気の流れのパターンは図 11.6(a)のようになる.この場合,障壁の風下側に再循環する大きな渦がある.しかし,風よけの多孔度が高くなる[†]と,再循環する渦は風下へ後退し,より小さく断続的になり,多孔度が約 30%を超えると消失してしまう.そのため,多孔性の風よけは孔のない風よけよりも効果的である.障壁背後の距離や多孔度の変化に伴う相対風速の変動の特徴的なパターンが図 11.6(b)に示されており,その効果は,風下側に(図の範囲を超えた)障壁高の約 25 倍の距離まで続く.

障壁と障壁背後で障壁高の約 8 倍のところで地面に接する線に囲まれた三角形域は,「静止域(quiet zone)」とよばれている.この範囲は,障壁の多孔度が高くなっても同様の形状を保つ.この範囲内では,平均風速が低下するだけでなく,乱流渦の大きさも小さくなる.この範囲の背後と上部には,乱流が強められる後流域(wake)がある.したがって,風による輸送過程は静止域で弱まり(穀物は頭上の空気流から比較的分

[†] (訳注)あるいは,密閉度が低くなる.

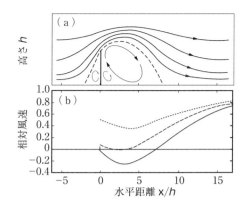

図 11.6 （a）風に対して垂直に立つ，高さ $h \simeq 100\,z_0$ の多孔度の低い風よけによって生じる典型的な風の流れのパターン（垂直方向に拡大してある）．障壁のすぐ背後に再循環する渦がある．水平距離は障壁の高さの倍数で表されており，破線は剝離流線である．（b）高さ $0.25\,h$ で多孔度が 0（――），0.3（----），0.5（……）の障壁における，平均風速の水平分布（McNaughton, 1989）．

離される），後流域で強まる．

　風よけのすぐ後方では乱流輸送の速度が低下し，開けた場所よりも入射放射が散逸しにくいため，日中の気温や地表温度は上がる傾向がある．夜間では，地面近くの逆転層の消散を妨げることが一因となり，風よけは温度を下げる効果をもつ．エネルギー収支が複雑なので（第 5 章），大気湿度や群落蒸発に対する風よけの影響を一般化することは難しいが，風よけ背後の静止域における群落境界層抵抗の増大は水蒸気の交換速度を低下させる．したがって，湿度を上げて穀物からの蒸発を減少させることはよくみられる．この蒸発速度の低下の結果，一般に葉の水ポテンシャルは風にさらされた場所よりも高い．

　朝や夕方の被陰が部分的に防風林からの反射で補われるため，日射は南北方向の防風林にはほとんど影響されない．しかし，東西方向の防風林は，その影響距離は風よけの高さや太陽高度（これ自体が緯度と季節の関数）によるが，北側（北半球の場合）の純放射量の受光を減少させる．

植物への風よけの影響　被陰効果に加えて，防風林はかなりの水と栄養を消費するので有害になるおそれがある．そのため，しばしば窒素固定能力をもつハンノキなどが風よけ種として植えられる．また別の問題は，防風林は有害な小動物（昆虫ばかりでなく鳥も）や病気の隠れ場所になるおそれがあることである．しかし，一般に作物収量は風よけによって顕著に改善される．Grace, 1977 は広範囲の種で多くの地点で行われた 95 以上の実験を検討した．これらの実験では，風よけによる収量の平均増大率は 23 % であり，10 % 以下しか効果がなかったのは 4 分の 1 以下だった．

収量の改善は，通常温度の上昇あるいは潜在的な蒸発が減ることによる水分状態の改善による．これは気孔コンダクタンスを高くし，光合成速度を増大させうる．風よけの他の有益な効果は，風による浸食から土壌を保護することである．風よけの効果についてのさらなる考察は，Grace, 1977 と Rosenberg et al., 1983 を参照のこと．

11.1.6 花粉，種子，その他散布体の散布

多くの種は，他殖や分散を促進するために風を利用するよう進化してきた(Daubenmire, 1974)．**風媒**(anemophily)は，とくに冷涼な気候の種で広くみられる(たとえば，イネ科，針葉樹)．風の流れのパターンと関係した，異なるタイプの花構造の授粉効率は，風洞で縮尺模型を使用して研究できる．縮尺模型を使う際には，レイノルズ数($= ud/v$，第3章)が自然環境にある本来の花構造と適合するように風速を調節する必要がある．すなわち，サイズが大きくなるにつれて風速を減らさなければならない．

風散布(anemochory)にはいくつかのタイプがある．風に吹かれて長距離を飛びやすい微小な散布体(たとえば，菌類やコケ類の胞子だけでなくラン科の微小な種子も)をもつことは，これに含まれる．より大きい種子では，毛でできたパラシュート(キク科)や翼(多くの木本種)をもっている．さらに，地面を転がりやすい紙のような果実をもつ種属や(たとえば，アカザ科)，オカヒジキ属の回転草(tumble weed)などのように風によって茎が折れて転がりながら種子散布する植物もある．

11.2 高度

気候の高度による違いは，植生の組成や個々の植物の生育地において，多くの目に見える変化をもたらす．高標高域に生育する植物は，しばしば，植物体の矮小，小型化，そして小さいか狭い葉，あるいは高密度の軟毛で覆われた葉などの，多くの特徴的な形態学的，生理学的特徴を示す(Daubenmire, 1974, Körner, 1999, Larcher, 1995)．高度に加え，山のどの場所でも，局地的な地形が微気候を決める重要な要因である．たとえば，方位と傾斜角は短波放射に影響を与える(したがって，土壌温度にも影響を与える．図2.11参照)．一方，地形は風の流れのパターンと風よけの程度にも影響し，大きなスケールでは降雨にさえ顕著に影響する(山体の風上側で降雨が多く，風下側で少ない)．しかし，本節では，高度の効果は平坦地についてのみ考える．山の気候や微気候についてのさらなる情報は，Geiger, 1965 による古典的な教科書と Barry, 2008 に，また，それらの植物の生活への影響については高山植物の生活の優れた本である Körner, 1999 で扱われている．

異なる高度の典型的な気候データを表11.1にまとめる．高度が高くなるにつれて

表 11.1 ヨーロッパ中央アルプスの海抜 600 m と 2600 m におけるさまざまな気候要因の推定平均値(Körner & Mayr, 1981 で作成されたデータより). 夏は 6, 7, 8 月を示す.

海 抜	単 位	600 m	2600 m
気圧	[10^4 Pa]	9.46	7.40
平均風速(夏)	[m s^{-1}]	1	4
平均水蒸気圧(夏)	[10^2 Pa]	14.7	6.9
最大飽差(7 月)	[10^2 Pa]	〜20	〜8
年間霧日数		0〜10	80
年降水量(± 30%)	[mm]	900	1800
平均気温(7 月)	[℃]	18	5
年平均気温	[℃]	8	−3
晴天日の相対全天日射(夏)	[%]	100	120
曇天日の相対全天日射(夏)	[%]	100	260
晴天日数(夏)		10	5
日照時間(7 月)		200	160
背丈の低い植生からの蒸発(7 月)[a]	[mm day^{-1}]	4〜6	3〜4
積雪日数		80	280

[a] Ch. Körner 私信

気圧が低下し,風速が上がることは,おそらく高度のもっとも基本的な物理的効果である.ほとんどの他の効果は,これらの効果の結果として生じる.

11.2.1 気圧

植物学的な興味の対象となる高度範囲の気圧は計算で求められる.厚さ dz の大気の薄い層において,この層のみによる下向きの圧力 dP(単位面積あたりの力)は,単位面積あたりの質量と重力加速度 g の積で表される.単位面積あたりの質量は,次式のように,単位体積あたりの質量に層の厚さを掛け合わせたものである.

$$dP = \rho \, dz \, g \tag{11.6}$$

よって,これに式(3.6)を代入すると,つぎのようになる.

$$dP = \frac{PM_A}{\mathcal{R}T} dz \, g \tag{11.7}$$

この式を $P = P^0$ である $z = 0$(海面高度)から任意の高度 z まで積分すると,その高度における気圧 P_z は以下のように表すことができる.

$$P_z \simeq P°\exp\left(-\frac{M_A g z}{\mathcal{R} T}\right) \tag{11.8}$$

ここで，T はその高度範囲の平均気温である．ヨーロッパ中央アルプスの標高 600 m と 2600 m で観測された平均気圧（表 11.1）は式（11.8）で予測された値に近かったが，実際の値は湿度などの要因にも依存することは重要である．

11.2.2 気温

高度の上昇によって気圧が低下すると，気温が低下する明らかな傾向がある．その理由は，空気塊が上昇すると，気圧が低下するので膨張する傾向があるためである．この膨張には仕事の実行が必要である．周囲と熱交換しない場合，すなわち系が**断熱的**(adiabatic) であるとき，膨張のためのエネルギーは空気自身から引き出され，そのためその温度が低下する．高度とともに気温が低下する率は気温減率とよばれる．乾燥空気においてこの理論的な温度勾配，**乾燥断熱気温減率**（dry adiabatic lapse rate）はおよそ 0.01 ℃ m^{-1} である．水蒸気で飽和した湿潤空気における断熱気温減率はずっと小さく 0.003〜0.007 ℃ m^{-1} であり，気温に左右される．湿潤空気で気温減率が小さいのは，凝結によっていくらかの熱が放出され，それが空気膨張の影響を部分的に補うからである．

自然な状況では，気温は平均約 0.006 ℃ m^{-1} で低下するが（表 11.1），その偏差はかなり大きい．気温の逆転が起こる冬の谷では，負の気温減率さえみられる．高度上昇に伴う一般的な気温低下は，高標高域の植物分布を決めるうえで，耐寒性がますます重要な要因になることを意味する（たとえば，Körner, 1999）．高度に伴う一般的な気温低下は生育期間にも影響を与える．たとえば，イギリスでは，100 m の上昇あたり 12〜15 日，あるいは約 5％，生育期間が短くなる．

植物表面の温度は，気象観測所（地上 2 m）で記録される気温とはかなり異なることを認識しておくことは重要である．矮性植物やクッション植物では，とくに接地境界層によって卓越風から隔離されている．Körner, 1999 は多くの研究をまとめ，極地とアルプス高山系の広範囲の種において，最高葉温は平均して気温よりもそれぞれ 17.4 ℃，24.3 ℃ 高いことを示した．このような温度超過は蒸発だけでなく，光合成と植物の成長にも重要な意味をもつ．

11.2.3 分圧と分子拡散係数

高度とともに気圧が低下すると，それに比例して大気を構成する気体（N_2, CO_2, O_2 など）の分圧も低下する．気温低下によって大気の水保持力が低くなって凝結するため，平均的に水蒸気分圧はより急速に低下する．これらのどのような変化も，植物

11.2.4 相対湿度と降水

絶対水蒸気圧は高度とともに低下するが，相対湿度は断熱冷却のために高度とともに高まる傾向がある．このような場合，飽差は減少する．このため，一般的に高度とともに降雨（または雲量）が増加する傾向がある．しかし，詳細な動向は高度と局地的な地形（とくに卓越風の方向との関係）に依存するので，高度と降水の間に一意的な関係はない（図11.7参照）．注目すべき点として，半乾燥山岳域では相対湿度は高度とともに低下することがあるかもしれないが，この場合でもなお気温低下とともに飽差の絶対値は減少するため，このような相対湿度の低下は蒸発の増加を意味するとはとらえられないことである．山頂に向かって飽差が小さくなるより湿潤な地域では，葉温は強光下でかなり上昇し，葉－大気の水蒸気圧差が生じる可能性があるため，小さな飽差は必ずしも蒸発がないことを意味しない．

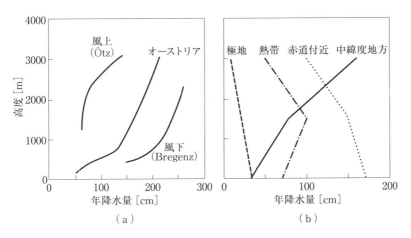

図 11.7 平均年降水量の高度分布．（a）オーストリアアルプス，（b）さまざまな気候地域（Lauscher, 1976 より）．

11.2.5 放射

晴れた日では，入射日射は，大気による減衰が小さくなるため高度とともに増加する（表11.2．第2章も参照）．ある高度における大気質量は P/P^o に比例することを思い出せば，晴れた日の $I_{S(dir)}$（水平面での直達日射量）の理論的な高度依存は（高度に

表11.2 ヨーロッパアルプスの三つの高度における6月の水平面における散乱日射量と全天日射量(短波放射)の日合計値(Dirmhirn, 1964のデータ).

高度 [m]	晴天			曇天
	散乱日射量 [MJ m^{-2} day^{-1}]	全天日射量 [MJ m^{-2} day^{-1}]	散乱日射量/ 全天日射量 [%]	散乱日射量 (=全天日射量) [MJ m^{-2} day^{-1}]
500	4.2	28.9	14.5	6.5
1500	3.3	32.6	10.0	10.3
3000	2.6	34.9	7.4	16.9

よる大気水蒸気の違いを無視すれば)式(11.8), (2.11)を使って求められることがわかる(しかし,詳細についてはGates, 1980参照).

短波放射の全天日射量 I_S の高度による変化を予測することは,高度によって雲量に違いがあるため複雑である(表11.1の霧,晴天日数,日照時間の項目を参照).多くの地域では,雲や霧は高度とともに相対湿度が高くなるほど増える傾向にある.この効果は,日本の山地の日照時間は標高500 mまでは約2000 h yr^{-1}程度であるが,標高1500 mでは1300 h yr^{-1}程度に減少するという報告(Yoshino, 1975)に代表されているが,もっとも高い山頂付近では標高とともに霧が減少して日照時間は増加した.高標高域における雲量増加の効果と大気量減少の効果は,全球的な放射受容量が高度によってあまり変化しないように,長期的にはつり合う傾向があるが(図11.8),放射受容量は高度とともにわずかに増加する傾向がある(Körner, 1999).晴天では,散乱日射量は高度とともに減少するが,曇天では逆に散乱日射量(と全天日射量)は高度とともに増加する(表11.2).

紫外線 高度に伴う放射量の増大は,紫外線においてとくに顕著である

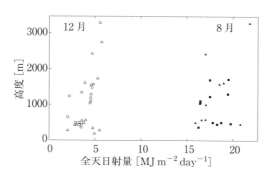

図11.8 水平面における平均日積算全天日射量と高度との関係.1980年8月と12月の値.○スイス中部,△▲スイス東部,□■スイス西部(Valko, 1984のデータ).

(Caldwell, 1931). たとえば Dirmhirn, 1964 は, 冬に標高 200 m から 3000 m に上がると太陽光線中の UV-B(280～315 nm)が 4.8 倍増えると見積もっている. これに関連して注目すべきは, フロンなどの大気汚染物質が原因で成層圏のオゾン層が消耗することもおそらく生物学的に重要であることで(Anon, 1989), したがって両方の効果は一緒に考慮されることになるだろう.

UV-B の比較的小さな変化でさえ, 植物の機能に比較的大きな影響を与え(Anon, 1989, Jenkins, 2009), 気孔閉鎖と成長や光合成の阻害などがしばしば(しかしつねにではなく)観察される. UV-B の生物学的影響の評価は単純ではない. 種間や変種間で感受性や(たとえば, フラボノイドなどの光遮蔽性色素の合成による)順化能力が大幅に異なるだけでなく, 場所や時間, 年による野外の UV-B 照射量が非常に異なること, また, しばしば使われる UV-B の付加光源からの自然でない波長分布(適切な重み付け関数を使う必要が生じる)がさらに問題を引き起こす(8.4.6 項参照). 付加された UV-B の生理学的影響は, UV-B 放射量がわずか 50～100 mW m^{-2} 増えたとき(1 日あたり 1500～5000 J m^{-2} 程度増えた場合, また, オゾン層が 15～25% 失われた場合に等しい)にしばしば明らかになる. 光合成への影響はよく研究されており, UV の暴露が多くの重要な光合成タンパク質遺伝子の発現を急速に低下させる(3 時間以内に 50%)(Jordan, 2011).

11.2.6 植物への影響

ガス交換　高度に伴う光合成や蒸散の変化は, 物理学的変化の複雑さや, それらの変化に対する生物学的な応答などのために, 予測することが難しい. これに関連して, 高度の物理学的効果(気圧の拡散係数への影響など)を, 生理学的・解剖学的変化(気孔の寸法や開度の変化など)から区別することが必要である.

コンダクタンスにおけるモル単位の有用性は, 植物のガス交換への高度効果の研究においてとくに明白である. もし拡散コンダクタンスに標準的な単位 [mm s^{-1}] を使った場合(第 3 章参照)($g_\ell = D/\ell$ で式 (3.18) を D (拡散係数 [m^2 s^{-1}]) に代入), 気孔寸法が一定の場合でさえ, g_ℓ(葉のコンダクタンス [m s^{-1}])は高度とともに(気圧低下とともに)増加する傾向があるだろう. 表 11.1 の 7 月を例にすると, これらの純粋な物理的効果によって g_ℓ は標高 600 m から 2600 m の間に 18% 増加する(すなわち, $100 \times (9.46/7.40) \times (278/291)^{1.75}$). 一方, モル単位 [mol m^{-2} s^{-1}] では $\boldsymbol{g_\ell} = PD/(\ell RT)$ であり, 直接の圧力依存が D の圧力依存を打ち消し, 600 m から 2600 m への移動の正味の効果は, わずか 3% の $\boldsymbol{g_\ell}$ の減少である($100 \times (278/291)^{0.75}$). しかし, モル単位を使用しても, 純粋に物理的な高度効果を考慮する必要がある. なぜなら, 境界層コンダクタンス g_a が $D^{2/3}$ に比例するという事実は, g_a への気圧の影響は g_ℓ へ

のそれと異なることを意味するからである．適切に代入すると，一定の風速では，g_a は上記と同じ高度変化で約 11% 増加するが，一方，モル単位でのコンダクタンス $\mathbf{g_a}$ は約 9% 減少することを示せる．これらの効果に加え，気温や気圧の変化による駆動力の変化や，風速勾配の変化による g_a の変化も考慮しなくてはならない．

これらの結果を蒸発に当てはめると，拡散コンダクタンスへの物理学的影響はかなり小さく，気孔寸法や頻度の変化による大きな影響や，風速の増加による g_a の増加，また，とくに高度上昇に伴う飽差減少の傾向よりもはるかに重要性が低いことがわかる．たとえば，表 11.1 の典型的な夏の蒸気圧では，飽差 D が 600 m での 0.59 kPa から 2600 m での 0.18 kPa へおよそ 70% 減少し，それに対応するモル分率の飽差 D_{xw} $(= x_{ws} - x_{wa})$ が約 61% 減少する．しばしばこの効果はもっとも有力で，高度の増加に伴って潜在的な蒸発を減らす傾向がある (Barry, 2008)．さらに考慮すべき要因は放射で，これも E (蒸散速度) の重要な決定要因である (式 (5.26))．晴天では短波放射 I_S は高度とともに大きく増大するが，平均値は高度によってそれほど変化しない．すでに考察した物理学的効果を考慮しても，気孔コンダクタンスは高度とともに増加する傾向があることも明らかである (Körner & Mayr, 1981)．この理由の一部は気孔の湿度への応答による可能性があり，より高標高域でのより小さい飽差では気孔はより開く傾向がある．もっとも高標高域の種は，とくに葉上面の気孔頻度が高い傾向もある (Körner, 1999, Körner & Mayr, 1981)．Smith & Geller, 1979 は，E に対する高度変化の影響を予測するためのモデルに，これらの要因の多くを取り入れた．

スコットランドでの適用性が確認された蒸発散位の高度補正は，月蒸発散位が夏でおよそ 21 mm $(100 \text{ m})^{-1}$，冬でおよそ 8 mm $(100 \text{ m})^{-1}$ の減少である (Smith, 1967)．イングランドでのそれに相当する数字は，夏と冬でそれほどの違いはなく，それぞれ 17 mm と 12 mm $(100 \text{ m})^{-1}$ である．高度とともに気孔密度や最大葉拡散コンダクタンスが増加する傾向があるにもかかわらず，Körner, 1999 はインスブルック (オーストリア) 近くの高山草原において，無雪期の実際の蒸発散は草原の標高とは独立しており，580 m と 2530 m の間の調査地点で平均値 2.3 mm day^{-1} であることを報告した．それにもかかわらず，生育期間の長さの違いのために，季節的な値は低標高域の 700 mm yr^{-1} 近くから草原上限での 210〜250 mm yr^{-1} に及んだ．実際の値はその場所の植生タイプや露出程度に大きく左右されるが，晴れた日の蒸発散速度の典型的な値は 4.5〜5 mm day^{-1} に達する (もっとも高い標高域ではもう少し低い値)．

高度の光合成への影響は，蒸発への影響と同じくらい複雑である．どの領域の細部も実際の気温低減率や日射分布に依存しており，一般的な予測ができない．一般に，高山植物は低地植物よりも厚い葉 (低い比葉面積) をもつ傾向がある．このことは，同様の温度で生育した場合，単位面積あたり低い光合成速度と低い相対成長速度をもた

らすことがある(Atkin et al., 1996). 温度と放射の変化はここでも最有力であるが, 注意すべき他の点として, CO_2分圧が高度とともに一貫して低下するため, 光合成も低下する傾向があることである. 呼吸速度や呼吸の Q_{10}, 呼吸が温度変化に順化する程度には種間でかなり大きな違いがあるが, 極地や高山の種群と低地の種群の間で一貫した違いがあるという証拠はあまりない(Atkin & Tjoelker, 2003). 高山植物はより温暖な場所に生育する種よりも相対成長速度が低いことにも注目する価値がある.

植物形態 高度とともに蒸発速度が低下する傾向と, 成長速度の律速要因である葉の水ポテンシャルの重要性が高度とともに低下する(たとえば, Körner & Mayr, 1981)という結果から, 高標高域の植物でよくみられる乾生形態(xeromorphy)は本来, 大気条件と関係しておらず, また, 水ストレスとさえも関係していない可能性がある. この理由で, **硬葉形態**(schleromorphy. ギリシア語の硬いという言葉に由来する)という用語は, この特徴的な植物タイプを記述するのにおそらくよりよい用語である. 高標高域における矮性化は環境的な要素をもっているが, これは主として強風や低温などの常時支配的な条件に対する遺伝的に決定された適応である.

高木限界 山地における森林から矮性低木植生への移行は, 狭い移行帯を経てかなり急激に生じるのが特徴的であり, その移行帯では多くの種が発育不全の節だらけの特徴を示す(**クルムホルツ**(Krummholz)). **高木限界**(treeline)もしくは**森林限界**(timberline)は, さまざまな緯度で気候的に決まる雪線と密接に関係しており, それらに対する気候的支配が示唆されているが(図 11.9), どの地域内でもかなりのばらつきがある. 極端な低温は高木限界を決める要因ではないようで, 高木限界はむしろ成長を決める生育期間中の温度に依存している. 気候的に決まる真の高木限界の標高(図 11.9)は最暖月気温が約 10 ℃を下回るところに一致するとしばしば示唆されてきたが, Körner, 2012 は緯度全体でもっとも近い平均生育期間温度は 6.5 ℃ 付近である

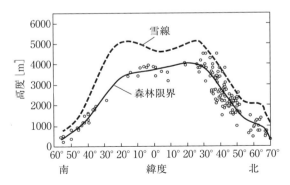

図 11.9 森林限界と雪線の緯度分布. 線はデータに合わせて引いた. 見やすくするため, 雪線についてはデータ点を省いた(Körner, 1999 より描き直した)

と主張している(亜熱帯の5.5℃から暖温帯の7.4℃まで変動する)．対照的に，高木限界における生育期間の実際の長さは地球上でかなり異なる．高木限界の位置と夏の温度との密接な相関は，植生高の低下によって，すなわち境界層コンダクタンスの低下によって，組織温度を気温よりも高める可能性が重要な要因であることを示唆する．ハードニングされていない葉群の霜による枯死や，凍結による乾燥(とくに冬の後半に，樹木が蒸散による損失を，凍結した土壌から取り込む水の量と同程度まで抑えることができない場合．Grace, 1989)によって，高木限界はより明確になりうる．Körner, 2012 は，高木限界の位置を決める要因について詳細に考察している．

11.3　気候変化と「温室効果」

　地球の大気中に CO_2 やいわゆる温室効果ガスが増大した結果生じる「地球温暖化」の現実と，それによって起こりうる結果が現在非常に懸念されている．地球の気候は，1906 年から 2005 年までは平均して 10 年あたり 0.074 ℃，1956 年から 2005 年までは 10 年あたり 0.13 ℃の割合で，産業革命以前に比べてますます急速に暖まってきたことが明白に証明されている(Core-Writing-Team et al., 2008)．気候変化は，感情に基づいた多くの紛らわしい情報をもたらす話題であり，したがって使用されたどの情報源も，またいずれの声明のもととなる結果も，批判的に評価することが重要である．この話題についての現在の科学的な考え方のたいへん有用な要約が Houghton, 2009 によってなされている．一方，気候変動に関する政府間パネルからの出版物，とくに第 4 次評価報告書は，現在の科学的合意を概説する有用な情報源である(www.ipcc. ch)．これらや他の情報源から，気候変化の予測やその人為的影響の定量化に関する科学にはまだ非常に不確実なところがあるものの，人間活動ととくに**温室効果ガス**(greenhouse gas)の生産が温暖化にかなり寄与していることは明らかである．いたるところに多くの情報があるので，ここでは植物やその環境との相互作用に直接的に関係する主な捉え方のいくつかを簡潔に概説する．

　地球大気系のエネルギー収支の主な構成要素を図 11.10 に表し，地球大気系に吸収された日射が外部に向かう熱放射と等しい平衡時の状況を示す．**温室効果**(greenhouse effect)という用語は，大気の 10～15 km の下層部(対流圏)によって熱放射が部分的に捕捉されることを表すのに用いる．温室効果は，大気がない場合に想定される温度よりも地表温度を約 34 ℃上げるので，地球上の生命活動を可能にしている主要因の一つである．対流圏の温度は地表に向かって上昇し，そのため大気からの熱放射の射出は高さとともに減少する(式(2.4)の温度の関数として)．この結果，大気上端から上向きの熱放射は地表から射出される熱放射よりも少なくなる．実際の平

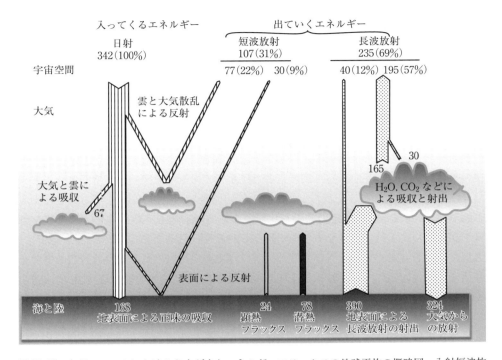

図 11.10 気候システムにおけるさまざまなエネルギーフラックスの地球平均の概略図．入射短波放射は図の左側に，長波放射(赤外線)は右側に示す．さらに中央に，顕熱 C と潜熱 λE による，地表面から大気へのエネルギー輸送も示す．すべてのフラックス単位は [W m^{-2}]．システムは，入ってくる全短波放射($342\,\mathrm{W\,m^{-2}}$)と出ていく放射がつり合う平衡状態である．地球表面では $492\,\mathrm{W\,m^{-2}}$ が吸収され射出されている(Le Treut et al., 2007 のデータ)．

均地表面温度($T_\mathrm{s} \simeq 288\,\mathrm{K}$)では，地表から射出される熱放射は約 $390\,\mathrm{W\,m^{-2}}$ であるが，実際の大気上端からの熱放射は約 $235\,\mathrm{W\,m^{-2}}$ だけであり(図 11.10)，$155\,\mathrm{W\,m^{-2}}$ が捕捉されていることがわかる．大気がない場合に想定される地表温度は，放射の損失値 $235\,\mathrm{W\,m^{-2}}$(＝吸収した日射量)を式(2.4)に代入して求められる．それによれば，地表温度は約 $254\,\mathrm{K}$(約 $-19\,\mathrm{℃}$)にしか達しない．つまり，大気による熱放射の取り込みが $1\,\mathrm{W\,m^{-2}}$ 増えるだけで，平衡地表温度は著しく上昇する．

捕捉されたエネルギー量がどのように変化しても気候変化が引き起こされ，その量が多くなると平衡地表温度が上がる．地球大気系で捕捉されるエネルギー量の変化は，つぎのようなさまざまな気候駆動要因によって生じる．(ⅰ)入射日射量の変化，(ⅱ)宇宙空間に反射される日射量の変化(たとえば雲量や地表アルベドの変化)，(ⅲ)短波放射と長波放射のどちらにも影響を与えうるエアロゾル濃度(たとえば硫酸塩や炭素微粒子)の変化，(ⅳ)温室効果における温室効果ガスによる熱放射吸収の変化．エネ

ルギー捕捉の変化を対流圏におけるエネルギー収支の変化として定義すると都合がよい．その結果，さまざまな気体や他の要因(火山噴出物や入射日射量の変化など)の気候変化への影響が，**放射強制力**(radiative forcing：RF)という用語で都合よく表現される．RFの値は，その要因が変化した結果生じる対流圏での純放射量の変化と定義される(しかし，いくつかの**制限事項**がある)．RF値は，気候感度λを係数として，新しい平衡気温が達成されたときの全球平均平衡温度の変化ΔT_Sと直線的な関係がある．

放射強制力の直接的な効果を，さまざまな生物地球化学的なフィードバックや調整後の最終結果(下記参照)から区別することは重要である．温室効果ガス濃度やエアロゾル，日射の変化などさまざまな気候駆動要因の直接的効果(放射強制力として表現される)は，異なる駆動要因の効果を比較するための有用な手段である．温室効果ガスを議論するときには，異なる気体が異なる熱放射吸収効率をもつことだけでなく，大気における寿命が大きく異なるため，現時点での同じ放出量が異なる長期的影響を与えることに注意する必要がある．この全体的な効果は，**地球温暖化係数**(global warming potential：GWP)として要約されてきた．GWPは，特定の期間(たとえば100年)にわたって統合した放射強制力を単位放出質量あたりで比較し，異なる温室効果ガスの放出に伴う気候変化の見込みを比較する方法である．

11.3.1　温室効果ガスと放射強制力

地表からの外向きの長波放射の吸収は，大部分は温室効果ガスによるもので，中でも水蒸気は主要な自然の吸収体であり，地表を温め，大気がない場合に想定されるよりも高い現在の地球表面温度をもたらす主な原因物質である．しかしその重要性にもかかわらず，人間活動は大気水蒸気には直接的に影響しないため，地球表面温度への主な人為的影響は，大気中のCO_2や他の温室効果ガスの濃度変化によって決められている(大気水蒸気はいくつかの気候フィードバックでは重要なはたらきをする)．大気CO_2濃度の上昇は温暖化の主要な原因であるが，多くの微量ガス，とくにメタン，亜酸化窒素，クロロフルオロカーボン(CFC)類，ハイドロフルオロカーボン(HFC)類は，CO_2の濃度よりも2～6桁低い濃度でありながら，それらの影響はCO_2の効果に匹敵する．これは，これらの気体はモルあたりでは，赤外線，とくに重大な8～12 μm の波長帯をより強く吸収するからである．さまざまな大気汚染物質の地球規模的，地域的放出についての詳しい情報については，地球大気研究の排出量データベースが利用できる(Emission Database for Global Atmospheric Research, EDGAR, http://edgar.jrc.ec.europa.eu)．

1750年と2005年のさまざまな長寿命温室効果ガス大気濃度の推定値，熱放射を吸

表11.3 いくつかの温室効果ガスにおける放射効率,放射強制力の推定値(1750年から2005年までの強制力),寿命,および100年間の地球温暖化係数GWP.値の潜在的誤差の大きさを含め,より詳細な情報はSolomon et al., 2007参照.

	濃度 [mol mol^{-1}c]		放射効率 [W m^{-2} ppb^{-1}]	放射強制力 [W m^{-2}]	寿命^a [yr]	GWP^b
	1750年	2005年				
CO_2	275 ppm	379 ± 0.65 ppm	1.4×10^{-5}	1.66	2(~100^d)	1
CH_4	700 ppb	1774 ± 1.8 ppb	3.7×10^{-4}	0.48	12	25
N_2O	275 ppb	319 ± 0.12 ppb	3.03×10^{-3}	0.16	114	295
CFC-12 (CCl_2F_2)	0	538 ± 0.18 ppt	0.32	0.17	100	10900
CCl_4		93 ± 0.17 ppt	0.13	0.012	26	1400
CF_4		74 ± 1.6 ppt	0.10	0.0034	50000	7390
SF_6		5.6 ± 0.038 ppt	0.52	0.0029	3200	22800

a 寿命は,各年に失われる割合の逆数として定義した. b CO_2 に対する相対値.
c 100万分の1 [vpm],10億分の1 [ppb],1兆分の1 [ppt] として体積比で表された濃度.
d CO_2 の時定数は,急速な交換から遅い再分配までさまざまで,大気,海,植生などの間で交換されるので,特定の寿命がない.

収するモル効率(放射効率 [W m^{-2} ppb^{-1}]),それぞれの1750年から2005年の間の全放射強制力 [W m^{-2}],大気中での寿命 [yr],および地球温暖化係数を,表11.3に示す.微量ガス(CFC類など)による放射吸収は,必ずしもベールの法則(第2章)から期待されるような対数関係に従わないことに注意する.微量ガスは濃度が低いので,その放射吸収は濃度にほぼ比例する.微量なガスの効果はそれらの吸収係数とは必ずしも直接的に関係しないことにも注意する必要がある.これは,それらのガスと CO_2 などの主要な吸収気体の吸収波長帯が重なっているためである.たとえば,メタンと亜酸化窒素はそのような重複によって潜在的に捕捉できる量の半分を失っている.

2.63 W m^{-2} の全温室効果ガス強制力は,気候変化を緩和するようにはたらく化石燃料やバイオマスの燃焼に由来する硫酸塩や有機炭素,微粒子などのエアロゾルの排出を含む他の人為的変化によってかなり相殺される.エアロゾルの直接的効果は,主として短波放射交換への影響で,その効果は,入射短波放射を主として散乱するのか吸収するのかによって左右される.エアロゾルの間接的効果は,主として雲の量と放射特性(したがってアルベド)ならびにそれらの寿命に及ぶ.表11.4は,他の人為的過程や日射の変化などの自然的過程に起因しうる放射強制力の値も示す.火山噴火は古気候に大きな影響を与えてきた断続的な出来事である.最近では1991年のピナツボ山の噴火が大気 CO_2 の上昇速度を突然に低下させた.これは,晴天時の散乱放射

表 11.4 さまざまな気候変動駆動要因における放射強制力 RF(Solomon et al., 2007 のデータ).

	RF [W m^{-2}]	5～95% 不確かさの範囲 [W m^{-2}]
人為的な強制力		
長寿命の温室効果ガス	2.63	± 0.26
CO_2	1.66	1.49～1.83
CH_4	0.48	0.43～0.53
N_2O	0.16	0.14～0.18
ハロカーボン	0.34	0.31～0.37
成層圏オゾン	−0.05	± 0.1
対流圏オゾン	0.35	−0.1～0.3
地表アルベド	−0.1	−0.4～0.2
全エアロゾル		
直接的効果	−0.5	−0.9～−0.1
雲アルベド	−0.7	−1.1～0.4
自然の強制力		
日射	0.12	0.06～0.18

が増えたため,光合成による CO_2 取り込みが増えたことに起因する.散乱放射が増えたのは放出されたエアロゾルによって散乱が増大したからであり,それが直達光の減少を補った(Gu et al., 2003).

11.3.2 炭素循環と二酸化炭素

過去 60 万年ほどにわたり,大気 CO_2 濃度は約 200 vpm と 280 vpm の間を揺れ動き,暖かい間氷期の間(紀元前 1800 年以前の 2000 年ほど)の値は,280 ± 15 vpm あたりでかなり安定していた.よく知られたマウナ・ロアの記録(www.esrl.noaa.gov/gmd/ccgg/trends)にみられるように,光合成の変動に起因する顕著な季節的変動が付随するものの,CO_2 濃度がこの範囲を超えて高くなり,現在の 395 vpm 程度になったのはわずかここ 200 年間である.現在の増加速度(約 2 vpm yr^{-1})はかつてないものである.同様に,メタン濃度は工業化前の過去 60 万年間,400 ppb と 700 ppb の間を変動し,亜酸化窒素濃度は同じ期間で 220 ppb と 275 ppb の間を変動したことが氷床コアのデータから示されている(Solomon et al., 2007).

二酸化炭素 さまざまな貯留場所における炭素量と,それら貯留場所間のフラッ

クス量を表 11.5 に示す．自然起源以外の主要な CO_2 源は化石燃料の燃焼とセメントの製造である．1990 年代，これらのプロセスによって大気へ約 6.4 Gt yr^{-1} が放出されていたが，現在は 7.2 Gt yr^{-1} 程度である．これに加え，土地利用の変化，とくに熱帯の森林伐採による CO_2 放出があり，1990 年代には人為的な全放出は約 8.0 Gt yr^{-1} となった．この放出のうち 3.2 Gt yr^{-1} 程度が大気に蓄積され，観測されたような大気 CO_2 濃度の上昇速度をもたらし，2000 年代初頭には大気中の蓄積速度は 4.1 Gt yr^{-1} に達した．人為的放出の残りのうちかなりの部分 (2.2 Gt yr^{-1}) は海洋に貯留され，その残りの約 2.6 Gt yr^{-1} は，さまざまな土地管理の実行の結果と増加した大気 CO_2 と N 沈着による施肥効果の結果，切り払われた土地における更新植生の成

表 11.5 さまざまな炭素貯蔵と吸収源の大きさ．IPPC 第 4 次報告書 (Solomon et al., 2007) より 1990 年代の値を見積もった．現在の値と人為的プロセスに起因する量を示した．1 Gt は 10^{12} kg あるいは 1 Pg (ペタグラム) に等しいことに注意．

	存在量	人為的変化
炭素貯蔵	[Gt]	[Gt]
大気 CO_2	662	165
海の生物相の炭素	3	
土壌や陸上のバイオマスの炭素	2261	-39
化石燃料源の炭素	3700	-244
海の上層 (上部 75 m) の炭素	918	18
海の中深部と堆積物の炭素	37350	100
正味のフラックス	[Gt yr^{-1}]	[Gt yr^{-1}]
大気での増加		3.2 ± 0.1
$\quad CO_2$ 化石燃料による放出		6.4 ± 0.4
$\quad$ 大気から海域への CO_2 フラックス		2.2 ± 0.4
$\quad$ 大気から陸への CO_2 フラックス		1.0 ± 0.6
$\quad\quad$ 土地利用変化による CO_2 放出		1.6 (0.5〜2.7)
$\quad\quad$ 残りの陸域吸収源への純 CO_2 フラックス		2.6 (4.3〜0.9)
光合成と呼吸	[Gt yr^{-1}]	[Gt yr^{-1}]
陸上の総生産	120	2.6
陸上の呼吸	119.6	
海の総生産	70	2.2
海の呼吸	70.6	

長によって陸上生態系に取り込まれる．光合成と呼吸フラックスのそれぞれは，人為的変化よりもかなり大きく，陸域でも海域でもほぼつり合っている．全体的な傾向ははっきりしているが，たとえば海洋による取り込み速度がよく理解されていないため，大気 CO_2 の将来変化を正確に予測することは難しい．

全球の炭素収支における森林の役割はいくぶん論争の的となっている．熱帯林の燃焼と伐採は大量の CO_2 を放出するが，植林が必ずしも大気 CO_2 を減らすとは限らない．長期的には，樹木やその生産物に貯蔵される炭素量は安定した値になる傾向にあり，その値は種やその管理，木材生産物の利用に依存する (Thompson & Matthews, 1989)．炭素の運命(燃焼，早期分解，あるいは腐朽前の何世紀もの保存)を仮定することによって，全炭素貯蔵量を計算することは可能である(図 11.11)．注意すべき重要な点は，最終的に定常状態に達することが予想されることで，その水準(とそれに達する時間)は木材の利用の仕方に依存する．木が長寿命かつ/または(数百年の寿命がある建材などのように)生産物が長期間利用される場合，何百 $t\,ha^{-1}$ もの炭素が蓄積する(そして定常状態に達するまで数百年かかる)．一方，もし生産物が急速に腐朽してしまう場合，より少ない量が蓄積され，より低い定常状態が速やかに達成される．したがって，より多く植林することは，定常状態に達する前の期間の全球炭素収支に，あるいは生産物が化石燃料の代わりに使われる場合の全球炭素収支に有利である可能

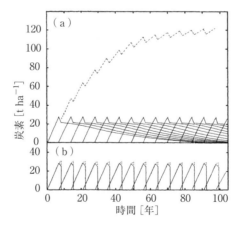

図 11.11 ポプラ雑木林のシステムにおける炭素蓄積の時間変化モデル(Thompson & Matthews, 1989 の計算より)．材の最終的な利用状況が重要であることを示す．繰り返し利用されており，各伐採段階における炭素蓄積を実線，全体の炭素蓄積を破線で表す．産物が中密度繊維板などの比較的長寿命の製品に転換された場合(a)，木と製品の総炭素はゆっくり増え，約 100 年後に $120\,t\,ha^{-1}$ の定常値に達する．対照的に，産物がエネルギーのバイオマス源として急速に使われた場合(b)，システムに蓄積する炭素の最大量は $30\,t\,ha^{-1}$ 以下であり，10 年以内にそれが達せられる．

性が高いだけのことである．現時点では，古い成熟した熱帯林が，継続して炭素吸収源であるかどうかは不確実である(Baker et al., 2004)．草原は，もし化石燃料の代わりにバイオマス源として使われた場合，あるいは，もし生産物のいくらかの腐朽を防いだ場合，森林よりも純 CO_2 放出をより効果的に低下させるかもしれない(潜在的な純1次生産性が高いため)．残念なことに，草原や他の生態系によって高い生産性を達成するには多くの窒素投入を必要とし，肥料からの N_2O への脱窒は大気 N_2O が増加する理由の一つで，大気 N_2O はそれ自身が環境に有害である．

メタン　すでに示したように，メタンの全球濃度も約150年前までは比較的安定で，その後，大幅に増加してきたが，現在は1970年代と1980年代初頭に達した1％よりは大幅に少ない率で上昇している．このメタン濃度の変化の理由は明らかではないが，その濃度は，生物起源の発生源(水田，反芻動物，バイオマス燃焼，およびツンドラ地域を含んだ沼地や湿地からの放出)と，光化学的に生じたヒドロキシルラジカルとの反応によって生じる大気からの除去とのつり合いに依存する．地球温暖化には潜在的な強い正のフィードバック効果があり，もし地球温暖化が温まりつつあるツンドラからメタンの相当な放出を引き起こすならば，地球温暖化は増幅されるだろう．

亜酸化窒素と他の温室効果ガス　おそらく微生物による農業用肥料の硝化・脱窒，あるいは燃焼の結果，大気 N_2O は年あたり約0.26％増加している．ただし，熱帯林土壌と沿岸海水からの微生物によって生産された N_2O によってかなりの量が放出されている．とくに大気中に長期間留まることを考えると，CFC(フロン)類(とくに CCl_3F (CFC-11)と CCl_2F_2 (CFC-12))とともに，これらの微量ガスはおそらく CH_4 と類似した程度で地球温暖化に寄与している(表11.4)．

　CFC類は対流圏オゾンを破壊するという別の重要な気候的影響をもち，有害なUV放射の地表への透過を増やす．そのため，それらの放出を制限するための国際協定(モントリオール議定書)ができたが(Anon, 1987)，それらの寿命の長さ(CFC-12は約120年)は，すでに存在しているガスや知られている将来のガス放出の影響が減少するには，長い時間がかかることを意味している．その代替物(ハイドロハロカーボン)は大気中での寿命がより短いため，赤外放射の効果的な吸収剤ではあるが，その放出によって生じる積算の地球温暖化力はより小さい．ペルフルオロ化合物(水素原子がすべてフッ素置換された化合物．四フッ化炭素 CF_4 など)と六フッ化硫黄は非常に放射効率がよく，(実質的に永遠の)数万年に達する著しい長寿命をもつ．ただし，CF_4 放出の約半分は自然の発生源であることは注目に値する．

11.3.3　気候とフィードバックにおける効果

　図11.10に示した単純なエネルギー収支は，大気中の熱放射の吸収が増えると地表

の温暖化が生じることを示す．しかし，気候は，大気の動きの著しく複雑で動的なシステムの長期的な結果であり，直接の放射強制力に基づいたすべての単純な予測を変更する，数多くのフィードバックを含んでいる．たとえば，気温上昇は，蒸発の増大や空気の水を保持する収容力の増大によって大気中の水蒸気量を増大させ，大気の熱放射吸収と放射収支に大きく影響する雲の形成に影響する可能性がある．

残念ながら，変化する全球気温とエアロゾルの変化による，雲の量や種類への影響や，それらの気候への影響についての定量的評価についてはまだかなり不確かなところがある．雲量増大の正味の効果は(冷却を引き起こす)日射の反射増大が，地表からの上向き熱放射の捕捉の増加よりも大きいか小さいかに依存しているため(このバランスは雲の高度と種類に依存している)，そのフィードバック効果は複雑である．

両極の氷冠は地球のアルベドに大きな貢献をするので，その大きさの変化は，吸収される日射の量と分布に著しく影響する．雪上への微粒子やバイオマス燃焼からの煤塵の沈着量も同様に影響する．また，気温の変化は蒸発と干ばつの頻度に影響を与え，その結果植生の成長に影響を与え，植生の変化自身が表面アルベドを変え，エネルギー収支を変える可能性がある．この**植生フィードバック**(vegetation feedback)についてはWoodward et al., 1998が以下のように論じている．CO_2濃度上昇によって生じる気孔閉鎖は追加の温暖化を引き起こす傾向があるが，最終的な影響は，植生の成長と構造の長期的な変化により強く依存し，たとえば，高緯度域での葉面積指数の増大(温暖化をもたらすより低いアルベドと，寒冷化をもたらす蒸発の増大)と，亜熱帯地域での植生被覆の減少(より高いアルベドと蒸発の減少)のバランスに依存する．CO_2濃度上昇による施肥効果は植生成長を増大させ，その結果，炭素吸収源を拡大し，2100年までに0.7℃の気温に対する潜在的な負のフィードバック効果をもつと計算され，その効果は部分的に他の正の効果を補償する(Woodward et al., 1998)．

大気動態の考慮を試みた，全球スケールで大気のふるまいをシミュレートする数多くの大気大循環モデル(general circulation model：GCM)が開発されてきたが，それらにはまだ大きな不確実性があり，CO_2濃度が2倍になったときに予測される気温上昇は約2から5Kの範囲に及ぶ．また，植物の生産にとってより重要なこととして，極域でもっとも大幅な温度上昇が生じるなど，温度変化には地域的に大きな差が生じそうなことや，降水量や水収支への効果も大きそうなことがある．気候変化への効果を予測することの難しさについては，Houghton, 2009が詳細に論じている．

そのような不確実性があるにもかかわらず，地球温暖化によって気候の変わりやすさや極端な気候の生じやすさに変化があることは強く示唆されている．一方，気候の応答には地域的な大きな違いがありそうでもある．たとえば，温暖化傾向は極に近いほど大きい．

11.3.4 地球温暖化の農業と自然生態系への影響

地球温暖化の影響を考えるにあたっては，数多くの効果を考慮しなくてはならない．まず，CO_2 濃度の植物のふるまいへの直接的な効果である．もっとも明白なものは，気孔閉鎖の促進により一部抑制されるが，CO_2 施肥効果を通じた光合成への影響であり，それと気孔閉鎖による蒸発と水利用効率への影響である．これらはそれなりに理解されているが，ほとんどの研究は CO_2 濃度の短期的変化の影響に集中しており，起こりうるより長期的な適応については無視されてきた．つぎに，変化した気候（気温，湿度，降雨など．またそれらの季節的分布）の効果である．

CO_2 濃度上昇の光合成への影響　上昇した CO_2 濃度の光合成への影響については数千もの研究がある．多くの研究では温室や環境が制御された空間で測定が行われているが，これらは自然環境とはかなり異なり，限られた空間のため小さい植物の限られた繰り返し数しか得られない．これはオープントップチャンバー（open-top chambers：OTCs．図 11.12 参照）における実験でも同様である．もっとも大きな OTC でさえ（直径 3.5 m，高さ 9.0 m）(Medhurst et al., 2006)，1 本か 2 本の成熟した樹木が収容できるだけであり，自然な林冠閉鎖や根の伸張がないため，周縁効果（エッジ効果）が問題になる．さらに，そのようなチャンバーの植物は完全に周囲環境から切り離されるため，結果の解釈が難しくなる（5.3.3 項参照）．効果的な空調がある場合でも，チャンバーの環境は自然環境を完全には模倣できないため，CO_2 供給を増やした場合と増やさない場合で OTC の植物を比較することがつねに必要である．植物を栽培ポットで育成する場合は，ポットがつねに植物の光合成と成長を阻害する

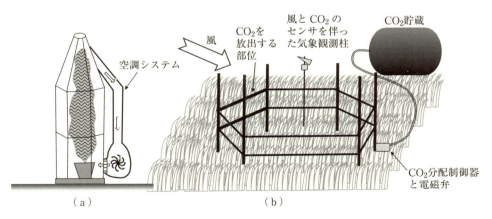

図 11.12　(a) 典型的なオープントップチャンバーの図解．凝縮熱交換を通して大気を再循環することで空気の湿度と温度を制御し，選んだ濃度を維持するために CO_2 を注入する空調システムを示す．(b) 典型的な FACE システムの図解．CO_2 貯蔵と供給システムを示す．風速，風向，CO_2 濃度の測定に基づいて制御される稼働部位へ CO_2 を供給し，そこから空気中に CO_2 を放出する．

傾向があるため(Poorter et al., 2012), 初期の多くの長期間 CO_2 暴露の研究で報告されたような誤解を招く結果をもたらす可能性があることも覚えておく必要がある.

おそらくよりよい方法は, 植物が自然に生育する直径 8〜30 m の範囲で長期にわたって CO_2 を増加させる開放系大気二酸化炭素付加装置(free-air carbon dioxide enrichment : FACE)を利用した実験(図 11.12 参照)である(たとえば, Long et al., 2004 参照). 開放系の CO_2 増加リングは, リング内を設定した高 CO_2 濃度に維持するよう, 風上側のパイプから CO_2 を放出する複雑な検知・制御システムが装備されているが, その運用は夜間のようにリングを横切る気流のない条件では問題が生じる. しかし, いずれの場合も CO_2 変化の光合成への短期的効果と長期的暴露の効果(これについては情報が非常に少ない)を区別する必要がある.

異なる光合成経路をもつ植物の CO_2 への短期的な光合成応答の違いは, 第 7 章で概説した. C_4 植物の純 CO_2 固定速度は, 通常の大気 CO_2 濃度で CO_2 飽和に近い場合が多く, CO_2 濃度上昇によってはあまり増えない. 一方, C_3 植物の光合成は, 380 vpm 以上でも CO_2 濃度の上昇に伴って増加し続ける傾向がある(たとえば図 11.13). この応答は, カルボキシレーション部位での CO_2 利用可能性が高くなったことによる直接的な効果と, 上昇した CO_2 が O_2 と競合してルビスコの機能をカルボキシレーション側へ変化させることで光呼吸による損失を競合的に抑制することなどによる.

しかし, FACE 実験のように高濃度 CO_2 を長期間暴露すると, CO_2 応答曲線から得られるような短期間の純光合成の増大が, 図 11.13 の例で示されているように高 CO_2 濃度に植物が順化するとともに部分的に失われる傾向がしばしば観察される. このような順化はつねに観察されるわけではないが, この順化には, ルビスコ活性の下方制御と, 光飽和時の光合成能力の低下の両方を含むことがある. これらは, 光呼吸の減少から得られた利得の一部を相殺する(Sage et al., 1989). それにもかかわらず, 多くの FACE 実験のメタ解析(Long et al., 2004, Nowak et al., 2004, 表 11.6 参照)は, 長期間にわたり CO_2 濃度を 550〜700 vpm に上昇させたとき, 順化した光飽和での光合成, 光合成の日積算, 乾燥重量成長, および種子生産の全般的な増大が維持されることを示している. 意外にも, C_4 作物でさえ, 長期の高濃度 CO_2 暴露の後では平均 20 %の同化量の増加がある. これはおそらく, 気孔が閉鎖して水利用効率が改善され, 水分状態が改善されたからだろう. C_3 植物では, 木本が大きな応答(平均 47 %増大)を示し, 作物と他の双子葉草本植物(広葉型草本)では平均 15 %というずっと小さな増加を示す. これらの純同化量の増大は, 継続的な気孔閉鎖や, ルビスコの下方制御($V_{c,max}$ の低下), RuBP 再生能力の低下をもたらす最大電子伝達速度の若干の低下にもかかわらず生じる. 興味深いことに, そのときに起こる気孔閉鎖は, x_i/x_a 比を比較的一定に保つ傾向がある(図 11.13, 表 11.6).

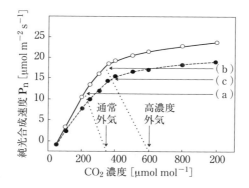

図 11.13 C_3 植物の光合成の CO_2 濃度(モル分率)への典型的な反応．実線は，360 vpm の外気 CO_2 濃度 x_a' で育てられた植物における，細胞間隙 CO_2 濃度 x_i' に対する光合成反応を示す．それに対応する，600 vpm にて数カ月間育てられた植物における応答曲線は，破線で示す．斜めの点線は気孔コンダクタンスで決まる「供給機能」を表し，水平の矢印は植物の動作点を示し，それぞれ（a）大気 CO_2 で育てられ測定された，（b）大気 CO_2 で育てられ高 CO_2 濃度で測定された(順化なし)，（c）高 CO_2 濃度で育てられ測定された(順化あり)場合を示す．気孔コンダクタンスの低下と，ルビスコ律速速度と RuBP 再生律速速度の両方の低下にもかかわらず，高 CO_2 濃度に長期間暴露された後の純光合成はわずかに上昇していることがわかる．図中のデータ点は，360 または 600 $\mu mol\ mol^{-1}$ で数ケ月育てられたホソムギ *Lolium perenne* におけるもの(Ainsworth et al., 2003 によるデータ)．

高濃度 CO_2 への正味の成長応答は，光合成の変化と高 CO_2 濃度に対するさまざまな形態的な応答の両方に依存している．形態学的応答には，葉の厚さの増大(重量あたりの葉面積の減少)や，乾燥重量の分配，葉細胞の充塡，および気孔分布への影響があり，同時に葉数が増加する傾向がある．実際，作物成長における CO_2 増加の利益は，広範囲の温室作物で長年にわたりよく確立されているが(Mortensen, 1987)，CO_2 はしばしば日中だけ供給されるので，完全な順化は起こらないかもしれず，その結果を将来の野外での高 CO_2 濃度環境に適用できるとは限らない．種によって高濃度 CO_2 による成長速度の増大が大きくばらつくことは，大気 CO_2 濃度の変化は種間の相対的な競争能力，ひいては植物分布に大きな影響を与える可能性があることを意味する．

|水利用効率への影響　　CO_2 濃度上昇の重要な影響は水利用効率(WUE)の増加であり，これは上昇した CO_2 は P_n を減少させずに気孔を閉じさせる傾向があるからである．CO_2 濃度の変化によって生じる形態学的，解剖学的変化(たとえば気孔密度)も WUE に影響する．WUE の変化は，おそらく世界の主要な農業地域においてとくに重要である．そのような地域では，大気 CO_2 濃度の上昇によって引き起こされる平均気温の変化よりも，水利用可能性の変化のほうが植物生産にとってより決定的だろう．

|農業的・生態学的な影響のモデル化　　温度，水の利用可能性の全体的な影響，そ

表 11.6 FACE 実験における大気 CO_2 濃度の長期的な上昇影響(増加率)のメタ解析．異なる植物タイプにおける，光合成と成長のさまざまなパラメータを示す．データは，生態系データ以外は平均値と 5% から 95% の信頼範囲を表す(Long et al., 2004)．生態系データでは，平均値と 25% から 75% の範囲を表す(Nowak et al., 2004)．

	C_3 植物(%増加)	C_4 植物(%増加)
光飽和光合成 P_{sat}		
平均	34(31.3〜37.7)	10(1〜19)
木本	47(42〜52)	
広葉型草本	15(3.5〜26.5)	
マメ科作物	21(13〜29)	
イネ科型草本	36(29.5〜42.5)	−2(−13〜9)
気孔コンダクタンス g_s	−20(−22〜−18)	−24(−37〜−14.5)
c_i/c_a	−2(−4〜0)	
ルビスコ	−19.5(−32〜−7)	
$V_{c,max}$(最大カルボキシレーション速度)	−13.5(−15.7〜−11.3)	
J_{max}(最大電子伝達速度)	−5.5(−8〜−3)	
量子収率	12(3.3〜20.7)	
単位乾燥重量あたりの葉面積(SLA)	−7(−9.5〜−4.5)	3(−7〜6)
葉数	12.5(6.5〜18.5)	
乾燥重量生産	20(17〜23)	3(−4.5〜7)
生態系	地上部生産	地下部生産
沼地	2.6(−12.5〜20)	10.5(6〜14)
森林	23.5(7〜31)	35(13〜50.5)
草原	12.5(5〜24)	16(11.5〜23)

してその他の気候の変化しやすさなどの側面については他の章で論じており，自然植生や作物への気候変化の影響を予測するための基本的な情報が利用可能である．しかし，それらの情報の利用は，気候予測の質が低いことによって制限されている．ある特定地域において，起こる可能性の高い天候条件についての正確で信頼できる予測はまだ提供できない．単一で明確なもっとも重要な制約要因が明らかな環境では，植物成長の単純なモデルが使えるが，季節的な天候の変化やその変動性を十分に考慮したモデルを開発するにはまだ長い道のりがある．霜や干ばつなどの極端な環境は，おそらく作物や植生分布パターンの主要な制約要因なので，本当の進展を達成するためにはこのような要因は必要不可欠である．

気候変化の意味を考えるとき，気候は害虫や病原菌の個体数と毒性など他の多くの要因やその相互作用にも影響することを思い起こすことが必要である．農業生産や園芸生産への気候変化の影響を見積もる多くの試みがなされており，たとえば，温帯の穀類や冬の低温が必要な多年生作物(Sunley et al., 2006)などさまざまな作物で，最適な地域が極側に移動する可能性がある(Parry et al., 2007)．しかし，ある作物を育てるのに最適な地域が移動しそうなことが明白でも，それらの見積もりには必然的にまだ多くの不確実性が含まれる．

11.4　大気汚染物質

　この数十年間で，植物の成長と分布に対する大気汚染物質の影響の重要性の認識が高まった．酸性の汚染物質が土壌と淡水の酸性化を引き起こすことはよく知られており，一方，1980年代にヨーロッパや北東アメリカで森林が減少していることが広く報告され(ヨーロッパではとくにヨーロッパモミ，オウシュウトウヒ，ブナ，北東アメリカではアカトウヒ)，そのメカニズムの理解のために大きな努力がなされた．これらの研究は，植物の応答の複雑さと，温度や乾燥などの他の環境要因と汚染物質との相互作用を強調してきた．

　多くの大気構成物質は植物に有害である可能性がある．これらには，主に化石燃料の燃焼で生じるさまざまな窒素酸化物 NO_x や二酸化硫黄 SO_2，その他酸性ガス，またオゾン O_3 や硝酸ペルオキシアセチル PAN などの光化学オキシダント，光化学スモッグの重要な構成物質，そしてとくに温室などの狭い環境ではフタル酸ジ-n-ブチル(可塑剤として使われる)などの多種多様な毒性の高い化合物が含まれる．

　植物はそれ自身，さまざまな**植物起源揮発性有機化合物**(biogenic volatile organic compound：BVOC)の重要な発生源である．BVOC は熱や酸化ストレスからの植物の保護や植食者に対する防御情報伝達の役割があるが，これらは大気の化学的性質や，オゾンなどの汚染物質の生成あるいは破壊に影響を与える(Loreto & Schnitzler, 2010)．BVOC と大気汚染物質との相互作用は複雑で，たとえば，テルペンは汚染物質がないとオゾンを取り除くが，NO_x があるとオゾン生産を促進する．地球規模では植生はこれら化合物を 800×10^{12} gC yr^{-1} 程度放出し(Fowler et al., 2009)，その半分程度は**イソプレン**(2-メチル-1,3-ブタジエン)である．その他の BVOC は，さまざまなモノテルペン(一般に針葉樹から放出)やセスキテルペン，また，アルコールやアルデヒド，ケトンなどの他の揮発性物質である．イソプレン放出は，大部分は新しい光合成代謝産物から発生し，光合成で固定された炭素の20%に達し，イネ科草本のダンチク *Arundo donax* の葉からのイソプレン放出は，$0.2 \sim 1$ μgC m^{-2} s^{-1} であることが報告されている(Hewitt et al., 1990b)．通常はテルペンを放出しない種もあるが

(たとえば，タバコ，ヒマワリ)，他の多くの種，とくにポプラなどの木本は，葉肉細胞から直接，あるいは針葉樹の樹脂道やシソ科の特殊な葉の腺などの貯蔵器官から，大量のテルペンを放出する．放出速度は，その物質の合成速度や，貯蔵場所への貯蔵あるいはそこからの放出を決める物理化学的過程に依存し，しばしば生物的・非生物的なストレス，とくに高温によって促進される (Loreto & Schnitzler, 2010)．BVOC全体の放出規模は地球規模のメタン放出と同程度である．なぜ，ある植物だけがイソプレンを放出し，その特性が進化の過程で何回も現れたり消えたりするのか，その進化的原因はまだ明らかではない (Monson et al., 2013)．おそらく，潜在的な利益(高温ストレス耐性の増大など)とコスト(関連する炭素やエネルギーの損失)のトレードオフが存在し，放出に有利な環境的ニッチが長期間安定して存在することで，この特徴が存在するのだろう．

11.4.1 取り込みと沈着プロセス

汚染物質の取り込みは，多くの経路を経由する．乾性沈着(植物によるガスの吸収や粒子の取り込みを示す)，降雨(雨や雪)による湿性沈着，雲や霧の遮断による「オカルト(occult)」沈着である．

｜気体　SO_2, HNO_3, HCl, O_3, NH_3 などの重要な気体状の汚染物質のフラックスは，標準的な微気象学的技術を用いて(第3章)，あるいは，気体フラックスが測定できる密閉空間で植物あるいは自然群集を汚染物質に暴露することで求められる．通常の質量輸送理論が適用可能で，群落境界層内を移動するときの抵抗 r_A と「表面」要素を通るときの抵抗 r_L を識別できる．表面要素を通る経路は，気孔を通って取り込まれる経路，直接的に葉のクチクラを通る経路，他の表面(土壌など)を通る経路が並列している．すなわち，r_s, r_c, r_{soil} をそれぞれ，気孔，クチクラ，土壌を通る経路の抵抗とすると，$r_L = 1/(r_s^{-1} + r_c^{-1} + r_{soil}^{-1})$ と表される．群落内での汚染物質の吸収源や経路は多数あり(図5.4参照)，大気と表面の過程を二つの直列抵抗として完全に分けることは一般的に不可能である．吸収源での濃度をゼロと仮定できるならば，汚染物質ガス X の取り込みの際の全抵抗 Σr_X は以下のように表せる．

$$\sum r_X = r_{AX} + r_{LX} = \frac{1}{V_d} = \frac{c_X}{J_X} \tag{11.9}$$

ここで，c_X は大気中の X の濃度，J_X はそのフラックスであり，V_d は**沈着速度**(deposision velocity．単位は $m\ s^{-1}$) として知られている．この用語は汚染研究で広く使われており，全取り込み抵抗の単純な逆数(コンダクタンス)である．これは，大気濃度に対して標準化されたフラックスとみなすこともできる．

HNO_3 や HCL などの反応性ガスの取り込みにおける表面抵抗は通常無視できると

考えられている(すなわち, これらの汚染物質は, それ自身が大気乱流に依存する r_A によって決まる速度で葉や土壌に沈着する). したがって, これらの気体沈着は, 主としてその大気濃度と大気の移動過程に依存する. NH_3 の抵抗は, 湿った表面においては無視できるが, 植生が乾燥し, 気孔とクチクラの両方を通って取り込まれるときには無視できないものになる.

SO_2 や O_3 などの気体の取り込みは, 湿った葉表面や気孔腔の葉間隙での溶解や反応に依存している. そのため, これらのガスの乾性沈着は群落の気孔によってほぼ決定され, 気孔抵抗が全体の取り込み抵抗の90%に達する場合もある. 群落では, SO_2 については気孔を通らない沈着が優位であるが, O_3 では典型的な取り込みの30〜70%が気孔経由である. ただし, 正確な気孔を通しての取り込み割合は, 群落や土壌の湿り具合の複雑な状態に依存する. 植物葉における汚染ガス吸収の有益な考察が Omasa et al., 2000, 2002, Cieslik et al., 2009 とそこで引用されている論文でなされている[†]. これらのガスの植物への沈着は, 気孔が開いている日中か, 表面が湿っているときにもっとも多くなる傾向がある. オゾンの悪影響は気孔を通る取り込みに依存し, 葉肉で有害な活性酸素が生成される. 植生の外部表面に沈着しただけの場合は, 害はあまりない. 実際の SO_2 取り込み速度は, 表面付着水の化学的性質ととくに pH に依存し, pH の一部は NH_3 と SO_2 の取り込みのバランスによって決まる(沈着の制御についてのより詳細な論考は Flechard et al., 1999 参照). 実際, SO_2 による土壌の酸性化は, NH_3 が存在すると高まる. さらに, これらの気体の沈着速度は r_A にはあまり敏感でないので, これらの気体の沈着は, 通常 HNO_3 や HCL の場合と比べて, 群落タイプ(すなわち, 森林 vs. 背の低い作物)に影響されにくい.

NH_3, NO, NO_2 を含むいくつかのガスは, 植生によって吸収されたり放出されたりするが, NO フラックスは嫌気性土壌での脱窒の結果, 主に表面から出ていく傾向がある. 自然環境におけるアンモニアの供給源と吸収源の複雑な性質(たとえば, 主な供給源は動物の排泄物である)は, 潜在的にかなりの局地的な移流をもたらし, フラックス測定の問題を引き起こす. これら双方向性のあるフラックスでは, 正味の交換が起こらない濃度として**群落補償点**(canopy compensation point. CO_2 交換で用いらるものと類似)を定義することが有用である.

|**湿性沈着と粒子**　　粒子としてまた液滴に含まれる形での汚染物質の沈着は, 汚染物質沈着の主要なメカニズムである. その沈着メカニズム(汚染物質の移動や, 煤塵, 胞子, およびバクテリアの移動に等しく適用可能である)は, 粒径に依存し, およそ 1 μm 未満の粒子における主としてブラウン拡散から, 粒子サイズが大きくなるにつ

[†] (訳注)この段落は, 原著者と協議したうえで修正し, 引用文献を加えた.

れて(慣性)衝突や沈降へと変化する(Chamberlain & Little, 1981). 車の排気管からの鉛と同様, 大気中の粒子状の硫酸塩や窒素化合物の多くは直径 0.1～1 μm のエアロゾルとして存在する. 一方, さまざまな霧粒の大きさは平均 20 μm 程度であり, 浮遊微粒子は 100 μm に達する.

沈降は, 重力の影響下における粒子の下方への運動である. その沈降速度 v_s は, 粒子直径の 2 乗に比例して増大し, 直径が $0.1 < d_p < 50$ μm, 密度 ρ が約 1000 kg m^{-3} の粒子においては, **ストークスの法則**(Stokes' law)によって与えられる.

$$v_s = \frac{d_p^2 g \rho_p}{18 \rho_a \nu} \tag{11.10}$$

ここで, ρ_p は粒子の密度, ρ_a は大気の密度, g は重力加速度, ν は大気の動粘度係数である. 式(11.10)は, 密度 1000 kg m^{-3}, 直径 30 μm の粒子でさえ, 沈降速度がわずか約 27 mm s^{-1} ($= ((30 \times 10^{-6})^2 \times 9.8067 \times 1000)/(18 \times 1.2 \times 15.1 \times 10^{-6})$) であることを予測する. これは, 非常に密な群落内における場合を除いて, 典型的な大気の乱流渦の速度よりも非常に小さい. したがって, 沈降は大きなほこり粒子や水滴においてのみ重要であることが明らかである.

空気の流れが障害物を回り込むとき, それに輸送されている粒子は慣性のために直線的に動き続け, 障害物に当たり衝突する傾向がある. 気流中の物体の衝突効率は, 障害物に当たった粒子数を, 障害物がなかった場合にその空間を通り抜けただろう粒子数で割った値で定義される. 衝突効率は**ストークス数**(Stokes number)と関係し, これは粒子の停止距離を障害物の有効直径で割った値に等しい(停止距離は, 静止した空気中を粒子が移動した水平距離であり, 初期速度を u とすると $v_s u/g$ で概算される). したがって, 衝突効率は風速や粒子サイズが大きくなるとともに, また障害物のサイズが小さくなると高くなる.

大気中の粒子状の硫酸塩や硝酸塩は, 植生に捕らえられる効率が非常に低く, これは粒子サイズが小さいからである. そのため, これらの粒子の移動は主としてブラウン運動によっており, 衝突や, 葉毛などの微細な粗度要素による遮断がいくらか生じる. この粒子サイズでは, いったん付着すると強固に定着する傾向がある. 風洞を使った研究は, 0.5 μm の粒子の場合, 森林への沈着速度は, 風速 5 m s^{-1} で 1 mm s^{-1} 未満であることを示唆する. これは, SO_2 や NH_3, HNO_3 などの気体状の S, N 源の取り込み速度よりも非常に小さい(Fowler et al., 1989).

硫酸塩や硝酸塩のエアロゾルは, とくに山地で大気が上昇するとともに冷却され地形性の雲が形成されるときに, 霧や雲の水滴における核形成中心として機能する可能性がある. したがって, 雲粒は比較的高濃度の硫酸塩や硝酸塩を含む傾向がある. 山で生じた地形性雲の一般的な雲粒サイズは直径 20 μm 程度であるため(Fowler et al.,

1989),それらは植生への衝突や沈降過程によって比較的効率的に集められる.イギリスの高地に相当する大気条件では,荒地への沈着速度はおそらく20～50 mm s^{-1},森林へは200 mm s^{-1}に達する.これらの沈着速度は,もともとのエアロゾルの沈着速度よりも1～2桁大きい.

　このオカルト沈着(occult deposition)は,植生が長期間雲の中に包まれている高標高域において,とくに重要な汚染物質の沈着手段である.雲水中の主なイオンの濃度は雨水よりも2～3倍(最高6倍)高いので,雲中の汚染化学物質の沈着は,場合によっては降雨中の沈着よりも重要になる.雲沈着は,作物や荒れ地よりも森林などの空気力学的に粗い表面で多く,また,小さなエアロゾル粒子の沈着よりもずっと多い.雲沈着は,山岳環境における植物の重要な水源として水文学的に重要でもある.異なる汚染物質の沈着に影響する要因の効果のデータを表11.7に示す.キールダー(Kielder)森林地域(海抜約300 mのイングランド北部の広大な植林地)のデータは,荒地と比較して森林(樹高15 m)への沈着の特異な効果をとくによく表している.樹木が存在すると雲水の捕獲が増えるため,硫黄の沈着は約30%増え,窒素ではさらにHNO$_3$やNH$_3$などの気体の乾性沈着速度も上がるため,沈着は約90%増える.沈着の実際の速度は,どの地点においても局地的な汚染物質濃度に依存する.たとえば,

表11.7 さまざまな環境で異なる形態での硫黄と窒素の沈着の代表的な速度 [kg ha^{-1} yr^{-1}] (Fowler et al., 1989 Goulding et al., 1998, Irving, 1988によるデータ).

	乾性沈着		湿性沈着	オカルト沈着	合計
	気体	粒子			
硫黄					
キールダー(イギリス)					
針葉樹林	3.1	—	13	6.5	22.6
ワタスゲ	3.1	—	13	1.3	17.4
オークリッジ(アメリカ)					
落葉樹林	7.8 ± 1.3	2.1 ± 0.3	8.5 ± 2.0	—	> 18.4
窒素(NO$_3^-$とNH$_4^+$)					
キールダー(イギリス)					
森林	13.5	—	8	1.9	23.4
ワタスゲ	4.0	—	8	0.4	12.4
ロザムステッド(イングランド中部)					
冬の穀類(1995年)	31.5	2.9	9.0		43.3

イングランド中部のロザムステッドにおける硝酸塩とアンモニウム塩の湿性沈着速度は，石炭から天然ガスへの切り替えなどさまざまな要因によってその速度を半減するようになって以来，1980 年の約 18 kg N ha^{-1} yr^{-1} のピークからかなり低下した（Goulding et al., 1998）．

11.4.2 汚染物質の植生への影響

汚染物質の影響は，植物の感受性だけでなく，汚染物質の濃度や暴露の持続時間にも依存する．高濃度の短期的暴露は，長期的な時間平均が等しい長期間の低濃度への暴露よりも，より有害だろう．地衣類とコケ類はしばしば大気汚染物質にとくに敏感であり，多くの状況で汚染について感度の高い生物検定に使われてきたが（たとえば，Henderson, 1987）．これらの結果を，実在する特定の化学的な問題と関連づけるのは難しいことが多い．

汚染物質の植物への影響は，葉組織から取り込まれる場合には直接的だが，多くの場合，土壌の酸性化や，さらに微妙な病原体や競争者への影響などの過程を通して影響していると思われる．これまでの研究は，炭素同化とその分配，水関係，そして栄養状態への影響を強調してきた．詳細な考察と例は多くの本と総説で紹介されている（たとえば，Bell & Treshow, 1992, Mathy, 1988, Omasa et al., 2005, Wellburn, 1994）．一般に，種間あるいは品種間でさえ，異なる大気汚染物質への感受性が大きく異なる．たとえば，SO_2 による損傷の一般的な閾値は，長期間暴露による慢性の影響（たとえば，白化や成熟前の老化）を生じさせる場合は > 50 ppb（10 億分の 1 の体積単位），一時的な暴露では > 180 ppb，葉の壊死などの急性の損傷の場合は > 500 ppb である．一方，オゾンは 50～100 ppb で収量低下を引き起こす可能性があり，その濃度は通常大気のバックグラウンド濃度に非常に近い．

研究方法 植生への汚染の影響は，もっとも一般的には，なんらかの精巧に環境制御された暴露チャンバーで研究され，閉鎖されたタイプと天井が開いた（open top）タイプがある．場合によっては，すでに記述した FACE システムに似た，開放型野外暴露システムが使われ，このようなシステムは自然の微気象条件が維持される利点をもつ（McLeod et al., 1985）．

相互作用 汚染物質はそれぞれが相互作用すると同時に，生物的・非生物的ストレスとともに，複雑な仕方で植物へ相互作用する．よく観察される影響の例として，Ting & Dugger, 1968 は，マメの葉を 0.3 vpm の O_3 と 0.4 vpm の SO_2 の組み合わせに 4 時間暴露した場合には明らかな有害影響はみられなかったが，O_3 だけに暴露した場合には深刻な損傷がみられたことを報告した．これは，SO_2 に応答して気孔が閉鎖し，O_3 の侵入が妨げられるためと説明されてきたが，他の実験では，低濃度の SO_2

は気孔を開けることが報告されており(Unsworth et al., 1972)，したがって，低濃度SO_2では損傷を強める可能性がある．

　植物細胞へのオゾンの影響は，汚染物質への応答にみられる，応答の複雑さのよい例である．オゾンはタンパク質や不飽和脂肪酸と直接的に反応することで(タンパク質ではシステインとメチオニン残基を酸化する)細胞膜を損傷する．また，オゾンは水にかなり溶けやすく，細胞内の水のある部分で分解し，ヒドロキシル基($OH^{\cdot}$)や，ペルオキシル基($HO_2^{\cdot}$)，スーパーオキシドイオン($O_2^{-\cdot}$)などの非常に反応性が高く有害な基を生成する．しかし，これらの直接的影響に加え，その影響は，葉内で生産された気体状のアルケンと反応して非常に反応性の高いヒドロペルオキシドが生成することで増大する可能性がある(Hewitt et al., 1990a)．これらの生物起源のアルケンには，エチレン(さまざまなストレスに応答して生じる)や，種によってはイソプレンやモノテルペンがある．組織の損傷によってさらにアルケンが放出されると，オゾンの影響は正のフィードバックによってさらに増幅されるだろう．

　もう一つの重要な相互作用の例は，汚染物質への暴露が他のストレスへの感受性を高めることである．この影響の典型例は，40日間，最高濃度90 vppbのSO_2とNO_2の混合物に暴露した後のオオアワガエリ*Phleum pratense*実生の成長を，水が十分な条件と不足した条件で比較した実験である(Wright et al., 1986)．植物がよく水を与えられた場合，暴露はその後の23日間の相対成長速度にほとんど影響しなかった．しかし，灌水が同じ期間控えられた場合，暴露されなかった対照植物の相対成長速度は約50%低下したが，暴露された植物ではその低下が非常に大きくなった．この水不足への感受性の増大は，暴露された植物で水利用が増えたことに関係していた．

　O_3などの汚染物質や酸性霧は，霜への感受性も著しく高める可能性があり(たとえば，Wolfenden & Mansfield, 1990)，このことはあるタイプの森林衰退の要因であるように思われる．たとえば，最終的な耐凍性への影響よりも，秋のハードニングの始まりの遅れの結果，汚染物質がトウヒの霜害への感受性を上昇させるという有力な証拠がある．休眠期の汚染物質への暴露も，おそらく気孔やクチクラによる水損失の制御の効率を低下させることによって冬の損傷を増大させるだろう．あまりよく理解されていないが，もう一つ忘れてならない重要な相互作用は，汚染物質の害虫や病因生物への影響によって生じる相互作用である．

第12章 生理学と作物収量の改善

　本章では，これまで説明してきたような情報を，作物収量の改善に適用するためのいくつかの方法を紹介する．農地収量は，何百年もかけて向上してきたが，とくに最近約70年間の増加率は高かった(図12.1(a))．これら収量の向上は，新しい品種の導入に加えて，肥料，除草剤，殺虫剤，抗菌剤の広範囲な使用や，機械化や灌漑の改良などを含む，作物管理(作物栽培学)の進歩によってもたらされた．育種家によって開発されてきた新品種は，潜在収量の向上に加えて，ほとんどは昆虫や病気への抵抗力が改善され，高い施肥レベルをうまく活用できる能力が備わっている．穀物の施肥耐性には倒伏耐性をもつ新しい矮性遺伝子型が含まれる．1960〜70年代の「緑の革命」は，倒伏耐性と高い収穫指数(harvest index：HI．総乾物重に対する可能収穫量の割合)をもつ矮性遺伝子の組み込みと，広い環境範囲での作物成長を可能とする非日長反応性遺伝子の導入によってもたらされた．

　収量増加について考えるときには，実験圃場における最適な栽培方法によって達成される潜在収量と，典型的な農地によって得られ，国の収量統計に報告される農地収量(実際収量)とを区別することが有効である(図12.1(b))．新品種による潜在収量改善への寄与は，新・旧品種の収量を直接比較することによって1回の試験でわかる．一方，育種と栽培管理の改良による収量増加への相対的寄与は，イギリスではどの品

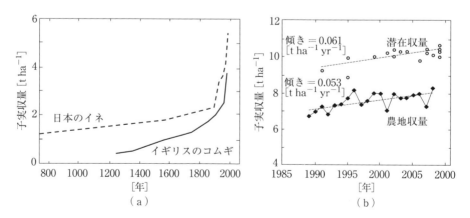

図 12.1 （a）日本のイネとイギリスのコムギの子実収量の歴史的傾向(Evans, 1975 によって収集されたデータより)．（b）イギリスのコムギにおける潜在収量と農地収量の最近の傾向 (Fischer & Edmeades, 2010).

種にも7年間行われる品種試験などの歴史的な収量データの統計解析によってわかる．後者の方法では，観測された収量の増加を，遺伝的要素と，栽培方法や気候，病気，昆虫の影響などの他要素の変化を含む時間的要素に分割できる(Mackay et al., 2011参照)．農地収量と潜在収量の間との乖離は，これらの非遺伝的要因の有用な尺度になる．イギリスにおけるコムギの全国の平均収量に基づいた研究(図12.2(a))は，1978年までの30年間に2倍増加した全国の子実収量において，栽培方法と育種は同程度の貢献をしたことを示している．一方，最近の解析は，ほとんどすべてのイギリスの子実収量の向上が，品種改良によるものらしいことを示している(Mackay et al., 2011)．これとは対照的に，イギリスの飼料用トウモロコシとテンサイの収量増加には，遺伝的改良と栽培方法の改善が，ほぼ等しく貢献し続けている．残念ながら，これらの収量向上への貢献を正確に分割することは，品種によって栽培方法への応答が異なる，すなわち遺伝子型×環境(G×E)相互作用とよばれるもののために困難である．たとえば，倒伏しやすい背の高い品種と比較して，より新しい半矮性穀物品種は高い収穫指数をもち，高窒素投入にもよく応答できる．Bingham et al., 2012は，1931年から2005年の間に開発されたオオムギ品種の共通栽培試験で育てられた潜在収量が，$110\,\text{kgN}\,\text{ha}^{-1}$の窒素付加によって栽培されたときには全期間で72％増加したのに対して，窒素付加しなかったときには40％しか増加しなかったことを示した．これは，新しい品種が窒素をより有効に利用することを示唆している．

対照的に，いくつか作物では穀物と比較して育種は小さな影響しか与えなかった．たとえば，現在イギリスで栽培されている生食と料理用のリンゴ両方の主要品種のい

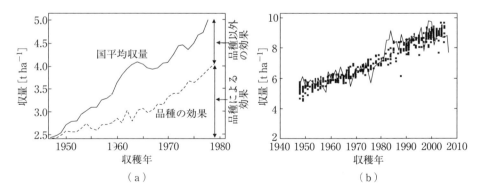

図12.2 国家統計一覧と推奨品種試験によるイングランドとウェールズの秋まきコムギ収量増加に対する品種改良の貢献についての分析．(a) 1947〜1978年における国家収量の5年間移動平均．破線より下は収量増加に対する品種改良の貢献を示す(Silvey, 1981)．(b) 1948〜2007年における傾向．線はその期間の傾向を示し，■はその期間に品種を変える効果を示す．年は各品種を導入した年を表す(Mackay et al., 2011のデータより)．

くつかは，19世紀に発見されたものである．また，すべての作物の収量向上の長期傾向は，世界の地域間で非常に大きな差があるという特徴がある．たとえばトウモロコシ収量は，アメリカにおいては1961年に4.1 t ha^{-1}程度だったものが，1989年にはほぼ線形に7.3 t ha^{-1}程度まで増加し（主にF1ハイブリッド種の導入の結果），1960年代から1980年代の間でほぼ2倍になった．対照的に，同期間のアフリカ中央部での収量は0.8 t ha^{-1}程度でほぼ一定であった（国連食料農業機関（FAO）データより：http://faostat.fao.org/site/567/default.aspx#ancor）．開発途上国における低い収量は，品種よりも，栽培条件と方法に関係がある．Fischer & Edmeades, 2010 は，さまざまな環境で育てられた作物における最近の収量の向上と育種の貢献についてFAOデータを用いて再検討している．その結果，2010年のトウモロコシの収量がアメリカでは9.7 t ha^{-1}程度まで増加していたのに対して，アフリカ中央部ではわずか1 t ha^{-1}程度であったことを示した．

作物の収量を制限する放射，温度や水などの環境要因の特定と，これらの制約を育種や管理によって克服することの両方に関連した重要なことは，現在の収量を理論的最大値にどれだけ近づけるかである．潜在的な最大収量はいまだに毎年1％程度は増加しているにもかかわらず（Fischer & Edmeades, 2010），近年は，子実の潜在収量は横ばい状態になっていることを示す結果もあり，たとえば，アメリカのモロコシなどの作物は，頭打ち状態に近づいている．少なくとも普通の農地では，平均収量がしばしば最良収量の半分程度でしかない（イギリスでは，コムギの最良収量は12 t ha^{-1}程度であるのに対して，平均収量は6 t ha^{-1}程度）ということは，まだ十分な改良の余地があることを示している．また，この12 t ha^{-1}という値は，コムギの葉面積の拡大について観測された過程と，40日の登熟期間に生産された全乾物が穀粒に入るとした仮定（Austin, 1978）に基づいて計算された潜在収量にかなり近い．

別の潜在収量の見積もりは，第7章で説明したように，日射から乾物への変換効率を3％とした計算によって得られる．たとえば，イギリスの秋まきコムギの生育期間における日射量が3 GJ程度であるとすると，これは5100 g m^{-2}の乾物量，もしくは23 t ha^{-1}の子実生産（収穫指数を45％とする）に相当する．（春まき作物に対して）夏期に2 GJが利用可能であるとしても，15 t ha^{-1}の生産が可能である．しかし，このような高い収量は，コムギのフェノロジーの著しい改変によってのみ達成可能である．また高い放射環境において，高い収量が理論的には可能であるかもしれない．しかし実際には，農家によって達成された平均収量（農地収量）は，実験圃場における試験で達成されるような，最適な栽培方法によって得られる潜在収量に比べてかなり少なくなる傾向がある．この「収量ギャップ」は，おおよそ20％から80％の間になり（Lobell et al., 2009），最大の収量ギャップは降水量の低い環境で起こる．興味深いこ

とに，これらの著者は，農作物は適応している自然生態系よりも純一次生産(NPP)が低いことが多いことも示している．

作物の生産過程や，作物収量の増加における植物生理学の役割については，Evans, 1975 と Milthorpe & Moorby, 1979 の古典的な教科書で解説されている．他の有用な解説は，最近の多くの教科書にある（たとえば，Fitter & Hay, 2001, Hall, 2001, Sadras & Calderini, 2009）．メキシコにある国際トウモロコシ・コムギ改良センター(CIMMYT)から出版された，コムギ育種に関する最近のハンドブックは，とくに有用で適切な指導書である(Pask et al., 2011, Reynolds et al., 2011)．

植物生理学と，大気環境と植物の間の相互作用についての理解が，作物生産において重要な貢献をした分野は多い．たとえば，日長による開花制御の理解は，地理的に広範囲で栽培できる（穀物などの）非日長反応性品種の開発を可能にし，園芸では開花の人工制御を可能にした．同様に，自然による植物の成長と発育の制御についての知識は，果実生産における植物成長制御剤の利用や(Luckwill, 1981 参照)，ガラス管内での増殖を成功に導いてきた．一方で，植物の根－シュート情報伝達の理解は，灌漑の改良をもたらしている（第10章）．本章では，生理学から収量改善への他の潜在的な応用について説明する．

12.1　品種改良

作物のパフォーマンスを向上させるために植物育種家がとる伝統的な手法は，高収量や耐病性のように，互いに補完する形質をもつ親どうしを交配して，両方の親の望ましい特性をもつ子孫を選抜することである．本書の初版が出版されてから分子遺伝学と情報技術が急速に進歩した結果，今日では植物育種のすべての過程が大幅に時間短縮され，植物生理学者と植物育種家が利用できる手法が大きく変化した．これまでの章でみてきたように，分子生物学と機能ゲノム学として知られているものが，植物の発達とストレス応答を制御する遺伝的機構についての解明能力を高め，特定の有利な形質を新たに組み込む能力を大幅に向上させた．現在，遺伝的形質転換と作物への新しい遺伝子の挿入が可能であり，世界の多くの地域で，雑草耐性作物の開発や単一の主要な耐性遺伝子の挿入などの目的で単一遺伝子が有効に利用されている．しかし，育種家が興味をもつほとんどの形質はより複雑な基盤をもつ．そのような場合，もっとも新しい分子的技法は，育種家によって何年も利用されてきた交配と選択という，より伝統的な手法を補完する．

多くの利用可能な育種戦略と植物育種の現実的側面は，Allard, 1999 と Acquaah, 2012 などの植物育種の教科書で詳細に解説されている．一方，より新しい分子技術とそれらの植物育種における潜在的な応用についても，数々の文献が扱っている（たと

えば，Xu, 2010)．近代的な植物育種は，現在は植物育種家によって長年利用されてきた交配と選択による従来のやり方と，遺伝子学と他の高処理技術(high-throughput technologies)と生物情報学(bioinfomatics)によってもたらされる技術を組み合わせている．

12.1.1 分子遺伝学

　1980年代以降の分子遺伝学の急速な進歩によって，いくつかの作物とモデル植物種で完全なゲノム配列が利用できるようになり，作物の遺伝構成についての理解が大幅に進んだ．これらの新しい技術は，特定の発達段階や環境ストレスに対して応答する遺伝子配列，転写産物，タンパク質，メタボロームプロファイル(代謝解析)の迅速な高処理解析(すなわち，ゲノミクス，トランスクリプトミクス，プロテオミクス，メタボロミクスなどの「オミックス(omics)」研究)を可能にしている．また，遺伝子マッピングに利用できる一塩基多型(SNPs)と，生殖細胞の評価と遺伝子機能を解析するためのマーカー利用選抜(MAS)などのための分子マーカーを広範囲に提供してきた．大規模な遺伝子型判定，そして遺伝子配列決定においてもコストは急速に低下し続けているため，育種計画での利用がより容易になり，MASの利用が増加している．多くの作物で「遺伝子操作」を介した遺伝子単離と作物への挿入が容易になっているが(Xu, 2010)，複遺伝子性だけでなく，最適表現が環境条件によって複雑に変化するストレス耐性などの複雑な形質に対しての課題が残っている．そのような状況では，全体論的なシステム手法を利用して，最適遺伝子型を特定することが必要になる．

マッピングと量的形質座位(QTLs)　ゲノムにわたって広がる多数の分子マーカーは，すべての主要作物において急速に利用可能になっている．マッピング研究は，重要な形質を決定する遺伝子を特定し，特定の二親性交配の研究から，特定の表現形質と統計的に関連するゲノム分節(量的形質座位もしくはQTLs)を同定するための技術を提供する．このように，遺伝子学的かつ生物情報学的な技術は，量的な形質をそれらの構成要素に分割する新しい方法を提供する．遺伝学に関連した新しい進歩は，より複雑な集団におけるQTLsを同定する能力を向上させ，また微細マッピングは，発見されたQTLsを生じさせる遺伝子や，さらには特定のヌクレオチドの同定にも利用できる．同定されたQTLs(もしくは，少なくとも密接に関連したすべてのマーカー)は，改良された遺伝子型のマーカー利用選抜に使用できる．もしくは，それらの元となる遺伝子配列が特定できる場所において，新しい遺伝子組み換え品種に直接的に組み込むことができる可能性がある．残念ながら組み換えがまれにしか起こらない場所では，遺伝子を染色体領域の中で位置づけることが難しいため，マッピングに信頼がおけるとは限らない．

現在，とくにこれらのマーカー選抜についての費用効率性が非常に高まっており，遺伝子の中か，少なくとも適切な QTLs と密接に関連している分子マーカーは，表現型選抜を補い，さらには置き換えて利用できる．実際，マーカー利用選抜は，発生の遅い段階においてのみ発現するとか，遺伝子型×環境相互作用の影響を受けるなどのために，表現型特定が難しい場合にとくに力になる．さらに，いくつかの作物については，交配を行ってから子孫を検査できるまでに長い時間がかかる可能性があるという問題がある．たとえば果樹では，果実が生産されて検査できるまでに数年かかるだろう．1 年生作物でさえ，苗によってすべての形質を調べる場合には，検査する植物数は非常に多くなるだろう．

▎形質転換と遺伝子機能　遺伝子工学の手法を利用した，特定の有益形質をもたらす特定遺伝子の配列決定と同定，そして，それらのクローニングは，新たな遺伝子型への直接的な挿入の可能性をもたらす．しかしさらに重要なことは，遺伝子発現の改変は，形質転換，突然変異あるいは RNA 干渉（RNAi）などを介した「逆遺伝学」として知られているやり方によって，特定遺伝子の機能を決定するための強力な手法を提供することである．この逆遺伝学的手法は，遺伝子経路の解明や特定の遺伝子の機能同定のためのおそらくもっとも強力な手段であり，現代の遺伝学技術のもっとも有用な応用例である．これらの技術は，ストレス応答と適応についての多重遺伝子による形質を制御する，相互作用遺伝子の複雑なネットワークの精査にとくに有用である．

遺伝子工学的手法は，作物に除草剤耐性や虫害耐性を付与することなどを含めて，数多くの遺伝子を挿入することに成功している．これらの特性に加えて，単一優性遺伝子を含む比較的単純な遺伝的基礎をもつその他の特性（たとえば，開花期，稈長，あるいは塩耐性なども）を，新しい遺伝子組み換え品種に取り込むことも非常に容易である．ヨーロッパにおける遺伝子組み換え作物の導入は，法律による制限によって比較的遅かったが，2011 年時点で世界のおよそ 1.6 億 ha（ほぼ半分は開発途上国）で，組み換え作物が栽培され，その中でもダイズ，トウモロコシ，ワタの栽培面積がもっとも大きかった(www.isaaa.org/resources/publications/briefs/43/executivesummary/default.asp)．もっとも広く利用された導入遺伝子は，グリホサート除草剤への耐性を与えるものであり，それをもつ作物は耐虫性を与えるバチルス・チューリンゲンシス *Bacillus thuringiensis*（Bt）毒素遺伝子を含んでいる．他の組み換え作物には，軟化過程を遅らせる遺伝子を組み込んだトマトや，ビタミン A 含量の増強により栄養素含量を向上させた作物（ゴールデンライス）などがある．

複数の導入遺伝子による複数の形質を重ね合わせた遺伝子組み換え作物の割合は増加しつつあるが，ほとんどのストレス耐性に必要となる複数遺伝子の導入を必要とする遺伝子組み換え作物の開発は，非常に難しい挑戦である（12.3.1 項参照）．いくつか

の事例では，単一遺伝子がストレス耐性をもたらすだろう．たとえば，コムギの塩耐性は，Na^+の効率的な排除と関連した第4染色体のD遺伝子と関連があるが，これは *Kna1* 遺伝子座にあることが突き止められており(Gorham et al., 1990, Dubcovsky et al., 1996)，他の単一遺伝子も単離され新しい品種に組み込むことで，作物収量や環境耐性が向上できるという期待がある．しかし，ほとんどの場合，作物適応性の改善には，遺伝子複合体の同定と挿入が必要になる(Tuberosa & Salvi, 2006)．植物全体の適応と補償機構の複雑さは，どのような個別の改変でも，ほぼ確実に最適な発現のためのさらなる変更が必要となることを意味する．一方，新しい生合成経路の挿入には，多くの遺伝子の挿入を伴うだろう．

12.1.2 表現型解析プラットフォーム

遺伝子学，DNA塩基配列決定，トランスクリプトーム，プロテオームおよびメタボロームの解析における急速な進歩は，成長速度，収量やストレス耐性のような複雑な表現型形質の識別のための技術の進歩とは，いまだに完全には調和していない．たとえば，視覚的選抜方法に頼る育種家が収量のような形質を選抜することは，困難であることが広く知られている．同様に，成長，光合成，気孔の挙動，水ストレスと水利用速度の測定にかかわる生理学的測定は，多大な労力が必要で，せいぜい数十から百程度の表現型を比較するのにしか適さない．しかし，育種家は非常に多数の子孫を評価し選抜しなければならない．結果として，育種家と研究者は特定の有利な形質について多くの集団から選抜するための手段が決定的に必要であり，過去10年にわたって，処理能力の高い表現型解析プラットフォームの開発に相当の投資を行ってきた．

この技術は急速に発展しており，多くの研究室に洗練された自動表現型解析プラットフォームが設置されている．先駆的な施設は，ユーリッヒ(www.fz-juelich.de/)，モンペリエ(www1.montpellier.inra.fr/ibip/lepse/english/ressources/index.htm)，キャンベラとアデレード(www.plantphenomics.org.au)にあり，その数は増えている．これらの施設には，一般に，同一植物材料を栽培するための環境制御施設にポット植えの植物個体を秤量し，画像化するシステムが組み込まれている．これらのシステムは，カメラを個々の植物の位置に動かすためのロボットシステムをもつか，必要に応じてポット植え植物を秤量・画像化ステーションに移動させる自動植物ベルトコンベヤーシステムがあり，さまざまな画像化システムが使用されるだろう．たとえば，植物の構造を決定して成長を追跡するための多重視野カメラあるいはレーザスキャナ，気孔の挙動の指標として温度を測定する熱画像カメラ，光合成を研究するための蛍光画像化装置，組織の生化学的組成についての情報もしくは植生指数を利用した群落発達についての潜在的な情報を提供する可視・近赤外反射率センサ(マルチスペクトル

もしくはハイパースペクトル)がある(Furbank & Tester, 2011, Montes et al., 2007).秤量センサは，水使用の直接的な情報を提供する．核磁気共鳴画像化装置(NMR)とX線コンピュータ断層撮影(CT)のような他の特別なセンサも，とくに根系構造についての研究において含まれるかもしれない(ただし，より安価な透明素材を利用した根の画像化システムのほうが，より一般的だろう(Iyer-Pascuzzi et al., 2010)).

多色蛍光画像化装置(Langsdorf et al., 2000)とMultiplex®(Force-A, Centre Universaire Paris Sud, Orsay, France; www.force-a.fr)のようなセンサは，青(440 nm)，緑(525 nm)，赤(685 nm)と遠赤(740 nm)の蛍光の変化を利用し，細胞壁に存在するフェルラ酸とクロコゲン酸のようなフェノール化合物を別々にモニタできる．異なる波長の蛍光強度比は，生物的・非生物的ストレスに対する植物の応答(Langsdorf et al., 2000, Jones & Vaughan, 2010)と表現型解析(Bürling et al., 2013)の強力な指標として使用できる.

しかし，植物について莫大なデータを収集することは，必ずしも作物改良に役立つとは限らないことを付け加えておく必要がある．また，どの形質(たとえば，3次元画像化によって求められる構造的側面，あるいは気孔の挙動のような機能的応答)に価値があるのかについて，明確な仮説をもつ必要もある．適切な表現型の選択は，たとえば熱画像化によって気孔の挙動を評価するときには比較的容易そうであるが，高いコンダクタンス(よって高い光合成)と低いコンダクタンス(よって高い水分保護)のどちらの遺伝子型を選ぶべきか，もしくは水欠乏に対して感受性の高い遺伝子型が本当に適切であるかについては，あまり明確ではない．実際，最適状態は，植物が栽培される環境に依存している．しかし，従来のガラスハウスによる表現型解析プラットフォームでは，得られる結果はポットの大きさそのものや，植物とポットの大きさとの間の相互作用のような要因に依存しており，根の成長に制限のない野外における遺伝子型の相対的なふるまいについての有用な情報をもたらさない．さらに，3次元画像化による形態と成長についてのデータの解釈と利用は，より不確かである．

したがって，植物育種家にとってより有用なのは，自然の現場環境において何千という個別の遺伝子型の表現型解析を可能にするシステムである．移動クレーンや気球などの可搬型プラットフォームからの画像化は，育種苗床に適した熱画像を提供する一方で，航空機や無人航空機(UAV)からのセンサ利用は，気孔コンダクタンスの尺度としての群落温度の研究にはとくに適している(Jones et al., 2009)．柔軟性と解像度のもっとも高い情報が，作物の間を移動する可搬性の非常に高い画像化装置(「フェノモバイル」，図12.3参照. White et al., 2012)，あるいは，センターピボット灌漑設備[†]

[†] (訳注)Centre-pivot ir-igator. 自走式の散水管で半径400〜1000 mの範囲に地下水をスプリンクラー灌漑する装置．アメリカや中東の乾燥地域で利用されている．

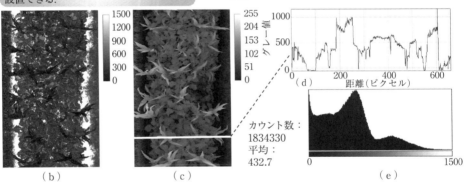

図12.3 （a）移動式表現型プラットフォームの説明図(Phenomobile II, オーストラリア高解像度植物表現型解析センター，キャンベラ；www.plantphenomics.org.au/HRPPC 参照）．センサバーは実験目的に合わせてさまざまなセンサを搭載でき，群落構造（ステレオ写真やライダーのような）や，群落生化学組成（たとえば，窒素や含水量のような性質を推定するさまざまな植生指標が得られる広帯域 R/NIR センサか分光放射計）などの情報が得られる．また，熱画像カメラやセンサ類によって蒸発と気孔コンダクタンスについての情報が得られる．トウモロコシとナタネの混植作物畑上の走査型スキャナによる典型的なライダー画像（波長 660 nm）から得られた（b）密度マップと（c）高さマップ．（c）画像内の白線上の（d）高度トランセクトと（e），（c）で示した区域の高さヒストグラム（未公表データ．R. Furbank, J. Jimenez-Berni, D. Deery, X. Sirault からの許可）．

上に搭載したセンサ(O'Shaughnessy & Evett, 2010)によって得られる．この分野は急速に発展しており，つねに新しいシステムが利用可能になっている．

最近では，処理能力の高い表現型解析と，情報学とシステムモデリング，トランス

クリプトミクスとメタボロミクスの発展，時系列応答データについての機械学習と多変量統計解析を組み合わせた，多くのストレス応答における複雑制御ネットワーク発見のための手段が提供され始めている(Beal et al., 2005)．それにもかかわらず，この方法が広く一般に応用可能な結果を生み出すには，まだ解決すべき問題がたくさんある．この方法における重要な段階は，同定された制御ハブ遺伝子の候補を検証し，試験することである．その後，適切な遺伝子の機能欠失型変異型の発生やスクリーニング(ふるい分け)などの逆遺伝学的手法によって，結果をテストできるだろう．

12.1.3 高速スクリーニング試験

人工的に強力な選択圧がかけられる高速スクリーニング試験は，とくに耐病虫害性の育種を行う多くの事例でうまく活用されてきた．同様に，苗の生存率試験は，低温，高温，乾燥や塩ストレスに対する耐性について膨大な数の植物をスクリーニングするのに利用できる．加えて生理学は，特定の環境に対しての適切な日長や春化要求について植物を選抜することに価値があることを証明してきた．

スクリーニングが実施できるための属性は四つのクラスに分けられ，そのうちのいくつかだけが，現在開発されている表現型解析プラットフォームに適している．

1. **外部形態と内部形態**　草丈，葉の大きさ，あるいは気孔頻度のような形質を含む．実際に，これらは育種家にとってもっとも容易で広く利用されており，現在の表現型解析プラットフォームを利用することで容易に選択できる．
2. **組成**　タンパク質やリジン含量のような子実組成のスクリーニングは広範囲に行われている．色素組成のような限られた数の形質は，個葉から群落全体に移ることで精度が低下するハイパースペクトル反射率を利用した高速スクリーニングに適している．乾燥耐性を試験するためにアブシジン酸濃度のようなホルモン含量をスクリーニングすることも，このクラスに含まれる(下記参照)．
3. **プロセス速度**　たとえば，光合成，呼吸や春化のようなプロセスを含む．
4. **プロセス制御と機能的応答**　一般的に，水分状態の調節あるいは成長，蒸散や光合成のような過程の調節における違いをスクリーニングすることは難しい．これは，条件を変化させた場合の気孔開度のような形質の応答変化の評価が必要になり，少なくとも2倍の観察数が必要になる．

すでに説明したように(たとえば，第5章の気孔の挙動に対する蒸発と水利用効率の感度)，多くの形質にとって遺伝子型の示すパフォーマンスは隣接個体，そして環境それ自体との相互作用に依存するため，選択された遺伝子型のパフォーマンスは作物スケールで試験する必要がある．しかし，モデルの利用によって，挙動を予測して不適当な理想型の開発のための無駄な努力を減らすための有用な根拠を提供できる．有

用なスクリーニング試験は，つぎのような多くの判定基準を満たす必要がある．
　（ⅰ）対象形質は収量そのものよりも評価しやすい．
　（ⅱ）現場において，形質と収量の間に（なるべく因果関係を示す）相関がある（ただし，これは他のもう一つの形質と組み合わされたときにのみ生じるかもしれない）．
　（ⅲ）試験は単純で高速で安価で，なるべく年間を通じて苗を用いて行える．
　（ⅳ）形質には遺伝的な変異がある．
応答の推定に必要とされる試験は，一つの測定についての試験のほうが，より複合した試験よりも，通常，有用である可能性が高い．

　特定の形質についてのスクリーニング方法として，多くの生理学的試験が提案されてきたが，すでに説明したような補償効果のために，収量改善にはほとんど成功してこなかった．生理学的な大量スクリーニング試験の典型例は，C_4 経路（7.9.4 項）で突然変異体を識別するための（CO_2 濃度の）補償点試験である．このような特殊な生理学的選抜や，他の極度に単純化した試験は失敗した．同様に，鍵遺伝子や律速遺伝子とよばれる遺伝子断片を形質転換によって栽培種に導入する試みも失敗した．これらの失敗は，一般に植物成長と収穫物生産過程で生じる多くの補償プロセスの複雑性を認識できなかったことに起因する．1980 年代には高い選択圧を与えるシステムに興味がもたれ，培養したプロトプラストを利用して，浸透圧ストレスや塩分ストレスへの耐性について選抜した．選抜された細胞株は，改良遺伝子型のクローン再生に直接利用できるかもしれないという狙いがあったが，これらの研究はいまだに期待に応えられていない．その理由の一つは，孤立した細胞と比較して，通常に生育している植物で一般にみられる耐性メカニズムは大きく異なることである（Rains, 1989）．

12.1.4　理想型の定義

　原則として，収量生産のメカニズムについての詳細な知識によって，これまで行われてきた単純で経験的な育種方法によって最高収量をもつ植物を選抜するやり方を短絡できるようにするべきである．とくに，もっとも収量を制限している過程を正確に示すことで，労力を集中し，制限を克服する方法を示せるだろう．作物生理学では，収量を決定する過程の情報と数理モデルを利用し，すべての段階で最適な応答を決定することで，理想的な植物あるいは理想型（ideotype）を定義する（Donald, 1968）．つぎの段階は，育種家が利用できる高速スクリーニング技術を考案することだろう．育種計画における生理学の目的は，つぎのようにまとめられる．
　（ⅰ）特定の状況に対する理想的な植物の理想型（ideotype）を定義する．
　（ⅱ）高い選択圧を与えられる高速スクリーニング手順あるいは技術を考案する．

すべての作物の最終収量は，遺伝子型によって決定される発達過程と環境との相互作用の累積効果に依存する複雑な過程によって決定される(図12.4)．穀類作物にとって，生活環は栄養相と生殖相に分けられ，栄養相期間の成長が，達成可能な収量からの制限を決定する．

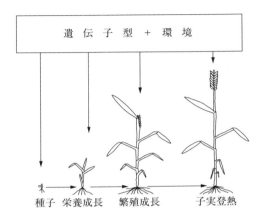

図12.4 穀物の最終的な子実収量は，成長サイクル全体に及ぶ遺伝子型と環境の効果の総和である．

環境と遺伝子型が子実収量をどのように決定するのかは，初期には収量構成要素解析(Englendow & Wadham, 1923)に基づいて解明が試みられていた．彼らは「理論的な手順は，単位面積あたりの収量を制御する植物の形質を見つけてから，最適な形質の組み合わせをもつ植物を，総合的な連続した交雑によって育成することである」と提案している．このやり方では，単位土地面積あたりの収量を，いくつかの要素の積として扱える．すなわち穀類ではつぎのように表される．

収量＝植物個体数［個体数 m^{-2}］×穂数［穂数 個体数$^{-1}$］
　　×子実数［子実数 穂数$^{-1}$］×子実あたり質量［質量 子実数$^{-1}$］

この考え方の特徴は，各要素への効果を分割して調べることにあるが，もちろん，それらはすべて相互作用しており，たとえば，植栽密度［個体数 m^{-2}］が高くなると，植物個体あたりの穂の数が減ったり，サイズが小さくなったりするという補償応答につながる．そこには階層が存在する傾向もあり，たとえば，穀粒の質量はもっとも安定している(遺伝率は高く，環境の影響は小さい)が，穂の大きさは安定度が低く，植物個体あたりの穂数はさらに遺伝率が低く不安定である(Sadras & Slafer, 2012)．一方で，そのような補償応答が不完全であることを示せれば，収量の進歩が望めるだろう．

その後，成長解析の技術が採用され(たとえば，Watson, 1958)，着目点が葉面積あたり(純同化速度：第7章)から，単位土地面積あたり(作物成長速度(CGR))に変化した．成長解析の利用で，より詳しく炭水化物の分配の動態が分析できるようになった．生産力における光合成の重要性が認識されると，葉面積指数やその時間積分である葉積(leaf area duration：LAD)が注目された．最近では光合成改良の必要性が強調されるようになったが，12.3.3項でみるように，20世紀初頭以降における収量の向上において，葉の光合成の改良による貢献はかなり小さい．

さらに，経済的収量は総乾物生産だけでなく収穫指数にも依存していることが明らかになった．収穫指数の概念が重要であることは，100年も前にオオムギの育種家である E. S. Beaven によって認識されていた(彼はそれを「移動係数(migration coefficient)」とよんだ．Donald & Hamblin, 1976 参照)．品種改良における収穫指数の重要性は，1940年代にイギリスで広く栽培されたコムギ品種である Little Joss と Holdfast と 1970年代に利用できるようになった Maris Huntsman, Maris Kinsman と Hobbit の比較(表12.1)でよく例証される．また収穫指数の改良は，緑の革命におけるイネ，コムギとトウモロコシの収量改善において主要な役割を果たした．近代の半矮性品種における収量増加の大きな部分は，収穫指数の増加に帰因するもので，短い茎という性質自体が乾物の必要性を減少させている．同様に，水供給や窒素施肥のような環境要因に対する収量の応答の一部は，図12.5で描かれているように，収穫指数に依存している．

表12.1 秋まきコムギ数品種の収量特性(Austin, 1978 からのデータ)．

品　種	発表時期	穂基部までの高さ [cm]	相対収量 [％]	収穫指数 [％]
Little Joss	1908	130	100	30
Holdfast	1935	112	94	31
Maris Huntsman	1970	95	148	40
Maris Kinsman	1975	82	145	38
Hobbit	1975	67	166	45

おそらく，理想の植物を定義する試みにおいてもっとも難しい原因は，ほとんどの植物が大きな収量補償能力をもつためである．Donald, 1968 によるコムギの理想型は，直立した数枚の葉と大きな穂と一つの稈で，短くて強い茎をもつことであったが，しかし現在では，同程度に優れた，別の理想型があることは明らかである．たとえば，収量構成要素の研究によれば，単純に植物個体あたりの穂数を増やすことが，収量を増加させるためのよい方法であると考えられていた．しかし残念ながらそのような単

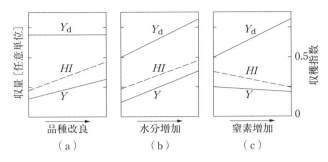

図12.5 経済的収量 Y に対する総乾物生産 Y_d と収穫指数 HI の変化の寄与. (a) 品種改良(主に HI が増加), (b) 水分増加(Y_d と HI の両方が増加), (c) 窒素施肥増加(Y_d は増加するが, HI は減少) (Donald & Hamblin, 1976 より変更).

純なやり方は, 補償作用によってそれぞれの穂の大きさが減少してしまうために, 必ずしもうまくいかない. 実際, 同程度の収量を得るための戦略は非常に多様である. たとえば, 二条オオムギの品種は多くの比較的小さな穂をもつが, 比較的少ない大きな穂をもつ六条オオムギと同適度の収量をもたらす(たとえば, イギリス秋まきオオムギの奨励リスト(2012/13)参照, www.hgca.com). 補償作用は生活環のすべての段階において起こりうる. たとえば, いくつかの種がうまく発芽できなくても, 隣接した植物がより多くのシュートや大きな葉面積を作り出すことで補償する.

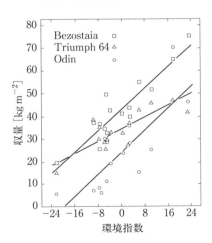

図12.6 コムギ収量における典型的な遺伝子型×環境相互作用. 複数地点での国際収量試験の結果. 収量は環境指数(すべての品種に対して平均されたサイト平均収量)に対してプロットされる. 三つの遺伝子型のそれぞれに対する回帰直線を示す. Bezostaia と Odin にはこれらの環境に対する G×E 相互作用はみられないが, Triumph 64 は環境に対してより安定した収量をもつまったく異なる反応を示す(Stoike & Johnson, 1972 より).

もう一つの問題は，異なる品種の相対的な生産力が，それらが育った環境に依存することである．遺伝子型×環境相互作用の典型的な例を図12.6に示す．通常の高い潜在収量をもつ品種は，ストレス(この場合は乾燥)の影響をもっとも受けやすく，一般に，高い生産力は高いストレス耐性とは両立しない(たとえば，Sadras & Calderini, 2009 参照)．遺伝子型×環境相互作用は，Yates & Cochran, 1938, Finlay & Wilkinson, 1963, Eberhardt & Russell, 1966 による古典的な論文で扱われている．これらのやり方は遺伝子型と環境との間の関係が線形であることを仮定しているが，多変量統計学の進歩によって，これらの関係が複雑であることが示されており，より完全に記述するために相加主効果相乗交互作用解析(additive main effects and multiplicative interactions：AMMI, Gauch, 1992)のような技術が開発されてきた．さらなる情報はXu, 2010 を参照してほしい．

12.2 作物理想型のモデル化と決定

植物環境生理学におけるモデルの利用については，第1章で，異なる環境における植物形態と生理応答の変化の結果を調べるためにモデル化技術を利用した例を取り上げた．これらのモデルには，特定の環境に対して葉の大きさと気孔のふるまいの最適な組み合わせを決定するための水利用効率モデル(第10章)と，放射の遮断を最大にする葉面の最適角度を示す放射伝達モデル(第2章)が含まれる．このようなモデルは，植物の分布を説明し，ある環境における最大収量のための作物理想型を決定するために利用できるだろう．本節では，最適化の非常に単純な例を利用して，作物理想型を決定するためにモデルがどのように利用できるか，その原理について例証する．同様の最適化は，多くの他の形質の組み合わせにも応用できる．

12.2.1 栄養成長から生殖成長への移行時期

最適化理論を利用した興味深い例として，Cohen, 1971 は，どのような環境でも，最大子実収量は，利用可能なすべての光合成産物を栄養成長に利用する栄養成長相から，すべての資源を子実成長に利用する生殖成長相に即時に移行する植物によって達成されることを示した(Paltridge & Denhom, 1974 も参照)．多くの植物，たとえばコムギのような穀物では，このタイプに近い応答を示し，実際に栄養成長が終わった後でほとんど同期してすべてのシュートで開花する．一方で，たとえばほとんどのマメ科植物のように，開花パターンが「不確定」な種も多い．これらの種は，最初に形成された種子が熟している間にも成長し，花を作り続ける．この不確定なふるまいは，おそらく，比較的予測が難しい環境への適応であり，たとえ生育期間が短くなった場合でもいくらかの種子は生産しておき，そのうえで水分供給が維持された場合にさら

なる種子生産を行うためである.

特定の環境に対して新しい作物を作り出そうとする植物育種家や,適切な遺伝子型を選抜しようとする農学者が直面する疑問は,「この環境における栄養成長期から開花期への最適な切換時期はいつか」である.これに答えるためには,まず作物モデルを構築し,適切な方法で最適時期を見つけなければならない.これには数理解析かグラフ法,あるいは繰返し解法が必要になる(Thornley & France, 2007).

非常に単純なモデルから始めるために,すべての光合成産物は子実成長か葉面積拡張に利用でき,固定された T 日の生育期間があるとを想定する(ここでは計算を簡単にするために $T = 10$ [day] と仮定するが,より現実的な数に容易に置き換えられる).さらに,1単位の葉面積 A が与える光合成産物の質量が b であると仮定すると,すべての光合成産物が葉面積に転流する栄養成長相では,以下のようになる.

$$dA = \frac{dm}{b} \tag{12.1}$$

ここで,b の値は,茎や根などの支持組織に必要とされる光合成産物の量と葉厚に依存する.同様に,光合成産物の生産速度($\mathbf{P} = dm/dt$)が次式のように葉面積に比例すると仮定する.

$$\mathbf{P} = aA \tag{12.2}$$

ここで,a は定数である.初期葉面積 A_0 を仮定する必要もある.これらをもとにして,以下のようなさまざまなモデルが得られる.

|不連続モデル| おそらくもっとも単純な方法は,葉面積の増加は夜間にのみ起こり,季節を通した葉面積の成長が図12.7に示す不連続曲線によって与えられると仮定するモデルである.栄養成長相から開花相への切換が季節の早い時期に起こると,子実を充実させるのに利用可能な期間が長くなるが,利用可能な葉面積が小さいために充実の速度は遅くなる(図12.7(a)の破線).しかし,切換が遅れると葉面積(および結果として光合成速度)は大きくなるが,利用可能な時間は短くなる.

子実充実に利用可能な光合成産物の総量は,適切な葉面積と残された時間の積に対して光合成速度を掛けたものになる.t 日後の葉面積を A_t と示すと,子実乾物の潜在収量はつぎのように与えられる(Y_d は CO_2 と等価).

$$Y_d = aA_t(T - t) \tag{12.3}$$

最大 Y_d をとる最適な切換時期は,図12.7(b)で示すように,0 と T の間のすべての t に対して式(12.3)を解くことで決定される.このことから,選択した特定の値($A_0 = 1$, $a = 1$, $b = 2$)に対して,最適な切換は8日後である.

|連続モデル| 式(12.1)のように光合成産物からすぐに新しい葉面積が生成できるとすると,図12.7(a)の破線で示される連続指数成長曲線が得られる.この場合は,

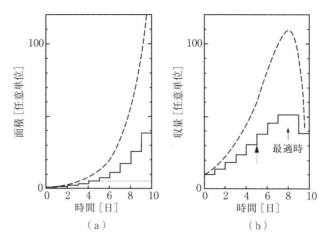

図12.7 穀物についての収量モデル(本文参照).(a)不連続モデル(実線)もしくは連続モデル(破線)の葉面積増加.破線は不連続モデルにおいて,開花期への切換が5日目に起こる場合の葉面積の時系列変化を表す(よって,これ以上の葉面積増加はない).(b)栄養成長から開花への切換時期についての二つのモデルに対する最終収量の依存性.点矢印は5日目以降の開花切換に対応する収量を示す.

葉面積の変化速度はつぎのように書ける.

$$\frac{dA}{dt} = \frac{1}{b}\frac{dm}{dt} = \frac{P}{b} \tag{12.4}$$

式(12.2)を代入するとつぎのようになる.

$$\frac{dA}{dt} - \frac{a}{b}A = 0 \tag{12.5}$$

これは,すでに示した一次微分方程式で(たとえば式(4.31)),つぎのようになる.

$$A = c\,e^{(a/b)t} \tag{12.6}$$

ここで,c は任意の定数である.c の値は特定の値を変数(=境界条件)に代入することで得られる.すなわち $t = 0$,$A = A_0$ では,つぎのようになる.

$$c = A_0 \tag{12.7}$$

式(12.6)に代入すると,A の時間依存の関数はつぎのように与えられる.

$$A_t = A_0 e^{(a/b)t} \tag{12.8}$$

前と同様に,さまざまな t に対して Y_d を計算し,最大 Y_d をもたらす t を図12.7(b)から補間することで,t に対する最適値が得られる.

より簡潔な解法は微積分を利用することである.式(12.8)を式(12.3)に代入すると,

$$Y_d = aA_0 e^{(a/b)t}(T - t) \tag{12.9}$$

となる.図12.7(b)より,最大 Y_d において Y_d と t の関係の曲線の傾きは水平にな

る（すなわち，$dY_d/dt = 0$）．そのため，t に対する最適値は，微分によってつぎのように求められる．

$$\frac{dY_d}{dt} = aA_0 e^{(a/b)t} \left(\frac{a}{b}T - \frac{a}{b}t - 1\right) \tag{12.10}$$

そして dY_d/dt をゼロとおいて，t について解く．その結果 $t = T - b/a$ が得られ，これは最小ではなくむしろ最適であることを簡単に示せる．b が増加するにつれて，最適な時期が早まる．

さらに複雑なモデル　ここまでのモデルは説明のためには役立つが，式(12.2)のように多くの重要な簡略化を含んでいる．実際のモデルでは，葉面積指数が3程度より大きくなると値が減少に転じることを考慮しており，式(12.2)は，たとえば次式のような直角双曲線に置き換えられる（第7章参照）．

$$P = P_{max} \frac{A}{k + A} \tag{12.11}$$

残念ながら，この式や，他のより現実的な仮定をした微分方程式は急激に複雑になり，解析的には解けなくなる．そのため，より現実的なモデルを解くには，一般にコンピュータ上での処理を利用する．他の改良としては，環境条件に季節的・日的変化の扱いを含めることや，気孔のふるまいの適切なモデル化などが含まれる．

12.2.2　動的作物シミュレーションモデル

動的作物シミュレーションモデルは，どのように環境が収量に影響を及ぼすかについて定式化して仮説を検証することや，特定の環境において特定の表現型形質がどのように収量に影響を与えるかについて調べるために，数多く開発されてきた．もっとも初期のモデル(de Wit, 1965)は，生産量の制御における光遮断（受光）と光合成の役割についての発展しつつある知見に基づいていた．最近では，モデルは改良されて能力が向上し，ほとんどのモデルは発育，光遮断，光合成，呼吸，水利用や乾物分配などの個別の作物過程を表すサブシステム群を含み，しばしば播種日，水管理や土壌栄養のような重要な管理過程を調べることもできる．より機械論的なモデルは，遺伝と環境による収量の制御の理解を目指す傾向にあるが，一方で他のより経験的なモデルの多くは，作物管理の最適化を目指している．

これらのモデルによって最適値を求めるのではなく，特定の要素（たとえば，開花時期）を変化させる因果関係を調べることもできる．これは，明らかに特定の環境に対する作物の理想型を求めるために利用できる．これらのシミュレーションモデルの感度分析は，収量の制御過程を理解するために不足している部分を正確に示し，育種や管理においてもっとも受け入れやすい改変についての収量決定過程を決定すること

に利用できる．大規模生態系モデルもまた，生物学的・物理学的な環境変化の結果を調べるために同じような方法で利用できる．

長年の間，大規模な動的シミュレーションモデルが，モロコシ（Arkin et al., 1975），コムギ（AFRCWHEAT2, Porter, 1993 や CERES Wheat, Ritchie et al., 1985. http://nowlin.css.msu.edu/wheat_book 参照），ワタ（GOSSYM, Whisler et al., 1986）のような，特定の作物のために開発されてきた．最近では，気候，土壌，作物管理データベースによって支えられた多くの個別の作物モデルが，DSSAT（http://dssat.net）と APSIM（McCowan et al., 1996. www.apsim.info/Wiki/APSIM-and-the-APSIM-Initiative.ashx）のような意思決定支援システムに組み込まれている．これらのシステムは，どちらも無料でダウンロードできる．

これらの大規模シミュレーションモデルの見かけ上の現実性にもかかわらず，ほとんどの複雑モデルに含まれる大幅な還元主義と複雑性がしばしば逆効果をもたらすことを示す結果がある．これは，増大するモデルの複雑性が要素間の相互作用の理解をより困難にしていることと，より複雑なモデルはより多数の経験的パラメータを必要とし，収量や水利用のような出力予測において単純なモデルよりも正確でないことの両方が原因である（Sinclair & Seligman, 1996）．たとえば，5個（Jamieson et al., 1998）もしくは13個（Goudriaan, 1996）のコムギモデルの結果は，同一環境条件下においてかなり大きなばらつきを示した（そして，より単純なモデルは，複雑なモデルよりも優れていることが多かった）．そのため，とくに教育や研究目的では，本節の初めに紹介したもっとも単純な可能モデルを用いるほうがよい．なぜなら，ほとんどの場合，すべての多数の相互作用を含んだより複雑なモデルよりも，システムのふるまいをよりよく理解可能な形で描けるからである．

上記の単純な「試行錯誤」最適化手法は，広範囲の問題に役立つように適用できる．また，きわめて単純な仮定に基づいたこのタイプの試行は，最適化と，収量の決定において，異なる要素がどのように相互作用するのかについての教育的な洞察をもたらすと思う．授業計画に適した例として，最適播種密度（高い播種密度では群落が早く閉じてしまうことに対して余剰種子のコストをつり合わせる）や，最適気孔挙動（第10章参照）を決定することや，水が制限されているときの根とシュート間の光合成産物の最適分配を調べることなどがある．上記で言及した APSIM のモデル環境は，とくにこのような評価のための強力な手段であり，より複雑なシミュレーションにも適用でき，現在は無料であり，使用方法も比較的容易である．広範囲の作物と異なる管理手法の効果を調べるために容易に利用でき，異なる潜在的植物理想型の潜在的有効性を調べることにも適用できる．

利用可能な遺伝子科学的手法はますます強力になっており，理想型によるやり方を

「育種設計（breeding by design）」とよばれているものへ拡張させられるかもしれない．これは，単一の標的形質に集中するのではなく，異なる形質が集積される（gene-pyramiding）新しい品種に，特定の対立遺伝子の最適な組み合わせを選抜して送り込むために分子情報を利用するものである（Fischer, 2011）．このやり方は，トウモロコシ（Chapius et al., 2012）とモモ（Quilot-Turion et al., 2012）のような作物に適用されつつある．しかし，よい作物シミュレーションモデルを得ることが難しかったように，集積可能な形質を確実に予測するまでの道のりはいまだ長い．システムズモデリング（systems modelling, Yin & Struik, 2008）を利用して，ゲノム機能解析による新しい情報を作物全体の生理学へ結びつけることがもっとも大きな進歩につながるだろうが，遺伝子改変の効果は，分子から作物レベルへと移行する際に減少する傾向があることは覚えておく必要がある．すでに相当の進歩が達成されているが，これまでの過度な楽観主義による特定の形質や遺伝子の取り込みが新品種にほとんど移行されなかったという過去の失敗を繰り返さないことが大切である．

12.2.3 理想型の検証

　育種家にとって，理想型の開発において欠くことのできない段階はその検証である．もっとも単純なやり方は，適当な条件下において，遺伝子型セット内で形質の発現と収量との間の正の相関をみることである．さらによいやり方は，対象形質のみが異なる同質遺伝子系統を利用することである．残念ながら，実用品種においては，形質が突然変異体として発現しないかぎり，同質遺伝子系統を用意するには，多数の戻し交雑過程を伴う完全な育種計画を必要とする．このため，わずかな形質のみが同質遺伝子系統を利用して検査されてきた．例としては，オオムギにおける気孔頻度（下記参照）と単稈（1本の主茎）についての突然変異がある．

12.3　応用例

　過去には，環境生理学の応用の成功例として灌漑計画における蒸発モデルや，果樹管理のための剪定システムの評価における光透過モデルの利用など，作物管理の分野で重要な応用例があったにもかかわらず，その多くは「説明的」であった．本節では，潜在的に植物育種計画に組み込める生理学的手法のいくつかの例を検討する．

12.3.1 乾燥耐性のための育種

　乾燥は，多くの地域で収量を制限する主要因であるが，しばしば灌漑は不可能か非経済的であるため，今日に至るまで乾燥耐性品種の育種に多くの努力が払われている．多くの有用な情報がWebサイトにある（たとえば，www.plantstress.com と www.

generationcp.org）．また，シロイヌナズナのストレス耐性に関連した遺伝子を含む有用な情報は，rarge.gsc.riken.jp にある．数多くの形質が乾燥耐性をもたらすが（第10章），すでにみたように，最良の組み合わせは，作物，栽培される気候，さらには農法に依存する．表12.2 は，モロコシ（主に半乾燥地で栽培される作物）の乾燥耐性育種計画において組み込みが推奨されてきた形質のリストである．現在の育種技術において，モロコシの乾燥耐性を著しく改良する可能性の高いものに，＋＋＋ をつけて示した．クロロフィル a 蛍光（第7章；Havaux & Lannoye, 1985）や炭素同位体分別（第10章）の利用のような，他の数々のスクリーニング試験が提案されてきており，^{13}C 分別の利用は実用品種の公開に有望であることがすでに示されている（Condon et al., 2002）．多くの代謝形質（たとえば呼吸）や応答形質（たとえば発育可塑性や気孔閉鎖）においては，著しい遺伝的変異が存在するにもかかわらず，それらの利用は現在でも不確かである．熱画像が気孔応答についての表現型解析のための高効率のよいシステムを提供すると思われるが（Jones et al., 2009），スクリーニング技術の改善が本当に必要とされている．多数の苗に適用可能な熱と乾燥耐性の試験にも相当の見込みがあるが，乾燥条件下での収量との相関については一般的な検証がさらに必要とされる．

乾燥応答性についての育種には将来的な価値があるという楽観論がまだ多くあるが，興味深いことに，これまでのところ，水制限条件における収量改善のほとんどの成功例はストレスのない条件で選抜された結果である（Cattivelli et al., 2008）．それにもかかわらず，乾燥条件下の収量と関係する QTLs（Tuberosa & Salvi, 2006）について理解が深まると，マーカー利用選抜を通して，また，潜在的に基礎を成している遺伝子の同定とそれらの遺伝子工学における利用を通して，育種家にとって重要な手段をもたらす．ただし，これらは主に量的な多重遺伝子性による形質に関係しているため，潜在的な応用範囲は限られている．

気孔形質の利用　気孔は水分損失の制御に対して中心的な役割を担うため，乾燥耐性のための育種ではその気孔形質の利用に多くの努力が払われてきた（たとえば，表 12.2 の 10，14 番を参照）．第 10 章において記述したような生理学的な考察によって，乾燥耐性の上昇は水利用速度を減少させるため，水利用効率を高めるだけでなく，土壌水分もより長く保持できるために好ましいという見方をもたらした．これは，気孔コンダクタンスを減少させることで達成される．そのため，生理学者と育種家は，気孔形質を選抜するため，つぎに挙げるような方法を試みてきた（Jones, 1987a）．

気孔頻度　気孔頻度が低下するとコンダクタンスも減少すると予測されるため（第 6 章），単位葉面積あたりの気孔の数を減らす選抜が数多く試みられた．気孔頻度に対する遺伝子変異はそれなりにあり，いくつかの研究は当初の目的を達成した．気孔頻度の減少は，水利用を減少させ，水利用効率を向上させることが可能であるとい

表12.2 モロコシ改良計画において利用可能な乾燥耐性の形質(Seetharama et al., 1982から修正と拡張).

	技 術	遺伝的変異	育種への見込み
形態的－生物季節的			
1. 成熟度	視覚	＋＋＋	＋＋＋
2. 発育可塑性	視覚	＋？	＋？
3. 光沢葉	視覚	＋＋＋	＋＋＋
4. 葉数，大きさ，形状	視覚	＋＋	＋＋
生理学的－構造的			
5. 耐脱水性	生存試験	＋＋＋	＋＋＋
6. 耐熱性	生存試験，イオン漏出	＋＋＋	＋＋＋
7. 高成長速度	視覚，成長解析	＋＋？	＋＋
8. 低呼吸速度/高光合成速度	ガス交換/クロロフィル蛍光	＋＋？	＋？
9. ストレス後の回復	視覚	＋＋＋	＋＋＋
10. 解剖学的(気孔密度など)	顕微鏡	＋＋？	？
11. 根/シュート比	成長解析	＋＋	＋
12. 水相抵抗	圧チャンバー	？	？
13. 深根性	根箱，除草剤試験	＋＋	＋？
生理学的－条件的			
14. 気孔閉鎖	葉温，ポロメータ	＋＋	＋＋＋
15. 葉巻き込み	視覚	＋＋＋	＋＋
16. 表皮ワックス生産	視覚，化学分析	＋＋	＋＋？
17. 葉面積増加	視覚	＋＋	＋？
18. 葉の老化	視覚	＋＋＋	＋＋＋
19. 茎内貯蔵物質の再流動化	^{14}C，成長解析	＋＋？	＋＋＋？
20. 根成長の相対的増加	根箱，成長解析	＋＋	＋＋
生理学的－代謝的			
21. 浸透圧調節と適合溶質合成	サイクロメータ，化学分析	＋＋？	＋？
22. 抗酸化システムの活性化	化学分析	？	？
23. アブシジン酸生産	化学分析	＋＋	？

プラスの数は，すべての形質に存在する変位と，育種への可能性を示す．

う報告があるが，そのことは不利にもなりうる．たとえば，単位葉面積あたりの気孔頻度を減少させることは，乾燥耐性を向上させるという考えを検証するための試行において，気孔頻度についての同質遺伝子系統がオオムギで開発されたが，驚くべきことに，期待に反して，低頻度系統は高頻度系統と比較して単位葉面積あたりの蒸散速度が6%も速かった（表12.3）．さらなる解析では，選抜によって気孔頻度の減少に成功しても，孔隙サイズの増加（それゆえ葉のコンダクタンスが変化しなかった）と総葉面積の増加によって相殺されてしまうことを示した．実際，葉面積の増加は蒸散に対する効果で主要なものであった（表12.3）．したがって，今後の低気孔頻度の育種の試みは，葉（と細胞）の大きさと気孔頻度の間の負の相関を考慮しなければならない．

表12.3　単位面積あたりの気孔頻度の選抜が2対のオオムギ系統の水利用に与える影響（Jones, 1977b のデータ，D. C. Rasmussen によって開発された同系統に基づく）．

	植物全体		止め葉			
	蒸散 [g day^{-1}]	葉面積 [cm^2]	気孔頻度 [mm^{-2}]	気孔隙長 [μm]	葉面積 [cm^2]	葉のコンダクタンス [mm^{-1} s^{-1}]
高頻度系統						
Minn. 92-43	73	329	83.4	16.7	24.9	4.6
CI 5064	75	412	97.6	17.7	18.3	4.6
低頻度系統						
Minn. 161-16	110	513	67.8	19.1	29.0	5.1
CI 4176	128	522	65.8	20.4	21.7	4.7

気孔コンダクタンス　気孔コンダクタンス（あるいは群落温度のような代理指標）の直接的な測定は，原則として気孔頻度のような構成要素の測定よりもよい．しかし，ポロメータによるコンダクタンスの測定自体は可能であっても，（とくに野外現場での）生物学的そして環境的な変動のために，遺伝子型の違いを区別するためには多数の観測が必要となる．そのため，より有望な方法は，多くの葉や植物のデータを素早く平均できる熱画像を利用することである（Jones et al., 2009）．一方で，群落高が低下するにつれて群落温度が上昇する傾向は，群落温度をコンダクタンスの単純な指標として利用することを妨げるかもしれない（たとえば，Giunta et al., 2008）．

気孔応答　低い気孔頻度や低いコンダクタンスについての選抜が潜在的に不利な点は，水分が十分にある環境での光合成を制限する可能性があることである．そのため，理論的には，乾燥への応答において，効果的に気孔を閉鎖する個体を選抜するべきである（表12.2）．残念ながら，動的な応答を測定することは定常状態を測定するよりも難しく，最低でも2倍の測定数が必要となるし，結果を完全に解釈するには葉の

水ポテンシャル ψ_{ℓ} の同時測定が必要となる．さらに複雑な点は，平均コンダクタンスと平均応答の両方が発育段階に応じて変化する傾向があることである(Jones, 1979)．

アブシジン酸生産　気孔応答については直接的な選抜が困難であり，植物の成長制限因子であるアブシジン酸(ABA)がストレスによって生産され，気孔を閉鎖することが知られているため，乾燥に応答して高い ABA 生産性をもつ系統を選抜することが，乾燥耐性品種を得るための近道となる可能性に注目が集まっている．残念ながらそのような方法は明らかに単純すぎで，これは，高レベルの ABA は，気孔制御が優れておりストレスが回避されている状況(モロコシとトウモロコシの乾燥耐性品種のように．たとえば，Larqué-Saavedra & Wain, 1974)，もしくは植物があるストレスを受けているために起こっている状況(たとえば，コムギの場合，Quarrie & Jones, 1979)のどちらも示しているからである．現在では，数多くの品種についての育種実験によって，ABA 生産の遺伝性が確認されている(異なる ABA 集積能力の育種についての詳細は，Quarrie, 1991 参照)．

遺伝子工学と遺伝子挿入　乾燥耐性を与える遺伝子を同定するためのやり方にはつぎのようなものがある．

　（ⅰ）乾燥適応メカニズムの理解に基づいた遺伝子(たとえば，ABA 代謝や浸透
　　　調節に関係した遺伝子)の選抜と，その後の適切な遺伝子候補の同定．
　（ⅱ）マイクロアレイを利用した生理学的研究によって，乾燥に応答して発現が
　　　増加する遺伝子の同定(Cattivelli et al., 2008, Valliyodan & Nguyen, 2006)．

残念ながら，ストレスによって何百もの遺伝子の発現が変化してしまううえに，それらの多くは耐性の指標ではなく単なる損傷の指標であるため，後者のやり方だけから乾燥耐性に好ましい重要な遺伝子を同定することは難しい．それにもかかわらず，水欠乏処理によって誘発されたことが判明した転写調節因子や構造遺伝子の，挿入あるいは過剰発現によって乾燥耐性を高めようと植物設計を試みた報告が，過去15〜20年間に何百編もの論文として発表されてきた．試験された遺伝子には，数多くの転写調節因子とともに，適合溶質(プロリンやグリシン‐ベタインとさまざまな糖と糖アルコールを含む)と，後期胚発生蓄積タンパク質(late embryogenesis abundant proteins：LEA)と熱ショックタンパク質(Shinozaki & Yamaguchi-Shinozaki, 2007)の合成を制御する酵素をコードする遺伝子がある．初期には，浸透圧保護物質，抗酸化物質や ROS 除去剤のような保護化合物にほとんどの注目が集まっていた(10.2.2項参照)．

最近では，ストレス応答における適切な制御ネットワークを考慮するように展開している．特定の構造遺伝子を挿入もしくは発現量を増加させる試みから，乾燥応答遺

伝子カスケードの制御発現に広範囲な影響を与える転写調整因子の過剰発現へと移行するために相当な努力がなされてきた．これら転写調整因子のほとんどは，ストレス関連遺伝子のプロモータにおける同族のシス-エレメントへの結合を通して，標的遺伝子の発現を制御する．とくに，よく知られたシステムには，DREB か CBF 転写調整因子によって認識される脱水応答エレメント(dehydlation-responsive elements：DRE．たとえば，Yamaguchi-Shinozaki & Shinozaki, 1994)，bZIP ドメインによって認識されるアブシジン酸応答エレメント(ABRE．たとえば，Uno et al., 2000, Zhu, 2002)と NAC 転写調整因子(たとえば，Hu et al., 2006)がある．DREBs の構造的な過剰発現は，発育不全のような望まれない形質をもたらすが，一方で乾燥誘発プロモータの制御下に置かれると，それらの挿入により少なくとも厳しいストレス条件下で生き残りやすくなる(Morran et al., 2011)．

多くの論文が，そのような転写調整因子の過剰発現によって，乾燥耐性を改善できると報告している．実際，論文データベースの Web of Knowledge(http://wok.mimas.ac.uk)で「乾燥，耐性，遺伝子組み換え」を検索すると，2012 年の 6 ケ月間に少なくとも 50 の論文が乾燥耐性への遺伝子組み換えの効果を報告しており，この分野に高い関心がもたれていることがわかる．これらのうち 18 の論文は，転写調整因子の過剰発現の効果について報告しており，他の主要なグループは，細胞またはホルモン情報伝達(9 報)と浸透圧調節(7 報)にかかわる遺伝子について，気孔挙動から根系構造までの多数のプロセスへの効果と合わせて報告している．しかしほとんどの場合，遺伝子組み換え植物の乾燥耐性(あるいは塩耐性)の改善は，通常の収穫物生産の環境とは異なる人工的条件下でしか実証されていない．一方で，現実的な条件下で検査されると，遺伝子組み換え植物は一般に当初の希望どおりには生育しない．その主要な原因は，おそらく現場における植物全体の応答による複雑な補償と，乾燥の性質の大きな差に由来している．それにもかかわらず，遺伝子組み換えは，NAC 転写調整因子を過剰発現するイネ系統(Hu et al., 2006)などいくつかの場合では，現場における湿潤と乾燥の両条件下において子実収量を増加させた．

12.3.2 光合成と作物収量

作物収量の歴史的な増加傾向においては，開花期の促進や，単位面積あたりの子実粒数の増加，葉の大きさと厚さ，背丈の短縮などの形質が貢献した場合もあるが，そのほとんどは収穫指数の改良によるものである(Giunta et al., 2008)．光合成は，バイオマス生産の基本であり，葉の光合成速度には植物間で大きな変異があるため，光合成増加のための育種も作物収量増加への道であるべきだと論じられてきた．実際，いくつかの作物はバイオマス生産の増加が歴史的な収量増加に貢献したという証拠があ

る(Fischer & Edmeads, 2010). 収量が「供給」過程(すなわち光合成)と「吸収」過程(たとえば, 子実成長能力)のどちらによって制限されるのかについては論争があったが, 一般的には, 両者はどちらも重要で, 相互に制限しているため, 光合成の改良は収量の改善に貢献するはずだと考えられている.

　このような背景により, ルビスコ活性, 原形質による ^{14}C 固定, 葉切片, 葉ディスク, 個葉レベルでの CO_2 固定などさまざまなレベルにおける光合成の, 品種あるいは種間における違いを示す数多くの研究があった. しかし, これらの研究が, 個葉の光合成速度と作物収量の間に明確な正の関係があることを示すことはめったになかった. 実際, しばしば逆の結果を示していた. たとえば, 初期の優れた研究である Dunstone et al., 1973 は, コムギの光合成の最高速度は小さな葉をもつ原始的な2倍体種で, 最低速度は高収量の近代的な6倍体品種でみられる傾向があることを示し, この結果はそれ以降何度も確認されてきた. 総葉面積と葉面積分布は, 生産力のより重要な決定因子であると考えられる. 実際, 1958年以降に発表されたオーストラリアのコムギは, 個葉光合成は増加していないにもかかわらず, 光透過分布の変化に伴う群落全体の放射利用効率が上昇していた(Sadras et al., 2012). これらは, 乾物生産力と葉面積もしくは遮断放射量との間に密接な関係があることを示す多くの研究によって支持されている(第7章参照).

　作物の収量を個葉の光合成と関連づけることに一貫して失敗してきたにもかかわらず, 多くの研究者はまだ楽観的であり, おそらくそのような関係は「他の要因が同等に保たれた場合」に成り立つことは正しいだろう. 実際, FACE(野外 CO_2 付加実験)では, 光合成の上昇によって収量が増加することを確認している(11.3.3項). 結果として, 7.9.4項で説明したように, 光合成と光利用効率の操作は, 将来の作物収量を向上させる道筋として潜在的可能性があるという楽観論が非常に増えている. たとえば, カルボキシル化定数(高等植物において $8.1 \sim 34 \mu M$ の値をとる)と特異係数(同範囲の植物において $70 \sim 120$ の値をとる)の種間変異がかなり大きいことから, ルビスコの量や性質を改善することについて, よい見通しがあるようである(Parry et al., 2011). 同様に, R_uBP 再生能力とルビスコ活性化酵素の安定性を向上させる展望もある(Murchie et al., 2009, Parry et al., 2011). 光合成を増加させるための目標となる他の可能性には, 非光化学系消光(*NPQ*)によるエネルギー損失を減少させることで, 光呼吸を阻害して光変換効率を向上するやり方がある. しかし, *NPQ* をそのように阻害した場合, すべての葉を *NPQ* による防御が必要な破壊的に過剰な放射にさらさない角度になるように, 群落構造を変化させる必要があることに注意する必要がある.

　光合成と, 水利用効率におけるさらに重要な段階的変化は, C_4 光合成回路の C_3 作物への挿入可能性の検証である. これは非常に不確かな試みではあるが, このやり方

に相当の努力が払われている(http://c4rice.irspecificity factor ri.org).

最近では,現在の作物と比較して,全体で50%まで光合成を増加させられるかもしれないという推測がある(Zhu et al., 2010).しかし,そのような見通しは過度に楽観的であると思われる.なぜなら,多くの未知の制御経路が相互作用しており,それらを調和させる操作が必要であるからである.実際の光合成は,潜在的な最高値よりもかなり低い値を示す.これは,成長と生存のバランスをとるように,生来の非効率で複雑な配列と広範囲の保護的で制御的なメカニズムが作用するためである(図12.8参照).そのため,作物収量の向上は,光合成システムそのものだけでなく,これらの保護的で制御的なプロセスのすべてを対象にしなければならない.

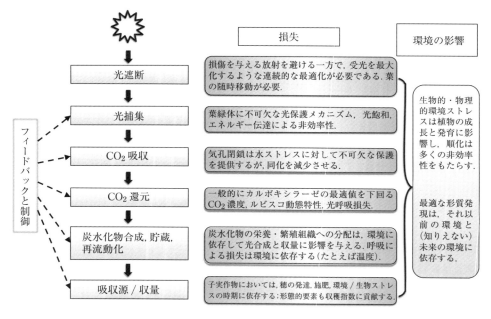

図12.8 C_3 植物の光合成が,潜在速度にほとんど達しない理由についてのいくつかの説明.損失はすべての段階で,元来備わっている非効率性(たとえば,光呼吸による損失,あるいは広範囲の放射条件にわたる群落の光受光を最適化できないという事実)と環境ストレスによる損傷を避ける保護的制御メカニズム(たとえば,乾燥に対しての気孔閉鎖反応)の結果として起こりうる.フィードバックと制御プロセスは,どのような単独の改変による利点も,最小化する補償に導くだろう.

付録 1　単位と変換係数

本書で使用する単位は国際単位(SI)に従う．ただし，より適切な桁数が得られる場合には，mm のような基本単位の倍数を使用する．以下の表は，SI 単位について組立単位を定義し，よく使われる他の単位への変換係数を示す．

	SI 基本単位	SI 組立単位	SI 単位の等価形式	他単位の等価値
質量	1 kg			= 2.2046 ポンド
長さ	1 m			= 3.2808 フィート
時間	1 秒(s)	[min], [h] など		
温度	1 K			= 1 ℃
電流	1 A			
物質量	1 mol			6.022×10^{23} 個の光子，分子などの基本要素を含む
エネルギー	$1 \, kg \, m^2 \, s^{-2}$	ジュール [J]	N m	$= 10^7$ erg $= 0.2388$ カロリー
力	$1 \, kg \, m \, s^{-2}$	ニュートン [N]	$J \, m^{-1}$	$= 10^5$ dyne
圧力	$1 \, kg \, m^{-1} \, s^{-2}$	パスカル [Pa]	$N \, m^{-2}$, $J \, m^{-3}$	$= 10 \, dyne \, cm^{-2}$ $= 10^{-5}$ bar $= 0.9869 \times 10^{-5}$ 気圧 $= 7.5 \times 10^{-3}$ mmHg
仕事率	$1 \, kg \, m^2 \, s^{-3}$	ワット [W]	$J \, s^{-1}$	$= 10^7 \, erg \, s^{-1}$
電荷	1 s A	クーロン [C]		
電位差	$1 \, m^2 \, kg \, s^{-3} \, A^{-1}$	ボルト [V]	$J \, C^{-1}$	
動粘性率	$1 \, m^2 \, s^{-1}$			$= 10^4$ ストークス
粘性率	1 Pa s			$= 10$ ポアズ

付録2 20℃の空気あるいは水の2成分の混合における相互拡散係数

空気中の相互拡散係数 D の値は，$(T/293.2)^{1.75}$ を掛けることで（0～45℃の範囲で1%未満の誤差で）補正できる（溶質のデータは Weast，1969，他のデータは主に Monteith & Unsworth, 2008 による）．

	記号	空気中 [$mm^2\,s^{-1}$]	水中 [$mm^2\,s^{-1}$]
水	D_W	24.2	0.0024[a]
二酸化炭素	D_C	14.7	0.0018
酸素	D_O	20.2	0.0020
熱	D_H（＝熱拡散係数）	21.5	0.144
運動量	D_M（＝動粘性率）	15.1	1.01
ショ糖（0.38%溶液）		—	0.52×10^{-3}
グリシン（希釈）		—	1.06×10^{-3}
$CaCl_2$ (10 mol m^{-3})		—	1.12×10^{-3}
NaCl (10 mol m^{-3})		—	1.55×10^{-3}
KCl (10 mol m^{-3})		—	1.92×10^{-3}

[a] 自己拡散係数

付録3 空気と水の温度依存特性

乾燥空気の密度 ρ_a, 水蒸気飽和した空気の密度 ρ_{as}, 乾湿計定数 $\gamma (= P c_p / 0.622 \lambda)$, 蒸発潜熱 λ, 放射抵抗 $r_R (= \rho c_p / (4 \varepsilon \rho T^3))$, コンダクタンスの単位変換係数 (mm s^{-1} から mmol m^{-2} s^{-1}) $g/g (= g^m/g = P/(\mathcal{R}T))$, 水の動粘性率 ν.

T [℃]	ρ_a [kg m^{-3}]	ρ_{as} [kg m^{-3}]	γ [Pa K^{-1}]	λ [MJ kg^{-1}]	r_R [s m^{-1}]	g/g [mmol m^{-2} s^{-1}/(mm s^{-1})]	ν [mm^2 s^{-1}]
−5	1.316	1.314	64.6	2.513	304	44.8	
0	1.292	1.289	64.9	2.501	282	44.0	1.79
5	1.269	1.265	65.2	2.489	263	43.2	
10	1.246	1.240	65.6	2.477	244	42.5	1.31
15	1.225	1.217	65.9	2.465	228	41.7	
20	1.204	1.194	66.1	2.454	213	41.0	1.01
25	1.183	1.169	66.5	2.442	199	40.3	
30	1.164	1.145	66.8	2.430	186	39.7	0.80
35	1.146	1.121	67.2	2.418	174	39.0	
40	1.128	1.096	67.5	2.406	164	38.4	0.66
45	1.110	1.068	67.8	2.394	154	37.8	

付録4 空気湿度と関連する量の温度依存

T [℃]	e_s [Pa]	c_{sW} [g m^{-3}]	s [Pa ℃$^{-1}$]	ε	T [℃]	e_s [Pa]	c_{sW} [g m^{-3}]	s [Pa ℃$^{-1}$]	ε
−5	421 (402)[a]	3.41	32	0.50	20	2337	17.30	145	2.20
−4	455 (437)[a]	3.66	34	0.53	21	2486	18.34	153	2.31
−3	490 (476)[a]	3.93	37	0.57	22	2643	19.43	162	2.44
−2	528 (517)[a]	4.22	39	0.60	23	2809	20.58	170	2.56
−1	568 (562)[a]	4.52	42	0.65	24	2983	21.78	179	2.69
0	611	4.85	45	0.69	25	3167	23.05	189	2.84
1	657	5.19	48	0.74	26	3361	24.38	199	2.99
2	705	5.56	51	0.78	27	3565	25.78	210	3.15
3	758	5.95	54	0.83	28	3780	27.24	221	3.31
4	813	6.36	57	0.88	29	4005	28.78	232	3.48
5	872	6.79	61	0.94	30	4243	30.38	244	3.66
6	935	7.26	65	1.00	31	4493	32.07	257	3.84
7	1002	7.75	69	1.06	32	4755	33.83	269	4.02
8	1072	8.27	73	1.12	33	5031	35.68	283	4.22
9	1147	8.82	78	1.19	34	5320	37.61	297	4.43
10	1227	9.40	83	1.26	35	5624	39.63	312	4.65
11	1312	10.01	88	1.34	36	5942	41.75	327	4.86
12	1402	10.66	93	1.42	37	6276	43.96	343	5.09
13	1497	11.35	98	1.49	38	6626	46.26	357	5.33
14	1598	12.07	104	1.58	39	6993	48.67	376	5.58
15	1704	12.83	110	1.67	40	7378	51.19	394	5.84
16	1817	13.63	117	1.77	41	7780	53.82	413	6.11
17	1937	14.48	123	1.86	42	8202	56.56	432	6.39
18	2063	15.37	130	1.97	43	8642	59.41	452	6.68
19	2196	16.31	137	2.07	44	9103	62.39	473	6.98

a ( ) 内は氷面上の飽和水蒸気圧.

|水面上の飽和水蒸気圧の計算　　表は飽和水蒸気圧 e_s, 飽和水蒸気濃度 c_{sW}, 飽和水蒸気曲線の傾き s と飽和空気の顕熱含量の増加に対する潜熱含量の増加の比 ($\varepsilon = s/\gamma$) を示して

いる．

　標準的な温度範囲における $e_{s(T)}$ の値（水面上の飽和水蒸気圧）は，つぎのマグナスの公式によって近似される（*CR-5 Users Manual* 2009-12 の式，Buck Research — www.hygrometers.com.Buck, 1981 による修正）．

$$e_{s(T)} = f\left(\text{a}\exp\frac{\text{b}T}{\text{c}+T}\right)$$

ここで，T の単位は℃，$e_{s(T)}$ は Pa，経験的な係数として a = 611.21，b = 18.678 $-$ $(T/234.5)$，c = 257.14．$f = 1.00072 + 10^{-7}P\,(0.032 + 5.9\times 10^{-6}\,T^2) \simeq 1.001$ は，空気中の水蒸気のふるまいの純粋気体とのわずかな違いを補正するための拡張係数である．

付録5 20℃におけるさまざまな素材や組織の熱特性と密度

主に Herrington, 1969, Weast, 1969, Leyton, 1975, Edwards et al., 1979 から選んだ概算値.

	比熱容量 c_p [J kg^{-1} K^{-1}]	熱伝導率 k [W m^{-2} K^{-1}]	密度 ρ [kg m^{-3}]
空気	1010	0.0257	1.204
アルミニウム	896	237.0	2710
セルロース	2500	—	1270〜1610
グルコース	1260	—	1560
植物の葉	3500〜4000	0.24〜0.57	530〜910
乾燥したオーク材	2400	0.21〜0.35	820
アカマツの生材	1960〜3130	0.15〜0.38	360〜490
高密度ポリエチレン	2090	0.33	960
ポリ塩化ビニル	1050	0.092	1714
埴土(乾燥)	890	0.25	1600
埴土(湿潤, 40%水)	1550	1.58	2000
泥炭(乾燥)	300	0.06	400[a]
泥炭(湿潤, 40%水)	1100	0.50	1160[a]
水	4182	0.59	998.2[b]

a www.simetric.co.uk/si_materials.htm から.
b 4℃で最大値 1000 kg m^{-3} に増加.

付録 6　物理定数と他の物理量

定　数	値
重力加速度（海水面，緯度 45°）g	9.8067 m s^{-2}
アボガドロ数	6.022×10^{23} 粒子 mol^{-1}
気体定数 $\mathcal{R}$	$8.3144 \text{ J K}^{-1} \text{ mol}^{-1}$
プランク定数 h	$6.6261 \times 10^{-34} \text{ J s}$
太陽定数 I_{pA}	1366 W m^{-2}
真空中の光速度 c	$2.99792458 \times 10^8 \text{ m s}^{-1}$
ステファン－ボルツマン定数 σ	$5.6703 \times 10^{-8} \text{ W m}^{-2} \text{ K}^{-4}$
0 ℃，100 kPa における理想気体のモル容量	$2.27106 \times 10^{-2} \text{ m}^3 \text{ mol}^{-1}$
0 ℃，101.3 kPa における理想気体のモル容量	$2.241 \times 10^{-2} \text{ m}^3 \text{ mol}^{-1}$
空気のモル質量 M_A	$28.964 \times 10^{-3} \text{ kg mol}^{-1}$
空気の比熱 c_p	$1012 \text{ J kg}^{-1} \text{ K}^{-1}$
水 − 誘電率（20 ℃）$\mathcal{E}$	80.2
水 − 粘性率（20 ℃）$\eta (= \rho \nu)$	$1.008 \times 10^{-3} \text{ N s m}^{-2} (= \text{Pa s})$
水 − 蒸発潜熱	334 kJ kg^{-1} または 6.01 kJ mol^{-1}
水 − 部分モル体積（20 ℃）$\bar{V}_\mathrm{W}$	$18.05 \times 10^{-6} \text{ m}^3 \text{ mol}^{-1}$
水 − 空気に対する表面張力（10 ℃）σ	$74.2 \times 10^{-3} \text{ N m}^{-1}$
水 − 空気に対する表面張力（20 ℃）σ	$72.8 \times 10^{-3} \text{ N m}^{-1}$
水 − 空気に対する表面張力（30 ℃）σ	$71.2 \times 10^{-3} \text{ N m}^{-1}$

付録7　太陽の幾何学的配置と放射の近似

球形の幾何学的配置から，放射照度計算のモデル化のために有用な関係が得られる．これらには以下のような関係が含まれる（すべての角度は［°］で表現する）．

太陽高度　地球上の太陽高度は次式で得られる．

$$\sin\beta = \cos\theta = \sin\lambda\sin\delta + \cos\lambda\cos\delta\cos h \tag{A7.1}$$

ここで，β は水平線上の太陽高度，θ は太陽の天頂角（β の補角），λ は観測者の緯度，δ は太陽光線と赤道面との間の角度（赤緯）で通日（1月1日からの通算日）の関数（表A7.1参照），h は平均太陽の時角（観測者の子午線からの角距離）で $15(t - t_o)$ によって得られ，t は時刻（時間），t_o は正午（太陽の南中時刻）である．ただし，正午の時刻は季節によって変化し，その変動は「均時差†」によって与えられる（表A7.1）．西半球では次式で求められる．

視太陽時の正午（地方の標準時における正午）= 12.00 － (均時差) － 4 ×（経度）

計算方法の例として，2月1日のニューヨーク（西経74°）における視太陽時の正午の標準時は07時21.3分GMT（すなわち12時 + 17.3 － 296分）で，これは地方時（東部標準時）の12時21.3分に等しい（東部標準時はグリニッジ標準時より5時間早い）．太陽にかかわる多くの有用な計算がWeb上で可能になっている（たとえば，www.susdesign.com/sunangle）．

表 A7.1　各月の最初の日の赤緯 δ ［°］と均時差 e ［分］．

月	δ	e	月	δ	e
1月	－23.1	－3	7月	+23.2	－4
2月	－17.3	－14	8月	+18.3	－6
3月	－8.0	－13	9月	+8.6	0
4月	+4.1	－4	10月	－2.8	+10
5月	+14.8	+3	11月	－14.1	+16
6月	+21.9	+2	12月	－21.6	+11

シミュレーションを行う場合は，δ は以下の式で得られる．

$$\delta = -23.4\cos[360(t_d + 10)/365]$$

ここで，t_d は通日である．

日長　日長 N は，太陽が水平面より上に位置する時間数で，式(A7.1)を $\beta = 0$ として解くことで得られる．これは，日の出または日の入りの太陽の時角 h を与える．

$$\cos h = -\tan\lambda\tan\delta \tag{A7.2}$$

よって，日長は $2h/15$［時］に等しい．

---

† 平均太陽時 － 視太陽時．

ある表面と太陽との角度　　これは次式によって得られる.

$$\cos\xi = [(\sin\lambda\cos h)(-\cos\alpha\sin\chi) - \sin h(\sin\alpha\sin\chi) + (\cos\lambda\cos h)\cos\chi]\cos\delta$$
$$+ [\cos\lambda(\cos\alpha\sin\chi) + \sin\lambda\cos\chi]\sin\delta \qquad (A7.3)$$

ここで，ξ は太陽光線と表面の垂線との角度，χ は表面の天頂角(傾斜)，α は表面の方位角(北から東方向へ測定)である．式(A7.3)は傾斜した観測位置，あるいはさまざまな方向に向いた葉に入射する放射照度の計算に使用できる(たとえば，図2.9参照)．

〈応用例〉北緯45°の海面上で，4月1日の太陽南中時の水平表面に入射する直達放射照度を推定せよ．

式(A7.1)に代入する．

$$\sin\beta = \sin 45 \sin 4.1 + \cos 45 \cos 4.1 \cos 0 = 0.756$$

$m = 1/\sin\beta$(式(2.10))として式(2.11)を使い，大気透過率を0.7とするとつぎのようになる．

$$\mathbf{I}_{S(d:r)} = 1370 \times 0.7^{1.32} \times 0.756 = 646\,\mathrm{W\,m^{-2}}$$

太陽までの距離　　大気圏上端部の入射放射の値は，地球と太陽の距離の季節的な変化によって最大3%程度変動する．

付録 8　葉の境界層コンダクタンスの測定

境界層コンダクタンス g_a の推定に式(3.31)から式(3.33)などの式を利用する代わりに，より直接的に葉の境界層抵抗を測定したほうがよいことが多い．これはとくに，非常に不規則な形態の葉やガス交換チャンバー内の葉について当てはまる．g_a の推定には，蒸発速度あるいは模擬葉の熱収支の測定に基づいた，三つの主要なやり方がある(Brenner & Jarvis, 1995参照)．

蒸発速度から　　水損失についての境界層コンダクタンス g_{aW} は，同じ大きさの形状と表面特徴の「湿潤」モデル(クチクラあるいは気孔要素に類似した表面抵抗をもたない)を同じ状況に置いて，そこからの蒸発速度 E から直接的に式(5.20)からの次式によって求められる．

$$g_{aW} = \frac{E}{(0.622\,\rho_a/P)\,(e_{s(T_s)} - e_a)} \tag{A8.1}$$

ここで，$e_{s(T_s)}$ は「葉」温における飽和水蒸気圧，e_a は大気飽差である．

葉の正確な表面特徴を模擬することは難しいかもしれないが，湿った吸取紙によって十分なモデルを作ることができる．E は通常，重量測定法によって推定されるが，もし測定目的が特定のガス交換チャンバー内の g_a の決定であるのなら，ガス交換法によって推定できる(第6章参照)．

ニュートンの冷却の法則から　　もう一つの方法は，純放射がゼロで蒸発冷却がない放射環境下で(たとえば，暗黒下のアルミニウム模擬葉)，模擬葉の熱交換特性を測定することである．また，表面をワセリンのような素材で覆って蒸発を防ぐことで，本物の葉を使うこともできる．どちらの場合も，環境とのエネルギー交換の重要な様式は「顕熱」輸送(対流と伝導)で，式(3.29)から予測されるように，熱損失速度は葉温と気温の差 ΔT に比例する．これはニュートンの冷却の法則の例で，g_{aH} の推定にうまく利用できる．

この方法は，模擬葉が気温よりも加熱された後，「葉温」T_ℓ の時間変化を追跡する．葉温は図A8.1に示すように気温に接近する．温度差が小さい場合，長波放射収支の小さな違いは無視できるので，「葉」からの単位面積あたりの熱損失速度の瞬時値は，T_ℓ の変化速度とその単位面積あたりの熱容量の積である．

$$C = -\rho^* c_p^* \ell^* \frac{dT_\ell}{dt} = -\rho^* c_p^* \ell^* \frac{d\Delta T}{dt} \tag{A8.2}$$

ここで，ρ^*, c_p^*, ℓ^* はそれぞれ「葉」の，密度，比熱，厚さで，ΔT は気温と葉温の差である．他の有効なエネルギー交換様式がなければ(すなわち，純放射がゼロ)，式(3.29)によって与えられる顕熱損失は微分方程式と同等に扱える．

$$\rho^* c_p^* \ell^* \frac{d\Delta T}{dt} + g_{aH}\,\rho_a c_p \,\Delta T = 0 \tag{A8.3}$$

ここで，ρ_a と c_p は空気の密度と比熱である．式(A8.3)の解と再整理によって以下の式が得

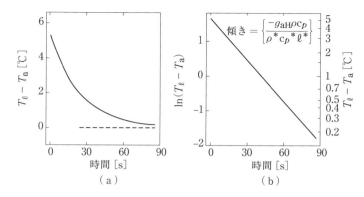

図 A8.1 冷却曲線からアルミニウム模擬葉($\ell^* = 0.001$ m, $c_p^* = 899$ J kg^{-1}, $\rho^* = 2.702 \times 10^3$)の g_{aH} の推定.(a)葉温と気温の差 $T_\ell - T_a$ の時間変化と,(b)対数変換した $\ln(T_\ell - T_a)$ の時間変化.この例における傾きは -0.04 s$^{-1} = -g_{aH}\rho_a c_p/(\rho^* c_p^* \ell^*)$ である.値を ρ^*, c_p^*, ℓ^*, ρ_a, c_p に代入すると次式のように求められる.$g_{aH} = 0.04 \times 0.001 \times 899 \times 2702/(1010 \times 1.204) = 80$ mm s^{-1}.

られる.

$$g_{aH} = \frac{\rho^* c_p^* \ell^*}{(t_2 - t_1) \rho_a c_p} \ln\left(\frac{\Delta T_1}{\Delta T_2}\right) \tag{A8.4}$$

ここで,t_1 と t_2 は温度差が ΔT_1 と ΔT_2 として得られた時間である.図 A8.1 が示すように,g_{aH} の値は $\ln(\Delta T)$ に対する t のプロットの傾きから決定される.

▍模擬葉の加熱から 自然環境下でとくに葉の g_{aH} を推定することに適した3番目の方法は,熱した模擬葉を使うことである(Brenner & Jarvis, 1995).模擬葉は均等に熱を拡散できるように,電熱テープあるいは真鍮またはアルミニウムのシートの間に挟んだ抵抗線によって作ることができる.g_{aH} は加熱した模擬葉の温度 T_h と,同じ条件に置いた加熱していない模擬葉の温度 T_u を比較することで推定できる(たとえば,熱電対を使って測定する).

式(3.29)によって,それぞれの葉の定常状態のエネルギー収支は以下のように得られる.

$$R_{n\text{-}h} + P_e = \rho_a c_p (T_h - T_a) g_{aH} \tag{A8.5}$$
$$R_{n\text{-}u} = \rho_a c_p (T_u - T_a) g_{aH} \tag{A8.6}$$

ここで,P_e は電熱出力($= I^2 R$.ここで,I は電流,R は電気抵抗)である.二つの模擬葉への入射放射は等しいので,純放射熱損失の差 $R_{n\text{-}h} - R_{n\text{-}u}$ は,長波放射射出のみに依存し,式(5.7)で線形化することでつぎのように近似できる.

$$R_{n\text{-}h} - R_{n\text{-}u} = 4\varepsilon\sigma T_u^3 (T_u - T_h) \tag{A8.7}$$

よって,式(A8.5)から式(A8.6)を引いて整理することで,つぎのように g_{aH} が推定できる.

$$g_{aH} = \frac{1}{\rho_a c_p}\left(\frac{P_e}{T_h - T_u} - 4\varepsilon\sigma T_u^3\right) \tag{A8.8}$$

付録 9 式(9.9)の導出

ある環境で葉温が平衡状態にあるとき($T_\ell = T_e$),

$$S = 0 = R_n - C - \lambda E \tag{A9.1}$$

となる.さらに,式(5.10)よりつぎのようになる.

$$R_n = R_{ni} - \frac{\rho_a c_p (T_e - T_a)}{r_R} \tag{A9.2}$$

そして,式(9.3)より,

$$C = \frac{\rho_a c_p (T_e - T_a)}{r_{aH}} \tag{A9.3}$$

となり,式(9.4)より,

$$\lambda E = \frac{(0.622 \rho_a \lambda / P)(e_{s(T_e)} - e_a)}{r_{aW} + r_{\ell W}} \tag{A9.4}$$

となる.この式は拡張可能で,式(5.21)を使うとつぎのようになる.

$$\lambda E = \frac{(0.622 \rho_a \lambda / P)[D + s(T_e - T_a)]}{r_{aW} + r_{\ell W}} \tag{A9.5}$$

$$= \frac{(\rho_a c_p / \gamma)[D + s(T_e - T_a)]}{r_{aW} + r_{\ell W}}$$

式(A9.2),(A9.3),(A9.5)を式(A9.1)に代入すると以下の式が得られる.

$$0 = R_{ni} - \rho_a c_p (T_e - T_a)\left[\frac{1}{r_{HR}} + \frac{s}{\gamma(r_{aW} + r_{\ell W})}\right] - \frac{\rho_a c_p D}{\gamma(r_{aW} + r_{\ell W})} \tag{A9.6}$$

しかし,もし $T_\ell \neq T_e$ であれば,

$$S = R_{ni} - \rho_a c_p (T_\ell - T_a)\frac{1}{r_{HR}} + \frac{s}{\gamma(r_{aW} + r_{\ell W})} - \frac{\rho_a c_p D}{\gamma(r_{aW} + r_{\ell W})} \tag{A9.7}$$

となる.よって,式(A9.7)から式(A9.6)を引くと次式が得られる.

$$S = \rho_a c_p (T_e - T_\ell)\frac{1}{r_{HR}} + \frac{s}{\gamma(r_{aW} + r_{\ell W})} \tag{A9.8}$$

これは式(9.8)に代入でき,式(9.9)が得られる.

付録 10 演習問題解答

2.1 (i) (a) 吸収される全短波放射は αI の波長 $0.3 \sim 3.0\,\mu m$ 全体の和である．すなわち，$(0.85 \times 450) + (0.20 \times 380) + (0.65 \times 70) = 504\,W\,m^{-2}$．
(b) 短波放射吸収係数は，全入射放射 $(450 + 380 + 70 = 900\,W\,m^{-2})$ に対する吸収された全短波放射 $(504\,W\,m^{-2})$ の比率である 0.56 となる．
(c) 顕熱交換も潜熱交換もないので，吸収されるエネルギーは $(I_{S(吸収)} + I_{L(吸収)}) = $ (式(2.4))より得られる熱放射 $= \varepsilon\sigma T^4$．$I_{L(吸収)} = \varepsilon\sigma T_{環境}^4$．$\varepsilon = 1$として，$T_{環境}$に293Kを代入し，式を整理すると $I_{S(吸収)} = \sigma(T^4 - 293^4)$．よって，さらに整理すると，$T^4 = I_{S(吸収)}/(\sigma + 293^4) = 504\,W\,m^{-2}/(5.6703 \times 10^{-8}\,W\,m^{-2}\,K^{-4}) + 293^4\,K^4$．よって，4乗根を求めると葉温が得られ，357K あるいは84℃となる．
(ii) 顕熱交換が考慮されていないため．

2.2 (i) 吸収する純放射量は，吸収された放射 $(\alpha I_{Sd} + \alpha I_{Su} + I_{Ld} + I_{Lu})$ と葉の両面から射出される熱放射の差である．$[(0.5 \times 500) + (0.3 \times 0.5 \times 500) + (\sigma 268^4) + (\sigma 297^4) - 2\sigma 293^4] = 223\,W\,m^{-2}$．
(ii) 射出率が1という仮定．

2.3 (i) 式(2.1)より，$E = hc\lambda = (6.6262 \times 10^{-34}\,J\,s) \times (2.998 \times 10^8\,m\,s^{-1})/(500 \times 10^{-9}\,m) = 3.97 \times 10^{-19}\,J$(緑色光の)光量子$^{-1}$．赤外放射については同様の計算によって $0.993 \times 10^{-19}\,J$ 光量子$^{-1}$．
(ii) 波数 $= \lambda^{-1}\,cm^{-1}$．よって緑色光の波数は $1/(500 \times 10^{-7}\,cm) = 20\,000\,cm^{-1}$，赤外放射では $1/(2000 \times 10^{-7}\,cm) = 5000\,cm^{-1}$．
(iii) 光量子あたりのエネルギーは $1/\lambda$ に比例するので，単位エネルギーあたりの光量子数は λ に比例する．よって，同じエネルギーでは 2000 nm の光量子数は 500 nm 光量子数の4倍である．

2.4 (i) 水平葉群の群落で日向の地表面積割合(不透明な葉では I/I_0)は e^{-L} に等しい(式(2.16))ので，(a) $L = 1$, $e^{-1} = 0.368$, (b) $L = 5$, $e^{-5} = 0.0067$．
(ii) 水平葉群の群落では，日向葉の葉面積指数 $(L_{日向}) = 1 - e^{-L}$(式(2.17))．よって，対応する $L_{日向}$ の値は 0.632 と 0.993．
(iii) 葉の向きがランダムな葉群では $L_{日向} = (1 - e^{-kL})/k$．ここで，$k = 0.5\,\mathrm{cosec}\,\beta = 0.5/\sin\beta$．$\beta = 40°$では，$k = 0.5/0.6428 = 0.7779$．よって $L = 1$ では，$L_{日向} = [1 - \exp(-1 \times 0.7779)]/0.7779 = 0.695$．同様に $L = 5$，$L_{日向} = 1.259$．

2.5 $I/I_0 = 0.25$，これは式(2.18)より $= e^{-kL}$．よって $L = -[\ln(0.25)]/k$．そして表2.5を使って k を計算．(i) $k = 1/(2\sin 60)$，$L = 2.401$．(ii) $k = 1$ では，$L = 1.386$．

3.1 (i) 式(3.20)より，$J_W = (24.2 \times 10^{-6}\,mm^2\,s^{-1}) \times (17.3 - 11)\,g\,m^{-3}/0.1\,m = 1.525 \times 10^{-3}\,g\,m^{-2}\,s^{-1} = 1.525\,mg\,m^{-2}\,s^{-1}$．
(ii) 式(3.21)より，$g_W = D_W/\ell = 24.2\,mm^2\,s^{-1}/100\,mm = 0.242\,mm\,s^{-1}$．
(iii) $J_W^m = J_W/M_W = 1.525/18 = 0.085\,mmol\,m^{-2}\,s^{-1}$．
(iv) 付録3より，$g_W = 41 \times g_W = 9.92\,mmol\,m^{-2}\,s^{-1}$．

3.2 (i) (a) 特性長を $0.9 \times$ 直径として，葉の g_{aH} を $1.5 \times$ 式(3.31)で得られた値とすると，$g_{aH} = 1.5 \times 6.62\,(1\,m^{-1}/(0.9 \times 0.02\,m))^{0.5}) = 74\,mm\,s^{-1}$．
(b) 表3.2より，$g_{aW} = 1.08 \times 74 = 79.9\,mm\,s^{-1}$．
(c) $g_{aM} = 0.8 \times 74 = 59.2\,mm\,s^{-1}$．
(d) 運動量の $\delta = 2 \times D_M/g_M = 2 \times 15.1\,mm^2\,s^{-1}/59.2\,mm\,s^{-1} = 0.51\,mm$．
(ii) 熱にとっての表面はマット上の毛の先端になるので，g_{aH} は $74\,mm\,s^{-1}$ のままである．水蒸気については $\ell/D_N = 1\,mm/24.2\,mm^2\,s^{-1}$ にほぼ等しい追加の抵抗が加わる．よって，二つの直

列抵抗の規則に従って, $g_{aW} = 1/(1/24.2 + 1/79.9) = 18.6 \text{ mm s}^{-1}$. 運動量についてはコンダクタンスは変化せず 59.2 mm s^{-1}.
(iii) レイノルズ数 $ud/\nu = (1 \times 10^3 \text{ mm s}^{-1}) \times (0.9 \times 20 \text{ mm})/15.1 \text{ mm}^2 \text{ s}^{-1} = 1192$. これは層流境界層が乱れる範囲にある.

3.3 (i) $d = 0.64$, $h = 0.512 \text{ m}$, $z_0 = 0.13$, $h = 0.104 \text{ m}$ として, 式(3.37)に代入すると, $u_* = 4 \times 0.41/\ln[(2 - 0.512)/0.104] = 0.616 \text{ m s}^{-1}$.
(ii) 同様に, 式(3.37)に代入すると, $u_{0.8} = (0.616/0.41) \ln[(0.8 - 0.512)/0.104] = 1.53 \text{ m s}^{-1}$.
(iii) 式(3.42)に代入すると, $\tau = (1.204 \text{ kg m}^{-3}) \times (0.616 \text{ m s}^{-1})^2 = 0.457 \text{ kg m}^{-1} \text{ s}^{-2}$.
(iv) 式(3.45)より, $g_{AM} = (0.616 \text{ m s}^{-1})^2/4 \text{ m s}^{-1} = 0.95 \text{ m s}^{-1}$.

4.1 (i) (a) 式(4.1)より ($\alpha = 0$, $T = 20$°Cとすると), $h = [2 \times (7.28 \times 10^{-2} \text{ N m}^{-1}) \times \cos 0°]/[(0.5 \times 10^{-3} \text{ m}) \times 998.2 \text{ kg m}^{-3} \times 9.8 \text{ m s}^{-2}] = 0.0298 \text{ m} = 2.98 \text{ cm}$.
(b) 2.98 cm (同じ高さまで上昇し, さらに毛管にそって上がる).
(c) $2.98 \cos \alpha \text{ cm} = 1.92 \text{ cm}$.
(d) (a)と同様であるが, 0.5 mm の代わりに 0.5 μm を代入すると, 29.8 m.
(ii) 毛管上昇を防ぐのに必要な圧力 $= (2\sigma \cos \alpha)/r = 0.291 \text{ MPa}$.

4.2 (i) $\psi_p = \psi - \psi_\pi = -1 + 1.5 \text{ MPa} = 0.5 \text{ MPa}$.
(ii) 溶質濃度は c_S から $c_S/1.25$ 減少し, ψ_π は c_S に比例するので(式(4.8)), 新しい値は $\psi_\pi = \psi_{\pi 0}/1.25 = -1.5/1.25 \text{ MPa} = -1.2 \text{ MPa}$.
(iii) 新しい値は $\psi_p = -0.5 + 1.2 \text{ MPa} = 0.7 \text{ MPa}$.
(iv) ψ が体積と比例するなら, ψ が 0 になると, 体積は $1.5 \times V_0$. 細胞の初期含水率は初期体積/膨張体積に等しくなり, $1/1.5 = 0.666$ (全体積を水とする).
(v) ε_B を求めるもっとも簡単な方法は, 2 MPa を完全膨張としてグラフ($P-V$ 曲線)からそのときの値を読み取ることである.

4.3 (i) 式(4.25)より, $\mathbf{J}_V = (0.1 \times 10^{-3} \text{ m})^2/[8 \times (1.008 \times 10^{-3} \text{ N s m}^{-2}) \times 1 \text{ m}] \times (5 \times 10^3 \text{ Pa}) = 6.2004 \times 10^{-3} \text{ m s}^{-1}$. よって, パイプあたりの体積流量 $= \mathbf{J}_V \times \pi r^2 = 1.95 \times 10^{-10} \text{ m}^3 \text{ s}^{-1}$.
(ii) 式(4.23)より, $L = (6.2004 \times 10^{-3} \text{ m s}^{-1}) \times 1 \text{ m}/(5 \times 10^3 \text{ Pa})$. $1.24 \times 10^{-6} \text{ m}^2 \text{ s}^{-1} \text{ Pa}^{-1}$. 式(4.24)より, $L_p = 1.24 \times 10^{-6} \text{ m s}^{-1} \text{ Pa}^{-1}$. $R = 1/L_p = 8.06 \times 10^{-5} \text{ Pa s m}^{-1}$.
(iii) 式(4.25)を整理して適当な値を代入すると, $r^2 = (6.2004 \times 10^{-3} \text{ m s}^{-1}) \times (8 \times 1.008 \times 10^{-3} \text{ N s m}^{-2})/(1 \times 10^3 \text{ Pa}) = 5.00 \times 10^{-8} \text{ m}^2$. よって, $r = 2.24 \times 10^{-4} \text{ m}$, また $d = 0.448 \text{ mm}$.

4.4 (i) 式(4.28)より
(a) $1.1 \text{ MPa}/(0.1 \times 10^{-6} \text{ m}^3 \text{ m}^{-2} \text{ s}^{-1}) = 1.1 \times 10^7 \text{ MPa s m}^{-1}$.
(b) $1.1 \text{ MPa}/[(0.1/10) \times 10^{-6} \text{ m}^3 \text{ plant}^{-1} \text{ s}^{-1}] = 1.1 \times 10^8 \text{ MPa s m}^{-3}$.
(c) $1.1 \text{ MPa}/[30 \times (0.1/10) \times 10^{-6} \text{ m}^3 \text{ m}^{-2} \text{ s}^{-1}] = 3.67 \times 10^6 \text{ MPa s m}^{-1}$.
(ii) すべての抵抗が変化せず, ψ_S が -0.1 MPa で保たれるとすると, 植物全体の水ポテンシャルの低下は(植物あたりの流量が倍になるため) 2 倍になる. $\psi_\ell = -2.3 \text{ MPa}$.
(iii) 半分のシュートが取り除かれると, シュート抵抗は 2 倍になる. よって, 全植物抵抗 $= R + R/2 = 3R/2$. よって, 植物全体の潜在的な低下は $1.5 \times 1.1 = 1.65 \text{ MPa}$, また $\psi_\ell = -1.75 \text{ MPa}$.

5.1 (i) $e_S = 4243 \text{ Pa}$ (付録4).
(ii) $e = 0.4 \times 4243 \text{ Pa} = 1697 \text{ Pa}$.
(iii) $c_W = 0.4 \times 30.38 = 12.15 \text{ g m}^{-3}$ (付録4を利用).
(iv) $D = (4243 - 1697) \text{ Pa} = 2546 \text{ Pa}$.
(v) 図5.2より(式(5.18)参照), $T_{wb} = 20$°C.
(vi) $T_{dew} = 15$°C (すなわち付録4で e_S が 1697 Pa に等しい温度).
(vii) 式(3.7)より, $m_W = 12.15 \text{ g m}^{-3}/(1.164 - [(1.164 - 1.145) \times 0.4] \text{ kg m}^{-3}) = 1.05 \times 10^{-2}$.
(viii) $P = 101.3 \text{ kPa}$ では, $x_W = 1697/(101.3 \times 10^3) = 1.68 \times 10^{-2}$.
(ix) 式(5.14)より, $\psi = [8.3144 \text{ J K}^{-1} \text{ mol}^{-1} \times 303 \text{ K}/(18.05 \times 10^{-6} \text{ m}^3 \text{ mol}^{-1})]\ln(0.4) = -127.9 \text{ MPa}$.

付録10 演習問題解答　439

5.2（i）$\varepsilon = 1$として式(5.6)に代入すると，$R_{ni} = 430 + 4 \times (5.6703 \times 10^{-8}) \times (295^4 - 292^4)$ W m^{-2} = 447 W m^{-2}.
（ii）式(5.9)より，$g_R = (4 \times 5.6703 \times 10^{-8} \times 292^3)/(1012 \times 1.204) = (4.64 \times 10^{-3}$ m s$^{-1})$ = 4.64 mm s^{-1}.

5.3（i）式(5.26)に代入する．
（a）表面が湿っているとき$g_A = g_W$である．よって，E（森林）= (145 Pa K^{-1} × 400 W m^{-2} + 1.204 kg m^{-3} × 1010 J kg^{-1} K^{-1} × 0.2 m s^{-1} × 1000 Pa)/[2.454 × 10^6 J kg^{-1} × (145 Pa K^{-1} + (66.1 Pa K^{-1} × 0.2/0.2))] = 0.581 g m^{-2} s^{-1}.
背の低い草原でも同様であるが，$g_A = 0.01$ m s^{-1}を代入し，E = 0.135 g m^{-2} s^{-1}.
（b）$g_W = (g_A^{-1} + g_L^{-1})^{-1}$なので，森林（$g_A = 0.2$ m s^{-1}）で，$g_L = 0.03$ m s^{-1}では，$g_W = [(0.2)^{-1} + (0.03)^{-1}]^{-1} = 0.02609$ m s^{-1}. 同様の計算を草原で行うと$g_W = 0.0075$ m s^{-1}.
これらの値を式(5.26)に代入すると，森林と草原でEはそれぞれ0.188 g m^{-2} s^{-1}と0.123 g m^{-2} s^{-1}になる．
（ii）ボーエン比$\beta = C/(\lambda E)$．エネルギー収支を利用して(式(5.1))，MとSが定常状態ではゼロであることを思い出すと，$\beta = ((R_n - G) - \lambda E)/\lambda E$と書ける．（i）の答えを利用すると湿潤状態の森林を表せる．たとえば，$\beta = (400 - 2454 \times 0.581)/(2454 \times 0.581) = -0.72$. 他の場合に対する解答は，0.2，−0.133，0.33である．

5.4（i）式(5.32)より，$\Omega = (2.20 + 1)/(2.20 + 1 + 15/5) = 0.516$.
（ii）式(5.33)より相対的な蒸散量の減少は dE/E = $(1 - \Omega)$(dg_ℓ/g_ℓ) = $0.484 \times 0.5 = 0.242$.
（iii）式(5.33)は厳密にはg_ℓの小さな変化においてのみ成り立つので，最初のEとg_ℓの変化については近似を表しているにすぎない．

6.1（i）$r_{aW} = (c_{W(葉)} - c_{W(空気)})/E_{(吸水紙)} = (17.30$ g m$^{-3} - 0.2 \times 17.30$ g m$^{-3})/0.230$ g m^{-2} s^{-1} = 60.2 s m^{-1}.
（ii）クチクラ抵抗r_{cW}は，気孔閉鎖した葉からの水損失にかかわる全抵抗と境界層抵抗との差から与えられる（すなわち，気孔が完全に閉じた状態で最終的な速度が得られると仮定している）．
$(17.30 \times 0.8$ g m$^{-3})/(0.002$ g m^{-2} s$^{-1}) - 60.2$ s m^{-1} = 6860 s m^{-1}.
（iii）水損失速度の初期値は，$r_{\ell W} = [(17.30 \times 0.8$ g m$^{-3})/(0.08$ g m^{-2} s$^{-1})] - 60.2$ s m^{-1} = 112.8 s m^{-1}. 気孔抵抗とクチクラ抵抗は並行しているので，気孔抵抗は，$(r_{\ell W}^{-1} - r_{cW}^{-1})^{-1}$ = 114.7 s m^{-1}.

6.2（i）式(6.3)より，r_{sW}（片面）= $[10 \times 10^{-6}$ m + $(\pi \times 2.5 \times 10^{-6}$ m$/4)]/[(200 \times 10^6$ m$^{-2}) \times \pi \times (2.5 \times 10^{-6}$ m$)^2 \times (24.2 \times 10^{-6}$ m^2 s$^{-1})]$ = 125.9 s m^{-1}. よって，両面では$r_{sW} = 125.9/2 = 62.9$ s m^{-1}.
（ii）$g_{sW} = 1/62.9$ s m$^{-1} = 0.0159$ m s^{-1} = 15.9 mm s^{-1}.

6.3（i）$T_\ell = T_a$なので式(6.10)が利用できる．$T_a = 25$℃とすると，空気のモル体積 = 0.02241 m^3 mol^{-1} × 298 K/273 K = 0.024462 m^3 mol^{-1}. よって$u_e = (2 \times 10^{-6}$ m^3 s$^{-1})/0.024462$ m^3 mol^{-1} = 8.176×10^{-5} mol s^{-1}. よって，$g_W^{-1} = [(1/0.35) - 1] \times (1.5 \times 10^{-4}$ m$^2)/(8.176 \times 10^{-5}$ mol s$^{-1})$. よって，$g_{\ell W} = 0.293$ mol m^{-2} s^{-1}.
（ii）非断熱系の場合，式(6.9)を使う．$x_{Ws} = e_{s(T_\ell)}/P = 3167$ Pa$/(1.013 \times 10^5$ Pa) = 0.03126. $x_{Wo} = (0.35 \times 3565$ Pa$)/(1.013 \times 10^5)$ = 0.01232. そして，$x_{We} = 0$. よって，$g_{\ell W} = (8.176 \times 10^{-5}$ mol s^{-1} × 0.01232$)/(1.5 \times 10^{-4}$ m^2 × (0.03126 - 0.01232) × (1 - 0.01232)$)$ = 0.359 mol m^{-2} s^{-1}.

6.4（i）D [kPa]に対する気孔応答は$g_\ell = 10[1 - (1/3)D]$と表せる．$D = 1$ kPaにおいて，$g_\ell = 6.6666$ mm s^{-1}. 質量単位系ではE = $(c_{Ws} - c_{Wa}) \times g_W$. 式(5.11)によって$D$を対応する飽差に変換すると($T$を293 Kとおく)，E = (2.17/293 g m^{-3} Pa^{-1}) × 1000 Pa × 0.006666 m s^{-1} = 0.0494 g m^{-2} s^{-1}.
（ii）g_ℓがψに対して比例応答するなら，g_ℓは$g_{\ell o} \times (1 + 0.5\psi)$と表せる．しかし，$\psi = -10$ Eなので，まとめると$g_{\ell o}(1 - 5E)$となり，湿度応答と合わせると，g_ℓ [mm s^{-1}] = $10[1 - (1/3)$

$\times (1-5\mathrm{E})$ となる.よって,$\mathrm{E} = (2.17/293)\,\mathrm{g\,m^{-2}\,Pa^{-1}} \times 1000\,\mathrm{Pa} \times 0.006666\,\mathrm{m\,s^{-1}} \times (1-5\mathrm{E})$.$\mathrm{E}$ についてまとめて解くと,$0.040\,\mathrm{g\,m^{-2}\,s^{-1}}$.

7.1 表 7.2 より,
(i) $F_\mathrm{v}/F_\mathrm{m} = 2.7/3.7 = 0.730$.
(ii) $F_\mathrm{q}' = 3.2 - 1.2 = 2.0$.
(iii) $q_\mathrm{P} = 2.0/2.3 = 0.870$.
(iv) $NPQ = 3.7/3.2 - 1 = 0.156$.
(v) 量子収率 $= (3.12 - 1.2)/3.2 = 0.625$.

7.2 (i) $u_\mathrm{e} = (5 \times 10^{-6}\,\mathrm{m^3\,s^{-1}})/(0.0227107\,\mathrm{m^3\,mol^{-1}} \times 296\,\mathrm{K}/273\,\mathrm{K}) = 2.031 \times 10^{-4}\,\mathrm{mol\,s^{-1}}$.
(ii) 式(6.6b) より,$u_\mathrm{o} = 2.031 \times 10^{-4}\,\mathrm{mol\,s^{-1}} \times (1 - 0.5/100)/(1 - 1.5/100) = 2.052 \times 10^{-4}\,\mathrm{mol\,s^{-1}}$.
(iii) CO_2 濃度は $0.6\,\mathrm{g\,m^{-3}}$,$M_\mathrm{C}\,(=44)$ で割ると $0.01364\,\mathrm{mol\,m^{-3}}$.気体 $\mathrm{m^3}$ あたりのモル数 $= 1/(0.0227107\,\mathrm{m^3\,mol^{-1}} \times 296/273) = 40.611\,\mathrm{mol\,m^{-3}}$.よって,$x_\mathrm{e}' = 0.01364/40.611 = 335.8 \times 10^{-6}\,\mathrm{mol\,mol^{-1}}$,あるいは $335.8\,\mathrm{ppm}$(式(3.5),(3.6)を使っても解くことができる).
(iv) 式(7.10) より,$\mathbf{P}_\mathrm{m} = [(2.031 \times 10^{-4}\,\mathrm{mol\,s^{-1}} \times 335.8 \times 10^{-6}) - (2.052 \times 10^{-4}\,\mathrm{mol\,s^{-1}} \times 335.8 \times 10^{-6} \times 450/600)](10 \times 10^{-4}\,\mathrm{m^2}) = 16.52\,\mathrm{\mu mol\,m^{-2}\,s^{-1}}$.
(v) 式(6.9) より,$r_\mathrm{W} = (10^{-3}\,\mathrm{m^2})[(2.809/100) - (1.5/100)] \times [1 - (1.5/100)]/[2.031 \times 10^{-4}\,\mathrm{mol\,s^{-1}}) \times (1.5/100 - 0.5/100)] = 6.348\,\mathrm{m^2\,s\,mol^{-1}}$.よって $g_\mathrm{W} = 0.158\,\mathrm{mol\,m^{-2}\,s^{-1}}$.表 3.2 と静止空気を仮定すると,$g' = 0.68/1.12 \times 0.158\,\mathrm{mol\,m^{-2}\,s^{-1}} = 0.096\,\mathrm{mol\,m^{-2}\,s^{-1}}$.

7.3 図 7.19 から傾きを推定して $\ell g'$ を異なる方法で求める.
(i) $7.5\,\mathrm{m^2\,s\,\mu mol^{-1}}/(7.5\,\mathrm{m^2\,s\,\mu mol^{-1}} + 7.0\,\mathrm{m^2\,s\,\mu mol^{-1}}) = 0.52$.
(ii) $(21.5\,\mathrm{\mu mol\,m^{-2}\,s^{-1}} - 18.9\,\mathrm{\mu mol\,m^{-2}\,s^{-1}})/(21.5\,\mathrm{\mu mol\,m^{-2}\,s^{-1}}) = 0.12$.
(iii) $7.5\,\mathrm{m^2\,s\,\mu mol^{-1}}/(7.5\,\mathrm{m^2\,s\,\mu mol^{-1}} + 22.1\,\mathrm{m^2\,s\,\mu mol^{-1}}) = 0.25$.

7.4 CO_2 とショ糖の C のモルあたりの質量比は 44/30 なので,ショ糖の等価エネルギーを $16\,\mathrm{kJ\,g^{-1}}$ とすると,$16 \times 30/44\,\mathrm{kJ\,(g\,CO_2)^{-1}} = 10.9\,\mathrm{kg\,g^{-1}}$.したがって,以下のような計算ができる.
(i) 5月の総光合成効率は,$((288/7) \times 10.9\,\mathrm{kJ\,(g\,CO_2)^{-1}\,m^{-2}\,day^{-1}})/(14.5 \times 10^3\,\mathrm{kJ\,m^{-2}\,day^{-1}}) = 3.1\%$.7月は,$((304/7) \times 10.9/(17 \times 10^3)) = 2.8\%$.PARのエネルギー比率を全天日射の50%とすると,入射 PAR に対する効率はそれぞれ 6.2% と 5.6% になる.
(ii) 純生産効率を求めるには,乾物量 g あたりの平均エネルギー量($17.5\,\mathrm{kJ\,g^{-1}}$)を利用する必要がある.よって,5月の効率 $= ((167/7) \times 17.5 \times (30/44))/(14.5 \times 10^3) = 2\%$.7月の効率 $= ((101/7) \times 17.5 \times (30/44))/(17 \times 10^3) = 1.0\%$.PAR についての対応する値はそれぞれ 3.9% と 2% である.

8.1 (i) 式(8.4) より (a) $\zeta = 0.904 \times 1.1 = 0.994$,(b) $\zeta = 0.904 \times 1.1 \times 0.08/0.35 = 0.227$.
(ii) 図 8.3 から推定すると,ϕ は 0.52 と 0.28.

9.1 (i) 式(9.5)に代入する.$T_\ell = 25\,°\mathrm{C} + [40 \times ((40/1.08) + 200)\,\mathrm{s\,m^{-1}} \times 66.5\,\mathrm{Pa\,K^{-1}} \times 400\,\mathrm{W\,m^{-2}})/(1010\,\mathrm{J\,kg^{-1}\,K^{-1}} \times 1.204\,\mathrm{kg\,m^{-3}} \times 66.5\,\mathrm{Pa\,K^{-1}} \times 237.03\,\mathrm{s\,m^{-1}} + 189\,\mathrm{Pa\,K^{-1}} \times 40\,\mathrm{s\,m^{-1}})] - [(40\,\mathrm{s\,m^{-1}} \times 0.6 \times 3167\,\mathrm{Pa})/(66.5\,\mathrm{Pa\,K^{-1}} \times 237.03\,\mathrm{s\,m^{-1}} + 189\,\mathrm{Pa\,K^{-1}} \times 40\,\mathrm{s\,m^{-1}})] = 30.6\,°\mathrm{C}$.
(ii) 式(9.11) より,$\tau = (2.7 \times 10^6\,\mathrm{J\,m^{-3}}) \times (1 \times 10^{-3}\,\mathrm{m})/[1010\,\mathrm{J\,kg^{-1}\,K^{-1}} \times 1.204\,\mathrm{kg\,m^{-3}} \times 1/40 + (4 \times 5.6703 \times 10^{-8} \times 298^3/1010 \times 1.204\,\mathrm{s\,m^{-1}}) + (189\,\mathrm{Pa\,K^{-1}}/(66.5\,\mathrm{Pa\,K^{-1}} \times 237.03\,\mathrm{s\,m^{-1}})] = 53\,\mathrm{s}$.
(iii) 同様に,$r_{\ell \mathrm{W}} = \infty$ のとき,$\tau = 74\,\mathrm{s}$.
(iv) $r_{\ell \mathrm{W}} = 0$ を式(9.5)に代入すると,$T = 20.7\,°\mathrm{C}$.
(v) $20.8\,\mathrm{s}$.

9.2 (i) 式(9.20) より,$Q_{10} \approx (0.19/0.1)\exp(10/6) = 2.91$.
(ii) 式(9.19)を整理すると,$E_\mathrm{a} = \mathcal{R}T(T+10) \times \ln(Q_{10}) = 75.4\,\mathrm{kJ\,mol^{-1}}$.

9.3 $25\,°\mathrm{C}$.

参考文献

Aasamaa K, Sõber A (2011) Stomatal sensitivities to changes in leaf water potential, air humidity, CO$_2$ concentration and light intensity, and the effect of abscisic acid on the sensitivities in six temperate deciduous tree species. *Environmental and Experimental Botany* 71, 72-8.

Abdou WA, Helmlinger MC, Conel JE et al. (2000) Ground measurements of surface BRF and HDRF using PARABOLA III. *Journal of Geophysical Research: Atmospheres* 106, 11967-76.

Acevedo E, Hsiao TC, Henderson DW (1971) Immediate and subsequent responses of maize leaves to changes in water status. *Plant Physiology* 48, 631-6.

Acharya BR, Assmann SM (2009) Hormone interactions in stomatal function. *Plant Molecular Biology* 69, 451-62.

Acock B, Charles-Edwards DA, Fitter DJ et al. (1978) The contribution of leaves from different levels within a tomato crop to canopy net photosynthesis: an experimental examination of two canopy models. *Journal of Experimental Botany* 29, 815-27.

Acock B, Grange RI (1981) Equilibrium models of leaf water relations. In *Mathematics and Plant Physiology* (eds Rose DA & Charles-Edwards DA), pp. 29-47. Academic Press, London.

Acquaah G (2012) *Principles of Plant Genetics and Breeding*, 2nd edn. Blackwell, Oxford.

Addicott FT, ed. (1983) *Abscisic Acid*. Praeger, New York.

Agam N, Berliner PR (2006) Dew formation and water vapor adsorption in semi-arid environments: a review. *Journal of Arid Environments* 65, 572-90.

Ainsworth EA, Davey PA, Hymus GJ et al. (2003) Is stimulation of leaf photosynthesis by elevated carbon dioxide concentration maintained in the long term? A test with *Lolium perenne* grown for 10 years at two nitrogen fertilization levels under Free Air CO$_2$ Enrichment (FACE). *Plant, Cell & Environment* 26, 705-14.

Alder NN, Pockman WT, Sperry JS, Nuismer S (1997) Use of centrifugal force in the study of xylem embolism. *Journal of Experimental Botany* 48, 665-74.

Allard RW (1999) *Principles of Plant Breeding*, 2nd edn. John Wiley & Sons, Inc., New York.

Allaway WG, Austin B, Slatyer RO (1974) Carbon dioxide and water vapour exchange parameters of photosynthesis in a Crassulacean plant *Bryophyllum diagremontiana*. *Australian Journal of Plant Physiology* 1, 397-405.

Allen RG, Pereira LS, Howell TA, Jensen ME (2011) Evapotranspiration information reporting: I. Factors governing measurement accuracy. *Agricultural Water Management* 98, 899-920.

Allen RG, Pereira LS, Raes D, Smith M (1998) *Crop Evapotranspiration: Guidelines for Computing Crop Water Requirements. FAO Irrigation and Drainage Paper 56*. FAO Land and Water Division, Rome, Italy.

Allen RG, Pruitt WO, Raes D, Smith MAH, Pereira LS (2005) Estimating evaporation from bare soil and the crop coefficient for the initial period using common soils information. *Journal of Irrigation and Drainage Engineering* 131, 14-23.

Allen RG, Tasumi M, Trezza R (2007) Satellite-based energy balance for mapping evapotranspiration with internalized calibration (METRIC)-model. *Journal of Irrigation and Drainage Engineering* 133, 380-94.

Alscher RG, Cumming JR (1990) *Stress Responses in Plants: Adaptation and Acclimation Mechanisms*. Wiley-Liss, New York.

Amthor JS (1989) *Respiration and Crop Productivity*. Springer-Verlag, New York.

Amthor JS (2000) The McCree-de Wit-Penning de Vries-Thornley respiration paradigms: 30 years later. *Annals of Botany* 86, 1-20.

Angeles G, Bond B, Boyer JS et al. (2004) The cohesion-tension theory. *New Phytologist* 163, 451-2.

Angus JF, Moncur MW (1977) Water stress and phenology in wheat. *Australian Journal of Agricultural Research* 28, 177-81.

Anon (1964) *Mean Daily Solar Radiation, Monthly and Annual*. US Department of Commerce, Washington.

Anon (1980) *Solar Radiation Data for the United Kingdom 1951-1975*. Meteorological Office, Bracknell.

Anon (1987) *Montreal Protocol on Substances that Deplete the Ozone Layer*. United Nations Environment Programme, Nairobi, Kenya.

Anon (1989) *Environmental Effects Panel Report (ISBN 92 807 1245 4)*. United Nations Environment Programme, Nairobi, Kenya.

Ansari AQ, Loomis WE (1959) Leaf temperatures. *American Journal of Botany* 46, 713-17.

Arias DG, Piattoni CV, Guerrero SA, Iglesias AA (2011) Biochemical mechanisms for the maintenance of oxidative stress under control in plants. In *Handbook of Plant and Crop Stress* (ed. Pessarakli M), pp. 157-90. CRC Press, Boca Raton, FL.

Arkin GF, Vanderlip RL, Ritchie JT (1975) A dynamic grain sorghum growth model. *Transactions of the American Society of Agricultural Engineers* **19**, 622-30.

Armond PA, Mooney HA (1978) Correlation of photosynthetic unit size and density with photosynthetic capacity. *Carnegie Institution Year Book* **77**, 234-7.

Árnadottír J, Chalfie M (2010) Eucaryotic mechanosensitive channels. *Annual Review of Biophysics* **39**, 111-37.

Aronson EL, McNulty SG (2009) Appropriate experimental ecosystem warming methods by ecosystem, objective, and practicality. *Agricultural and Forest Meteorology* **149**, 1791-9.

Atkin OK, Botman B, Lambers H (1996) The causes of inherently slow growth in alpine plants: an analysis based on the underlying carbon economies of alpine and lowland *Poa* species. *Functional Ecology* **10**, 698-707.

Atkin OK, Macherel D (2009) The crucial role of plant mitochondria in orchestrating drought tolerance. *Annals of Botany* **103**, 581-97.

Atkin OK, Scheurwater I, Pons TL (2007) Respiration as a percentage of daily photosynthesis in whole plants is homeostatic at moderate, but not high, growth temperatures. *New Phytologist* **174**, 367-80.

Atkin OK, Tjoelker MG (2003) Thermal acclimation and the dynamic response of plant respiration to temperature. *Trends in Plant Science* **8**, 343-51.

Atkins PW, de Paula J (2009) *Physical Chemistry*, 9th edn. Oxford University Press, Oxford.

Aubinet M, Vesala T, Papale D, eds (2012) *Eddy Covariance: a Practical Guide to Measurement and Data Analysis*. Springer, Berlin.

Austin RB (1978) Actual and potential yields of wheat and barley in the United Kingdom. *Agricultural Development and Advisory Service Quarterly Review* **29**, 76-87.

Azzari G, Goulden ML, Rusu RB (2013) Rapid characterisation of vegetation structure with a microsoft Kinect sensor. *Sensors* **13**, 2384-98.

Bae G, Choi G (2008) Decoding of light signals by plant phytochromes and their interacting proteins. *Annual Review of Plant Biology* **59**, 281-311.

Bailey-Serres J, Voesenek LACJ (2008) Flooding stress: acclimations and genetic diversity. *Annual Review of Plant Biology* **59**, 313-19.

Bainbridge R, Evans GC, Rackham O (1968) *Light as an Ecological Factor*. Blackwell, Oxford.

Baker EA (1974) The influence of environment on leaf wax development *in Brassica oleracea* var. *gemmifera*. *New Phytologist* **73**, 955-66.

Baker NR (2008) Chlorophyll fluorescence: a probe of photosynthesis in vivo. *Annual Review of Plant Biology* **59**, 89-113.

Baker TR, Phillips OL, Malhi Y *et al.* (2004) Increasing biomass in Amazonian forest plots. *Philosophical Transactions of The Royal Society of London, Series B* **359**, 353-65.

Baldocchi DD, Verma SB, Rosenberg NJ, Blad BL, Specht JE (1985) Microclimate plant architectural interactions: influence of leaf width on the mass and energy exchange of a soybean canopy. *Agricultural and Forest Meteorology* **35**, 1-20.

Baldridge AM, Hook SJ, Grove CI, Rivera G (2009) The ASTER spectral library version 2.0. *Remote Sensing of Environment* **113**, 711-15.

Ball JT, Woodrow IE, Berry JA (1987) A model predicting stomatal conductance and its contribution to the control of photosynthesis under different environmental conditions. In *Proceedings of VII International Photosynthesis Congress* (ed. Biggins J), pp. 221-34. Martinus Nijhoff, Dordrecht.

Ballaré CL (2009) Illuminated behaviour: phytochrome as a key regulator of light foraging and plant anti-herbivore defence. *Plant, Cell & Environment* **32**, 713-25.

Balling A, Zimmerman U (1990) Comparative measurements of the xylem pressure of Nicotiana plants by means of the pressure bomb and pressure probe. *Planta* **182**, 525-8.

Bangerth F (1979) Calcium related physiological disorders of plants. *Annual Review of Phytopathology* **17**, 97-122.

Baret F, Guyot G (1991) Potentials and limits of vegetation indices for LAI and APAR assessment. *Remote Sensing of Environment* **35**, 161-73.

Baroli I, Price GD, Badger MR, von Caemmerer S (2008) The contribution of photosynthesis to the red light response of stomatal conductance. *Plant Physiology* **146**, 737-47.

Barrs HD (1968) Determination of water deficits in plant tissues. In *Water Deficits and Plant Growth* (ed. Kozlowski TT), pp. 235-368. Academic Press, New York and London.

Barry RG (2008) *Mountain Weather and Climate*, 3rd edn. Cambridge University Press, Cambridge.

Bartels D, Schneider K, Terstappen G, Piatkowski D, Salamini F (1990) Molecular cloning of abscisic acid-modulated genes which are induced during desiccation of the resurrection plant *Ceratostigma plantagineum*. *Planta* **181**, 27-34.

Barton CVM, Ellsworth DS, Medlyn BE *et al.* (2010) Whole-tree chambers for elevated atmospheric CO_2

experimentation and tree scale flux measurements in south-eastern Australia: The Hawkesbury Forest Experiment. *Agricultural and Forest Meteorology* 150, 941-51.

Bastiaanssen WGM, Menenti M, Feddes RA, Holtslag AAM (1998) A remote sensing surface energy balance algorithm for land (SEBAL). 1. Formulation. *Journal of Hydrology* 213, 198-212.

Bates LM, Hall AE (1981) Stomatal closure with soil moisture depletion not associated with changes in bulk water status. *Oecologia* 50, 62-5.

Beakbane AB, Mujamder PK (1975) A relationship between stomatal density and growth potential in apple rootstocks. *Journal of Horticultural Science* 50, 285-9.

Beal MJ, Falciani F, Ghahramani Z, Rangel C, Wild DL (2005) A Bayesian approach to reconstructing genetic regulatory pathways with hidden factors. *Bioinformatics* 21, 349-56.

Beck E, Senser M, Scheibe R, Steiger H-M, Pongratz P (1982) Frost avoidance and freezing tolerance in Afroalpine 'giant rosette' plants. *Plant, Cell & Environment* 5, 212-22.

Becker P, Meinzer FC, Wullschleger SD (2000) Hydraulic limitation of tree height: a critique. *Functional Ecology* 14, 4-11.

Beljaars ACM, Bosveld FC (1997) Cabauw data for the validation of land surface parameterization schemes. *Journal of Climate* 10, 1172-93.

Bell CJ, Rose DA (1981) Light measurement and the terminology of flow. *Plant, Cell and Environment* 4, 89-96.

Bell JNB, Treshow M, eds (1992) *Air Pollution and Plant Life*, 2nd edn. Wiley-Blackwell, Chichester, UK.

Bentley RE, ed. (1998) *Handbook of Temperature Measurement Vol. 1. Temperature and Humidity Measurement*. Springer-Verlag, Singapore.

Bergmann DC, Sack FD (2007) Stomatal development. *Annual Review of Plant Biology* 58, 163-81.

Berk A, Bernstein LS, Anderson GP et al. (1998) MODTRAN cloud and multiple scattering upgrades with application to AVIRIS. *Remote Sensing of Environment* 65, 367-75.

Bidabé B (1967) Action de la température sur l'évolution des bourgeons de pommier et comparaison de méthodes de contrôle de l'époque de floraison. *Annales de Physiologie Végétale* 9, 65-86.

Biddington NL (1986) The effects of mechanicallyinduced stress in plants: a review. *Plant Growth Regulation* 4, 103-23.

Biddington NL, Dearman JA (1985) The effects of mechanically-induced stress on water loss and drought resistance in lettuce, cauliflower and celery seedlings. *Annals of Botany* 56, 795-802.

Bierhuizen JF, Slatyer RO (1965) Effect of atmospheric concentration of water vapour and CO_2 in determining transpiration-photosynthesis relationships of cotton leaves. *Agricultural Meteorology* 2, 259-70.

Bilger W, Schreiber U, Lange OL (1984) Determination of leaf heat resistance: comparative investigation of chlorophyll fluorescence changes and tissue necrosis methods. *Oecologia* 63, 156-62.

Bingham IJ, Karley AJ, White PJ, Thomas WTB, Russell JR (2012) Analysis of improvements in nitrogen use efficiency associated with 75 years of spring barley breeding. *European Journal of Agronomy* 42, 49-58.

Biscoe PV, Gallagher JN, Littleton EJ, Monteith JL, Scott RK (1975a) Barley and its environment. IV. Sources of assimilate for the grain. *Journal of Applied Ecology* 12, 295-318.

Biscoe PV, Scott RK, Monteith JL (1975b) Barley and its environment. III. Carbon budget of the stand. *Journal of Applied Ecology* 12, 269-93.

Björkman O, Badger MR, Armond PA (1980) Response and adaptations of photosynthesis to high temperatures. In *Adaptation of Plants to Water and High Temperature Stress* (eds Turner NC & Kramer PJ), pp. 233-49. Wiley, New York.

Björkman O, Boardman NK, Anderson JM et al. (1972a) The effect of light intensity during growth of *Atriplex patula* on the capacity of photosynthetic reactions, chloroplast components and structure. *Carnegie Institution Year Book* 71, 115-35.

Björkman O, Demmig B (1987) Photon yield of O_2 evolution and chlorophyll fluoresecence characteristics at 77 K among vascular plant of diverse origins. *Planta* 170, 489-504.

Björkman O, Gauhl E, Nobs MA (1970) Comparative studies of *Atriplex* species with and without β-carboxylation photosynthesis and their first generation hybrid. *Carnegie Institution Year Book* 68, 620-33.

Björkman O, Ludow MM, Morrow PA (1972b) Photosynthetic performance of two rainforest species in their native habitat and analysis of the gas exchange. *Carnegie Institution Year Book* 71, 94-102.

Björkman O, Mooney HA, Ehleringer JR (1975) Photosynthetic responses of plants from habitats with contrasting thermal environments. *Carnegie Institution Year Book* 74, 743-8.

Björkman O, Nobs MA, Berry JA et al. (1973) Physiological adaptation to diverse environments: approaches and facilities to study plant responses to contrasting thermal and water regimes. *Carnegie Institution Year Book* 72, 393-403.

Blackburn GA (1998) Spectral indices for estimating photosynthetic pigment concentrations: a test using senescent tree leaves. *International Journal of*

Remote Sensing **19**, 657-75.

Blackman FF (1905) Optima and limiting factors. *Annals of Botany* **19**, 281-95.

Blackman PJ, Davies WJ (1985) Root to shoot communication in maize plants of the effects of soil drying. *Journal of Experimental Botany* **36**, 39-48.

Bliss D, Smith H (1985) Penetration of light into soil and its role in the control of seed germination. *Plant, Cell & Environment* **8**, 475-83.

Blum A (2009) Effective use of water (EUW) and not water-use efficiency (WUE) is the target of crop yield improvement under drought stress. *Field Crops Research* **112**, 119-23.

Blümel K, Chmielewski F-M (2012) Shortcomings of classical phenological forcing models and a way to overcome them. *Agricultural and Forest Meteorology* **164**, 10-19.

Boardman NK, Björkman O, Anderson JM, Goodchild DJ, Thoree SW (1975) Photosynthetic adaptation of higher plants to light intensity: relationship between chloroplast structure, composition of the photosystems and photosynthetic rates. In *Proceedings of the Third International Congress on Photosynthesis* (ed. Avron M), pp. 1809-27. Elsevier, Amsterdam.

Bohrer G, Mourad H, Laursen TA *et al.* (2005) Finite element tree crown hydrodynamics model (FETCH) using porous media flow within branching elements: a new representation of tree hydrodynamics. *Water Resources Research* **41**, W11404. doi: 11410.11029/12005WR004181.

Bond DM, Dennis ES, Finnegan EJ (2011) The low temperature response pathways for cold acclimation and vernalization are independent. *Plant, Cell & Environment* **34**, 1737-48.

Boote KJ, Jones JW, Pickering NB (1996) Potential uses and limitations of models. *Agronomy Journal* **88**, 704-15.

Bourgeois G, Jenni S, Laurence H, Tremblay N (2000) Improving the prediction of processing pea maturity based on the growing-degree day approach. *HortScience* **35**, 611-14.

Box GEP, Hunter WG, Hunter JS (2005) *Statistics for Experimenters: Design, Innovation and Discovery*, 2nd edn. Wiley, New York.

Boyer JS (1995) *Measuring the Water Status of Plants and Soils*. Academic Press Inc., London.

Boyer JS, James RA, Munns R, Condon TAG, Passioura JB (2008) Osmotic adjustment leads to anomalously low estimates of relative water content in wheat and barley. *Functional Plant Biology* **35**, 1172-82.

Braam J (2005) In touch: plant responses to mechanical stimuli. *New Phytologist* **13**, 373-89.

Braam J, Davis RW (1990) Rain-, wind-, and touchinduced expression of calmodulin and calmodulin-related genes in *Arabidopsis*. *Cell* **60**, 357-64.

Brandrup J, Immergut EH, eds (1975) *Polymer Handbook*, 2nd edn. Wiley, New York.

Bray EA (1997) Plant responses to water deficit. *Trends in Plant Science* **2**, 48-54.

Bréda NJJ (2003) Ground-based measurements of leaf area index: a review of methods, instruments and current controversies. *Journal of Experimental Botany* **54**, 2403-17.

Brenner AJ, Jarvis PG (1995) A heated leaf replica technique for determination of leaf boundary layer conductance in the field. *Agricultural and Forest Meteorology* **72**, 261-75.

Breshears DD, McDowell NG, Goddard KL *et al.* (2008) Foliar absorption of intercepted rainfall improves woody plant water status most during drought. *Ecology* **89**, 41-7.

Brock FV, Richardson SJ (2001) *Meteorological Measurement Systems*. Oxford University Press, Oxford.

Brodersen CR, McElrone AJ, Choat B, Matthews MA, Shackel KA (2010) The dynamics of embolism repair in xylem: in vivo visualizations using high-resolution computed tomography. *Plant Physiology* **154**, 1088-95.

Brooking IR (1996) Temperature response of vernalization in wheat: a developmental analysis. *Annals of Botany* **78**, 507-12.

Brooks A, Farquhar GD (1985) Effect of temperature on the CO_2/O_2 specificity of ribulose-1,5-bisphosphate carboxylase/oxygenase and the rate of respiration in the light. *Planta* **165**, 397-406.

Brown KW, Jordan WR, Thomas JC (1976) Water stress induced alterations of the stomatal response to decreases in leaf water potential. *Physiologia Plantarum* **37**, 1-5.

Brown KW, Rosenberg NJ (1970) Influence of leaf age, illumination, and upper and lower surface differences on stomatal resistance of sugar beet (*Beta vulgaris*) leaves. *Agronomy Journal* **62**, 20-4.

Brown RW, van Haveren BP (1972) *Psychrometry in Water Relations Research*. Utah Agricultural Experiment Station, Logan, Utah.

Bryson RA (1974) A perspective on climate change. *Science* **184**, 753-60.

Buck AL (1981) New equations for computing vapor pressure and enhancement factor. *Journal of Applied Meteorology* **20**, 1527-32.

Buckley TN (2005) The control of stomata by water balance. *New Phytologist* **168**, 275-92.

Bunce JA (2006) How do leaf hydraulics limit stomatal conductance at high water vapour pressure deficits? *Plant, Cell & Environment* **29**, 1644-50.

Burke MJ, Stushnoff C (1979) Frost hardiness: a discussion of possible molecular causes of injury with particular reference to deep supercooling of water. In *Stress Physiology of Crop Plants* (eds Mussell H & Staples RC), pp. 198-225. Wiley, New York.

Bürling K, Cerovic ZG, Cornic G et al. (2013) Fluorescence-based sensing of drought-induced stress in the vegetative phase of four contrasting wheat genotypes. *Environmental and Experimental Botany* **81**, 51-9.

Businger JA (1975) Aerodynamics of vegetated surfaces. In *Heat and Mass Transfer in the Biosphere. I. Transfer Processes in the Plant Environment* (eds de Vries DA & Afgan NH), pp. 139-65. Scripta, Washington.

Bykov OD, Koshkin VA, Čatský J (1981) Carbon dioxide compensation of C_3 and C_4 plants: dependence on temperature. *Photosynthetica* **15**, 114-21.

Caird MA, Richards JH, Donovan LA (2007) Nighttime stomatal conductance and transpiration in C_3 and C_4 plants. *Plant Physiology* **143**, 4-10.

Calder IR (1976) The measurement of water losses from a forested area using a 'natural' lysimeter. *Journal of Hydrology* **30**, 311-25.

Caldwell M, Teramura AH, Tevini M et al. (1995) Effects of increased solar ultraviolet radiation on terrestrial plants. *Ambio* **24**, 166-73.

Caldwell MM (1970) Plant gas exchange at high wind speeds. *Plant Physiology* **46**, 536-7.

Caldwell MM (1981) Plant responses to solar ultra violet radiation. In *Encyclopedia of Plant Physiology, Vol 12A: Physiological Plant Ecology I - Responses to the Physical Environment* (eds Lange OL, Nobel ES, Osmond CB, & Ziegler H), pp. 169-97. Springer-Verlag, Berlin.

Caldwell MM, Dawson TE, Richards JH (1998) Hydraulic lift: consequences of water efflux from the roots of plants. *Oecologia* **113**, 151-61.

Camacho-B SE, Hall AE, Kaufmann MR (1974) Efficiency and regulation of water transport in some woody and herbaceous species. *Plant Physiology* **54**, 169-72.

Campbell GS, Norman JM (1998) *An Introduction to Environmental Biophysics*, 2nd edn. Springer, New York.

Campbell JB (2007) *Introduction to Remote Sensing*, 4th edn. Taylor and Francis, London.

Canny M (1997) Vessel contents during transpiration - embolisms and refilling. *American Journal of Botany* **84**, 1223-30.

Cardenas AC (1983) *A Pheno-climatological Assessment of Millets and Other Cereal Grains in Tropical Cropping Patterns*. MSc Thesis, University of Nebraska.

Carlson TN, Ripley DA (1997) On the relation between NDVI, fractional vegetation cover and leaf area index. *Remote Sensing of Environment* **62**, 241-52.

Carter GA (1991) Primary and secondary effects of water content on the spectral reflectance of leaves. *American Journal of Botany* **78**, 916-24.

Casa R, Jones HG (2005) LAI retrieval from multi-angular image classification and inversion of a ray tracing model. *Remote Sensing of Environment* **98**, 414-28.

Casson SA, Franklin KA, Gray JE et al. (2009) Phytochrome B and PIF4 regulate stomatal development in response to light quantity. *Current Biology* **19**, 229-34.

Castellví F, Snyder RL (2009) Sensible heat flux estimates using surface renewal analysis: a study case over a peach orchard. *Agricultural and Forest Meteorology* **149**, 1397-402.

Cattivelli L, Rizza F, Badeck F-W et al. (2008) Drought tolerance improvement in crop plants: an integrated view from breeding to genomics. *Field Crops Research* **105**, 1-14.

Čermák J, Gašpárek J, De Lorenzi F, Jones HG (2007) Stand biometry and leaf area distribution in an old olive grove at Andria, southern Italy. *Annals of Forest Sciences* **64**, 491-501.

Čermák J, Kučera J (1981) The compensation of natural temperature gradient at the measuring point during the sap flow rate determination in trees. *Biologia Plantarum* **23**, 469-71.

Čermák J, Kučera J, Nadezhdina N (2004) Sap flow measurements with some thermodynamic methods, flow integration within trees and scaling up from sample trees to entire forest stands. *Trees: Structure and Function* **18**, 529-46.

Chamberlain AC, Little P (1981) Transport and capture of particles by vegetation. In *Plants and their Atmospheric Environment* (eds Grace J, Ford ED & Jarvis PG), pp. 147-73. Blackwell, Oxford.

Chapius R, Delluc C, Debeuf R, Tardieu F, Welcker C (2012) Resiliences to water deficit in a phenotyping platform and in the field: how related are they in maize? *European Journal of Agronomy* **42**, 59-67.

Chaves MM, Flexas J, Pinheiro C (2009) Photosynthesis under drought and salt stress: regulation mechanisms from whole plant to cell. *Annals of Botany* **103**, 551-60.

Chehab EW, Eich E, Braam J (2009) Thigmomorphogenesis: a complex plant response to mechano-stimulation. *Journal of Experimental Botany* **60**, 43-56.

Chen JM (1996) Optically-based methods for measuring seasonal variation of leaf area index in boreal conifer stands. *Agricultural and Forest Meteorology* **80**, 135-63.

Chen JM, Leblanc SG (1997) A four-scale bidirectional reflectance model based on canopy architecture. *IEEE Transactions on Geoscience and*

Remote Sensing **35**, 1316–37.

Chen M, Chory J (2011) Phytochrome signaling mechanisms and the control of plant development. *Trends in Cell Biology* **11**, 664–71.

Cheong J-J, Choi YD (2003) Methyl jasmonate as a vital substance in plants. *Trends in Genetics* **19**, 409–13.

Cheung YNS, Tyree MT, Dainty J (1975) Water relations parameters on single leaves obtained in a pressure bomb, and some ecological interpretations. *Canadian Journal of Botany* **53**, 1342–6.

Choudhury BJ (1994) Synergism of multispectral satellite observations for estimating regional land surface evaporation. *Remote Sensing of Environment* **49**, 264–74.

Christie JM (2007) Phototropin blue-light receptors. *Annual Review of Plant Biology* **58**, 21–45.

Cieslik S, Omasa K, Paoletti E (2009) *Plant Biology* **11** (Suppl. 1), 24–34 Why and how terrestrial plants exchange gases with air. A review.doi:10.1111/j.1438-8677.2009.00262.x (2009).

Ciha AJ, Brun WA (1975) Stomatal size and frequency in soybean. *Crop Science* **15**, 309–13.

Cochard H, Cruiziat P, Tyree MT (1992) Use of positive pressures to establish vulnerability curves - further support for the air-seeding hypothesis and implications for pressure-volume analysis. *Plant Physiology* **100**, 205–9.

Cohen A, Bray EA (1990) Characterization of three mRNAs that accumulate in wilted tomato leaves in response to elevated levels of endogenous abscisic acid. *Planta* **182**, 27–33.

Cohen D (1971) Maximising final yield when growth is limited by time or by limiting resources. *Journal of Theoretical Biology* **33**, 299–307.

Cohen S, Fuchs M (1987) The distribution of leaf area, radiation, photosynthesis and transpiration in a Shamouti orange hedgerow orchard. I. Leaf area and radiation. *Agricultural and Forest Meteorology* **40**, 123–44.

Collatz J, Ferrar PJ, Slatyer RO (1976) Effects of water stress and differential hardening treatments on photosynthetic characteristics of a xeromorphic shrub, *Eucalyptus socialis* F. Muel. *Oecologia* **23**, 95–105.

Colmer TD (2003) Long-distance transport of gases in plants: a perspective on internal aeration and radial oxygen loss from roots. *Plant, Cell & Environment* **26**, 17–36.

Condon AG, Richards RA, Rebetzke GJ, Farquhar GD (2002) Improving intrinsic water-use efficiency. *Crop Science* **42**, 122–31.

Cooper JP (1970) Potential production and energy conversion in temperate and tropical grasses. *Herbage Abstracts* **40**, 1–15.

Cooper JP, ed. (1975) *Photosynthesis and Productivity in Different Environments*. Cambridge University Press, Cambridge.

Core-Writing-Team, Pachauri RK, Reisinger A, eds (2008) *IPCC 2007, Climate Change 2007: Synthesis Report. Contribution of Working Groups I, II and III to the Fourth Assessment Report of the Intergovernmental Panel on Climate Change*. IPCC, Geneva, Switzerland.

Cosgrove DJ (1986) Biophysical control of plant cell growth. *Annual Review of Plant Physiology* **37**, 377–405.

Cosgrove DJ (1999) Enzymes and other agents that enhance cell wall extensibility. *Annual Review of Plant Physiology and Plant Molecular Biology* **50**, 391–417.

Cosgrove DJ (2005) Growth of the plant cell wall. *Nature Reviews Molecular and Cell Biology* **6**, 850–61.

Cosgrove DJ, Hedrich R (1991) Stretch-activated chloride, potassium, and calcium channels coexisting in plasma membranes of guard cells of *Vicia faba*. *Planta* **186**, 143–53.

Coulson KL (1975) *Solar and Terrestrial Radiation: Methods and Measurements*. Academic Press, New York.

Covell S, Ellis RH, Roberts EH, Summerfield RJ (1986) The influence of temperature on seed germination rate in grain legumes. I. A comparison of chickpea, lentil, soybean and cowpea at constant temperatures. *Journal of Experimental Botany* **37**, 705–15.

Cowan IR (1977) Stomatal behaviour and environment. *Advances in Botanical Research* **4**, 117–228.

Cowan IR (1982) Water-use and optimization of carbon assimilation. In *Encyclopedia of Plant Physiology, New Series, Vol. 12B* (eds Lange OL, Nobel PS, Osmond CB, & Ziegler H), pp. 589–613. Springer-Verlag, Berlin, Heidelberg, New York.

Cowan IR (1986) Economics of carbon fixation in higher plants. In *On the Economy of Plant Form and Function* (ed. Givnish TJ), pp. 133–70. Cambridge University Press, Cambridge.

Cowan IR, Farquhar GD (1977) Stomatal function in relation to leaf metabolism and environment. *Symposium of the Society for Experimental Biology* **31**, 471–505.

Crank J (1979) *The Mathematics of Diffusion*, 2nd edn. Oxford University Press, Oxford.

Crombie DS, Milburn JA, Hipkins MF (1985) Maximum sustainable sap tensions in *Rhododendron* and other species. *Planta* **163**, 27–33.

Cussler EL (2007) *Diffusion: Mass Transfer in Fluid Systems*, 3rd edn. Cambridge University Press, Cambridge.

Cutler JM, Rains DM, Loomis RS (1977) The importance of cell size in the water relations of plants.

Physiologia Plantarum 40, 255-60.

Dacey JWH (1980) Internal winds in water lilies: an adaptation for life in anaerobic sediments. *Science* 210, 1017-19.

Dainty J (1963) Water relations of plant cells. *Advances in Botanical Research* 1, 279-326.

Darvishzadeh R, Skidmore A, Atzberger C, van Wieren S (2008) Estimation of vegetation LAI from hyperspectral reflectance data: effects of soil type and plant architecture. *International Journal of Applied Earth Observation and Geoinformation* 10, 358-73.

Darwin C (1890) *The Power of Movement in Plants*. William Clowes and Sons Ltd., London.

Darwin F, Pertz DFM (1911) On a new method of estimating the aperture of stomata. *Proceedings of the Royal Society of London, Series B* 84, 136-54.

Daubenmire R (1974) *Plants and Environment: a Textbook of Plant Autecology*, 3rd edn. Wiley, New York.

Davies WJ, Jones HG, eds (1991) *Abscisic Acid: Physiology and Biochemistry*. Bios Scientific Publishers Ltd, Oxford.

Davies WJ, Wilkinson S, Loveys B (2002) Stomatal control by chemical signalling and the exploitation of this mechanism to increase water use efficiency in agriculture. *New Phytologist* 153, 449-60.

Davies WJ, Zhang J (1991) Root signals and the regulation of growth and development of plants in drying soil. *Annual Review of Plant Physiology and Plant Molecular Biology* 42, 55-76.

Day W, Legg BJ, French BK et al. (1987) A drought experiment using mobile shelters: the effect of drought on barley yield, water use and nutrient uptake. *Journal of Agricultural Science, Cambridge* 91, 599-623.

de Pury DGG, Farquhar GD (1997) Simple scaling of photosynthesis from leaves to canopy without the errors of big-leaf models. *Plant, Cell & Environment* 20, 537-57.

de Wit CT (1958) Transpiration and crop yields. *Verslagen van Landbouwkundige Onderzoekingen* 64, 1-88.

de Wit CT (1965) *Photosynthesis of leaf canopies*. Agricultural Research Report no. 663. PUDOC, Wageningen.

Delieu TJ, Walker DA (1983) Simultaneous measurement of oxygen evolution and chlorophyll fluorescence from leaf pieces. *Plant Physiology* 73, 534-41.

Demarsy E, Frankhauser C (2009) Higher plants use LOV to perceive blue light. *Current Opinion in Plant Biology* 12, 69-74.

Demmig-Adams B, Adams III WW (1992) Photoprotection and other responses of plants to high light stress. *Annual Review of Plant Physiology and Plant Molecular Biology* 43, 599-626.

Denmead OT (1969) Comparative micrometeorology of a wheat field and a forest of *Pinus radiata*. *Agricultural Meteorology* 6, 357-71.

Denmead OT, Bradley EF (1987) On scalar transport in plant canopies. *Irrigation Science* 8, 131-49.

Denmead OT, McIlroy IC (1970) Measurements of nonpotential evaporation from wheat. *Agricultural Meteorology* 7, 285-302.

Denmead OT, Shaw RH (1962) Availability of soil water to plants as affected by soil moisture content and meteorological conditions. *Agronomy Journal* 45, 385-90.

Dennis ES, Peacock WJ (2007) Epigenetic regulation of flowering. *Current Opinion in Plant Biology* 10, 520-7.

Dewar RC (2002) The Ball-Berry-Leuning and Tardieu-Davies stomatal models: synthesis and extension within a spatially aggregated picture of guard cell function. *Plant, Cell & Environment* 25, 1383-98.

Dirmhirn I (1964) *Das Strahlungsfeld in Lebensraum*. Akademische Verlagsgesellschaft, Frankfurt-am-Main.

Dixon MA, Tyree M (1984) A new stem hygrometer, corrected for temperature gradients and calibrated against the pressure bomb. *Plant, Cell & Environment* 7, 693-7.

Dodd IC (2009) Rhizosphere manipulations to maximize 'crop per drop' during deficit irrigation. *Journal of Experimental Botany* 60, 2454-9.

Donald CM (1968) The breeding of crop ideotypes. *Euphytica* 17, 385-403.

Donald CM, Hamblin J (1976) The biological yield and harvest index of cereals as agronomic and plant breeding criteria. *Advances in Agronomy* 28, 361-405.

Doorenbos J, Pruitt WO (1984) *Guidelines for Predicting Crop Water Requirements*. FAO Irrigation and Drainage Paper 24. Food and Agriculture Organization of the United Nations, Rome.

Downs RJ, Hellmers H (1975) *Environment and the Experimental Control of Plant Growth*. Academic Press, London.

Dreyer E, Le Roux X, Montpied P, Daudet FA, Masson F (2001) Temperature response of leaf photosynthetic capacity in seedlings from seven temperate tree species. *Tree Physiology* 21, 223-32.

Dubcovsky J, Maria GS, Epstein E, Luo MC, Dvořák J (1996) Mapping of the K^+/Na^+ discrimination locus Kna1 in wheat. *Theoretical and Applied Genetics* 92, 448-54.

Dubois J-JB, Fiscus EL, Booker FL, Flowers MD,

Reid CD (2007) Optimizing the statistical estimation of the parameters of the Farquhar-von Caemmerer-Berry model of photosynthesis. *New Phytologist* 176, 402-14.

Dunstone RL, Gifford RM, Evans LT (1973) Photosynthetic characteristics of modern and primitive wheat species in relation to ontogeny and adaptation to light. *Australian Journal of Biological Sciences* 26, 295-307.

Dwyer LM, Stewart DW, Carrigan L et al. (1999) A general thermal index for maize. *Agronomy Journal* 91, 940-6.

Eberhardt SA, Russell WA (1966) Stability parameters for comparing varieties. *Crop Science* 6, 36-40.

Edwards DK, Denny VE, Mills AF (1979) *Transfer Processes*, 2nd edn. McGraw-Hill, New York.

Ehleringer JR (1980) Leaf morphology and reflectance in relation to water and temperature stress. In *Adaptation of Plants to Water and High Temperature Stress* (eds Turner NC & Kramer PJ), pp. 295-308. Wiley, New York.

Ehleringer JR, Björkman O (1977) Quantum yields for CO_2 uptake in C_3 and C_4 plants. *Plant Physiology* 59, 86-90.

Ehleringer JR, Cerling TE, Helliker BR (1997) C-4 photosynthesis, atmospheric CO_2 and climate. *Oecologia* 112, 285-99.

Ehleringer JR, Forseth I (1980) Solar tracking by plants. *Science* 210, 1094-8.

Ehleringer JR, Hall AE, Farquhar GD, eds (1993) *Stable Isotopes and Plant Carbon-Water Relationships*. Academic Press Inc., San Diego, CA.

Eichinger WE, Parlange MB, Stricker H (1996) On the concept of equilibrium evaporation and the value of the Priestley-Taylor coefficient. *Water Resources Research* 32, 161-4.

El Fadli KI, Cerveny RS, Burt CC et al. (2012) World Meteorological Organization assessment of the purported world record 58°C temperature extreme at El Azizia, Libya (13 September 1922). *Bulletin of the American Meteorological Society* http://dx.doi.org/10.1175/BAMS-D-12-00093.1.

El-Sharkawy M, Hesketh J (1965) Photosynthesis among species in relation to characteristics of leaf and CO_2 diffusion resistances. *Crop Science* 19, 517-21.

Eller BM (1977) Leaf pubescence: the significance of lower surface hairs for the spectral properties of the upper surface. *Journal of Experimental Botany* 28, 1054-9.

Ellmore GS, Ewers FW (1986) Fluid flow in the outermost xylem increment of a ring-porous tree. *American Journal of Botany* 73, 1771-4.

Engledow FL, Wadham SM (1923) Investigations on the yield of cereals. Part I. *Journal of Agricultural Science, Cambridge* 21, 391-409.

Evans GC (1972) *The Quantitative Analysis of Plant Growth*. Blackwell, Oxford.

Evans JR (1989) Photosynthesis and nitrogen relationships in leaves of C_3 plants. *Oecologia* 78, 9-19.

Evans JR, Kaldenhoff R, Genty B, Terashima I (2009) Resistances along the CO_2 diffusion pathway inside leaves. *Journal of Experimental Botany* 60, 2235-48.

Evans LT (1975) *Crop Physiology: Some Case Histories*. Cambridge University Press, Cambridge.

Evans LT, Wardlaw IF, Fischer RA (1975) Wheat. In *Crop Physiology* (ed. Evans LT), pp. 101-49. Cambridge University Press, Cambridge.

Falkowski PG, Raven JA (2007) *Aquatic Photosynthesis*, 2nd edn. Princeton University Press, Princeton, NJ.

Fanjul L, Jones HG (1982) Rapid stomatal responses to humidity. *Planta* 154, 135-8.

Farquhar GD (1978) Feedforward responses of stomata to humidity. *Australian Journal of Plant Physiology* 5, 787-800.

Farquhar GD, Cernusak LA (2012) Ternary effects on the gas exchange of isotopologues of carbon dioxide. *Plant, Cell & Environment* 35, 1221-31.

Farquhar GD, Ehleringer JR, Hubick KT (1989) Carbon isotope discrimination in photosynthesis. *Annual Review of Plant Physiology* 40, 503-37.

Farquhar GD, O'Leary MH, Berry JA (1982) On the relationship between carbon isotope discrimination and intercellular carbon dioxide concentration in leaves. *Australian Journal of Plant Physiology* 9, 121-37.

Farquhar GD, Schultze E-D, Küppers M (1980a) Responses to humidity by stomata of *Nicotiana glauca* L. and *Corylus avellana* L. are consistent with the optimisation of carbon dioxide uptake with respect to water loss. *Australian Journal of Plant Physiology* 7, 315-27.

Farquhar GD, von Caemmerer S, Berry JA (1980b) A biochemical model of photosynthetic CO_2 assimilation in leaves of C_3 species. *Planta* 149, 78-90.

Farquhar TD, Sharkey TD (1982) Stomatal conductance and photosynthesis. *Annual Review of Plant Physiology* 33, 317-45.

Farrant JM (2000) A comparison of mechanisms of desiccation tolerance among three angiosperm resurrection plant species. *Plant Ecology* 151, 29-39.

Fell D (1997) *Understanding the Control of Metabolism*. Portland Press Ltd., London.

Fereres E, Goldhamer DA (2003) Suitability of stem diameter variations and water potential as indicators for irrigation scheduling of almond trees. *Journal of Horticultural Science & Biotechnology* 78, 139-44.

Fernández JE, Rodriguez-Dominguez CM, Perez-Martin A et al. (2011a) Online-monitoring of tree water stress in a hedgerow olive orchard using the leaf patch clamp pressure probe. *Agricultural Water Management* 100, 25-35.

Fernández JE, Torres-Ruiz JM, Diaz-Espejo A et al. (2011b) Use of maximum trunk diameter measurements to detect water stress in mature 'Arbequina' olive trees under deficit irrigation. *Agricultural Water Management* 98, 1813-21.

Finlay KW, Wilkinson GN (1963) The analysis of adaptation in a plant breeding programme. *Australian Journal of Agricultural Research* 14, 742-54.

Fischer RA (2011) Wheat physiology: a review of recent developments. *Crop & Pasture Science* 62, 95-114.

Fischer RA, Edmeades GO (2010) Breeding and cereal yield progress. *Crop Science* 50, S85-S98.

Fischer RA, Turner NC (1978) Plant productivity in the arid and semiarid zones. *Annual Review of Plant Physiology* 29, 277-317.

Fiscus EL (1975) The interaction between osmotic- and pressure-induced water flow in plant roots. *Plant Physiology* 55, 917-22.

Fisher MJ, Charles-Edwards DA, Ludlow MM (1981) An analysis of the effects of repeated short-term soil water deficits on stomatal conductance to carbon dioxide and leaf photosynthesis by the legume *Macroptilium atropurpureum cv. Siratro*. *Australian Journal of Plant Physiology* 8, 347-57.

Fitter AH, Hay RKM (2001) *Environmental Physiology of Plants*, 3rd edn. Academic Press, London.

Fleagle RG, Businger JA (1980) *An Introduction to Atmospheric Physics*, 2nd edn. Academic Press, New York.

Flechard CR, Fowler D, Sutton MA, Cape JN (1999) A dynamic chemical model of bi-directional ammonia exchange between semi-natural vegetation and the atmosphere. *Quarterly Journal of the Royal Meteorological Society* 125, 2611-41.

Flood PJ, Harbinson J, Aarts MGM (2011) Natural genetic variation in plant photosynthesis. *Trends in Plant Science* 16, 327-35.

Florez-Sarasa ID, Bouma TJ, Medrano H, Azcon-Bieto J, Ribas-Carbo M (2007) Contribution of the cytochrome and alternative pathways to growth respiration and maintenance respiration in *Arabidopsis thaliana*. *Physiologia Plantarum* 129, 143-51.

Fowler D, Cape JN, Unsworth MH (1989) Deposition of atmospheric pollutants on forests. *Philosophical Transactions of the Royal Society of London, Series B* 324, 247-65.

Fowler D, Pilegaard K, Sutton MA et al. (2009) Atmospheric composition change: ecosystems-atmosphere interactions. *Atmospheric Environment* 43, 5193-267.

Foyer CH, Bloom AJ, Queval G, Noctor G (2009) Photorespiratory metabolism: genes, mutants, energetics and redox signalling. *Annual Review of Plant Biology* 60, 455-84.

Franklin KA (2008) Shade avoidance. *New Phytologist* 179, 930-44.

Franklin KA, Quail PH (2010) Phytochrome function in *Arabidopsis*. *Journal of Experimental Botany* 61, 11-24.

Franks F (1972) *Water: A Comprehensive Treatise, Vol. 1: The Physics and Physical Chemistry of Water*. Plenum Press, New York.

Franks PJ, Farquhar GD (1999) A relationship between humidity response, growth form and photosynthetic operating point in C_3 plants. *Plant, Cell & Environment* 22, 1337-49.

Fu QS, Cheng LL, Guo YD, Turgeon R (2011) Phloem loading strategies and water relations in trees and herbaceous plants. *Plant Physiology* 157, 1518-27.

Furbank RT (2011) Evolution of the C_4 photosynthetic mechanism: are there really three C_4 acid decarboxyation types? *Journal of Experimental Botany* 62, 3103-8.

Furbank RT, Tester M (2011) Phenomics: technologies to relieve the phenotyping bottleneck. *Trends in Plant Science* 16, 635-44.

Gaastra P (1959) Photosynthesis of crop plants as influenced by light, carbon dioxide, temperature, and stomatal diffusion resistance. *Mededelingen van de Landbouwhoogeschool te Wageningen* 59, 1-68.

Gaff DF (1980) Protoplasmic tolerance of extreme water stress. In *Adaptation of Plants to Water and High Temperature Stress* (eds Turner NC & Kramer PJ), pp. 207-30. Wiley, New York.

Gamon JA, Peñuelas J, Field CB (1992) A narrow-waveband spectral index that tracks diurnal changes in photosynthetic efficiency. *Remote Sensing of Environment* 41, 35-44.

Gardner MJ, Hubbard KE, Hotta CT, Dodd AN, Webb AAR (2006) How plants tell the time. *Biochemical Journal* 397, 15-24.

Garner WW, Allard HA (1920) Effect of the relative length of day and night and other factors of the environment on growth and reproduction in plants. *Journal of Agricultural Research* 18, 553-606.

Garratt JR (1992) *The Atmospheric Boundary Layer*. Cambridge University Press, Cambridge.

Garrigues S, Shabanov NV, Swanson K et al. (2008) Intercomparison and sensitivity analysis of Leaf Area Index retrievals from LAI-2000, AccuPAR, and digital hemispherical photography over croplands. *Agricultural and Forest Meteorology* **148**, 1193-209.

Gates DM (1980) *Biophysical Ecology.* Springer Verlag, New York.

Gauch HG (1992) *Statistical Analysis of Regional Yield Trials: AMMI Analysis of Factorial Designs.* Elsevier, Amsterdam.

Gay AP, Hurd RG (1975) The influence of light on the stomatal density in the tomato. *New Phytologist* **75**, 37-46.

Geiger DM (1950) *The Climate Near the Ground.* Harvard University Press, Boston.

Geiger DM (1965) *The Climate Near the Ground*, 4th edn. Harvard University Press, Cambridge, MA.

Genty B, Briantais J-M, Baker NR (1989) The relationship between the quantumyield of photosynthetic electron transport and quenching of chlorophyll fluorescence. *Biochimica et Biophysica Acta* **990**, 87-92.

Ghannoum O (2009) C_4 photosynthesis and water stress. *Annals of Botany* **103**, 635-44.

Gifford RM, Musgrave RB (1973) Stomatal role in the variability of net CO_2 exchange rates by two maize inbreds. *Australian Journal of Biological Sciences* **26**, 35-44.

Giunta F, Motzo R, Pruneddu G (2008) Has long-term selection for yield in durum wheat also induced changes in leaf and canopy traits? *Field Crops Research* **106**, 68-76.

Givnish TJ (1986) Optimal stomatal conductance, allocation of energy between leaves and roots, and the marginal cost of transpiration. In *On the Economy of Plant Form and Function* (ed. Givnish TJ), pp. 171-213. Cambridge University Press, Cambridge.

Goel NS, Strebel DE (1984) Simple beta distribution representation of leaf orientation in vegetation canopies. *Agronomy Journal* **76**, 800-2.

Gollan T, Passioura JB, Munns R (1986) Soil water status affects the stomatal conductance of fully turgid wheat and sunflower leaves. *Australian Journal of Plant Physiology* **13**, 459-64.

Gollan T, Turner NC, Schultze E -D (1985) The responses of stomata and leaf gas exchange to vapour pressure deficits and soil water content. III. In the schlerophyllous woody species *Nerium oleander*. *Oecologia* **65**, 356-62.

Gommers CMM, Visser EJW, St Onge KR, Voesenek LACJ, Pierik R (2013) Shade tolerance: when growing tall is not an option. *Trends in Plant Science* **18**, 65-71.

Goodwin SM, Jenks MA (2005) Plant cuticle function as a barrier to water loss. In *Plant Abiotic Stress* (eds Jenks MA & Hasegawa PM), pp. 14-36. Blackwell Publishing, Oxford.

Gorham J, Wyn-Jones RG, Bristol A (1990) Partial characterisation of the trait for enhanced K^+/Na^+ discrimination in the D genome of wheat. *Planta* **180**, 590-7.

Goudriaan J (1986) A simple and fast numerical method for the computation of daily totals of photosynthesis. *Agricultural and Forest Meteorology* **38**, 249-54.

Goudriaan J (1996) Predicting crop yields under global change. In *Global Change and Terrestrial Ecosystems* (eds Walker BH & Steffen W), pp. 260-74. Cambridge University Press, Cambridge.

Goulding KWT, Bailey NJ, Bradbury NJ et al. (1998) Nitrogen deposition and its contribution to nitrogen cycling and associated soil processes. *New Phytologist* **139**, 49-58.

Gowing DJG, Davies WJ, Jones HG (1990) A positive root-sourced signal as an indicator of soil drying in apple, *Malus* × *domestica* Borkh. *Journal of Experimental Botany* **41**, 1535-40.

Grace J (1977) *Plant Response to Wind*. Academic Press, London.

Grace J (1981) Some effects of wind on plants. In *Plants and their Atmospheric Environment* (eds Grace J, Ford ED, & Jarvis PG), pp. 31-56. Blackwell, Oxford.

Grace J (1989) Tree lines. *Philosophical Transactions of the Royal Society of London Series B* **324**, 233-45.

Grace J, Ford ED, Jarvis PG, eds (1981) *Plants and their Atmospheric Environment.* Blackwell, Oxford.

Granier A (1987) Evaluation of transpiration in a Douglas-fir stand by means of sap flow measurements. *Tree Physiology* **3**, 309-19.

Grant DR (1970) Some measurements of evaporation in a field of barley. *Journal of Agricultural Science* **75**, 433-43.

Grant RH (1999) Potential effect of soybean heliotropism on ultraviolet-B irradiance and dose. *Agronomy Journal* **91**, 1017-23.

Grassi G, Magnani F (2005) Stomatal, mesophyll conductance and biochemical limitations to photosynthesis as affected by drought and leaf ontogeny in ash and oak trees. *Plant, Cell & Environment* **28**, 834-49.

Green SR, Clothier BE, Jardine B (2003) Theory and practical application of heat pulse to measure sap flow. *Agronomy Journal* **95**, 1371-9.

Grime JP (1979) *Plant Strategies and Vegetation Processes*. Wiley, Chichester, UK.

Grime JP (1989) Whole-plant responses to stress in natural and agricultural systems. In *Plants Under Stress* (eds Jones HG, Flowers TJ & Jones MB), pp. 157-80. Cambridge Unversity Press, Cambridge.

Gu L, Baldocchi DD, Wofsy SC *et al.* (2003) Response of a deciduous forest to the Mount Pinatubo eruption: enhanced photosynthesis. *Science* **299**, 2035-8.

Gu L, Pallardy SG, Tu KB, Law BE, Wullschleger SD (2010) Reliable estimation of biochemical parameters from C_3 leaf photosynthesis-intercellular carbon dioxide response curves. *Plant, Cell & Environment* **33**, 1852-74.

Guilioni L, Jones HG, Leinonen I, Lhomme JP (2008) On the relationships between stomatal resistance and leaf temperatures in thermography. *Agricultural and Forest Meteorology* **148**, 1908-12.

Gusta LV, Burke MJ, Kapoor AC (1975) Determination of unfrozen water in winter cereals at subfreezing temperatures. *Plant Physiology* **56**, 707-9.

Gusta LV, Fowler DB (1979) Cold resistance and injury in winter cereals. In *Stress Physiology of Crop Plants* (eds Mussell H & Staples RC), pp. 160-78. Wiley, New York.

Guy RD, Berry JA, Fogel ML, Hoering TC (1989) Partitioning of respiratory electrons in the dark in leaves of transgenic tobacco with modified levels of alternative oxidase. *Planta* **177**, 170-80.

Guyot G, Phulpin T, eds (1997) *Physical Measurements and Signatures in Remote Sensing*. Balkema, Rotterdam.

Ha S, Vankova R, Yamaguchi-Shinozaki K, Shinozaki K, Phan Tran L-S (2012) Cytokinins: metabolism and function in plant adaptation to environmental stresses. *Trends in Plant Science* **17**, 172-9.

Hack HRB (1974) The selection of an infiltration technique for estimating the degree of stomatal opening. *Annals of Botany* **38**, 93-114.

Hales S (1727) *Vegetable Staticks: or, an Account of some Statistical Experiments on the Sap in Vegetables*. W. Innys and R. Manby; T. Woodward, London.

Hall AE (2001) *Crop Responses to Environment*. CRC Press, Boca Raton.

Hall AE, Kaufmann MR (1975) Stomatal response to environment with *Sesamum indicum* L. *Plant Physiology* **55**, 455-9.

Hall AE, Schulze E-D, Lange OL (1976) Current perspectives of steady-state stomatal responses to environment. In *Water and Plant Life* (eds Lange OL, Kappen L & Schulze E-D), pp. 169-87. Springer-Verlag, Berlin.

Hall DO, Rao KK (1999) *Photosynthesis*, 6th edn. Cambridge University Press, Cambridge.

Hall HK, McWha JA (1981) Effects of abscisic acid on growth of wheat (*Triticum aestivum* L.). *Annals of Botany* **47**, 427-33.

Hansen P (1970) ^{14}C-studies on apple trees. VI. The influence of the fruit on the photosynthesis of leaves and the relative photosynthesis of fruit and leaves. *Physiologia Plantarum* **23**, 805-10.

Hapke B (1993) *Theory of Reflectance and Emittance Spectroscopy*. Cambridge University Press, Cambridge.

Hari P, Mäkelä A, Korpilahti E, Homberg M (1986) Optimal control for gas exchange. *Tree Physiology* **2**, 169-75.

Harley PC, Baldocchi DD (1995) Scaling carbon-dioxide and water-vapor exchange from leaf to canopy in a deciduous forest. 1. Leaf model parametrization. *Plant, Cell & Environment* **18**, 1146-56.

Harmer SL (2009) The circadian system in plants. *Annual Review of Plant Biology* **60**, 357-77.

Harrison MA (2012) Cross-talk between phytohormone signalling pathways under both optimal and stressful environmental conditions. In *Phytohormones and Abiotic Stress Tolerance in Plants* (eds Khan NA, Nazar R, Iqbal N & Anjum NA), pp. 49-76. Springer, Heidelberg.

Havaux M, Lannoye R (1985) Drought resistance of hard wheat cultivars measured by a rapid chlorophyll fluorescence test. *Journal of Agricultural Science, Cambridge* **104**, 501-4.

Heikkila JJ, Papp JET, Schultz GA, Bewley JD (1984) Induction of heat shock protein messenger RNA in maize hypocotyls by water stress. *Plant Physiology* **76**, 270-4.

Henderson A (1987) Literature on air pollution and lichens XXV. *Lichenologist* **19**, 205-10.

Henson IE (1985) Solute accumulation and growth in plants of pearl millet (*Pennisetum americanum* [L.] Leeke) exposed to abscisic acid or water stress. *Journal of Experimental Botany* **36**, 1889-99.

Henzell RG, McCree KJ, van Bavel CHM, Schertz KF (1976) Sorghum genotype variation in stomatal sensitivity to water deficit *Crop Science* **16**, 660-2.

Henzler T, Waterhouse RN, Smyth AJ *et al.* (1999) Diurnal variations in hydraulic conductivity and root pressure can be correlated with the expression of putative aquaporins in the roots of *Lotus japonicus*. *Planta* **210**, 50-60.

Herbst M, Kappen L, Thamm F, Vanselow R (1996) Simultaneous measurements of transpiration, soil evaporation and total evaporation in a maize field in northern Germany. *Journal of Experimental Botany* **47**, 1957-62.

Herrington LP (1969) *On Temperature and Heat Flow in Tree Stems. Bulletin 73*. Yale University, School of Forestry, New Haven, CT.

Hewitt CN, Kok GL, Fall R (1990a) Hydroperoxides in plants exposed to ozone mediate air pollution damage to alkene emitters. *Nature* **344**, 56-8.

Hewitt CN, Monson RK, Fall R (1990b) Isoprene

emissions from the grass *Arundo donax* L. are not linked to photorespiration. *Plant Science* **66**, 139-44.

Hillel D (2004) *Introduction to Environmental Soil Physics.* Academic Press, San Diego.

Hocking PJ (1980) The composition of phloem exudate and xylem sap from tree tobacco (*Nicotiana glauca* Grah.). *Annals of Botany* **45**, 633-43.

Holmes MG, Smith H (1975) The function of phytochrome in plants growing in the natural environment. *Nature* **254**, 512-14.

Hotta CT, Gardner MJ, Hubbard KE *et al.* (2007) Modulation of environmental responses of plants by circadian clocks. *Plant, Cell & Environment* **30**, 333-49.

Hough MN, Jones RJA (1997) The United Kingdom Meteorological Office rainfall and evaporation calculation system: MORECS version 2.0 - an overview. *Hydrology and Earth System Sciences* **1**, 227-39.

Houghton JT (2009) *Global Warming: the Complete Briefing*, 4th edn. Cambridge University Press, Cambridge.

Hsiao TC (1973) Plant responses to water stress. *Annual Review of Plant Physiology* **24**, 519-70.

Hu H, Dai M, Yao J *et al.* (2006) Overexpressing a NAM, ATAF, and CUC (NAC) transcription factor enhances drought resistance and salt tolerance in rice. *Proceedings of the National Academy of Sciences of the USA* **103**, 12987-92.

Hubick KT, Shorter R, Farquhar GD (1988) Heritability and genotype × environment interactions of carbon isotope discrimination and transpiration efficiency in peanut (*Arachis hypogaea* L.). *Australian Journal of Plant Physiology* **15**, 799-813.

Hughes JE, Morgan DC, Lambton PA, Black CR, Smith H (1984) Photoperiodic signals during twilight. *Plant, Cell & Environment* **7**, 269-77.

Huguet JG, Li SH, Lorendeau JY, Pelloux G (1992) Specific micromorphometric reactions of fruit trees to water stress and irrigation scheduling automation. *Journal of Horticultural Science* **67**, 631-40.

Hunt R, Causton DR, Shipley B, Askew AP (2002) A modern tool for classical growth analysis. *Annals of Botany* **90**, 485-8.

Hüsken D, Steudle E, Zimmermann U (1978) Pressure probe technique for measuring water relations of cells in higher plants. *Plant Physiology* **61**, 158-63.

Hutton JT, Norrish K (1974) Silicon content of wheat husks in relation to water transpired. *Australian Journal of Agricultural Research* **25**, 203-12.

Hyer EJ, Goetz SJ (2004) Comparison and sensitivity analysis of instruments and radiometric methods for LAI estimation: assessments from a boreal forest site. *Agricultural and Forest Meteorology* **122**, 157-74.

Hylton CM, Rawsthorne S, Smith AM, Jones AD (1988) Glycine decarboxylase is confined to the bundlesheath cells of leaves of C_3-C_4 intermediate species. *Planta* **175**, 452-9.

Iba K (2002) Acclimative response to temperature stress in higher plants: approaches of gene engineering for temperature tolerance. *Annual Review of Plant Biology* **53**, 225-45.

Idso SB (1981) A set of equations for full spectrum and 8-μm to 14-μm and 10.5-μm to 12.5-μm thermalradiation from cloudless skies. *Water Resources Research* **17**, 295-304.

Idso SB, Jackson RD, Ehrler WL, Mitchell ST (1969) A method for determination of infrared emittance of leaves. *Ecology* **50**, 899-902.

Ingram J, Bartels D (1996) Molecular basis of dehydration tolerance in plants. *Annual Review of Plant Physiology and Plant Molecular Biology* **47**, 377-403.

Innes P, Blackwell RD (1981) The effect of drought on water use and yield of two spring wheat genotypes. *Journal of Agricultural Science, Cambridge* **96**, 603-10.

Irmak S, Mutiibwa D, Irmak A *et al.* (2008) On the scaling up leaf stomatal resistance to canopy resistance using photosynthetic photon flux density. *Agricultural and Forest Meteorology* **148**, 1034-44.

Irving PM (1988) Overview of the US national acid precipitation assessment programme. In *Air Pollution and Ecosystems* (ed. Mathy P). D. Reidel, Dordrecht.

Islam MR, Sikder S (2011) Phenology and degree days of rice cultivars under organic culture. *Bangladesh Journal of Botany* **40**, 149-53.

Iwanoff L (1928) Zur Methodik der Transpirationsbestimmung am Standort. *Berichte der Deutschen Botanischen Gesellschaft* **46**, 306-10.

Iyer-Pascuzzi AS, Symonova O, Mileyko Y *et al.* (2010) Imaging and analysis platform for automatic phenotyping and trait ranking of plant root systems. *Plant Physiology* **152**, 1148-57.

Jackson JE, Palmer JW (1979) A simple model of light transmission and interception by discontinuous canopies. *Annals of Botany* **44**, 381-3.

Jackson MB (2002) Long distance signalling from roots to shoots assessed: the flooding story. *Journal of Experimental Botany* **53**, 175-81.

Jackson RB, Moore LA, Hoffman WA, Pockman WT, Linder CR (1999) Ecosystemrooting depth determined with caves and DNA. *Proceedings of the National Academy of Sciences of the USA* **96**, 11387-92.

Jackson RD (1982) *Canopy Temperature and Crop*

Water Stress. Academic Press, London, New York.
Jackson RD, Idso SB, Reginato RJ, Pinter PJ (1981) Canopy temperature as a crop water-stress indicator. *Water Resources Research* 17, 1133-8.
Jackson RD, Reginato RJ, Idso SB (1977) Wheat canopy temperature: a practical tool for evaluating water requirements. *Water Resources Research* 13, 651-6.
Jackson SD (2009) Plant responses to photoperiod. *New Phytologist* 181, 517-31.
Jacquemoud S, Baret F (1990) PROSPECT: a model of leaf optical properties spectra. *Remote Sensing of Environment* 34, 75-91.
Jacquemoud S, Ustin SL, Verdebout J et al. (1996) Estimating leaf biochemistry using the PROSPECT leaf optical properties model. *Remote Sensing of Environment* 56, 194-202.
Jaffe MJ (1973) Thigmomorphogenesis: the response of plant growth and development to mechanical stimulation. *Planta* 114, 143-47.
Jamieson PD, Porter JR, Goudriaan J et al. (1998) A comparison of the models AFRCWHEAT2, CERES-Wheat, Sirius, SUCROS2 and SWHEAT with measurements from wheat grown under drought. *Field Crops Research* 55, 23-44.
Jane FW (1970) *The Structure of Wood*, 2nd edn. Adam & Charles Black, London.
Janott M, Gayler S, Gessler A et al. (2011) A one-dimensional model of water flow in soil-plant systems based on plant architecture. *Plant Soil* 341, 233-56.
Jarman PD (1974) The diffusion of carbon dioxide and water vapour through stomata. *Journal of Experimental Botany* 25, 927-36.
Jarvis PG (1976) The interpretation of variations in leaf water potential and stomatal conductance found in canopies in the field. *Philosophical Transactions of the Royal Society of London, Series B* 273, 593-610.
Jarvis PG (1981) Stomatal conductance, gaseous exchange and transpiration. In *Plants and their Atmospheric Environment* (eds Grace J, Ford ED & Jarvis PG), pp. 175-204. Blackwell, Oxford.
Jarvis PG (1985) Coupling of transpiration to the atmosphere in horticultural crops: the omega factor. *Acta Horticulturae* 171, 187-205.
Jarvis PG, James GB, Landsberg JJ (1976) Coniferous forest. In *Vegetation and the Atmosphere, Vol. 2: Case Studies* (ed. Monteith JL), pp. 171-240. Academic Press, London.
Jarvis PG, Mansfield TA, eds (1981) *Stomatal Physiology*. Cambridge University Press, Cambridge.
Jarvis PG, McNaughton KG (1986) Stomatal control of transpiration: scaling up from leaf to region. *Advances in Ecological Research* 15, 1-49.
Jarvis PG, Morison JIL (1981) The control of photosynthesis and transpiration by the stomata. In *Stomatal Physiology* (eds Jarvis PG & Mansfield TA), pp. 248-79. Cambridge University Press, Cambridge.
Jenkins GI (2009) Signal transduction in responses to UV-B radiation. *Annual Review of Plant Biology* 60, 407-31.
Jensen JR (2007) *Remote Sensing of the Environment: an Earth Resource Perspective*, 2nd edn. Pearson Prentice Hall, Upper Saddle River, NJ.
Jensen M (1985) The aerodynamics of shelter. In *FAO Conservation Guide 10: Sand Dune Stabilization, Shelterbelts and Afforestation in Dry Zones*. FAO, Rome.
Jiang Y, Wang Y (2011) Candidate gene expression involved in drought resistance. In *Handbook of Plant and Crop Stress* (ed. Pessarakli M), pp. 867-76. CRC Press, Boca Raton, FL.
Johnson HB (1975) Plant pubescence: an ecological perspective. *The Botanical Review* 41, 233-58.
Johnson IR, Thornley JHM, Frantz JM, Bugbee B (2010) A model of canopy photosynthesis incorporating protein distribution through the canopy and its acclimation to light, temperature and CO_2. *Annals of Botany* 106, 735-49.
Jonckheere I, Fleck S, Nackaerts K et al. (2004) Review of methods for in situ leaf area index determination - Part I. Theories, sensors and hemispherical photography. *Agricultural and Forest Meteorology* 121, 19-35.
Jones HG (1972) *Effects of Water Stress on Photosynthesis*. PhD thesis, Australian National University, Canberra.
Jones HG (1973a) Estimation of plant water status with the beta-gauge. *Agricultural Meteorology* 11, 345-55.
Jones HG (1973b) Limiting factors in photosynthesis. *New Phytologist* 72, 1089-94.
Jones HG (1973c) Moderate-term water stresses and associated changes in some photosynthetic parameters in cotton. *New Phytologist* 72, 1095-105.
Jones HG (1973d) Photosynthesis by thin leaf slices in solution. 2. Osmotic stress and its effects on photosynthesis. *Australian Journal of Biological Sciences* 26, 25-33.
Jones HG (1976) Crop characteristics and the ratio between assimilation and transpiration. *Journal of Applied Ecology* 13, 605-22.
Jones HG (1977a) Aspects of the water relations of spring wheat (*Triticum aestivum L.*) in response to induced drought. *Journal of Agricultural Science* 88, 267-82.
Jones HG (1977b) Transpiration in barley lines with differing stomatal frequencies. *Journal of*

Experimental Botany **28**, 162-8.

Jones HG (1978) Modelling diurnal trends of leaf water potential in transpiring wheat. *Journal of Applied Ecology* **15**, 613-26.

Jones HG (1979) Stomatal behavior and breeding for drought resistance. In *Stress Physiology in Crop Plants* (eds Mussell H & Staples R), pp. 408-28. John Wiley and Sons Inc., New York.

Jones HG (1980) Interaction and integration of adaptive responses to water stress: the implications of an unpredictable environment. In *Adaptation of Plants to Water and High Temperature Stress* (eds Turner NC & Kramer PJ), pp. 353-65. John Wiley & Sons Inc, New York.

Jones HG (1981a) Carbon dioxide exchange of developing apple fruits. *Journal of Experimental Botany* **32**, 1203-10.

Jones HG (1981b) PGRs and plant water relations. In *Aspects and Prospects of Plant Growth Regulators* (ed. Jeffcoat B), pp. 91-100. BPGRG, Lancaster.

Jones HG (1981c) The use of stochastic modelling to study the influence of stomatal behaviour on yield-climate relationships. In *Mathematics and Plant Physiology* (eds Rose DA & Charles-Edwards DA), pp. 231-44. Academic Press, London.

Jones HG (1983) Estimation of an effective soil-water potential at the root surface of transpiring plants. *Plant, Cell and Environment* **6**, 671-4.

Jones HG (1985a) Partitioning stomatal and nonstomatal limitations to photosynthesis. *Plant, Cell & Environment* **8**, 95-104.

Jones HG (1985b) Physiological mechanisms involved in the control of leaf water status: implications for the estimation of tree water status. *Acta Horticulturae* **171**, 291-6.

Jones HG (1987a) Breeding for stomatal characters. In *Stomatal Function* (eds Zeiger E, Farquhar GD & Cowan IR), pp. 431-43. Stanford University Press, Stanford.

Jones HG (1987b) Repeat flowering in apple caused by water stress or defoliation. *Trees - Structure and Function* **1**, 135-8.

Jones HG (1990) Physiological aspects of the control of water status in horticultural crops. *HortScience* **25**, 19-26.

Jones HG (1998) Stomatal control of photosynthesis and transpiration. *Journal of Experimental Botany* **49**, 387-98.

Jones HG (1999) Use of infrared thermometry for estimation of stomatal conductance as a possible aid to irrigation scheduling. *Agricultural and Forest Meteorology* **95**, 139-49.

Jones HG (2004a) Application of thermal imaging and infrared sensing in plant physiology and ecophysiology. *Advances in Botanical Research* **41**, 107-63.

Jones HG (2004b) Irrigation scheduling: advantages and pitfalls of plant-based methods. *Journal of Experimental Botany* **55**, 2427-36.

Jones HG (2007) Monitoring plant and soil water status: established and novel methods revisited and their relevance to studies of drought tolerance. *Journal of Experimental Botany* **58**, 119-30.

Jones HG, Archer N, Rotenberg E, Casa R (2003) Radiation measurement for plant ecophysiology. *Journal of Experimental Botany* **54**, 879-89.

Jones HG, Flowers TJ, Jones MB, eds (1989) *Plants Under Stress*. Cambridge University Press, Cambridge.

Jones HG, Higgs KH (1979) Water potential-water content relationships in apple leaves. *Journal of Experimental Botany* **30**, 965-70.

Jones HG, Higgs KH (1980) Resistance to water loss from the mesophyll cell surface in plant leaves. *Journal of Experimental Botany* **31**, 545-53.

Jones HG, Higgs KH (1989) Empirical models of the conductance of leaves in apple orchards. *Plant, Cell & Environment* **12**, 301-8.

Jones HG, Higgs KH, Hamer PJC (1988) Evaluation of various heat-pulse methods for estimation of sap flow in orchard trees: comparison with micrometeorological estimates of evaporation. *Trees: Structure and Function* **2**, 250-60.

Jones HG, Hillis RM, Gordon SL, Brennan RM (2012) An approach to the determination of winter chill requirements for different *Ribes* cultivars. *Plant Biology* **15**, s1, 18-27.

Jones HG, Luton MT, Higgs KH, Hamer PJC (1983) Experimental control of water status in an apple orchard. *Journal of Horticultural Science* **58**, 301-16.

Jones HG, Osmond CB (1973) Photosynthesis by thin leaf slices in comparison with whole leaves. *Australian Journal of Biological Sciences* **26**, 15-24.

Jones HG, Peña J (1987) Relationships between water stress and ultrasound emission in apple (*Malus* × *domestica* Borkh.). *Journal of Experimental Botany* **37**, 1245-54.

JonesHG, Serraj R, Loveys BR et al. (2009) Thermal infrared imaging of crop canopies for the remote diagnosis and quantification of plant responses to water stress in the field. *Functional Plant Biology* **36**, 978-89.

Jones HG, Slatyer RO (1972) Estimation of the transport and carboxylation components of the intracellular limitation to leaf photosynthesis. *Plant Physiology* **50**, 283-8.

Jones HG, Sutherland RA (1991) Stomatal control of xylem embolism. *Plant, Cell & Environment* **6**, 607-12.

Jones HG, Vaughan RA (2010) *Remote Sensing of Vegetation: Principles, Techniques, and Applications.* Oxford University Press, Oxford.

Jones MM, Rawson HR (1979) Influence of rate of development of leaf water deficits upon photosynthesis, leaf conductance, water use efficiency, and osmotic potential in sorghum. *Physiologia Plantarum* 45, 103-11.

Jordan BR (2011) Effects of UV-B radiation on plants: molecular mechanisms involved in UV-B responses. In *Handbook of Plant and Crop Stress* (ed. Pessarakli M), pp. 565-76. CRC Press, Boca Raton, FL.

Jordan BR, Partis MD, Thomas B (1986) The biology and molecular biology of phytochrome. *Oxford Surveys of Plant Molecular and Cell Biology* 3, 315-62.

Jordan WR, Ritchie JT (1971) Influences of soil water stress on evaporation, root absorption, and internal water status of cotton. *Plant Physiology* 48, 783-8.

Joshi MC, Boyer JS, Kramer PJ (1965) CO_2 exchange, transpiration and transpiration ratio of pineapple. *Botanical Gazette* 126, 174-9.

Kacperska A (2004) Sensor types in signal transduction pathways in plant cells responding to abiotic stressors: do they depend on stress intensity? *Physiologia Plantarum* 122, 159-68.

Kacser H, Burns JA (1973) The control of flux. *Symposium of the Society for Experimental Biology* 27, 65-107.

Kaimal C, Finnigan JJ (1994) *Atmospheric Boundary Layer Flows: Their Structure and Measurement.* Oxford University Press, Oxford.

Kaiser W (1987) Effects of water deficits on photosynthetic capacity. *Physiologia Plantarum* 71, 142-9.

Kaiser WM (1982) Correlations between changes in photosynthetic activity and changes in total protoplast volume in leaf tissue from hygro-, meso-, and xerophytes under osmotic stress. *Planta* 154, 538-45.

Kami C, Hersch M, Trevisan M et al. (2012) Nuclear phytochrome A signaling promotes phototropism in *Arabidopsis. The Plant Cell* 24, 566-76.

Kamiya Y (2009) Plant hormones: versatile regulators of plant growth and development. *Annual Review of Plant Biology* 60, Web compilation, doi: 10.1146/annurev.arplant.1160.031110.100001.

Kanemasu ET, Stone LR, Powers WL (1976) Evapotranspiration model tested for soybean and sorghum. *Agronomy Journal* 68, 569-72.

Kang MZ, de Reffye P (2007) A mathematical approach estimating source and sink functioning of competing organs. In *Functional-Structural Plant Modelling in Plant Production* (eds Vos J, Marcelis LFM, de Visser PHB, Struik PC & Evers JB), pp. 65-74. Wageningen UR, Wageningen.

Keeley JE, Osmond CB, Raven JA (1984) *Stylites*, a vascular land plant without stomata absorbs CO_2 by its roots. *Nature* 310, 694-5.

Keller MM, Jaillais Y, Pedmale UV et al. (2011) Cryptochrome 1 and phytochrome B control shadeavoidance responses in *Arabidopsis* via partially independent hormonal cascades. *The Plant Journal* 67, 195-207.

Kendrick RE, Kronenberg GHM, eds (1994) *Photomorphogenesis in Plants*, 2nd edn. Kluwer Academic Publishers, Dordrecht, Netherlands.

Kerr JP, Beardsell MF (1975) Effect of dew on leaf water potentials and crop resistances in a paspalum pasture. *Agronomy Journal* 67, 596-9.

Khan NA, Nazar R, Iqbal N, Anjum NA, eds (2012) *Phytohormones and Abiotic Stress Tolerance in Plants.* Springer, Heidelberg.

Kim T-H, Bohmer M, Hu H, Nishimura N, Shroeder JL (2010) Guard cell signal transduction network; advances in understanding abscisic acid, CO_2, and Ca^{2+} signaling. *Annual Review of Plant Biology* 61, 561-91.

King RW, Wardlaw IF, Evans LT (1967) Effect of assimilate utilization on photosynthetic rate in wheat. *Planta* 71, 261-76.

Kinoshita T, Doi M, Suetsugu N et al. (2001) Phot1 and phot2 mediate blue light regulation of stomatal opening. *Nature* 414, 656-60.

Kirkham MB (2004) *Principles of Soil and Plant Water Relations.* Elsevier Academic Press, Burlington, MA.

Kjelgaard JF, Stockle CO, Black RA, Campbell GS (1997) Measuring sap flow with the heat balance approach using constant and variable heat inputs. *Agricultural and Forest Meteorology* 85, 239-50.

Klingler JP, Batelli G, Zhu J-K (2010) ABA receptors: the START of a new paradigm in phytohormone signalling. *Journal of Experimental Botany* 61, 3199-210.

Kluge M, Ting IP (1978) *Crassulacean Acid Metabolism.* Springer-Verlag, Berlin.

Kniemayer O, Buck-Sorlin G, Kurth W (2007) GroImp as a platform for functional-structural modelling of plants. In *Functional-Structural Plant Modelling in Plant Production* (eds Vos J, Marcelis LFM, de Visser PHB, Struik PC & Evers JB), pp. 43-52. Wageningen UR, Wageningen.

Knight MR, Campbell AK, Smith SM, Trewavas AJ (1991) Transgenic plant aequorin reports the effects of touch and coldshock and elicitors on cytoplasmic calcium. *Nature* 352, 524-6.

Kolber Z, Klimov D, Ananyev G, Rascher U, Berry J, Osmond BA (2005) Measuring photosynthetic parameters at a distance: laser induced fluorescence transient (LIFT) method for remote measurements of photosynthesis in terrestrial vegetation *Photosynthesis Research* **84**, 121-9.

Kolber Z, Prasil O, Falkowski PG (1998) Measurement of variable chlorophyll fluorescence using fast repetition rate techniques: defining methodology and experimental protocols. *Biochimica et Biophysica Acta - Bioenergetics* **1367**, 88-106.

Körner C (1999) *Alpine Plant Life*. Springer-Verlag, Berlin-Heidelberg.

Körner C (2012) *Alpine Treelines: Functional Ecology of the Global High Elevation Tree Limits*. Springer, Basel.

Körner C, Mayr R (1981) Stomatal behaviour in alpine communities between 600 and 2600 metres above sea level. In *Plants and their Atmospheric Environment* (eds Grace J, Ford ED & Jarvis PG), pp. 205-18. Blackwell, Oxford.

Körner C, Scheel JA, Bauer H (1979) Maximum leaf diffusive conductance in higher plants. *Photosynthetica* **13**, 45-82.

Kowal JM, Kassam AH (1973) Water use, energy balance and growth of maize at Samuru, Northern Nigeria. *Agricultural Meteorology* **12**, 391-406.

Kramer PJ, Boyer JS (1995) *Water Relations of Plants and Soils*. Academic Press Inc., London.

Kreith F, Bohn MS, Manglik R (2010) *Principles of Heat Transfer*, 7th edn. Cengage Learning Inc., Mason, OH.

Krömer S (1995) Respiration during photosynthesis. *Annual Review of Plant Physiology and Plant Molecular Biology* **46**, 45-70.

Krul L (1993) Remote sensing in the microwave region. In *Land Observation by Remote Sensing: Theory and Applications* (eds Buiten HJ & Clevers JGPW), pp. 155-74. Gordon and Breach, Yverdon.

Kubota T, Tsuboyama Y (2004) Estimation of evaporation rate from the forest floor using oxygen-18 and deuterium compositions of throughfall and stream water during a non-storm runoff period. *Journal of Forest Research* **9**, 51-9.

Kucharik CJ, Norman JM, Gower ST (1998a) Measurements of branch area and adjusting leaf area index indirect measurements. *Agricultural and Forest Meteorology* **91**, 69-88.

Kucharik CJ, Norman JM, Gower ST (1998b) Measurements of leaf orientation, light distribution and sunlit leaf area in a boreal aspen forest. *Agricultural and Forest Meteorology* **91**, 127-48.

Kumar SV, Wigge PA (2010) H2A.Z - containing nucleosomes mediate the thermosensory response in *Arabidopsis*. *Cell* **140**, 136-47.

Kutschera U, Briggs WR (2012) Root phototropism: from dogma to the mechanism of blue light perception. *Planta* **235**, 443-52.

Lakatos M, Obregón A, Büdel B, Bendix J (2011) Midday dew: an overlooked factor enhancing photosynthetic activity of corticolous epiphytes in a wet tropical rain forest. *New Phytologist* **194**, 245-53.

Lakso AN (1979) Seasonal changes in stomatal response to leaf water potential in apple. *Journal of the American Society for Horticultural Science* **104**, 58-60.

Landsberg HE (1961) Solar radiation at the earth's surface. *Solar Energy* **5**, 95-8.

Landsberg JJ, Beadle CL, Biscoe PV et al. (1975) Diurnal energy, water and CO_2 exchanges in an apple (*Malus pumila*) orchard. *Journal of Applied Ecology* **12**, 659-84.

Landsberg JJ, Blanchard TW, Warrit B (1976) Studies on the movement of water through apple trees. *Journal of Experimental Botany* **27**, 579-96.

Lang ARG (1973) Leaf orientation of a cotton plant. *Agricultural Meteorology* **11**, 37-51.

Lang ARG, Evans GN, Ho PY (1974) The influence of local advection on evapotranspiration from irrigated rice in a semi-arid region. *Agricultural Meteorology* **13**, 5-13.

Lang M, Kuusk A, Mõtus M, Rautainen M, Nilson T (2010) Canopy gap fraction estimation from digital hemispherical images using sky radiance models and a linear conversion method. *Agricultural and Forest Meteorology* **150**, 20-9.

Langsdorf G, Buschmann C, Sowinska M, Banbani F, Mokry F, Timmermann F, Lichtenthaler HK (2000) Multicolour fluorescence imaging of sugar beet leaves with different nitrogen status by flash lamp UV-excitation. *Photosynthetica* **38**, 539-51.

Larcher W (1995) *Physiological Plant Ecology*, 3rd edn. Springer, Berlin, Heidelberg, New York.

Larqué-Saavedra A, Wain RL (1974) Abscisic acid levels in relation to drought tolerance in varieties of *Zea mays* L. *Nature* **251**, 716-17.

Lauscher F (1976) Weltweiter Typen der Höhenabhängigkeit des Niederschlags. *Wetter und Leben* **28**, 80-90.

Lawlor DW (2001) *Photosynthesis*, 3rd edn. Bios Scentific Publishers, Oxford.

Lawlor DW (2002) Limitation to photosynthesis in waterstressed leaves: stomata vs. metabolism and the role of ATP. *Annals of Botany* **89**, 871-85.

Lawlor DW, Tezara W (2009) Causes of decreased photosynthetic rate and metabolic capacity in water-deficient leaf cells: a critical evaluation of mechanisms and integration of processes. *Annals of Botany* **103**, 561-79.

Le Treut H, Somerville R, Cubasch U et al. (2007) Historical overview of climate change. In *Climate Change 2007: The Physical Science Basis. Contribution of Working Group I to the Fourth Assessment Report of the Intergovernmental Panel* on *Climate Change* (eds Solomon S, Qin D, Manning M et al.), pp. 93-127. Cambridge University Press, Cambridge.

Leblanc SG, Chen JM, Fernandes R, Deering DW, Conley A (2005) Methodology comparison for canopy structure parameters extraction from digital hemispherical photography in boreal forests. *Agricultural and Forest Meteorology* 129, 187-207.

Lee RE, Chen C-P, Denlinger DL (1987) A rapid coldhardening process in insects. *Science* 298, 1415-17.

Lee SH, Singh AP, Chung GC, Kim YS, Komg IB (2002) Chilling root temperature causes rapid ultrastructural changes in cortical cells of cucumber (*Cucumis sativus* L.) root tips. *Journal of Experimental Botany* 53, 2225-37.

Leinonen I, Grant OM, Tagliavia CPP, Chaves MM, Jones HG (2006) Estimating stomatal conductance with thermal imagery. *Plant, Cell & Environment* 29, 1508-18.

Lens F, Sperry JS, Christman MA, Choat B, Rabaey D, Jansen S (2011) Testing hypotheses that link wood anatomy to cavitation resistance and hydraulic conductivity in the genus *Acer*. *New Phytologist* 190, 709-23.

Leuning R (1995) A critical appraisal of a combined stomatal-photosynthesis model for C_3 plants. *Plant, Cell & Environment* 18, 339-55.

Levitt J (1980) *Responses of Plants to Environmental Stresses. Vol. I.* 2nd edn. Academic Press, New York.

Lewis MC, Callaghan TV (1976) Tundra. In *Vegetation and the Atmosphere. Vol. 2. Cases Studies* (ed. Monteith JL), pp. 399-433. Academic Press, London.

Leyton L (1975) *Fluid Behaviour in Biological Systems*. Clarendon Press, Oxford.

Lhomme J-P, Monteny B, Amadou M (1994) Estimating sensible heat flux from radiometric temperature over sparse millet. *Agricultural and Forest Meteorology* 68, 77-91.

Li QH, Yang HQ (2007) Cryptochrome signaling in plants. *Photochemistry and Photobiology* 83, 94-101.

Li Y, Sperry JS, Taneda H, Bush S, Hacke UG (2008) Evaluation of centrifugal methods for measuring xylem cavitation in conifers, diffuse- and ringporous angiosperms. *New Phytologist* 177, 558-68.

Li Z, Wakao S, Fischer BB, Niyogi KN (2009) Sensing and reponding to excess light. *Annual Review of Plant Biology* 60, 239-60.

Liang GH, Dayton AD, Chu CC, Casady AJ (1975) Heritability of stomatal density and distribution on leaves of grain sorghum. *Crop Science* 15, 567-70.

Liang S (2004) *Quantitative Remote Sensing of Land Surfaces*. John Wiley and Sons, Inc., Hoboken, NJ.

Libourel IGL, Sachar-Hill Y (2008) Metabolic flux analysis in plants: from intelligent design to rational engineering. *Annual Review of Plant Biology* 59, 625-60.

Lin CT, Shalitin D (2003) Cryptochrome structure and signal transduction. *Annual Review of Plant Biology* 54, 469-96.

Linacre ET (1969) Net radiation to various surfaces. *Journal of Applied Ecology* 6, 61-75.

Linacre ET (1972) Leaf temperatures, diffusion resistances, and transpiration. *Agricultural Meteorology* 10, 365-82.

Liu K, Luan S (1998) Voltage dependent K^+ channels as targets of osmosensing in guard cells. *Plant Cell* 10, 1957-70.

Livingston BE, Brown WH (1912) Relation of the daily march of transpiration to variations in the water content of foliage leaves. *Botanical Gazette* 53, 309-30.

Lloyd J, Grace J, Miranda AC et al. (1995) A simple calibrated model of Amazon rainforest productivity based on leaf biochemical properties. *Plant, Cell & Environment* 18, 1129-45.

Lobell DB, Cassman KG, Field CB (2009) Crop yield gaps: their importance, magnitudes, and causes. *Annual Review of Environment and Resources* 34, 179-204.

Lockhart JA (1965) An analysis of irreversible plant cell elongation. *Journal of Theoretical Biology* 8, 264-75.

Long SP, Ainsworth EA, Rogers A, Ort DR (2004) Rising atmospheric carbon dioxide: plants FACE the future. *Annual Review of Plant Biology* 55, 591-628.

Long SP, Incoll LD, Woolhouse HW (1975) C_4 photosynthesis in plants from cool temperature regions with particular reference to *Spartina townsendii*. *Nature* 257, 622-4.

Long SP, Woodward FI, eds (1988) *Plants and Temperature. Symposia of the Society for Experimental Biology, XLII.* Company of Biologists, Cambridge.

Loreto F, Delfine S, Di Marco G (1999) Estimation of photorespiratory carbon dioxide recycling during photosynthesis. *Australian Journal of Plant Physiology* 26, 733-6.

Loreto F, Schnitzler J-P (2010) Abiotic stresses and induced BVOCs. *Trends in Plant Science* 15, 154-66.

Lorimer GH, Andrews TJ (1981) The C_2 chemo- and photosrespiratory carbon oxidation cycle. In *The Biochemistry of Plants, Vol. 10: Photosynthesis* (eds Hatch MD & Boardman NK), pp. 329-74. Academic Press, New York.

Luckwill LC (1981) *Growth Regulators in Crop*

Production. Edward Arnold, London.

Ludlow MM (1980) Adaptive significance of stomatal responses to water stress. In *Adaptation of Plants to Water and High Temperature Stress* (eds Turner NC & Kramer PJ), pp. 123-38. Wiley, New York.

Ludlow MM, Jarvis PG (1971) Photosynthesis in Sitka spruce (*Picea sitchensis* (Bong.) Carr.). I. General characteristics. *Journal of Applied Ecology* 8, 925-53.

Ludlow MM, Wilson GL (1971) Photosynthesis of tropical pasture plants. III. Leaf age. *Australian Journal of Biological Sciences* 24, 1077-87.

Ma BL, Dwyer LM (2001) Maize kernel moisture, carbon and nitrogen concentrations from silking to physiological maturity. *Canadian Journal of Plant Science* 81, 225-32.

Mackay I, Horwell A, Garner J *et al.* (2011) Reanalyses of the historical series of UK variety trials to quantify the contributions of genetic and environmental factors to trends and variability in yield over time. *Theoretical and Applied Genetics* 122, 225-38.

MacRobbie EAC (1987) Ionic relations of guard cells. In *Stomatal Function* (eds Zeiger E, Farquhar GD & Cowan IR), pp. 125-62. Stanford University Press, Stanford.

Maes WH, Steppe K (2012) Estimating evapotranspiration and drought stress with groundbased thermal remote sensing in agriculture: a review. *Journal of Experimental Botany* 63, 4671-712.

Maestre-Valero JF, Martínez-Alvarez V, Baille A, Martín-Górriz B, Gallego-Elvíra B (2011) Comparative analysis of two foil materials for dew harvesting in a semi-arid climate. *Journal of Hydrology* 410, 84-91.

Malone M, Leight RA, Tomos AD (1989) Extraction and analysis of sap from individual wheat leaf cells: the effect of sampling speed on the osmotic pressure of extracted sap. *Plant, Cell and Environment* 12, 919-26.

Manzoni S, Vico G, Katul GG *et al.* (2011) Optimizing stomatal conductance for maximum carbon gain under water stress: a meta-analysis across plant functional types and climates. *Functional Ecology* 25, 456-67.

Marino G, Aqil M, Shipley B (2010) The leaf economics spectrum and the prediction of photosynthetic lightresponse curves. *Functional Ecology* 24, 263-72.

Marshall B, Woodward FI, eds (1986) *Instrumentation for Environmental Physiology*. Cambridge University Press, Cambridge.

Martínez-Lozano JA, Tena F, Onrubia JE, De La Rubia J (1984) The historical evaluation of the Ångström formula and its modifications: review and bibliography. *Agricultural and Forest Meteorology* 33, 109-28.

Maskell EJ (1928) Experimental researches on vegetable assimilation and respiration. XVIII. The relation between stomata opening and assimilation: a critical study of assimilation rates and porometer rates of cherry laurel. *Proceedings of the Royal Society of London, Series B* 102, 488-533.

Mathy P, ed. (1988) *Air Pollution and Ecosystems*. Reidel, Dordrecht.

Maurel C, Verdoucq L, Luu D-T, Santoni V (2008) Plant aquaporins: membrane channels with multiple integrated functions. *Annual Review of Plant Biology* 59, 595-624.

Maximov NA (1929) *The Plant in Relation to Water*. George Allen & Unwin, London.

Maxwell K, Johnson GN (2000) Chlorophyll fluorescence: a practical guide. *Journal of Experimental Botany* 51, 659-68.

Mayer H (1987) Wind-induced tree sway. *Trees: Structure and Function* 1, 195-206.

Mayhead GJ (1973) Some drag coefficients for British forest species derived from wind tunnel studies. *Agricultural Meteorology* 12, 123-30.

Mayr S, Rosner S (2010) Cavitation in dehydrating xylem of *Picea abies*: energy properties of ultrasonic emissions reflect tracheid dimensions. *Tree Physiology* 31, 59-67.

McCowan RL, Hammer GL, Hargreaves JNG, Holzworth DP, Freebairn DM (1996) APSIM: a novel software system for model development, model testing and simulation in agricultural systems research. *Agricultural Systems* 50, 255-71.

McCree KJ (1970) An equation for the rate of respiration of white clover plants grown under controlled conditions. In *Prediction and Measurement of Photosynthetic Productivity: Proceedings of IBP/PP Technical Meeting*, pp. 221-9. PUDOC, Wageningen.

McCree KJ (1972a) The action spectrum, absorptance and quantum yield of photosynthesis in crop plants. *Agricultural Meteorology* 9, 191-216.

McCree KJ (1972b) Test of current definitions of photosynthetically active radiation against leaf photosynthesis rate. *Agricultural Meteorology* 10, 443-53.

McCutchan H, Shackel KA (1992) Stem water potential as a sensitive indicator of water stress in prune trees (*Prunus domestica* L. cv. French). *Journal of American Society for Horticultural Science* 117, 607-11.

McElrone AJ, Bichler J, Pockman WT *et al.* (2007) Aquaporin-mediated changes in hydraulic conductivity of deep tree roots accessed via caves. *Plant, Cell and Environment* 30, 1411-21.

McLeod AR, Fackrell JE, Alexander K (1985) Open-air fumigation of field crops: criteria and design for a new experimental system. *Atmospheric Environment* 19, 1639-49.

McNaughton KG (1989) Micrometeorology of shelter belts and forest edges. *Philosophical Transactions of the Royal Society of London, Series B* 324, 351-68.

McNaughton KG, Jarvis PG (1983) Predicting the effects of vegetation changes on transpiration and evaporation. In *Water Deficits and Plant Growth. Vol. 7* (ed. Kozlowski TT), pp. 1-47. Academic Press, New York.

McPherson HG (1969) Photocell-filter combinations for measuring photosynthetically active radiation. *Agricultural Meteorology* 6, 347-56.

Medhurst J, Parsby J, Linder S, Wallin G, Ceschia E, Slaney M (2006) A whole-tree chamber system for examining heat-level physiological responses of field grown trees to environmental variation and climate change. *Plant, Cell & Environment* 29, 1853-69.

Meidner H, Mansfield TA (1968) *Physiology of Stomata*. McGraw-Hill, Maidenhead.

Meijninger WML, De Bruin HAR (2000) The sensible heat fluxes over irrigated areas in western Turkey determined with a large aperture scintillometer. *Journal of Hydrology* 229, 42-9.

Menz KM, Moss DN, Cannell RQ, Brun WA (1969) Screening for photosynthetic efficiency. *Crop Science* 9, 692-5.

Menzel CM (1983) The control of floral initiation in lychee: a review. *Scientia Horticulturae* 21, 201-15.

Mepsted R, Paul ND, Stephen J et al. (1996) Effects of enhanced UV-B radiation on pea (*Pisum sativum* L.) grown under field conditions in the United Kingdom. *Global Change Biology* 2, 325-34.

Meroni M, Rossini M, Guanter L et al. (2009) Remote sensing of solar-induced chlorophyll fluorescence: review of methods and applications. *Remote Sensing of Environment* 113, 2037-51.

Messinger SM, Buckley TN, Mott KA (2006) Evidence for involvement of photosynthetic processes in the stomatal response to CO_2. *Plant Physiology* 140, 771-8.

Milburn JA (1979) *Water Flow in Plants*. Longmans, London.

Millar AH, Whelan J, Soole KL, Day DA (2011) Organization and regulation of mitochondrial respiration in plants. *Annual Review of Plant Biology* 62, 79-104.

Miller P, Lanier W, Brandt S (2001) *Using Growing Degree Days to Predict Plant Stages*. Montana State University, Extension Service.

Milthorpe FL, Moorby J (1979) *An Introduction to Crop Physiology*, 2nd edn. Cambridge University Press, Cambridge.

Miranda AC, Jarvis PG, Grace J (1984) Transpiration and evaporation from heather moorland. *Boundary Layer Meteorology* 28, 227-43.

Miskin KE, Rasmusson DC (1970) Frequency and distribution of stomata in barley. *Crop Science* 10, 575-8.

Möglich A, Yang X, Ayers RA, Moffat K (2010) Structure and function of plant photoreceptors. *Annual Review of Plant Biology* 61, 21-47.

Molinari HBC, Marur CJ, Daros E et al. (2007) Evaluation of the stress-inducible production of proline in transgenic sugarcane (*Saccharum* spp.): osmotic adjustment, chlorophyll fluorescence and oxidative stress. *Physiologia Plantarum* 130, 218-29.

Monsi M, Saeki T (1953) Über den lichtfaktor in den Pflanzengesellschaften und seine Bedeutung für die Stoffproduktion. *Japanese Journal of Botany* 14, 22-52.

Monson RK, Jones RT, Rosenstiel TN, Schnitzler JP (2013) Why only some plants emit isoprene. *Plant, Cell & Environment* 36, 503-16.

Monteith JL (1957) Dew. *Quarterly Journal of the Royal Meteorological Society* 83, 322-41.

Monteith JL (1965) Evaporation and environment. In *Symposia of the Society for Experimental Biology*, 19, pp. 205-34. Cambridge University Press, Cambridge.

Monteith JL (1972) Solar radiation and productivity in tropical ecosystems. *Journal of Applied Ecology* 9, 747-66.

Monteith JL (1973) *Principles of Environmental Physics*. Edward Arnold, London.

Monteith JL, ed. (1975) *Vegetation and the Atmosphere, Vol. 1. Principles*. Academic Press, London.

Monteith JL, ed. (1976) *Vegetation and the Atmosphere, Vol. 2. Case Studies*. Academic Press, London.

Monteith JL (1977) Climate and the efficiency of crop production in Britain. *Proceedings of the Royal Society of London, Series B* 281, 277-94.

Monteith JL (1978) Reassessment of maximum growth rates for C_3 and C_4 crops. *Experimental Agriculture* 14, 1-5.

Monteith JL (1981) Coupling of plants to the atmosphere. In *Plants and their Atmospheric Environment* (eds Grace J, Ford ED & Jarvis PG), pp. 1-29. Blackwell, Oxford.

Monteith JL, Unsworth MH (2008) *Principles of Environmental Physics*, 3rd edn. Academic Press, Burlington, MA.

Montes JM, Melchinger AE, Reif JC (2007) Novel thoughput phenotyping platforms in plant genetic studies. *Trends in Plant Science* 12, 433-6.

Mooney HA, Björkman O, Collatz GJ (1978)

Photosynthetic acclimation to temperature in the desert shrub *Larrea divaricata*. I. Carbon exchange characteristics of intact leaves. *Plant Physiology* 61, 406-10.

Mooney HA, Björkman O, Ehleringer JR, Berry J (1976) Photosynthetic capacity of *in situ* Death Valley plants. *Carnegie Institution Year Book* 75, 410-13.

Mooney HA, Ehleringer JR, Björkman O (1977) The energy balance of leaves of the evergreen desert shrub *Atriplex hymenelytra*. *Oecologia* 29, 301-10.

Mooney HA, Gulmon SL, Ehleringer JR, Rundel PW (1980) Atmospheric water uptake by an Atacama desert shrub. *Science* 209, 693-4.

Moore AL, Beechey RB, eds (1987) *Plant Mitochondria: Structural, Functional and Physiological Aspects*. Plenum Press, New York.

Morgan JM (1984) Osmoregulation. *Annual Review of Plant Physiology* 35, 299-319.

Morison JIL (1987) Intercellular CO_2 concentration and stomatal response to CO_2. In *Stomatal Function* (eds Zeiger E, Farquhar GD & Cowan IR), pp. 229-51. Stanford University Press, Stanford.

Morran S, Eini O, Pyvovarenko T *et al*. (2011) Improvement of stress tolerance of wheat and barley by modulation of expression of DREB/CBF factors. *Plant Biotechnology Journal* 9, 230-49.

Mortensen LM (1987) Review: CO_2 enrichment in greenhouses. *Scientia Horticulturae* 33, 1-25.

Mott KA, Buckley TN (1998) Stomatal heterogeneity. *Journal of Experimental Botany* 49, 407-17.

Mott KA, Parkhurst DF (1991) Stomatal responses to humidity in air and helox. *Plant, Cell & Environment* 14, 509-15.

Mott KA, Peak D (2010) Stomatal responses to humidity and temperature in darkness. *Plant, Cell & Environment* 33, 1084-90.

Mott KA, Peak D (2011) Alternative perspective on the control of transpiration by radiation. *Proceedings of the National Academy of Sciences of the United States of America* 108, 19820-3.

Mullen JL, Weinig C, Hangartner RP (2006) Shade avoidance and the regulation of leaf inclination in *Arabidopsis*. *Plant, Cell & Environment* 29, 1099-106.

Müller J, Diepenbrock W (2006) Measurement and modelling of gas exchange of leaves and pods of oilseed rape. *Agricultural and Forest Meteorology* 139, 307-22.

Münch E (1930) *Die Stoffbewegungen in der Pflanze*. Verlag von Gustav Fischer, Jena.

Mundy J, Chua N-H (1988) Abscisic acid and water stress induce the expression of a novel rice gene. *EMBO Journal* 7, 2279-86.

Munné-Bosch S, Alegre L (2004) Die and let live: leaf senescence contributes to plant survival under drought stress. *Functional Plant Biology* 31, 203-16.

Munns R (2002) Comparative physiology of salt and water stress. *Plant, Cell & Environment* 25, 239-50.

Munns R, Tester M (2008) Mechanisms of salinity tolerance. *Annual Review of Plant Biology* 59, 651-81.

Murchie EH, Pinto M, Horton P (2009) Agriculture and the new challenges for photosynthesis research. *New Phytologist* 181, 532-52.

Nagel OW, Waldron S, Jones HG (2001) An off-line implementation of the stable isotope technique for measurements of alternative respiratory pathway activities. *Plant Physiology* 127, 1279-86.

Nawrath C (2006) Unraveling the complex network of cuticular structure and function. *Current Opinion in Plant Biology* 9, 281-7.

Neales TF, Hartney VJ, Patterson AA (1968) Physiological adaptation to drought in the carbon assimilation and water loss of xerophytes. *Nature* 219, 469-72.

Neales TF, Masia A, Zhang J, Davies WJ (1989) The effects of partially drying part of the root system of *Helianthus annuus* on the abscisic acid content of the roots, xylem sap and leaves. *Journal of Experimental Botany* 40, 1113-20.

Neel PL, Harris RW (1971) Motion-induced inhibition of elongation and induction of dormancy in liquidambar. *Science* 173, 58-9.

Nelson N, Yocum CF (2006) Structure and function of photosystems I and II. *Annual Review of Plant Biology* 57, 521-65.

Newsham KK, McLeod AR, Greenslade PD, Emmett AA (1996) Appropriate controls in outdoor UV-B supplementation experiments. *Global Change Biology* 2, 319-24.

Ng PAP, Jarvis PG (1980) Hysteresis in the response of stomatal conductance in *Pinus sylvestris* L. needles to light: observations and a hypothesis. *Plant, Cell & Environment* 3, 207-16.

Nicodemus FE, Richmond JC, Hsia JJ, Ginsberg IW, Limperis T (1977) *Geometric Considerations and Nomenclature for Reflectance*. NBS Monograph 160. National Bureau of Standards, Washington DC.

Niklas KJ (1992) *Plant Biomechanics: an Engineering Approach to Plant Form and Function*. University of Chicago Press, Chicago.

Nilson T, Kuusk A (1989) A reflectance model for the homogeneous plant canopy and its inversion. *Remote Sensing of Environment* 27, 157-67.

Nobel PS (1988) *Environmental Biology of Agaves and Cacti*. Cambridge University Press, Cambridge.

Nobel PS (2009) *Physicochemical and Environmental Plant Physiology*, 4th edn. Academic Press, Oxford.

Nobel PS, Jordan PW (1983) Transpiration stream of desert species: resistances and capacitances for a C_3, a C_4 and a CAM plant. *Journal of Experimental Botany* **34**, 1379-91.

Nobel PS, Zaragoza LJ, Smith WK (1975) Relation between mesophyll surface area, photosynthetic rate and illumination during development of leaves of *Plectranthus parviflora* Henckel. *Plant Physiology* **55**, 1067-70.

Nobs MA (1976) Hybridizations in *Atriplex*. *Carnegie Institution Year Book* **75**, 421-3.

Norman JM, Campbell GS (1989) Canopy structure. In *Plant Physiological Ecology: Field Methods and Instrumentation* (eds Pearcy RW, Ehleringer JR, Mooney HA, & Rundel PW), pp. 301-25. Chapman & Hall, London & New York.

Norman JM, Divakarla M, Goel NS (1995) Algorithms for extracting information from remote thermal-IR observations of the Earth's surface. *Remote Sensing of Environment* **51**, 157-68.

Norman JM, Jarvis PG (1974) Photosynthesis in Sitka spruce (*Picea sitchensis* (Bong.) Carr.). III. Measurements of canopy structure and interception of radiation. *Journal of Applied Ecology* **11**, 375-98.

Nowak RS, Ellsworth DS, Smith SD (2004) Functional responses of plants to elevated atmospheric CO_2: do photosynthetic and productivity data from FACE experiments support early predictions? *New Phytologist* **162**, 253-80.

O'Shaughnessy SA, Evett SR (2010) Canopy temperature based system effectively schedules and controls center pivot irrigation of cotton. *Agricultural Water Management* **97**, 1310-16.

Oertli JJ, Lips SH, Agami M (1990) The strength of schlerophyllous cells to resist collapse due to negative turgor pressure. *Acta Oecologia* **11**, 281-9.

Oliver MJ, Tuba Z, Mishler BD (2000) The evolution of vegetative desiccation tolerance in land plants. *Plant Ecology* **151**, 85-100.

Omasa K, Hosoi F, Konishi A (2007) 3D lidar imaging for detecting and understanding plant responses and canopy structure. *Journal of Experimental Botany* **58**, 881-98.

Omasa K, Nouchi I, De Kok LJ, eds (2005) *Plant Responses to Air Pollution and Climate Change*. Springer, Tokyo.

Omasa K, Saji H, Youssefian S, Kondo N (2002) *Air Pollution and Plant Biotechnology*. Springer, Tokyo.

Omasa K, Tobe K, Hosomi M, Kobayashi, M (2000) Absorption ozone and seven organic pollutants by *Populus nigra* and *Camellia sasanqua*. Environmental Science and Technology **34**, 2498-2500.

Ong CK (1983) Response to temperature in a stand of pearl millet (*Pennisetum typhoides* S. & H.). I. Vegetative development. *Journal of Experimental Botany* **34**, 322-36.

Oxborough K, Baker NR (1997) An instrument capable of imaging chlorophyll-*a* fluorescence from intact leaves at very low irradiance at cellular and subcellular levels of organisation. *Plant, Cell & Environment* **20**, 1473-83.

Paltridge GW, Denhom JV (1974) Plant yield and the switch from vegetative to reproductive growth. *Journal of Theoretical Biology* **44**, 23-34.

Paoletti E, Grulke NE (2005) Does living in elevated CO_2 ameliorate tree response? A review on stomatal responses. *Environmental Pollution* **137**, 483-93.

Parkhurst DF (1994) Diffusion of CO_2 and other gases inside leaves. *New Phytologist* **126**, 449-79.

Parkinson KJ, Day W (1980) Temperature corrections to measurements made with continuous flow porometers. *Journal of Applied Ecology* **17**, 457-60.

Parkinson KJ, Legg BJ (1972) A continuous flow porometer. *Journal of Applied Ecology* **9**, 669-75.

Parry MAJ, Reynolds M, Salvucci ME et al. (2011) Raising yield potential of wheat. II. Increasing photosynthetic capacity and efficiency. *Journal of Experimental Botany* **62**, 453-67.

Parry ML, Canziani OF, Palutikof JP, van der Linden PJ, Hanson CE, eds (2007) *Climate Change 2007: Impacts, Adaptation and Vulnerability. Contribution of Working Group II to the Fourth Assessment Report of the Intergovernmental Panel on Climate Change, 2007*. Cambridge University Press, Cambridge.

Pask A, Pietragalla J, Mullan D, Reynolds M, eds (2011) *Physiological Breeding II: A Field Guide to Wheat Phenotyping*. CIMMYT, Mexico, DF.

Passioura JB (1980) The meaning of matric potential. *Journal of Experimental Botany* **31**, 1161-9.

Passioura JB (1984) Hydraulic resistance of plants. I. Constant or variable? *Australian Journal of Plant Physiology* **11**, 333-9.

Passioura JB (1996) Simulation models: science, snake oil, education or engineering? *Agronomy Journal* **88**, 690-4.

Pastenes C, Porter V, Baginsky C, Horton P, Gonzalez J (2004) Paraheliotropism can protect water-stressed bean (*Phaseolus vulgaris* L.) plants against photoinhibition. *Journal of Plant Physiology* **161**, 1315-23.

Pastori GM, Foyer CH (2002) Common components, networks, and pathways of cross-tolerance to stress. The central role of "redox" and abscisic acid-medi-

ated controls. *Plant Physiology* **129**, 460-8.
Patakas A, Noitsakis B, Chouzouri A (2005) Optimization of irrigation water use in grapevines using the relationship between transpiration and plant water status. *Agriculture, Ecosystems and Environment* **106**, 253-9.
Paw U KT (1992) A discussion of the Penman form equations and comparisons of some equations to estimate latent energy flux density. *Agricultural and Forest Meteorology* **57**, 297-304.
Pearcy RW, Berry JA, BjörkmanO(1972) Field measurements of the gas exchange capacities of *Phragmites communis* under summer conditions in Death Valley. *Carnegie Institution Year Book* **71**, 161-4.
Pearcy RW, Björkman O, Harrison AT, Mooney HA (1971) Photosynthetic performance of two desert species with C_4 photosynthesis in Death Valley, California. *Carnegie Institution Year Book* **70**, 540-50.
Pearcy RW, Ehleringer JR, Mooney HA, Rundel PW, eds (1991) *Plant Physiological Ecology: Field Measurements and Instrumentation*. Chapman & Hall, London & New York.
Pearcy RW, Troughton JH (1975) C_4 photosynthesis in tree form *Euphorbia* species from Hawaiian rainforest sites. *Plant Physiology* **55**, 1054-6.
Pedersen O, Rich SM, Colmer TD (2009) Surviving floods: leaf gas films improve O_2 and CO_2 exchange, root aeration, and growth of completely submerged rice. *The Plant Journal* **58**, 147-56.
Penman HL (1948) Natural evaporation from open water, bare soil and grass. *Proceedings of the Royal Society of London, Series A* **193**, 120-45.
Penman HL (1953) The physical basis of irrigation control. *Report of 13th Horticultural Congress* **2**, 913-14.
Penman HL, Schofield RK (1951) Some physical aspects of assimilation and transpiration. *Symposia of the Society for Experimental Biology* **5**, 115-29.
Penning de Vries FWT, van Laar HH, Chardon MC (1983) Bioenergetics of growth of seeds, fruits and storage organs. In *Potential Productivity of Field Crops under Different Environments*, pp. 37-59. International Rice Research Institute, Los Baños, Philippines.
Pessarakli M, ed. (2011) *Handbook of Plant and Crop Stress*, 3rd edn. CRC Press, Boca Raton, FL.
Pickard WF (2012) Münch without tears: a steady-state Münch-like model of phloem so simplified that it requires only algebra to predict the speed of translocation. *Functional Plant Biology* **39**, 531-7.
Pinty B, Gobron N, Widlowski JL et al. (2001) Radiation transfer model intercomparison (RAMI) exercise. *Journal of Geophysical Research - Atmospheres* **106**, 11937-56.

Pockman WT, Sperry JS (2000) Vulnerability to xylem cavitation and the distribution of Sonoran desert vegetation. *American Journal of Botany* **87**, 1287-99.
Pockman WT, Sperry JS, O'Leary JW (1995) Evidence for sustained and significant negative pressure in xylem. *Nature* **378**, 715-16.
Polunin N (1960) *Introduction to Plant Geography*. Longman, London.
Pons TL, Flexas J, von Caemmerer S et al. (2009) Estimating mesophyll conductance to CO_2: methodology, potential errors, and recommendations. *Journal of Experimental Botany* **60**, 2217-34.
Poorter H, Bühler J, van Dusschoten D, Climent J, Postma JA (2012) Pot size matters: a meta-analysis of rooting volume on plant growth. *Functional Plant Biology*, doi: 10.1071/FP12049.
Pope DJ, Lloyd PS (1975) Hemispherical photography, topography and plant distribution. In *Light as an Ecological Factor*. Vol II (eds Evans GC, Bainbridge R & Rackham O), pp. 385-408. Blackwell, Oxford.
Porembski S, Barthlott W (2000) Granitic and gneissic outcrops (inselbergs) as centers of diversity for desiccation-tolerant vascular plants. *Plant Ecology* **151**, 19-28.
Porter JR (1993) AFRCWHEAT2: a model of the growth and development of wheat incorporating responses to water and nitrogen. *European Journal of Agronomy* **2**, 69-82.
Priestley CHB, Taylor RJ (1972) On the assessment of surface heat flux and evaporation using large-scale parameters. *Monthly Weather Review* **100**, 81-92.
Prieto I, Armas C, Pugnaire FI (2012) Water release through plant roots: new insights into its consequences at the plant and ecosystem level. *New Phytologist* **193**, 830-41.
Procházková D, Wilhelmová N (2011) Antioxidant protection during abiotic stress. In *Handbook of Plant and Crop Stress* (ed. Pessarakli M), pp. 139-55. CRC Press, Boca Raton, FL.
Proctor MCF (2000) The bryophyte paradox: tolerance of desiccation, evasion of drought. *Plant Ecology* **151**, 41-9.
Prusinkiewicz P, Lindenmayer A (1990) *The Algorithmic Beauty of Plants*. Springer Verlag., New York.
Puranik S, Sahu PP, Srivastava PS, Prasad M (2012) NAC proteins: regulation and role in stress tolerance. *Trends in Plant Science* **17**, 369-81.
Qi Z, Kishigami A, Nakagawa Y, Iida H, Sokabe M (2004) A mechanosensitive anion channel in *Arabidopsis thaliana* mesophyll cells. *Plant & Cell Physiology* **45**, 1704-8.
Quarrie SA (1991) Implications of genetic differ-

ences in ABA accumulation for crop production. In: *Physiology and Biochemistry of Abscisic Acid* (eds Davies WJ & Jones HG), pp. 247-53. Bios, Oxford.

Quarrie SA, Jones HG (1977) Effects of abscisic acid and water stress on development and morphology of wheat. *Journal of Experimental Botany* 28, 192-203.

Quarrie SA, Jones HG (1979) Genotypic variation in leaf water potential, stomatal conductance and abscisic acid concentration in spring wheat subjected to artificial drought stress. *Annals of Botany* 44, 323-32.

Quilot-Turion B, Ould-Sidi M-M, Kadrani A et al. (2012) Optimization of parameters of the 'Virtual Fruit' model to design peach genotype for sustainable production systems. *European Journal of Agronomy* 42, 31-48.

Quisenbery JE, Cartwright GB, McMichael BL (1984) Genetic relationship between turgor maintenance and growth in cotton germplasm. *Crop Science* 24, 479-82.

Rabinowitch EI (1951) *Photosynthesis.* Vol. II. Interscience, New York.

Rahimzadeh-Bajgiran P, Munehiro M, Omasa K (2012) Relationships between the photochemical reflectance index (PRI) and chlorophyll fluorescence parameters and plant pigment indices at different leaf growth stages. *Photosynthesis Research.* 113, 261-271.

Rains DW (1989) Plant tissue and protoplast culture: applications to stress physiology and biochemistry. In *Plants Under Stress* (eds Jones HG, Flowers TJ & Jones MB), pp. 181-96. Cambridge University Press, Cambridge.

Raschke K (1975) Stomatal action. *Annual Review of Plant Physiology* 1975, 309-40.

Rauner JL (1976) Deciduous forests. In *Vegetation and the Atmosphere.* Vol. II. Case Studies (ed. Monteith JL), pp. 241-64. Academic Press, London.

Raupach MR (1989a) Applying Lagrangian fluidmechanics to infer scalar source distributions from concentration profiles in plant canopies. *Agricultural and Forest Meteorology* 47, 85-108.

Raupach MR (1989b) Stand overstorey processes. *Philosophical Transactions of the Royal Society of London, Series B - Biological Sciences* 324, 175-90.

Raupach MR, Finnigan JJ (1988) Single-layer models of evaporation from plant canopies are incorrect but useful, whereas multilayer models are correct but useless: discuss. *Australian Journal of Plant Physiology* 15, 705-16.

Rausenberger J, Hussong A, Kircher S et al. (2010) An integrative model for phytochrome B mediated photomorphogenesis: from protein dynamics to physiology. *PLoS ONE* 5, e10721.

Raven JA (1972) Endogenous inorganic carbon sources in plant photosynthesis. I. Occurrence of dark respiratory pathways in illuminated green cells. *New Phytologist* 71, 227-47.

Raven JA (2002) Selection pressures on stomatal evolution. *New Phytologist* 153, 371-86.

Rebetzke GJ, Read JJ, Barbour MM, Condon AG, Rawson HM (2000) A hand-held porometer for rapid assessment of leaf conductance in wheat. *Crop Science* 40, 277-80.

Rees WG (2001) *Physical Principles of Remote Sensing,* 2nd edn. Cambridge University Press, Cambridge.

Reynolds M, Pask A, Mullen D, eds (2011) *Physiological Breeding I: Interdisciplinary Approaches to Improve Crop Adaptation.* CIMMYT, Mexico, DF.

Reynolds MP, Singh RP, Ibrahim A et al. (1998) Evaluating physiological traits to complement empirical selection for wheat in warm environments. *Euphytica* 100, 85-94.

Ribas-Carbo M, Taylor NL, Giles L et al. (2005) Effects of water stress on respiration in soybean leaves. *Plant Physiology* 139, 466-73.

Richardson EA, Seeley SD, Walker DR (1974) A model for estimating the completion of rest for 'Redhaven' and 'Elberta' peach trees. *HortScience* 9, 331-2.

Rikin A, Atsmon D, Gitler C (1983) Quantitation of chill-induced release of a tubulin-like factor and its prevention by abscisic acid in *Gossypium hirsutum* L. *Plant Physiology* 71, 747-8.

Ritchie JT (1972) Model for predicting evaporation from a row of crop with incomplete cover. *Water Resources Research* 8, 1204-13.

Ritchie JT (1973) Influence of soil water status and meteorological conditions on evaporation of a corn canopy. *Agronomy Journal* 65, 893-7.

Ritchie JT, Godwin DC, Otter S (1985) *A Simulation Model of Wheat Growth and Development.* Texas A & M University Press, College Station, Texas.

Roberts J (ed.) (2011) Special issue. Exploiting the engine of C_4 photosynthesis. *Journal of Experimental Botany* 62, 2989-3246.

Roberts SK (2006) Plasma membrane anion channels in higher plants and their putative functions in roots. *New Phytologist* 169, 647-66.

Robinson MF, Heath J, Mansfield TA (1998) Disturbances in stomatal behaviour caused by air pollution. *Journal of Experimental Botany* 49, 461-9.

Robson MJ (1981) Respiratory efflux in relation to temperature of simulated swards of perennial ryegrass with contrasting soluble carbohydrate contents. *Annals of Botany* 48, 269-73.

Rockwell NC, Su YS, Lagarias JC (2006) Phytochrome structure and signaling mechanisms. *Annual Review of Plant Biology* **57**, 837-58.

Roelfsema MRG, Hedrich R (2005) In the light of stomatal opening: new insights into 'the watergate'. *New Phytologist* **167**, 665-91.

Roelfsema MRG, Hedrich R, Geiger D (2012) Anion channels: master switches of stress responses. *Trends in Plant Science* **17**, 221-9.

Rohde A, Bhalerao RP (2007) Plant dormancy in the perennial context. *Trends in Plant Science* **12**, 217-23.

Romero R, Muriel JL, García I, Muñoz de la Peña D (2012) Research on automatic irrigation control: state of the art and recent results. *Agricultural Water Management* **114**, 59-66.

Rorison IH (1981) Plant growth in response to variation in temperature: field and laboratory studies. In *Plants and their Atmospheric Environment* (eds Grace J, Ford ED & Jarvis PG), pp. 313-32. Blackwell, Oxford.

Rose DA, Charles-Edwards DA (1981) *Mathematics and Plant Physiology*. Academic Press, London.

Rosenberg NJ, Blad BL, Verma SB (1983) *Microclimate: the Biological Environment*. Wiley, New York.

Ross J (1975) Radiative transfer in plant communities. In *Vegetation and the Atmosphere. Vol. 1.* (ed. Monteith JL), pp. 13-55. Academic Press, London.

Ross J (1981) *The Radiation Regime and Architecture of Plant Stands*. Dr W Junk, The Hague.

Roujean J-L, Leroy M, Deschamps PY (1992) A bidirectional reflectance model of the Earth's surface for the correction of remote sensing data. *Journal of Geophysical Research* **97**, 20455-68.

Ryan MG, Yoder BJ (1997) Hydrauliuc limits to tree height and tree growth. *Bioscience* **47**, 235-42.

Sachs MM, Ho TDH (1986) Alteration of gene expression during environmental stress in plants. *Annual Review of Plant Physiology* **37**, 363-76.

Sack L, Holbrook NM (2006) Leaf hydraulics. *Annual Review of Plant Physiology* **57**, 361-81.

Sadras VO, Calderini DF, eds (2009) *Crop Physiology: Applications for Genetic Improvement and Agronomy*. Academic Press, Burlington, MA.

Sadras VO, Lawson C, Montoro A (2012) Photosynthetic traits in Australian wheat varieties released between 1958 and 2007. *Field Crops Research* **134**, 19-29.

Sadras VO, Slafer GA (2012) Environmental modulation of yield components in cereals: heritabilities reveal a hierarchy of phenotypic plasticities. *Field Crops Research* **127**, 215-24.

Sage RF (2004) Evolution of C_4 photosynthesis. *New Phytologist* **161**, 341-70.

Sage RF, Christin P-A, Edwards EJ (2011) The C_4 lineages of planet Earth. *Journal of Experimental Botany* **62**, 3155-69.

Sage RF, Sharkey TD, Seemann R (1989) Acclimation of photosynthesis to elevated CO_2 in five C_3 species. *Plant Physiology* **89**, 590-6.

Salisbury FB, Ross CW (1995) *Plant Physiology*, 5th edn. Wadsworth, Belmont.

Salter PJ, Goode JE (1967) *Crop Responses to Water at Different Stages of Growth*. Commonwealth Agricultural Bureaux, Farnham Royal.

Sambatti JBM, Caylor KK (2007) When is breeding for drought tolerance optimal if drought is random? *New Phytologist* **175**, 70-80.

Sandford AP, Grace J (1985) The measurement and interpretation of ultrasound from woody stems. *Journal of Experimental Botany* **36**, 298-311.

Sauer N (2007) Molecular physiology of higher plant sucrose transporters. *FEBS Letters* **581**, 2309-17.

Savage VM, Bentley LP, Enquist BJ et al. (2010) Hydraulic trade-offs and space filling enable better predictions of vascular structure and function in plants. *Proceedings of the National Academy of Sciences of the United States of America* **107**, 22722-7.

Scafaro A, von Caemmerer S, Evans JR, Atwell B (2011) Temperature response of mesophyll conductance in cultivated and wild *Oryza* species with contrasting mesophyll cell wall thickness. *Plant, Cell & Environment* **34**, 1999-2008.

Scaife A, Cox EF, Morris GEL (1987) The relationship between shoot weight, plant density and time during the propagation of four vegetable species. *Annals of Botany* **59**, 325-34.

Scandalios JG, Acevedo A, Ruzsa S (2000) Catalase gene expression in response to chronic high temperature stress in maize. *Plant Science* **156**, 103-10.

Scholander PF, Hammel HT, Hemmingsen EA, Bradstreet ED (1964) Hydrostatic pressure and osmotic potential in leaves of mangroves and some other plants. *Proceedings of the National Academy of Sciences of the United States of America* **52**, 119-25.

Schroeder JI, Allen G, Hugouvieux V, Kwak J, Waner D (2001) Guard cell signal transduction. *Annual Reviews in Plant Biology* **52**, 627-58.

Schroeder JI, Hedrich R (1989) Involvement of ion channels and active transport in osmoregulation and signalling of higher plant cells. *Trends in Biochemical Sciences* **14**, 187-92.

Schultz HR (2003) Differences in hydraulic architecture account for near-isohydric and anisohydric behaviour of two field-grown *Vitis vinifera* L. cultivars during drought. *Plant, Cell & Environment*

26, 1393-405.
Schultze E-D, Čermák J, Matyssek R et al. (1985) Canopy transpiration and water fluxes in the xylem of the trunk of *Larix* and *Picea* trees: a comparison of xylem flow, porometer and cuvette. *Oecologia* 66, 475-83.
Schultze E-D, Hall AE (1981) Short-term and long-term effects of drought on steady state and timeintegrated plant processes. In *Physiological Processes Limiting Plant Productivity* (ed. Johnson C), pp. 217-35. Butterworths, London.
Schultze ED (1986) Carbon dioxide and water vapour exchange in response to drought in the atmosphere and soil. *Annual Review of Plant Physiology* 37, 247-74.
Schulze ED, Lange OL, Buschbom U, Kappen L, Evenari M (1972) Stomatal responses to changes in humidity in plants growing in the desert. *Planta* 108, 259-70.
Seetharama N, Subba Reddy BV, Peacock JM, Bidinger FR (1982) Sorghum improvement for drought resistance. In *Drought Resistance of Crops with Emphasis on Rice*, pp. 317-38. International Rice Research Institute, Los Banos, Philippines.
Sellers PJ, Dickinson RE, Randall DA et al. (1997) Modeling the exchanges of energy, water, and carbon between continents and the atmosphere. *Science* 275, 502-9.
Sellers WD (1965) *Physical Climatology*. University of Chicago Press, Chicago.
Serbin SP, Dillaway DN, Kruger EL, Townsend PA (2012) Leaf optical properties reflect variation in photosynthetic metabolism and its sensitivity to temperature. *Journal of Experimental Botany* 63, 489-502.
Šesták Z, Catský J, Jarvis PG, eds (1971) *Plant Photosynthetic Production. Manual of Methods*. Dr W. Junk, The Hague.
Seymour RS, Bartholomew GA, Barnhart MC (1983) Respiration and heat production by the inflorescence of *Philodendron selloum* Koch. *Planta* 157, 336-43.
Shackel KA, Hall AE (1979) Reversible leaflet movements in relation to drought adaptation of cowpeas. *Australian Journal of Plant Physiology* 6, 265-76.
Shantz HL, Piemeisel LN (1927) The water requirements of plants at Akron, Colorado. *Journal of Agricultural Research* 34, 1093-190.
Sharkey TD (1988) Estimation of the rate of photorespiration in leaves. *Physiologia Plantarum* 73, 147-52.
Sharkey TD, Bernacchi CJ, Farquhar GD, Singsaas EL (2007) Fitting photosynthetic carbon dioxide response curves for C_3 leaves. *Plant, Cell & Environment* 30, 1035-40.
Sharkey TD, Raschke K (1981) Effect of light quality on stomatal opening in leaves of *Xanthium strumarium* L. *Plant Physiology* 68, 1170-4.
Sharp RE, Davies WJ (1989) Regulation of growth and development of plants growing with a restricted supply of water. In *Plants Under Stress* (eds Jones HG, Flowers TJ & Jones MB), pp. 71-93. Cambridge University Press, Cambridge.
Sharp RE, Poroyko V, Hejlek LG et al. (2004) Root growth maintenance during water deficits: physiology to functional genomics. *Journal of Experimental Botany* 55, 2343-51.
Sharpe PJH, Wu H-I, Spence RD (1987) Stomatal mechanics. In *Stomatal Function* (eds Zeiger E, Farquhar GD & Cowan IR), pp. 91-123. Stanford University Press, Stanford.
Shimazaki K-I, Doi M, Assmann SM, Kinoshita T (2007) Light regulation of stomatal movement. *Annual Review of Plant Biology* 58, 219-47.
Shinozaki K, Yamaguchi-Shinozaki K (2007) Gene networks involved in drought stress response and tolerance. *Journal of Experimental Botany* 58, 221-7.
Shuttleworth WJ (1993) Evaporation. In *Handbook of Hydrology* (ed. Maidment DR). McGraw Hill, New York.
Shuttleworth WJ (2007) Putting the 'vap' into evaporation. *Hydrology and Earth System Sciences* 11, 210-44.
Shuttleworth WJ, Wallace JS (1985) Evaporation from sparse crops: an energy combination theory. *Quarterly Journal of the Royal Meteorological Society* 111, 839-55.
Siebold M, von Tiedemann A (2012) Application of a robust experimental method to study soil warming effects on oilseed rape. *Agricultural and Forest Meteorology* 164, 20-8.
Silvey V (1981) The contribution of new wheat, barley and oat varieties to increasing yield in England and Wales 1947-1978. *Journal of the National Institute of Agricultural Botany* 15, 399-412.
Simmelsgaard SE (1976) Adaptation to water stress in wheat. *Physiologia Plantarum* 37, 167-74.
Sinclair TR, Seligman NG (1996) Crop modelling: from infancy to maturity. *Agronomy Journal* 88, 698-704.
Sinoquet H, Thanisawanyangkura S, Mabrouk H, Kasemsap P (1998) Characterization of the light environment in canopies using 3D digitising and image processing. *Annals of Botany* 82, 203-12.
Slack EM (1964) Studies of stomatal distribution on the leaves of four apple varieties. *Journal of Horticultural Science* 49, 95-103.
Slatyer RO (1960) Aspects of the tissue water relationships of an important arid zone species (*Acacia*

aneura F. Muell) in comparison with two mesophytes. *Bulletin of Research Council of Israel* **8D**, 159-68.

Slatyer RO (1967) *Plant-Water Relationships.* Academic Press, London.

Slatyer RO (1970) Comparative photosynthesis, growth and transpiration of two species of *Atriplex*. *Planta* **93**, 175-89.

Slatyer RO (1977) Altitudinal variation in the photosynthetic characteristics of snow gum, *Eucalyptus pauciflora* Sieb. ex Spreng. III. Temperature response of material grown in contrasting thermal environments. *Australian Journal of Plant Physiology* **4**, 301-12.

Smith H (1973) Light quality and germination. Ecological implications. In *Seed Ecology* (ed. Heydecker W), pp. 219-31. Butterworths, London.

Smith H (1975) *Phytochrome and Photomorphogenesis*. McGraw-Hill, London.

Smith H (1981) Light quality as an ecological factor. In *Plants and their Atmospheric Environment* (eds Grace J, Ford ED & Jarvis PG), pp. 93-110. Blackwell, Oxford.

Smith H (1995) Physiological and ecological function within the phytochrome family. *Annual Review of Plant Physiology and Molecular Biology* **46**, 289-315.

Smith H, Holmes MG (1977) The function of phytochrome in the natural environment. III. *Photochemistry and Photobiology* **25**, 547-50.

Smith JAC, Schulte PJ, Nobel PS (1987) Water flow and water storage in *Agave deserti*: osmotic implications of crassulacean acid metabolism. *Plant, Cell & Environment* **10**, 639-48.

Smith LP (1967) *Potential Transpiration. Technical Bulletin 16*. Ministry of Agriculture, Fisheries and Food, London.

Smith TA (1984) Polyamines. *Annual Review of Plant Physiology* **36**, 117-43.

Smith WK, Geller GN (1979) Plant transpiration at high elevation: theory, field measurements, and comparisons with desert plants. *Oecologia* **41**, 109-22.

Snyder RL, de Melo-Abreu JP (2005a) *Frost Protection: Fundamentals, Practice and Economics. Vol. I*. Food and Agriculture Organization of the United Nations, Rome.

Snyder RL, de Melo-Abreu JP (2005b) *Frost Protection: Fundamentals, Practice and Economics. Vol. II*. Food and Agriculture Organization of the United Nations, Rome.

Snyder RL, Spano D, Paw U KT (1996) Surface renewal analysis for sensible and latent heat flux density. *Boundary-Layer Meteorology* **77**, 249-66.

Sokal RR, Rohlf FJ (2012) *Biometry: the Principles and Practice of Statistics in Biological Research*. W. H. Freeman & Co., New York.

Solárová J (1980) Diffusive conductances of adaxial (upper) and abaxial (lower) epidermes: response to quantum irradiance during development of primary *Phaseolus vulgaris* L. leaves. *Photosynthetica* **14**, 524-31.

Solárová J, Pospišilová J, Slavik B (1981) Gas exchange regulation by changing of epidermal conductance with antitranspirants. *Photosynthetica* **15**, 365-400.

Solomon S, Qin D, Manning M *et al.* eds (2007) *Climate Change 2007: The Physical Science Basis*. Cambridge University Press, Cambridge.

Sperry JS, Donnelly JR, Tyree MT (1988a) A method for measuring hydraulic conductivity and embolism in xylem. *Plant, Cell & Environment* **11**, 35-40.

Sperry JS, Hacke UG, Pitterman J (2006) Size and function in conifer tracheids and angiosperm vessels. *American Journal of Botany* **93**, 1490-500.

Sperry JS, Tyree MT, Donnelly JR (1988b) Vulnerability of xylem to embolism in a mangrove vs an inland species of Rhizophoraceae. *Physiologia Plantarum* **74**, 276-83.

Spitters CJT, Toussaint HAJM, Goudriaan J (1986) Separating the diffuse and direct component of global radiation and its implications for modeling canopy photosynthesis. *Agricultural & Forest Meteorology* **38**, 217-29.

Stålfelt MG (1955) The stomata as a hydrophotic regulator of the water deficit of the plant. *Physiologia Plantarum* **8**, 572-93.

Stanhill G (1981) The size and significance of differences in the radiation balance of plants and plant communities. In *Plants and their Atmospheric Environment* (eds Grace J, Ford ED & Jarvis PG), pp. 57-73. Blackwell, Oxford.

Steppe K, De Pauw DJW, Doody TM, Teskey RO (2010) A comparison of sap flux density using thermal dissipation, heat pulse velocity and heat field deformation methods. *Agricultural and Forest Meteorology* **150**, 1046-56.

Steudle E (2001) The cohesion-tension mechanism and the acquisition of water by plant roots. *Annual Review of Plant Physiology and Plant Molecular Biology* **52**, 847-75.

Stitt M, Sonnewald U (1995) Regulation of metabolism in transgenic plants. *Annual Review of Plant Physiology and Plant Molecular Biology* **46**, 341-68.

Stoll M (2000) *Effects of Partial Rootzone Drying on Grapevine Physiology and Fruit Quality*. PhD thesis, University of Adelaide, Adelaide.

Stoll M, Loveys B, Dry P (2000) Hormonal changes induced by partial rootzone drying of irrigated grapevine. *Journal of Experimental Botany* **51**, 1627-34.

Stroike JE, Johnson VA (1972) *Winter Wheat Cultivar Performance in an International Array of Environments. Bulletin 251.* University of Nebraska Experiment Station, Lincoln, NE.

Sung S, Amasino RM (2005) Remembering winter: toward a molecular understanding of vernalization. *Annual Review of Plant Biology* **56**, 491-508.

Sung YH, Shogo I, Imaizumi T (2010) Similarities in the circadian clock and photoperiodism in plants. *Current Opinion in Plant Biology* **13**, 594-603.

Sunley RJ, Atkinson CJ, Jones HG (2006) Chill unit models and recent historical changes in UK winter chill and spring frost occurrence. *Journal of Horticultural Science and Biotechnology* **81**, 949-58.

Syed NH, Kalyna M, Marquez Y, Barta A, Brown JWS (2012) Alternative splicing in plants: coming of age. *Trends in Plant Science* **17**, 616-23.

Szeicz G (1974) Solar radiation in plant canopies. *Journal of Applied Ecology* **73**, 59-64.

Szeicz G, Monteith JL, dos Santos JM (1964) Tube solarimeter to measure radiation among plants. *Journal of Applied Ecology* **1**, 169-74.

Taiz L, Zeiger E (2010) *Plant Physiology*, 5th edn. Sinauer Associates, Sunderland, MA.

Talbott LD, Zeiger E (1998) The role of sucrose in guard cell osmoregulation. *Journal of Experimental Botany* **49**, 329-37.

Tang A-C, Kawamitsu Y, Kanechi M, Boyer JS (2002) Photosynthetic oxygen evolution at low water potential in leaf discs lacking an epidermis. *Annals of Botany* **89**, 861-70.

Tanner CB (1981) Transpiration efficiency of potato. *Agronomy Journal* **73**, 59-64.

Tardieu F, Simonneau T (1998) Variability among species of stomatal control under fluctuating soil water status and evaporative demand: modelling isohydric and anisohydric behaviours. *Journal of Experimental Botany* **49**, 419-32.

Tazoe Y, von Caemmerer S, Estavillo GM, Evans JR (2011) Using tunable diode laser spectroscopy to measure carbon isotope discrimination and mesophyll conductance to CO_2 diffusion dynamically at different CO_2 concentrations. *Plant, Cell & Environment* **34**, 580-91.

Teeri JA (1980) Adaptation of kinetic properties of enzymes to temperature variability. In *Adaptation of Plants to Water and High Temperature Stress* (eds Turner NC & Kramer PJ), pp. 251-60. Wiley, New York.

Teeri JA, Stowe LG (1976) Climatic patterns and the distribution of C_4 grasses in North America. *Oecologia* **23**, 1-12.

Teeri JA, Stowe LG, Murawski DA (1978) The climatology of two succulent plant families: Cactaceae and Crassulaceae. *Canadian Journal of Botany* **56**, 1750-8.

Teh CBS (2006) *Introduction to Mathematical Modeling of Crop Growth: How the Equations are Derived and Assembled into a Computer Program.* Brown Walker Press, Boca Raton, FL.

Terashima I, Wong SC, Osmond CB, Farquhar GD (1988) Characterisation of non-uniform photosynthesis induced by abscisic acid in leaves having different mesophyll anatomies. *Plant Cell Physiology* **29**, 385-94.

Thames JL (1961) Effects of wax coatings on leaf temperatures and field survival of *Pinus taeda* seedlings. *Plant Physiology* **36**, 180-2.

Thiermann V, Grassl H (1992) The measurement of turbulent surface-layer fluxes by use of bichromatic scintillation. *Boundary Layer Meteorology* **58**, 367-89.

Tholen D, Zhu X-G (2011) The mechanistic basis of internal conductance: a theoretical analysis of mesophyll cell photosynthesis and CO_2 diffusion. *Plant Physiology* **156**, 90-105.

Thom AS (1975) Momentum, mass and heat exchange of plant communities. In *Vegetation and the Atmosphere. 1. Principles* (ed. Monteith JL), pp. 57-109. Academic Press, London, New York and San Francisco.

Thomashow MF (1999) Plant cold acclimation: freezing tolerance genes and regulatory mechanisms. *Annual Review of Plant Physiology and Plant Molecular Biology* **50**, 571-9.

Thompson DA, Matthews RW (1989) *The Storage of Carbon in Trees and Timber. Research Information Note 160.* Forestry Commission, Farnham, UK.

Thompson N, Barrie JA, Ayles M (1982) *The Meteorological Office Rainfall and Evaporation Calculation System: MORECS (July 1981).* Meteorological Office, Bracknell.

Thornley JHM, France J (2007) *Mathematical Models in Agriculture: Quantitative Methods for the Plant, Animal and Ecological Sciences*, 2nd edn. CABI, Wallingford, UK.

Thornthwaite CW (1944) Report of the committee on transpiration and evaporation. *Transactions of the American Geophysical Union* **29**, 688-93.

Thorpe MR (1974) Radiant heating of apples. *Journal of Applied Ecology* **11**, 755-60.

Tillman JE (1972) The indirect determination of stability, heat and momentum fluxes in the atmospheric boundary layer from simple scalar variables during dry unstable conditions. *Journal of Applied Meteorology* **8**, 783-92.

Ting IP (1985) Crassulacean acid metabolism. *Annual Review of Plant Physiology* **36**, 595-622.

Ting IP, Dugger WM (1968) Factors affecting ozone sensitivity and susceptibility of cotton plants. *Journal of the Air Pollution Control Association* **18**, 810-13.

Tomos AD (1987) Cellular water relations of plants. In *Water Science Reviews, Vol. 3* (ed. Franks F), pp. 186-267. Cambridge University Press, Cambridge.

Tomos AD, Leigh RA (1999) The pressure probe: a versatile tool in plant cell physiology. *Annual Review of Plant Physiology and Plant Molecular Biology* **50**, 447-72.

Trewartha GT (1968) *An Introduction to Climate*, 4th edn. H. H. McGraw, New York.

Trifilò P, Gascó A, Raimondo F, Nardini A, Salleo S (2003) Kinetics of recovery of leaf hydraulic conductance and vein functionality from cavitation-induced embolism in sunflower. *Journal of Experimental Botany* **54**, 2323-30.

Tsuchida-Mayama T, Sakai T, Hanada A *et al.* (2010) Role of the phytochrome and cryptochrome signaling pathways in hypocotyl phototropism. *The Plant Journal* **62**, 653-62.

Tsujimura M, Tanaka T (1998) Evaluation of evaporation rate from forested surface using stable isotopic composition of water in a headwater basin. *Hydrological Processes* **12**, 2093-103.

Tuberosa R, Salvi S (2006) Genomics-based approaches to improve drought tolerance of crops. *Trends in Plant Science* **11**, 405-12.

Tubuxin B, Rahimzadeh-Bajgiran P, Ginnan Y, Hosoi F and Omasa K. (2015) Estimating chlorophyll content and photochemical yield of photosystem II ($\Phi PSII$) using solar-induced chlorophyll fluorescence measurements at different growing stages of attached leaves. *Journal of Experimental Botany.* 66(18), 5595-5603.

Turgeon R (2010a) The puzzle of phloem pressure. *Plant Physiology* **154**, 578-81.

Turgeon R (2010b) The role of phloem loading reconsidered. *Plant Physiology* **152**, 1817-23.

Turk KJ, Hall AE (1980) Drought adaptation of cowpea. IV. Influence of drought on water use, and relations with growth and seed yield. *Agronomy Journal* **72**, 434-9.

Turner NC, Begg JE, Tonnet ML (1978) Osmotic adjustment of sorghum and sunflower crops in response to water deficits and its influence on the water potential at which stomata close. *Australian Journal of Plant Physiology* **5**, 597-608.

Turner NC, Jones MM (1980) Turgor maintenance by osmotic adjustment: a review and evaluation. In *Adaptation of Plants to Water and High Temperature Stress* (eds Turner NC & Kramer PJ), pp. 87-103. Wiley, New York.

Tyree MT (1988) A dynamic model for water flow in a single tree: evidence that models must account for hydraulic architecture. *Tree Physiology* **4**, 195-217.

Tyree MT, Dixon MA (1983) Cavitation events in *Thuja occidentalis* L.? Ultrasonic acoustic emissions from the sapwood can be measured. *Plant Physiology* **72**, 1094-9.

Tyree MT, Dixon MA (1986) Water stress induced cavitation and embolism in some woody plants. *Physiologia Plantarum* **66**, 397-405.

Tyree MT, Karamanos AJ (1981) Water stress as an ecological factor. In *Plants and their Atmospheric Environment* (eds Grace J, Ford ED & Jarvis PG), pp. 237-61. Blackwell, Oxford.

Tyree MT, Sperry JS (1988) Do woody plants operate near the point of catastrophic xylem dysfunction caused by dynamic water stress? *Plant Physiology* **88**, 574-80.

Tyree MT, Sperry JS (1989) Vulnerability of xylem to cavitation and embolism. *Annual Review of Plant Physiology* **40**, 19-38.

Tyree MT, Yianoulis P (1980) The site of water evaporation from sub-stomatal cavities, liquid path resistances and hydroactive stomatal closure. *Annals of Botany* **46**, 175-93.

Tyree MT, Zimmermann MH (2002) *Xylem Structure and the Ascent of Sap*, 2nd edn. Springer-Verlag, Berlin, Heidelberg & New York.

UNEP (1997) *The World Atlas of Desertification*. United Nations Environment Programme, London.

Uno Y, Furihata T, Abe H *et al.* (2000) Arabidopsis basic leucine zipper transcription factors involved in an abscisic acid-dependent signal transduction pathway under drought and high-salinity conditions. *Proceedings of the National Academy of Sciences of the USA* **97**, 11632-7.

Unsworth MH, Biscoe PV, Pinckney HR (1972) Stomatal responses to suphur dioxide. *Nature* **239**, 458-9.

Valko P (1984) *Format for Presentation of Data. Subtask D. Task 5. Use of Existing Meteorological Information for Solar Energy Applications*. Sveriges Meteorologiska och Hydrologiska Inst, Stockholm.

Valliyodan B, Nguyen HT (2006) Understanding regulatory networks and engineering for enhanced drought tolerance in plants. *Current Opinion in Plant Biology* **9**, 1-7.

Valluru R, Van den Ende W (2008) Plant fructans in stress environments: emerging concepts and future prospects. *Journal of Experimental Botany* **59**, 2905-16.

Van As H, Scheeren T, Vergeldt FJ (2009) MRI of intact plants. *Photosynthesis Research* **102**, 213-22.

van Bavel CHM, Hillel DI (1976) Calculating potential and actual evaporation from a bare soil surface by simulation of concurrent flow of water and heat. *Agricultural Meteorology* **17**, 453-76.

van den Honert TH (1948) Water transport in plants as a catenary process. *Discussions of the Faraday Society* **3**, 146-53.

van Dongen JT, Gupta KJ, Ramírez-Aguilar SJ et al. (2011) Regulation of respiration in plants: a role for alternative metabolic pathways. *Journal of Plant Physiology* **168**, 1434-43.

van Gardingen PR, Jeffree CE, Grace J (1989) Variation in stomatal aperture in leaves of *Avena fatua* L. observed by low-temperature scanning electron microscopy. *Plant, Cell & Environment* **12**, 887-98.

Van Kesteren B, Hartogenesis OK, van Dinther D, Moene AF, De Bruin HAR (2013) Measuring H_2O and CO_2 fluxes at field scales with scintillometry. Part I: introduction and validation of four methods. *Agricultural and Forest Meteorology* **178-9**, 75-87.

Vanlerberghe GC, McIntosh L (1997) Alternative oxidase: from gene to function. *Annual Review of Plant Physiology and Plant Molecular Biology* **48**, 703-34.

Vásquez-Yanes C, Smith H (1982) Phytochrome control of seed germination in the tropical rain forest pioneer trees *Cecropia obtusifolia* and *Piper auritum* and its ecological consequence. *New Phytologist* **92**, 477-85.

Verhoef W, Bach H (2007) Coupled soil-leaf-canopy and atmosphere radiative transfer modeling to simulate hyperspectral multi-angular surface reflectance and TOA radiance data. *Remote Sensing of Environment* **109**, 166-82.

Vermote E, Tanre D, Deuze JL, Herman M, Morcette J-L (1997) Second simulation of the satellite signal in the solar spectrum, 6S: an overview. *IEEE Transactions in Geoscience and Remote Sensing* **35**, 675-86.

Vignola F, Stoffel T, Michalsky JJ (2012) *Solar and Infrared Radiation Measurements*. CRC Press, Boca Raton, FL.

Vilar R, Held AA, Merino J (1995) Dark leaf respiration in light and darkness of an evergreen and deciduous plant species. *Plant Physiology* **107**, 421-7.

Vince-Prue D (1975) *Photoperiodism in Plants*. McGraw-Hill, London.

Vince-Prue D, Cockshull KE, Thomas B, eds (1984) *Light and the Flowering Process*. Academic Press, London.

Visscher GJW (1999) Chapter 72. Humidity and moisture measurement. In *The Measurement, Instrumentation and Sensors Handbook on CD-ROM*. CRC Press LLC, Boca Raton, FL.

Vogel S (1984) The lateral thermal conductivity of leaves. *Canadian Journal of Botany* **62**, 741-4.

von Caemmerer S (2000) *Biochemical Models of Leaf Photosynthesis*. CSIRO Publishing, Collingwood, Victoria, Australia.

von Caemmerer S, Farquhar GD (1981) Some relationships between the biochemistry of photosynthesis and the gas exchange of leaves. *Planta* **153**, 376-87.

von Caemmerer S, Furbank RT (1999) Modelling C_4 photosynthesis. In C_4 *Plant Biology* (eds Sage RF & Monson RK), pp. 173-211. Academic Press, Toronto, Canada.

von Caemmerer S, Quick WP, Furbank RT (2012) The development of C_4 rice: current progress and future challenges. *Science* **336**, 1671-2.

von Mohl H (1856) Welche Ursachen bewirken die Erweiterung und Verengung der Spaltöffnungen. *Botanische Zeiting* **14**, 697-704.

von Willert DJ, Brinckmann E, Scheitler B, Eller BM (1985) Availability of water controls crassulacean acid metabolism in succulents of the Richtersveld (Namib desert, South Africa). *Planta* **164**, 44-55.

Vos J, Marcelis LFM, de Visser PHB, Struik PC, Evers JB (2007) *Functional-Structural Plant Modelling in Plant Production*. Wageningen UR, Wageningen.

Wallace JS, Batchelor CH, Hodnett MG (1981) Crop evaporation and surface conductance calculated using soil moisture data from central India. *Agricultural Meteorology* **25**, 83-96.

Wallace JS, Lloyd CR, Sivakumar MVK (1993) Measurements of soil, plant and total evaporation from millet in Niger. *Agricultural and Forest Meteorology* **63**, 149-69.

Walthall CL, Norman JM, Welles JM, Campbell G, Blad BL (1985) Simple equation to approximate the bidirectional reflectance from vegetative canopies and bare soil surfaces. *Applied Optics* **24**, 383-7.

Wang HX, Zhang WM, Zhou GQ, Yan GJ, Clinton N (2009) Image‐based 3D corn reconstruction for retrieval of geometrical structural parameters. *International Journal of Remote Sensing* **30**, 5505-13.

Wang JY (1960) A critique of the heat unit approach to plant response studies. *Ecology* **41**, 785-9.

Wang W, Vinocour B, Altman A (2003) Plant responses to drought, salinity and extreme temperatures: towards genetic engineering for stress tolerance. *Planta* **218**, 1-14.

Wang X, Lewis JD, Tissue DT, Seemann JR, Griffin KL (2001) Effects of elevated atmospheric CO_2 concentration on leaf dark respiration of *Xanthium strumarium* in light and in darkness *Proceedings of the National Academy of Sciences of the USA* **98**, 2479-84.

Wang YP, Jarvis PG (1990) Influence of crown

structural properties on PAR absorption, photosynthesis, and transpiration in Sitka spruce: application of a model (MAESTRO). *Tree Physiology* **7**, 297-316.

Warland JS, Thurtell GW (2000) A Lagrangian solution to the relationship between a distributed source and a concentration profile. *Boundary Layer Meteorology* **96**, 453-71.

Warren Wilson J (1957) Observations on the temperatures of arctic plants and their environment. *Journal of Ecology* **45**, 499-531.

Warrit B, Landsberg JJ, Thorpe MR (1980) Responses of apple leaf stomata to environmental factors. *Plant, Cell & Environment* **3**, 13-20.

Watson DJ (1958) The dependence of net assimilation rate on leaf area index. *Annals of Botany* **22**, 37-54.

Weast RC (1969) *Handbook of Chemistry and Physics*, 50th edn. Chemical Rubber Publishing Company, Cleveland, OH.

Wellburn AR (1994) *Air Pollution and Climate Change: the Biological Impact*, 2nd edn. Longman, London.

West AG, Hultine KR, Sperry JS, Bush SE, Ehleringer JR (2008) Transpiration and hydraulic strategies in a piñon-juniper woodland. *Ecological Applications* **18**, 911-27.

West GB, Brown JH, Enquist BJ (1997) A general model for the origin of allometric scaling laws in biology. *Science* **276**, 122-6.

West GB, Brown JH, Enquist BJ (1999) A general model for the structure and allometry of plant vascular systems. *Nature* **400**, 664-7.

West JD, Peak D, Peterson JQ, Mott KA (2005) Dynamics of stomatal patches for a single surface of *Xanthium strumarium* L. leaves observed with fluorescence and thermal images. *Plant, Cell & Environment* **28**, 633-41.

Weyers JDB, Meidner H (1990) *Methods in Stomatal Research*. Longman, London.

Whisler FD, Acock B, Baker NR et al. (1986) Crop simulation models in agronomic systems. *Advances in Agronomy* **40**, 141-208.

White JW, Andrade-Sanchez P, Gore MA et al. (2012) Field-based phenomics for plant genetics research. *Field Crops Research* **133**, 101-12.

Wikström M, Hummer G (2012) Stoichiometry of proton translocation by respiratory complex I and its mechanistic implications. *Proceedings of the National Academy of Sciences of the USA* **109**, 4431-6.

Wilkinson S, Bacon MA, Davies WJ (2007) Nitrate signalling to stomata and growing leaves: interactions with soil drying, ABA, and xylem sap pH in maize. *Journal of Experimental Botany* **58**, 1705-16.

Wilkinson S, Davies WJ (2002) ABA-based chemical signalling: the co-ordination of responses to stress in plants. *Plant, Cell & Environment* **25**, 195-210.

Willmer CM, Fricker M (1996) *Stomata*. Chapman & Hall, London.

WMO (2008) Chapter 4. Measurement of humidity. In *World Guide to Meteorological Instruments and Methods of Observation*. WMO, Geneva.

Wolfenden J, Mansfield TA (1990) Physiological disturbances in plants caused by air pollutants. *Proceedings of the Royal Society of Edinburgh B* **97**, 117-38.

Wong SC, Cowan IR, Farquhar GD (1979) Stomatal conductance correlates with photosynthetic capacity. *Nature* **282**, 424-6.

Woodhouse IH (2006) *Introduction to Microwave Remote Sensing*. Taylor and Francis, London.

Woodward FI (1988) Temperature and the distribution of plant species. In *Plants and Temperature* (eds Long SP & Woodward FI), pp. 59-75. Company of Biologists, Cambridge.

Woodward FI, Lomas MR, Betts RA (1998) Vegetationclimate feedbacks in a greenhouse world. *Proceedings of the Royal Society of London, Series B* **353**, 29-39.

Woodward FI, Pigott CD (1975) The climatic control of the altitudinal distribution of plants with diverse altitudinal ranges. I. Field observations. *New Phytologist* **74**, 323-34.

Wright EA, Lucas PW, Cottam DA, Mansfield TA (1986) Physiological responses of plants to SO_2, NO_X and O_3: implications for drought resistance. In *Direct Effects of Dry and Wet Deposition on Forest Ecosystems: in Particular Canopy Interactions* (ed. Mathy P), pp. 187-200. Commission for the European Communities, Brussels.

Wright IJ, Reich PB, Westoby M et al. (2004) The worldwide leaf economics spectrum. *Nature* **428**, 821-7.

Wuenscher JE (1970) The effect of leaf hairs of *Verbascum thapsus* on leaf energy exchange. *New Phytologist* **69**, 65-73.

Wullschleger SD, Gubderson CA, Hanson PJ, Wilson KB, Norby RJ (2002) Sensitivity of stomatal and canopy conductance to elevated CO_2 concentration: interacting variables and perspectives of scale. *New Phytologist* **153**, 485-96.

Xu Y (2010) *Molecular Plant Breeding*. CABI, Wallingford, UK.

Yamaguchi-Shinozaki K, Shinozaki K (1994) A novel cis-acting element in an Arabidopsis gene is involved in responsiveness to drought, lowtemperature, or high-salt stress. *Plant Cell* **6**, 251-64.

Yang S, Tyree MT (1992) A theoretical model of hydraulic conductivity recovery from embolism with comparison to experimental data on *Acer saccharum*. *Plant, Cell & Environment* **15**, 633-43.

Yang S, Vanderbeld B, Wan J, Huang Y (2010) Narrowing down the targets: towards successful genetic engineering of drought-tolerant crops. *Molecular Plant* **3**, 469-90.

Yates F, Cochrane WG (1938) The analysis of groups of experiments. *Journal of Agricultural Science, Cambridge* **28**, 556-80.

Yin X, Struik PC (2008) Applying modelling experiences from the past to shape crop systems biology: the need to converge crop physiology and functional genomics. *New Phytologist* **179**, 629-42.

Yoshino MM (1975) *Climate in a Small Area*. University of Tokyo Press, Tokyo.

Young JE (1975) Effects of the spectral composition of light sources on the growth of a higher plant. In *Light as an Ecological Factor. II.* (eds Evans GC, Bainbridge R, & Rackham O), pp. 135-60. Blackwell, Oxford.

Zavalloni C, Andresen JA, Flore JA (2006) Phenological models of flower bud stages and fruit growth of 'Montmorency' sour cherry based on growing degree-day accumulation. *Journal of the American Society for Horticultural Science* **131**, 601-7.

Zeiger E, Farquhar GD, Cowan IR, eds (1987) *Stomatal Function*. Stanford University Press, Stanford.

Zelitch I, Schultes NP, Peterson RB, Brown PL, Brutnell TP (2009) High glycolate oxidase activity is required for survival of maize in normal air. *Plant Physiology* **149**, 195-204.

Zhang J, Nguyen HT, Blum A (1999) Genetic analysis of osmotic adjustment in crop plants. *Journal of Experimental Botany* **50**, 291-302.

Zhang W, Fan L-M, Wu W-H (2007) Osmo-sensitive and stretch-activated calcium-permeable channels in *Vicia faba* guard cells are regulated by actin dynamics. *Plant Physiology* **143**, 1140-51.

Zhu J-K (2002) Salt and drought stress signal transduction in plants. *Annual Review of Plant Biology* **53**, 247-73.

Zhu X-G, Long SP, Ort DR (2010) Improving photosynthetic efficiency for greater yield. *Annual Review of Plant Biology* **61**, 235-61.

Zimmermann D, Reuss R, Westhoff M et al. (2008) A novel, non-invasive, online-monitoring, versatile and easy plant-based probe for measuring leaf water status. *Journal of Experimental Botany* **59**, 3157-67.

Zimmermann U, Schneider H, Wegner LH, Haase A (2004) Water ascent in tall trees: does evolution of land plants rely on a highly metastable state? *New Phytologist* **162**, 575-615.

索引

英数

1-アミノシクロプロパンカルボン酸　356
1年生植物　325, 343
2酢酸セルロースフィルム　277
2成分モデル　131
2方向性反射　49
2方向性反射係数(BRF)　47
2方向性反射係数(BRF)の測定　50
2方向性反射分布関数　47
6S　140
ABA　99, 157, 177, 305, 322, 307, 360
ACC　356
Accupar 80　22
Allium　156
Alocasia macrorrhiza　238
Ångström 式　23
AOX　200
AOX 経路　200, 243, 314
APSIM　416
Artiplex sabulosa　293
Arum 属　200
Arundo donax　391
ATP 合成　200
ATP 生成　204
Atriplex hymenelytra　32
Bacillus thuringiensis　403
Borya nitida　331
BRF　47
Bt 毒素遺伝子　403
BVOC　391
BWB モデル　172, 180
^{14}C　207
C_3-C_4 中間型　197, 254
C_3 経路　194
C_3 光合成　245, 254

C_3 植物　187, 194, 230, 236, 334, 336, 388
C_4 経路　196
C_4 経路の C_3 作物への導入　253
C_4 経路の進化　197
C_4 光合成　212, 245
C_4 光合成進化　254
C_4 植物　171, 187, 197, 202, 230, 236, 251, 334, 336, 343, 388
Ca^{2+}　157
Ca^{2+} チャネル　359
CAM 経路　197
CAM 植物　187, 230, 236, 255, 326, 334
CCl_4　381
CF_4　381
CFC-12　381
CGR　206, 207
CH_4　381
Chenopodium album　274
CIMMYT　401
CO_2　381
$^{14}CO_2$　210
CO_2 同化の指標(蛍光)　222
CO_2 濃度　388
CO_2 分圧　228
CO_2 補償点　196, 237, 243
$CONSTANS(CO)$ 遺伝子　272
COX　200
COX 経路　243
CWSI　100, 167, 351
C 濃縮　189
DI　354
Digitalis purpurea　273
DNA 障害スペクトル (Setlow)　21

DNA 損傷　276
DREB/CBF 族　307, 422
DRE 遺伝子　322, 332, 422
DSSAT　416
Encelia californica　35
ETR　221
EUW　334
Excel　283
F1 ハイブリッド種　400
FACE　8, 387, 423
FACE 実験　172
FACE 実験のメタ解析　390
FAD　259
$fAPAR$　225
Farquhar-von Caemmerer-Berry モデル　212
FLC 遺伝子　298
FLUXNET　143
FR-HIR　263
FSPM　5
FvCB モデル　212, 213, 243
GCM　386
GWP　380
H2A.Z　303
H^+-ATPase　157, 169
HCL　392
HCO_3^-　196, 236
helox　173
HI　253, 336, 398, 410, 422
HIR　262
HNO_3　392
HSA　36
HSPs　304
IR　11
IRGAs　207
IRGA の較正　208
K^+　169, 322
K^+/アニオンメカニズム　156

索引　473

K$^+$ チャネル　156, 157
Kok 効果　211
Lactuca sativa　273
LAD　410
LAI-2000 群落解析計　52
Laisk 法　211
LAR　207
LD 植物　269
LEA タンパク質　331, 421
LIFT 法　224
LOES　356
LOV ドメイン　259
LUT　48
L-システム　6
METRIC　141
Mg^{2+}　196
Mgnolia grandiflora　34
MIPs　87
MODTRAN　140
MORECS　138
MOST　74
MRI　106
Multiplex　405
Myrothamnus flabellifolia　330
N$_2$O　381, 385
Na$^+$　358
NAC 転写因子　360
NAC 転写調整因子　422
NAR　206
NEE　250
NH$_3$　393
Nicotiana glauca　120
Nolana mollis　149
NPP　207, 249
NPQ　219, 423
O$_3$　393
Opuntia ficus-indica　303
OTCs　387
PAR　17, 40, 245
PAS　21
PCD　326
PCO 回路　202, 204, 205
PCR　194
PCR 回路　196, 202

PEP カルボキシラーゼ　196, 236
Pfr　263
Phleum pratense（オオアワガエリ）　397
Phragmites australis　356
Phragmites communis　313
phy　259
PHY　261
PHY-A　273
PHY-B　273, 276
Picea abies　102
PIF4　304
PIFs　260
Pinus cembra（スイスマツ）　363
PIPs　87
POV-ray　50
P/O 比　200
PRI　46, 225
PRD　355
PROSAIL　49
Prosopis juliflora　326
PROSPECT　31, 49
PSI　193
PSII　193
PSII の量子収率　194
PSII 反応中心　216
P-V 曲線　98
Q$_A$　216
Q$_A$ の酸化還元状態　217
Quercus fusiform　326
RF　380
RGR　206
Rhododendron ferrugineum（アルペンローゼ）　363
Ribes nigrum　301
ROS　262, 276, 331, 332, 359, 393
RuBP　194
RuBP の酸素化　205
RuBP 律速　212
SAIL モデル　49
SAVI　123
SC-1 リーフポロメータ　165

SD 植物　269
SEBAL　141
SF$_6$　381
SHAM　200
SI　425
SIF　222
SO$_2$　178, 393
SO$_2$ の閾値　396
Sordaria　88
Sorghum bicolor（モロコシ）　171
Stylites　151
SunScan　22, 52
TCA 回路　199
TDR 法　143, 349
Tidestromia oblongifolia　293
TIPs　87
Tortula ruralis　331
TPU 律速　212
TRAC　22
UCP　202
UV　11
UV-A　259, 277
UV-B　257, 375
UV-B 応答　276
UV-B 作用スペクトル　262
UV-B 受容体　261
UV-B 照射　277
UVR8　262, 277
UV センサ　21
VIN3 遺伝子　299
VLFR　263
VRN2 遺伝子　298
WBE モデル　104
WUE　333, 338, 389
WUE（瞬時の）　336
ZEITLUPE（ZTL）ファミリー　259
Ziziyphus mauritiana　34
ZTL　272
Z スキーム　192
β ゲージ　95
Ω　135

474　索引

■あ

アイスランド　315
アイソザイム　294
アインシュタイン（単位）　12
アクアポリン　87, 92, 112, 115
亜酸化窒素　381, 385
亜酸化窒素濃度　382
アスパラギン酸　196
圧ポテンシャル　86
圧流説　119
圧力 - 体積曲線　98
圧力チャンバー　97, 114
圧力チャンバー法　95
圧力プローブ法　97
あて材　359, 365
アブシジン酸（ABA）　99, 157, 177, 233, 305, 307, 322, 360
アブシジン酸応答エレメント　422
アブシジン酸生産　421
アブシジン酸非依存情報伝達　322
アブシジン酸（水欠乏）　320
アブシジン酸輸送　178
アボガドロ数　11
アポプラスト　90, 96, 103, 178
アポプラスト充填　120
アルベド　16, 386
アレニウス式　289
アレニウスプロット　305
暗期中断　272
暗呼吸　199, 201, 241
暗呼吸（光照射下の）　203, 213
暗順応　216, 220
安定同位体　147
アントシアニン　241
暗反転（フィトクロム）　261
暗反応　189, 194
イオン輸送　322
維管束鞘細胞　190, 196
維管束ネットワーク　105
育種　135, 398

育種家　401, 404, 413
育種計画　408
育種設計　417
意思決定支援　3
意思決定支援システム　416
維持呼吸　205, 244, 250, 337
位相遅れ　286
イソプレン　391
一塩基多型（SNPs）　402
溢液現象　149
一般輸送方程式　61, 64, 91
遺伝子型×環境相互作用　399, 403, 412
遺伝子組み換え作物　403
遺伝子組み換え植物　422
遺伝子工学　403
遺伝子工学（乾燥耐性）　330
遺伝子操作　402
移動式表現型プラットフォームの説明図　406
イネ　146, 315, 356, 358, 398
移流　146
陰葉　238
ウィーンの法則　14
浮稲　271
渦　67, 79
渦相関システムの原理　79
渦相関法　78, 143
渦相関法測定　208
渦輸送係数　69
雨滴による力　367
運動量の吸収　77
運動量輸送　59, 77, 81
雲粒　394
雲量　373, 386
エアロゾル　381, 394
衛星画像　142
衛星観測　141
衛星センサ（多方向測定）　50
栄養成長　412
エキスパートシステム　3
液相平衡法　94
液体窒素　304
エクスパンシン　91
エチレン　157, 323, 356
エッジ効果　387

エネルギー収支　129, 312
エネルギー収支の残差　140
エネルギーフラックス（地球）　379
エネルギー分割比　123
エネルギー変換の最大効率　245
エネルギー保存則　122
エピジェネティク　299
エポキシ化　224
遠心分離機　109
遠心力　109
円錐型分布　39
塩ストレス　241, 255, 358
塩生植物　358
遠赤色光（FR）　260
遠赤色光吸収（Pfr）強　260
遠赤色高照度応答（FR-HIR）　263
鉛直分布方程式　78
オアシス効果　146
黄化　273
黄化子葉鞘　266
黄化植物　263
横日性　39, 41, 267
オウシュウトウヒ　102
オオムギ　315, 333, 399, 410, 420
オカルト沈着　392, 395
オキサロ酢酸　196
オキシゲナーゼ反応　211
オーキシン　157
オーキシントランスポーター　267
オジギソウ　268, 359
オスモメータ　95
汚染物質の相互作用　397
オゾン（O_3）　178
オゾン（吸収スペクトル）　24
オゾン層　375
オゾンの影響　397
オッカムの剃刀　6
オナモミ　211
オープントップチャンバー（OTCs）　311, 387

オープンパス型絶対値 IRGA 208
オミックス 402
オームの法則 62, 64
オレンジ 38
温室効果 378
温室効果ガス 380
温室効果ガス（一覧） 381
温度閾値（一覧） 303
温度依存 288
温度応答 243
温度応答のシミュレーション 291
温度係数 Q_{10} 289
温度勾配 287
温度制御メカニズム 312
温度積算値 294
温度センサ 303
温度適応 310
温度不活化 293
温度分散 79
温度変動 286, 315

か

開花 321
開花遺伝子（FT） 272
開花誘導 269
開光路型絶対値 IRGA 208
概日時計 271
外挿 337
回転モーメント 365
解糖系 199
概念的モデル 5
回避メカニズム 312
開放型ガス交換システム 210
開放系大気二酸化炭素付加装置（FACE） 8
開放ループ制御 349
乖離率（Ω） 135
乖離率（一覧） 136
カウツキー曲線 216
カウツキー効果 215
カエデ 110
カオリナイト 347

化学的信号伝達 177
化学ポテンシャル 85
花芽分化 299
拡散 58
拡散係数 60, 63, 373
拡散抵抗 161
拡散ポロメータ 161
拡散輸送 119
拡散輸送のスケール 66
核磁気共鳴法（MRI） 106
過酸化水素 H_2O_2 205
火山噴火 381
果実 354
果実生産 401
果樹園ヒーター 310
カスパリー線 103
風 359, 361
化石燃料 235
風散布 370
風波 81
風による整枝 364
風による揺らし効果 364
風よけ 368
片面気孔 152, 166
活性化エネルギー 288
活性酸素（ROS） 262, 276, 331, 332, 359, 393
活量 58, 94
活量係数 86
仮道管 103, 104, 110
カーネル駆動モデル 50
可能蒸発 129
可能蒸発散 137
花粉 370
加法モデル 181
ガラス温室 134
ガラス化 331
カルシウム 120
カルビン回路 194
カルボキシラーゼ反応 210, 235
カルボキシル化定数 423
カルボキシル化反応 196
カルマン定数 75
過冷却 308
カロテノイド 191

環孔材 104
冠水 355
灌水 348
含水量 93, 115
乾生形態 326, 377
乾生植物 323, 325
乾生植物の識別 324
慣性層 74
乾性沈着 392
慣性モーメント 366
完全拡散面 47
乾燥 318
乾燥耐性 110, 175, 323, 417
乾燥耐性の機構 324
乾燥断熱気温減率 372
乾燥断熱減率 78
乾燥逃避 325
感度係数 226
干ばつ 318, 321
干ばつ耐性 323
乾物生産 321
乾物生産量 251
気圧 371
気温 282
気温減率 372
機械的ストレス 359
機械論的モデル 4
幾何光学モデル 49
気化潜熱 123
気孔 133, 151, 392
気孔（CO_2感受性） 171
気孔応答 420
気孔応答（C_4） 171
気孔応答（CAM） 171
気孔開度 159, 185, 236, 244
気孔開度（湿度） 181
気孔開度（不均一性） 233, 241
気孔開閉 154
気孔開閉（最適な） 341, 348
気孔開閉（斑点状） 178
気孔拡散抵抗 159
気孔（型） 152
気孔（形態） 153
気孔コンダクタンス 166, 172, 181, 241, 376, 420

気孔コンダクタンス指数　353
気孔指数　152, 276
気候システム　379
気孔振動　186
気孔制限の変化　233
気孔調節　176
気孔抵抗　158, 182
気候データ（高度）　370
気孔（デンプン）　156
気孔の大きさ　155
気孔の温度応答　178
気孔の環境応答　167, 185
気孔の湿度応答　173, 186
気孔の光応答曲線　170
気孔頻度　418
気孔閉鎖　99, 135, 157, 172, 175, 339, 351, 354, 388
気孔閉鎖の半減期　170
気候変化　361, 378
気候変動　361
気孔密度　155
気孔（葉緑体）　156
キサントフィル色素　46, 224
基準表面　352
基準面　166
気象学的乾燥状態　318
気象学的手法　138
気象観測サイト　361
季節性　312
気相における制限　231
気体拡散　61
気体の拡散距離　66
気体の状態方程式　57
基底温度　294, 295, 316
機能的－構造的植物モデル（FSPM）　5
逆遺伝学　403
逆解析　48, 51
逆転層の解消　310, 369
ギャップ比率法　51
キャパシタンス　112, 115
球形型分布　38
吸光度　16
吸収係数　15
吸収係数（一覧）　33

吸収源（シンク）　244
吸収率　14
吸水阻害　305
休眠　273, 297, 312
休眠芽　271
境界線分析　179
境界層　68
境界層厚　71
境界層コンダクタンス　68, 69, 128, 132, 134, 375
境界層コンダクタンス（群落）　78
境界層コンダクタンス（熱輸送）　71
境界層コンダクタンス（葉）　71, 72
境界層（作物）　75
境界層抵抗　130, 144, 282, 314, 362
境界層抵抗（群落）　184
境界層抵抗（葉）　340
境界層の発達　69
境界層輸送　69
凝結　148
凝固点降下　95, 306
凝集力　83
凝集力仮説　102
強制蒸発速度　133
強制対流　67, 72
強風　363
共有結合　83
極域　314
局所灌水管理　348
極性　82, 85
巨大葉モデル　130, 246, 249
霧砂漠　149
菌根菌　115
均時差　432
均質核生成温度　308
近赤外放射（NIR）　40, 80
空気注入法　108
空洞化　106, 108, 109, 111
茎強度　366
茎熱収支法　106
茎の水ポテンシャル　100, 109

クチクラ　227, 325, 364, 392
クチクラ抵抗　182, 339
クチン　183
クッション　314
クッション植物　364, 372
駆動力　64
クヌッセン拡散　61
組立単位　425
雲　29, 99, 352
雲沈着　395
クライオ式走査型電子顕微鏡　107
クライマクテリック上昇　236
クラーク型電極　208
グラナ　189, 239
グラニエ熱発散法　143
グラニエ法　106
グラハムの法則　61
クランツ構造　190
グリコール酸経路　202
グリシンデカルボキシラーゼ　197, 254
グリシン－ベタイン　89, 321, 327
グリセロール　307, 327
クリック音　108
クリプトクロム　241, 259, 272
グリホサート除草剤　403
グルコース　327
グルコースの酸化　200, 204
グルタチオン　321
クルムホルツ　377
クロフサスグリ　301
クロロフィル　18, 191, 193
クロロフィル蛍光　215, 222
クロロフィル蛍光（画像化）　233
クロロフィル蛍光パラメータ（一覧）　218
群落エネルギー収支　130
群落温度　351
群落ガス交換速度　209
群落（減衰係数）　39
群落光合成速度　247

索引　477

群落光合成モデル　248
群落構造　49, 246
群落構造の改良　253
群落構造の測定　50
群落コンダクタンス　129, 145
群落コンダクタンス(一覧)　131
群落蒸発　129, 143
群落透過率　40, 53
群落透過率(不連続な群落)　42
群落(熱・質量輸送)　73
群落(反射係数)　35
群落(平均放射照度)　36, 343
群落(放射環境)　22
群落(放射伝達モデル)　47
群落補償点　393
群落葉群抵抗　184
経験的モデル　4, 213
経験的モデル(気孔)　179
蛍光　15, 194
蛍光イメージング　222
蛍光灯　274
蛍光の量子収率　216
蛍光リモートセンシング　222
形質転換　330
形状抗力　60
形状抵抗　366
ケイ素蓄積　143
結合　133, 135, 145
結露　149, 281
結露速度　148
ゲート制御　87, 92
限界 WUE　341
原形質分離　89
減衰係数　16, 37, 38
懸垂線モデル　111
懸濁粒子モデル　49
顕熱　280
顕熱交換　313
顕熱フラックス　80, 122, 128
顕熱輸送　141
降雨　337
降雨遮断　327

降雨パターン　343
高温損傷　302
高解像度トモグラフィー　107
光化学系 I(PSI)　193, 240
光化学系 II(PSII)　193, 292
光化学系 II 効率係数　219
光化学系 II の最大量子収率(F_v/F_m)　220
光化学系の効率　220
光化学系反応中心　193
光化学消光　217
光化学的分光反射指数(PRI)　46, 225
光学密度　16
光源の光合成効率　19
光合成　10, 189, 415, 422
光合成 CO_2 応答曲線　237, 389
光合成過程(比較図)　191
光合成経路の特徴(一覧)　195
光合成(高度)　376
光合成効率　244
光合成システム　227
光合成速度の最大値　236
光合成炭素還元反応(PCR)　194
光合成の温度応答　292
光合成の温度感受性　292
光合成の改善　253
光合成の作用スペクトル　17, 18
光合成の需要関数　231, 234
光合成の制約　230
光合成 - 光応答曲線　238, 248
光合成モデル　212, 246
光合成有効放射(PAR)　17, 25, 40, 245
交叉耐性　359
高山　314
抗酸化機構　332
高山環境　364
高山植物　376
向日性運動　41
光周性　257, 268, 271

光周性植物(一覧)　270
高照度応答(HIR)　262
洪水　355
降水遮断(降雨遮断)　146
降水量の高度分布　373
較正　6
光線追跡法(レイトレーシング)　49
酵素触媒　290
高度　370
高度の影響　65
高濃度 CO_2　388
光斑　36, 43, 52
光斑(サンフレック)　22
孔辺細胞　154, 156, 178
孔辺細胞の体積　155
高木限界　363, 377
硬葉形態　377
効率化メカニズム　324
光量子　11
光量子フラックス密度　12
光量子要求度　240
呼吸　199
呼吸効率　204
呼吸根　355
呼吸商　204
呼吸速度　236
呼吸速度(光照射下)　211
呼吸速度(水利用効率)　340
呼吸損失係数　250
呼吸の温度応答　290
国際単位(SI)　425
黒色ローム土(反射スペクトル)　34
黒体　14
黒体スペクトル分布　15
黒体放射　12
穀粒の質量　409
穀物　368
穀物の倒伏　365
コケ植物　152
コケ類　330, 396
コサイン特性　22
コサイン補正　25
誤差要素　7
個生態学　8

ゴニオメータ　50
コムギ　9, 40, 113, 136, 152, 177, 190, 298, 307, 329, 333, 339, 398, 410, 416, 423
コムギの収量特性　410
コムギの塩耐性　404
個葉(純放射収支)　30
個葉モデル　339
根圧　106
根系　326, 366
根系の部分乾燥(PRD)　355
混合境界層　70
混合比　58
コンダクタンス　62, 227
コンダクタンス(運動量)　77
コンダクタンス指数　353
コンダクタンス(単位)　63
コンダクタンスの変換　65
コンダクタンスの変数係数　71
コンデンサ　112, 116

さ

サイクロメータ法　95
最大気孔コンダクタンスと光合成能力　255
最大作物成長速度　251
最大瞬間速度　362
最大葉面コンダクタンス　168
最大流速　104
最低温度　316
最低気温　255
最低生存温度　307
最適化理論　412
最適気孔挙動　416
最適コンダクタンス　341
最適播種密度　416
サイトカイニン　99, 157, 323
サイトリシス　89
栽培方法　399
栽培ポット　388, 405
細胞外凍結　306, 308
細胞間隙CO_2濃度　164, 187, 227
細胞間隙抵抗　183

細胞死　326
細胞質流動　119
細胞伸張速度　92, 319
細胞体積の感知　94
細胞の水の出入り　118
細胞の水ポテンシャル　98, 306
細胞壁　87, 88, 91, 329
細胞壁抵抗　183
細胞壁の硬さ　89
細胞膜　88
細胞溶質の濃度　86
再補充(道管への)　106
作物管理　398
作物群落(の蒸発)　134
作物係数　137, 140
作物シミュレーションモデル　415
作物収量　253, 369
作物生産量　315
作物成長速度(CGR)　206
作物水ストレス指数(CWSI)　100, 167, 351
作物モデル　413
サクランボ　90
ササゲ　41, 297, 334
サトウカエデ　120
砂漠　254, 279, 291, 313, 318
砂漠の植物　89, 90
差分植生指数　44
サボテン　285, 303
作用スペクトル(気孔)　170
サリチル酸　157
サリチルヒドロキサム酸 (SHAM)　200
酸応答型細胞壁タンパク質　91
酸化的ペントースリン酸回路　199
散孔材　104
残差抵抗(葉の内部抵抗)　230
参照蒸発散　137, 138
酸素(吸収スペクトル)　24
酸性霧　397

酸素ガス交換　208
酸素電極　209, 242
酸素同位体分別　200
産熱呼吸　314
サンフレック(陽斑)　170
散乱　23
散乱日射　25
散乱日射量(高度)　374
散乱放射　23, 41
散乱率　26
ジアミン　321
シアン耐性呼吸　200
しおれ点　88
しおれ点(永久)　93
紫外線(UV)　11, 374
視覚の感度スペクトル　17
篩管輸送　119
時間領域反射率法(TDR)　349
ジギタリス　273
自己拡散係数　61
子実収量　399
視太陽時　432
失活温度　291
湿級温度　126
湿生植物　323
湿性沈着　392, 393
湿度　244
湿度加圧作用　357
湿度測定　127
湿度の単位(関係)　127
失敗　417, 423
失敗(C_4経路選抜)　408
失敗した研究　253
失敗(プロトプラスト選抜)　408
質量分率　57
質量流コンダクタンス　161
質量流速　160
シトクロムオキシダーゼ (COX)　199
自発休眠　299
芝生　30
篩部液　120
篩部輸送　120
シミュレーション　4, 116

地面修正量　75
霜穴　309
シャーウッド数　70
射出率　14, 16
ジャスモン酸　157
遮断日射量　252
斜立葉型　38
自由エネルギー　85
周縁効果　387
重回帰モデル　180
収穫指数(HI)　253, 336, 398, 410, 422
収穫量の確率分布　344, 346
重合体捕獲　120
重水素　147
重水素／水素比　143
修正乾湿計定数　129
自由対流　67, 72
集中定数型モデル　116
充填則　105
周波数　11
就眠運動　268
収量　409
収量ギャップ　400
収量構成要素解析　409
収量補償能力　410
収量モデル　414
重力　83, 366
重力ポテンシャル　86, 111
樹液流速の推定　106, 143
樹液流ネットワーク　104
樹高の限界　106
授業計画　416
種子　299, 304, 370
種子の発芽　263
種子バンク　273
主成分分析　180
シュート伸長　359
シュートの水ポテンシャル　97
授粉効率　370
主要内在型タンパク質ファミリー　87
純一次生産(NPP)　207, 249
春化速度　298
春化(低温)要求　298

順化(光)　240
純光合成　123, 189
純光合成生産量　206
純光合成速度　250
純生態系交換(NEE)　250
純同化速度(NAR)　206, 210
純放射　28, 122, 131, 280, 282
純放射量　23
条件的CAM植物　198, 255
消光　216
消光解析　217
蒸散　135, 145, 313
硝酸塩　394
蒸散効率　333
蒸散速度　113, 162
蒸散抑制剤　135, 347
蒸散流　101, 111
衝突効率　394
蒸発　140
蒸発散位の高度補正　376
蒸発速度　132, 138, 362
蒸発速度(群落)　143
蒸発速度(土壌水分への感度)　135
蒸発の駆動力　133
蒸発比　142
蒸発フラックス　78
情報伝達　93
乗法モデル　181
常用薄明　269
植生指数　44, 123
植生フィードバック　386
植被率　45
植物起源揮発性有機化合物(BVOC)　391
植物作用スペクトル(PAS)　21
植物生理学　401
植物の水分状態　94
植物表面の温度　372
植物分布　316
植物ホルモン　322, 359
助細胞　155
ショ糖　120, 245
初発乾燥　183

シロイヌナズナ　272, 298, 325, 418
シロザ　274
シロツメクサ　38
進化　341
人工光源　265
伸縮活性化イオンチャネル　322
浸潤法　159
シンチロメータ　80
シンチロメータ法　139
伸展性(細胞壁)　92
浸透圧　86
浸透ストレス　358
浸透調節　88, 94, 327, 330
浸透調節(範囲)　328
浸透ポテンシャル　86, 95, 327
シンプラスト　103
針葉樹　104, 115
針葉樹林　145
森林　136, 143, 384, 394
森林限界　377
森林の乖離率 Ω　145
水蒸気　380
水蒸気圧　124
水蒸気圧差　128, 172
水蒸気(吸収スペクトル)　24
水蒸気濃度の単位　124
水蒸気分圧　372
水素結合　82
水分受動的　154
水分状態の指標(土壌)　100
水分状態の測定　98
水分能動的　154
水平葉型　36, 48, 248
スイレン　61, 357
数理モデル　2
スクリーニング　407
スクリーニング試験　408, 418
スケーリング　104
ステート遷移　219
ステファン-ボルツマンの法則　16
ストークス数　394

ストークスの法則　394
ストレス影響　252
ストレス回避　324
ストレス指数　353
ストレス耐性　324, 412
ストレス耐性遺伝子　418
ストレス度日　351
ストロマ　189
スーパーオキシドジスムターゼ　321
スプリット・ウィンドウアルゴリズム　141
スペクトル分布　40
ゼアキサンチン　225
生育期間　372
生育期長　315
生化学的抵抗　229, 233
正確度　8
正規化差植生指数　44
正規化差植生指標　225
制御解析　226
制御係数（ルビスコ）　226
制御実験　7
制御ループ　151, 181
制御ループ（CO_2）　189
制御ループ（水）　185
静止域　368
脆弱性曲線　108
青色光　169, 170, 193, 240, 245, 259
生殖成長　412
成長解析　206, 410
成長呼吸　205, 244, 337
成長速度　205, 237
成長度日（GDD）　295, 315, 316
成長度日（GDD）（一覧）　295
静的モデル　5
静電容量センサ　349
精度　7
制動深さ　287
生物季節　296
生物季節モデル　300
精密農業　348
制約要因の原則　225

生理学的コンダクタンス　129, 132
生理学的コンダクタンスの感度（一覧）　136
赤緯　432
赤外線（IR）　11, 380
赤外線ガス分析装置（IRGAs）　207
赤外線ヒーター　311
積算日飽差　337
赤色/遠赤色光量子比　264
赤色光（R）　170, 193, 245, 260
赤色光/遠赤色光　263
赤色光吸収(Pr)型　260
赤色波長端（レッドエッジ）　44
積分球　19
接触角　83
接触形態形成　359
接触形態形成応答　365
雪線　377
絶対湿度　125
絶対的CAM植物　255
絶対飽差　129
施肥効果　383
施肥効果（CO_2）　386
セプトメータ　52
全エネルギー収支法　166
全コンダクタンス　164
潜在収量　398
潜在収量の見積もり　400
せん断応力　59
全炭素貯蔵量　384
全天写真　52
全天日射量　23
全天日射量（高度）　374
潜熱　280
潜熱損失　312
潜熱フラックス　123
霜害　308, 314
霜害感受性　397
草原　385
相互移植実験　9, 311
総光合成　189
相互拡散係数　60, 426

早材　103, 110
層積処理　298
相対含水率　88, 93, 116, 322
相対キャパシタンス　115
相対湿度　126, 172, 373
相対成長速度（RGR）　206
相対飽和度　93
草地　137
草地の乖離率 Ω　145
相転移　305
総日射量　23
総熱コンダクタンス　125
層流底層　67, 69
塞栓　103, 106
組織熱収支法　143
測光単位　17
粗度長　75
粗度底層　73
ソラマメ　156
ソルビトール　327

た

耐火性植物　279
大気CO_2濃度　254, 382
大気汚染物質　391
大気汚染物質（ガス状汚染物質）　178
大気境界層　68
大気大循環モデル（GCM）　386
大気の透過率　24
大気の見かけの放射温度　28
大気路程　24
代謝貯蔵速度　123
ダイズ　297
体積弾性率　92
体積弾性率（細胞）　89, 328
体積分率　58
代替オキシダーゼ（AOX）　200
耐冬性　271
太陽屈性　267
太陽傾性　267
太陽高度　265, 432
太陽定数　23

索引 481

対流 122
対流輸送 66
楕円体型分布 38
卓越風 364
多孔度 368
多色蛍光画像化装置 405
多層シミュレーションモデル 246
多層モデル 131
脱黄化 273
脱共役タンパク質(UCP) 202
脱水 306, 331
貯水応答エレメント 422
脱水耐性 330
多肉植物 328
多年生植物 344
多配列センサ 51
多バンド植生解析計 53
多変量統計学 412
ダルシーの法則 100
単一源モデル 130
端効果 159
探索表(LUT) 48
短日植物 269
弾性限界 366
炭素安定同位体 233, 338
炭素安定同位体組成(一覧) 235
炭素循環モデル 247
炭素蓄積の時間変化モデル 384
炭素貯蔵(一覧) 383
炭素同位体分別 233
炭素同位体ラベル 202
炭素分配(根と糞) 346
ダンチク 391
断熱気温減率 372
断熱的な系 372
短波放射 14
短命植物(砂漠) 269, 325, 344, 345
単粒系統法 321
地衣類 396
地温の日変動 288
地球温暖化 378

地球温暖化係数(GWP) 380
窒素 399
窒素肥料 368
地表温度 141, 378
地表面エネルギー収支 141
チャールズ・ダーウィン 267, 359
チャンバー境界層抵抗 164
中性子散乱 142
中性子プローブ 349
中生植物 323
超音波(空洞化) 108
超音波風速計 79, 362
超急速凍結固定法 159
逃散能 228
長日植物 269
超低照射量応答(VLFR) 263
長波放射 14, 28, 31
張力 84
直達日射 25
直達放射 23
直立葉型 37, 48, 248
貯水組織 330
直角双曲線 214
チラコイド 189
チロース 107
沈降速度 394
沈着速度 392
沈着速度(一覧) 395
通過時間型ポロメータ 162
通気組織 355
通水コンダクタンス 91, 101
通水コンダクタンス(細胞膜) 98
通水制限仮説 106
通水抵抗 101, 112, 114
通水抵抗の分布 113
通導度 100, 108
露 148, 281
露収集器 149
低温刺激 298, 299
低温障害 304
抵抗 62, 227
抵抗解析 227
抵抗係数 367

抵抗係数(森林) 367
抵抗(単位) 63
抵抗の変換 65
低酸素 355
低酸素回避シンドローム (LOES) 356
定流量ポロメータ 165
適合溶質 307, 327, 358, 421
テルペン 391
電気回路 62, 101, 112, 113, 116, 227, 231
電気ネットワーク 62
テンサイ 399
テンシオメータ 349
電子伝達経路 192, 201
電子伝達能力 240
天頂角 17
伝導 122
デンプン-ショ糖仮説 156
糖アルコール 120
同位体効果 234
同位体トレーサ 207
同位体分別 147
等温純放射 124, 142, 280
等温放射補正 138
凍害 304
凍害感受性 305
等価境界層厚 70
透過係数 16
同化商 205
同化箱法 209
透過率 15
道管 103, 110
道管(溶液濃度) 90
凍結 305
同質遺伝子系統 417
等浸透圧性 174
トウジンビエ 190, 296
動的モデル 5
動粘性率 60, 68
倒伏 365
倒伏耐性 398
倒伏(品種改良) 367
トウモロコシ 136, 315, 399
特性長 68
特性長(葉) 72

とげ 286, 314
度日 294
土壌加熱 311
土壌含水率 177
土壌乾燥 99, 175
土壌呼吸 210
土壌蒸発 137, 339
土壌-植物システム 113
土壌水分 255
土壌水分に対する感度 135
土壌水分量 142
土壌調整植生指数 45
土壌抵抗 114
土壌熱フラックス 122
土壌熱フラックス比 123
土壌の酸性化 393
土壌の水ポテンシャル 99
土壌の保護 370
土壌面蒸発 147
土壌容水分張力計 349
突然変異体(ABA) 157
突風 81
トリオースリン酸 212
トリカルボン酸回路 199
トルク 365
トールス・マルゴ構造 104
ドルトンの法則 57
トレードオフ 345
トレハロース 327
曇天の放射輝度 25

な

内皮 103
肉穂花序 200
二酸化炭素 24, 382
二酸化炭素ガス交換パラメータ(一覧) 230
二酸化炭素(吸収スペクトル) 25
二酸化炭素収支(オオムギ畑) 251
日射の最大利用効率 250
日射誘導蛍光(SIF) 222
日照時間 23, 25
日照時間(高度) 374

日長 244, 268, 298, 432
入射日射の利用効率 252
ニュートンの粘性法則 60, 64
ニュートンの冷却の法則 283
ヌセルト数 70
根 114, 175, 267, 333
ネオクロム 259
根/シュート比 319
熱拡散係数 59
熱拡散率 59
熱画像 420
熱時間 294, 295
熱質量輸送 73
熱時定数 284, 312
熱時定数(一覧) 285
熱ショックタンパク質 (HSPs) 304, 421
熱浸透作用 357
熱線式風速計 362
熱的作用 10
熱伝導 59
熱伝導率 59, 285
熱伝導率(一覧) 430
熱濃度 59
熱の自由対流コンダクタンス 72
熱パルス速度法 143
熱噴散 61
熱放射 14
熱力学的乾湿計定数 126
熱力学の第1法則 122
根の画像化システム 405
根の分割実験 99
粘性率 60, 101
粘性流抵抗 160
粘性流ポロメータ 160
粘着力 83
農家 4, 344
農地収量 398
濃度 56, 58
濃度(鉛直分布) 74
濃度勾配 70
野火 310

は

灰色体 16
バイオマス燃焼 386
バイオマスへの変換効率 205
排出量データベース 380
ハイドロハロカーボン 385
パイプモデル 105
ハエトリグサ 359
葉(含水率) 32
葉(吸収係数) 32
葉(吸収, 透過, 反射スペクトル) 32
葉(吸収スペクトル) 35
白熱電球 274
剝離表皮 159
葉(受光放射照度) 42
波数 11
発育促進段階 301
発育速度 294
発芽 273, 296
パッチクランプ圧力センサ 349
ハードニング 298, 301, 378
葉のエネルギー交換 125
葉の乖離率 Ω 144
葉の吸収スペクトル 18
葉の境界層コンダクタンス 434
葉の空隙率 161
葉の傾斜角 248
葉の集中指数 53
葉の全抵抗 158
葉の窒素含量 238, 249
葉の通水コンダクタンス 112
葉の通水抵抗 112
葉の反射率 313
葉の分光特性 313
葉の方向性 - 半球性の透過率 20
葉の方向性 - 半球性の反射率 20
葉の水ポテンシャル 94, 100, 113, 117, 175, 183, 377

索引　483

葉の水ポテンシャル（蒸散）88
葉の水ポテンシャル（夜明け前）99
葉の老化　169
葉（反射係数）　32
葉（反射スペクトル）　34
半影効果　43
半経験的モデル　182
反向日性　267, 314
晩材　103, 110
反射係数　15
反射係数（一覧）　33
反射率　14
パン蒸発計（蒸発皿）　138
半透膜　86
ハンノキ　369
反発係数　87, 103
半表面積係数（HSA）　36
パン補正　139
反向日性　41, 313
半矮性品種　410
被陰回避　274
被陰回避シンドローム　274
ビオラキサンチン　225
ビオラキサンチンデエポキシダーゼ　219
日陰葉　249
光応答曲線の初期勾配　240
光屈性　257, 266
光傾性　257, 268
光形態形成　257, 273
光検知システム　258
光呼吸　196, 197, 202, 205
光呼吸（推定法）　210
光呼吸炭素酸化（PCO）回路　202
光呼吸と暗呼吸　203
光酸化　240
光遮断　247, 251, 415
光受容体　169, 258
光阻害　205, 220, 240
光平衡（フィトクロム）　263, 274
光防御（フィトクロム）　264
光補償点　238

光利用効率（LUE）　225
悲観的な植物　344
微気象学的の測定　209
微気象学的の方法　139
非光化学消光（NPQ）　219
非循環型電子伝達経路　192
非循環型電子伝達速度（ETR）　221
比植生指数　44
非線形性　46
非直角双曲線　214
ビッグリーフモデル（巨大葉モデル）　246
非適切問題　48
非等温性気体（温度勾配）　59
非等温な系　65
ヒートパルス法　106
日向葉　37, 249
ピナツボ山　381
非日長反応性遺伝子　398
非日長反応性品種　401
比熱容量　284
比熱容量（一覧）　430
非復活植物　331
ヒマワリ　113
非水ストレス基準線　351
氷核細菌　308, 309
氷冠　386
病気　8
表現型解析プラットフォーム　404
表現型評価（気孔応答）　167
標準気候　315
表皮レプリカ　158
表面温度　128
表面温度（植生）　141
表面更新　79
表面湿潤時間　149
表面張力　83
表面摩擦　60, 367
ヒドロキシルラジカル　332
品種改良　399, 401
ファントホッフの式　86, 306
フィックの第1法則　58, 69
フィックの第2法則　65
フィックの法則　64

フィトクロム　18, 259, 262, 267, 272, 303
フィトクロムアポタンパク質　261
フィトクロム転写因子群（PIFs）　260
フィトクロムの吸収スペクトル　18
フィトクロムの相互変換の概略　261
フィードバック　136, 151, 184, 272, 349, 385, 424
フィードフォワード　151, 184
風速　80, 131, 148, 244, 352, 361, 371
風速（鉛直分布）　74
風速（群落内）　80
風速（植生）　76
風速（針葉樹林）　76
風倒　365
風洞　363, 394
風媒　370
風杯型風速計　361
フェッチ　75, 145
フェノモバイル　405
フェノール化合物　405
フェノロジー（生物季節）　294
フォトトロピン　169, 240, 259, 267
フガシティ　228
不均一性　73
不足灌水（DI）　354
復活植物　330
物質分配　206
フットプリント　75, 139
物理定数（一覧）　431
物理的貯蔵　123
物量　56
プトレシン　321
負の膨圧　88
部分最小二乗法　47
ブラウン拡散　393
フラウンホーファー線　222
フラクタル　105

ブラシノステロイド 157
ブラストロン層 356
フラックス 62, 81
フラックス制御 226
フラックス測定（空気力学的）74
フラックス（単位） 64
フラックス密度の単位 122
ブラックボックス抵抗モデル 111
ブラックマン型 214
フラビンアデニンジヌクレオチド（FAD） 259
フラボノイド 276, 375
プランクの分布則 14
フーリエの法則 59, 64
プリーストリー－テイラーの式 138
プリーストリー－テイラー係数 134
浮力効果 78
フルエンス率 12
フルクタン 305
フルクトース 327
ブレニー－クリドル式 138
プログラムされた細胞死（PCD） 326
プロトプラストによる選抜 408
プロトン共役ショ糖輸送系 120
プロリン 89, 321, 327, 330
フロン 375, 385
分圧 57, 65
分割根系 354
分光感度 20
分光指数 44
分子遺伝学 401, 402
分子拡散係数 71
分子シャペロン 331
ブンゼン－ロスコーの相反法則 267
平均収量 400
平均蒸散速度 341
平均日射量 26
平均風速 362

平衡環境温度 283
平衡蒸発速度 133
平衡地表温度 379
閉鎖型ガス交換システム 210
壁孔 103
壁孔（通水抵抗） 103
壁孔膜 110
べき乗則 104
ベータ分布 39
ヘーフラー 329
ヘーフラー－ソデイダイアグラム 88, 97
ペルオキシソーム 202
ベールの法則 16, 25, 36, 46, 248, 381
ベンケイソウ型有機酸代謝 197
変浸透圧性 174
ベンチュリ効果 356
変調蛍光システム 216
ペンマンの線形近似 280
ペンマン変換 128
ペンマン－モンティース式 129, 137
ボアズイユの法則 64, 101, 104
膨圧 88, 91, 156, 322
膨圧の維持 327
膨圧の受動的な維持 328
包括適応度 341
飽差 126, 131, 146, 282, 373, 376
放射 373
放射エネルギー 12, 16
放射輝度 12
放射吸収 313
放射吸収（大気） 24
放射強制力（RF） 380
放射強制力（一覧） 382
放射照度 12, 21,
放射照度（気候値） 28
放射照度（最適な） 248
放射照度（日変化） 27
放射霜 308

放射測定単位間の変換 23
放射測定の機器 19
放射測定の用語 13
放射伝達モデル 47, 140, 249
放射熱損失 124
放射熱輸送のコンダクタンス 124
放射発散度 12
放射フラックス（放射束） 12
放射冷却 308
防霜 308
暴走塞栓 111
防風林 368
ホウレンソウ 211
飽和水蒸気圧 126
飽和水蒸気圧の計算 428
飽和パルス光 215, 218
ボーエン比 78
ボーエン比エネルギー収支法 139
補償効果 408
圃場容水量 93, 348
穂数 409
ホスホエノールピルビン酸カルボキシラーゼ 196
ホスホグリコール酸 196, 202
ホソムギ 38, 389
ホットスポット 47, 49
ポーラログラフ式センサ 208
ポリアミン 321
ポリエステルフィルタ 277
ボール－ウッドロー－ベリー（BWBモデル） 172
ポロメータ 162, 349
ポロメータの概略図 163

ま

マイクロアレイ 421
マイクロ波測定（レーダ） 54
マイクロ・ライシメータ 147
マウナ・ロア 382
マーカー利用選抜（MAS） 402

膜透過性(一覧) 347
膜の安定性 307
摩擦速度 75
マッピング 402
マトリックポテンシャル 86
マメ科の葉 41
マルゴ 103
マルチ 309
マングローブ 355
マンニトール 327
マンニトールの拡散 290
ミカエリス–メンテンの式 214
幹 284
ミー散乱 24
水 241
水(気化熱) 84
水欠乏 282, 318
水欠乏処理 92
水指数 46
水収支法 138, 142, 349
水ストレス 41, 157, 175, 255, 267, 319
水ストレス検出方法(一覧) 350
水ストレス(光合成) 241
水ストレス(呼吸) 243
水ストレスへの感受性 242
水節約植物 325
水損失 334
水(熱容量) 84
水の汲み上げ現象 115
水の再分配 115
水の節約 325
水の有効利用(EUW) 334
水の輸送経路 102
水(比誘電率) 84
水フラックス 113
水分子の構造 82
水ポテンシャル 85, 94, 116, 125
水ポテンシャル(駆動力) 91
水ポテンシャル勾配 101, 115
水ポテンシャル(単位) 85

水ポテンシャルの閾値(空洞化) 109
水ポテンシャル(夜明け前) 349
水利用効率(WUE) 333, 389
水利用効率(一覧) 335
水利用効率(個体の) 338
水利用効率(生涯の) 338
水浪費者 327
ミッチェルの化学浸透メカニズム 192
ミッチャーリッヒ関数 214
密度 56
密度(一覧) 430
ミトコンドリア 200, 202, 241, 243, 246
緑の革命 271, 336, 410
無人航空機(UAV) 405
明反応 189
メタン 381, 385
メタン濃度 382
メーラー反応 193, 221
毛管 97
毛管現象 83
毛管上昇 84
模擬葉 166, 284, 435
木部圧ポテンシャル 107
木部液 120
モニン–オブコフ相似理論(MOST) 74, 80
モル単位変換 159
モル単位の有用性 375
モル濃度 56, 64
モル濃度(単位) 65
モル分率 57
モロコシ 42, 329, 416
モロコシの乾燥耐性形質 419
モンテカルロモデル 344
モントリオール議定書 385

や

ヤング率 366
有縁壁孔 103, 110

融解潜熱 83
融解速度 306
有効エネルギー 145
有効度日 297
誘導 262
雪 16
輸送係数 70, 73, 74, 209
ユタ低温積算モデル 300
ユビキチン 304
葉圧センサ 95
葉温 132, 280, 283, 312, 372
葉温–気温差 281, 282
葉温調節 84
葉温の推定 165
溶質の輸送速度 120
葉積(LAD) 410
葉肉コンダクタンス 229
葉肉細胞 190
葉肉抵抗 229, 233, 239
葉密度 284
葉面エネルギー収支 165
葉面角度分布 36, 39, 51
葉面角度分布関数 38
葉面傾斜角 313
葉面コンダクタンス 129, 130, 174, 177, 179
葉面積計 50
葉面積指数 36, 41, 45, 50, 207, 247
葉面積指数(果樹園) 43
葉面積減少 321
葉面積の制御 326
葉面積比(LAR) 207
葉面積分布 22
葉面抵抗 161, 166, 280
葉面の推定 165
葉毛 32, 68, 72
葉毛の拡散抵抗 325
陽葉 238
葉緑体 189, 239
葉齢 168, 244
夜芽 314
ヨシ 313, 356
予測不可能 343
ヨーロッパアカマツ 103
ヨーロッパナラ 103

ら

ライシメータ　143, 149
ライムギ　307
ラグランジュ分散分析　81
楽観的な植物　344
ラフィノース　120
ラメラ　189
ランバートの余弦則　17, 22
ランバート面　47
乱流　75
乱流境界層　68
乱流構造　80
乱流輸送　66
乱流輸送係数　77
陸域表面モデル　246
理想型　408, 412, 417
理想的な植物　333
リブロース-1,5-ビスリン酸（RuBP）　194
リブロースビスリン酸カルボキシラーゼ-オキシゲナーゼ　194
リモートセンシング　44, 351
リモートセンシング（蒸発）　140
硫酸塩　394
流動パラフィン　159
利用可能土壌水分　177
利用可能な水　334, 340, 342
量子収率（フィトクロム）　260
量的形質座位（QTLs）　402
両面気孔　152, 166, 168
緑色正規化差植生指数　45
履歴現象　115, 169
臨界降伏圧　92
林冠ギャップ　273
リンゴ　108, 113, 179, 243, 285, 399
リンゴ酸　196
隣接個体の感知　276
ルビスコ　194, 210, 228, 235, 388, 423
ルビスコ活性化酵素　196
ルビスコ（窒素量）　196
ルビスコ比特異係数　202, 253, 423
ルビスコ律速　212
励起光　215, 216
レイノルズ数　68, 101, 367
レイリー散乱　23, 27, 265
レオロジー（細胞壁）　91
レーザパルス　224
レーザ誘起蛍光励起（LIFT）法　224
レタス　273
老化　359
ロゼット　308, 314
ロックハート式　92
露点温度　95, 126

わ

矮性遺伝子　368, 398
矮性化　359
矮性植物　364, 372
ワセリン　353
ワタ　416
ワックス　182

監訳者略歴

久米　篤（くめ・あつし）　担当：第1章，付録
　九州大学大学院農学研究院教授，博士（理学）（早稲田大学）

大政　謙次（おおまさ・けんじ）
　東京大学名誉教授，工学博士（東京大学）

訳者略歴

吉藤　奈津子（よしふじ・なつこ）　担当：第2章
　森林総合研究所主任研究員，博士（農学）（東京大学）

杉浦　大輔（すぎうら・だいすけ）　担当：第3章
　東京大学大学院理学系研究科研究員，博士（理学）（東京大学）

種子田　春彦（たねだ・はるひこ）　担当：第4章
　東京大学大学院理学系研究科助教，博士（理学）（東京大学）

田中　克典（たなか・かつのり）　担当：第5章
　海洋研究開発機構主任研究員，博士（農学）（京都大学）

鎌倉　真依（かまくら・まい）　担当：第6章
　京都大学農学研究科研究員，博士（理学）（奈良女子大学）

宮澤　真一（みやざわ・しんいち）　担当：第7章
　森林総合研究所主任研究員，博士（理学）（大阪大学）

及川　真平（おいかわ・しんぺい）　担当：第8章
　茨城大学大学院理工学研究科准教授，博士（生命科学）（東北大学）

小杉　緑子（こすぎ・よしこ）　担当：第9章
　京都大学農学研究科教授，博士（農学）（京都大学）

石田　厚（いしだ・あつし）　担当：第10章
　京都大学生態学研究センター教授，博士（理学）（東京都立大学）

長嶋　寿江（ながしま・ひさえ）　担当：第11章
　東北大学大学院生命科学研究科研究員，博士（理学）（東京大学）

加藤　知道（かとう・ともみち）　担当：第12章
　北海道大学農学研究院助教，博士（理学）（筑波大学）

著者略歴

Hamlyn Gordon Jones（ハムリン・ゴードン・ジョーンズ）
- 1972年　Ph.D（環境生物学），オーストラリア国立大学
- 1972年　ケンブリッジ作物育種場，植物生理学部門研究員
- 1977年　グラスゴー大学植物学講師（生態学）
- 1978年　イーストモーリング園芸研究所，ストレス生理学グループリーダー
- 1988年　国際園芸研究所（HRI）所長
- 1997年　ダンディー大学植物科学部門植物生態学教授
- 2009年　ダンディー大学名誉教授，ジェイムズ・ハットン研究所特別研究員
- 著　書　「Remote sensing of vegetation」（Oxford University Press, 2010）
　　　　　（和訳「植生のリモートセンシング」（森北出版，2013））など

編集担当　加藤義之（森北出版）
編集責任　上村紗帆・石田昇司（森北出版）
組　　版　創栄図書印刷
印　　刷　同
製　　本　同

植物と微気象（第3版）
―植物生理生態学への定量的なアプローチ―　　　版権取得　2014

2017年2月22日　第3版第1刷発行　　【本書の無断転載を禁ず】

監訳者　久米　篤・大政謙次
発行者　森北博巳
発行所　森北出版株式会社
　　　　東京都千代田区富士見1-4-11（〒102-0071）
　　　　電話 03-3265-8341／FAX 03-3264-8709
　　　　http://www.morikita.co.jp/
　　　　日本書籍出版協会・自然科学書協会　会員
　　　　JCOPY　＜（社）出版者著作権管理機構　委託出版物＞

落丁・乱丁本はお取替えいたします．

Printed in Japan／ISBN978-4-627-26113-6